U0805776

21世纪高等院校教材·地理信息系统教学丛书

环 境 遥 感

王 桥 杨一鹏 黄家柱 等编著

科 学 出 版 社
北 京

内 容 简 介

本教材面向环境遥感教学和我国环境保护工作的实际需要，全面阐述了环境遥感的基本原理、方法和应用特点，探讨了环境遥感技术在环境保护领域中应用的技术途径，并结合具体例子，介绍了环境遥感的基本概念、环境遥感信息获取的手段、环境遥感图像处理与信息提取方法、水环境遥感、大气环境遥感、生态环境遥感、灾害遥感、环境遥感与地理信息系统的集成以及环境遥感应用系统的开发。

本教材可作为环境、遥感、地理、测绘、土地、海洋、农业、地矿、水利、经济、管理、信息等学科的本科生和研究生教材，也可供资源环境、遥感和地理信息系统、计算机等领域研究人员和技术人员参考。

图书在版编目(CIP)数据

环境遥感/王桥，杨一鹏，黄家柱等编著.—北京：科学出版社，2004

(21世纪高等院校教材·地理信息系统教学丛书)

ISBN 978-7-03-014351-8

Ⅰ.环… Ⅱ.①王… ②杨… ③黄… Ⅲ.环境遥感-高等学校-教材 Ⅳ.X87

中国版本图书馆CIP数据核字(2004)第101503号

责任编辑：杨　红　彭胜潮　李久进/责任校对：陈丽珠
责任印制：吴兆东/封面设计：高海英

科学出版社出版
北京东黄城根北街16号
邮政编码：100717
http://www.sciencep.com
北京九州迅驰传媒文化有限公司印刷
科学出版社发行　各地新华书店经销
*
2005年1月第　一　版　开本：720×1000　1/16
2024年7月第十二次印刷　印张：36 1/2
字数：712 000

定价：89.00元

(如有印装质量问题，我社负责调换)

《地理信息系统教学丛书》编委会

序

南京师范大学地理科学学院发起并组织编著地理信息系统专业系列教材，奋斗三载，先后问世，这是我国第一套全面阐述地理信息系统理论、方法、技术和应用的教科书。对于地理学科的现代化，信息科学新型人才的培训，对于落实科教兴国战略，深化教学改革来说，都是值得庆贺的。

据中国科学院地学部调查（2002），全国综合性大学共有150个地理学科机构，在地学领域中居首位，而地理信息系统专业脱颖而出，发展最快。世纪之初，已设置专业的学校有70多个，仅江苏省内就有12个。这是经济发展、社会进步的客观需求。面对全社会数字化的浪潮，“数字地球”、数字化城市、省区与流域，百舸争流。地理信息系统作为人口、资源与环境问题的公共平台；作为国家推动信息化，实现现代化的重要组成部分，正在与电子政务、电子商务信息系统相融合，愈来愈显示它跨行业、多功能的优势，不断开拓新的应用领域。一些涉及地理分布现象的数据采集、时空分析，涉及城市或区域规划、管理与决策的过程，都喜欢用上地理信息系统这种新的技术手段，来提高办公自动化的水平，提高企业科学管理的效率和透明度，加强面对国际市场的开放力度和竞争能力。近20年来，全国范围从事地理信息系统的事业、企业单位，迅猛增长，已超过400个，而且方兴未艾，与时俱进。

中国科学院地学部地学教育研究组在咨询报告（2002）中指出：“随着社会和科技的发展，地学的内涵、性质和社会功能也在变化。这在最近20年中尤为明显：遥感、信息技术和各种实时观测、分析技术的发展，使地球科学进入了覆盖全球、穿越圈层，即地球系统科学的新阶段，从局部现象的描述，推进到行星范围的推理探索，获得了全球性和系统性的信息。”这就是说，从学科的本质及其自身发展的规律来看，地理信息系统不仅仅是技术，而且是科学，是发展地球系统科学不可缺少的部分。

地理信息系统其所以一枝独秀，并非偶然！主要是由于它本身具备着多样化的社会功能。社会信息化的主要内容包括三个方面：一是信息基础设施的建设，地理信息系统正是地图测绘的数字化产品，同时又是兼收并容遥感、定位系统的缓冲区，起着调节网络信息流的作用；二是产业结构调整，地理信息系统起着润滑剂的作用，以信息流调控物流、能流和人流，以信息化促进现代化；三是信息服务，地理信息系统是电子政务、电子商务信息系统不可分割的组成部分。在航天事业、电信网络和电脑技术日新月异的21世纪，地理信息系统如虎添翼，广泛地渗透到各行各业之中，提供无微不至的信息服务。

地理信息系统教材的编著，前人多以综论形式出版。例如，英文教材先后有Taylor D. R.（1991），Autenucci J. C. et al.（1991），M. D. I. Goodchild（1991），Fisher M. M.（1993），Murai Shuji（1996），D. Rhind（2000）；中文教材先后有黄杏元、汤勤（1989），边馥苓（1996），陈述彭、鲁学军、周成虎（1999），龚健雅（1999），邬伦（1999），闾国年、吴平生、周晓波（1999），李德仁、关泽群（2000），马蔼乃（2000），王家耀（2001）等。这些教材对地理信息系统的科学与哲学性质，及其与邻近学科的相互关系，均有精辟论述。地理信息系统应用专论方面，城市：曹桂发等（1991），宋小冬、叶嘉安（1995），宫鹏（1996），陈述彭（1999），张新长等（2001）；林业：李芝喜、孙俊平（2000）；农业：王人潮（1999）。这些专论密切结合相关行业，具有中国特色。现在，闾国年教授等主持编著的地理信息系统专业系列教材，是在前人的工作基础上，博采众家之所长，继往开来，推陈出新。基础是扎实的，时机是成熟的。

这套系列教材的编写，紧密结合地理信息系统专业的课程设置。在理论方面，又推出了一部新作，从哲学的高度来探讨地理信息系统中的虚拟时空。系列教材的重点侧重于方法、技术。总结了数据集成、知识发现的最新进展；率先推出数据共享、虚拟环境与网络三部分，反映地理信息系统的生长点。在应用方面，主要是结合作者们近年参与建设项目的实践，加以总结和提高，是来自生产第一线的“新知”。目前已涉及到土地与水资源管理、城市规划、环境保护以及设备设施管理与房产管理等，今后随着应用领域的拓展，还会有旅游、物流等地理信息系统教材相继问世。

同学们可以根据课程设置计划，循序渐进，在理论方面广泛涉猎，解放思想，开阔眼界。在方法、技术方面，配合辅导教材和实习大纲，刻苦钻研，掌握关键技术，学以致用。在应用方面结合个人志趣、专长与就业需求，选修其中一、二门，理清不同行业的应用特点，举一反三。系列教材是面向整个专业的，并不要求每位同学都把全部教材囫囵吞咽下去，食而不化。编写系列教材，正是为同学们提供了更加宽阔的学习园地，更加宽松的学习环境。祝福同学们健康成长，时刻准备着，与时俱进，开拓创新，为祖国信息化和现代化多做贡献。

中国科学院院士

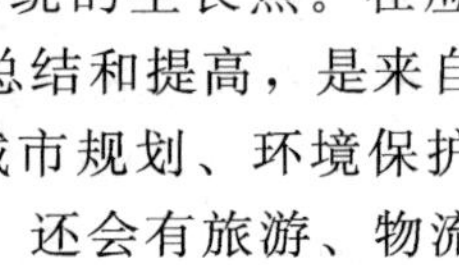

2003 新年

前　言

随着环境问题的日益突出和全球化，卫星遥感技术在环境保护领域中应用的必要性和迫切性越来越广泛地被世界各国所认识，世界上任何一个掌握和利用卫星遥感技术的国家都无一例外地把环境保护作为其研究和应用的重点来对待。这不但极大地促进了环境遥感技术的不断成熟，而且也促进了卫星遥感环境应用理论与方法研究的不断深化。近年来国内外大量实践表明，遥感技术是获取环境信息的强有力手段，利用遥感技术监测大范围的环境变化省时、省力，所以发展卫星遥感技术在环境中的应用具有非常重要的意义。

我国是发展中国家，经济正处于高速发展时期，环境问题较为严重。目前比较突出的环境问题主要有空气污染，水污染，工业污染，土壤侵蚀，土地退化、沙化，湿地、草场、天然森林不断减少等。面对这些大范围的环境问题，我们的监测与研究手段还基本停留在常规阶段，无论从时效上还是从了解掌握的具体程度上都不能满足国家环境保护事业发展的需求。利用遥感技术快速、宏观、动态的显著特点，将其应用于环境监测，既可从宏观上观测空气、土壤、植被和水质状况，为环境保护提供决策依据，也可实时快速跟踪和监测突发环境污染事件的发生、发展，及时制定处理措施，减少污染造成的损失。环境遥感是从空中对地表环境进行大面积同步连续监测，突破了以往从地面研究环境的局限性。

我国对环境遥感的发展非常重视，先后发射的“风云”气象卫星系列、资源卫星系列、海洋卫星系列等都可用于环境保护领域。而待发射的“环境一号”小卫星将是我国专门用于环境保护工作的卫星群。遥感技术在环境保护中的应用在我国开展较晚，但经过广大科研人员的奋发努力，在条件十分有限的情况下，在大气、水体、生态等众多领域开展了多方面的研究探索工作，并取得了丰硕成果。总的来看，我国环境遥感从天津—渤海湾地区环境遥感技术试验开始到目前为止，在各个方面都已得到了显著发展，应用领域从单纯的环境监测发展到了环境区划、环境影响评价和预测、生态环境变化研究等，从城市遥感监测研究扩展到了区域环境研究，从一次性监测发展到了连续动态监测。遥感技术的发展应用为我国的经济建设做出了重大贡献。遥感技术在生态环境保护方面的作用越来越大。因此，国家迫切需要进一步发展环境遥感技术，培养环境遥感人才。考虑到我国至今还没有一本系统地介绍环境遥感的理论、方法、技术与应用的教材，我们在相关研究的基础上，编写了本书。

本教材共分为10章，分别介绍了环境遥感的理论、技术、方法和应用。第一章为环境遥感及其发展，主要介绍了环境遥感的概念和特点、发展及应用需求等；第二章为环境遥感原理，主要介绍了环境遥感的理论基础、环境遥感过程与技术系统等；第三章为环境遥感数字图像处理，主要介绍了数字图像处理概况、环境遥感图像预处理、增强处理、综合处理、多源数据复合、环境遥感图像分类等内容；第四章为环境遥感图像解译，主要介绍了环境遥感图像目视解译原理、航空遥感图像解译、航天遥感图像解译等内容；第五章为遥感信息模型与定量遥感反演，主要介绍了环境遥感信息模型的基本理论与方法、定量遥感反演的原理和面临的主要问题；第六章为水环境遥感，主要介绍了水环境遥感原理、水资源遥感监测、水质遥感监测、海洋水色遥感等内容；第七章为大气环境遥感，主要介绍了大气环境遥感原理、大气微波遥感、大气激光探测以及对地观测卫星对大气圈的监测应用研究；第八章为生态环境遥感，主要介绍了自然生态环境遥感与城市生态环境遥感的理论、方法、技术与应用；第九章为灾害遥感，主要介绍了洪灾遥感、气象灾害遥感、地质灾害遥感、火灾遥感监测、病虫害遥感调查等；第十章为环境遥感与 GIS 的集成及其应用系统的开发。

本教材前言和第一章由王桥编写；第二章、第三章、第四章、第五章、第八章由杨一鹏、王桥编写；第六章、第七章、第九章由黄家柱、杨一鹏编写；第十章由王桥、闾国年、杨一鹏编写，最后由王桥、杨一鹏统稿，王桥定稿。

在教材的撰写过程中，始终得到了闾国年教授的指导和帮助，从体系结构的确定、相关资料的提供，到最后的统稿和定稿他都付出了大量的劳动。该教材涉及的一些研究工作和研究成果主要来自于地理信息科学江苏省重点实验室、中国科学院遥感应用研究所、中国科学院地理科学与资源研究所、国家环境保护总局环境卫星中心筹备办公室、国家环境保护总局信息中心、江苏省环境保护厅、江苏省环境信息中心等，是国家“863”课题“环境遥感监测软件系统与业务运行示范项目”、“机载高空间分辨力、高光谱分辨力多维集成遥感系统”、“网络化环境空间信息系统平台及其应用”研究的部分成果。感谢地理信息科学江苏省重点实验室的毕硕本、韦玉春、李硕、张宏、刘晓艳、白世彪、刘剋、李安波、温永宁、唐卫、孙亚琴、李秀梅、王耀庭、王建平、任建武、陆海英、冯文钊、田冉、陈洋、丰江帆及实验室诸位同仁的共同努力。感谢国家环境保护总局环境卫星中心筹备办公室的王文杰、杜世宏、魏斌、申文明、吴传庆、罗海江、厉青等同事的协助；感谢中日友好环境保护中心的李顺、张波、赵芳、赵一苇、邬娜等同仁的专业建议与鼓励；感谢江苏省环境信息中心李旭文、姜勇、黎刚、严刚等同仁的支持！

本教材的编写还参考了大量国内外专家学者的研究成果，这里也向他们致以特别的敬意和感谢。由于对环境遥感的研究尚属初级阶段，编者还缺乏足够的经验，错误与不足之处在所难免，恳请专家学者与读者们批评指正。

编　者

2004 年 2 月

目　　录

第一章 环境遥感及其发展

第一节 环境遥感概念

人类靠身体的感官感知外界事物，通过大脑加工认识外界事物，眼睛看物体、耳朵听声音、皮肤感知冷暖。但是人的感官是有限度的，如白天看一个人，10m 可以看得清楚；100m 就感到模糊；1 000m 则几乎辨不清了。随着科学技术的发展，电磁波延长了人类的感官距离，于是产生了遥感。

“遥感”（remote sensing）是遥远感知事物的意思。广义地说：遥感包括电磁波遥感（光、热、无线电波），力场遥感（重力、磁力），机械波特征（声波、地震波）等。本书所涉及的主要是电磁波遥感（简称遥感）。

遥感是指以电磁波（包括从紫外—可见光—红外—微波的范围）为媒介，在高空或外层空间，通过飞机或卫星等运载工具携带的各种传感器（如摄影仪、扫描仪、雷达等）来获取地表信息，通过数据的传输和处理、判释分析，来实现了解和研究地面物体的形状、大小、位置、性质及其与环境的相互关系的一门应用科学技术。

广义地讲，环境遥感（environmental remote sensing）是指以探测地球表层系统及其动态变化为目的的遥感技术，可理解为涉及大气、水（包括海洋）、生态环境等所有遥感活动的代名词，它是现代遥感技术应用于地球表层系统研究，为地理科学和环境科学研究提供技术支持，同时明显区别于其他遥感分支学科的一门技术工具学科。

狭义地讲，环境遥感是指利用遥感技术探测和研究环境污染的空间分布、时间尺度、性质、发展动态、影响和危害程度，以便采取环境保护措施或制定生态环境规划的遥感活动，此时它只是遥感技术在环境科学研究中的应用。

第二节 环境遥感的特点

环境遥感除了具备一般遥感技术所具有的普遍特征外，在数据获取上具有多层次、多时相、多功能等特点；在应用方面具有多源数据处理、多学科综合分析、多维动态监测和多用途的特点。

1. 多空间尺度性

由于环境变化的空间尺度不同，需要采用不同的遥感技术手段。例如，全球性的酸雨、二氧化碳温室效应、海面升降等，主要利用静止气象卫星图像；大河流域范围的水土流失、沙化和绿化、洪水灾情、林火等，可兼用气象卫星和陆地卫星图像；局部地区的，诸如扬子鳄栖息地、熊猫保护区、血吸虫寄主钉螺孳生地、工厂污染、海湾赤潮、地震灾情等，还需要兼用卫星与航空遥感图像。不同空间尺度的环境特征对地面分辨率的要求也不同，详见表 1.1。表中巨型环境特征，如大陆架、洋流、自然地带等均属千米级(1 000～1 500m)的宏观现象，选用千米级空间分辨率的气象卫星、海洋卫星数据可以满足需求；大型环境特征，如资源调查、环境质量评价、土地类型等，均属百米级（80～100m）的环境问题，选用陆地卫星系列的空间分辨率可以保证；中型环境特征，如作物估产、土种识别、森林火灾预报、污染监测、交通道路规划等，空间尺度约在 50m 以下，属区域范围的环境问题，一般选用较高空间分辨率的陆地卫星系列(如TM、

表 1.1 环境特征的地面分辨率要求

环境特征	地面分辨率要求	环境特征	地面分辨率要求
Ⅰ. 巨型环境特征		水土保持	50m
地　　壳	10km	植物群落	50m
成 矿 带	2km	土种识别	20m
大 陆 架	2km	洪水灾害	50m
洋　　流	5km	径流模式	50m
自然地带	2km	水库水面监测	50m
生长季节	2km	城市、工业用水	20m
		地热开发	50m
Ⅱ. 大型环境特征		地球化学性质、过程	50m
区域地理	400m	森林火灾预报	50m
矿产资源	100m	森林病害探测	50m
海洋地质	100m	港湾悬浮质运动	50m
石油普查	1km	污染监测	50m
地热资源	1km	城区地质研究	50m
环境质量评价	100m	交通道路规划	50m
土壤识别	75m		
土壤水分	140m	Ⅳ. 小型环境特征	
土壤保护	75m	污染源识别	10m
灌溉计划	100m	海洋化学	10m
森林清查	400m	水污染控制	10～20m
山区植被	200m	港湾动态	10m
山区土地类型	200m	水库建设	10～50m
海岸带变化	100m	航行设计	5m
渔业资源管理与保护	100m	港口工程	10m
		渔群分布与迁移	10m
Ⅲ. 中型环境特征		城市工业发展规划	10m
作物估产	50m	城市居住密度分析	10m
作物长势	25m	城市交通密度分析	5m
天气状况	20m		

SPOT、CBERS-1等）完成；小型环境特征，如港湾动态、水库建设、工程设计、城市工业发展规划等，空间尺度在5～10m，属地区性环境或环境工程问题，主要依赖于航空遥感资料，高空间分辨率的SPOT、ETM等卫星资料也可完成。

2. 多时间尺度性

由于环境变化的时间尺度的不同，对遥感信息周期长短的要求也不一致。超短期的，如台风、寒潮、城市热岛、晴空湍流、森林火灾、冰坝溃决、污染事故等，它们的变化以小时计，需要卫星与地面遥感监测相结合；短期的，如森林虫害、江河洪水、作物旱情等，它们的变化以天数计，需要多时相遥感信息的对比分析；中期的，如作物长势、草场载畜量等，变化按季节计，需要有多年的遥感图像数据和抽样统计分析；长期的，如水土流失、河流改道、海岸变迁、湖泊消长、城市兴废等，变化按年计，除利用遥感图像的痕迹外，还需要历史文献记录的佐证；超长期的，如火山喷发、地壳形变等地质现象，物种驯化与人口迁移等，只能利用遥感图像上的历史痕迹、间接标志，参照孢粉、^{14}C、年轮、化石等来推断它们的年代，确定它们的空间位移和扩散范围。

3. 多用途性

环境遥感按其应用领域的不同，可分为水环境遥感、大气环境遥感、生态环境遥感、灾害遥感等四大类。水环境遥感包括水资源遥感、水质遥感和海洋环境遥感。水资源遥感又包括水温、水深、径流估算和河流、湖泊、河口三角洲、海岸带的水域变化等；水质遥感包括水体富营养化、悬浮泥沙污染、石油污染、废水污染、热污染等；海洋环境遥感主要研究海洋水色要素如叶绿素、悬浮泥沙、黄色物质等的信息提取。大气环境遥感主要研究大气温度和湿度、水汽、大气成分（如O_3、SO_2等）、大气气溶胶、云迹风、大气降水监测、云遥感等。生态环境遥感主要包括自然生态环境遥感和城市生态环境遥感等。自然生态环境遥感主要研究土地利用/土地覆盖、植被、土壤侵蚀、荒漠化等；城市生态环境遥感则注重研究城市土地利用动态变化、城市绿地覆盖、城市交通、城市住房、城市工业区识别与规划、城市人口遥感以及城市环境监测（如热岛效应、城市大气污染、城市水污染、城市固体废弃物等）；灾害遥感包括水灾（或洪灾）遥感、气象灾害遥感（如干旱、台风、暴雨、强对流天气、雪灾等）、地质灾害遥感（如滑坡、泥石流、地震、火山爆发等）、火灾遥感监测（如森林火灾、草原火灾）以及农作物、果树、牧草病虫害遥感监测。

4. 多学科综合性

就研究客体而言，地理与环境是统一的，但作为学科，两者的侧重点和研究方向却有很大差别。地理科学主要研究人类环境的空间结构与人地关系；环境科学则比较偏重研究环境污染与生态破坏的控制问题。

现代遥感技术应用对现代地理科学和环境科学研究方法的贡献是革命性的。在系统思想和系统科学理论、计算机技术以及数理模型方法等的有力支持下，现代遥感技术在地球表层系统研究中的成功应用，使地理科学和环境科学研究逐步从经验性的定性描述走向相对客观的定量分析。在此基础上，遥感技术与地理科学和环境科学的相互交叉，形成一个重要的遥感应用分支和地理科学、环境科学研究的技术工具学科——环境遥感。

同时，环境遥感作为遥感的应用研究领域之一（遥感应用的基本领域包括以宇宙空间为研究对象的宇宙遥感、探索地球内部的地下遥感以及专门研究地球表层系统的环境遥感诸方面），以其历史较长、发展全面、经验丰富和技术成熟的特点，有力支持了作为信息科学重要分支的整个遥感学科的理论发展和体系建设。因此，环境遥感横跨遥感科学技术与地理科学和环境科学，充分体现了其综合性、交叉性的学科特点。应当指出，环境遥感只是遥感技术在地理科学和环境科学的研究对象——地球表层系统研究应用中的一个方面，它只是和环境科学与地理科学其他技术学科一样，探讨地球表层系统中各圈层系统之间、人类社会系统与四大圈层系统之间，它们的相互关系、综合作用的过程与时空组织以及彼此之间的综合协调内容。还应指出，对地球表层系统的研究应用，也只是遥感应用的一个方面，遥感技术在地球表层系统研究中应用形成的其他专门分支与环境遥感相比，在研究对象的层次、性质等方面都有明显不同。

由于环境变化既有空间分布、又有时间序列的特点，故环境遥感必须与地理信息系统相结合，以图像数据库存储和再现空间变化，又以多时相的遥感图像和数据不断更新地理信息系统，努力缩短遥感信息数据库延滞于生态环境变迁动态的时差。我国利用“气象卫星”和“陆地卫星”图像监测森林与草原火灾及海冰；利用航空红外扫描仪监视海面石油污染；利用彩红外航空像片监测城市及郊区环境质量与土地利用变化；综合利用航空和太空遥感信息监测江河洪水灾情，研究水土流失规律，分析水库淹没损失，进行工厂和水坝地基稳定性分析、河口海岸变迁与混浊流等均获得巨大效益。遥感技术具有的这些特点，使人类对宇宙和自然界的认识有了不断的新的飞跃，大大推动了人类开发资源、保护环境的科学研究和实用技术的发展。

第三节 环境遥感进展

遥感技术的发展揭开了人类从外层空间观测地球的序幕，为人类监测全球环境变化和研究环境灾害提供了新的技术途径。从遥感应用范围发展来看，遥感技术首先在自然情况调查（如地质地理调查和资源宏观普查等）和动态监测上得到应用，而后才扩展到生态环境、环境污染方面。经过20余年的试验、推广、应用，遥感已成为各种自然资源调查、环境动态监测与工程应用中不可缺少的地理空间信息获取、更新和分析的手段和数据源。

20世纪90年代以来，环境遥感技术应用领域越来越广，从陆地的土地覆被变化，城市扩展动态监测评价，土壤侵蚀与地面水污染负荷产生量估算，生物栖息地的评价、保护和工程选址、防护林的保护规划和建设，到海洋、海岸带的生态环境变迁分析，海面悬浮泥沙、叶绿素含量、黄色物质和海上溢油、赤潮与热污染的发现和监测，珊瑚和红树林的现状调查及变化监测，堤坝的规划与水沙平衡分析、水下地形地貌调查、水域初级生产力的估计，再到大气环境遥感中的城市热岛效应、大气污染范围识别与定量评价、大气气溶胶污染特征参数化以及全球水汽化学元素的循环和全球环境变化、重大自然环境灾害的评估等，应用范围几乎涵盖了环境保护领域的各个方面。

一、国外环境遥感进展

从1960年美国发射TIROS气象卫星、1972年发射首颗地球资源卫星ERST-1（后改名为Landsat-1）和1978年发射海洋环境卫星以来，卫星遥感技术已在全世界得到广泛的应用，其应用范围已遍及气象、农业、矿产、环保、林业、城市规划等各个领域。1999年以来，国外又陆续发射了多个以地球环境监测为目的的遥感应用卫星，典型的有美国的Terra卫星、Aqua卫星、韩国的KOMPSAT-Ⅰ卫星、欧空局的Envistat-1卫星。目前国外空间遥感技术发展不仅可观测到水质的叶绿素含量、泥沙含量、水温、水色，还可观测到大气气温、湿度、一氧化碳（CO）、二氧化碳（CO_2）、臭氧（O_3）、甲烷（CH_4）等主要污染物的浓度分布，还观测到固体废弃物的堆放量和分布以及其影响范围等；也可对环境污染事故进行遥感跟踪调查，并预报事故发生点、污染面积与扩散速度及方向，估算污染造成的损失并提出相应的对策。卫星所携带的遥感仪器种类繁多；波段覆盖了紫外、可见光、红外及微波波段；地面分辨率由千米级直到米级；波谱分辨率由几百纳米发展到几个纳米。卫星遥感技术在环境方面的应用主要在大气环境、水环境（包括海洋）和陆地环境三大方面。

1. 大气环境遥感方面

热带降雨卫星（TRMM）于1997年11月发射，它可以每天对热带和亚热带的降水量进行估计。TRMM装有ESE卫星计划的降雨雷达，可以获取热带及亚热带（赤道南北33°）的数据，获得的数据可应用于农业、林业、保险、灾害管理等方面。北美热带降雨量测计划（TRMM）利用雨量雷达、TRMM微波成像仪、可见红外扫描仪获取全球降雨数据。NOAA-POES是美国NOAA的极轨气象卫星系列，目前运行的NOAA-M于2002年6月成功发射，主要用于气象、海洋和环境监测。主要传感器有：AVHRR扫描仪（先进的甚高分辨率辐射仪），用于云覆盖、海面温度和植物测量；HIRS/2I（高分辨率红外辐射探测仪），用于大气温度、湿度和大气层放射能量测量；MUS（微波探测装置），用于对流层能量探测；SSU（平流层探测装置），用来对高层大气温度、大气辐射测量；ERBE（地球辐射预算实验仪），用于地球辐射增加和损失测量；SBUV/2（太阳反向散射紫外线辐射计），用于太阳辐照度和景物亮度测量；SEM（空间环境监测仪），用于地球辐射带密度和由太阳活动引起的粒子现象观测。这些测量数据为大气的辐射、化学和动力学过程研究提供了参数。近年发射和即将发射的一系列对地观测平台上，均携带了大气观测传感器，如欧空局ERS-2的GOME（1995年）及ATSR-2S等，这些传感器将获得大气中微量气体、气溶胶、水、温度、压力的信息。

2. 海洋、水体遥感方面

海洋遥感监测包括了物理海洋学遥感（海面水温、海流矢量、海浪谱、全球海平面变化等）、海洋生物学和化学海洋学遥感（如海洋水色、叶绿素浓度、有色物质）、海冰监测（海冰类型、分布和变化）。具代表性的有美国轨道科学公司研制的SeaStar海洋观测卫星（载荷由休斯/圣巴巴拉研究中心研制），于1997年8月发射，主要传感器为：SeaWiFS（海洋观测宽视场传感器），主要用于确定海洋浮游生物大量繁殖的空间和时间分布，以及全球尺度上的海洋浮游生物生产力规模和变化情况；海洋在全球碳循环和其他生物化学循环中的作用的量化分析；河流滋养海洋结果调查；全球海洋光学特性数据、叶绿素数据获取等。内陆水环境遥感研究主要包括水中悬浮物、水体温度、色度的变化、水中可溶性有机物等变化的监测。具体可分为以下几个方面的监测：水域分布变化、水体沼泽化、赤潮和富营养化、泥沙污染、废水污染、固体漂浮物污染等。

3. 陆地生态环境遥感方面

主要研究地球生态变化，全球生物量对大气中二氧化碳、甲烷等气体收支的影响问题，全球生物量变化导致的气候变化问题；同时，在土地利用、土地覆盖监测、作物估产、森林蓄积量调查等应用方面也具有实际意义。LANDSAT是美国系列地球资源卫星，广泛用于土地利用、农业、林业、地质、测绘、资源环境和生态保护等方面。LANDSAT-7于1999年2月发射，其主要传感器为ETM^+（增强专题测绘仪），具有1个15m分辨率的全色波段和60m分辨率的热红外波段，可广泛用于水穿透、叶绿素吸收、测深、植被类型区分、健康植被的峰值、植物活力估计、湿度含量、氢氧离子吸收、植物热应力、薄云穿透等。SPOT 卫星是法国、瑞典和比利时共同拥有的地球观测系列卫星，主要用于土地利用、农业、林业、地质学、区域规划等。其主要传感器为两个 HRVIR（高分辨可见光和红外传感器），可进行陆地、海洋、植被观测以及冰雪探测。

近些年来，随着全球环境问题的日益突出，具有全球覆盖、快速、多光谱、大信息量的遥感技术已成为全球环境变化监测中一种重要的技术手段，全球环境遥感监测计划纷纷出台，其中主要有 NASA 的地球观测计划（EOS）、美国农业和资源环境空间遥感计划、欧空局（ERS）地球观测计划、加拿大全球雷达卫星计划、日本地球观测计划等。

日本国家宇宙开发事业团（NASDA）研制的 ADEOS-2（2002 年 12 月发射），主要用于陆地、海洋和大气过程的全球观测。ADEOS 的主要传感器有：OCTS（海洋水色与温度扫描仪），可用于海洋水色与海洋温度测量、海洋与大气的相互作用及环境状态观测；AVNIR（先进的可见光/红外辐射仪）主要用于探测陆地和海岸带的高分辨率光谱扫描仪，其地面分辨率为 16m，可用于沙漠化发展、热带雨林的破坏、土地利用、资源开发等领域；NSCAT（美国散射计），用于全球海面海风和风向测量；TOMS（总臭氧测绘光谱仪），用于臭氧和二氧化硫的浓度和分布观测；POLDER（地球反射的极化和方向性探测仪），用于大气反射的太阳辐射双向性和极化、对流层的气溶胶、海洋水色、地表和地球辐射收支等探测；IMG（温室效应气体干涉监测仪），用于温室效应气体（CH_2，CH_4，N_2O）的浓度分布、地球辐射收支、大气温度廓线、地表温度和云的物理特性等；ILAS（改进型临边大气分光计），用于高纬度区临边大气微量成分（O_3，H_2O，CO_2，CH_4，NO_2，N_2O，HNO_3）、气溶胶、大气密度和温度的垂直廓线测量；RIS（空间后向反射仪），用于臭氧、碳氟化合物、一氧化碳等测量。

EOS 是美国规划和协调的大型综合性遥感卫星系统，计划对全球陆地、海洋和大气进行综合的、全方位的、长时间的观测研究，尤其是强调全球变化信息的收集、变化过程的了解、全球和区域环境变化的预测。计划时间框架为 25 年（自 1990 年开始，EOS/AM-1 卫星于 1999 年发射；EOS/PM-1 卫星于 2002 年发射）。EOS 的主要目的是建立一个持续运行的、综合性的、全球规模的地球观测系统；开展有重点的探索性研究，提高对影响全球环境变化的物理、化学、生物及社会等因素的认识；建立地球（陆、海、空）大系统动力学模型，综合分析并预测全球环境变化；区分与评估自然和人类活动对地球环境的影响。

EOS 主要的遥感器有：

ASTER（先进的星载热发射及反射辐射计），用于地表、水面和云层的高分辨率图像获取等，也可用于研究土地使用状况、植被、地质和土壤特性、地形地貌、地表温度、发射率和反射率、海洋温度和冰川特性等。

CERES（云与地球辐射能量系统），主要用于地球辐射平衡测量，定量研究气象与海面温度变化的关系，大气、云吸收、太阳能的加热过程和地表反照率对气候的影响等。

MODIS（中分辨率成像光谱仪）是一种非常先进的卫星遥感仪器，用来测量全球的生态和物理过程、陆地和海洋表面温度和反照率、海洋水色（沉积物和浮游植物）、沙漠化情况；监测植被、雪和冰覆盖特征；测量洋流数据、云层特征和气溶胶的丰度。MODIS能够收集陆地表面温度、叶绿素浓度（包括叶面积指数的植被状况）、云覆盖和云特性以及火灾发生范围和温度。MODIS将以36个光谱段在最大的范围，几乎所有的时间频繁地收集辐射数据，而且具有长时间的校准稳定性。

MISR（多角成像光谱辐射计），可获取9种不同角度的地球图像，主要用于研究云、气溶胶和地表的反射辐射特性。

MOPITT（对流层污染测量仪），主要用来测量对流层中一氧化碳和甲烷，研究全球的收支及其对地球生物圈的影响。

AIRS/AMSU/MHS（大气红外探测器/先进的微波探测装置/微波湿度探测器），用于大气湿度和水汽、陆地和海面温度、云分布及其光谱特征以及大气的长波辐射测量。

MIMR（多频成像微波辐射计），用于陆地和海上降水率、海面温度、海面粗糙度、海面上空云量和大气的总水汽含量、雪和冰盖以及土壤湿度和植被特性测量。

SeaWiFS（海洋观测宽视场遥感器），用于海洋水色和海洋生产率测量。

SAGE-Ⅲ（平流层气溶胶气体实验-Ⅲ），用于平流层和对流层中的气溶胶、水汽、臭氧、二氧化碳、二氧化氯等的全球剖面数据测量。

ALT（高度计），主要用于海洋潮汐、海洋重力场、波高、海面风速测量以及海洋在全球气候、水文和生物地球化学系统中的作用、大陆冰盖图测绘等。

GLRS-A（地球科学激光测距系统高度计），主要用于冰川和冰层形状、海冰粗糙度、雪盖、云高和大气悬浮微粒的大小测量。

GGI（GPS地球科学仪），主要用于GPS跟踪、精确定位信息，全球测地、大气温度和重力波等数据获取。

STIKSCAT（饱和散射计），主要用于不冻海面上风向和风速的测量。

TES（对流层发射光谱计），主要用于地表至平流层底层的气体的三维剖面数据测量、对流层中臭氧及其化学反应物数据的获取。

HIRDLS（高分辨率动态分层探测仪），主要用于全球温度、水汽、平流层和对流层中化学成分的高垂直分辨率和高水平分辨率数据测量。

为实施全球环境监测计划，欧空局（ESA）继ERS系列后，又于2002年3

月 1 日发射了一颗极地轨道卫星 Envisat-1。其搭载的传感器共有以下 10 种：

（1）先进的合成孔径雷达（ASAR），C 波段，具有双极化能力，幅宽 400km，分辨率为 1 500/1 000m。

（2）雷达高度计 2 号（RA-2）。

（3）微波辐射计（MWR），用于探测大气水汽和云液态水。

（4）先进的沿轨迹扫描辐射计（AATSR）。

（5）中等分辨率成像仪（MERIS），可见光/近红外间有 15 个波段。

（6）掩星式全球臭氧监测仪（GOMS）。

（7）大气制图扫描成像吸收光谱仪（SCIAMACHY）。

（8）被动式大气探测 Michelson 干涉仪（MIPAS）。

（9）辐射收支扫描仪（SCARAB）。

（10）多普勒测轨和无线电定位仪（DORIS）。

总的看来，目前国际上卫星搭载的专门用于环境监测的传感器种类越来越多，特别是高光谱成像仪、合成孔径雷达等针对特定环境对象（如臭氧、大气污染等）的传感器，已在大气、水、海洋等环境监测中进入实际应用阶段。

二、我国环境遥感进展

随着我国环境保护工作力度的不断加大，我国环境保护工作对遥感技术的需求也越来越多。目前，我国已发射的卫星有风云一号（FY-1）、风云二号（FY-2）、资源一号卫星（ZY-1）、资源二号卫星、海洋一号卫星（HY-1）。风云系列卫星主要用于气象预报，其主要遥感仪器的空间分辨率较低（1～5km）；资源一号卫星主要用于地球资源的监测，其传感器类型为 CCD 相机（空间分辨率为 20m）、红外相机（空间分辨率为 80/160m），重复覆盖周期为 26 天；海洋一号卫星的分辨率为 250m，重复观测周期为 7 天，介于气象卫星和资源卫星，主要用于大尺度海洋水色的观测，它只能对发生发展过程较缓慢的对象，如海岸带或海洋生态环境进行监测。遥感技术在环境保护中的应用在我国开展较晚，但经过广大科研人员的奋发努力，在条件十分有限的情况下，已经在大气、水体、生态等众多领域开展了多方面的研究探索工作，并取得了丰硕成果。总的来看，我国环境遥感从天津—渤海湾地区环境遥感技术试验开始到目前为止，在各个方面都已得到了显著发展，应用领域从单纯的环境监测发展到了环境区划、环境影响评价和预测、生态环境变化研究等；从城市遥感监测研究扩展到了区域环境研究；从一次性监测发展到了连续动态监测。遥感技术的发展应用为我国的经济建设做出了重大贡献。遥感技术在洪水预报、灾情判断等方面发挥了极其重要的作用。

1. 大气遥感监测方面

我国当前的环境污染物排放总量不断增加，污染范围继续扩大，必须密切监视大气环境污染变化，掌握大气质量现状及未来的变化趋势。发展探测大气组成与地球生态的空间遥感探测技术，建立我国环境卫星监测与预报系统，与地面环境监测网共同监测大气成分的变化、大气污染与污染源、大气温度和密度以及地表温度和云的物理特性等，是势在必行的。现在能利用卫星遥感监测大气组分和污染的气体种类还不多，利用遥感技术对大气环境监测的主要内容有：对臭氧层的监测、气溶胶含量的监测、温室气体监测、大气热污染监测等。我国重点开展了四个方面的工作。一是利用遥感技术监测大气污染与污染源，如辽宁省环境保护科学研究所应用红外扫描仪对抚顺露天煤矿进行了监测，分析了矿坑上空逆温层的形成与大气污染物扩散的关系，搞清了矿坑内产生污染的条件，为露天矿的污染防治和预测预报提供了科学依据；辽宁省环境保护科学研究所和中国环境科学研究院在太原市进行了以大气污染为目标的遥感监测；北京市环境保护科学研究所曾对规划市区的烟囱高度、分布进行了航空遥感分析。二是通过遥感图像上植物的季相节律变化和遭受污染后的反应差异，以植物对污染的指示性反演大气污染，如确定大气污染的范围、程度和扩散变化，在天津—渤海湾环境遥感试验时曾利用遥感图像上呈现的树冠影像的色调和大小差异，圈定了二氧化硫和酸气、氟化氢等典型污染场。三是以地面采样的分析结果做参照量，与遥感图像相结合进行相关分析，如津渤环境遥感试验时，曾采集树木叶片测定其含硫、含氯量以及树皮的 pH 值，分析二氧化硫、氯气、酸雾的污染。四是利用飞机携带的大气监测仪器，在污染地区上空分层采样，然后进行数据处理分析，如天津、太原曾用这一方法监测了大气气溶胶、飘尘、二氧化硫的时空分布特征和运移规律。

2. 水环境遥感监测方面

水环境遥感监测主要包括水中悬浮物、水体温度、色度的变化、水中可溶性有机物等变化的监测。具体可分为以下几个方面的监测：水域分布变化、水体沼泽化、赤潮和富营养化、泥沙污染、废水污染、固体漂浮物污染等。我国先后对海河、渤海湾、蓟运河、大连湾、长春南湖、于桥水库、珠江、苏南大运河、滇池等大型水体进行了遥感监测，研究了有机污染、油污染、富营养化等；利用水体叶绿素与富营养化间的关系研究了滇池水体污染与富营养化状况；利用水色遥感资料估算了渤海湾表层水体叶绿素的含量，建立了叶绿素含量与海水光谱反射率之间的相关关系模式，定量地划分了有机污染区域；利用水体热污染原理先后对湘江、大连湾、海河、闽江、黄浦江等进行了红外遥感监测。

3. 固体废弃物遥感监测方面

高分辨率图像能很快发现固体废弃物的聚集区，获得其面积、废弃物总量，利用多波段组合和高光谱遥感数据的光谱信息提取可以识别固体废弃物的种类。利用遥感技术对我国多个城市的工业废渣和生活垃圾堆放地与污染状况进行了监测，如中国环境科学研究院在“八五”期间采用遥感方法对北京市的垃圾堆放场做了监测研究。

4. 自然生态遥感监测方面

我国在自然生态遥感监测方面开展了大量工作，目前主要在利用 NOAA/AVHRR 数据和 LANDSAT/TM 数据，还有 SPOT 数据进行工作。如较早的津渤环境遥感试验中，对天津市区土壤中某些重金属的污染状况做了监测、分析；此后不少城市利用遥感技术开展了城市热岛效应与生态环境研究，如天津市、酒泉市、昆明市等都进行了多级多时相的城市遥感监测研究。此外我国在湿地监测、森林调查、草原监测、流域治理等各个方面都采用了先进的遥感技术，完成的重大课题有资源环境动态遥感与模型分析试验研究、再生资源遥感研究、国家资源环境遥感宏观调查与动态监测研究等。1993 年在大兴安岭中段进行了基于 TM 影像数据的森林面积估算、蓄积量估算等。我国于 1994～1996 年在全国性(除上海、台湾外的 29 个省、市、自治区）沙漠、戈壁及沙化土地现状调查中，使用了 1994 年和 1993 年 216 景 TM 卫星影像和 81 景 MSS 卫星影像，并在合成的 1∶10 万和 1∶20 万彩色影像图上进行了沙漠化要素调绘和现场验证。2000～2002 年，国家环境保护总局通过 TM 和 SPOT 影像进行了全国生态环境现状遥感调查。

三、我国环境遥感应用存在的问题

我国现有环境监测站点主要分布在城市及重点地区和重点流域，与我国广阔的国土相比，站点少，尚难以满足环境遥感进行大范围、全天候、全天时的动态监测时所需要的地面和空间监测数据。目前按建成天地一体化的环境监测与预报系统的要求还有较大的距离，我们还无法及时、准确地对国家急需的环境污染和生态破坏等情况进行大面积、连续、动态监测，也难以全面、及时、准确地反映出全国的环境质量状况。因此，有必要进一步发展环境遥感技术，研制适合环境监测的新型传感器和卫星系统，加大在环境卫星地面监测系统和基础设施的建设步伐，进一步深入研究和解决环境遥感中的一些重大问题，如流域水污染监测、大江、大河水环境质量监测、重大污染物泄漏、企业污水偷排放和污染事故监测、大气污染监测、自然生态环境监测、湿地资源状况及动态变化监测、生物多样性状况及动态变化监测、农村生态变化、矿产资源开发的生态破坏监测、城市生态监测、近岸海域环境监测等问题。同时，调动各方面的积极性，使长期困扰环境遥感工作的数据缺乏、经费不足、机构不健全、技术力量薄弱等问题得到尽快解决。目前比较突出的问题主要有。

1. 稳定可靠的数据来源

实现生态环境的大范围、动态监测高度依赖于稳定可靠的数据源，不仅需要常规的遥感数据源，还需要高光谱分辨率、高空间分辨率或高时间分辨率的卫星遥感数据源。目前我国卫星遥感数据源还不足以支持专业化环境遥感的开展。

2. 环境遥感监测的指标体系

环境监测的内容很多，涉及自然生态环境、水环境、大气环境以及城市环境等各个方面，哪些指标能采用卫星遥感技术进行有效的监测，其最佳监测光谱分辨率、监测时间频率和监测空间分辨率等都有待深入研究。

3. 环境遥感应用的技术规范体系

我国目前环境遥感的研究和应用还只局限于个别部门和个别专题，与发达国家相比，整个环境遥感工作还处于起步阶段，还没有形成系统的技术方法和规范，特别是环境遥感技术如何走向专业化，建立天地一体化的生态环境监测技术体系还需要进行大量的探索。

4. 卫星遥感应用系统建设

我国环境保护部门从国家级、省（市）级到地（市）级已经配备有较先进的计算机和地理信息系统硬件设施，但软件建设明显滞后，适合我国环境保护工作实际的环境遥感应用系统的开发和建设非常薄弱，需要进一步加大遥感应用软件开发的力度。

第四节　环境遥感应用需求

进入 21 世纪以来，人类正面临着人口迅速增长，生态环境日趋恶化，资源严重破坏的压力，环境变化频繁，人们开始越来越多地求助于卫星遥感这一先进的技术手段来监测环境变化。未来 10～20 年，我国环境遥感应用需求主要体现在以下 6 个方面。

一、环境质量监测、评价与污染趋势预报

随着我国经济快速发展和人民生活水平日益提高，公众对环境质量的要求愈来愈高，对环境质量的关心程度也与日俱增。目前我国许多城市已将城市环境质量状况作为“周预报”公布，充分体现了公众对环境质量的关心。我国各级政府领导也多次强调，加强环境监测是提高公众环境意识，促进环境保护工作和经济协调发展的重要手段。

目前国家环境保护总局在全国建立了由 2 200 多个环境监测站组成的国家、省、市、县四级环境监测网，为我国环境质量监测和评估提供了大量数据。但由于我国面积辽阔，网点相对稀疏分散，所以现有监测手段仍不能全面、连续动态地反映我国环境质量状况。环境遥感监测系统需将空间遥感卫星、地面定点监测站、数据传输与处理系统、地理信息系统（GIS）结合起来，才能实现对环境质量的大范围、动态、快速地监测。

目前，我国水环境污染非常严重，迫切需要对各大河湖污染状况与发展趋势有一个及时的了解和掌握，开展大流域、大湖泊的水污染动态监测和评价已成为当务之急。运用遥感技术，并配合地面水质监测数据可对大流域、重要湖泊如长江流域、淮河流域、太湖流域、滇池、鄱阳湖流域、巢湖等的污染状况做出定期、全面的调查和评价，为水系污染治理规划和管理提供科学依据。海湾、港口、近海区油污染及其他海洋污染近年也日趋严重，及时发现近海带漏油、溢油以及违法排放含油污水，掌握溢油面积的大小及变化是海洋环境执法的关键，而空间遥感技术是探测油污染的有效手段。在土壤环境质量监测、评价与污染趋势预报方面，利用地面植物的变化、土壤水分的变化等，可直接或间接监测土壤的污染状况。此外，地面垃圾乱堆乱放造成的环境污染在我国各大城市乃至乡村地带随处可见，如目前“垃圾围城”的现象已十分普遍，是群众反映十分强烈的问题之一。通过遥感技术可适时了解垃圾的堆放状况，如堆放点的分布、面积和数量等。

二、水环境遥感

我国有七大水系，2 300 多个面积在 $1km^2$ 以上的湖泊。尽管我国已有上万个水环境监测断面，但所反映的只是点上的环境质量状况。迫切需要大面积、连续、动态监测，需要利用遥感技术对包括水温、总悬浮固体颗粒物、叶绿素、透明度（浊度）、溶解性总有机碳、石油类污染、热污染、赤潮污染等信息进行处理、提取和分析，逐步形成水体环境质量遥感监测、水域分布及变化遥感监测、

水体沼泽化遥感监测、赤潮和富营养化遥感监测、泥沙污染遥感监测、废水污染遥感监测、固体漂浮物污染遥感监测的业务运行能力。

三、大气环境遥感

我国的大气环境污染物排放总量不断增加，污染范围继续扩大，需要密切监视大气环境污染变化，掌握大气质量现状及未来的变化趋势。发展大气环境遥感探测技术，与地面环境监测网共同监测大气环境将给我国环境保护工作带来巨大的推动。需要利用遥感技术对包括总悬浮颗粒物、二氧化硫、氮氧化物、一氧化碳、空气水分含量、臭氧等信息进行处理、提取和分析，逐步形成大气成分变化遥感监测、大气污染与污染源遥感监测、大气温度和密度遥感监测、温室气体浓度遥感监测、大气颗粒物遥感监测、混合化学污染物遥感监测、酸雨污染遥感监测、全球气候变化遥感监测的业务运行能力。

四、生态环境遥感

经过持续不断的努力，我国的自然生态保护工作已取得了巨大的成就，但是生态环境破坏的范围在扩大、程度在加剧的趋势还有待进一步扭转，生态破坏已成为影响社会和经济可持续发展的重要因素。我国地域辽阔，利用传统的地面监测手段很难对全国的生态环境状况做全面调查。需要利用遥感技术对包括表土温度、植被生物物理参数（叶面积指数、植被盖度、冠层温度等）、净初级生产力、净生态系统生产力、表土含水量或湿度、表土粗糙度、植被覆盖及类型、植被构成等信息进行处理、提取和分析，逐步形成土地利用变化遥感监测、区域景观格局动态遥感监测、土地退化（水土流失、土壤侵蚀等）遥感监测、生物多样性遥感监测、资源开发遥感监测的业务运行能力。

我国城市经济发展速度快，人口密集，环境污染严重，特别是空气污染、垃圾污染和水污染问题十分突出。需要利用遥感技术对包括城市群动态变化、城市热岛、城市水源环境、城市固体废物、城市环境空气、城市植被等信息进行处理、提取和分析，逐步形成城市景观格局动态变化遥感监测、城市土地利用动态遥感监测、城市垃圾遥感监测、城市热岛遥感监测的业务运行能力。

五、灾害和环境事故遥感

近年来我国重大生态灾害和环境污染事故不断发生，这些灾害和事故波及面广，影响大，而且一旦发生往往情况紧急，有可能造成极大的破坏和严重的后果。需要利用遥感技术对包括沙尘及沙尘暴、赤潮、洪涝与旱灾、地质灾害、秸秆焚烧、林火、化学品泄漏和爆炸以及各类环境污染事故等信息进行处理、提取和分析，逐步形成生态灾害遥感监测、重大工程和项目引起的生态环境破坏遥感监测、重大环境污染事故遥感监测的业务运行能力。

六、环境卫星遥感技术

根据上述情况，在未来10～20年里，我国环境遥感应用将对航天技术发展提出更高的要求。在空间分辨率方面，考虑到环境监测的对象特征，要求卫星能够提供更高分辨率的探测，一般需要5～10m的地面分辨率；在重访周期方面，所需重访时间从几小时到数天不等，一般需要每天观测1次以上，同时还需利用红外技术进行夜间观测；在波段设置和光谱分辨率方面，需要用到从紫外到远红外很宽的波段，且往往需要利用多个波段的信息复合。因此，传感器要求波段多而窄、灵敏度要更高。一般波段范围需要0.4～1.1μm和10～12.5μm，光谱分辨率需要小于10nm（如受污染水体的光谱反射高值区通常表现为由蓝绿光区向黄绿光区的移动，对低浓度悬浮非有机物质的灵敏探测中心波长为520nm，峰值宽度为10nm；对中等浓度悬浮非有机物质的灵敏探测中心波长为620nm，峰值宽度为10nm；对被溶解有机物质的灵敏探测中心波长为405nm，峰值宽度10nm，由此可见只有采用光谱分辨率小于10nm的成像光谱技术才能有效地探测污染体的存在，并圈出其空间分布范围）；在观测能力方面，需要发展全天时、全天候的观测能力，除光学探测外，还需要利用不同频率的微波遥感信息，特别是需要利用微波遥感技术进行透过云层和地表浅层水分的观测。同时还需要卫星有足够的观测幅宽，以适应全球环境变化监测的需要。

第五节 环境遥感的发展趋势

1. 建立综合对地观测系统

环境遥感技术应用实践表明，未来服务于环境监测的对地观测系统应是由航天、航空、地面观测台站网络等一系列子系统组成的，具有提供定位、定性、定量数据能力的综合性技术系统。这个系统应当是一个全天候、全方位的综合系统，这样才有可能对地球物理场、生物、地理、化学过程进行比较全面的调查研究，从而为环境监测和保护、区域经济协调和持续发展提供系统的科学数据和信息服务。

对地观测空间卫星子系统应是由大型极轨组合平台与小卫星系列、多高度、多种轨道卫星组合的观测体系。从环境监测的需求出发，卫星发展的重点包括：连续地提供高质量的观测数据、长寿命化的观测技术；以定量化为目标的超多波段成像光谱技术；不受云层影响的微波传感器技术；以海洋和大气为主要对象的探测器技术和全球空间、全天候、全时域、连续、快速、高精度导航定位的全球定位系统技术。

2. 遥感、全球卫星定位系统和环境地理信息系统的一体化

环境地理信息系统需要应用遥感资料更新其数据库中的数据；而环境遥感数据的应用需要在环境地理信息系统支持下改善其精度并在数学模型中得到应用。两者之间存在着密切的相互依存关系。但在目前的技术水平下，这种关系受到制约，主要有两方面的原因：一是受卫星分辨率和识别技术所限，遥感图像计算机识别的精度还不能满足更新较大比例尺专题图的要求；二是遥感图像与常用地理信息系统的不同的数据结构妨碍了数据间的传输。

展望今后 10 年，新一代卫星影像的分辨率将有大幅度提高；在专家系统支持下，计算机识别精度也将有明显的改善；同时，从遥感图像具有的栅格数据结构向地理信息系统常用的矢量数据结构的转换已取得明显进展，新的数据结构不断出现，有的达到实用化水平。因此，遥感与地理信息系统一体化已是可以看到的前景。那时，再也不需要重复遥感图像—目视解译—编图—数字化进入地理信息系统的模式，整个过程将为计算机处理所代替，应用实时遥感数据的数学模型将得以运行。

全球卫星定位系统的组合技术系统为遥感对地观测信息提供了准实时或实时的定位信息；遥感对地观测的海量波谱信息为目标识别及科学规律的探测提供了定性或定量数据；遥感、全球卫星定位系统、地理信息系统的一体化将使地理信息系统具有获取准确、快速定位的现实遥感信息的能力，实现数据库的快速更新和在分析决策模型支持下，快速完成多维、多元复合分析。因此，“3S”技术将最终建成新型的地面三维信息和地理编码影像的实时或准实时获取与处理系统，形成快速、高精度信息处理流程，对环境遥感技术发展具有深远的意义。

3. 建设高速大容量遥感数据处理系统

当前亟待解决遥感地面应用系统建设较卫星研制和发射投入薄弱、时间滞后的问题。环境遥感监测特点要求遥感数据处理系统必须有较高的处理速度、处理能力和精度。20 世纪 80 年代以卫星图像目视解译为基础的大区域综合调查需要 3 年左右时间完成，和传统调查方法相比，这已经是很大的进步；90 年代以资源与环境动态监测为目标，这个周期必须缩短到 1 年；而灾害评估、生态调查等定量环境遥感工程，则更需要在数小时和数天内完成。在数据处理分析精度方面，

考虑到环境动态监测中要查清的季度、年度变化本身数值很小，因此对精度的要求更为严格，需要稳定在90%以上，直至达到95%，这是传统的计算机识别没有达到的目标。同时，未来空间遥感技术发展将导致传感器空间分辨率、光谱分辨率的大幅度提高，这些传感器投入运行的结果将使卫星图像的数据量和计算机处理运算量大幅度增加。据初步统计，未来10年内，遥感卫星的数据量将增加100～400倍，计算机处理的运算量将增加1 000～17 000倍。目前需要百万次级计算机解决的图像识别问题，将需要由10亿～170亿次计算机完成。上述处理速度、精度和处理能力问题如不解决，将造成大量遥感数据积压，处于数据爆炸状态，无法发挥遥感技术所具有的宏观、快速和综合的优势。因此，以解决上述问题为目标，建设遥感数据处理系统势在必行。在系统设计中，定量化遥感是重要的方向，主要通过绝对辐射校正研究解决（包括遥感器绝对定标和建立目标的地物波谱与遥感数据的相关模型）。此外，在处理技术方面，要解决多元、多维复合分析的智能化处理，以及新型传感器数据分析处理技术等关键问题。

神经网络计算机和专家系统将对高速大容量遥感与地理信息系统数据处理系统建设提供强有力的支持。若采用神经网络，利用其全并行处理、自适应学习、联想功能等特点，解决计算机视觉、模式识别等特大数据量、信息特别复杂的问题，从而解决遥感图像识别和遥感及地理信息系统数据的综合分析等问题。专家系统已在遥感图像识别实验中得到应用，但远远没有达到实用阶段。当前一些遥感应用科学工作者开发了一批专家系统软件，但还很不成熟。应当指出，计算机研究人员已开发了一批专家系统开发工具，从理论完整性和实用性以及人力的投入上都远远超过了应用工作者开发的专家系统。因此，对于环境遥感和地理信息系统应用科学家来说，正确的途径不是独立开发专家系统，而是从众多的已开发的专家系统开发工具中选取适合于环境科学应用的模式，赋予环境科学内容，特别是在认真科学地总结专家知识的基础上建立知识库应是地球科学工作者研究和应用专家系统的正确方向。

4. 环境遥感数学模型的发展

随着遥感和地理信息系统应用的不断深入和普及，面向不同专业的数学模型将进一步分化，以遥感物理模型为理论基础的专业化模型将是近期的主流。例如，遥感图像识别中有关纹理的数学模型正在混合像元分解的基础上展开；各种遥感水文模型，也是建立在降水与下垫面交互作用机制研究的基础上。诚然，统计分析在建立模型和参数分析上仍然发挥着重大作用，但是单纯的数学分析模型的重要性正在相对减少。

随着数字分析技术的发展和计算机功能的提高，通过进一步的理论概括，形成以处理数字数据为主体的通用化数学遥感模型。例如，以研究时间进程为主要对象的时序分析模型系统的建立，以模拟环境现象二维或三维空间分布特征为对象的面模拟模型等。

环境遥感未来两个重要发展方向是：成像光谱仪和合成孔径雷达。成像光谱仪可从几十甚至几百个谱段获得精细的光谱信息，结合实验室的光谱数据库可直接对水、植物和地物的性质和结构进行分析；合成孔径雷达则能穿透云雾，甚至部分植被和土壤，以及全天候全天时观测资源与环境目标，并能通过多频、多极化、多入射角等手段提高对目标的识别能力。两种遥感器的应用和相互结合将开创资源环境遥感应用的新局面。全球环境日益恶化，地球变暖，海平面升高，对气候和生态系统带来越来越显著的影响。空气和水环境污染，森林减少，土地沙漠化，臭氧层遭破坏的情况越来越严重。遥感卫星将利用其宏观、快速、动态性观测特点，在对灾害和环境的预警、监视、评估和辅助决策方面发挥重要作用，对国家社会经济发展具有重大意义。

环境遥感技术从根本上改变了环境研究传统的由点到线再到面的演绎法，为生态环境研究提供了一个全新的研究角度，克服了传统环境研究中的诸多局限性。环境遥感监测系统可将空间遥感卫星、地面定点监测站、数据传输与处理系统、地理信息系统（GIS）相结合，实现准确、客观、动态、简便、快速地反映我国环境质量状况和实现污染预报。国内外环境遥感实践经验表明，发展和应用环境遥感技术将会直接促进环境保护工作的开展，并带来巨大的经济效益和社会效益。

思考题

1. 简述环境遥感的基本概念。
2. 遥感技术有哪些普遍特征？环境遥感又有什么特点？
3. 简述大气环境遥感研究进展。
4. 简述水环境遥感研究进展。
5. 简述生态环境遥感研究进展。
6. 简述我国环境遥感发展现状。
7. 我国环境遥感应用存在哪些问题？
8. 试述当前环境遥感技术的发展趋势。
9. 我国环境遥感应用需求主要包括哪些方面？

主要参考文献

陈述彭. 1990. 遥感大辞典. 北京：科学出版社

陈述彭. 2003. 地学的探索（第六卷）. 地球信息科学. 北京：科学出版社

国家环境保护总局. 2003. 第一届环境遥感应用技术国际研讨会论文集

国家自然科学基金委员会. 2001. 地球空间信息科学. 北京：高等教育出版社，施普林格出版社

马蔼乃. 1984. 遥感概论. 北京：科学出版社

钱新强. 2000. 环境遥感对地理学研究方法的拓展. 地域研究与开发，18（3）

童庆禧. 1994. 遥感科学技术进展. 地理学报，49（增刊）

赵英时. 2003. 遥感应用分析原理与方法. 北京：科学出版社

中国科学院地学部“中国地球科学发展战略”研究组. 2002. 地球科学：世纪之交的回顾与展望. 济南：山东教育出版社

Jensen J R. 2000. Remote sensing of the environment：an earth resource perspective，Upper Saddle River，Prentice-Hall Inc

Jun Chen，Jie Jiang. 2002. Integration systems for spatial data production，custodian and decision support

第二章　环境遥感原理

第一节　环境遥感的理论基础

由于环境条件（如气温、湿度）改变和环境污染，大多会引起地物波谱特征发生不同程度的变化，而地物波谱特性的差异则是遥感识别地物的根本的依据，环境遥感便是基于这样的原理而发展起来的。

一、电磁波与电磁波谱

1. 电磁波及其特性

波是振动在空间的传播。当电磁振荡进入空间，变化的磁场激发了涡旋电场，变化的电激发了涡旋磁场，使电磁振荡在空间传播，这就是电磁波。无线电波、微波、红外线、可见光、紫外线、γ射线等都是电磁波，只是波源不同，波长（或频率）也各不同。

电磁波是通过电场和磁场之间相互联系传播的。根据麦克斯韦电磁场理论，空间任何一处只要存在着场，也就存在着能量，变化着的电场能够在它的周围空间激起磁场，而变化的磁场又会在它的周围感应出变化的电场。这样，交变的电场和磁场是相互激发并向外传播，闭合的电力线和磁力线就像链条一样，一个一个地套连着，在空间传播开来，形成了电磁波。在电磁波里，振荡的是空间电场矢量 $\boldsymbol{E}$ 和磁场矢量 $\boldsymbol{M}$。电场矢量 $\boldsymbol{E}$ 和磁场矢量 $\boldsymbol{M}$ 互相垂直，并且都垂直于电磁波传播方向（图 2.1）。

电磁波具有波粒二相性的特征。在电磁波传播过程中，主要表现为波动性；当电磁波与物质相互作用时主要表现为粒子性。电磁波波长不同，其波动性和粒子性所表现的程度也不一样。一般来说，波长越短，其粒子特性越明显；波长越长，其波动性越明显。遥感技术正是利用电磁波的波粒二相特性，达到探测目标物电磁辐射信息的。

波动的基本特点是时、空周期性。时、空周期性可以由波动方程的波函数来表示。单一波长电磁波的一般函数表达式为

$$\psi = A\sin\ [(\omega t - kx) + \varphi] \tag{2.1}$$

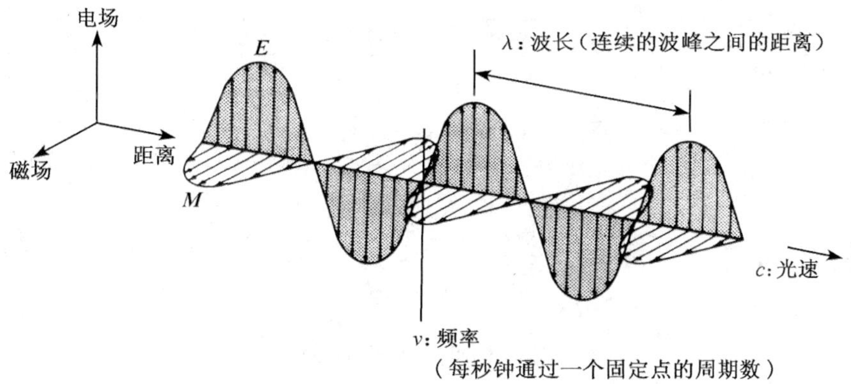

图 2.1　电磁波示意图（Thomas 等，2003）

式中：ψ 为波函数（表示电场强度）；A 为振幅；$(\omega t-kx)+\varphi$ 为位相；φ 为初位相；$\omega=2\pi/T$ 为角频率；$k=2\pi/\lambda$ 为圆波数；t、x 分别为时、空变量（t 表示时间，x 表示距离）。

波函数由振幅和位相组成。一般传感器仅记录电磁波的振幅信息，而舍弃位相信息；在全息摄影中，除了记录电磁波的振幅信息，同时也记录位相信息。光的波动性形成了光的干涉、衍射、偏振和色散等现象。

电磁辐射的粒子性，是指电磁波是由密集的光子微粒组成的，电磁辐射实质上是光子微粒流的有规律运动，波是光子微粒流的宏观统计平均状态，而粒子是波的微观量子化。当把电磁波作为粒子对待时，又叫光子（photon）或光量子，其能量由下式给出：

$$E = hv \tag{2.2}$$

式中：h 为普朗克常量；v 为振动次数（即频率）。

例如，光电效应就可以把电磁波看成粒子进行说明。

2. 电磁波谱

将各种电磁波在真空中的波长（或频率）按其长短，依次排列制成的图表（图 2.2）叫做电磁波谱。在电磁波谱中，波长最长的是无线电波，无线电波又依波长不同分为长波、中波、短波、超短波和微波，其次是红外线、可见光、紫外线；再次是 X 射线；波长最短的是 γ 射线。整个电磁波谱形成了一个完整、连续的波谱图。各种电磁波的波长（或频率）之所以不同，是由于产生电磁波的波源不同。

在电磁波谱中，各种类型的电磁波，由于波长（或频率）的不同，它们的性质就有很大的差别（如在传播的方向性、穿透性、可见性和颜色等方面的差别）。

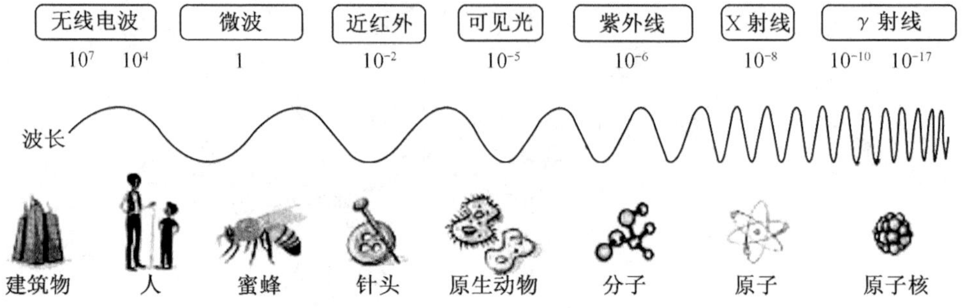

图 2.2 电磁波谱（cm）

例如，可见光可被人眼直接感觉到，看到物体各种颜色；红外线能克服夜障；微波可穿透云、雾、烟、雨等。但它们也具有共同性：①各种类型电磁波在真空（或空气）中传播的速度相同，都等于光速：$c=3\times10^8$m/s；②遵守同一的反射、折射、干涉、衍射及偏振定律。

目前，遥感技术所使用的电磁波集中在紫外线、可见光、红外线、微波光波段，各波段划分界线在不同资料上采用光波段的范围略有差异。

在电磁波谱中，不同波段习惯使用的波长单位也不相同，在无线电波段波长的单位取千米（km）或米（m），在微波波段波长的单位取厘米（cm）或毫米（mm）；在红外线段常取的单位是微米（μm），在可见光和紫外线常取的单位是纳米（nm）或微米。波长单位的换算如下：

$$1\text{nm}=10^{-3}\mu\text{m}=10^{-7}\text{cm}=10^{-9}\text{m}$$

$$1\mu\text{m}=10^{-3}\text{mm}=10^{-4}\text{cm}=10^{-6}\text{m}$$

除了用波长来表示电磁波外，还可以用频率来表示，如无线电波常用的单位为吉赫（GHz）。习惯上常用波长表示短波（如 γ 射线、X 射线、紫外线、可见光、近红外等），用频率表示长波（如无线电波、微波等）。

遥感常用的各光波段的主要特性如下（表 2.1）：

（1）紫外线。波长范围为 0.01～0.38μm，具较高能量，在大气中散射严重。太阳辐射含有紫外线，通过大气层时，波长小于 0.3μm 的紫外线几乎都被吸收，只有 0.3～0.38μm 波长的紫外线部分能穿过大气层到达地面，且能量很少，并能使溴化银底片感光。紫外波段在遥感中应用比其他波段晚。目前，主要用于探测碳酸盐岩分布。碳酸盐岩在 0.4μm 以下的短波区域对紫外线的反射比其他类型的岩石强。另外，水面漂浮的油膜比周围水面反射的紫外线要强烈，因此，可用于油污染的监测。但是紫外波段从空中可探测的高度大致在 2 000m 以下，因此，不宜用于高空遥感。

（2）可见光。是遥感中最常用的波段。可见光在电磁波谱中，只占一个狭窄

表 2.1　遥感技术使用电磁波分类名称和波长范围

波段		波长	
微波		1mm～1m	
红外波段	超远红外	0.76～1 000μm	15～1 000μm
	远红外		6～15μm
	中红外		3～6μm
	近红外		0.76～3μm
可见光	红	0.38～0.76μm	0.62～0.76μm
	橙		0.59～0.62μm
	黄		0.56～0.59μm
	绿		0.50～0.56μm
	青		0.47～0.50μm
	蓝		0.43～0.47μm
	紫		0.38～0.43μm
紫外线		10^{-2}～3.8×10^{-1}μm	

的区间，波长范围 0.38～0.76μm。它由红、橙、黄、绿、青、蓝、紫色光组成。也可粗分为：蓝 0.38～0.50μm；绿 0.50～0.60μm；红 0.60～0.76μm。人眼对可见光可直接感觉，不仅对可见光的全色光，而且对不同波段的单色光，也都具有这种能力。所以可见光是作为鉴别物质特征的主要波段。在遥感技术中，常用光学摄影方式接收和记录地物对可见光的反射特征。也可将可见光分成若干个波段同一瞬间对同一景物、同步摄影获得不同波段的像片；亦可采用扫描方式接收和记录地物对可见光的反射特征。

(3) 红外线。红外线波长范围为 0.76～1 000μm，为了实际应用方便，又将其划分为：近红外（0.76～3μm），中红外（3～6μm），远红外（6～15μm）和超远红外（15～1 000μm）。

近红外波段在遥感技术中也是常用波段。近红外在性质上与可见光相似，由于它主要是地表面反射太阳的红外辐射，因此又称为反射红外。在遥感技术中采用摄影方式和扫描方式，接收和记录地物对太阳辐射的红外反射。在摄影时，由于受到感光材料灵敏度的限制，目前只能感测 0.76～1.3μm 波长。

中红外、远红外和超远红外是产生热感的原因，所以又称为热红外。自然界中任何物体，当温度高于热力学温度（－273.15℃）时，均能向外辐射红外线。物体在常温范围内发射红外线的波长多在 3～4μm，而 15μm 以上的超远红外线易被大气和水分子吸收，所以在遥感技术中主要利用 3～15μm 波段，更多的是利用 3～5μm 和 8～14μm 波段。红外遥感是采用热感应方式探测地物本身的辐射（如热污染、火山、森林火灾等），所以工作时不仅白天可以进行，夜间也可以进行，能进行全天时遥感。

(4) 微波。微波的波长范围 1mm～1m。微波又可分为：毫米波、厘米波和分米波。微波辐射和红外辐射两者都具有热辐射性质。由于微波的波长比可见光、红外线要长，能穿透云、雾而不受天气影响，所以能进行全天候全天时的遥感探测。微波遥感可以采用主动或被动方式成像，另外，微波对某些物质具有一定的穿透能力，能直接透过植被、冰雪、土壤等表层覆盖物。

二、电磁辐射的度量

在遥感过程中，需要测量从目标物反射或辐射的电磁波的能量，也叫辐射量的测定。辐射测量是以 γ 射线到无线电波整个波长范围为对象的物理辐射量的测定。在辐射测量中，为了明确所要测量的量，定义了一些基本术语。以下给出了辐射测量中所使用的基本术语及其定义：

· 辐射能 Q_c——以电磁波形式传送的能量 (J)。

· 辐射通量 Φ——在单位时间内传送的辐射能量 (W)；大多数传感器响应的是辐射能传递的时间速率，而不是所传递的总能量。

· 辐射通量密度——单位面积所截获的辐射通量。

· 辐射强度 I——在单位立体角、单位时间内，从微小辐射源向某一方向辐射的辐射能量 (W/sr)。

· 辐照度 E_e——在单位时间内，单位面积上接收的辐射能量 (W/m^2)。

· 辐射出射度 M_e——在单位时间内，从单位面积上辐射出的辐射能量。

· 辐射亮度 L——在单位立体角、单位时间内，从外表面的单位面积上辐射出的辐射能量。

三、黑体辐射

物体不断辐射具有能量和光谱分布的电磁波，而这种能量又依物体的发射率和温度而变化。由于这种辐射依赖于温度，因而叫做热辐射。由于热辐射随构成物体的物质及条件不同而变化，所以确定了以黑体 (black body) 为基准的热辐射的定量法则。

所谓黑体，是指入射的全部电磁波被完全吸收，既无反射也没有透射的物体。自然界并不存在绝对黑体，实用的黑体是由人工方法制成的。这种理想黑体模型的建立，是为了参照计算一般物体的热辐射而设计的。黑体模型种类较多，基本结构为能保持恒定温度的空腔。根据基尔霍夫的辐射定律，处于热力学平衡状态的物体所发射的能量与吸收的能量之比与物体本身性质无关，仅与波长和温度有关，所以，黑体是在一定温度下比其他任何物质的辐射能量都要大的物体，也叫完全辐射体。

黑体辐射是指黑体的热辐射，它是在一切方向上都均等的辐射。其辐射亮度是温度和波长的函数，用普朗克（Planck）的辐射定律表示[见公式（2.3）]。以窄波段为对象的辐射温度计就是利用了这一定律。普朗克的辐射定律表示为

$$M_\lambda(T) = 2\pi hc^2\lambda^{-5} \cdot [\exp(hc/\lambda kT) - 1]^{-1} \tag{2.3}$$

式中：M_λ 为辐射出射度；T 为热力学温度（K）；c 是光速，取值 2.998×10^8 m/s；k 是玻尔兹曼常量，取值 $1.380\,6\times10^{-23}$ J/K；h 是普朗克常量，取值 6.626×10^{-34} J・s；λ 为波长（m）。

太阳是遥感中电磁辐射的最主要的来源。然而，绝对零度（0K 或－273 ℃）以上的所有物体都会连续地发出电磁辐射。这样，地球上的所有物体都是电磁源，尽管它们有不同于太阳的量值和光谱组成。如果不考虑其他因素，物体辐射能量是该物体表面温度的函数。这一特性可以用斯特藩-玻尔兹曼定律表达，即

$$M = \sigma T^4 \tag{2.4}$$

式中：M 为物体表面的总辐射出射度（W/m^2）；σ 为斯特藩-玻尔兹曼常量，取值 $5.669\,7\times10^{-8}$ W/（m^2・K^4）；T 为发射物体的热力学温度（K）。

该定律的重要意义在于说明物体辐射出的能量是其温度的函数，物体发出的全部能量是随着 T^4 变化的。所以当温度升高时，总辐射能量将非常迅速地增大。同时，必须注意到这一定律对于辐射能量来源的表达是基于黑体条件下的。黑体是假设的、理想的辐射体，它能全部吸收并重新辐射出它的全部能量。实际的物体只能接近于理想状态。

像物体发射的总能量随温度变化那样，发射能量的光谱分布也随温度变化。图 2.3 表示当温度从 200K 变化到 6 000K 时的黑体能量分布曲线。坐标轴单位[W/（m^2・μm)]表示黑体发出的辐射功率。因此，曲线下的面积等于总辐射出射度 M。曲线可以从图形的角度作为斯特藩-玻尔兹曼定律的数学表达，即辐射体温度越高，发射的辐射总量越大。曲线也显示出随着温度的增高，黑体辐射分布的峰值向短波方向移动。主波长或黑体辐射曲线到达最大值的波长与其温度的关系，服从维恩位移定律：

$$\lambda_m = A/T \tag{2.5}$$

式中：λ_m 为最大波谱辐射出射度对应的波长（μm）；A＝2 898μm・K；T 为热力学温度（K）。

因此，对某一黑体，最大波谱辐射出射度对应的波长与黑体的热力学温度成反比。自然界一般物体不是黑体，但在某一确定温度 T 时，物体最强辐射所对应的波长 λ_m，也可以用维恩位移公式计算出近似值。

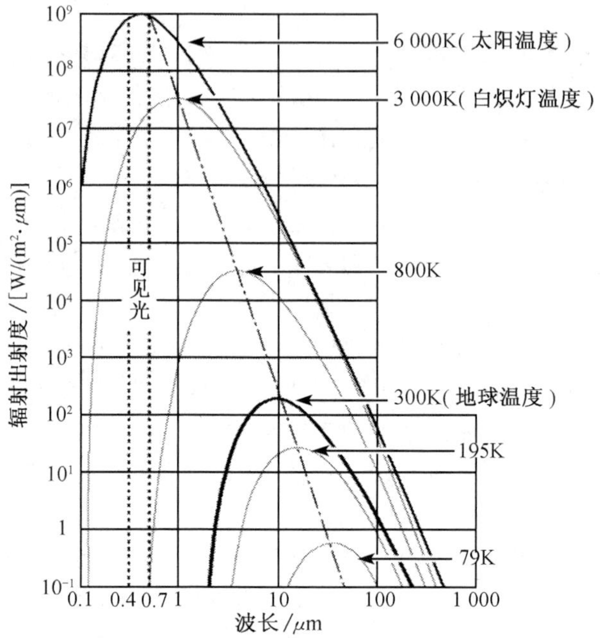

图 2.3　不同温度黑体辐射能量的波谱分布

四、电磁辐射源分析

1. 自然辐射源

1）太阳辐射

太阳辐射是可见光及近红外遥感的主要辐射源，是地球上生物、大气运动的能源，也是被动式遥感系统中重要的自然辐射源。太阳表面温度约有 6 000K，内部温度则更高。太阳辐射覆盖了很宽的波长范围，由 1Å 直至 10m 以上，包括 γ 射线、紫外线、可见光、红外线、微波及无线电波。太阳辐射能主要集中在 0.3～3μm 段，最大辐射强度位于波长 0.47μm 左右。由于太阳辐射的大部分能量集中在 0.4～0.76μm 之间的可见光波段，所以太阳辐射一般称为短波辐射。

太阳辐射以电磁波的形式，通过宇宙空间到达地球表面（约 1.5×10^{8}km)，全程时间约 500s。地球挡在太阳辐射的路径上，以半个球面承受太阳辐射。在地球表面上各部分承受太阳辐射的强度是不相等的。当地球处于日地平均距离时，单位时间内投射到位于地球大气上界，且垂直于太阳光射线的单位面积上的太阳辐射能为 $1.36\times10^{3}\,W/m^{2}$。此数值称为太阳常数。一般来说，垂直于太阳辐射线的地球单位面积上所接受到的辐射能量与太阳至地球距离的平方成反比。太阳常数不是恒定不变的，一年内约有 7%的变动。太阳辐射先通过大气圈，然后到达地面，由于大气对太阳辐射有一定的吸收、散射和反射，所以投射到地表面上的太阳辐射强度有很大衰减（图 2.4）。

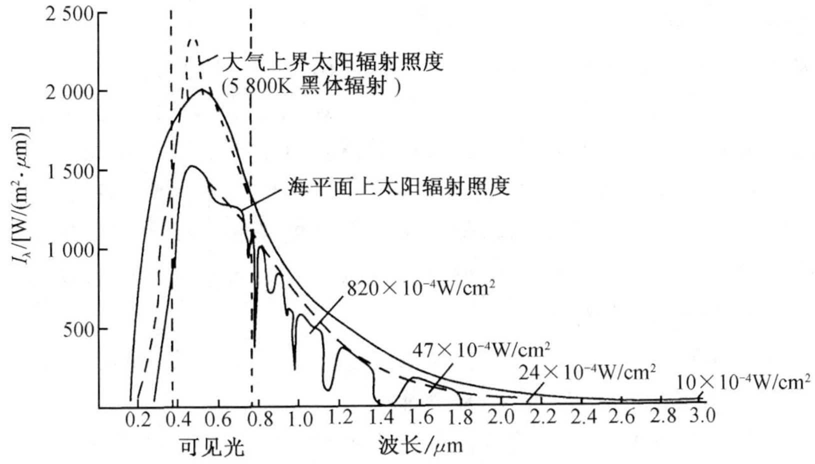

图 2.4　太阳辐射照度分布曲线（孙家柄，2003）

2）地球辐射

地球是远红外遥感的主要辐射源。地球的外围温度（即地面物质，如土壤、水和植被的温度）大约是 300K（27℃）。根据维恩位移定律，这意味着由地球物体产生的最大波谱辐射出射度对应于 9.66μm 波长，属于远红外波段。由于这种辐射与地表热有关，称为“热红外”能量。这种能量不能被看到也不能被光学摄影记录，但可以被辐射计或扫描仪这类热量设备探测到。我们的眼睛和摄影胶卷对于能量的大小和波长是敏感的。因此，当太阳升起时，由于地球上物体因反射太阳能量而被观察到。需要重申的是，地球表面物体发出的长波能量只能用非光学摄影的传感系统来观测。通常，反射的和发射的红外波长分界线大约是 3μm 处。比这一波长短的，以反射能量为主，比这一波长长的，发射能量占优势。

地球辐射可分为两个部分：短波（0.3～2.5μm）和长波（6μm 以上）部分。当对地面目标地物进行遥感探测时，传感器接收到小于 3μm 波长，主要是地物反射太阳辐射的能量，而地球自身的热辐射极弱，可忽略不计；传感器接收到大于 6μm 波长，主要是地物本身的热辐射能量；在 3～6μm 中红外波段，太阳与地球的热辐射均要考虑。所以在进行红外遥感探测时，选择清晨时间，其目的就是为了避免太阳辐射的影响。

2. 人工辐射源

人工辐射源是指人为发射的具有一定波长（或一定频率）的波束。工作时接收地物散射该光束返回的后向反射信号强弱，从而探知地物或测距，称为雷达探测。雷达又可分为微波雷达和激光雷达。在微波遥感中，目前常用的主要为侧视雷达。

1）微波辐射源

在微波遥感中常用的波段为0.8～30cm。由于微波波长比可见光、红外线波长要长。因此，在技术上微波遥感应用的主要是电学技术，而可见光、红外遥感应用则偏重于光学技术。在应用上，微波遥感具有以下一系列特点：

（1）具有全天候全天时探测能力。雷达是主动式传感器，它不依靠太阳辐射，因此能昼夜获得同等质量的影像。由于微波波长长，受大气干扰小，一般厚云层（除特别恶劣气候条件外）微波都可以透过，故可全天候进行探测，这是可见光与红外遥感所不能相比的。

（2）微波对某些物质具有一定的穿透能力，能直接透过植被覆盖，对于冰、雪和土壤等表层覆盖物也有一定的穿透能力。

（3）某些物质的光谱在微波波段有较大的差异。这样，在可见光与红外遥感中不易区分的一些物体，在微波遥感中则容易区别。

2）激光辐射源

目前研究成功的激光器种类很多。按照工作物质的类型可分为：气体激光器、液体激光器、固体激光器、半导体激光器和化学激光器等；按激光输出方式可分为：连续输出激光器和脉冲输出激光器。激光器发射光谱的波长范围较宽，短波波长可至0.24μm以下，长波波长可至1 000μm，输出功率低的仅几微瓦，高的可达几兆兆瓦以上。

激光在遥感技术中逐渐得到应用，其中应用较广的为激光雷达。激光雷达使用脉冲激光器，它可精确测定卫星的位置、高度、速度等，也可测量地形、绘制地图、记录海面波浪情况，还可利用物体的散射性及荧光、吸收等性能监测污染和勘查资源。在遥感图像处理中，采用激光输出器和激光存储器，可大大提高图像处理的速度和精度。

五、地物的光谱特性

自然界中任何地物都具有其自身的电磁辐射规律，如具有反射，吸收外来的紫外线、可见光、红外线和微波的某些波段的特性；它们又都具有发射某些红外线、微波的特性；少数地物还具有透射电磁波的特性，这种特性称为地物的光谱特性。

当电磁辐射能量入射到地物表面上，将会出现三种过程：一部分入射能量被地物反射；一部分入射能量被地物吸收，成为地物本身内能或部分再发射出来，一部分入射能量被地物透射（图 2.5）。

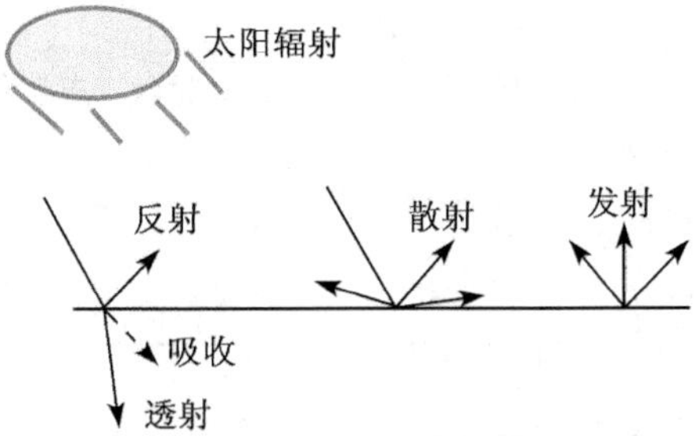

图 2.5　太阳辐射与地表的相互作用

根据能量守恒定律可得

$$P_0 = P_\rho + P_\alpha + P_\tau \tag{2.6}$$

式中：P_0 为入射的总能量；P_ρ 为地物的反射能量；P_α 为地物的吸收能量；P_τ 为地物的透射能量。

式（2.6）两端同除以 P_0，得

$$\frac{P_\rho}{P_0} + \frac{P_\alpha}{P_0} + \frac{P_\tau}{P_0} = 1 \tag{2.7}$$

令$P_\rho/P_0 \times 100\% = \rho$（反射率），即地物反射能量占入射总能量的百分率；

$P_\alpha/P_0 \times 100\% = \alpha$（吸收率），即地物吸收能量占入射总能量的百分率；

$P_\tau/P_0 \times 100\% = \tau$（透射率），即地物透射的能量占入射总能量的百分率。

则式（2.7）可写成

$$\rho + \alpha + \tau = 1 \tag{2.8}$$

对于不透明的地物，$\tau=0$，式（2.8）可写成

$$\rho + \alpha = 1 \tag{2.9}$$

式(2.9)表明，对于某一波段反射率高的地物，其吸收率就低；吸收率高的地物，其反射率就低。地物的反射率可以测定，而吸收率则可通过式(2.9)求出，即 $\alpha=1-\rho$。

1. 地物的发射光谱特性

1）发射率

任何地物当温度高于绝对温度 0K 时，组成物质的原子、分子等微粒，在不停地做热运动，都有向周围空间辐射红外线和微波的能力。通常地物发射电磁辐射的能力是以发射率作为衡量标准。地物的发射率是以黑体辐射作为基准。

上述斯特藩-玻尔兹曼定律、维恩位移定律只适用黑体辐射，但是在自然界中，黑体辐射是不存在的，一般地物辐射能量总要比黑体辐射能量小。如果利用黑体辐射有关公式，则需要增加一个因子，这个因子就是发射率（ε_λ），或称“比辐射率”。

对于某一波长来说，发射率定义如下：

$$\varepsilon_\lambda = M'/M \tag{2.10}$$

式中：M'为单位面积上观测地物发射的某一波长的辐射通量密度；M 为与观测地物同温度下黑体的辐射通量密度。

发射率根据物质的介电常数、表面的粗糙度、温度、波长、观测方向等条件而变化，取 0～1 之间的值。地物发射率的差异也是遥感探测的基础和出发点。

2）地物发射光谱

地物的发射率随波长变化的规律，称为地物的发射光谱。按地物发射率与波长间的关系绘成的曲线（横坐标为波长，纵坐标为发射率）称为地物发射光谱曲线。

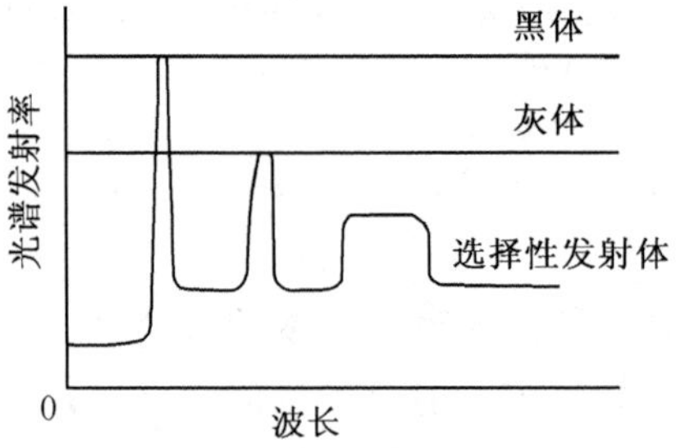

图 2.6 地物的发射波谱特性曲线
（日本遥感研究会，1993）

通常，根据发射率与波长的关系，将地物分为三种类型，如图 2.6 所示。

(1) 黑体，其发射率 $\varepsilon_\lambda=1$，即黑体发射率对所有波长都是一个常数，并且等于 1。

(2) 灰体，其发射率 $\varepsilon_\lambda=$常数<1。即灰体的发射率始终小于 1，发射率 ε_λ 不随波长变化。

(3) 选择性辐射体，其发射率 $\varepsilon_\lambda<1$，发射率 ε_λ 随波长而变化。

地物的发射率与地物的性质、表面状况（如粗糙度、颜色等）有关，且是温度和波长的函数。例如，同一地物，其表面粗糙或颜色较深的，发射率往往较高，表面光滑或颜色浅的，发射率则较小。不同温度的同一地物，有不同的发射率（如石英在 250K 时 $\varepsilon_\lambda=0.748$，500K 时 $\varepsilon_\lambda=0.819$）。物体表面温度主要受地物本身物理性质的影响，如地物的比热、热导率、热扩散率及热惯量等，其中比热和热惯量的影响较大。

比热是指物质储存热的能力（即 1g 物质，温度升高 1℃所需的热量大小）。热惯量是度量物质热惰性大小的物理量，也是两种物质界面上热传导速率的一种度量。物质热惯量大小，决定于其热导率、热容量及密度等物理量。总之，比热大，热惯量大，以及具有保温作用的地物，一般发射率大，反之发射率就小。例如水体，在白天水面光滑明亮，表面反射强而温度较低，发射率亦较低；而到夜间，热惯量也高，故而发射率较高。

基尔霍夫在研究辐射传输过程中发现：在任一给定温度下，地物单位面积上的辐射通量密度 W' 和吸收率 α 之比，对于任何地物都是一个常数，并等于该温度下同面积黑体辐射通量密度 W。这就是基尔霍夫定律，它可写成如下的数学形式

$$W=W'/\alpha \tag{2.11}$$

由基尔霍夫定律可知，任一物体在某温度下、某波长处的光谱发射率与光谱吸收率永远相等。该定律反映在一定温度下的物体，如它对某一波长的辐射有强吸收，则发射这一波长辐射的能力亦强；若为弱吸收，则发射亦弱。

要测定地物的发射光谱，首先必须测量地物的发射率。然后根据地物的发射率与波长对应关系可以画出发射光谱曲线，测量地物发射率最简单的方法是通过测量地物的反射率（指近红外）来推求地物的发射率（即 $\varepsilon=1-\rho$）。因为测量地

物的反射率要比直接测量发射率简单容易，也便于实现。

3）亮度温度

由于自然界中的地物均不是黑体，所以习惯上测量地物的辐射量常用亮度温度 T_B 来衡量地物的辐射特征。所谓亮度温度是当物体辐射的功率等于某一黑体辐射功率时，该黑体的绝对温度即该地物的亮度温度。亮度温度与地物表面的真实温度 T 之间的关系为

$$T_B = \varepsilon T \tag{2.12}$$

式中：T_B 为亮度温度；ε 为地物表面的发射率，$0\leqslant\varepsilon\leqslant1$。因此，地物的亮度温度总是小于其实际温度。

一般讲，亮度温度 T_B 与发射率 ε 及地物表面的真实温度 T 的关系是复杂的，只有当 $\lambda\gg\lambda_{max}$ 时（即在瑞利-金斯近似条件下），亮度温度 T_B 等于真实温度 T 与发射率 ε 的乘积。显然亮度温度是波长的函数，随波长而变化。

辐射计从高空探测到地物的亮度温度 T_A 可归结为

$$T_A = \varepsilon T + (1-\varepsilon)T_S \tag{2.13}$$

式中：T_S 为天空辐射温度；T 为地物表面实际温度；ε 为地物发射率；$(1-\varepsilon)$ 为地物反射率。

从式（2.13）中看出：对可见光波段，$\varepsilon=0$，而 $T_S>T$，所以 $T_A=T_S$，即 T_A 主要是由太阳反射光所决定。在红外波段，除了特殊地物外，一般来说 ε 趋于 1，所以 $T_A\approx\varepsilon T$。因此，可利用红外辐射计来探测地物的表面真实温度。在微波段，因为 $0<\varepsilon<1$，所以这时地物的亮度温度 T_A，除了反映地物的表面温度以外，还反映不同地物的不同微波发射率。而微波发射率是与地物本身的电学性质（导电率、电磁率）有关。因此，微波辐射计记录下来的等效温度不是观察地区的真实温度，而是受到多种因素影响的结果。

2. 地物的反射光谱特性

不同地物对入射电磁波的反射能力是不一样的，通常采用反射率（或反射系数、或亮度系数）来表示。当电磁辐射能到达两种不同介质的分界面时，入射能量的一部分或全部返回原介质的现象，称之为反射。反射的特征可以通过反射率表示，它是波长的函数，故称为光谱反射率 ρ（λ）。光谱反射率 ρ（λ）被定义为

$$\rho(\lambda) = E_R(\lambda)/E_I(\lambda) = \text{反射能} / \text{入射能} \tag{2.14}$$

ρ（λ）以百分数表示，其值在 0～1 之间。

反射率不仅是波长的函数，同时也是入射角，物体的电学性质（电导、介电、磁学性质等）以及表面粗糙度、质地等的函数。一般地说，当入射电磁波波长一定时，反射能力强的地物，反射率大，在黑白遥感图像上呈现的色调就浅。反之，反射入射光能力弱的地物，反射率小，在黑白遥感图像上呈现的色调就

深。在遥感图像上色调的差异是判读遥感图像的重要标志。

物体对电磁波的反射有三种形式：①镜面反射（specular reflection）；②漫反射（diffuse reflection）；③方向反射（directional reflection）（图 2.7）。

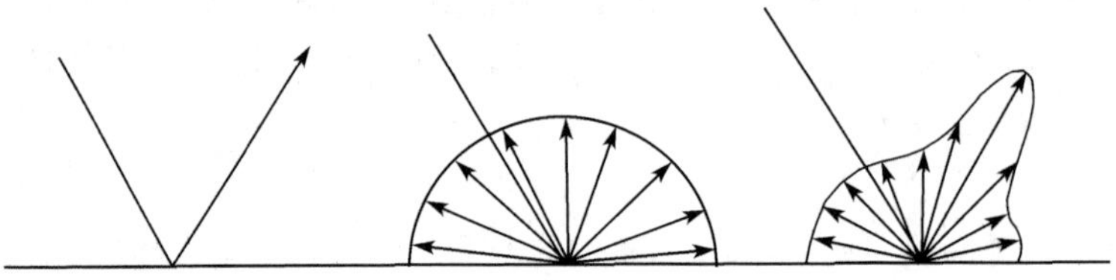

图 2.7 电磁波反射的三种形式

（1）镜面反射：当入射能量全部或几乎全部按相反方向反射，且反射角等于入射角，称为镜面反射。若表面相对于入射波长是光滑的，则出现镜面反射。对可见光而言，在镜面、光滑金属表面、平静水体表面均可发生镜面反射；而对微波而言，由于波长较长，故公路面也符合镜面反射规律。

（2）漫反射：当入射能量在所有方向均匀反射，即入射能量以入射点为中心，在整个半球空间内向四周各向同性的反射能量的现象，称为漫反射。若表面相对于入射波长是粗糙的，即当入射波长比地表高度小或比地表组成物质粒度小时，则表面发生漫反射。如对可见光而言，土石路面、均一的草地表面均属漫射体。漫射体保留了反射表面的光谱信息（颜色或亮度）。因而在遥感领域被广泛应用。

（3）方向反射：大量实验证明，电磁辐射与地表相互作用表现出明显的方向性特征。自然界大多数地表既不完全是粗糙朗伯漫反射表面，也不完全是光滑的“镜面”，而是介于两者之间的非朗伯表面。其反射并非各向同性，而具有明显的方向性，即方向反射。镜面反射也可认为是方向反射的一个特例。

不同地物在不同波段反射率存在着差异。因此，在不同波段的遥感图像上即呈现出不同的色调。这就是判读识别各种地物的基础和依据。设计遥感传感器探测波段的波长范围，是通过分析比较地物光谱数据而选择设置的，如美国陆地卫星多光谱扫描仪（Multi-Spectral Scanner，MSS）最初所选择的四个波段分别为：MSS1：（0.5～0.6μm），MSS2：（0.6～0.7μm），MSS3：（0.7～0.8μm），MSS4：（0.8～1.1μm），主要是针对植被、土壤、水体以及含氧化铁岩矿石分类的识别需要而设置的。

同类地物的反射光谱是相似的，但随着该地物的内在差异而有所变化。这种变化是由于多种因素造成的，如物质成分、内部结构、表面光滑程度、颗粒大小、几何形状、风化程度、表面含水量及色泽等差别。例如，对植被来说，不同类型植物之间反射光谱特性曲线存在着一定的差异，这种差异可用来识别不同的植物类型。

同一地物在不同情况下也会表现出不同的光谱特性。图 2.8 是对某工厂所排废水和正常河水测得的辐射光谱特性曲线。从图中可以看出，从 0.40～0.55μm，工厂废水的反射率比河水要低，而高于 0.55μm 的则正好相反，在 0.55μm 附近时，这两者的反射率几乎相同。这样，选用多波段扫描仪所获得的三个通道的图像：第 1 通道为 0.40～0.44μm，第 7 通道为 0.55～0.58μm，第 9 通道为 0.62～0.66μm。在第 1 通道的图像上，因为工厂废水的反射率较低，故在图像中废水部分的色调要比河水的黑些；在第 7 通道图像上，因废水和河水的反射率差不多相同，故两者在图像上的色调也差不多相同；在第 9 通道图像上，因废水的反射率比较高，所以废水的色调比河水要亮。因此选用这样三个特征通道就能把水污染状况监测出来，并可测出污染范围。

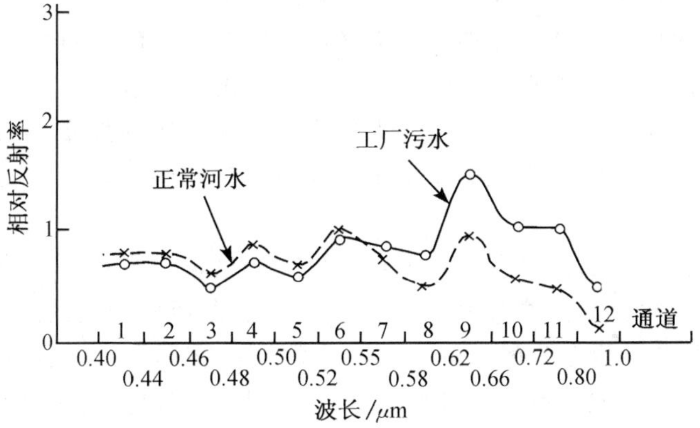

图 2.8　工厂废水和正常河水的光谱特性（龚家龙等，1980）

3. 地物的透射光谱特性

当电磁波入射到两种介质的分界面时，部分入射能穿越两介质的分界面的现象，称为透射。透射的能量穿越介质时，往往部分被介质吸收并转换成热能再发射。

界定透射能量的能力，用透射率 τ 来表示。透射率就是入射光透射过地物的能量与入射总能量的百分比。地物的透射率随着电磁波的波长和地物的性质而不同。例如，水体对 0.45～0.56μm 的蓝绿光波具有一定的透射能力，较混浊水体的透射深度为 1～2m，一般水体的透射深度可达 10～20m。又如，波长大于 1mm 的微波对冰体具有透射能力。

一般情况下，绝大多数地物对可见光都没有透射能力。红外线只对具有半导体特征的地物，才有一定的透射能力。微波对地物具有明显的透射能力，这种透射能力主要由入射波的波长而定。因此，在遥感技术中，可以根据它们的特性，选择适当的传感器来探测水下、冰下某些地物的信息。

对于摄影遥感系统，胶片和滤光片的透射率是个十分关键的参数。自然界中，人们最熟悉的是水体的透射能力。这是因为人们可以直接观察到可见光波段辐射能的透射现象。然而，可见光以外的透射，虽人眼看不见，但它是客观存在的，如植物叶子，对于可见光辐射是不透明的，但它能透射一定量的红外辐射。

4. 环境对地物光谱特性的影响

地物发射或反射光谱特性，受到一系列环境因素的影响：

(1) 地物的物理性状。从地物反射光谱特性来说，电磁波从某一地物反射的强度（包括可见光、近红外波段的光谱反射率）与地物的物理性状（如地物表面的颜色、粗糙度、风化状况及含水分情况等）有关。

(2) 光源的辐射强度。地物的反射光谱强度与光源的辐射强度有关。同一地物的反射光谱强度，由于它所处的纬度和海拔高度不同有所差异。太阳是最主要的自然辐射源，在不同纬度上，由于太阳高度不同，照射强度不同，其反射强度也有些差异，海拔高度也会影响到太阳光穿过大气的厚度，也会使地物反射光谱发生变化。

(3) 季节。同一地物，在同一地点的反射光谱强度，由于季节不同而有所差异。因为季节不同，太阳高度角也不相同，太阳光到地表面的距离也有所不同。这样，地面所接收到太阳光的能量和反射能量也随之不同。因此，同一地物在不同地区或不同季节，虽然它们的反射光谱曲线大体相似，但其反射率值却有所不同。

(4) 探测时间。同一地物，由于探测时间不同，其反射率也不同。一般地说，中午测得反射率大于上午或下午测得的反射率。因此，在进行地物光谱测试中，必须考虑“最佳时间”，以便使由于光照几何条件的改变而产生的变异控制在允许范围内。

(5) 气象条件。同一地物在不同天气条件下，其反射光谱曲线也不一样，一般来说，晴天测得的反射率大于阴天测得的反射率。

总之，地物的光谱特性受到一系列环境因素的影响和干扰，这在应用和分析时，光谱特性这些变化，应引起特别的注意。

5. 地物光谱特性的测定

地物光谱特性是指各种地物各自所具有的电磁波特性（发射光谱或反射光谱）。地物光谱联系地面和空间信息之间的关系，是遥感研究的基础。地物光谱的测试有三方面作用：一是作为传感器波段选择、验证、评价的依据；二是建立地面、航空和航天遥感数据的关系；三是将地物光谱数据直接与地物特征进行相关分析并建立应用模型。

1）地物光谱特性的测定原理

由于各种地物发射辐射电磁波的特性可以通过间接地测试各种地物反射辐射电磁波的特性得到，因此，地物光谱特性通常都是用地物反射辐射电磁波来描述，这实际上是指在给定波段范围内，某地物的电磁波反射率变化规律。对可见光和近红外波段的波谱反射特征，在限定的条件下，可以在实验室内对采回来的样品进行测试，精度较高，但它不可能逼真地模拟自然界千变万化的条件，因此，一般以实验室所测的数据作为参考，进行地物光谱反射特性的野外测量能反映测量瞬间地物实际的反射特性。

地物光谱特征（反射波谱）测定的原理是：用光谱测定仪器（置于不同波长或波段）分别探测地物和标准板，测量、记录和计算地物对每个波段的反射率，其反射率的变化规律即为该地物的波谱特性。地物光谱特征（反射波谱）测定的理论依据是：

a. 双向反射分布函数（BRDF）

对于地物表面 dA，入射时辐照度为 dE_i（ϕ_i，θ_i），在 ϕ_r 和 θ_r 方向上，由 dI_i 产生的反射亮度为 dI_r，随着入射方向和反射方向的不同，产生一个函数 f_r，称双向反射分布函数（图 2.9），简称 BRDF，用下式表示：

$$f_r = \mathrm{d}I_r(\phi_i,\theta_i,\phi_r,\theta_r)/\mathrm{d}E_i(\phi_i,\theta_i) \quad (2.15)$$

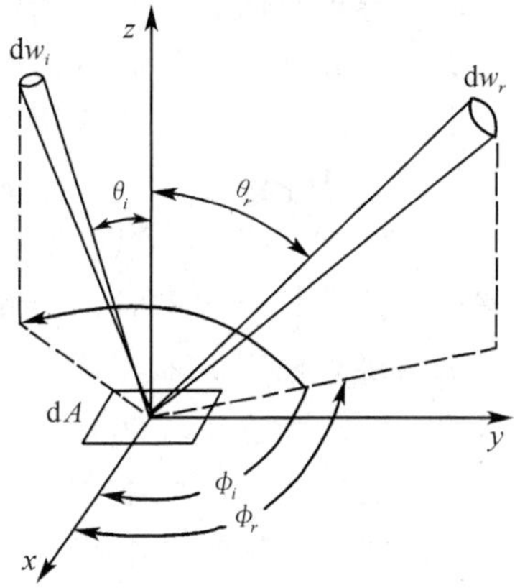

图 2.9 双向反射分布函数

对于给定的入射角和反射角，这一函数值表示在给定方向上每单位立体角内的反射率。f_r 还是波长的函数。双向反射分布函数（BRDF）完全描述了反射空间分布特性的规律。但是由于 BRDF 函数值本身是两个无穷小量的比，且实际想要测量 dI_i 也十分困难，因此实际测量中很少采用。

b. 双向反射比因子 R（BRF）

这一函数比较容易测量，其定义是，在给定的立体角锥体所限制的方向内，在一定辐照度和观测条件下，目标的反射辐射通量与处于同一辐照度和观测条件下的标准参考面的反射辐射通量之比。而这一标准参考即为朗伯反射面。

2）地物光谱的测量仪器和方法

测定地物反射波谱特性的仪器分为分光光度计、光谱仪、摄谱仪等。分光光度计一般的结构，如图 2.10 所示。仪器由收集器、分光器、探测器和显示或记录器组成，其中收集器的作用是收集来自物体或标准板的反射辐射能量，它一般由物镜、反射镜、栏（或狭缝）组成；分光器的作用是将收集器传递过来的复色光进行分光（色散），它可选用棱镜、光栅或滤光片；探测器的类型有光电管、硅光电二极管、摄影负片等；显示或记录器是将探测器上输出的信号显示或记录下来，或驱动 XY 绘图仪直接绘成曲线。摄影类型的则须经摄影处理得到摄谱片。

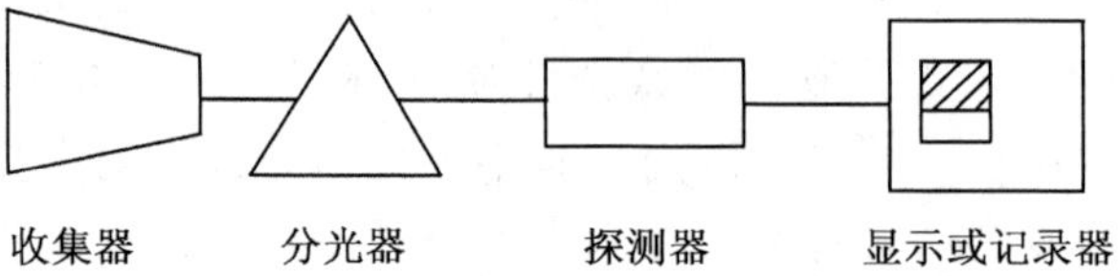

图 2.10　分光光度计一般结构

a. 样品的实验室测量

实验室测量常用分光光度计，仪器由微机控制，测量数据也直接传给计算机。分光光度计的测量条件是一定方向的光照射，半球接收，因此获得的反射率与野外测定有区别。室内测量时要有严格的样品采集和处理过程。例如，植被样品要有代表性，采集后迅速冷藏保鲜，并在 12h 内送实验室测定；土壤和岩矿应按专业要求并制备成粉或块。由于实验室的测量条件高，应用不够广泛。

b. 野外测量

选择测量平台。遥感测量平台可根据测量对象和目的的不同来确定，多数光谱辐射计在野外测量时用三角架支撑仪器，直接对地面测量，高度在 2m 以下。如果测量对象很高如树冠，以及模拟航空航天器时，借助遥感车（伸臂汽车）可达 25m，或铁塔可达 60m 的测量高度，必要时可以用飞机作空中测量平台，离地高度可达数千米，所获数据容易与多光谱扫描仪获得的像元数据相对应，并可得到地面仪器很难获得的森林、沼泽、滩涂光谱等，实现与传感器同步的数据获取。

垂直测量　为了使所有数据能和航空、航天传感器所获得的数据进行比较，一般情况下测量仪器均用垂直向下测量的方向，以便和多数传感器采集数据的方向一致。虽然实际情况非常复杂，测量时则把周围环境的变化忽略，认为实际目标与标准板的测量值之比就是反射率之比。计算公式为

$$\rho(\lambda) = V(\lambda) \cdot \rho_s(\lambda)/V_s(\lambda) \tag{2.16}$$

式中：$\rho(\lambda)$ 为被测物体的反射率；$\rho_s(\lambda)$ 为标准板的反射率；$V(\lambda)$、$V_s(\lambda)$ 分别为测量物体和标准板的仪器测量值。

这里标准板用硫酸钡（$BaSO_4$）或氧化镁（MgO）制成，在反射天顶角 $\theta_r \leqslant 45°$时，接近朗伯体，测量前经过计量部门标定，其反射率为已知值。这种测量忽略了入射角度变化时造成的反射辐射值的变化，在精度允许的范围内使用。

非垂直测量　在野外更精确的测量是测量不同角度的方向反射比因素，考虑到辐射到地物的光线主要由来自太阳的直射光（近似定向入射）和天空的散射光（近似半球入射），因此方向反射的比因子用两者的加权和计算，其公式为

$$R(\phi_i,\theta_i,\phi_r,\theta_r) = K_1 R_s(\phi_i,\theta_i,\phi_r,\theta_r) + K_2 R_d(\phi_r,\theta_r)$$

$$K_1 = I_s(\phi_i, \theta_i)/I(\phi_i, \theta_i)$$
$$K_2 = I_d/I(\phi_i, \theta_i) \tag{2.17}$$

式中：ϕ_i，θ_i 分别为太阳的方位角和天顶角；ϕ_r，θ_r 分别为观测仪器的方位角和天顶角；I_d 为天空漫入射光照射地物的照度；$I_s(\phi_i, \theta_i)$为太阳直射光在地面上的照度；$I(\phi_i, \theta_i)$为太阳直射光和漫入射光的总辐照度；$R_d(\phi_r, \theta_r)$为漫入射的半球一定向反射比因子；$R_s(\phi_i, \theta_i, \phi_r, \theta_r)$为太阳直射光照射下的双向反射比因子。

$R(\phi_i, \theta_i, \phi_r, \theta_r)$为野外测量出的方向反射比因子。具体测量方法如图 2.11 所示。

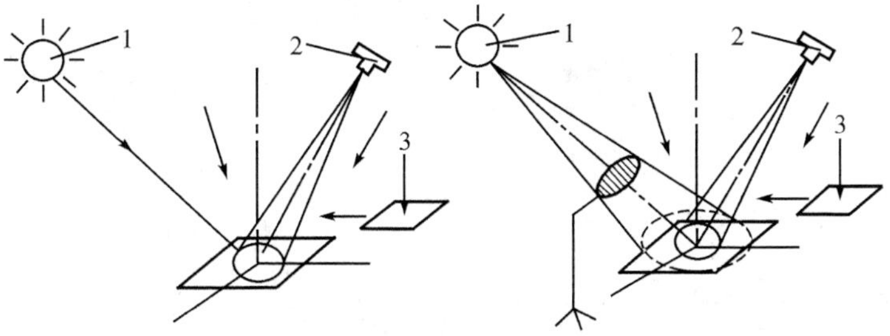

图 2.11　地物反射波谱野外测量方法示意图

1. 太阳；2. 光谱辐射计；3. 标准白板

先测 K_2 和 K_1，地面上平放标准板，用光谱辐射计垂直测量：①自然光照射时测量一次，相当 I 值；②用挡板遮住太阳光使阴影盖过标准板，再测一次相当于 I_d；③求出两者比值 $K_2 = I_d/I$；④求出 $K_1 = 1 - K_2$。

再测自然条件下，反射比因子 $R(\phi_i, \theta_i, \phi_r, \theta_r)$，选择太阳方向（$\phi_i$，$\theta_i$）和观测角（$\phi_r$，$\theta_r$），在同一地面位置分别迅速测量标准板反射的辐射和地物反射的辐射值，计算比值得到 R。

用黑挡板遮住太阳直射光，在只有天空漫入射光时分别迅速测量标准板和地物的辐射值，计算比值得到半球一定向反射比系数 $R_d(\phi_r, \theta_r)$。由式（2.17）计算出双向反射比因子 $R_s(\phi_i, \theta_i, \phi_r, \theta_r)$。

第二节　环境遥感技术系统

遥感过程是指遥感信息的获取、传输、处理以及分析判读和应用的全过程。它包括遥感信息源（或地物）的物理性质、分布及其运动状态；环境背景以及电磁波光谱特性；大气的干扰和大气窗口；传感器的分辨能力、性能和信噪比；图像处理及识别；以及人们的视觉生理和心理及其专业素质等。因此，遥感过程不但涉及遥感本身的技术过程以及地物景观和现象的自然发展演变过程，还涉及人们的认识过程。这一复杂过程当前主要是通过地物波谱测试与研究，数理统计分析，模式识别，模拟试验方法以及地学分析等方法来完成。遥感过程实施的技术保证则依赖于遥感技术系统。

遥感技术系统是一个从地面到空中直至空间，从信息收集、存储、传输处理到分析判读、应用的完整技术体系。它主要包括遥感试验、信息获取（传感器、遥感平台）、信息传输和信息处理、信息应用等五部分（图 2.12）。

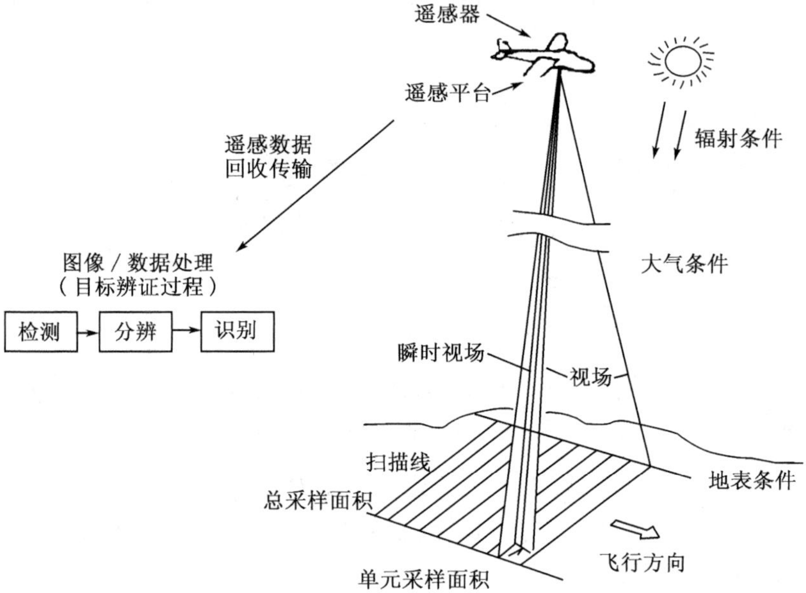

图 2.12　环境遥感系统示意图（郭华东等，2000）

一、环境遥感试验

其主要工作是对地物电磁辐射特性（光谱特性）以及信息的获取、传输及其处理分析等技术手段的试验研究。

遥感试验是整个遥感技术系统的基础，遥感探测前需要遥感试验提供地物的光谱特性，以便选择传感器的类型和工作波段；遥感探测中以及处理时，又需要遥感试验提供各种校正所需的有关信息和数据。环境遥感试验也可为判读应用提供基础。环境遥感试验在整个环境遥感过程中起着承上启下的重要作用。

二、环境遥感信息获取

环境遥感信息获取是环境遥感技术系统的中心工作。环境遥感工作平台以及传感器是确保环境遥感信息获取的物质保证。

环境遥感平台是指装载传感器进行遥感探测的运载工具，如飞机、人造地球卫星、宇宙飞船等。按其飞行高度的不同可分为地面平台，航空平台和航天平台。这三种平台各有不同的特点和用途，根据需要可单独使用，也可配合使用，组成多层次立体观测系统。

传感器是指收集和记录地物电磁辐射（反射或发射）能量信息的装置，如航空摄影机、多光谱扫描仪等。它是信息获取的核心部件，在环境遥感平台上装载上传感器，按照确定的飞行路线飞行或运转进行探测，即可获得所需的环境遥感信息。

1. 传感器

任何类型的传感器，都由以下几个基本部件组成（图 2.13）：

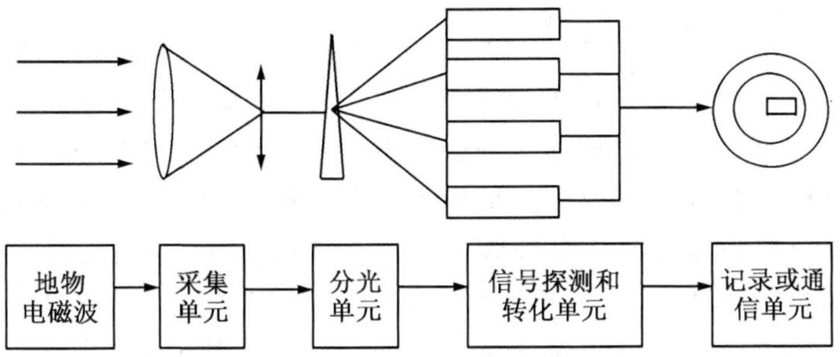

图 2.13　传感器的结构

采集器。负责收集地面目标辐射的电磁波能量。具体元件形式多种多样，如透镜组、反射镜组、天线等。

探测与处理器。主要功能是将收集到的电磁辐射能转变为化学能或电能。具体的元器件主要有感光胶片、光电管、光敏和热敏探测元件、共振腔谐振器等。同时对转换后的信号进行各种处理，如显影、定影、信号放大、变换、校正和编码等。具体的处理器类型有摄影处理装置和电子处理装置。

记录或输出器。输出信息的装置。输出器类型主要有扫描晒像仪、阴极射线管、电视显像管、磁带记录仪、XY 彩色喷笔记录仪等。

传感器按工作方式（是否具有人工辐射源），它可分为被动方式和主动方式两类。被动方式是直接利用太阳辐射和地物自然辐射进行观测，不需人工辐射源，如各种摄像机、扫描仪、辐射计等；主动方式则相反，传感器具有人工辐射源，主动向目标发射强大的电磁波，然后接收目标反射的回波，主要指各种形式的雷达，其工作波段集中在微波区。

传感器按工作波段分，可分为紫外、可见光、红外、微波、多波段等传感器。紫外遥感器：探测波段在 0.05～0.38μm 之间；可见光遥感器：探测波段在 0.38～0.76μm 之间；红外遥感器：探测波段在 0.76～1 000μm 之间；微波遥感器：探测波段在 1mm～10m 之间；多波段遥感器：指探测波段在可见光波段和红外波段范围内，再分成若干窄波段来探测目标，如表 2.2 所示。

表 2.2　传感器按波段的分类

波段	特　　点	传感器	波长范围
紫　外	对紫外光感测	紫外摄影机	0.05～0.38μm
可见光	用感光胶片或光电探测器为感测元件。地面分辨率高，但只能在晴空的白天使用	可见光摄影仪、TV 摄像机等	0.38～0.76μm
红　外	近红外常用感光胶片，中、远红外常用光学机械扫描仪，具有昼夜工作能力	红外光学扫描仪	0.76～1 000μm
微　波	具有昼夜工作能力，能提供高分辨率图像。并与日照与云层遮挡无关，有一定穿透能力	合成孔径雷达	1mm～10m

传感器按数据记录方式，可分为成像方式传感器和非成像方式传感器两大类。非成像传感器记录的是地物的一些物理参数，传感器接收的目标电磁辐射信号不能形成图像，只能取得目标的某些数据、曲线。属于这类的有可见光——近红外辐射计、热红外辐射计、微波辐射计、微波高度计、微波散射计等；成像传感器接收的目标电磁辐射信号可转换成（数字或模拟）图像。成像传感器是目前最常见的传感器类型。按成像原理又可分为摄影方式遥感器和扫描方式遥感器两小类。

摄影方式遥感器主要有摄影机，如框幅摄影机、缝隙摄影机、全景摄影机、多光谱摄影机等。其基本性质是在快门打开后的一瞬间将目标上所有的点射出的光同时全部收集进来，聚焦到胶片上成为一幅影像，并记录下来。摄影机是历史最悠久的遥感器。从 1839 年摄影机被发明起，直到今天，它一直是最常用的遥感器。摄影机的工作波段（最大波段）是 0.29～1.40μm，即近紫外、可见光、近红外短波段。所得像片信息量大，分辨力高。航空摄影和航天摄影只能在晴朗的白天工作，因此，它们不是全天时全天候遥感。

扫描方式遥感器不像摄影机那样在一瞬间将景物上所有点射出的电磁波信息同时收集起来，而是逐点逐行地收集信息，让各点的信息按一定顺序先后进入遥感器，经一段时间才能收集到描绘一幅图像所需的全部信息。这类中可分为两小类：对目标面扫描的遥感器和对影像面扫描的遥感器。

对目标面扫描的遥感器有光学-机械扫描仪、成像雷达等。它们的收集系统直接对目标面（一般是地面）扫描，一点一行顺序收集目标面上各单元（可看成一点）的信息，然后拼成一幅图像。例如，红外光学-机械扫描仪和多光谱扫描仪都是靠一个平面反射镜的旋转或摆动来对地面做舷向扫描（在垂直于飞行方向的直线上扫描），获得地面舷向一条细带的信息，然后再通过飞行器的向前飞行来产生航向扫描（在飞行方向上扫描），由这样两个方向的扫描便可得到沿航向延伸的、在舷向上有一定宽度的地面条带的信息，经过扫描仪内部的处理，在终端可形成一幅反映这个地面条带的影像。美国陆地卫星 Landsat 上的 MSS（多光谱扫描仪）和 TM（专题制图仪）就属于光学-机械扫描仪一类。

成像雷达是一种主动方式的扫描仪。它可分为全景雷达和侧视雷达两种。全景雷达且沿主线周而复始地旋转，圆形荧光屏上相应地显示出一幅圆形的图像。侧视雷达的天线不转，固定后，在矩形荧光屏或感光胶片上形成一个纵（航）向条带的图像。

对影像面扫描的遥感器有电视摄像机和固体扫描仪等。这类遥感器的收集系统不直接对地面扫描，而是先用光学系统将目标的辐射信息聚焦在机内检测系统的一个靶面或光敏面上，形成一幅影像，然后利用摄像管中的电子束对靶面扫描来收集其信息，或依靠 CCD（charge coupled device，电荷耦合器件）组成的阵列进行电子自扫描来获得信息。

固体扫描仪（CCD 扫描仪）的成像是推帚式扫描成像，即线性阵的顺序取样提供舷向扫描，而平台的前进提供航向扫描，这样可以得到整个航带的二维图像。它省去了复杂的光学机械，有超小型、速度快、功率损耗低、寿命长、简单可靠、动态范围宽的特点。法国的地球观测实验卫星 SPOT 上装载的高分辨率可见光扫描仪 HRV（high resolution visible range instrument,）就是一种线阵列推帚式 CCD 扫描仪。

成像光谱仪是目前国际上正在迅速发展的一种新型传感器，它是以多路、连续并具有高光谱分辨率方式获取图像信息的仪器。通过将传统的空间成像技术与地物光谱技术有机地结合在一起，可以实现对同一地区同时获取几十个到几百个波段的地物反射光谱图像。成像光谱仪基本上属于多光谱扫描仪，其构造与 CCD 线阵列推帚式扫描仪和多光谱扫描仪相同，区别仅在于通道数多，各通道的波段宽度很窄。

2. 传感器性能的衡量指标

传感器的主要指标是空间分辨率、光谱分辨率、时间分辨率、温度分辨率等。

空间分辨率是指遥感图像上能够详细区分的最小单元的尺寸或大小，即传感器能把两个目标物作为清晰的实体，记录下两个目标物之间最小的距离，是用来表征影像分辨地面目标细节能力的指标。通常用像元大小、像解率或视场角来表示。如某传感器分辨率为 30m，海上两条船并行之间大于 30m，则遥感信息处理后可清晰区别为两条船，若两船之间小于 30m，则在处理后图像上视为一条船。

光谱分辨率是指传感器所能记录的电磁波谱中，某一特定的波长范围值，波长范围值越宽，光谱分辨率越低。例如，MSS 多光谱扫描仪的波段数为 5（指有 5 个通道），波段宽度约为 100～2 000nm；而成像光谱仪的波段数可达到几十甚至几百个波段；波段宽度则为 5～10nm 。一般来说，传感器的波段数越多，波段宽度越窄，地面物体的信息越容易区分和识别，针对性越强。成像光谱仪所得到的图像在对地表植被和岩石的化学成分分析中具有重要意义，因为高光谱遥感能提供丰富的光谱信息，足够的光谱分辨率可以区分出那些具有诊断性光谱特征的地表物质。对于特定的目标，选择的传感器并非波段越多，光谱分辨率越高，效果就越好，而要根据目标的光谱特性和必需的地面分辨率来综合考虑。在某些情况下，波段太多，分辨率太高，接收到的信息量太大，形成海量数据，反而会“掩盖”地物辐射特性，不利于快速探测和识别地物，所以要根据需要恰当地利用光谱分辨率。

时间分辨率是指对同一目标进行重复探测时，相邻两次探测的时间间隔内目标变化情况的分辨能力。时间分辨率在遥感中意义重大。利用时间分辨率可以进行动态监测和预报，如可以进行植被动态监测、土地利用动态监测，还可以通过预测发现地物运动规律，总结出模型或公式为实践服务。利用时间分辨率可以进行自然历史变迁和动力学分析，如可以观察到河口三角洲、城市变迁的趋势，并进一步研究为什么这样变化以及有什么动力学机制等问题。利用时间分辨率可以提高成像率和解像率，对历次获取的数据资料进行叠加分析，从而提高地物识别精度。

温度分辨率是指热红外传感器分辨地表热辐射（温度）最小差异的能力。它与探测器的响应率和传感器系统内的噪声有直接关系，一般为噪声等效温度的 2～6 倍。为了获得较好的温度鉴别力，红外系统的噪声等效温度限制在 0.1～0.5K 之间，而使系统的温度分辨率达到 0.2～3.0K。目前 TM6 图像的温度分辨率可达到 0.5K。

遥感探测器类型是以其采用的探测材料种类来决定的。不同材料对应的电磁波敏感度不同，现在尚没有一种遥感探测器能对电磁波所有波段都敏感。所以为了同时获取多种目标物遥感信息及综合确定一种目标物，现在多采用多种传感器，如对被称为资源宝库的海洋进行遥感探测时，可同时使用的有可见光传感器、红外传感器、微波传感器、紫外传感器和激光传感器等。

3. 遥感平台

遥感中搭载传感器的工具统称为遥感平台（platform），如气球、飞机、人造卫星、载人飞船、航天飞机等。现代遥感平台主要是人造卫星。

遥感平台的种类很多，按平台距地面的高度大体上可分为三类：航天平台、航空平台、地面平台。表 2.3 汇总了可能利用的平台的高度及其用途。

表 2.3　各种遥感平台

遥感平台	高　　度	用　　途
宇宙探测器	太阳系，深空	月球、太阳系、深空观测
静止卫星	36 000km	定点地球观测
极轨卫星	500～1 000km	定时地球观测
小卫星	400km 左右	各种调查
载人飞船、航天飞机	200～400km	对地不定期观测，空间实验
天线探空仪	0.1～100 000m	各种调查，尤其是气象探测
飞　机	500～30 000m	大面积调查、航空摄影测量
飞　艇	500～3 000m	空中侦察，各种调查
直升机	100～2 000m	定时定点对地观测
系留气球	800m 以下	各种调查，摄影测量
无线遥控飞机	50～500m	各种调查，摄影测量
吊　车	5～50m	近距离摄影测量
地面测量车	0～30m	地面实况调查

在太空飞行的、高度在 150km 以上的航天器，如卫星、载人飞船、航天飞机、空间站、宇宙探测器等统称为航天遥感平台。目前对地观测中使用的航天平台主要是遥感卫星；航空平台主要是指高度在 30km 以内的依赖空气飞行的航空器如无线遥控飞机、直升机，各种飞机、气球和飞艇等。按照飞机不同的飞行高度，又可分为低空平台、中空平台和高空平台。地面遥感平台是指用于安置传感器的三角架、遥感塔、遥感车等，高度在 100m 以下。通常三角架的放置高度在 0.75～2.0m 之间，在三角架上放置地物波谱仪、辐射计、分光光度计等地物光波测试仪器，用以测定各类地物的野外波谱曲线。

4. 遥感卫星在空间的位置和姿态

遥感卫星是在绕地球的轨道上运行的，其运行规律符合开普勒三大定律，即卫星运行的轨道是一椭圆，地球位于该椭圆的一个焦点上；卫星在椭圆轨道上运行时，卫星与地球的连线在相等的时间内扫过的面积相等；卫星绕地球运转周期的平方与其轨道平均半径的立方成正比。由于卫星是在绕地球的椭圆轨道上运行的，因此卫星在空间中的位置可以用椭圆轨道的空间形状、位置和某一时刻卫星在轨道中位置来确定，而轨道的空间形状、位置和某一时刻卫星在轨道中位置可用下列 6 个参数来描述（图 2.14，图 2.15）。

(1) 升交点赤经（Ω）。升交点赤经是指卫星轨道的升交点向径与春分点向径之间的夹角。卫星由南向北运行时，与地球赤道平面的交点称为“升交点”；反之与赤道平面的另一个交点为“降交点”。升交点赤经确定了轨道面与太阳光线之间的夹角，即决定了星下点在成像时刻的太阳高度角。

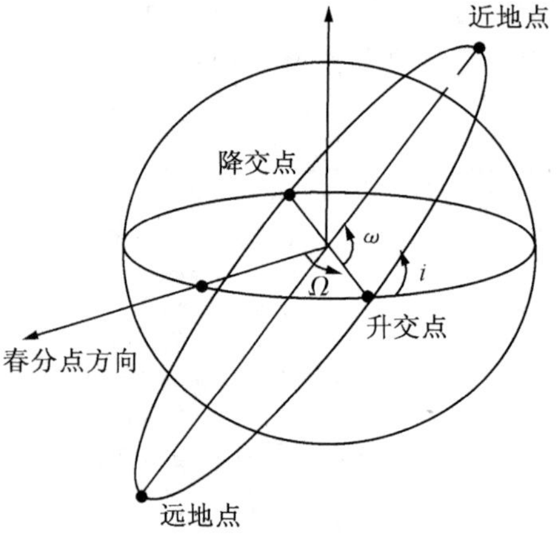

图 2.14 卫星空间轨道

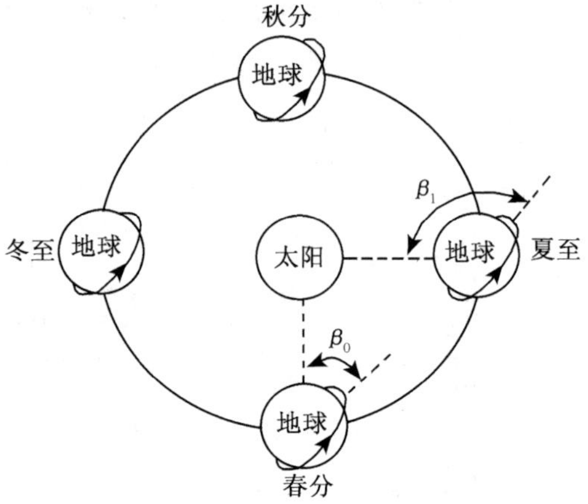

图 2.15 地球公转与光照角

(2) 近地点角距 (ω)。是指升交点向径与近地点向径之间的夹角。由于入轨后其升交点和近地点是相对稳定的，所以近地点角距通常是不变的，它可以决定轨道在轨道平面内的方位。

(3) 轨道倾角 (i)。指卫星轨道面与地球赤道面之间的夹角，它决定了轨道面与赤道面或与地轴之间的关系。当 $0° < i < 90°$ 时，卫星运动方向与地球自转方向一致，因此称“正方向卫星”；当 $90° < i < 180°$ 时，卫星运动与地转自转方向相反，称“反方向卫星”；当 $i = 90°$ 时，卫星绕过两极运行，称极轨卫星；当 $i = 0°$ 或 180°时，卫星绕赤道上空运行，称“赤道卫星”。

(4) 卫星过近地点时刻 (t) 和轨道周期 (T)。卫星过近地点的时间称为过近地点时刻。卫星从升交点（或降交点）通过时刻到下一个升交点（或降交点）通过时刻之间的平均时间称为卫星轨道周期。

(5) 半长轴 (a)。卫星轨道远地点到椭圆轨道中心的距离，标志卫星轨道的大小。按照高度的不同又可将卫星分为低轨卫星（150～300km）、中轨卫星（约 1 000km 左右）和高轨卫星（36 000km 处）。

(6) 轨道偏心率 (e)。卫星椭圆轨道焦点与半长轴的比值，用以表示轨道的形状。对于大部分对地观测卫星，其轨道的 e 接近于零，即为近圆形轨道。在近圆形轨道上，卫星近似于匀速运行，并且距地面的高度变化不大，有利于曝光时间的控制和在全球范围内获取比例尺基本一致的影像。

在上述 6 个轨道参数中，a 、e 确定轨道的形状和大小，i、Ω 确定轨道面的方向，ω 确定轨道面中长轴的方向，T 确定任一时刻卫星在轨道中的位置。

卫星的姿态对遥感图像的应用也有较大影响，为了修正这些影响，必须在获取数据的同时测量、记录卫星的姿态参数。卫星姿态通常用滚动（横向摇摆）、俯仰（纵向摇摆）和偏航来表示。确定卫星姿态的常用方法有两种：一是利用姿态测量传感器进行测量；二是利用星相机测定姿态角。用于空间姿态测量的仪器有红外姿态测量仪、星相仪、陀螺姿态仪等。

5. 太阳同步轨道卫星和地球同步轨道

地球同步轨道的运行周期等于地球的自转周期，如果从地面上各地方看过去，卫星在赤道上的一点是静止不动的，所以又称静止轨道卫星。静止轨道卫星能够长期观测特定的地区，卫星高度高，能将大范围的区域同时收入视野，因此被广泛应用于气象和通信领域中。

太阳同步轨道是指卫星的轨道面以与地球的公转方向相同方向而同时旋转的近圆形轨道。卫星轨道倾角很大，绕过地球极地地区，因此又称极轨卫星。在太阳同步轨道上，卫星于同一纬度的地点，每天在同一地方时同一方向上通过，即卫星轨道面永远与当时的“地心日心连线”保持恒定角度。因此，太阳光的入射角几乎是固定的，这对于利用太阳反射光的被动式传感器来说，具有很大的优点，使得卫星在不同时相对同一地区遥感时，太阳高度角大致相等（图 2.16）。

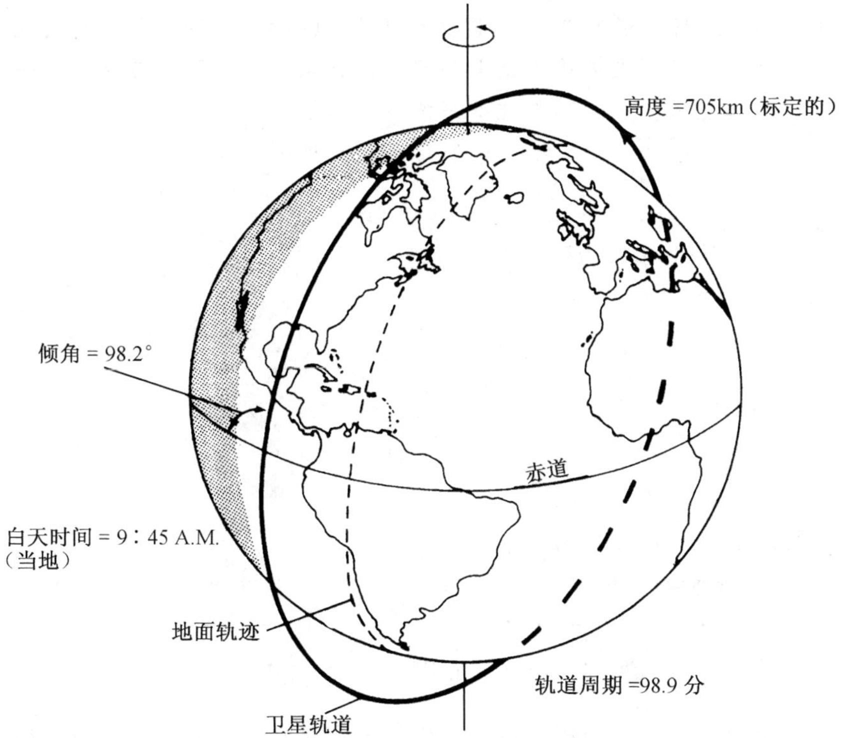

图 2.16　陆地卫星 4 和 5 的太阳同步轨道

三、环境遥感信息传输

遥感信息传输是指遥感平台上的传感器所获取的目标物信息传向地面的过程，即星地通信，一般有直接回收和无线电传输两种方式。

1. 直接回收

直接回收是指将遥感信息资料（感光片、磁带等）直接拿回来。飞机、气球、宇宙飞船、探测火箭常采用此种传输方式。直接回收方式方便，易保密，但不能实时回收。这属于非实时传输方式。

2. 无线电传输

将遥感器接收到的信息通过无线电载频传输给接收站，这种方式叫做无线电传输。人造卫星多采用此种传输方式。这种方式可以实时传输，也可以非实时传输，但不容易保密，而且受到无线电频带宽度的限制而影响到信息容量。所谓实时传输，是指当遥感器收到信息后立即通过无线电发往接收站，这对于林火、火山、洪水、污染等环境的监测和军事侦察是及时的和必要的。非实时传输是先将信息存储起来，当平台飞越接收站上空时，接到发送指令后，再向接收站发送信息。例如，陆地卫星就是采用无线电来传输信息的。

以美国陆地卫星为例，典型的信息传输路线如图 2.17 所示。

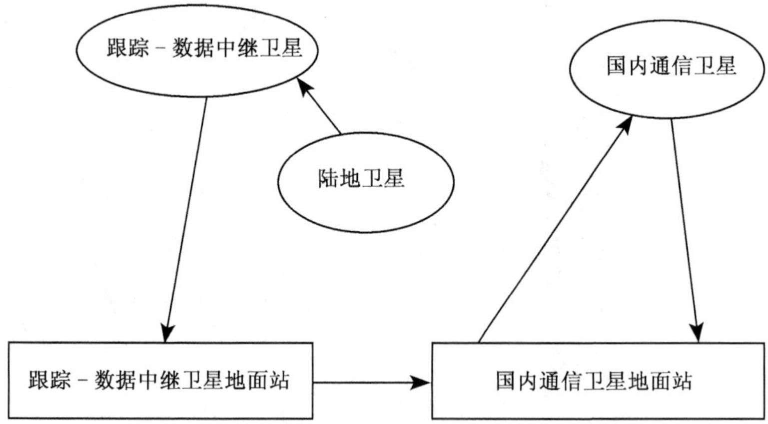

图 2.17　美国陆地卫星遥感信息传输简图

目前，更普遍的是不使用中继卫星中转，而是直接回收，即一颗遥感卫星对应一个或多个地面接收站。星地信息传输是大量的，不只是遥感信息传到地面，还有控制传感器工作、卫星运行的指令信息以及充分利用卫星的应用信息等。

四、环境遥感信息处理

对地面站接收的遥感信息进行校正复原、加工提取，并提供满足用户要求的产品的过程叫遥感信息处理。电磁波的连续性，地物、温度和磁场等无尺寸形状的物理量，都可以表现为影像形式，所以遥感信息处理，又叫遥感图像处理。遥感信息处理的主要目的是消除各种辐射畸变和几何畸变，使处理后的图像恢复或近似目标物的真实情况；利用增强技术突出景物的某些特征，使之易于区分和判读；进一步分析、解释和识别处理后的图像，提取不同用途及可用性更高的信息。这在第四章“环境遥感图像处理”中有详细论述，此处不再赘述。

五、环境遥感信息应用

遥感信息应用是遥感的最终目的。遥感应用则应根据专业目标的需要，选择适宜的遥感信息及其工作方法进行，以取得较好的社会效益和经济效益。这将在本书后面详细论述。

遥感技术系统是构筑在空间技术、电子技术、计算机技术以及生物学、地学等现代科学技术基础上完整的技术体系，是完成遥感过程必要的技术保障。

思　考　题

1. 简要介绍电磁波的特性。
2. 电磁波谱是由哪些不同特性的电磁波组成的，它们有哪些不同，又有哪些共性？
3. 衡量电磁辐射的术语通常都有哪些？
4. 简述太阳辐射与地球辐射的区别。
5. 人工辐射源一般都包括哪些？
6. 什么是亮度温度？
7. 环境对地物光谱特性有哪些影响？
8. 地物光谱的测试有哪些作用？
9. 简述环境遥感技术系统的组成。
10. 何为传感器？传感器性能的主要衡量指标有哪些？
11. 简述遥感平台的种类及其特点。

主要参考文献

郭华东等．2000. 感天知地——信息获取与处理技术．北京：科学出版社

龚家龙，阎守邕．1980. 环境遥感技术简介．北京：科学出版社

胡崇金．1984. 遥感基础．成都：四川科学技术出版社

焦维新．2002. 空间探测．北京：北京大学出版社

贾乃华．1999. 航天科技．重庆：重庆出版社

梅安新，彭望琭等．2001. 遥感导论．北京：高等教育出版社

马蔼乃．1984. 遥感概论．北京：科学出版社

彭望琭，白振平等．2002. 遥感概论．北京：高等教育出版社

孙家柄．2003. 遥感原理与应用．武汉：武汉大学出版社

孙星和．1990. 宇航遥感物理基础．北京：地震出版社

遥感研究会．1993. 遥感精解．北京：测绘出版社

赵英时．2003. 遥感应用分析原理与方法．北京：科学出版社

赵振远．1981. 遥感．北京：地质出版社

总装备部．2001. 卫星应用现状与发展．北京：中国科学技术出版社

Floyd F Sabins. 1986. Remote sensing principles and interpretation, second edition. W. H. Freeman and Company

Jensen J R. 2000. Remote sensing of the environment: an earth resource perspective, Upper Saddle River, Prentice-Hall Inc

Thomas M L. 等．2003. 遥感与图像解译．彭望琭，余先川等译．北京：电子工业出版社

http://www.rst.gsfc.nasa.gov

http://www.ccrs.nrcan.gc.ca

http://imagers.gsfc.nasa.gov/ems/index.html

第三章　环境遥感数字图像处理

第一节　遥感图像描述

一、遥感图像的数字表示

对于一幅图像无论是遥感图像还是非遥感图像，都可以把它们看成是由无数个很小的单元点子来组成的，并用数字表示它的灰度，这些组成图像的最基本的单元点，叫做图像元素，简称像元或像素。每一个像素或像元上所具有的数字代表着一个物理量的强度的度量，像素或像元的数字大小则意味着在这一点上反射光亮度的大小或者说是图像灰级的度量，一般称为灰度。如果有一幅图像，在图像平面建立坐标系，用（x，y）表示图像中任一像元的二维平面位置，而用函数 f（x，y）来表示位置在（x，y）那一像元点上的某一物理强度（遥感图像中的灰度），这样一幅完整的图像就可以用很多的离散的数字像元点的组合分布来表示了，因此，可以将一幅数字图像抽象为用一个相应的数学模型表示，这样，对于一幅连续变化的二维图像，就可以用 f（x，y）函数的离散取值的矩阵形式表示出来。

如把连续图像在空间上等间隔离散取样，一幅图像变成离散的灰度值的矩阵分布，若在 X 方向上取 N 个点，在 Y 方向上取 M 个点，则是一个 $N\times M$ 的矩阵，表示如下：

$$f(x,y)=\begin{Bmatrix} f(1,1) & f(1,2) & \cdots\cdots & f(1,M) \\ f(2,1) & f(2,2) & \cdots\cdots & f(2,M) \\ \vdots & \vdots & \vdots & \vdots \\ f(N,1) & f(N,2) & \cdots\cdots & f(N,M) \end{Bmatrix} \tag{3.1}$$

上面这个矩阵表示了一幅数字图像，对于遥感图像来说，表示图像灰度的强度函数 f（x，y）反映的是地物波谱辐射强度的强弱变化范围，根据它所代表的物理内容，f（x，y）应该是正的，即 f（x，y）>0，而且是一个有界的函数，即对所有的 x，y 都应具有 $0\leqslant f$（x，y）$\leqslant M$，其中 M 为一有限值。

对于一般的陆地卫星图像，其数学模型可定义为

$$\text{R. S. Image}=f(X\cdot Y\cdot Z\cdot\lambda\cdot T) \tag{3.2}$$

式中：X，Y，Z 为该图像的空间特征，X，Y 为位置参数，Z 表示（X，Y）处

的反射光谱信息，若用显函形式，其模型也可定义为

$$Z = F(X \cdot Y \cdot \lambda \cdot T) \tag{3.3}$$

式中：λ 为传感器所使用的不同波段，如 MSS 图像，有四个不同波段，可分别用 λ_1、λ_2、λ_3、λ_4 来表示。

换一种模型的表示形式，则如下所示

$$Z = f\lambda_i(X \cdot Y \cdot T) \quad (i = 1,2,3,\cdots,n) \tag{3.4}$$

式中：T 为所获得图像的时间序列；若将 λ_i 固定，则可得到某一波段的单色图像；若将 T 固定，则可得到一幅静止的图像。

通常我们所说的多波段、多时相的图像处理，就是指充分利用模型中所提供的参数 λ 与 T 所做的各种处理，但为分析模型本身的空间特征，我们往往可将 T 固定，并将式（3.4）中的 λ_i 忽略不计。这时，图像的数学模型可简化为二维的光强度函数 f（X，Y），而 f（X，Y）适用于任何形式的图像。

二、遥感图像的数据存储格式

遥感数字图像必须以一定的格式存储，才能有效地进行分发和利用。遥感技术被应用以来，遥感数据采用过很多格式，后来Landsat技术工作组提出了

表 3.1　BSQ，BIL 格式组成

文件名	记录名	记录类型码①	字节②	记录个数	编码③	提　要
磁带目录文件		011_8	360	1	ASCII 二进制	给出 CCT 组合的内容，记录范围、格式
图像属性文件	头部记录	022_8	3 596/5 388	1	ASCII 二进制	给出识别以后数据的内容、格式
	辅助记录④ 模拟数据记录	044_8	3 596/5 388	2	ASCII 二进制	给出正确的图像阵列和卫星特征
	辅助记录④ 与投影有关的数据记录	044_8	3 596/5 388	24/28⑤	ASCII 二进制	给出 SOM 及 PS 或 IYIM 两者之一的投影校正
	注释记录	333_8	3 596/5 388	8	ASCII 二进制	给出所有印在标准胶片产品底部的字母数字资料以及图像周围的信号资料
图像数据文件		355_8	3 596/5 388	4×2 400	ASCII 二进制	给出图像数据及与之有关的校正数据和质量数据
尾部数据文件		366_8	3 596/5 388	4/5⑥	ASCII 二进制	提供对图像数据进行数字增强时需要的数据

注：① 8 表示该数为八进制数，如 011 为二进制，相当于十进制的 9；
② 本栏中的 A/B，A 表示 MSS 的情况，B 表示 RBV 的情况；
③ ASCII，美国信息交换标准码，用来表示存储在计算机存储器里并在计算机系统与有关设备之间进行交换的字符；
④ 辅助记录只存在于未经几何校正的 CCT 上（CCT-AM 或 CCT-AR）；
⑤ 24/28 中，24 为 MSS 的情况，28 为 RBV 的情况；
⑥ 4/5 中，4 Iandsat-1、2 情况，5 为 Landsat-3 情况。

LTWG 格式，即世界标准格式。从 1982 年以后包括陆地卫星、法国 SPOT 卫星等卫星遥感数据都采用了世界标准格式，目前世界各地遥感数据主要采用 LTWG格式。LTWG 格式有 BSQ（Band Sequential）格式和 BIL（Band Interleaved by Line）格式两种（表 3.1）。

BSQ 格式。所谓 BSQ 格式即按波段记载数据文件，可以表示为：{［（列号顺序）行号顺序］波段顺序}。陆地卫星 4、5 号 CCT 的格式就是 BSQ 格式。在这种格式的 CCT 磁带中，每一个文件记载的是某一个波段的图像数据。如图 3.1 所示，其第一波段数据文件之前都有一个图像属性文件，后面又有一个尾部文件，其具体格式内容见表 3.1。

BIL 格式。BIL 格式如图 3.1 所示，它是一种按照波段顺序交叉排列的遥感数据格式。对每一行中代表一个波段的光谱值进行排列，然后按波段顺序排列该行，最后对各行进行排列。BIL 格式可以表示为：{［(列号顺序)波段顺序］行号顺序}。

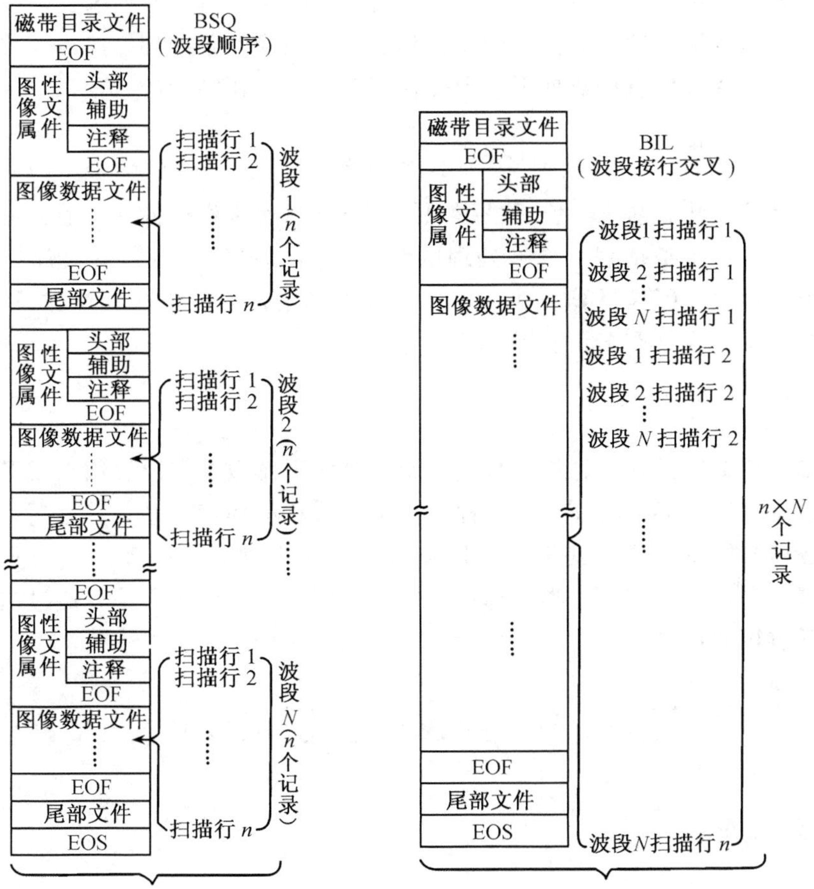

图 3.1　BSQ 和 BIL 格式

其他格式。除了遥感专用的数字图像格式之外，还有其他类型的图像格式。在进行遥感图像处理时，往往需要在不同系统之间进行，所以对其他几种图像格式也必须有所认识。主要有两种应用很广泛的图像格式。一种被称为 TIFF 格式，另一种是与 Windows 操作系统密切相关的格式——BMP 格式。此处不再赘述。

第二节　环境遥感数字图像处理的主要内容

环境遥感数字图像处理的主要内容一般可概括为以下三个方面。

1. 校正处理

校正处理也称图像恢复或图像复原，处理内容包括辐射校正、几何校正等。对于进入处理系统的遥感数据，首先要进行对辐射量失真及几何畸变的校正，对合成孔径雷达的原始数据要进行图像重建。这是图像的预处理。此后，再进行诸如变换处理、环境信息提取处理，或变换与信息提取相结合的处理。

2. 变换处理

变换处理意味着从某一空间投影到另一空间。通常经变换处理后，遥感数据所含的一部分信息被增强，变换处理的结果多为增强的图像。一般包括彩色增强、直方图增强、图像运算、邻域增强、频率域增强、傅里叶变换、高斯滤波、K-L 变换、K-T 变换和多信息融合等。

3. 环境信息提取

环境信息提取是在计算机上根据一定规则对遥感数据（原始数据或经过某些处理的数据）进行环境特征分析，提取出各种有用的环境信息，其分析处理的结果多为环境专题图形式。其主要工作是数字图像识别分类处理，包括非监督分类、监督分类、神经网络分类、模糊分类、空间信息提取等方法，通过这些方法提取各种有用的环境信息。

第三节　遥感图像校正处理

一、辐射校正

利用遥感器观测目标物辐射或反射的电磁能量时，从遥感器得到的测量值与目标物的光谱反射率或光谱辐射亮度等物理量是不一致的，遥感器本身的光电系统特征、太阳高度、地形以及大气条件等都会引起光谱亮度的失真。为了正确评价地物的反射特征及辐射特征，必须尽量消除这些失真。这种消除图像数据中依附在辐射亮度里的各种失真的过程称为辐射校正。完整的辐射校正包括遥感器校正、大气校正以及太阳高度和地形校正。

1. 遥感器校正

由遥感器的灵敏度特征引起的畸变主要是由其光学系统，或光电变换系统的特征所形成的。如在使用透镜的光学系统中，其摄像面存在着边缘部分比中心部分发暗的现象（边缘减光）。如果以光轴到摄像面边缘的视场角为 θ，理想的光学系统中某点的光量与 $\cos^n\theta$ 成正比，利用这一性质可以进行 $\cos^n\theta$ 校正。

光电变换系统的灵敏性特征通常较稳定，其校正一般是通过定期地面测定，根据测量值进行校正。如陆地卫星 4 和 5 系列的遥感器纠正是通过飞行前实地测量，预先测出了各波段的辐射值（L_b）和记录值（DN_b）之间的校正增量系数（Cal-gain$_b$，用 A 表示）和校正偏差量（Cal-offset$_b$，用 B 表示）。其纠正的公式为

$$L_b^s = A \cdot DN_b + B \tag{3.5}$$

通常假设校正增量系数和校正偏差值在遥感器使用期内是固定不变的，但事实上它们均会随时间有很小的衰减。

2. 大气校正

大气会引起太阳光的吸收、散射，也会引起来自目标物的反射及散射光的吸收和散射，入射到遥感器的除来自目标物的光，还有大气引起的散射光。消除并校正这些影响的处理过程叫大气校正。学者们尝试着提出了不同的大气纠正模型来模拟大气的影响，但是对于任何一幅图像，由于对应的大气数据几乎永远是变化的，且难以得到，因而应用完整的模型纠正每个像元是不可能的。通常可行的方法是从图像本身来估计大气参数，然后以一些实测数据，反复运用大气模拟模型来修正这些参数，实现对图像数据的校正。任何一种依赖大气物理模型的大气校正方法都需要先进行遥感器的辐射校正。大气校正方法大致可分为：利用辐射传递方程式的方法，利用地面实况数据的方法及其他方法。

（1）利用辐射传递方程式的方法。对辐射传递方程式给出适当的近似值求解，可消除大气的影响。大气的影响主要是由气溶胶引起的散射（可见光近红外区）及水汽引起的吸收（热红外区）。因此，为了进行校正，必须测定可见光近红外区的气溶胶的密度及热红外区的水汽浓度。可是，现实中仅从图像数据中正确测定这些量是很困难的，在利用辐射传递方程式时，通常只能得到近似解。

（2）利用地面实况数据的方法。在采集图像数据时，预先设置反射率已知的

标志，或事先测出适当的目标物的反射，把由此得到的地面实况数据和图像数据（遥感器的输出值）进行比较，从而消除大气的影响。其缺点是，该方法仅适用于获得地面实况数据的特定的景、地区或者时间。

(3) 其他方法。例如，在同一平台上，除了安装获取目标图像的遥感器外，也安装上专门测量大气参数的遥感器，利用这些数据进行大气校正。另外还可以利用植被指数转换来进行 AVHRR 的大气校正等。

3. 太阳高度角和地形等引起的畸变校正

为了获得每个像元真实的光谱反射，经过遥感器和大气校正的图像还需要更多的外部信息进行太阳高度和地形校正。通常这些外部信息包括大气透过率、太阳直射光辐照度和瞬时入射角（取决于太阳入射角和地形）。太阳直射光辐照度在进入大气层以前是一个已知的常量。在理想情况下，大气程透过率应当在获取图像的同时实地测量，但是对于可见光，在不同大气条件下，也可以合理地预测。当地形平坦时，瞬时入射角比较容易计算，但是对于倾斜的地形，经过地表散射、反射到遥感器的太阳辐射量就会依倾斜度而变化，因此需要用 DEM（数字高程模型）计算每个像元的太阳瞬时入射角来校正其辐射亮度值。

(1) 视场角和太阳角的关系引起的亮度变化的校正。太阳光在地表反射、扩散时，其边缘比四周更亮的现象叫太阳光点，太阳高度高时容易产生。太阳光点与边缘减光等都可以用推算阴影曲面的方法进行校正。阴影曲面是指在图像的明暗变化范围内，由太阳光点及边缘减光引起的畸变成分。通常用傅里叶分析等提取出图像中平稳变化的成分作为阴影曲面。

(2) 地形倾斜的影响校正。当地形倾斜时，经过地表扩散、反射再入射到遥感器的太阳光的辐射亮度就会依倾斜度而变化，所以必须校正其影响。可以采用地表的法线矢量和太阳光入射矢量的夹角进行校正的方法，以及对消除了光路辐射成分的图像数据采用波段间的比值进行校正的方法等。通常在太阳高度和地形校正中，我们都假设地球表面是一个朗伯反射面。但事实上，这个假设并不成立，最典型的如森林表面，其反射率就不是各向同性，因此需要更复杂的反射模型。

4. 高光谱图像的校正

由于高光谱图像光谱分辨率高，其狭窄波段一般对应于很窄的大气吸收段，或较宽的光谱吸收段的边缘，故每个波段受大气影响的程度和它相邻的波段是不一样的；不同的操作条件下（特别是航空遥感器），整个图像光谱系统中光谱波段会有小的位移。因而，高光谱图像的遥感器校正以及大气光谱传输和吸收特性有别于一般多波段图像，其辐射校正更为复杂，校正计算量更大，需加以特别考虑。一般较实用的方法有：

(1) 残差图像法。即按一定比例调节每个像元值，使其在每一个被选定波段上的值等于整个图幅的最大值。然后对每一个波数减去其归一化后的平均辐射值。

(2) 连续值移除法。即先产生一个穿过图像光谱峰值的分段线性或多项式的连续值，然后对每个像元的光谱值除以其对应的连续值。

(3) 内部平均相对反射法。即对每个像元的光谱值除以整个图像的平均值。

(4) 实用线性方法。即线性回归每个波段的记录值和实际测量值，得到一个线性增量系数和偏差值，从而校正其他值。

(5) 平场法。选一块光谱均一的高反射区取其平均值，然后对每一个像元的光谱值除以这个平均值。

以上多数方法都没有使用大气数据和模型，因此确切地说仅对高光谱图像做了归一化处理。通过对比发现只有残差图像法才是真正意义上的辐射校正，再就是实用线性方法，但它们都需要大量野外实地测量。

二、几何校正

几何位置的畸变有两种原因，一种是属于遥感系统造成的，属于内部畸变。例如，扫描镜的结构方式和扫描速度等造成的畸变，这种畸变多有一定的规律性，一般在地面接收站的数据处理中心进行处理校正。另一类是遥感图像在成像时，由于飞行器姿态（侧滚、俯仰、偏航）、高度、速度和地球自转等因素造成图像相对于地面目标而发生畸变，属于外部畸变。畸变表现为像元相对于地面目标实际位置发生挤压、扭曲、伸展和偏移等，图 3.2 为几种畸变情况，图中实线为畸变后的图形，虚线表示没有畸变的正确图形。由于这类畸变是随机产生的，所以多采用地面控制点的方法进行校正，通常称为几何精校正。以下介绍几个基本术语：

(1) 图像配准（registration）。同一区域里一幅图像（基准图像）对另一幅图像的校准，以使两幅图像中的同名像元配准。

(2) 图像纠正（rectification）。借助于一组地面控制点，对一幅图像进行地理坐标的校正。这一过程又被称为地理参照。

(3) 图像地理编码（geo-coding）。是一种特殊的图像纠正方式，把图像纠正到一种统一标准的坐标系，以使地理信息系统中来自不同遥感器的图像和地图能方便地进行不同层之间的操作运算和分析。

(4) 图像正射投影校正（ortho-rectification）。借助于地形高程模型（DEM），对图像中每个像元进行地形畸变的校正，使图像符合正射投影的要求。

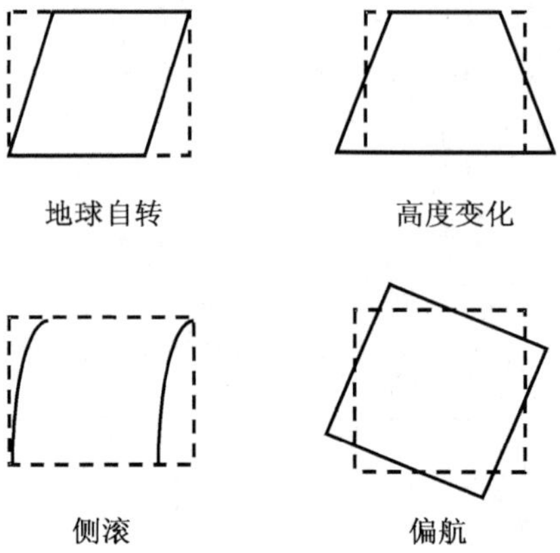

图 3.2　几种畸变模型图形

1. 几何校正的步骤

图像的几何校正首先需要考虑图像中所含的几何畸变的性质及可应用于校正的数据确定校正方法，然后确定校正式（图像坐标和地图坐标的变换式等）的结构，根据控制点数据等求出校正式的参数。接着需要检查几何畸变能否充分得到校正，探讨校正式的有效性。当判断为无效时，则对新的校正式（校正方法）进行探讨，或对校正中所用的数据进行修改，最后需要进行重采样和内插。为了使校正后的输出图像的配置与输入图像相对应，还要利用所采用的校正式，对输入图像的图像数据重新排列。

2. 几何精校正

几何精校正是指利用地面控制点使遥感图像的几何位置符合某种地理系统，与地图配准，并调整亮度值。也就是在遥感图像的像元与地面实际位置之间建立数学关系，将畸变图像空间中的全部像元转换到校正图像空间去。图像几何精校正的内容一般包括两个方面：一个是图像像元空间位置的变换，另一个是像元灰度值的重采样。具体步骤如下：

1）选取地面控制点

这是几何纠正中最重要的一步。地面控制点应当具有以下特征：首先地面控制点（GCP）在图像上有明显的、清晰的定位识别标志，如道路交叉点、河流岔口、建筑边界、农田界线等；其次，GCP 上的地物不随时间而变化，以保证当两幅不同时段的图像或地图几何纠正时，可以同时识别出来；在没有做过地形纠正的图像上选控制点时，应在同一地形高度上进行。

GCP 应当均匀地分布在整幅图像内，边界和四周均应有控制点，且要有一定的数量保证。GCP 的数量、分布和精度直接影响几何纠正的效果。GCP 的精度和选取的难易程度与图像的质量、地物的特征及图像的空间分辨率密切相关。GCP 的位置精度越高，则几何纠正精度越高。对于一般二次多项式，GCP 的个数至少不得低于多项式的系数个数。适当增加 GCP 的数量，可以提高几何纠正的精度，但过多地增加 GCP 的数量，不仅不会显著提高纠正精度，而且会增大选择 GCP 的工作量。一幅 TM 影像要纠正到一个像元以内的精度，一般需要25～30 个左右均匀分布的 GCP；一幅 SPOT 卫星影像采用三次多项式拟合，用13～17 个 GCP，其纠正精度可达 2 个像元左右。

2）选择空间变换函数

地面控制点确定后，要在图像与图像或地图上分别读出各个控制点在图像上的像元坐标（x，y）及其参考图像或地图上的坐标（X，Y），即参考坐标。其参考坐标可以是经纬度，也可以是统一的平面投影坐标（如高斯克吕格投影）；图像上的像元坐标一般是其行、列号，也可以是变形的地理坐标。图 3.3 是遥感图像几何纠正的示意图。图中把原始图像变形看成是某种曲面，输出图像作为规则平面。从理论上讲，任何曲面都能以适当高次的多项式来拟合。

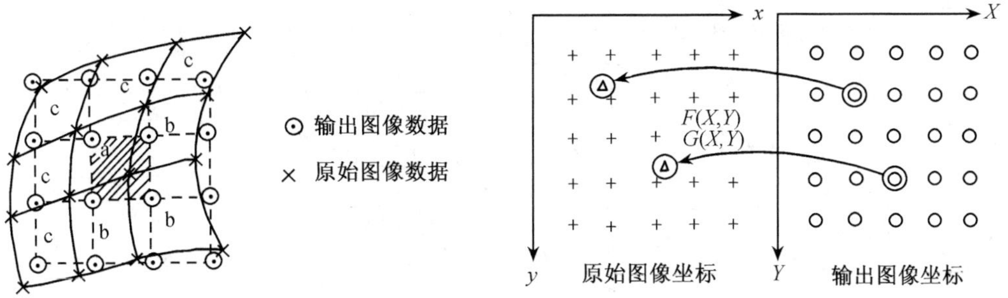

图 3.3　遥感图像的几何校正

下一步是选择合适的坐标变换函数式（即数学纠正模型），建立图像坐标（x，y）与其参考坐标（X，Y）之间的关系式，这也就是确定校正方法。两个坐标间的对应关系，描述为数学关系式为

$$X = f_x(x,y);Y = f_y(x,y) \tag{3.6}$$

或者为

$$x = g_x(X,Y);y = g_y(X,Y) \tag{3.7}$$

式中：x，y 为某像元原始图像坐标；X，Y 为同名像元的参考坐标（输出图像坐标）。

式（3.6）表示的是把原始图像像元的坐标转换到参考坐标；而式（3.7）则是把参考坐标转换到原始图像坐标。

式（3.6）和式（3.7）常用多阶多项式逼近。多项式纠正法是实践中经常使用的一种方法，因为它的原理直观、计算简单，特别是对地面相对平坦的情况具有足够好的纠正精度。该法的基本思想是回避成像的空间几何过程，而直接对图像变形的本身进行数学模拟。它把遥感图像的总体变形看作是平移、缩放、旋转、仿射、偏扭、弯曲以及更高次的基本变 形的综合作用结果，因而纠正前后图像相应点之间的坐标关系可以用一适当的多项式来表达。该法对各种类型传感器的纠正都是普遍适用的。同时该法不仅用于图像对地面（或地图）系统的纠正，还常用于不同类型遥感图像之间的相互几何配准，以满足计算机分类、地物变化监测等处理的需要。最常用的是二次多项式纠正。多阶多项式可以表示为

$$
\begin{aligned}
X &= f_y(x,y) = \sum_{i=0}^{n}\sum_{j=0}^{n-i} a_{ij}x^i y^j \\
Y &= f_y(x,y) = \sum_{i=0}^{n}\sum_{j=0}^{n-i} b_{ij}x^i y^j
\end{aligned}
\tag{3.8}
$$

当阶数 n 为 3 时，式（3.8）展开为

$$
\begin{aligned}
X = f_x(x,y) &= \sum_{i=0}^{n}\sum_{j=0}^{n-i} a_{ij}x^i y^j = a_{00} + a_{10}x + a_{01}y + a_{11}xy + \\
&\quad a_{20}x^2 + a_{02}y^2 + a_{30}x^3 + a_{21}x^2y + a_{12}xy^2 + a_{03}y^3 \\
Y = f_y(x,y) &= \sum_{i=0}^{n}\sum_{j=0}^{n-i} b_{ij}x^i y^j = b_{00} + b_{10}x + b_{01}y + b_{11}xy + \\
&\quad b_{20}x^2 + b_{02}y^2 + b_{30}x^3 + b_{21}x^2y + b_{12}xy^2 + b_{03}y^3
\end{aligned}
\tag{3.9}
$$

同样式（3.8）也可以展开成

$$
\begin{aligned}
x = g_x(X,Y) &= \sum_{i=0}^{n}\sum_{j=0}^{n-i} a_{ij}X^i Y^j = a_{00} + a_{10}X + a_{01}Y + a_{11}XY + \\
&\quad a_{20}X^2 + a_{02}Y^2 + a_{30}X^3 + a_{21}X^2Y + a_{12}XY^2 + a_{03}Y^3 \\
y = g_y(X,Y) &= \sum_{i=0}^{n}\sum_{j=0}^{n-i} b_{ij}X^i Y^j = b_{00} + b_{10}X + b_{01}Y + b_{11}XY + \\
&\quad b_{20}X^2 + b_{02}Y^2 + b_{30}X^3 + b_{21}X^2Y + b_{12}XY^2 + b_{03}Y^3
\end{aligned}
\tag{3.10}
$$

式中：a_{ij} 和 b_{ij} 为几何校正系数，是依据原始图像和地形图同名点作为控制点，应用最小二乘法求出的。这是目前广泛采用的对二维图像的几何校正方法。

在实施几何位置空间变换的时候有两种方案，一种是直接法，另一种是间接法。

直接法方案是从原始图像出发，按行列顺序依次对每一像元求其在地面坐标系中的正确位置，即按式（3.6）进行坐标转换，然后将原始图像该像元的灰度值赋给由式（3.6）计算得的输出图中的相应像元点位。

间接法方案是从空白的输出图像阵列出发，即利用式（3.7），按行列的顺序

依次对每个像元求出其在原始图像中的位置。并把计算得到的原始图像点位上的灰度值取出按相应的原则填到空白的输出图像的阵列的相应点位上。在间接法的实施中，要解决图像灰度值的重采样和内插问题，有三种算法：最近邻点法（nearest neighbor）、双线性内插法（bilinear）和三次卷积法（cubic convolution）。

3．重采样和内插

在几何校正的最后阶段，必须根据几何畸变的校正式对输入图像进行图像灰度值的重采样，以便输出无畸变的图像。

重采样有两种方法，一是对输入图像的各个像元在变换后的输出坐标系上的相应位置进行计算，把各个像元的数据投影到该位置上；二是对输出图像的各个像元在输入图像坐标系的相应位置进行逆运算，求出该位置上的像元数据。第二种方法是常采用的方法。

在几何校正过程中，通常是在校正后的输出地图坐标系上设定正方格，求出格点上对应的图像数据。可是，在该格点上所对应的输入图像坐标通常不是整数值，所以必须用输入图像上周围点的像元值对所求点的像元值进行内插。用于几何校正的主要内插方法有以下三种。

（1）最邻近内插法。以距内插点最近的观测点的像元值为所求的像元值。该方法最大可产生 1/2 像元的位置误差，但优点是不破坏原来的像元值，处理速度快。但会使原始图像中某些线状特征变粗成块。

（2）双线性内插。使用内插点周围的 4 个观测点的像元值，对所求的像元值进行线性内插。该方法的缺点是可以减少线状特征的块状化现象，但由于其具有低通滤波性质，校正后高频部分受损，图像轮廓变得模糊。破坏了原来的数据，但具有平均化的滤波效果。

（3）三次卷积内插。使用内插点周围的 16 个观测点的像元值，用三次卷积函数对所求像元值进行内插。该方法的缺点是破坏了原来的数据，但具有图像的均衡化的效果，可得到较高的图像质量。避免了双线性内插法滤除高频成分的缺点，但计算量大，需耗费大量机时。在实际工作中，根据具体的图像和应用目标选择不同的算法。

三、图像镶嵌

当研究区超出单幅遥感图像所覆盖的范围时，通常需要将两幅或多幅图像拼接起来形成一幅或一系列覆盖全区的较大图像，这个过程就是图像镶嵌。早期常通过裁切光学像片拼接在一起，误差自然很难避免。现在，通过数字镶嵌方法可以较好地实现“无缝”拼接。进行图像镶嵌时，首先要指定一幅参照图像，作为镶嵌过程中对比度匹配以及镶嵌后输出图像的地理投影、像元大小、数据类型的基准；在重复覆盖区，各图像之间应有较高的配准精度，必要时要在图像之间利用控制点进行配准；尽管其像元大小可以不一样，但应包含与参照图同样数量的层数。数字图像镶嵌在理论和方法上与几何校正类似。如果镶嵌后需要某种地图投影变换，最好依据该地图投影方式先分幅校正，然后再镶嵌，这样精度会更高些。

为便于图像镶嵌，一般均要保证相邻图幅间有一定的重复覆盖区，最好不少于图像的1/5。由于其获取时间的差异，太阳光强及大气状态的变化，或者遥感器本身的不稳定，致使其在不同图像上的对比度及亮度值会有差异，因而有必要对各镶嵌图像之间在全幅或重复覆盖区上进行匹配，以便均衡化镶嵌后输出图像的亮度值和对比度。最常用的图像匹配方法有直方图匹配和彩色亮度匹配。

直方图匹配就是建立数学上的检索表，转换一幅图像的直方图，使其和另一幅图像的直方图形状相似。彩色亮度匹配是将两幅要匹配的图像从（RGB）彩色空间变换为光强、色相和饱和度（IHS），然后用参考图像的光强替换要匹配图像的光强，再进行由IHS到RGB的彩色空间反变换。

图像匹配及相互配准后，需要选取合适的方法来决定重复覆盖区上的输出亮度值，常用的方法，包括取覆盖同一区域图像之间：①平均值；②最小值；③最大值；④指定一条切割线，切割线两侧的输出值对应于其邻近图像上的亮度值；⑤线性插值，根据重复覆盖区上像元离两幅邻接图像的距离指定权重，进行线性插值，如位于重复覆盖区中间线上的像元取其平均值。

要实现高精度的图像镶嵌是相当复杂的。它需要在镶嵌的图像间选取控制点进行匹配及配准，这往往需要大量的时间和计算量。随着获取高精度的航空航天遥感图像技术的快速发展，特别是近几年高分辨率（0.5～2m）的遥感图像的广泛应用，发展图像镶嵌的自动化技术就显得越来越重要。

航空像片扫描进计算机后也可以进行数字镶嵌，但由于中心摄影方式（特别是大比例尺航片）带来的边缘变形导致镶嵌很难满足精度要求，此时可考虑先进行正射投影变换再进行镶嵌。

第四节　遥感图像增强处理

在图像处理过程中为了突出所需要的有用的某些局部信息和特征，压抑其他不需要和无用的信息，以便达到有利于人眼的识别和观察、或有利于计算机分类的目的，而对图像像元灰度值进行某种变换的处理，处理后图像中的信息有的被突出了，也有的被抑制了，这即为图像增强。图像增强的特点是处理后的图像并不一定忠实于原来的图像，但是达到了有利于辨认和识别的效果。遥感图像的增强处理有很强的针对性，往往要根据具体的应用目的而采取某一种或某一些不同的增强处理方法。即使是同一幅图像，由于目的不一样，采用的增强处理方法可能就不一样，而得到的结果也就不一样。遥感图像增强处理主要有彩色增强、空间域图像增强和频率域图像增强。

一、彩色图像增强

由于人眼对黑白图像灰度级别是不敏感的，但对彩色差异的分辨能力却比较强，所以我们可以使用不同的彩色和色调的变化来代替图像黑白灰度级别的变化，从而可以达到突出图像信息空间分布的目的。遥感图像的彩色处理主要有假彩色密度分割、彩色增强和多波段假彩色合成等。

1. 假彩色密度分割

在对单波段的黑白图像进行解译时，由于人眼对灰度的变化不敏感，这时往往需要借助彩色来加强对单波段图像的认识，即应用假彩色密度分割技术进行图像增强。其基本原理是：假定某一灰度值 g 为分界点，把一幅图像分成两部分，灰度值比 g 小的为一部分，灰度值比 g 大的为一部分，也就是把一幅图像分成了两个灰度级，如果用多个分界点来分割该图像，那么就可得到多个不同的级别，对于这些不同的级别用不同的彩色来显示，那么原来黑白的单波段图像就变换为彩色图像了。

进行密度分割以后，假彩色的调配主要以突出和增强图像信息为目的，所谓假彩色就是指调配后的彩色和色调并不一定与自然景物的彩色一致。对黑白图像进行密度分割的步骤如下：

（1）选定密度分割点 $g1$、$g2$，…，gi，通常分割点的选取要根据专业知识和经验以及考虑地物波谱的特性等来决定。

（2）确定灰度级与彩色的变换关系。这种变换可以是等间隔的，也可以是非等间隔的；可以是线性变换，也可以是非线性变换；变换的颜色可以是不同的彩色，也可以是同一彩色的不同色调。

2. 彩色增强

彩色增强方法纯粹是为了增强人眼对图像的识别效果而进行的，它把图像灰度通过某一种加色比例函数而变换到彩色级。基本原理为：在一个输入像元的灰度级上分别进行三个独立的色变换，三种彩色分别为红、绿、蓝，然后把三个加色结果分别加到彩色显示系统的红、绿、蓝三个电子枪上，这样，在显示屏幕上产生一个彩色合成图像。从而达到明显的分辨和识别效果。

彩色增强的伪彩色加色过程，如图 3.4 所示。

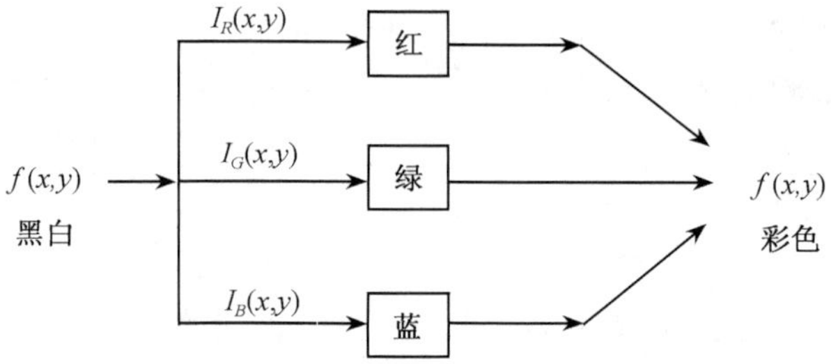

图 3.4　伪彩色加色示意图

3. 假彩色合成

单波段的假彩色密度分割和彩色增强，因为只有一个波段，解译地物精度不高。由于各个波段所含的信息是有一定的不同的，如果我们把地物在不同波段上的信息差异综合反映出来，那么图像上的地物信息差别就显著扩大了，也就是说提高了识别的效果。

其具体的方法是选定某一图像的其中三个波段，例如，TM 的 5、4、3 波段，并分别赋予红、绿、蓝三个颜色，建立每个波段的灰度与彩色的变换关系，再将变换结果合成得到假彩色合成图像，其过程如图 3.5 所示

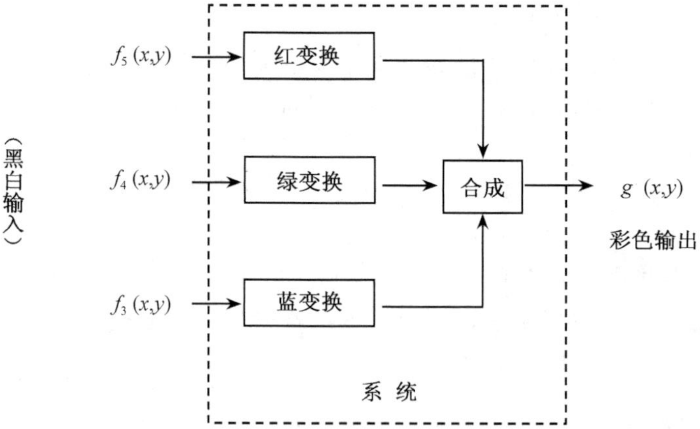

图 3.5　假彩色合成示意图

二、空间域图像增强

空间域图像增强处理是应用某种数学模式直接改变图像像元灰度值的变换。

这种变换与像元的坐标无关，只改变像元点的灰度深浅程度。即改变了图像的对比度，这样图像中的某些信息被突出（可能也有些信息被压抑了）达到了图像增强的目的。

空间域处理，可分为单点处理和邻域处理，所谓单点处理即指在处理过程中仅考虑像元点的变换来达到进行增强处理的目的，而邻域处理在对图像的每一像元进行处理时，不仅从被处理的这一像元着眼来考虑，而且要考虑到其周围各个像元对被处理像元的影响。以下主要介绍一下空间域单点处理方法，对邻域处理的方法感兴趣的读者请查阅遥感图像处理方面相关文献。空间域单点处理包括灰度拉伸、直方图均衡化、代数运算和逻辑运算等几种方法。

1. 灰度拉伸

一般在遥感图像处理前，我们都要做出图像的灰度直方图，看一下图像灰度分布情况，然后再做有目的的增强。灰度拉伸就是根据原图像的直方图确定需要做拉伸变换的灰度值区间，然后把这一（或一些）灰度值区间按某种直线或曲线方程关系拉伸或压缩而成为变换后的灰度值区间。

1）直方图线性拉伸

如原图像元灰度值最小值为 A，最大值为 B（图 3.6），需要将灰度值变换拉伸到 0～255 整个区间，则其变换式为

$$Z' = \frac{Z-A}{B-A} \times 255 \tag{3.11}$$

式中：Z 为原始图像像元灰度值；Z′为变换后图像该像元灰度值。

这个变换式就是图 3.6 中的 AC 直线。

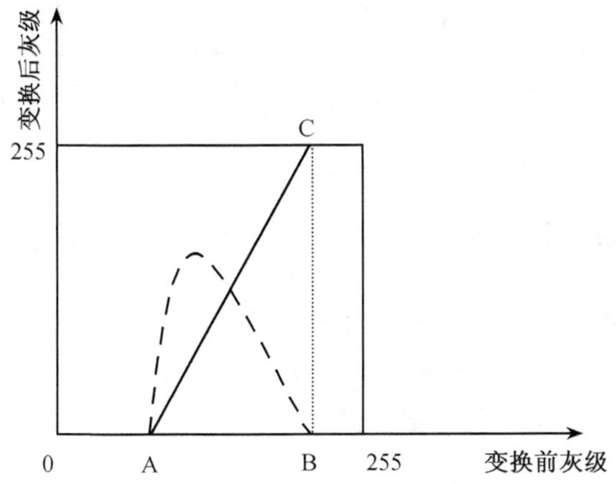

图 3.6　线性变换拉伸示意图

2）直方图分段线性拉伸

在图像处理过程中，有时为了突出人们感兴趣的某些目标物，要求拉伸某些局部灰级范围，为了达到局部拉伸的目的，就把 0～255 区间分成几个直线段，在每一个直线段用不同的线性变换。如图 3.7，是几个分段线性拉伸的例子。

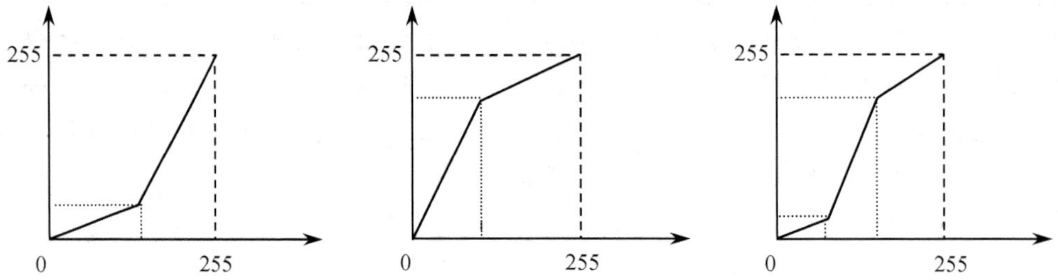

(a) 高值区拉伸　(b) 低值区拉伸　(c) 中间区拉伸

图 3.7　分段线性拉伸图

3）非线性拉伸变换

非线性拉伸变换的变换关系是曲线关系，通常包括指数变换、对数变换和抛物线变换。图 3.8 中：

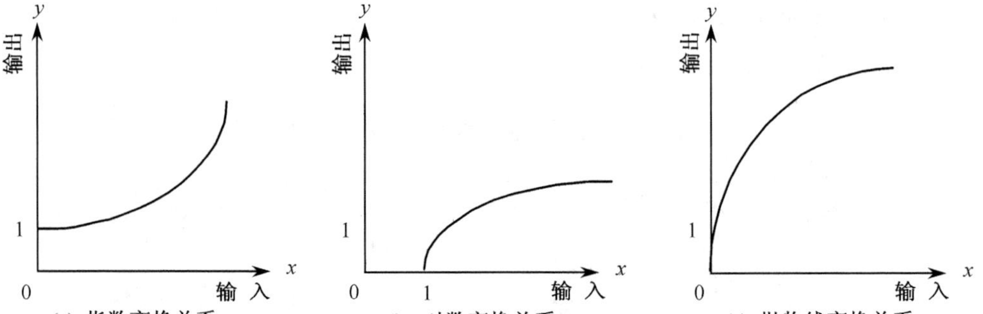

(a) 指数变换关系　(b) 对数变换关系　(c) 抛物线变换关系

图 3.8　几种非线性拉伸变换示意图

（a）为指数变换，其一般公式为

$$y = b^x \tag{3.12}$$

式中：y 为变换后像元灰度值，即输出的图像灰度值；x 为原图像像元灰度值，也即输入的图像灰度值；b 为底数，其取值视具体情况而定。

（b）为对数变换关系，其一般公式为

$$y = \log_a x \tag{3.13}$$

式中：a 为底数。

（c）为抛物线变换，其一般公式为

$$y = ax^n \tag{3.14}$$

式中：a 为系数；n 为抛物线的阶数。

2. 直方图均衡化

一幅图像的像元灰度值在空间的分布一般来说是不均匀的，灰度值范围可能比较狭窄，这时图像信息不丰富，图像结构不清楚，表现在直方图上是两侧较小而中间突出一个高峰。如果将直方图的高峰在水平方向压缩，向左右展开成为一个和原来直方图相比，灰度值范围加宽，相对差别变小，即一种较均衡的新的直方图，这就是图像直方图的均衡化（图 3.9）。直方图的均衡化实质上是减少图像的灰度等级以换取对比度的扩大。直方图均衡后每个灰度级的像元频率，理论上应相等，实际上为近似相等。直接从图像上看，直方图均衡的效果是：①各灰度级所占图像的面积近似相等；②原图像上频率小的灰度级被合并，频率高的灰度级被保留，因此可以增强图像上大面积地物与周围地物的反差。

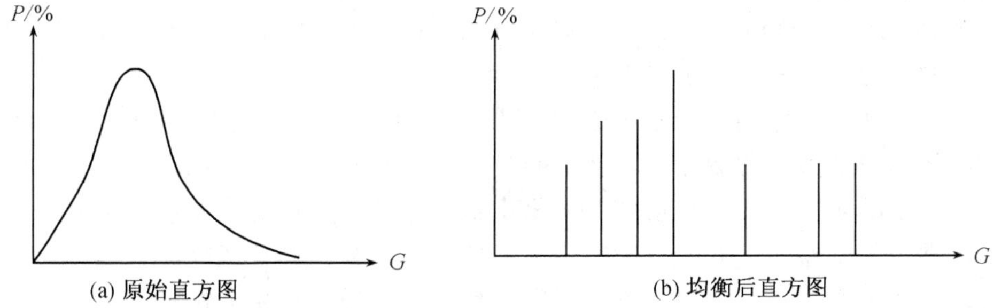

图 3.9 直方图均衡

3. 直方图匹配

直方图匹配是通过非线性变换使得一个图像的直方图与另一个图像直方图类似。直方图匹配对在不同时间获取的同一地区或邻接地区的图像，或者由于太阳高度角或大气影响引起差异的图像很有用，特别是对图像镶嵌或变化检测。

为了使图像直方图匹配获得好的结果，两幅图像应有相似的特性：

（1）图像直方图总体形状应类似。

（2）图像中黑与亮特征应相同。

（3）对某些应用，图像的空间分辨率应相同。

（4）图像上地物分布应相同，尤其是不同地区的图像匹配。如果一幅图像里有云，而另一幅没有云，那么在直方图匹配前，应将其中一幅里的云去掉。

为了进行图像直方图匹配，同样可以建立一个查找表，作为将一个直方图转换成另一个直方图的函数。

4. 代数运算

在遥感图像处理中，常常在同一幅遥感图像的不同波段之间或者是两幅以上的图像间对每个对应像元进行加减乘除等四则运算，以求出几个波段或几个图像的和差积商而达到某种特定的图像增强效果，这就是图像处理中的代数运算。代数运算的一般表达式如下：

$$\left.\begin{aligned} O(x,y) &= I_1(x,y) + I_2(x,y) \\ O(x,y) &= I_1(x,y) - I_2(x,y) \\ O(x,y) &= I_1(x,y) \times I_2(x,y) \\ O(x,y) &= I_1(x,y) \div I_2(x,y) \end{aligned}\right\} \tag{3.15}$$

其中，I_1（x，y）和 I_2（x，y）是输入图像不同波段同一像元的灰度值，O（x，y）为处理后输出图像的像元灰度值。在实际工作中，我们可以通过各种适当的组合进行代数运算，有时使用复杂的代数运算方程以达到特殊的增强效果。例如我们在计算植被绿度指数 NDVI 时，就是利用（TM3－TM3）/（TM4＋TM3）这一复杂的代数组合运算来进行的。

图像相加可以把同一地物的多重影像加起来求平均，可减少图像的随机噪声。图像相减则可以检测影像之间的变化，这有利于动态变化的发现，还可以用来改变背景的阴影模式，从模糊的景物中把有用的目标信息检测识别出来。图像相乘最常用的是卷积运算，一般用来做图像轮廓增强。图像相除即比值运算在遥感图像处理过程中是最常用的方法，很多地物可以通过比值方法得到突出和区分出来，利用比值处理还可以在一定的程度上消除高山阴影的影响。

第五节　多源遥感信息融合

数字图像处理的很多应用通过融合覆盖同一地理区的多种数据而得到加强。这些数据的形式实际上可以是多种多样的。多种信息源的融合是将多种遥感平台，多时相遥感数据之间以及遥感数据与非遥感数据之间的信息组合匹配的技术。融合后的图像数据将更有利于综合分析。该方法更好地发挥了不同遥感数据源的优势互补，弥补了某一种遥感数据的不足之处，提高了遥感数据的可应用性。在仅用遥感数据难以解决问题的时候，加入非遥感数据进行补充，使更综合的、更深入的分析得以进行，也为进一步应用地理信息系统技术打下基础。这种融合的意义绝不仅仅提高了目视解译的效果，更重要的是在定量分析中提高了精度，扩大了遥感数据的应用面，具有很大的实际意义。

一、多时相遥感数据融合

多时相数据融合可以呈现出许多不同的形式。一个简单的多时相数据融合只是简单地将同一区域的多个时间获得的数据结合在一起，来生产有助于可视化解译的产品。例如，经常通过融合作物生长季节早期和晚期不同时间的数据并制作成彩色合成图来帮助进行农业作物解译。多时相数据融合的步骤如下。

1. 配准

利用几何校正的方法做位置匹配。

2. 直方图调整

将配准后的图像尽可能地调整成一致的直方图，使图像亮度值趋于协调，以便于比较。

3. 融合

不同时相的图像融合主要用来研究时间变化所引起的各种动态变化。采用的融合方法与增强方法相同：①彩色合成方法，通过颜色对比表现变化；②差值方法，差值后可设定适当阈值，获得只有 0 与 1 的二值图像，以突出变化（变化部分为 1，非变化部分为 0，或相反）；③比值方法，也可设定阈值，类别不变的一定地物接近于 1，因此同样可利用二值图像突出变化。

二、多传感器遥感数据的融合

多传感器遥感数据的融合亦称遥感数据的融合。来自不同传感器的信息源有不同的特点，例如，TM 影像有 7 个波段，光谱信息丰富，特别是 5 和 7 波段。SPOT 数据就没有，但 SPOT 数据分辨率高，全色波段可达 10m，比 TM 的 30m 和 SPOT 多光谱传感器的 20m 都高，两者融合既可以提高新图像的空间分辨率又可以保持较丰富的光谱信息。再如，侧视雷达图像可以反映地物的微波反射特性，地物的介电常数越大，微波反射率越高，色调越发白，这种特性对于反映土壤、水体、山地、丘陵、居民点，以及道路、渠道等线性地物明显优于陆地卫星影像，因此如将雷达影像与陆地卫星影像融合，可以既反映出可见光，近红外的反射特性，又可以反映出微波的反射特性，有利于综合分析。

多传感器遥感数据融合首先要解决的问题就是匹配问题。由于影像所对应的地面范围不同，分辨率不同，地物反射的亮度变化规律不同，为了实现匹配常常需要对每一种信息源作预处理，但不论增加什么处理方法，都需包括配准和融合两个步骤。

1. 配准

为了使两幅图像所对应的地物吻合，分辨率一致，必须先完成配准。方法是采用几何校正，分别在不同数据源的影像上选取控制点，用双线性内插或三次卷积内插运算等对分辨率较小的图像进行重采样，完成配准。

2. 融合

诸多融合方案中，彩色合成方法的效果比较明显。所以应尽可能生成三幅新图像，分别赋予红、绿、蓝色，进行假彩色合成。例如，将 TM 与 SPOT 融合，选取 TM 三个波段 4，3，2 和 SPOT 全色波段共 4 个波段，融合时常用以下两种方法。

方法一：每幅 TM 图像均与 SPOT 图像作逐点运算，如相加、相减或相乘，或其他运算方案，生成三幅图像，进行彩色合成，生成融合图像；

方法二：代换法。①对 TM 的所有波段进行主成分变换，然后用 SPOT 的高分辨率全色波段代换变换后的 TM 第 1 主成分。将代换后的所有波段再做一次主成分变换的反变换。这种处理方法既保持了原有 TM 数据的光谱分辨率，又增加了 SPOT 的高空间分辨率的特点，大大提高了数据质量。②对假彩色合成的任意三个波段实行 HLS 变换，然后用 SPOT 的高分辨率全色波段代换变换后的明度成分，将代换后的三个波段再做 HLS 到 RGB 的反变换，生成新的彩色合成图大大提高了空间分辨率。

实际融合时方法还很多，有时通过找两幅图像活动窗口内的亮度相关值和平均值，以此调整原来三个波段的灰度值，还有其他方法不再列举。

三、遥感图像数据与非图像数据的融合

数字图像处理的一个重要的数据融合形式是图像数据与“非图像”数据或辅助数据的配准融合。辅助数据的类型多种多样，它可以是土壤类型，也可以是高程数据，还可以是确定的属性值，还可以是其他多种基础地理数据。对这些辅助数据的唯一要求就是它们要能够进行地理编码，这样它们就能够与图像数据配准到共同的地理坐标。尽管不是必须，但通常这种融合是在 GIS 环境下进行的。

遥感数据是以栅格格式记录的，而地面采集的地理数据常呈现出多等级，多量纲的特点，数据格式也多样化。因此，为了使各种地理数据能与遥感数据兼容，首先需要将获取的非遥感数据按照一定的地理网格系统重新量化和编码，以完成各种地理数据的定量和定位，产生新的数据格式。甚至可以将其制作成与遥

感数据类似的若干独立的波段，以便和遥感数据融合。这样，遥感数据与非遥感数据可在空间上对应一致，又可在成因上互相说明，以达到深入分析的目的。遥感数据与非遥感数据的融合步骤如下。

1. 地理数据的栅格化

为了使非遥感的地理数据与遥感数据融合，前提条件是必须使地理数据可作为遥感数据的一个“波段”，这就是说通过一系列预处理，使地理数据成为栅格化的数据、地面分辨率与遥感数据一致，并且对应地面位置与遥感影像配准。

1）栅格数据生成

原始采集的地理数据多种多样，其中以离散形式采样的数据居多，如高程点值、土壤酸碱度值、气温值等。这种数据不能以统一的数学模型生成栅格，但在某一局部仍可用近似的数学函数来表达，因此常采用局部拟合法进行逐点内插。如图 3.10 设输入计算机时，各已知离散点的坐标为（x_i，y_i），现求待生成的每一栅格点的值，以图中 O' 点为例，取待定点 O' 为一新平面坐标 $x'O'y'$ 原点，即 $x'_0=0$，$y'_0=0$，其他各已知离散点坐标 $x'_i=x_i-x_0$，$y'_i=y_i-y_0$。以 O' 为圆心，适当值（离散点疏，取值大，离散点密，取值小）为半径，以保证圆内有足够的离散点。取二次多项式进行拟合，O' 点的值 z_0 为

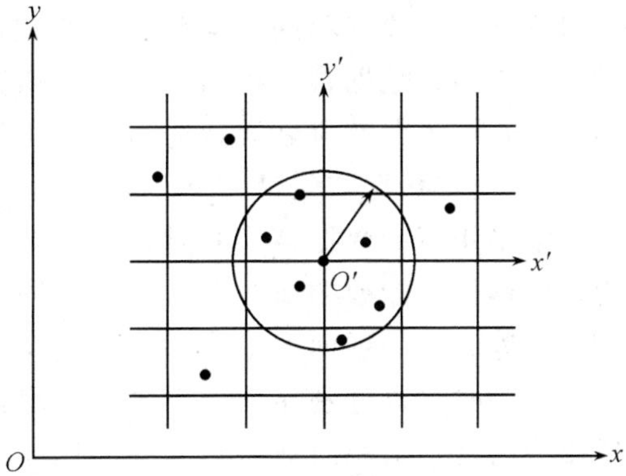

图 3.10　局部拟合

$$z_0 = ax'^2 + bx'y' + cy'^2 + dx' + ey' + f \tag{3.16}$$

式（3.16）中有未知系数 6 个，至少需有 6 个已知点数据（$x'_1y'_1z_1$，$x'_2y'_2z_2$，$x'_3y'_3z_3$，$x'_4y'_4z_4$，$x'_5y'_5z_5$，$x'_6y'_6z_6$）形成 6 个方程求出。这里由于待求点 O' 的 $x'_0=0$，$y'_0=0$，问题较为简单，只要求出 f，$z_0=f$。

如离散已知点多于 6 个时，采用最小二乘法计算 f 值。这一栅格点的值求出后，向右移动一个点同样方法计算下一点的值，逐个移动直到本行结束再进行下一行，直到全图扫描完毕。

2）与遥感数据配准

地理数据生成栅格时，栅格所对应的地面分辨率应与遥感数据的地面分辨率一致。如果从地理数据无法得到与遥感数据一致的分辨率，只有用配准的方法同时调整分辨率与位置。

配准仍采用几何校正法，但需特别注意控制点选取的准确性。

2. 最优遥感数据的选取

融合时的遥感数据常常只需一个或两个波段，如为使分辨率优化，可选SPOT数据的全色波段，当用TM数据时，则可选用K-L变换后的前两个波段，以达到减少数据量，保持信息量的目的。因此选取适合需要的遥感波段十分重要。

3. 配准融合

1）栅格数据与栅格数据

在完成分辨率与位置配准后，多采用两种方法：一是非遥感数据与遥感数据共组成三个波段（不同数据源波段的数目比例为1∶2或2∶1），实行假彩色合成；二是两种数据直接叠加（参考遥感数据融合），波段之间可作加法或其他数学运算，也可在波段之间做适当的“与”、“或”等布尔运算。

2）栅格数据与矢量数据

常采用不同数据格式的融合和不同数据层的融合。不同记录格式的融合主要指在坐标位置配准的情况下，两种数据的叠加，如在遥感影像上加上行政边界或等高线等。不同层面的融合主要指计算和记录时将不同的图像记录到不同的层上，显示时可以分别显示，也可以一起叠合显示，达到融合的效果，如要想在遥感影像的背景上突出河流湖泊等水体部分，或突出其他地理特征，则被突出的部分可单独记录为一层。

遥感数据和非遥感数据还可以在同一地理投影坐标系统下放到一起作综合分类分析，这种分析不限波段数目，例如，分析盐渍土时可以采用TM1、2、3、4、5、7六个波段，再加上非遥感的地形数据、地下水埋深、地下水矿化度等重要的影响盐渍土的数据所形成的栅格作为参与分类分析的“波段”。综合分析由于考虑了地理因素，使结果的可靠性和精确度得到提高。

第六节　遥感图像分类

数字图像的恢复、增强乃至融合处理，归根到底只是改善图像的品质，提高图像的可解译性，但并未对图像上地物的类别做出“判决”（即解译）。由计算机按一定的判别模式来自动完成这一“判决”，便是图像分类处理的过程。图像分类过程的总目标是，将图像中所有的像元自动地进行地物类型的分类。通常有三种识别类型。①光谱模式识别，即指根据像元到像元的光谱信息来自动划分地物类型的分类过程。②空间模式识别，即根据图像像元和它周围像元的空间关系来进行的图像空间分类。空间分类需要考虑图像的结构、像元的近似度、特征的大小、形状、方向性、重复度和上下关系等。这种分类方式试图再现在目视解译过程中由人工分析得到的空间综合。因此，空间模式识别过程比光谱模式识别过程更复杂。③时间模式识别，即在特征鉴别中将时间作为一种辅助信息。例如，在农作物调查中，从农作物生长季节中的多个日期图像中有可能辨别出独特的光谱特征和空间变化，而这些特征和变化在单个日期的图像中是不可能判别的。图像分类处理的实质就是按概率统计规律，选择适当的判别函数，建立合理的判别模型把图像中离散的集群分离开来，并做出判决和归类。通常遥感图像分类主要有两类方法，一类是非监督分类（unsupervised classification），另一类是监督分类（supervised classification）。

一、监督分类

监督分类，又称训练分类法。在这种分类中，分析者在图像上对每一种类别选取一定数量的训练区，计算机计算每种训练样区的统计或其他信息，每个像元和训练样本作比较，按照不同规则将其划分到和其最相似的样本类。遥感图像处理中常用的监督分类方法有最小距离法、费歇尔线性判别法、贝叶斯线性判别法和贝叶斯非线性判别法（即最大似然法）等。另外，还有模拟自然语言的句法结构识别分类方法和模糊数学分类方法等。其中，最小距离法在算法上比较简单：首先在图像上选出训练样区，并且从图像数据中求出训练样区各个波段的均值和标准差，然后再计算图像中其他像元的亮度值向量到训练样区波谱均值向量之间的距离。如果距离小于指定的阈值（一般取标准差的倍数），且与某一类的距离最近，就将该像元归为某类。最大似然法也是常用的监督分类方法之一。它是用贝叶斯判别原则进行分析的一种非线性监督分类。简单地说，它可以假定已知的或确定的训练样区典型标准的先验概率，然后把某些特征归类到某些类型的函数中，根据损失函数的情况，在损失最小时获得最佳判别。最大似然法的分类效果较好，但是运算量较大。监督分类可分三个基本步骤。

1. 训练阶段

训练阶段主要完成训练样本的选择及评价。分析人员辨别出有代表性的训练样区，并对其进行一定的评价，定出所要研究的每一地面特征类型的数字化光谱属性。

训练样本的选择需要分析者对要分类的图像所在的区域有所了解，或进行过初步的野外调查，或研究过有关图件和高精度的航空像片。其最终选择的训练样本应能准确地代表整个区域内每个类别的光谱特征差异。

训练样本的来源可以是：①实地收集，即通过全球定位系统（GPS）定位，实地记录的样本；②屏幕选择，即通过参考其他图或根据分析者对该区的了解，在屏幕上数字化每一类别有代表性的像元或区域，或用户指定一个中心像元，机器自动评价其周边像元，选择与其相似的像元。由于空间自相关性存在于邻近像元，邻近像元有很大可能具有相似的亮度值。一些研究结果表明从空间自相关数据中得到的训练样本会引起较高的分类误差。1992 年 Gong 和 Howarth 曾比较了不同的采样策略，认为每间隔 N 个像元采集一个像元样本能得到最高分类精度。但这种方法需要大量人工时间，为了节省时间，小数量成组采样比较普遍。即每隔一定间隔采集几个连续的样本像元。对于环境异质的区域，普遍运用地理分层采样。即在进行分类前，将区域所有相关的引起像元光谱变化的重要环境因子都收集起来，比如，土壤类型、温度、大气条件等。在图像上划出不同的环境因子空间分布，然后基于不同的环境因子（即地理层）选择训练样本。

训练样本选择后，为了比较和评价样本的好坏，需要计算各类别训练样本的基本光谱特征信息，通过每个样本的基本统计值（如均值、标准方差、最大值、最小值、方差、协方差矩阵、相关矩阵等），以检查训练样本的代表性、评价训练样本的好坏、选择合适的波段。

2. 分类阶段

图像中每一像元被归类成看起来最像的地面覆盖类型。如果像元与任何一类都不相似，则将其标注上“未知”。在这一过程中，每一个像元所确定的类别标号，以后便可以记录在判读数据集中相应的单元上。这样，多维图像矩阵可被用来制定相应的判读类型矩阵。

在监督分类中可以采用许多不同的算法，将一个未知类别的像元划分到一个类别中。下面主要介绍其常用的几种算法。

1）平行算法

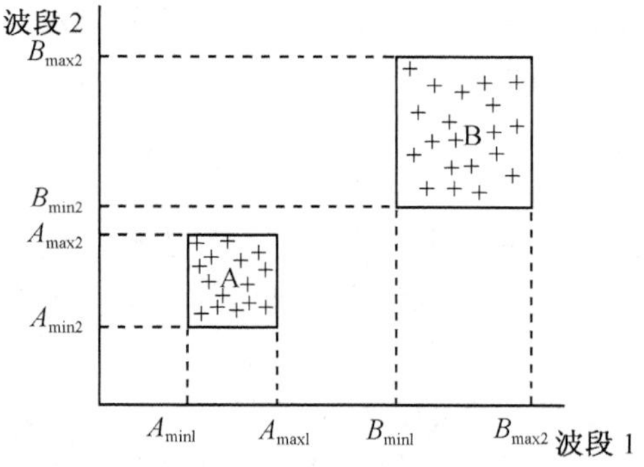

图 3.11　平行算法示意图

平行算法又称为盒式决策规则，是根据训练样本的亮度值范围形成一个多维数据空间。其他像元的光谱值如果落在训练样本的亮度值所对应的区域，就被划分到其对应的类别中（图 3.11）。图中显示 A、B 两个类别的训练样本在第 1 波段上的最小值和最大值分别为 A_{min1}，A_{max1}，B_{min1} 和 B_{max1}，在第 2 波段上为 A_{min2}，A_{max2}，B_{min2} 和 B_{max2}，则由这些值分别定义的亮度区域为 A 和 B。所有其他像元在这两个波段的亮度值如果落在 A，则这个像元就划分为 A 类。

这个过程可以扩展到两个以上的波段和类别。另外，区域 A 和 B 也可以不用其最大值和最小值，而是用其平均值和其标准方差。

2）最小距离法

最小距离法是利用训练样本中各类别在各波段的均值，根据各像元离训练样本平均值距离的大小来决定其类别。如图 3.12 在第 1、2 波段的散点图中，类别 A 和 B 训练样本形成了两个类别集群 A 和 B，其在两个波段的均值位于两个集群的中心（A_1，A_2），（B_1，B_2）。假设有一个像元 C，其光谱亮度值（C_1，C_2），计算其离类别集群 A 和 B 均值（A_1，A_2）、（B_1，B_2）的大小，由于其距离 AC<BC，则其划分到类别 A 中。最小距离法在遥感分类中的应用并不广泛。其主要缺点是此方法没有考虑不同类别内部方差的不同，从而造成一些类别在其边界上的重叠，引起分类误差，因此需要一些更高级复杂的测量距离的方法。

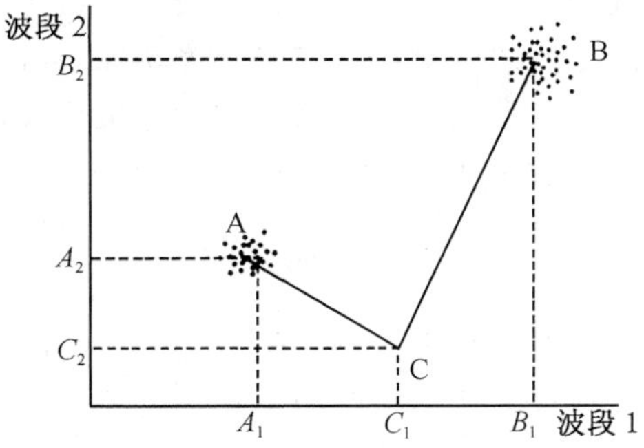

图 3.12　最小距离法示意图

3）最大似然法

平行算法和最小距离法都是没有考虑到各类别在不同波段上的内部方差，以及不同类别其直方图重叠部分的频率分布。假设类别 A 和 B 的均值亮度不同，但其整个亮度分布之间有重叠，在其重叠部分两类的频率是不同的。假设亮度值 C 落在其重叠区，按照平行算法或最小距离法；则 C 很难被归于 A 或 B，除非我们定一个随意的阈值。最大似然法则是采用一个有效的决策规则来决定 C 是更相似于类别 A 或者类别 B。这种算法是根据训练样本的均值和方差来评价其他像元和训练类别之间的相似性。

最大似然法可以同时定量地考虑两个以上的波段和类别，是一种广泛应用的分类器。但是这种算法的计算量比前面提到的算法大，同时对不同类别的方差变化比较敏感。其基本的数学公式是基于正态分布的假设。在这一假设的前提下，用均值矢量（mean vector）和协方差矩阵（covariance matrix）能够完全描绘某一类别的响应模式的分布。根据计算的属于每一类的像元值的概率，便可应用概率密度函数对未定像元做分类。最大似然分类法的主要缺点是，在对每一个像元分类时要进行大量的计算。当即需要大的光谱通道又需要鉴别大量的光谱类型时，就需要有大量的计算。因而，最大似然分类法在上述三种方法中所需运算时间最长。

3. 输出阶段

任何图像分类的实用性最终取决于输出产品的生产，它将图像的解译信息有效地传达给了最终用户，此时，遥感、计算机图形学、数字制图学以及GIS管理之间的分界线就变得很模糊了。事实上对输出产品的选择可能是无穷无尽的，但通常采用三种普遍采用的输出形式，这三种输出包括图形产品、面积统计表格以及数字化的数据文件。

4. 监督分类的特点

监督分类的主要优点是可根据应用目的和区域，有选择地决定分类类别，避免出现一些不必要的类别；可控制训练样本的选择；可通过检查训练样本来决定训练样本是否被精确分类；从而能避免分类中的严重错误，因此避免了非监督分类中对光谱集群组的重新归类。

监督分类的缺点主要是其分类系统的确定、训练样本的选择，人的主观因素较强，分析者定义的类别也许并不是图像中存在的自然类别，导致多维数据空间中各类别间并非独一无二，而是有重叠；分析者所选择的训练样本也可能并不代表图像中的真实情形；同时，由于图像中同一类别的光谱差异，如同一森林类，由于森林密度、年龄、阴影等的差异，其森林类的内部方差大，造成训练样本并没有很好的代表性；另外，训练样本的选取和评估需花费较多的人力、时间，且只能识别训练样本中所定义的类别，若某类别由于训练者不知道或者其数量太少未被定义，则监督分类不能识别。

二、非监督分类

非监督分类是在没有已知类别的训练数据及分类数的情况下，根据图像数据本身的结构（统计特征）和自然点群分布，按照待分样本在多维波谱空间中亮度值向量的相似程度，由计算机程序自动总结出分类参数，进而逐一对像元作归类，通常也称聚类（集群）分析。使用的方法有图形识别、系统聚类、分裂法和动态聚类等。

其中比较实用的是动态聚类。它是根据经验和分类数，选定若干个均值向量，作为“种子”，建立一批初始中心，进行初步概略的分类，然后根据规定的参数（阈值）检验分类结果，逐步修改调整分类中心，再重新分类，并根据各类离散统计量（如均方差等）和不同类别之间可分离性统计量（如类间标准化距离等），进行类的合并或分裂；此后再修改中心，直至分类结果合理为止。动态聚类中，聚类中心和分类数可以按客观的波谱特征自动调整，分类效果一般比较好，但分类结果的确切含义（类别的属性）需要另作分析，从实况调查或已有的地面资料中去确定它们的地物类型。

1. ISODATA 算法

非监督分类方法由于事先不需训练样本，快速简便并具有一定的精度，分类结果较客观，可以作为监督分类的重要补充手段，通过参考非监督分类的结果，可以对监督分类进行修改和调整。长期以来，非监督分类已经发展了近百种不同的自然集群算法，如 ISODATA、链状方法等。这里仅简述最常用的 ISODATA 算法。

ISODATA（iterative self-organizing data analysis technique）即重复自组织数据分析技术。一般需要分析者定义：

（1）最大的集群组数量 C_{max}（如 40 个），通常这个数量都应该比最后的分类图中的类别多。

（2）在循环中，最大的类别不变的像元百分比。当达到这个百分比时，ISODATA 算法停止。但对有些图像，这个百分比可能永远也达不到，因此需要其他参数来中断这个计算。

（3）最长的时间，当 ISODATA 算法执行的时间达到这个指定的最大值，不论其（2）中的像元百分比是否达到，ISODATA 算法即中断。

（4）每个集群串中最小的像元数量、最大的标准方差。

（5）最小的集群均值间距离，如果两个之间的距离小于这个值，则这两个组合并。

（6）集群分散值，这个值通常为 0。

ISODATA 算法是个循环过程，其初始的集群组是随机地在整幅图像的特征空间选择 C_{max} 其基本的步骤为：①初始随机地选择 C_{max} 中心；②计算其他像元离这些中心的距离，按照最小距离规则划分到其对应的集群中；③重新计算每个集群的均值，按照前面定义的参数合并或分开集群组；④重复②和③，直到其达到最大不变像元百分比，或者最长运转时间。

经过 ISODATA 算法得到的集群组只是一些自然光谱组，需要分析者将每个集群组归到其对应的类别中，这个过程通常需要参考其他的图，如航片以及其他有关该区的图，或者用户本身对该区的了解。有时一些自然组可能是混合的，不一定会对应于一个类别，因此在实际应用中，经过 ISODATA 算法得到的图，分析者将一些易于识别的组归类后，做成一个黑白掩膜图像，用到原图像中，过滤掉归类的部分，留下难以归类的图像，对这个残余图像重新运行 ISODATA 算法，直到所有的集群组都能归类。

2. 非监督分类的优缺点

和监督分类相比，非监督分类的主要优点表现在非监督分类不需要预先对所要分类的区域有广泛的了解和熟悉，而监督分类则需要分析者对所研究区域有很好的了解从而才能选择训练样本。但是在非监督分类中分析者仍需要一定的知识来解释非监督分类得到的集群组；非监督分类人为误差的机会减少，只需要定义几个预先的参数，如集群组的数量，最大最小像元数量等，监督分类中所要求的决策细节在非监督分类中都不需要，因此大大减少了人为误差。即使分析者对分类图像有很强的看法偏差，也不会对分类结果有很大影响。因此非监督分类产生的类别比监督分类所产生的更均质。非监督分类中，那些独特的、覆盖量小的类别均能够被识别，而不会像监督分类那样被分析者的失误所丢失。

非监督分类的主要缺点来自于对其“自然”的依赖性。非监督分类产生的光谱集群组并不一定对应于分析者想要的类别，因此分析者面临着如何将它们和想要的类别相匹配的问题，实际上几乎很少有一对一的对应关系。非监督分类中分析者较难对产生的类别进行控制。因此其产生的类别也许并不能让分析者满意；另外，图像中各类别的光谱特征会随时间、地形等变化，不同图像以及不同时段的图像之间的光谱集群组无法保持其连续性，从而使其不同图像之间的对比变得困难。

三、监督分类与非监督分类的结合

监督分类与非监督分类各有其优缺点。实际工作中，常常将监督法分类与非监督法分类相结合，取长补短，使分类的效率和精度进一步提高。基于最大似然原理的监督法分类的优势在于如果空间聚类呈现正态分布，那么它会减小分类误差，而且分类速度较快。监督法分类主要缺陷是必须在分类前圈定样本性质单一的训练样区，而这可以通过非监督法来进行。即通过非监督法将一定区域聚类成不同的单一类别，监督法再利用这些单一类别区域“训练”计算机。通过“训练”后的计算机将其他区域分类完成，这样避免了使用速度比较慢的非监督法对整个影像区域进行分类，在分类精度得到保证的前提下，使分类速度得到了提高。具体可按以下步骤进行。

第一步，选择一些有代表性的区域进行非监督分类。这些区域尽可能包括所有感兴趣的地物类别。这些区域的选择与监督法分类训练样区的选择要求相反，监督法分类训练样区要求尽可能单一。而这里选择的区域包含类别尽可能地多，以便使所有感兴趣的地物类别都能得到聚类。

第二步，获得多个聚类类别的先验知识。这些先验知识的获取可以通过判读和实地调查来得到。聚类的类别作为监督分类的训练样区。

第三步，特征选择。选择最适合的特征图像进行后续分类。

第四步，使用监督法对整个影像进行分类。根据前几步获得的先验知识以及聚类后的样本数据设计分类器，并对整个影像区域进行分类。

第五步，输出标记图像。由于分类结束后影像的类别信息也已确定，所以可以将整幅影像标记为相应类别输出。

四、分类精度评价

可以说，只有评价了分类的精度后，分类过程才算完成。图像精度指的是一幅不知道其质量的图像和一幅假设准确的图像（参考图）之间的吻合度。如果一幅分类图像中的类别和位置都和参考图接近，我们就称这幅分类图像的精度高。精度评价对于遥感分类很重要，因为一幅分类图像的精度直接影响从遥感图像的制图以及得来的报告对于实际土地、环境管理，以及其他数据分析的有用性和用这些数据进行科学研究的合理性。精度评价必须客观地通过某种方法，定量地将一幅图像和另一幅同一区域的参考图像或其他参考数据进行对比。任何用户都不会在没有足够证据前提下，接受对一幅遥感成图的科学性、质量与精度的评价。

1. 误差来源及其特征

任何图像分类过程中都会有误差，通常造成分类误差的原因是多样的。总的来说，误差主要有两类：一类是位置误差，即各类别边界的不准确；另一类是属性误差，即类别识别错误。在目视解译中，往往由于解译者的错误判断、过度的边界平滑、图像配准误差或者不同解译者的标准不同，以及其他因素而引起位置误差。不同地物由于其光谱反射相似，而很容易造成属性识别错误。另外一些是略为复杂的错误，比如，位于不同类别边界上的一些混合像元由于其像元亮度值不接近任何一类有代表性的类别，在多数分类过程中都容易引起分类错误。

图像中各类别的特性直接影响分类精度。一般来说，简单、均一的地表景观比较容易取得高的分类精度，而复杂、异质、破碎的地表景观则容易形成高的分类误差。因此图像各类别的大小、数目、形状、组合方式，各类别之间的差异性、对比度等都会影响分类精度。通常，这些因素在不同区域、不同时间是不一样的，因此一幅图像分类的精度是很难从不同区域的其他图像，或者同一区域、不同时期的图像分类中来预测的。这些因素在时间与空间上均可变化，进而影响到分类的精度与误差的分布。

就遥感器的因素而言，其空间、辐射、光谱分辨率以及相互作用也可能成为分类误差产生的重要原因。在遥感图像预处理中进行的辐射和几何校正有可能对后续分类引入某些误差，例如，几何校正的重抽样可能会改变某些像元的原始数据，从而引入原始数据中并不具有的特征，进而影响分类结果的准确性。

分类误差在一幅图像上并不是随机分布的，而是显示出一定的系统性和规则性。误差分布往往是与不同类别（某一类或某几类）的分布相关联；误差的出现与类别中的形状大小、空间排列组合的方式相联系；另外被错误分类的像元并不是孤立的，而是其像元之间有一定的联系，其形状和分布位置往往有一定规律，比如，误差往往集中于几种不同类别过度的边界上，或误差的大小和出现几率与类别的均一程度相关。

2. 精度评价及其采样方法

精度评价最好是比较两幅图像中每个像元之间的一致性。但在多数情况下，我们很难取得一整幅精确的参考图，因此大多数精度评价都是对图像采样的一部分像元进行评价，其参考类别可以通过野外考察、更详细的航空像片，或者其他来源的分类图上得到。通常把训练样本分为两部分，一部分用于分类，另一部分用于精度评价。值得提到的是精度评价的不同采样方法以及分类方法对分类精度有很大的影响。

由于遥感观测涉及的空间广大、类型复杂，如何设计既有可靠的统计理论基础，又能在实践中可行的采样方法是进行精度评价的一个关键问题。首先，采样设计应当采用概率采样，以确保样本的代表性和有效性，使利用样本估计总体参数建立在可靠的基础之上。

精度评价中有不同的采样方法，常用的概率采样方法包括简单随机采样、分层采样、聚点式集群采样以及系统采样等。不同的采样方法所采用的参数估计的具体形式和计算公式不同，它们各具有一定的优缺点。具体采用哪种方法，应考虑分类系统和应用目的的影响，依据精度评价的目的而定。

1）简单随机采样

简单随机采样的最大优点在于其统计上和参数估计上的简易性。即在分类图上随机地选择一定数量的像元，然后比较这些像元的类别和其标准（或实际）类别之间的一致性。应用此设计，所有样本空间中的单元被选中的概率都是相同的。在此基础上所计算出的有关总体的参数估计也是无偏的，但是其对应的时间花费相对较多。如果所研究区域内各种类型分布均匀，且面积差异不大，则简单随机采样应予以优先考虑。相反，如果地域内类型的空间分布不均匀，或出现空间上稀少并群集的类型，采用简单随机采样就有可能遗漏这些类型，或抽取不到足够数量的样本。

2）分层采样

当图像中某些类别占的数量很小时，随机采样往往会丢掉这些类别。为了保证每个类别都能在采样中出现，可以用分层采样，即分别对每个类别进行随机采样。分层采样往往是为保证在采样空间或类型选取上的均匀性及代表性所采用的方法。分层的依据可因精度评价的目标而异。常用的分层有地理区、自然生态区、行政区域或分类后的类别等。

在每层内采样的方式可以是简单随机或系统采样。如没有特殊需要，随机采样可取得较好的样本。但在野外调查或采样时有可能遇到一些困难，如是否能到达采样地点等；如在层内采用系统采样往往也可获得区域中具代表性的样本，且较容易进行野外作业。

利用分层系统采样时应注意的一个问题是类别在空间分布上的自相关性。因为如果系统采样的样本的空间分布正好与某些类别的空间分布具有相关关系，则所抽取样本的独立性便不能得到保证，这将直接影响其样本估计总体参数的可靠性。因此在设计分层系统采样时，应细心考察类别空间分布的自相关性，并在采样设计时予以注意。

3）聚点或集群采样

聚点采样也是一种经常采用的较为经济的采样方法。聚点采样往往先在样本空间内抽取一定数量的主样本（每个主样本可以是一个多边形、一平方千米范围或一张航空像片等），然后在每一个主样本内再抽取若干个二级样本作为地面实地考察的对象。比如，在每个多边形或每张航片之内抽取一定数量的样本。这种采样方式能够在有限的空间范围内取得更多的样本，以利于野外调查和样本数据的收集。

相对于简单随机或系统采样，聚点采样可节省一定的人力物力资源，如设计合理，也可以取得能够满足需要的总体参数估计。与系统采样类似，聚点采样也可能遇到空间自相关的问题。由于第二级样本的抽取都限定在所选的主样本范围之内，所以处在同一主样本内的二级样本在空间上距离相近。如果类别的空间分布具有明显的自相关性，则某些二级样本可能不具有独立代表性。

用于精度评价的像元数量通常难以统一决定。但是对每个类别应有一定的数量保证。当区域很大或者分类类别较多时，每类的最小数量应增加到 75～100 个；当然这个数量需要根据每个类别各占多少而有所调整。

对于样本的正确描述和评估是保证精度评价质量的关键一环。在对地面单元样本进行野外勘察或航片解译时，事先一定要设定好统一的关于样本描述和评估的步骤方法，对各类别的特征进行定性和定量的描述。

3. 误差矩阵与精度估计量

样本是分类精度评价的基本单元，可靠的样本数据将给计算统计量和进行精度评价提供必要的基础资料。在有了良好采样方案和可靠的样本数据的基础上，便可讨论如何进行精度估计中统计量的选择和分析，以最终获取精度估计的参数。最常采用的是建立误差矩阵（或称混淆矩阵），以此计算各种统计量并进行统计检验，最终给出对于总体的和基于各种地面类型的分类精度值。

1）误差矩阵

误差矩阵（也称混淆矩阵）用来表示精度评价的一种标准格式。误差矩阵是 n 行 n 列的矩阵，其中 n 代表类别的数量，一般可表达为以下形式（表 3.2）：

表 3.2　误差矩阵表

实测数据类型	分类数据类型					实测总和
	1	2	…	…	n	
1	P_{11}	P_{21}	…	…	P_{n1}	P_{+1}
2	P_{12}	P_{22}	…	…	P_{n2}	P_{+2}
	…	…	…	…	…	…
	…	…	…	…	…	…
n	P_{1n}	P_{2n}	…	…	P_{nm}	P_{+n}
分类总和	P_{1+}	P_{2+}	…	…	P_{n+}	P

其中：P_{ij} 是分类数据类型中第 i 类和实测数据类型第 j 类所占的组成成分；$P_{i+}=\sum_{j=1}^{n}P_{ij}$ 为分类所得到的第 i 类的总和；$P_{+j}=\sum_{i=1}^{n}P_{ij}$ 为实际观测的第 j 类的总和；P 为样本总数。

2）基本的精度估计量

针对误差矩阵的基本统计估计量包括：

总体分类精度：

$$P_c=\sum_{k=1}^{n}\frac{P_{kk}}{P} \tag{3.17}$$

它是具有概率意义的一个统计量，表述的是对每一个随机样本，所分类的结果与地面所对应区域的实际类型相一致的概率。

用户精度（对于第 i 类）：

$$p_{u_i}=\frac{p_{ii}}{p_{i+}} \tag{3.18}$$

它表示从分类结果（如分类产生的类型图）中任取一个随机样本，其所具有的类型与地面实际类型相同的条件概率。

制图精度（对于第 j 类）：

$$p_{A_j}=\frac{p_{jj}}{p_{+j}} \tag{3.19}$$

它表示相对于地面获得的实际资料中的任意一个随机样本，分类图上同一地点的分类结果与其相一致的条件概率。

总体精度、用户精度和制图精度从不同的侧面描述了分类精度的统计估计，是简便易行并具有统计意义的统计量。与这些统计量相关联的度量还有经常提到的漏分与错分概率。所谓漏分误差即指对于地面观测的某种类型，在分类图上任取一样本，其被错划分为其他不同类型的概率，也就是实际的某一类地物有多少被错误地分到其他类别。而错分误差则指对于所分出的某一类型，任取一个样本，它与实际地面观测类型不同的概率，也就是图像中被划为某一类地物实际上有多少应该是别的类别。漏分误差与制图精度为互补，而错分误差与用户精度为互补。

当检查误差矩阵中各数据关系时，其地图用户看到的是分类图中各类别的可信度，而制图分析者关心的是用于产生这张分类图的方法的好坏。从用户角度，误差矩阵显示的是用户精度，从制图者角度，其显示的是制图精度。在计算两者时，其主要的区别是精度计算时的基数。对制图精度，其基数是参照图像上各类别的总数量；对用户精度，其基数是被评价图像上各类别的总数量。

4. Kappa 分析

在对误差矩阵进行分析得出其总体精度、用户和制图精度后，我们往往仍需要一个更客观的指标来评价分类质量，比如，两幅图之间的吻合度。利用总体精度、用户或制图精度的一个缺点是像元类别的小变动可能导致其百分比变化。运用这些指标的客观性依赖于采样样本以及方法。

Kappa 分析采用另一种离散的多元技术用来克服以上的缺点。Kappa 分析产生的评价指标被称为 K_{hat} 统计，K_{hat} 是一种测定两幅图之间吻合度或精度的指标，其公式为

$$K_{\text{hat}} = \frac{N\sum_{i=1}^{r} x_{ii} - \sum_{i=1}^{r}(x_{i+}x_{+i})}{N^2 - \sum_{i=1}^{r}(x_{i+}x_{+i})} \tag{3.20}$$

式中：r 为误差矩阵中总列数（即总的类别数）；x_{ii} 为误差矩阵中第 i 行、第 i 列上像元数量（即正确分类的数目）；x_{i+} 和 x_{+i} 分别是第 i 行和第 i 列的总像元数量；N 为总的用于精度评估的像元数量。

精度评价是一个复杂的过程，尽管精度评价过程中一些重要的问题已经得到了一致公认，但仍有许多没有解决的问题，比如，精度评价中不同采样方法的客观性，是否存在较好的采样方法；如何比较两个从不同采样方法得到的误差矩阵等。此处只提供一些知识背景，有兴趣者可进一步参考有关文献，或者关注目前这方面的研究文章。

思 考 题

1. 遥感图像的数据存储格式有哪些，它们有什么区别和联系？

2. 简述环境遥感数字图像处理的主要研究内容和特点。
3. 何为遥感图像预处理，它都包括哪些内容？
4. 简述遥感图像的几何校正过程。
5. 何为图像镶嵌和直方图匹配？
6. 环境遥感图像增强处理主要包括哪些内容？
7. 简述多源数据的融合及其方式。
8. 监督分类和非监督分类有什么不同？它们各自有什么优缺点？
9. 目前环境遥感图像分类的新方法都有哪些？
10. 为什么说只有评价了分类的精度后，分类过程才算完成？

主要参考文献

龚家龙，阎守邕. 1980. 环境遥感技术简介. 北京：科学出版社

郭德方. 1987. 遥感图像的计算机处理和模式识别. 北京：电子工业出版社

郭华东等. 2000. 感天知地——信息获取与处理技术. 北京：科学出版社

胡著智，王慧麟，陈钦峦等. 1999. 遥感技术与地学应用. 南京：南京大学出版社

李德仁. 2001. 摄影测量与遥感概论. 北京：测绘出版社

刘高焕，刘庆生. 2001. 信息技术与地理学. 北京：人民教育出版社

马蔼乃. 1984. 遥感概论. 北京：科学出版社

梅安新，彭望琭等. 2001. 遥感导论. 北京：高等教育出版社

彭望琭，白振平等. 2002. 遥感概论. 北京：高等教育出版社

孙家柄，舒宁，关泽群. 1997. 遥感原理、方法和应用. 北京：测绘出版社

孙家柄. 2003. 遥感原理与应用. 武汉：武汉大学出版社

许殿元，丁树柏. 1990. 遥感图像信息处理. 北京：宇航出版社

遥感研究会. 1993. 遥感精解. 北京：测绘出版社

张永生. 2000. 遥感图像信息系统. 北京：科学出版社

章孝灿，黄智才，赵元洪. 1997. 遥感数字图像处理. 杭州：浙江大学出版社

赵英时. 2003. 遥感应用分析原理与方法. 北京：科学出版社

朱述龙. 2000. 遥感图像获取与分析. 北京：科学出版社

Jenson John R. 1996. Introduction digital image processing：a remote sensing perspectives. 2nd ed. Prentices Hall. Englewood Cliffs，N. J

Richards J A，Jia X P. 1999. Remote sensing digital image analysis：an introduction. New York：Springer-Verlag Berlin Heidelberg

Thomas M L et al. 2003. 遥感与图像解译. 彭望琭，余先川等译. 北京：电子工业出版社

http：//www. ccrs. nrcan. gc. ca

http：//rst. gsfc. nasa. gov

http：//www. cla. sc. edu

第四章　环境遥感图像解译

第一节　概　　述

遥感图像解译是通过遥感图像所提供的各种信息特征进行分析、推理与判断，最终达到识别目标或现象的过程。遥感信息的提取主要有两个途径，一是目视解译，二是计算机的数字图像处理。对于前者，解译者的知识和经验在识别解译中起主要作用，但难以实现对海量空间信息的定量化分析；对于后者，尽管它是对遥感原始数据的计算机处理，速度快，数据处理方式灵活多样，但是它的整个处理过程多是以人机交互方式进行的，各种处理算法的好与坏往往离不开人工解译或人的经验与知识的介入。而且它主要利用地物的光谱特征，多是通过训练区或以数据的统计分析为基础实现的，无法独立鉴别遥感信息所包含的地学内涵，因而对复杂的地理环境要素难以进行有效的综合分析，且对地物空间特征的利用不够。两种方法各有利弊，两者的结合才更为有效。

由于解译过程中存在着同物异谱、同谱异物现象，因此解译结果不是唯一的。为了获得唯一的解，则需要用多种遥感和非遥感信息加以印证。为了解译这些信息，我们必须具备图像解译方面的背景知识，这就是遥感系统知识、专业知识和地理区域知识。

遥感系统知识是基本的。解译者必须了解每张图像是怎样生成的；不同的遥感器是如何描述景观特征的，它采用了何种电磁波谱段，具有多大的分辨率，用什么方式记录图像，以及这些因素是如何影响图像，怎样从影像中得到有用信息等。

专业知识，指需要熟悉所解译的学科及相关学科的知识。包括对地物成因联系、空间分布规律、时相变化以及地物与其他环境要素间的联系等知识。比如，遥感地质找矿，首先需具备地层、构造、蚀变带等与找矿直接相关的地质知识和经验。此外，由于图像记录的是多种信息的综合，且往往有意义的地质现象被植被、土壤所覆盖，因而还需要了解植物、土壤等相关知识，并能将这些知识有机地联系起来。可见，图像解译人员需要具备应用学科之间较综合的知识。

地理区域知识，指区域特点、人文自然景观等。每个区域均有其独特的区域特征，即地域性，它影响到图像上的图形结构等。因而，图像解译时，解译者对这一地区的了解是相当重要的。它能帮助直接识别、认识地物或现象。

遥感图像解译与我们日常的观察习惯有三点不同。一是遥感图像通常为顶视，而不同于平日里的透视；二是遥感图像常用可见光以外的电磁波谱段，而大多数我们所熟悉的特征在可见光谱段内，且表现各异；三是遥感图像常以一种不熟悉或变化的比例和分辨率描述地球表面。因此，对于初学者需要多对照地形图、实地或熟悉地物的观测，以增强立体感和景深印象，纠正视觉误差，积累图像解译经验。可见，遥感图像的解译过程是个经验积累的过程。为了提高识别物体和特征的能力，需要训练、学习和经验。

第二节 地物的客观规律与影像信息特征

遥感图像所显示的是某一区域特定地理环境的统一体。它是地球表面的大气圈、水圈、岩石圈、生物圈以及社会生态环境的综合反映，也是地质、地貌、水文、土壤、植被、社会生态等的综合反映，又是不同空间分辨率、波谱分辨率和时间分辨率的遥感信息的综合反映。因此，遥感图像所对应的地理环境是一个错综复杂的大系统。这个系统是多层次、多要素且不断运动变化的。各个子系统既互相独立又相互联系，相互依存。要认识它们，不仅要根据它们本身的属性，还要根据它们之间的相关性来进行推演，即从整体认识、系统分析得到。

在地理环境中各要素之间的关系大约有四种类型。第一种是有规律性现象，它有明确的规律可循，例如，地带性规律，是由于太阳辐射随纬度分布的规律性，造成了沿纬度的水平地带性现象；又由于温度和湿度随地形高度分布的规律性，造成了沿高度的垂直地带性现象。又如，冰川和流水在重力作用下，沿地表从高处流向低处。再如，植被有季相变化，物质有侵蚀——堆积相关规律等。第二种是随机性现象，例如，天气变化、洪水出现、泥沙运动、地质灾害的随机性等。第三种是不确定现象，例如，农作物生长过程中，水、肥供应适时可获丰收；反之，缺肥或旱涝，都会造成歉收。又如，在一条河流上修建水库，等于改变了局部侵蚀基准面，水库上下游的河床均需重新调整比降，水坝的高低影响河流回水的范围等。第四种是模糊性现象，例如，风沙侵蚀与流水侵蚀的交界地带，有一系列两者所占比例不同的过渡区。又如，气候带中间有过渡地带，过渡地带随季节变化而移动。凡是渐变的地带，都存在着模糊性现象。由于地物客观地存在着上述四种不同关系类型的现象，因此在遥感图像上也存在着这四种不同类型的现象，这是地表现象的客观规律，是目视解译及进行地学相关分析推断的依据。

一、地物影像信息时空分布变化规律

地物影像信息具有一定的地理坐标位置，受地带性与非地带性因素的影响。

例如，植被、土壤、冰、雪、水受地带性因素影响，有水平分布和垂直分布的规律。岩性、构造不受地带性影响，从寒带到热带都有分布。但是，地貌既受地带性影响又受非地带性影响，同是花岗岩，在寒冻风化地区形成石海冰缘地貌，在亚热带化学风化地区形成厚层红包风化壳，还反映了水分和热量的区域差异。在一幅遥感图像上，要分析地物的空间分布，不仅要掌握从空中鸟瞰地物，得到地物的顶部形状或平面形状的二维图形，而且要掌握地物的三维信息，即要看出立体。为此，一般可将遥感图像上的阴影对着自己，靠阴影建立起立体感。如果是像对，则可靠立体镜利用视觉来建立立体形象。

同一地物不同季节的影像是不同的。水文、植被和土壤含水量等随季节的变化，都有不同的影像信息特征。例如，冬季淡水湖结冰呈白色（咸水湖不结冰呈浅蓝色），平水期为深蓝色，洪水期含沙量增高呈蓝绿色。又如，春季植被呈红色斑点状，夏季呈连片鲜红色，秋季落叶林呈褐色。再如，旱季土壤呈浅色调，雨季土壤呈深色调等。在一幅遥感图像上分析地物的季相，不仅要掌握该季相不同地物解译标志的特点，还要按季相变化规律推断地物的年内变化特征。

二、地物与地物间的相关规律

地理环境中气候、水文、植被、土壤、地貌、岩性、构造等相互之间都是有联系的。例如，温带森林带，降水量 500～800mm，冬季严寒下雪，夏季多雨；河流水文有春汛和夏汛；天然植被以针叶林为主，针叶林下土壤发育为灰化土；平坦或低洼地貌单元，往往形成沼泽，岩石风化形成浑圆形山丘。在遥感图像上直接能看到的是缓丘、沼泽和针叶林。根据地带性规律，可推断出灰化土、水文的季节变化和温带气候。又如，山区里的水系往往与构造断裂有关，水系类型又与岩性的粗细、软硬等有联系，根据岩性变化的关系可推断水系是否反映断裂体系。再如，冲积扇前缘可推断地下水的出露带等。认识地物与地物之间的相关关系，要求解译人员有较深广的地学知识和实践经验。

地物影像的时空规律与相关关系，都可通过直接或间接解译标志识别。这些规律和关系都具有规律性、随机性、不确定性和模糊性，这是因为影响遥感图像解译效果的因素很多；解译标志随着地区的差异和自然景观的不同而变化，绝对稳定的解译标志是不存在的。所以在遥感图像解译过程中，运用解译标志时，要从区域整体出发，正确使用客观规律和影像信息特征，既要认识解译标志的同一性，又要考虑它的可变性，努力总结研究区域的解译标志，从复杂多变中归纳出具有相对普遍性和稳定性的解译标志。还可以针对不同性质的现象选用不同的方法去处理。

第三节 环境遥感图像解译过程

从图像解译的一般过程看，首先需要发现和识别地物，然后是对地物进行测量，之后根据解译人员所掌握的专门知识提取信息并对地物进行研究。所以图像解译至少包括三个过程：图像识别、图像量测、图像分析与专题特征提取。

一、图像识别

图像识别是根据遥感图像的光谱特征、空间特征、时相特征，逐步进行目标的探测、识别和鉴定的过程。这里的所谓“探测”是指确定一个目标或特征的客观存在，在更高一层的认识水平上去理解目标或特征，并把它粗略地确定为某个十分普通的、大类别中的一个实体。如确定一个不规则的暗斑为水体，另一个规则亮斑为植被等；所谓“鉴定”是指进一步根据图像上目标的细微特征，以足够的自信度和准确度，将上述“识别”的这个实体，划归某一种特定的类别中。这种“探测”——“识别”——“鉴定”的分类过程本身就是解译者自信度与准确度（或指“正确”的概率）不断提高的认识深化过程。事实上，人们正是遵循着这一认识规律去观察、去识别周围的事物和现象的。面对复杂的遥感图像，人们不仅能通过色调、形态等去认识、理解它，而且能熟练地运用个人的背景知识、相关信息、多种概念和多学科分析来认识事物和现象，并进一步推导出它们之间的关系。

黑白图像有各种色调或边缘梯度，通过它们可以看出物体的形状。有许多方法可用于测量一个物体的明显界限。当根据阴影识别物体时，就用上了突变边缘梯度而色调的渐次变化也是重要的刺激源。沿海滩的水陆界限、烟囱冒出的烟以及土壤特性的变化都会显现出色调特征的渐次变化。在识别航摄图像上的物体常常用空间特征来补充边缘梯度。解译人员所用的许多描述性术语都被减缩成说明色调变化的语句。色调梯度经常在重复排列中出现从而产生纹理效果。按纹理特征来识别一组物体往往比用单个物体的形状进行识别要容易得多。例如，要识别单株树是何种树是很难的（大比例尺图像除外），而整个一片树林的纹理，即使在小比例尺图像上也足以能清楚地加以识别。许多物体的图形和布局比起单个物体来，有时是更有用的刺激源。立体视觉为人们提供了熟悉的空间特征。有了立体感，就使大多数物体更容易识别，有时往往单凭物体的高度或立体感就可以进行识别。对许多解译人员来说，地球表面的自然现象和人造地物景深上的渐次变化，是极其重要的刺激源。常用于立体感解译的其他有用标志是相对大小和其所在位置。

二、图像量测

图像量测主要指在已知图像比例尺的基础上，应用图像的几何关系，借助简单工具、设备（如立体镜、测图仪等）或软件，测量和计算目标物的大小、长度、相对高度等，以获得精确的距离、高度、面积、体积、形状、位置等信息。这方面的发展已派生出一门独立的学科——数字摄影测量学。它不仅已从摄影图像延伸到对各类数字遥感图像的相应量测，而且量测工作从二维延伸到三维立体及仿真模型的量测。

此外，图像量测还包括对光学反射波段图像，借助于光度学的知识和特殊设备（如密度计）量测光的密度，即通过测定图像的色调（密度）来估算目标物的亮度；对光学辐射波段图像，应用地物辐射原理和光谱辐射计，量测可见光以外的辐射强度等方面。

对于各项量测结果，一般需要进行列表、统计计算，以获得精确的数据和总体概念，提供进一步定量分析和应用。

三、图像分析与专题特征提取

图像分析是指在图像量测、图像识别的基础上通过综合、分析、归纳，从目标物的相互联系中解译图像或提取专题特征信息，即定性、定量地提取和分析各种信息。

图像分析及专题特征提取，包括特定地物及状态的提取、指标提取、物理量的提取、变化检测等。

（1）特定地物及状态的提取。如通过线性构造、环形构造及构造玫瑰统计图等的绘制，分析区域的构造格局、构造应力场；通过矿化蚀变带的提取，指导找矿；通过考古遗迹、古岸线痕迹的提取，研究古地理环境及其变化；通过火点、火线、林火范围，洪水淹没区等灾害状态的识别，了解灾情及研究对策等。

（2）物理量的提取。如由遥感立体像对测得的高程数据，派生出坡度、坡向、相对高差、地表粗糙度等一系列地形因子；通过对可见光-近红外波段图像光密度值的测量，推算目标的相对反射率；通过对热红外图像测量的辐射值，推算目标的表面温度、湿度等。

（3）特定指标提取。即根据量测、估算的亮度、辐射值，通过数值的各种运算提取有特征意义的指数如植被指数、含泥沙河流混浊指数、亮度指数、土地覆盖指数、沙化指数、温度指数、湿度指数等。

（4）变化检测。从多时相遥感信息中检测目标的变化。如土地覆盖变化、海岸河口变化、河道变迁、城市发展、环境变化等。变化检测信息的提取有多种方法，将在后面专门论述。

第四节 环境遥感图像目视解译

遥感图像的目视解译是遥感应用分析中最基本的工作和必不可少的研究手段。它是把解译者的专业知识、区域知识、遥感知识及经验介入到图像分析中去，根据遥感图像上目标及周围的影像特征——色调、形状、大小、纹理、图形等以及影像上目标的空间组合规律等，并通过地物间的相互关系，经推理、分析来识别目标。它不仅仅限于对各种地物本身的识别，还能利用影像的综合性、宏观性，通过地物间的相互关系，对各自然要素进行综合分析。也就是说，它将图斑信息置于整幅图像中，分析它与各类信息间的属性和空间关系，利用解译者的多种知识（地理学、地貌学、土壤学、地质学、生态学、农学、气象学等知识），进行综合推理、分析比较，最后做出判断。从这个意义上讲，由于它充分利用了解译者的知识、经验，这要比计算机的内存和判断更为高明，因而目视解译是遥感图像解译最基本的方法，是区域景观分析的主要手段。但是，目视解译速度慢、定量精度受到限制，且往往带有解译者的主观随意性。为了提高图像解译的水平，不仅要求解译者掌握、分析研究对象的波谱特征、空间特征、时间特征等，了解遥感图像的成像机理和影像特征，而且离不开对地物地学规律的认识以及对地面实况的了解，只有这样才能从影像提供的大量信息中，去伪存真，提取出所需要的专题特征信息。

一、目视解译标志

遥感图像的解译是从遥感影像特征入手的。影像特征不外乎色、形两个方面。前者指影像的色调、颜色、阴影等，其中色调与颜色反映了影像的物理性质，是地物电磁波能量的记录，而阴影则是地物三维空间特征在影像色调上的反映；后者指影像的图形结构特征，如大小、形状、纹理结构、图形格式、位置、组合等。它是色调、颜色的空间排列，反映了影像的几何性质和空间关系。遥感图像的解译，依赖于具体应用目的和任务。但是，任何目的的解译均要通过具体解译标志来完成。

遥感图像解译标志又称“图像解译要素”，是指那些能帮助辨认某一目标物及其性质的影像特征。建立解译标志，引用它作为辨认各种地质地理现象或揭示各种自然现象规律的程度以及是否在运用中不断检验、补充、完善这些标志，是解译效果好坏的症结所在。

解译标志的种类很多，目前尚无统一的标准，根据目前文献上出现的解译标志类型名称可归纳如下：形状、大小、色调与色彩、阴影、纹理、图案、纹型结构、位置、布局、相关体、空间关系、排列、组合、地貌、水系、植物、水文、土壤、环境地质及人工标志、人文现象、人类活动痕迹、比例、“透视信息”，等等。

解译标志又可分为直接解译标志和间接解译标志。凡根据地物或自然现象本身所反映的影像特征可以直接判断目标物及其性质的标志称为直接解译标志。形状、大小、色调及色彩、阴影等均属直接解译标志。凡是通过与某地物有内在关系的一些现象在影像上反映出来的特征，间接推断某一地物属性及自然现象的标志称为间接解译标志。地貌、水系、植物、人类活动痕迹等均可作为间接解译标志。

直接解译标志和间接解译标志是一个相对的概念，常常是同一个解译标志对甲物而言是直接解译标志，而对乙物来说则可能成为间接解译标志。例如，植物的影像特征是识别植物的直接解译标志，但对岩性解译而言，植物影像特征则可能成为间接解译标志。

以下介绍航空像片的主要解译标志，由于卫星图像与航空像片性质上的一致，卫星图像的解译可延用航空像片的解译标志。

1. 形状

形状（shape）特征就是物体的外貌轮廓，任何地物都具有一定的形状。例如，游泳池呈长方形、房屋呈窄长方形、足球-田径运动场显示为两端呈弧形的长方形，公路、桥梁和水渠则为长条形（图 4.1）。形状在遥感图像上的表现与图像比例及成像角度等因素有关。由于成像角度的不同。同一物体在遥感图像上的几何形状可以不同。比例的不同也影响物体细节显示的程度，比例愈大，其细节显示的愈清楚；比例愈小，其细节显示的就愈不清楚，致使复杂的形状变为简单的形状，并渐渐变为模糊，当比例继续变小，地物形状变成点状，甚至完全消失。

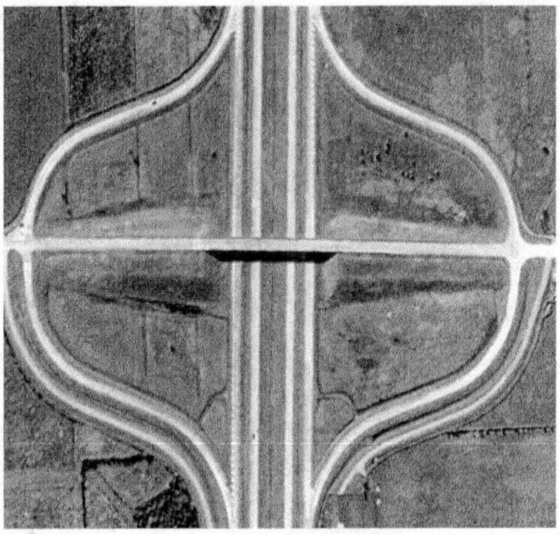

图 4.1　道路和桥梁的形状示图

遥感图像上所看到的地物主要是平面形状或顶部的轮廓，这是从空中俯视地物的关系，完全不同于人们习惯的侧视和斜视，从顶部看到的物体形状有时虽然难以看到地物的所有细节，但它确是遥感图像显示的主要方式。了解与运用俯视能力，对于提高遥感图像解译效果是极为重要的，因为物体的俯视形状是它的总体轮廓、构造、组成和功能的重要的，甚至是决定性的显示。例如，飞机的顶部外形比侧面外形更易辨认些；辫状水系和网状水系从空中俯视的效果较地面的侧视、斜视效果要好得多；对火山机构的俯视要比侧视能了解更多的情况。

2. 大小

地物的大小（size）是指其表面积和体积而言，但遥感图像解译的大小往往体现在平面形状的大小。大小特征是识别物体的重要标志之一，确定地物的实际大小，对判断地物的性质有很大的帮助。某一地物在图像上的尺寸，通常可以用该地区的其他已知的地物尺寸加以比较确定。

同一地物在航片上影像的大小，取决于摄影比例，当摄影比例变化时，同一地物的尺寸也随之变化。在同一比例图像上，大小不同的物体，其属性可能很不相同，根据航片上地物影像的大小，往往可以区别地物的属性。

图 4.2　铁路轨道与火车尺寸示图

形状相似而难于判别的两种地物。可根据其大小这个标志加以区别。例如，单轨铁路和双轨铁路形状很相似，只要量算其宽度，就不难区别。又如，足球场和跑马场其总体轮廓在遥感图像上有一定相似性，但借助其面积大小，可将两者区别开。当然有些情况下，还可根据足球场和跑马场的内部设施，以及周围相关体的情况进行判断。地物尺寸大小还受中心投影的影响而变化（图 4.2）。

在进行遥感图像解译时，应有比例大小的概念，否则容易将地物辨认错。在遥感图像上识别地物的最小尺寸，取决于图像的比例和人眼的分辨率。人眼分辨率一般为 0.1mm。地物尺寸过小，解译时需借助放大镜或立体镜等光学仪器。不同比例尺的影像，在目视解译时能识别的地物，如表 4.1 所示。

表 4.1　不同比例尺的影像的目视解译可识别的地物

比例尺	目视地面分辨率/m	可识别的地物
1∶1 000 万	1 000	大地构造、板块，地带性景观，气旋，反气旋，洋流等
1∶400 万	400	区域地质构造，沙漠风系，山脉走向，森林分布，空气污染来源与扩散，海流，海洋中尺度涡旋，城市等
1∶100 万	100	地层单元，构造体系，地貌、土地、植被类型，飞机场，村镇，海港，铁路等
1∶25 万	25	矿产调查，地震破坏，流域水系，海况调查，海水污染，牧场，公路等
1∶10 万	10	土壤侵蚀，水污染，农场，河床演变，河口积污等
1∶5 万	5	土壤湿度，盐分，排水类型，森林密度，树冠直径，树种，农作物类型，人工建筑物等
1∶1 万	1	工程点，矿坑，坝址，桥涵等

3. 色调与色彩

色调（tone）是地物的亮度在黑白图像上的表现，也就是黑白深浅的程度。影像色调的深浅不同是决定于该地物表面的光学性质和表面粗糙度，当然还包括摄影技术及处理条件。由于地物表面的光学性质不同，造成吸收和反射光谱波长和能量大小不同，记录在图像上的影像亮度也就不同。色调是重要的解译标志，各专业解译人员都可利用色调来辨认其所要了解对象的特性。实际上，影像之间如果没有色调差别，图像上的地物形状是显示不出来的。色调的深浅用灰阶（灰度、灰标）来表示。为了便于解译和统一描述尺寸，一般把黑白航空图像上影像色调从白到黑，分为白、灰白、淡灰、浅灰、灰、暗灰、深灰、淡黑、浅黑、黑10级。

随着光照条件的变化，色调也产生变化。在航片上，我们经常看到同一地物在阴坡与阳坡，同一河流各个段落，其色调不相同。冬季和夏季成像的陆地卫星图像，由于太阳高度角的不同，其影像色调也不一样。地物在遥感图像上的色调标志是不稳定的，只有当解译人员了解影响色调的因素后，才可以把色调作为辨认地物的重要标志。尤其是当地物在遥感图像上显示较小或缺乏立体感时。色调作为解译标志就显得特别重要（图4.3）。

图 4.3 不同色调地物示图

黑白图像上的色调难于反映绚丽多彩的地物景象，因此，使鉴别地物能力受到很大限制。而彩色图像则能充分显示地物的真实情况，提高了图像的光谱分辨率。通常人眼辨别黑白色调只能达到10余级灰阶，而区分色彩的能力，仅色别即可辨别100余种，加上明度和饱和度的组合，分辨色彩的种类就更多了。利用计算机能细分出许多色调反差，并以不同颜色来表示这些级差，可大大提高彩色图像的解译效果。天然彩色图像（真彩色图像）上的颜色，反映了实际地物的颜色特征，比较符合人们的视觉习惯，较黑白图像更有助于识别目标。多光谱合成的彩色图像和彩色红外片都是假彩色片，影像的色彩不是地物的真实彩色。假彩色合成片的优点在于增强显示某些地物的影像信息，提高了识别能力，有助于解译复杂的地物。

4. 阴影

阴影（shadow）是指被地物遮挡阳光束照射到的部分。它是遥感图像解译

图 4.4 建筑物阴影示图

经常应用的标志之一。阴影具有不同的形状、大小、色调和方向。地物的大小、形状、高度，可以通过其阴影而显现于图像上。由于航空摄影一般均系垂直摄影，地物的侧面不易观察到，有时借助阴影，可以帮助解译人员识别到地物的侧面形状。当物体很小，或与其周围背景色调相似时，阴影就显得特别有用。借助阴影还可判定图像的方位（图 4.4）。阴影可分为本影与落影两种。

1）本影

地物未被太阳光直接照射到的背光阴暗部分称为本影。在解译中，本影有助于地物产生立体感，有利于地貌的解译。有些航空地质摄影是在太阳角很低的时候进行的，就是为了增强微小的地表起伏感，这也是为什么近似于低太阳角摄影的侧视雷达成像在地质调查上显得较为重要的一个原因。

2）落影

在太阳光照射下，地物投落在地面上影子称为落影，落影的形状、长短，与地物本身的形状、阳光照射方向、太阳高度角、地形起伏有关。

根据落影的形状和长度，可以帮助识别物体的性质、类型和量算其高度。例如，楼房类型、层数；桥梁的类型、结构、桥孔数；树木的种类及其高度等。在航空图像上利用落影量算地物高度的方法有太阳高度正切法、落影长度比较法等。

阴影的长度和方向，随摄影日期、时间、地区的纬度而呈有规律地变化。在平坦地区，当物体高度不变时，阴影的长度主要与太阳高度有关。

低太阳角成像的卫星图像对地表起伏不大地区，有利于微地形的分辨；但地形切割剧烈地区，用低太阳角成像的卫星图像，常因沟谷全被阴影遮盖，而无法辨认。一般用 30°～40°太阳高度角成像的卫星图像最有利于解译。所以在订购选择卫星图像时，应按工作地区的纬度和所需的太阳高度角，订购选用月份的卫星图像。

对于近红外摄影图像，其上的地物阴影特征与上述可见光图像的情况一样，主要区别在于红外图像上的地物阴影色调较深。热红外图像与雷达图像也有阴影，但它们分别代表的是温度较低及微波因受障碍无法直接到达的地段（微波盲区），与可见光的阴影性质不同。热红外上的阴影是由于地表阴影处的温度较低所致，但这些热阴影通常在太阳下山后，或被云层覆盖后，仍然会存在一段时间，不像可见光阴影那样立即消失。

5. 纹理

纹理（texture）又称“影像结构”。指图像影像色调变化的频率。它是由成群细小具有不同色调、形状的地物多次重复所构成，给视觉造成粗糙或平滑的印象。这些物体往往很小。单独识别不易看出。纹理是解译细小地物、特别是岩性、植被的重要标志。例如，根据纹理的差别可判断海滩上砂粒的粗细度，还可区别河床上的卵石、砾石和沙子以及区别砾岩和砂岩。在大比例航空图像上，根据树冠顶部树叶的影像纹理，可判别树种。在小比例图像上，根据树冠顶部形成的纹理，可区分针叶林和阔叶林。天鹅绒状平滑的纹理一般是幼龄林；粗糙状的纹理，一般是成材的老龄林等。纹理示图如图 4.5 所示。

图 4.5　纹理示图

物体的纹理大小是随着影像的比例尺而变化。图像比例愈小，纹理作为解译标志的科学性愈加明显。纹理可用光滑状、粗糙状、参差状等进行描述。

6. 图案

图案（pattern）又称“图形结构”。图案是指影像上重复代表了许多人造物体和某些自然地物的特征。它也可以说是包括地物形状、大小、阴影在影像上综合表现的模型。一般由点、线、斑、块、链、格、栅、环等形状有规律排列组合构成。由于自然界的地物千差万别，因此，反映在图案上也是多种多样的，很难进行完美的归纳。水系类型、植被类型、耕地类型、居民点类型、地质体等都有其独特的图形结构。地物类型间有密切关系，如水系类型与地质构造、岩性、土壤之间有着密切关系，植被类型反映了周围环境的特征和变化等，因此，某种地物类型的图形结构又是另一种地物类型相关解译的重要标志。图案示例如图 4.6 所示。

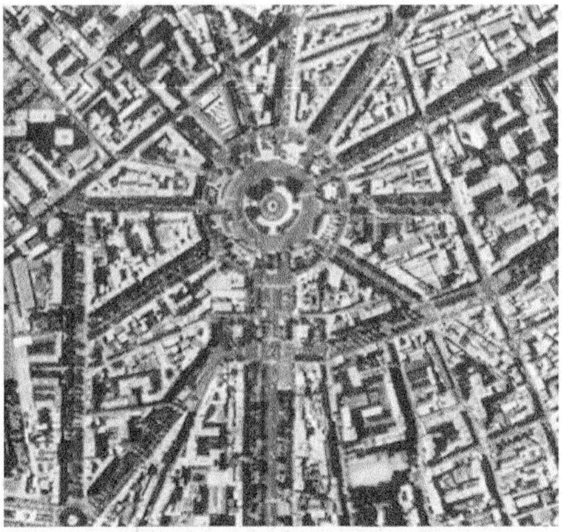

图 4.6　图案示图

7. 相关体

相关体（association）又称“相关位置”、“布局”。指多个地物之间的空间配置。地物之间往往存在着依存关系，每个地物都不是孤立存在的。通过地物间的密切关系或相互依存关系的分析，可从已知地物证实另一种地物的存在和属性。

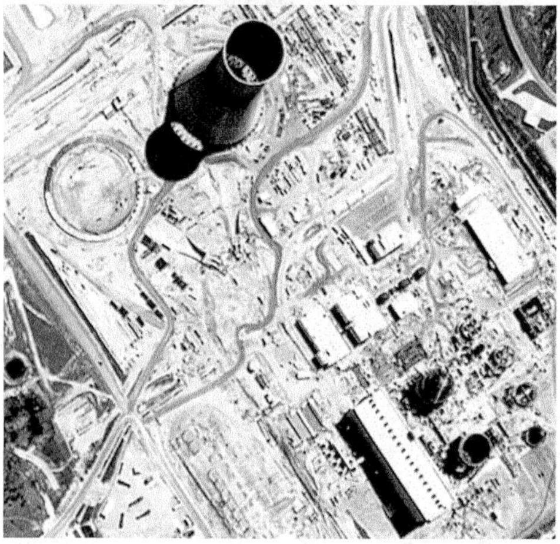

图 4.7 工业区相关体示图

相关体无论是解译人工设施或自然地物，都是经常用的标志，是一种逻辑推理解译地物的方法。例如，通过灰窑和采石场的存在可说明是石灰岩地区，同样，石灰岩和灰窑附近必有采石场；山区的小型水电站通常是位于水渠旁，并引用水渠的水发电；高大的烟囱、巨大建筑物、煤堆、传送带及冷却塔的组合，可判断其为热电厂；小河上有不相称的大涵洞和桥梁，说明该地区常有瀑雨径流等。图 4.7 为一工业区相关体示图。

地质解译中，相关体解译标志的运用也是很有用的。如植被与岩性的依存关系、大断裂与其两侧伴生的构造、火山机构与熔岩流、雪域附近的冰斗湖、河流两侧的牛轭湖等，都是相关体标志。

8. 位置

位置（site）指地物所处的环境部位。各种地物都具有特定的环境部位，且总是与周围环境有一定联系或受环境条件的一定制约。物体的环境位置对人工或天然物体的解译往往是有帮助的。例如，有些植物只生长在沼泽地、堤岸、沙地和戈壁滩等地；河漫滩、阶地从低到高分布在河谷两侧；冲积、洪积扇总是位于沟口；崩塌都位于陡山坡上。人工建筑物也有类似情况，如飞机场通常位于大城市郊区的平坦开阔地段；山区铁路、公路多沿河谷两侧修建等。若利用地物的这些特定的环境部位，并配合其他标志，就能在遥感图像上正确判断地物的属性。

二、目视解译标志的可变性

解译标志随着地区的差异和自然景观的变化而变化，绝对稳定的解译标志是不存在的。有的即使是同一地区的解译标志，在相对稳定的情况下，也有变化，如某一岩层的产状发生变化时，其解译特征也随之发生变化。又如，盐渍土地区，在旱季摄影时，黑白航片上显示灰白至白色色调，在潮湿季节摄影时，则呈现不同程度的深色调。

有些解译标志具有普遍意义，有的则带有地区性。解译标志的变化还与摄影时的光照条件、摄影的角度以及选用的感光材料，洗印条件等有关，如通信电杆上的瓷瓶，在大比例尺航片上难以辨认，但当照射在瓷瓶上的光线反射到航摄仪镜头上时，在航片上呈现出白色色调，根据白色色调，可确定为瓷瓶。解译标志的可变性、地区性，决定了解译标志的局限性。

在遥感图像解译过程中，既要认识解译标志的稳定性，又要意识到其可变性。在应用中应随时总结工作区的解译标志，归纳出一些具有普遍意义和相对稳定的解译标志，以便在随后的解译工作中有效地应用。

三、目视解译的原则

在进行图像目视解译时，一般应遵循以下原则：

1. 多种信息综合分析

许多遥感解译工作都要综合多学科、多手段信息，比如，石油构造解译，要运用重力、航磁、人工地震、物化探等种种信息，才能保证工作的精度。土壤、地质调查需要实地观察和采样分析，植被调查要有实地样方资料等。此外，遥感解译过程中也要注意卫片与航片、主图像与辅助图像、图像与地形图、专业图和文字资料相结合，才可以使解译取得更多已知条件，识别更多影像信息，供进一步分析判断。

2. 多手段、多方法相结合

最早的目视解译只靠简单的放大镜、透图台、立体镜，现在则可充分利用计算机及外围设备，比如，利用计算机辅助解译，还可以将地形图扫描入计算机与遥感影像配准、叠加，这样解译十分方便、准确。

3. 内外结合、保证精度

要注意室内解译与野外实地对照相结合的原则。根据这项原则建立解译标志，校核室内解译结果，补测必要的实地数据等，使图像解译的质量进一步得到提高。任何专业解译都有不同的精度要求，衡量解译成果优劣要经过科学的验证。通常采用统计抽样方法，保证判对率在允许范围内。对于重要对象或目标甚至要保证百分之百的准确率。需要面积量算的还要保证专业成图的面积精度。

四、目视解译方法

遥感影像目视解译常用的方法有以下几种：

1. 直接解译法

是根据遥感影像目视解译直接标志，直接确定目标地物属性与范围的一种方法。例如，在可见光黑白图像上，水体对光线的吸收率强，反射率低，水体呈现灰黑到黑色，根据色调可以从影像上直接解译出水体，根据水体的形状则可以直接分辨出水体是河流，或者是湖泊。在MSS4、3、7三个波段假彩色影像上，植被颜色为红色，根据地物颜色色调，可以直接从颜色特征上将植物与背景区别。直接解译法使用的直接解译标志包括；色调、色彩、大小、形状、阴影、纹理、图案等。对于边界特征清晰的目标物体，可以根据其形状、图形等解译特征直接确定其分布范围。

2. 对比分析法

对比分析法是对不同遥感影像、卫星图像不同波段、不同时相的图像进行对比分析，以及与其他已知资料、方法获得的结果或实地进行对比分析。此方法包括同类地物对比分析法、空间对比分析法和时相动态对比法。

同类地物对比分析法是在同一景遥感影像上，由已知地物推出未知目标地物的方法。例如，可以根据城市具有街道纵横交错、大面积浅灰色调的特点将城镇与村庄区别开来。

空间对比分析法是根据待解译区域的特点，选择另一个熟悉的与遥感图像区域特征类似的影像，将两个影像相互对比分析，以已知影像为依据解译未知影像的一种方法。例如，两张地域相邻的彩红外航空图像，其中一张经过解译，并通过实地验证，可以利用这张彩红外航空图像与另一张彩红外航空图像相互比较，从“已知”到未知，加快对地物的解译速度。

时相动态对比法是利用不同时期重复成像的遥感图像对同一地物或自然现象进行对比分析，从而了解地物或自然现象的变化情况。这种方法对动态变化较快的地物或自然现象尤为重要，如泥石流的活动、滑坡的移动、沙丘的移动、冰川的进退、洪水泛滥情况、污染源、水库坍岸、河岸冲刷、石冰川的蠕动等，均可采用本方法。

3. 信息复合法

利用透明专题图或者透明地形图与遥感图像重合，根据专题图或者地形图提供的多种辅助信息，识别遥感图像上目标地物的方法。例如，TM 影像图，覆盖的区域大，影像上土壤特征表现不明显，为了提高土壤类型解译精度，可以使用信息复合法，利用植被类型图增加辅助信息。从地带性分异规律可知，太阳辐射能在地表沿纬度变化也会导致土壤与植被呈现地带性变化，当植被类型为热带雨林和亚热带雨林时，其地带性土壤是砖红壤性红壤，当植被类型是亚热带常绿阔叶林时，其地带性土壤是红壤或黄壤。在温带、暖温带地区，因海陆差异引起的从海岸向大陆中心发生变化的经度地带性，也会造成土壤与植被有规律的变化，如森林草原植被覆盖下的黑钙土，草原下的栗钙土，荒漠草原下的灰钙土、棕钙土。

等高线对识别地貌类型、土壤类型和植被类型也有一定的辅助作用。例如，在卫星影像上，高山和中山多呈条块状、棱状、肋骨状或树枝状图形。等高线与卫星影像复合，可以提供高程信息，这有助于中高山地貌类型的划分。使用信息复合法的关键是遥感影像图必须与等高线图严格配准，这才能保证地物边界的精度。

4. 逻辑推理法

逻辑推理法是借助各种地物或自然现象之间的内在联系所表现的现象，用逻辑推理的方法间接判断某一地物或自然现象的存在和属性。这种方法也有叫“逻辑收敛法”、“证据收敛法”等。当利用众多的表面现象来判断某一未知地物时，要特别注意这些现象中哪些是可靠的间接解译标志，哪些是不可靠的。有时会出现矛盾现象，这时，就应分析哪些线索反映了未知地物的真实情况，哪些是假象，从而确定未知对象的存在和属性。有时可能会有很多线索来判别一个未知的对象，但没有一个线索本身会绝对不错的，但如果全部或大多数线索指向同一结论，这一结论多半是正确的。例如，当在遥感图像上发现河流两侧均有小路通至岸边、那么就会联想到该处是渡口还是河流涉水处。如果发现附近河面上无渡船，就可确认该处是河流涉水处。当进一步解译时，如果发现河流两侧登岸处的联线与河床近似直交，则说明河流流速较小，如果联线与河床斜交，则表明流速较大，斜交角度愈小，流速就愈大。

5. 地理相关分析法

根据地理环境中各种地理要素之间的相互依存，相互制约的关系，借助专业知识，分析推断某种地理要素性质、类型、状况与分布的方法。例如，利用地理相关分析法分析洪冲积扇各种地理要素的关系。山地河流出山后，因比降变小，动能减小，水流速度变慢，常在山地到平原过渡带形成巨大的洪冲积扇，其物质分布带有明显的分选性。冲积扇上中部，主要由砂砾物质组成，呈灰白色和淡灰色，由于土层保肥与保水性差，一般无植物生长。冲积扇的中下段，因水流分选作用，扇面为粉砂或者蒙古土覆盖，土壤有一定保肥与保水能力，植物在夏季的标准假彩色图像上呈现红色或者粉红色。冲积扇前沿的洼地，地势低洼，遥感影像色调较深，表明有地下水溢出地面，影像上灰白色小斑块表明土壤存在盐渍化。

五、图像目视解译的步骤

目视解译步骤大致可分为准备工作、初步解译与判读区的野外考察、室内详细解译、野外验证与补判、成图总结五个阶段。

1. 准备工作

根据工作目的、区域特点准备适当的遥感影像资料，搜集相关资料、图件等，熟悉资料；然后选择最佳波段组合、最佳处理方案，获得最佳解译影像；再将已有资料或地面实况，与图像对应分析，确认“地物原型”与“影像模型”之间的关系，分析影像的物理性质与几何性质，了解可解译的程度。

2. 初步解译与判读区的野外考察

初步解译的主要任务是掌握解译区域特点，确立典型解译样区，建立目视解译标志，探索解译方法，为全面解译奠定基础。在室内初步解译的工作重点是建立影像解译标准，为了保证解译标志的正确性和可靠性，必须进行解译区的野外调查。野外调查之前，需要制定野外调查方案与调查路线。在野外调查中，为了建立研究区的解译标志，必须做大量认真细致的工作，填写各种地物的解译标志登记表，以作为建立地区性的解译标志的依据。在此基础上，制定出影像解译的专题分类系统，根据目标地物与影像特征之间的关系，通过影像反复判读和野外对比检验，建立遥感影像解译标志。

3. 室内详细解译

初步解译与判读区的野外考察，奠定了室内解译的基础。建立遥感影像解译标志后，就可以在室内进行详细判读了。

在专题内容解译中，除了遵循“全面观察、综合分析”的原则外，在解译中还应该做到：统筹规划、分区解译，由表及里，循序渐进，去伪存真，静心解译。

室内详细解译过程中，对于复杂的地物现象，可以综合运用各种解译方法，如利用遥感影像编制地质构造图，可以利用直接解译法，根据色调特征识别断裂构造，采用对比分析法判明岩层构造类型，利用地学相关分析法，配合地面地质资料及物化探资料，分析、确定隐伏构造的存在及其分布范围；利用直尺、量角器、求积仪等简单工具，测量岩层产状、构造线方位、岩体的出露面积、线性构造的长度与密度等，各种解译方法的综合运用，可以避免一种解译方法固有的局限性，提高影像解译质量。

无论应用何种解译方法，都应把握目标物体的综合特征，重视解译标志的综合运用，提高解译质量和解译精度。遥感影像直接解译标志是识别地物的重要依据，对于有经验的目视解译人员来说，还可以利用遥感影像成像时刻、季节、遥感影像种类和比例尺等间接解译标志来识别目标地物，由于某些解译标志存在一定的可变性和应用局限性，影像解译时不能只使用一两项解译标志，必须尽可能运用一切直接的和间接的解译标志进行综合分析，提高解译的准确性。

在详细解译过程中，要及时将解译中出现的疑难点、边界不清楚的地方和有待验证的问题详细记录下来，留待野外验证与补判阶段解决。

4. 野外验证与补充解译

室内目视解译的初步结果，需要进行野外验证，以检验目视解译的质量和解译精度。对于详细解译中出现的疑难点、难以解译的地方则需要在野外验证过程中补充解译。

野外验证是指再次到遥感影像解译区去实地核实影像解译的结果。野外验证的主要内容包括两方面：

检验专题解译中图斑的内容是否正确。检验方法是将专题图斑对应的地物类型与实际地物类型相对照，看解译得是否准确。由于图斑很多，一般采取抽样检验方法进行检验。

验证图斑界线是否定位准确，并根据野外实际考察情况修正目标地物的分布界线。

验证过程实际上也是对解译标志的一种检验，如果发现由于解译标志错误导致地物类型解译错误，就需要对解译标志进行修改，依据新的解译标志再次进行解译。

疑难问题的补判。补判是对室内目视解译中遗留的疑难问题的再次解译。其方法是根据解译过程中的详细记录，找到疑难问题的地点，通过实际观察或调查，确定其地物属性。若疑难问题具有代表性，应建立新的解译标志。根据野外验证情况，对遥感影像进行再次解译。

5. 目视解译成果的转绘与制图

遥感图像目视解译成果，一般以专题图或遥感影像图的形式表现出来。将遥感图像目视解译成果转绘成专题图。

早期的遥感制图基本是手工完成的，一般是经过草绘、清绘、制图综合制成专题图，如果需要出版，还需要经过一系列制版印刷过程。现在则是在计算机辅助下制图，有些是前期解译由人工完成，再输入计算机利用相关制图软件编辑制图；有些是在一体化的RS软件、GIS软件、制图软件支持下基本由计算机完成。例如，ARC/INFO、ERDAS、ENVI、PCI、MGE等，以及我国自主开发的MAPGIS、GEOSTAR等软件就具有功能齐备的制图模块。

第五节　卫星遥感图像解译举例

卫星遥感图像解译是环境遥感应用的基本工作，以下以地貌解译为例，介绍环境遥感图像解译过程及注意事项。

一、地貌解译的特征

利用遥感图像可以直接地认识各种地貌类型的基本形态和组合形态、展布规律、空间关系，以及它与其他景观之间的相互关系。

卫星图像地貌解译通常从地貌宏观形态特征入手，结合其色调、图形等标志，从整体到局部逐渐深入。解译时要依据地貌学原理结合具体地区的地质、水文、土壤、植被等地理因素进行分析和综合解译。地貌解译时，以采用冬季成像的太阳高度角较低的卫星图像为佳，一般宜采用可见光波段和近红外波段的图像，例如，陆地卫星TM图像，SOPT卫星数据等。

应用卫星图像对地貌的解译与航片解译不同之处是航片的比例大，而且可以方便地进行立体像对观察。因之，航片对微地貌及地貌的细部具有良好的解译效果；卫星图像由于宏观的特征，对区域地貌景观反映得较清楚，从而有利于分析各种地貌单元之间的相互关系。可见利用卫星图像对地貌进行分析研究时，应与航片解译结合起来，才能获得更全面、更好的解译效果。识别各种地貌的基本标志主要是图形特征、水系特征、色调和阴影特征等。

1. 图形特征

平面轮廓图形一般可用线状的、带状的、平行的、格状的、圆形的、椭圆形的、菱形的、多角形的、放射状的、网状的……等进行描述；表面起伏特征一般可用平坦的、波状的、点状的、皱状的、弯状的、峰林状的、塬状的、链状的、栅状的、阶梯状的、节状的、漏斗状的……等进行描述；形态的计量，一般用绝对高度、相对高度、坡度、比降、切割深度等，进行描述。

2. 水系特征

水系是解译地貌的重要标志之一，它可以提供大量的地貌信息，因此，可以说：在遥感图像上进行水系解译是揭示地貌及其形成条件的一把钥匙。进行水系解译主要是解译水系图形、水系密度、水系异常点段、水系的均匀性和方向性等。地形的变化、地壳运动都会很灵敏地引起水系特点的变化。有时地面显示不出来的一些微起伏，单从水系的分析中就可解译出来。水系的分析应选用适当的图像比例，方能取得好的效果。水系的解译，以利用 MMS7 和假彩色合成图像最为有效。

3. 色调和阴影

色调的深浅等级只能在同一张图像上的地物间进行对比。根据地貌的阴影可以鉴别地貌三度空间的立体特点，低太阳角成像的卫星图像，对地貌的分析研究最为有利。与航空像片相比，阴影对卫星图像解译的影响要小些，对航片而言，阴影既可帮助获取更多的信息，但同样也造成许多信息难以获取。

在卫星图像上进行地貌解译，首先着眼于宏观形态特征的分析，结合识别相应的成因类型之后再缩小等级，依次划分，逐级进行。在解译大型构造地貌和划分地貌等级时，要从山地宏观形态特征着手，特别要从山地平面轮廓形态、表面起伏形态，高程和割切状况等综合图形特征入手。结合图形特征细节，就容易在卫星图像上大致揭示出山地整体和各部分的成因类型，揭示出山地的展布规律和构造关系，以及山地各部分的综合关系与区域构造的成因联系等。图 4.8 所示为太行山区地貌的 TM 卫星图像。

图 4.8 太行山区地貌

对山地夷平面的识别，主要依靠其形态特征。它们的表面一般呈起伏不大的以剥蚀为主的平坦地面，当与其周围崎岖陡峻山地形态形成鲜明对比时，更易确定。有时夷平面经活动构造影响而变形。

解译平原和高原。也应从平原和高原的宏观形态特征着手，既要注意其整体宏观轮廓，又要注意其表面起伏形态和图形细节特征，还应根据地表景观异常去揭示其下部的隐伏构造或深部的构造特征。图 4.9 所示为华北平原的 TM 卫星图像。

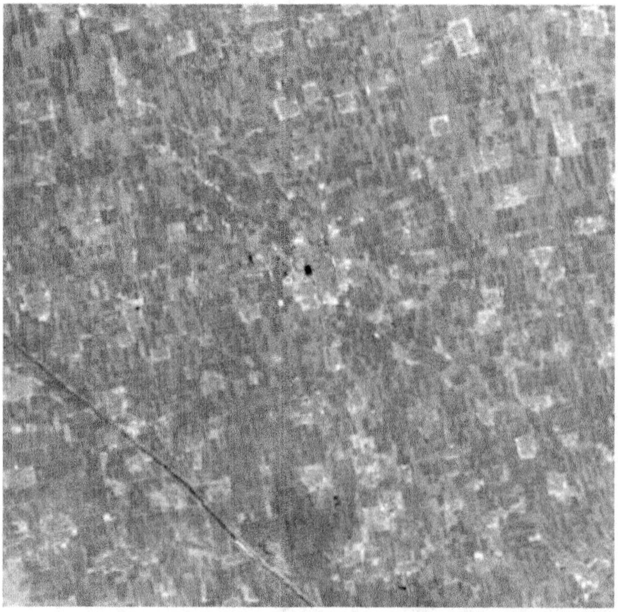

图 4.9　华北平原地貌

解译盆地时，既要注意盆地整体轮廓展布特征、盆地的边界和构造的关系，又要注意表面形态如盆地面起伏、倾斜方向和切割状况等。大型构造盆地的类型是复杂的，常见的有扩张型的，或称拉张型的（如红海裂谷），压缩型的（如喜马拉雅山前盆地、龙门山前盆地）、扭动型的（如死海地堑）等。大型构造盆地解译应结合地质资料在卫星图像上进行。

各种大型构造地貌不是孤立存在的，它们往往是相互制约，彼此交错的。例如，隆起高地与凹陷低地相伴，断块山地与断块盆地并列，规模不同的稳定地块为活动山带围限等。尽管在卫星图像上能直观地看到和分析出很多大型构造地貌的特点和规律，但要搞清楚它们彼此的关系，并非易事，需要深入的解译和分析验证。

解译大型构造地貌时，应进行正立体观察，不要成为负立体现察。进行大型构造地貌解译时应结合区域地质构造资料，同时应开展区域构造格架的解译工作。大型构造地貌解译应选用小比例卫星图像，只有必要时才放大图像，大小比例结合解译，效果会更好些。

二、地貌基本形态的解译

地貌基本形态可分为外生地貌类、内生地貌类和人为地貌类3种。外生地貌类的地貌形态主要是由外营力塑造而成；内生地貌类的地貌形态主要由内营力造成。外生地貌类的成因包括重力作用、流水作用、岩溶作用、冰川和冰水作用、冻融作用、风力作用、海水和湖水作用、生物作用以及一些综合作用等形成的。内生地貌的成因包括直接由新构造、火山构造、泥火山作用等形成的。人为地貌顾名思义是由人类活动所造成的。卫星图像对地貌基本形态的解译详细程度不如航片，但对不同基本形态的解译，也可获得不同程度的效果，本节中不作详细论述。当然，分辨率高达1m左右的卫星图像对地貌基本形态的解译效果可以和航片解译效果相当。

1. 流水地貌的解译

流水地貌在地表分布最广，同时它在卫星图像上显示得较清楚，因此，应用卫星图像研究流水地貌具有十分重要的意义和较好的效果。水在卫星图像上显示明显，由流水侵蚀、搬运、堆积而形成的流水地貌在卫星图像上也有较明显的反映。例如，山区和平原中的河床、洪积扇、河口及其三角洲等。解译时可同时应用彩色卫星图像和不同波段、不同时相的卫星图像一起进行分析和解译。这不但可提高解译的效果和精度，而且可为研究地貌的动态变化及其变化规律提供信息。

（1）河床和阶地的解译。河床在卫星图像上一般呈自然的曲流状，在近红外图像上色调较深，常形成与周围背景较大的色调反差，容易分辨出。在卫星图像上可区分出主干河床、支流河床。如背景反差好，或配合适当的增强处理图像解译，可划分出四级到五级支流水系。

一般在大比例尺卫星图像上，平原地区或较大型的主干河床上可观察到其河漫滩和河流阶地，解译时可用放大镜仔细辨认。一般较新的阶地位于近河床的两侧，由于靠近河床，地下水位高，土壤湿度大，色调较深；而较老的阶地位于距河床较远的较高地段，土壤相对干燥，色调较浅。但有时可受到植被、地下水等因素的影响，色调发生变化。因此，解译时应结合具体情况进行。

（2）冲洪积扇的解译。卫星图像上，常在河流进入平原，河流出山口附近发现有扇形展布的冲洪积扇，有时不同规模的冲洪积扇，沿山前地带一字分布。卫星图像往往能展现出冲洪积扇的全貌，可对冲洪积扇的物质构成及其分带，水系变化，以及形成过程进行进一步的分析和解译。例如，冲洪积扇扇顶地段多由砂砾物质组成，植被不发育，一般呈浅色调，而中、下段物质组成逐渐变细，多为粉砂或黏土，并广布耕地，植被发育，色调较深。尤为明显的是扇前（缘）的潜水溢出带，由于地下水运移至近地表或溢出成泉，在影像上常构成一条呈弧线形的深色调外缘线，洪积扇可以此线为界圈画出来。在新构造运动活跃的山前地段，常可见新、老冲洪积扇呈串珠状或叠瓦状展布，并伴有水系的改道痕迹等现象，据此可对冲洪积扇的演化及本地区新构造运动，做出进一步的分析和研究。

(3) 河口三角洲的解译。应用卫星图像对三角洲的分析研究具有很大的优越性。包括三角洲的形态，增长情况，河道分布情况，三角洲的类型，形成次序的划分等，均有显著的效果。珠江三角洲、黄河三角洲的演变、滦河三角洲的发育等，在卫星图像上显示得很清楚。

此外，对山区谷型，平原区河型，大型冲沟的发育规律，冲沟产生发展与自然条件的影响等，应用适当比例的卫星图像和不同时期的图像对比分析，均可获得较好效果。

(4) 古河道解译。利用卫星图像解译古河道可首先从图像色调入手。由于古河道与其周围存在水、土条件的差异，如土壤湿度大，以及植被较发育的特点，在陆地卫星 TM4 近红外波段图像上，色调一般与其周围背景存在差异。这样，沿此色调差异追索，可发现一些隐约的且有一定走向的宽带状河道图像，往往就是古河道所在。古河道在假彩色合成图像上一般呈具有一定走向的宽带状，色调偏红色（古河道上植被发育），或深蓝色（湿度大，无植被），而与其周围地物形成色彩色调差异。另外，解译时可从图像上提取出一些与古河道密切相关的地物，如牛轭湖、天然堤、废弃的河道汊等，配合确定古河道的位置和分布。

2. 风成地貌的解译

应用卫星图像解译和研究风成地貌，尤其是在一般人难以到达的沙漠腹地，对荒漠地区的调查与分析研究中，具有重要的实际意义和优越性。沙漠和荒漠区，气候干旱，植被稀少，地面裸露，在各波段都有较高的反射率，所以在各波段卫星图像上，一般均呈浅色调。由于风力作用，沙漠上形成各种沙丘，以致在图像上形成大面积浅色调疏密不同的波纹状图形，据此可圈画出沙漠的分布范围。

在卫星图像上，根据色调和图形结构的不同，可区分出荒漠的类型；根据沙丘的组合形态和分布规律，可解译出沙丘的类型。如沙丘链呈波纹状，沙垅呈条纹状等。根据沙丘链波形的展布，可确定当地盛行风向；利用不同时期卫星图像进行对比分析，可以研究沙漠进退动态变化。表 4.2、表 4.3 在标准假彩色图像上，沙漠中的绿洲呈鲜红色的点状或斑块状，与周围呈浅黄色的沙漠有明显的差异。图 4.10 为巴丹吉林沙漠新月形链状沙丘的中国资源卫星一号（CBERS-1）图像。

表 4.2　风沙地貌（按流动程度分）影像特征

固定沙丘	呈冢状，单个沙丘规模较小，高度 10～20m，整体景观高低不平，具有粗糙感	植被覆盖 40%，宏观色调浅，点缀深色斑点。单个沙丘色调与植被有关，裸露部分色调较浅
半固定沙丘	地表起伏不平，形状较复杂，单个沙丘呈浑圆或长条状，沙丘规模较小，高度在 5～10m，流沙呈斑点分布	植被覆盖 15%，在色调稍淡背景上呈现出小黑点
流动沙丘	沙丘形态复杂，随风移动，由疏松沙层组成，完全裸露，规模大小不一	一般无植被覆盖。背景景观呈较浅色调，单个流沙背阴面呈深色调

表 4.3　风沙地貌（按外形分）影像特征

横向沙丘	具有新月形或弧状形态，沙丘两侧有顺风向的翼角	迎风坡呈浅色调，背风坡及沙丘间的低洼地色调较深
纵向沙丘	横断面呈三角形，中脊突出，呈垄状或呈浑圆状，高度在 50～100m	色调较浅，欠均匀，沙垅一侧可见到阴影
多风向沙丘	在多风向且风力相差不大情况下发育形成	色调较浅，影像呈蜂窝状或格子状

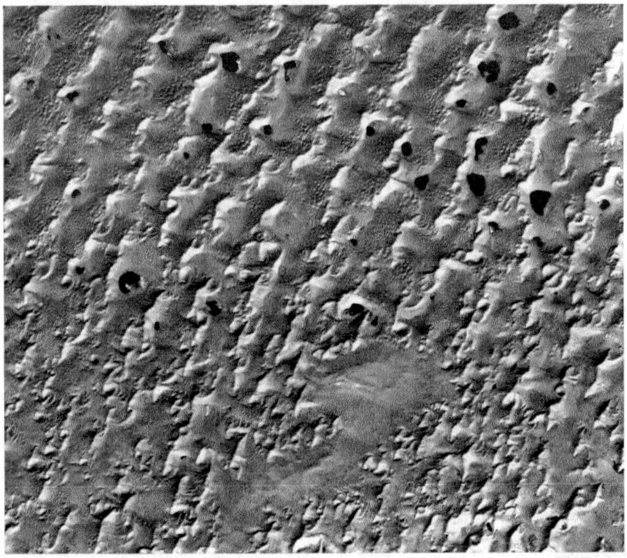

图 4.10　巴丹吉林沙漠新月形链状沙丘

3. 黄土地貌的解译

卫星图像上黄土地区地貌景观解译的主要特征是色调浅而均一，其水系多为树枝状。放大的卫星图像上可区分黄土塬、黄土梁和黄土峁的分布范围。

保持较好的黄土塬，其影像呈浅白色的均匀色调，但在塬的边缘因受冲沟切割而呈现深暗色调，形成黄土塬特有的色调分布和图形特征。从黄土塬边缘冲沟的发育情况，可确定黄土塬遭受破坏的程度。有时可观察到黄土塬被不断侵蚀切割，使得它越来越窄，结果被侵蚀成黄土梁，最后黄土梁被切断而形成了孤立的黄土峁。这种从黄土塬至黄土梁、黄土峁的发展变化过程，在卫星图像上均有极好的反映。应用不同时期的卫星图像的对比解译，还可了解黄土塬遭受破坏的变化速度。

根据河流和沟谷切割情况，可判断黄土高原受新构造运动的影响程度，如黄土塬一侧沟谷切割剧烈，另一侧切割缓慢，有可能表明黄土塬运动的不均匀性，这种情况只有在宏观的卫星图像上才能观察清楚。图 4.11 所示为 1973 年成像的陆地卫星 MSS 图像上黄土地区的地貌景观。图像所呈现的是陕西北部的黄土高原地貌景观，黄河及其支流无定河呈 NNW 向及 NW 向流经本区，由于以侵蚀为主的多种外营力的作用，沟谷密布，黄土梁、黄土峁发育，其顶部高程相差不大，构成了独特的叶脉状花纹图像。

图 4.11　黄土地区地貌景观

4. 海岸带地貌的解译

海岸带地貌的解译包括滨岸海底地貌和海岸地貌两部分。

滨岸海底地貌的解译主要有以下几个方面：

(1) 深海海底深度的解译。在一般没有泥沙流和混水流干扰的条件下，水域色调的深浅程度反映的就是海底的相对深浅，如闽浙、台湾一带海域的色调深浅与海底的实际深浅是对应的。有时受泥沙流和混水流干扰，但干扰总是局部地段较为严重，色调浅的泥沙流展布广的水域，在多数情况下也是深度相对浅的地方。

(2) 浅海的海底地形。水下构造坎通常以不同色调界面显示出来，如闽浙东部海域、台湾东部海域就有显示这种地形的影像。渤海湾内的海底地形反映最好，一般说来，南部海域水下地形高于北部，这可能是由于黄河带来的泥沙比滦河的泥沙多所致。

(3) 水下潮流三角洲的解译。以广东省琼州海峡为例，有一指状的水下三角洲向西呈扇状伸展。内部有若干条深槽，水浅的部位影像色调浅，水深的部位影像色调深，深槽呈狭长的深色调，其深度可显示数十米至百余米。

(4) 水下沙坝与沙洲的解译。主要出现在长江口以外的苏北海域内。它与泥沙流的影像区别在于：水下沙坝与沙洲具有明显的浅色的轮廓，而泥沙流的浅色调呈烟雾状。

(5) 水下溺谷与水下河槽的解译。它们的影像具有喇叭口的形态，而且深色调的深水部位从河口地段向海底两个方向放射状伸展，在闽浙一带沿岸影像上就有这类地形。

(6) 沿岸泥沙流的解译。在卫星影像上一般呈烟雾状的浅色调。可根据影像色调的结构状况来确定泥沙流的物质成分。如细泥质、粉砂质组成的泥沙色调线，宽度大，没有沿岸堤亮带；而较粗粒的砂质泥沙流的色调较深，宽度小，有沿岸堤亮带伴生。如秦皇岛幅内所看到的沿岸流属相对粗粒物质成分，而广东沿岸属相对细粒物质成分，泥沙流的图形多呈羽毛状。

(7) 河口的解译。河口泥沙流混水舌的形态常见有两大类型，一为羽状混水舌，它与岸线成大角度相交的潮水流作用有关；另一为带状混水流，一般紧挨岸边分布，它的形成与岸线成小角度相交的潮水流作用有关，或形成于两个不同水团的交汇带上。印度恒河河口泥沙流混浊流像一片烟云流入印度洋，就是一个很典型的例子。利用 MSS5 研究泥沙流入海的混水舌的扩散状况，即浓度分布状况是十分有效的。

海岸地貌的解译主要有以下几个方面：

(1) 海岸类型及特征的解译。在卫星图像上对各种海岸地貌进行分类是很容易的，如三角洲式平原海岸、淤泥质平原海岸、岬湾式山地丘陵海岸、珊瑚礁生物海岸等。图 4.12 所示为滦河三角洲海岸 2000 年陆地卫星 TM 图像。我国山地海岸总走向在 NE 向线形构造系统控制下多循 NE 向延伸展布。平原海岸总走向在 NW 向线形构造系统控制下，多循 NW 向延伸展布。而岛屿、半岛、港湾、岬角、沿岸河流等，在轮廓上受 NE、NW 向交叉线形构造分割控制更为突出，具有鲜明格状或定向排列特点。在个别段落，受近 EW 向构造的影响也是明显的。

(2) 海滩及沙堤地貌解译。在卫星图像上海滩呈条带状浅色调，它是分布于海岸带的平坦地貌。在它上部常有平行于岸线的堤状地形，称为沙堤，它是沿岸沉积物流横向移动堆积的产物，组成物质为卵石或砂。多条沙堤出现在海滩时，图像上多构成明显的线状亮带，沙堤间常有明显洼地，这些洼地或为沼泽或为潟

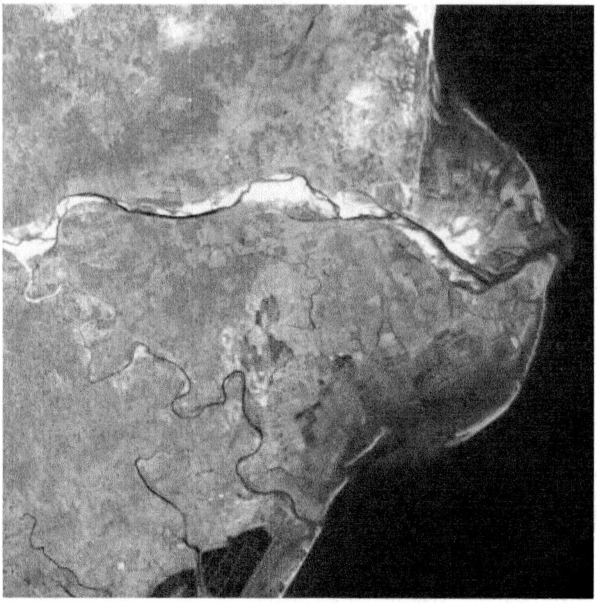

图 4.12　滦河三角洲海岸

湖。在图像上洼地的深暗色调与沙堤的明亮色调成鲜明对比，如有多条沙堤存在，它们的高度变化，常常反映海陆相对高差的变化。当近陆老沙堤高于近海新沙堤时，是陆地上升或海面下降的重要显示。有时一系列老沙堤以一个角度与一系列新沙堤相交，其交线有可能是活动断裂的标志。天津至塘沽新港一带淤泥质海岸上有 4 条贝壳堤，其高度变化是近陆的低于近海的，因而是陆地下沉或海面上升的重要显示。

(3) 潮间平滩的解译。在平原地区，内于岸边由砂土构成，岸坡平缓，以致高低潮之间的潮间带非常宽广平坦，称为潮间平滩。这些平滩有纯粹的泥滩、沼泽或丛生包红树林等多种类型。潮间平滩在卫星图像上不但以其深暗的色调，并且具有密如蛛网的潮水细沟为其特征。在低潮位附近，由于潮流动力强，形成粉砂成分增多的下淤积带；在潮涨潮落的滩地上，由于滩面受侵蚀，形成冲刷带，产生树枝状的潮沟。

(4) 古海岸的解译。在卫星图像上可根据色调、植被及微地貌起伏，把不同时期古海岸线分开。例如，渤海湾海岸，较老的古岸线可从色调差异，植被分布来分辨，而较新的古岸线与现代海岸线之间以地形陡坡过渡，有些地段可以色调浅、条带状的海成阶地来区分。

5. 岩溶地貌解译

岩溶地貌的发育受到岩性、地质构造以及气候条件的控制，形成峰林、峰从、溶蚀洼地等不同的正负溶蚀地形，它们在卫星图像上表现为较深的色调和独特的“橘皮”状图形。在广西河池幅、柳州幅及贵州省贵阳幅的卫星图像上，可看到典型的岩溶地貌图像特征。它一般具有深的色调和密集点状的形态特征。这些点都是峰林残山，它们往往成线状排列。在一定的间距内，具有直线或大体呈直线形的负地形，这些负地形可能是节理所形成的。在我国北方如华北地区，岩溶地貌不发育。卫星图像上石灰岩地区一般色调较浅，水系呈稀疏树枝状，地貌形态为崎岖陡峭，山体且呈似层状展布。

在比例 1∶25 万的卫星像片上，我国南方的岩溶地区，往往具有痘包状的，或尖棱角状的密集的石林状的影像特征，这些都是峰林残山，有的是岩溶漏斗或溶蚀洼地的表现。有时呈深色调的蠕虫状影像或网格状影像，形似麻袋的纹形。挤压灰岩形成锥状或塔状山，或缓坡、低丘为主，兼有小规模的溶蚀洼地组成的稀疏斑状的山地。在温暖半干旱地区，纯质灰岩和白云岩地区，水系不发育，且呈断续状，并具有斑状花纹的、阶梯状陡坎的崎岖山地。杂质灰岩区，具有多角状山形、树枝状水系的崎岖山地，或浑圆山形，一般是粗结构的影像特征。在干旱和寒冷地区，任何性质的灰岩，都组成崎岖陡峻的山地。

在较大比例的卫星图像上，一般可根据漏斗或溶蚀洼地的分布规律，来研究暗河的分布。卫星图像上的线形负地形是十分醒目的，是大型节理的位置，往往是暗河十分有利的通道。图 4.13 所示为中国资源卫星一号（CBERS-1）图像显示的广西岩溶地貌景观。图像中显现两种截然不同的地貌单元，二者界线清晰。在图像上部为由灰岩、白云岩、白云质灰岩及泥灰岩等可溶性岩类组成的岩溶地貌，色调单一呈深灰色，属喀斯特峰丛地貌，综合显示为深色调蠕虫状纹形影

图 4.13　岩溶地貌景观

像；图像下部为由砂岩、页岩、泥岩及玄武岩等组成的山地地貌，色调较浅而有变化，山脊线明显。

6. 冰川和冻土地貌的解译

冰川和冻土地区气候恶劣，人烟稀少，交通不便，以传统的地面调查方法想查明这种地区的地貌是很困难的，而利用遥感图像进行冰川、冻土地貌的解译效果则很明显。但由于它们多属高山峡谷地区，相对高差大，航空像片影像畸变明显，有的谷底会成为盲区，不利于地貌的研究；另外由于绝对标高大，气候恶劣，航空摄影困难，而且所获得的图像难以观察宏观地貌。相对而言，卫星图像从几百千米的高空成像，可获大面积的地貌信息，且接近垂直摄影，十分有利于这种地区的地貌调查。所以，运用卫星图像进行冰川和冻土地貌的研究具有很大的优越性。

冻土地区利用卫星图像可以从宏观上解译出冻土工程地质分区，确定其冻土工程地质条件。因为冻土不良地质现象往往和水有关，而且多位于低洼处，因此，在卫星图像上可根据其地貌部位和色调深浅来判断冻土工程地质条件，凡是位于低洼处，色调较深者往往工程地质条件较差。卫星图像上解译热融湖（塘）效果显著，有一定规模的热融湖（塘）均能辨认出来，但对其他种类的冻土不良地质现象，如热融滑坍、冻胀丘、冻土泥流等在卫星图像上目前尚难以辨认，随着卫星图像分辨率的提高，上述冻土不良地质现象也可辨认出来。在多年冻土地区利用不同光谱段的卫星图像对比解译会取得更好的效果。

冰川在卫星图像上呈白色色调，且位于山谷中，可以很容易地直观解译其形态和类别。在卫星图像上解译冰川堆积地形和冰水沉积地形的范围是有可能的，解译的依据是这两种堆积地形均在冰川舌的前缘，呈深灰和浅灰色调分布于沟谷底部。一般紧靠冰川的谷底堆积物为冰川堆积物，再往下游，则为冰水沉积物，不过，冰水沉积物和冰川堆积物的准确界线是很难确定的，因为这两种堆积物地形本身是逐渐过渡，在卫星图像上也只能大致确定其分界线。关于冰川堆积地形的进一步划分，如终碛、侧碛、底碛、鼓丘等一般是难以进行的；冰水沉积可区分出冰前沉积和冰川接触沉积，进一步的细分解译则很困难。不过像冰前沉积中的冰水堆积扇还是可以解译出来，至于冰川接触沉积中的进一步细判，如冰砾阜、冰砾阜阶地等由于面积太小，且色调深浅与周围背景色调反差不大，只有在高分辨率的卫星图像上，才能辨认出来。

冰川地貌中不可忽视的是终年积雪的覆盖，在雪线以上形成雪圈或雪帽，在卫星图像上可以直观地勾绘出终年积雪的范围、分布高度，还可确定其产生雪崩的地段。图 4.14 所示为西藏察隅地区的陆地卫星 TM 图像，从图中可以清楚地看到终年积雪、冰川槽谷等地貌景观。

图 4.14 冰川地貌

7. 火山及熔岩地貌解译

火山是由熔岩或火山碎屑岩构成的锥状地形，其影像一般呈锥形山体，具有放射状水系或冲沟。年青火山有较完整的火山口，有时会形成火山口湖。较大型的火山，以其独特的形态在卫星图像上反映较为明显，图 4.15 为吉林省天池幅 TM 卫星图像，天池是著名长白山的火山口，为巨型复式锥式火山，山口积水成湖，称为天池。火山锥体主要由碱性粗面岩组成，顶部覆盖灰色碱性浮岩。由于冬季白雪皑皑，夏季白岩裸露，终年呈灰白色，故有“白头”之称。卫星图像上清晰显示出灰白色的近圆形火山锥和放射状水系。

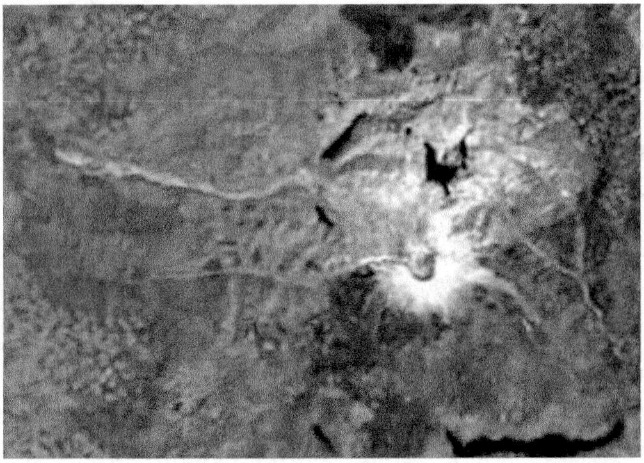

图 4.15 火山地貌

小型的火山呈圆点状，火山群图像呈现不同密度的星点状分布。山西大同幅卫星图像上有较明显的图像显示。

熔岩地貌多分布在火山周围，大面积分布的火山熔岩多以中、基性和基性熔岩为主，它们在产状形态上往往为台地（熔岩被）及穹丘状地形。我国雷州半岛玄武岩地貌，不仅地形上构成山丘，而且灌木植被十分发育。它在TM卫星图像上构成中间突起的斑状且呈暗黑色调，而在TM4卫星图像上为浅灰色调，仔细观察也能看到火山口、熔岩流的溢流通道及熔岩流形态。

思考题

1. 简述地物影像信息时空分布变化规律。
2. 环境遥感图像解译的基本过程包括哪些内容？
3. 何为环境遥感图像目视解译？它有什么特点？
4. 目视解译标志主要有哪些？为什么说绝对稳定的解译标志是不存在的？
5. 图像目视解译应遵循哪些原则？
6. 环境遥感图像目视解译常用的方法有哪些？
7. 简述环境遥感图像目视解译的基本步骤。
8. 影响目视解译效果的因素有哪些？你认为哪些因素最为关键？
9. 简述地貌解译的特征。

主要参考文献

宝熙著. 2002. 工程地质遥感判释与应用. 北京：中国铁道出版社

胡著智，王慧麟，陈钦峦等. 1999. 遥感技术与地学应用. 南京：南京大学出版社

马蔼乃. 1984. 遥感概论. 北京：科学出版社

梅安新，彭望琭等. 2001. 遥感导论. 北京：高等教育出版社

彭望琭，白振平等. 2002. 遥感概论. 北京：高等教育出版社

濮静娟. 1992. 遥感图像目视解译原理与方法. 北京：中国科学技术出版社

孙家柄. 2003. 遥感原理与应用. 武汉：武汉大学出版社

遥感研究会. 1993. 遥感精解. 北京：测绘出版社

约翰 E 埃斯蒂斯，弗雷德里克 J 多伊尔. 1983. 遥感手册. 第六分册. 北京：国防工业出版社

American Society for Photogrammetry and Remote Sensing. Remote Sensing for the earth Sciences，Manual of Remote Sensing . 3rd ed . 1999

Floyd F S. 1986. Remote Sensing principles and interpretation，second edition. W. H. Freeman and Company

Thomas M L 等 . 2003. 遥感与图像解译. 彭望琭，余先川等译. 北京：电子工业出版社

http：//rst. gsfc. nasa. gov

http：//www. ccrs. nrcan. gc. ca

第五章　遥感信息模型与定量遥感反演

第一节　遥感信息及其特征

一、遥感信息

遥感信息，是指以光或电磁波为载体，经介质传输而由航空或航天遥感平台所收集到的反映地球表层系统现象的空间信息。对一个连续、开放、完整、复杂的地球系统而言，遥感信息是地面目标离散化、特征化的信息，是通过遥感系统对地表的成像过程获得的反映地面物理、化学、几何、生物及相关地学特征等属性的信息。

遥感信息中最基本的几何单元是像元（pixel），每一个像元所载的信息是灰度（gray）。尽管不同的波段所代表的物理特性、地理意义是不同的，但是，无论是哪一个波段，都以归一化的灰度值来表示。不用物理意义的绝对值，而用归一化的相对值，给地理学的理论研究和实际应用带来了极大的方便。灰度在平面空间的分布又构成了纹理（texture）。所以像元、灰度和纹理是遥感信息中最基本的信息。

1. 像元及其描述

遥感信息中基本的几何单位是像元，像元的大小与形状决定于遥感传感器的性能和卫星的高度与姿态。一般而言，像元的大小主要是指该像元代表的地面分辨率，以地面瞬时视场线度来度量，设星下点的地面瞬时视场线度为 D_o，飞行方向的地面瞬时视场线度为 D_f，扫描方向的地面瞬时视场线度为 D_s，则有：

$$\left.\begin{aligned} D_o &= \Delta\theta H \\ D_f &= D_o \sec\phi \\ D_s &= D_o \sec^2\phi \end{aligned}\right\} \tag{5.1}$$

式中：$\Delta\theta$ 为传感器的瞬时视场角；H 为卫星距地航高；ϕ 为以星下点为 0°的扫描角。像元在影像上按行、列排序，行为 i，列为 j。像元的大小一般以长度与宽度来表示，即 i 行方向为 Δx，j 列方向为 Δy，也有用像元直径 d 表示的。行向与扫描方向一致，列向与飞行方向一致，所以有下述关系：

$$\left.\begin{aligned}\Delta x &= (1/M)D_s \\ \Delta y &= (1/M)D_f\end{aligned}\right\} \tag{5.2}$$

式中：$1/M$ 为比例尺。从式（5.1）和式（5.2）可知，由于卫星的抖动及传感器的扫描，像元发生变形，大小和形状都有变化，故最好的办法是进行像元的重采样。像元的重采样除了按星下点 D_0 标准确定 Δx，Δy 采样外，还要考虑灰度值的重取值。因为电磁波传递的粒子性与波动性，重取灰度值时，既要对像元所包含的地物进行像元分解，又要对像元进行邻像元的卷积运算。像元分解的目的是求出不同类型地物的权重，卷积运算是把邻像元的影响考虑进去，实际上是要做有权重的卷积。依照这种权重卷积，遥感影像的地面瞬时视场线度或地面分辨率还可提高。

2. 灰度及其描述

所谓灰度值，实际上是在波段记录信息的极小值与极大值之间，以（0，$2n-1$）区间中进行内插，而得到的正整数。灰度以 G 表示，则有：

$$G = f(i, j, \Delta x, \Delta y, \Delta\lambda, \Delta t) \tag{5.3}$$

式中：i，j 为像元坐标的第 i 行，第 j 列；Δx，Δy 为像元的两个边长；$\Delta\lambda$ 为遥感波段长；Δt 为成像时段。

3. 纹理及其描述

按纹理的定义可知，纹理是灰度在平面空间上变化的频率。长期来都是通过傅里叶变换，把空间域变换到频率域，作高频或低频的压缩或扩展后，再变换到空间域处理纹理的。我们从另一个更直观的角度来分析，灰度在平面空间要形成纹理，必须要有灰度的变化。设想如果没有灰度的变化，只有一个灰度值，也即没有对比度，不可比当然不会有纹理。那么，灰度在平面空间上发生了变化，即灰度值的大小有了变化，这就是说，灰度随平面空间是有梯度的。纹理研究中又分为纹理强度、纹理密度、纹理长度、纹理宽度、纹理方向等。

1）纹理强度

是灰度的一阶梯度，即

$$\mathrm{TI} = \Delta G/\Delta S = (\Delta G/\Delta x) + (\Delta G/\Delta y) \tag{5.4}$$

式中：TI 为纹理强度；$\Delta G/\Delta S$ 为灰度随平面空间的梯度；$\Delta G/\Delta x$ 为灰度在行向上的梯度；$\Delta G/\Delta y$ 为灰度在列向上的梯度。梯度越大则纹理越明显，梯度越小则纹理不清楚。例如，在 i 行上灰度为 2，在 $i+1$ 行上灰度为 200，一黑一白，黑白分明，这就是纹理强度大；反之，在 i 行上灰度为 45，在 $i+1$ 行上灰度为 46，灰-灰分辨不清，这就是纹理强度小，以至几乎没有纹理。

2）纹理密度

是灰度的二阶梯度，即

$$TD = \Delta(\mathrm{grad}G)/\Delta S = \Delta^2 G/\Delta i^2 + \Delta^2 G/\Delta j^2 \tag{5.5}$$

式中：TD 为纹理密度；$\Delta^2 G/\Delta i^2$ 为行向上灰度梯度的梯度；$\Delta^2 G/\Delta j^2$ 为列向上灰度梯度的梯度。灰度变化分布频率越高则纹理密度越大，纹理排列越紧密；反之，灰度变化分布频率越低则纹理密度越小，纹理排列越稀疏。

3）纹理方位

纹理的研究，除了纹理强度与纹理密度外，还有一个很重要的指标，就是纹理的方位。很清楚很密集的纹理，排列的方向在遥感影像上，一般以 3 的模板取 8 个方位，即正北（N），北东（NE），正东（E），南东（SE），正南（S），南西（SW），正西（W），北西（NW）。5×5 的模板则可取 16 个方位。

4）纹理长度

除了纹理方位外，还有纹理的长度（TL）。无论沿着哪个方向，纹理都不是无限长的，因此必须确定纹理的长度。当纹理是点状分布时，即以像元为点时，纹理无所谓方向，只有规则分布与随机分布的区别，点纹理是纹理中的一个特例。一般纹理长度的计算，若按八方位计，则有像元边长 Δx，Δy 和像元对角线长：

$$TL = [(\Delta x)^2 + (\Delta y)^2]^{1/2} \tag{5.6}$$

5）纹理宽度

纹理强度只反映了灰度的梯度，如果灰度梯度是渐变的，如 41、42、43、44、45、46、47、48、49、50 等；纹理强度很小，当然也分不清纹理密度。但当纹理强度足够大时，如 41、91，42、90，40、92，41、90，40、90，42、91。此时纹理的宽度为 1 个像元，按排列方位不同，其宽度为像元边长或像元对角线长。依此类推，可求出纹理的宽度。

二、遥感信息的特征

遥感过程是个信息传递的过程，地面信息是多维的、无限的，而通过遥感成像，简化为二维、有限的信息。因此遥感影像空间所包含的是一种复合型、瞬时、间接、不确定的信息，并具体表现出以下特征：

1. 复合特征

从信息论角度看，遥感信息的综合特征，不仅表现在它所反映的地理要素多样化——地质、地貌、水文、土壤、植被、社会生态等相互关联的自然及社会现象的综合；而且表现在遥感信息本身的综合，即它是不同波谱分辨率、空间分辨率和时间分辨率的遥感信息综合。

由于研究对象和目的不同，各自从不同角度，运用不同方法，从这个“综合信息”中各取所需，寻找和提取各自有关的专题信息。我们可将复合信息简单表示为如下形式

$$x_1 = f(T) + f_1(V) \tag{5.7}$$

式中：T 为专题信息；V 为干扰信息。

干扰信息的图像变量为

$$x_2 = f_2(V) \tag{5.8}$$

式中：x_1 为专题信息的图像变量；x_2 为反映干扰信息的图像变量；f（T）为我们感兴趣的专题信息；f_1（V）和 f_2（V）分别为 x_1 和 x_2 中的干扰信息，例如，植被等背景信息。

2. 瞬时特征

遥感信息的时相意义主要表现为两个方面，一是获取遥感信息的遥感仪器的时间分辨率，二是遥感信息的时间序列性。遥感影像最具价值的方面之一在于能固定地重复覆盖地球的相同区域，保证不断获得具有良好时间序列性的空间数据，它为地学研究提供了有力的支持。

1）时相周期，提供地物变化的各种规律

地表目标是一个动态系统，它的光学特性、几何特性随时间而发生重大变化。其变化性质是不可逆变化和有规律的变化，以不同速度，按不同方式表现在各类级地理系统外观的变化上。目标外在形态的变化按时间可分为五个范畴：多年变化（如新构造运动、气候周期、植被覆盖演替、土壤侵蚀、土壤的形成、人类活动等）、年变化（如水文动态、地域农业利用差异等）、季相变化（如北方森林、草甸、沼泽、农田等）、天气变化（如灾害等）和昼夜变化。

2）时效性

许多地物都具有时相变化，一是自然变化过程，即发生、发展和演化的过程；二是节律，即事物的发展在时间序列上表现出某种周期性重复的规律，亦即地物的波谱信息与空间信息随时间的变化而变化。所以必须考虑研究对象所处的时态，充分利用多时相影像。如农业监测对于遥感数据的要求比较严格，首先是数据的时效，如果在所需要的时间内无法获得必要的遥感数据，就意味着遥感监测的失败。表 5.1 列出了农业监测对遥感数据时效的要求。

3. 间接特征

遥感影像因地物的综合复杂和时空变化为动态混合抽象，像素中往往形成组合光谱。除由色调和图形直接反映地物轮廓层次、阴影及形状、大小、位置和相

表 5.1　农业监测对遥感数据的时效性要求

项　目	用　途	时效要求
农业资源管理	资源管理	1～2 年
农业环境监测	环境监测	3～6 月
农作物监测	作物面积	2～3 月
	农作物长势	1 个月
	作物估产	15～20 天
灾害监测	旱情和土壤水分	10～30 天
	农业病虫害	3～5 天
	水灾、火灾	3～5h

关关系，用以识别多种地物类别外，还包括许多需应用地学领域专业知识、判读经验和其他方法推理判断获取的影像上确实存在而不易识别的间接特征，如依据影像的纹理判断是否为断裂破碎带，通过水系和冲积扇排列确定地下水分布等。

4．遥感信息的不确定性

遥感信息在进行地学空间分析和过程反演过程中具有模糊性和多解性的特点。其复杂性和不确定性表现为：

（1）同质异谱、同谱异质。相同的地物单元由于物理、化学、生物、地形因子、气候因子、时相变化等众多环境因素的差异和变化，在遥感影像上反映出不同的波谱特性；或遥感影像上反映的波谱特性虽然很相近，但是在实际上却可能是不同的地物类型、地理现象或地理过程。

（2）混合像元。由于空间分辨率的缘由，影像上单元像元数量值实际上可能是多种地物共同作用的结果；特别是低空间分辨率的影像数据，混合像元问题尤其突出，如星下点为 1.1km 的 NOAA/AVHRR 遥感数据。

（3）时相变化。随着时间序列的变化，覆盖同一地理位置的遥感影像数据，由于气候背景差异、物化条件变化、人为作用、自然动力现象等多种原因，所表现的信息场的变化带来的复杂性和不确定性。

（4）遥感信息传输过程中引起的信息的衰减和增益。主要包括遥感影像的辐射失真和几何畸变。辐射失真是指遥感器在接收地物的电磁波反射或本身辐射时，由于大气层、遥感器本身特性、地物光照条件等原因的影响，导致所获得的测量值与实际辐射率的不一致；几何畸变是指由于遥感器本身物理特性、遥感平台以及地球运动等原因所造成的几何位置上的偏差。

（5）遥感影像地物单元空间分布相互交错关系的复杂性。由于地物类型之间存在的相互依赖性造成的影像上地物单元空间分布的交错。

（6）遥感影像中地物纹理特性的复杂性。由于地物分布有规律的结构特性在遥感影像上反映的纹理效果，增加了影像判读的复杂性。

第二节　遥感信息模型

一、几个基本概念

1. 实物、信息与能量

遥感影像十分逼真、接近地面实况，这是事实。但是，遥感影像又的确不是地面实况。地面实况是实物，例如，土地、水体、植被、岩石、城镇、道路等。简而言之，实物是由分子、原子构成的，是有质量的；而遥感影像是地物的像，它是没有质量的信息，正如，人的像片或镜中的人像一样。遥感信息的载体在传输过程中是载在电磁波上的，记录遥感影像时，则载在像纸、胶片、硬盘、光盘、软盘、磁带等之上。遥感信息在传输过程中消耗能量，并有噪声介入。因此，遥感影像无论是模拟的还是数字的，都是信息而不是实物。从遥感信息模型到地面实物原型，其中有许多地学、物理与数学的转换关系。下面简述实物、能量和信息的概念。

1）实物

实物是物体，由实物粒子组成。实物粒子是有质量的，无论是原子、分子、质点、物体等，其物体无论是在运动状态还是静止状态，都是具有能量的，无论是原子、分子、质点、物体等。

2）信息

信息不是物体，不是由实物粒子组成的。信息没有质量，信息以波动的形式传播，信息在传递过程中消耗能量，因此，信息也是具有能量的，信息不是独立存在的，它是有载体的，信息的载体是物质的，例如，遥感信息必须载在磁盘、磁带、软盘、光盘、胶片、像片上等。信息本身没有质量而只有能量。

3）能量

物质在宏观物体与微观粒子中都具有能量 E，按照爱因斯坦质能公式，有

$$E = mc^2 \tag{5.9}$$

式中：c 为光速。

信息是波动的，按照波动理论来分析其能量 E，有

$$E = h_{\text{inf}}\upsilon \tag{5.10}$$

式中：h_{inf} 为信息“普朗克常量”；υ 为信息波动的频率。信息的“普朗克常量”与电磁波中光子波动的普朗克常量 h 是否是一样的，目前还没有研究清楚。

2. 模型与原型

目前遥感学界对模型的认识，概念是多种多样的。在许多遥感应用的文献中

可以看到对模型的不同提法，例如，遥感应用模型、遥感分析模型、遥感数学模型、遥感模型等各种说法。马蔼乃（1997）认为：如果是称遥感应用模型，那么是否还应该有遥感理论模型；如果是称遥感分析模型，是否还应该有遥感综合模型；如果是称遥感数学模型，是否还应该有遥感物理模型、遥感化学模型、遥感生物模型等；如果是直接称遥感模型，则遥感又分遥感技术与遥感信息，遥感模型可能被理解为传感器的模型。而实际上凡是模型都是对原型而言的，没有原型就谈不上模型。

依据上述实物与信息的研究，遥感信息模型与地面实物原型之间有几何相似律、物理模拟律、地理空间分布律、时间变化律和信息模拟律等的规律需要揭示。

1）原型

原型（prototype）取自机械工程学界，是将其类比借用于地学的一个概念。prototype 是指人工的原型，工程界在设计中有原型与模型的问题。由于地学是研究地球的，把真实的地球作为原型，地球上发生的一切现象都是原型，它是自然的原型。

2）模型

一个静态的物质模型，只有几何上的相似性问题；一个动态的物质模型，除了几何上相似外，运动方式上也要相似；一个数学上的信息模型，除了几何上相似、运动方式上相似外，在数值定量上也要相似；一个遥感信息模型，除了几何上相似、运动方式上相似、数值定量上相似外，还要在图像上可视。

二、遥感信息模型

用遥感技术研究地球的实质是以各种影像（包括数字影像和模拟影像）来模拟地表景观，反映地表环境与资源等的信息。地表上的实况物体称为地物（原型）。遥感的成像过程，是将地物的电磁辐射特性或地物波谱特性，用不同的成像方式（例如，摄影、扫描、雷达等）生成各种影像。而解译过程，就是成像过程的逆过程。解译过程与成像过程之间通过遥感影像和地图信息（模型）来连接。可用图 5.1 来表示。

一般来说，当选定时间、波段、位置、成像方式后，成像过程获得的影像像元与地面对应的单位面积一一对应。换言之，是唯一的。但是，由于解译过程中存在着同物异谱、同谱异物现象，因此解译结果不是唯一的。为了获得唯一的解，则需要用多种遥感和非遥感信息加以印证。

目前计算机图像处理中采用的各种分类是试图在统一模式下，识别出遥感影像上所反映的各类地物。而地球表面景物复杂多样，不可能利用一个统一的模式，识别和分类出各种景物。为此，许多遥感专家都从不同的角度开展遥感信息

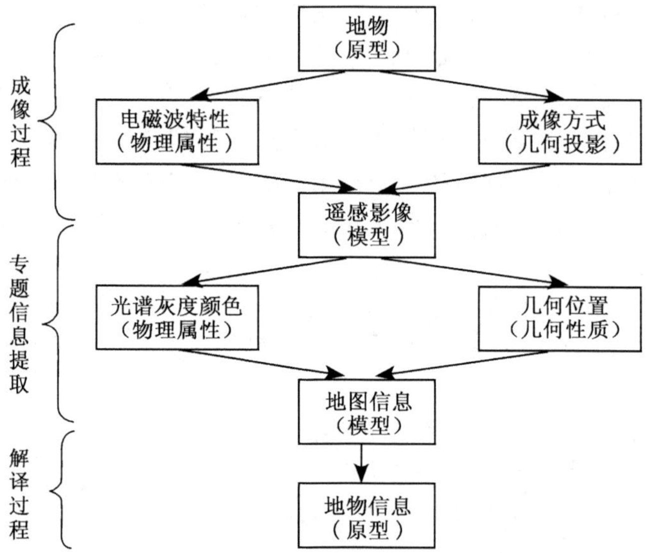

图 5.1　遥感专题信息提取过程

模型的研究（马蔼乃，1997），张仁华（1996）从研究遥感分类方法出发，阐述了物理模型、经验模型及统计模型在遥感应用中的价值和实际状况（表 5.2）。

表 5.2　遥感模型的类别及其内涵

分类方法	模型类型	次级模型	模 型 内 涵
遥感信息流过程分类	大气模型		研究大气对遥感信息的影响及纠正方法
	景观模型		表征地表能量流、物质流的行为、规律
	传感器模型		测量地表能量流、物质流的行为，研究遥感信息在测量过程中的传递函数
空间分辨率分类结构	连续模型		地物性质随时间与空间的变化是连续的
	离散模型		地物性质随时间与空间的变化是不连续的
		高分辨	地物单元大于空间分辨率
		低分辨	地物单元小于空间分辨率
研究方法分类	物理模型		基于物理定律，定量表达物体性质和能量物质变化的实时过程
	经验模型		以统计为主要手段得出地物变化的统计规律
	统计物理模型		介于地物与经验模型之间的半经验模型
输出方式分类	图像模型	监督分类	有人工监督、训练分类器识别样本
		非监督分类	无需人工监督，利用集群方法等
	非图像模型		以非图像输出结果
应用目的分类	作物冠层模型	产量模型	研究遥感信息与作物产量的定量关系，又可分光谱、热红外及复合模型等
		作物结构模型	研究作物冠层结构与光谱之间的定量关系，又称双向反射模型
	水热模型	热惯量模型	从多时相遥感信息向地物纵深方向延拓及挖掘信息的一种方法
		土壤水分模型	从遥感及辅助信息中提取土壤水分含量信息
		蒸发模型	以热量平衡为基础的定量解析模型

物理模型是以事物发展的机制为根基，研究遥感信息同传输介质、目标相互作用的定量过程和结果，它是基于物理定律的确定性模型。

经验模型是根据大量重复的遥感信息和其相应的地面实况的统计结果所得的模型。

统计模型是介于物理模型和经验模型之间的一种类型，它的根基还来自于物理机制，但由于自然界的影响因素太多，从一定时空尺度衡量，变化是随机的，因此两者相结合。目前这三种模型各有其发展的背景和应用范围，是并行发展的。

遥感信息模型是集地形模型、物理模型和数学模型之大成，应用遥感信息和地理信息影像化的方法，建立起来的一种模型（马蔼乃，1997）。它由几何相似律、物理相似律、数学方程组成，还要用遥感信息中的独立变量和地理信息影像化的变量，对像元作数学模型的运算。因此，它不同于前三类模型，是可视化的模型，即形象模型与抽象模型结合的一类模型。

三、遥感信息模型的发展

遥感影像是一种非常逼真地面实况的模型。在遥感影像应用的过程中，经历了目视解译、光学处理和计算机处理等几个阶段。除这些必经阶段外，我们在实践中比较注意理论的指导，因此容易发现问题，进而总结经验，从遥感模型（1979）上升到遥感信息模型（1990）经历了大约10年的时间，近几年又提出了地理图像信息模型（马蔼乃，2000）等。

在学习和借鉴国内外遥感与地理信息领域中的一些研究成果的同时，我们也注意到了各种相关的数学模型。归纳起来，这些数学模型可以分为两大类。一类是大量的数理统计模型，例如，监督分类、非监督分类、K-L变换、因子分析、层次分析、非线性统计分析、神经网络分析、小波分析等，这类数学模型大部分是由数学领域转到遥感领域来的研究人员提出的。另一类是比上一类要少得多的数理方程模型，例如，辐射传输方程、热传导方程、雷达方程、水热平衡方程、能量平衡方程等，这一类数学模型大都是由物理学领域转到遥感领域中的研究人员提出的。大多数地学界进行遥感应用的人员，擅长目视解译，在“看图识字”的阶段过去后，许多人，尤其是年轻的一代地学家，比较快地掌握了计算机技术，但是由于受传统地学的影响，又缺乏地学的实践，一时还不能居高临下地运用数理知识，以判别用何种数学模型解决自己面临的问题，因此常常是试用一些数学或物理模型，有的用数理统计方法，有的用数理方程的方法进行研究探讨。实际上，数学模型也是一种信息模型。目前有许多数学模型，稍加修改补充，即可以转化为遥感信息模型。

遥感信息模型不同于一般的数学模型，往往是在一个方程中利用成千上万个遥感像元来解多个地理参数。从遥感信息模型中提出的地理数学问题，将对数学与地理科学的发展做出贡献。数学模型与遥感信息模型相比较，二者的主要区别有以下几方面：

(1) 数学模型可能是连续函数，也可能是离散函数；而遥感信息模型一定是离散函数。

(2) 数学模型计算不一定与图像有关；而遥感信息模型一定是图像运算，对每个像元进行计算。

(3) 遥感信息模型是建立在数学模型基础上的空间与时间可视化的模型，因此，是一类新型的模型。在地学领域中，遥感信息模型是继地形模型（实体静态模型）、物理模型（实体动态模型）、数学模型（非可视化信息模型）之后的第四类模型（可视化信息模型）。

目前，国内外的地理信息系统（GIS）蓬勃发展。GIS 一般由图像图形库与属性库两部分组成。它们的主要功能是逻辑运算，包括“与”复合、“交”提取、“或”提取，还有一些查询功能。一般的 GIS 不接受数学模型，必须镶嵌到系统中去，即数学模型在系统外部运算完后，再进入系统作图。考虑到计算机发展的过程，把运算变成为最小图斑的运算，即对图进行数的空间运算，这就是地理信息编码模型（GICM）的贡献。

地理信息编码模型是建立在遥感信息模型和非遥感数据影像化模型基础之上的。首先，把遥感信息模型和影像化模型中的独立因子提取出来；其次，按照独立因子及因子团的公因子权重排序，消除冗余因子；第三，定性因子和定量因子分等定级，做成二维属性表；第四，在图像上分类，并提出最小图斑图形，按照地理信息编码模型的要求自动将编码填入图斑。地理信息编码模型的贡献在于将不同比例尺的专题地图在计算机内联系了起来。地理信息编码模型也是地理信息系统和地理专家系统的结合部，由此，我们将遥感信息系统、地理信息系统、地理专家系统综合集成在一起了。

目前资源环境领域研究较多的遥感信息模型主要是水、土、泥沙领域内的一些模型。实际上涉及大气圈（降水、蒸散）、水圈（水温、热扩散）、土圈（土壤侵蚀、土壤含水量）、生物圈（作物受旱）、岩石圈（地质构造应力场）各个圈层。或者说，遥感信息模型是突破了圈层结构、涉及各个圈的可视化的、定量的地理模型。因此，它具有地学领域内的共性。随着空间技术与计算机技术突飞猛进的发展，相信会有更多实用的遥感信息模型投入实际应用。

四、遥感信息模型的理论与方法

自然环境是非常复杂的，既有必然的规律又有偶然的因素影响。因此，研究环境问题既要弄清主要因子之间的关系，又要处理许多次要因子的随机影响，所以必须将成因分析与统计分析相结合才能解决问题。遥感信息模型既有几何相似律，又有物理模拟律，也有直接计算原型的数学方法，此外，遥感信息模型是可视化的，因此，还有信息相似律。

1. 成因与统计的结合

成因与统计的结合有四种方式。第一种是随机变量的数理方程，即将随机变量的必然规律用数理方程表达出来，并要能求解。第二种是数理方程与数理统计结合的方程，即把数理方程转化为统计方程来处理。第三种是量纲分析与数理统计结合的方程，即把主要环境因子之间的关系通过量纲分析的方法求得无量纲因子团，再对因子团进行统计分析。第四种是概念分析与数理统计结合的方程，即根据经验提出定量概念，然后对量化的概念进行统计分析。四种方法中第一种最难，也是数学研究的前沿之一；第二种次之，在环境问题中是少数；第三种在数学上一般已无困难，在环境问题中有许多都可以得到解决，但也发现一些地理数学问题需要进一步研究；第四种几乎可以解决所有的环境问题，当然首先要将定性问题量化。

2. 独立因子构成相似准则

所谓独立因子，是指“不能够从演绎推理或归纳综合得到的因子”。各个圈层都有许多独立因子。例如，大气圈中的气温和氧气；水圈中的水量、流速；生物圈中的植被类型、植被盖度；岩石圈中的岩性、构造；人类圈中的人口、年龄；土圈中的颗粒粒径、土层厚度；地形圈中的经度、纬度、高度；外层空间圈中的微重力、超净；经济基础圈中的土地面积、产业产值等。

当我们把各个圈层的独立因子都分解出来后，就会发现各个圈层之间有公共因子，例如，经度、纬度、高度、时间都是公共因子。一般而言，我们把实际测量的地理因子作为独立因子。当我们突破圈层之后，会发现某些公共因子实测很不够。例如，温度，包括气温、水温、土温、叶温、岩石温度、城市温度、公路路面温度等，从遥感数字影像上我们虽然实测不到实际温度，但是可以测出表观亮度温度。又如，水量，包括降水量、地表径流量、地下径流量、土壤中径流量、植物体内水径流量、农业用水量、工业用水量、人口生活用水量、牲口生存用水量等，从实测数据我们可以得到各种等值线图。

由上述分析我们可以得到有关地理图像与图形的各种独立因子数据，既有形象的图像图形数据，又有抽象的数值数据。

在物理学中有以厘米/克/秒制的量纲分析方法。从理论方程研究中得到的因子团，或用量纲分析得到的因子团，具有相似准则的功能，有相似规律的现象，必定能够找到相似准则。例如，流体力学中的紊流运动与热学中的分子运动有相似之处，又如，弦震动推求的波动方程可推广到波浪运动、电磁波振动、几率波运动中去等。关键是要具有相似准则，根据对物理学中量纲分析的原理，突破厘米/克/秒制，在更广的范围内建立地理相似准则，这就是我们下面给出由独立因子构成的相似准则（表 5.3 至表 5.14）。

表 5.3　地理时空相似准则

编　号	时空相似准则	符　号	因子团公式	备　注
1	线、面、体	πL πL^2 πL^3	Lm/L L^2m/L^2 L^3m/L^3	空间比例尺
2	时　间	π_t	t_r/t_m	时间比例尺
3	速　度	π_v	v_x/v，v_y/v，v_z/v	相对速度
4	加速度	π_a	a_x/a，a_y/a，a_z/a	相对加速度

表 5.4　大气圈相似准则

编　号	大气圈相似准则	符　号	因子团公式	备　注
5	气　温	π_T	$\Delta T/T_m$	相对昼夜温差
6	气　压	π_F	$\Delta p/p_m$	相对气压差
7	反射率	π_A	$A=\theta_A/\Phi$	反射/入射
8	降雨强度	π_I	$(I-I_0)/I_0$	相对降雨强度

表 5.5　水圈相似准则

编　号	水圈相似准则	符　号	因子团公式	备　注
9	雷诺数	π_T	ph/V	粘力/重力
10	弗劳德数	π_p	v^2/gh	动能/势能
11	水力粗糙度	π_A	$\Delta=d/h$	粒径/水深
12	悬浮指标	π_ω	$\omega/\sqrt{ghJ}$	沉速/摩阻速度

表 5.6　土壤相似准则

编　号	土圈相似准则	符　号	因子团公式	备　注
13	土层厚度	$\pi_{D/d}$	D/d	相对土层厚度
14	黏粒含量	$\pi_{c/\rho}$	C/ρ	黏粒含量重/土重
15	无机质含量	π_{NPK}	NPK/ρ	NPK 重量/土重
16	有机质含量	π_{OF}	OF/ρ	有机肥重量/土重

表 5.7　生物圈相似准则

编　号	生物圈相似准则	符号	因子团公式	备　注
17	植被盖度	π_{Vc}	Vc	%
18	植物水势	π_{ET}	ET/ET_m	蒸散量/需水量
19	“绿　度”	π_{NDVI}	$NDVI=\frac{IR-R}{IR+R}$	IR 遥感近红外波段 R 遥感红波段
20	植被营养盐	π_N	V_N/S_N	相对营养盐（植被/土）

表 5.8　岩石圈相似准则

编　号	岩石圈相似准则	符　号	因子团公式	备　注
21	地震震级	π_M	M/M_0	相对震级
22	地震波速比	$\pi_{w/v}$	w/t_y	横速/纵速
23	应力比	π_f	τ/σ，$\sigma3/\sigma1$	剪应力/正应力
24	地震烈度	π_{Ie}	I_e/I_{e_0}	相对烈度

表 5.9　地形圈相似准则

编　号	地形圈相似准则	符号	因子团公式	备　注
25	坡　度	πJ	$J=h/L=\text{Sin}\alpha$	%
26	宽深比	$\pi B/h$	B/h	河谷宽/谷深
27	水系分支比	π_{Rb}	$N/N1sg+1$	g 为水系级别
28	水系交汇角	$\pi\theta$	$\text{Con}\theta=(h_{g+1}\text{Sin}\alpha_g)/(h_g\text{Sin}\alpha_{g+1})$	
29	流域高差比	$\pi_{\Delta H}$	$\Delta H_g/\Delta H_{g+1}$	
30	河长-纵坡-面积比等	π_L	L_g/L_{g+1}	

表 5.10　人类圈相似准则

编　号	人类圈相似准则	符号	因子团公式	备　注
31	人口密度比	π_P	P/P_0	相对人口密度
32	老龄人口比	π_O/P	O/P	老龄比例%
33	劳力人口比	π_W/P	W/P	劳力比例%
34	城乡人口比	$\pi_{U/C}$	U/C	城市人口/农村人口

表 5.11　城镇圈相似准则

编　号	城镇圈相似准则	符　号	因子团公式	备　注
35	商业区面积比	π_{MK}	A_{MK}/A	A 为城市面积
36	工业区面积比	π_{Id}	A_{Id}/A	
37	绿化面积比	π_{Av}	Av/A	
38	文化区面积比	π_{Ac}	Ac/A	

表 5.12　基建圈相似准则

编　号	基建圈相似准则	符号	因子团公式	备　注
39	高速公路长度比	π_{hw}	L_{hw}/L	L 为全国总长度
40	人均供水量比	$\pi_{W/P}$	$W_{W/P}/W$	W 为全国人均供水量
41	人均供电量比	$\pi_{E/P}$	$E_{E/P}/E$	E 为全国人均供电量
42	光纤网长度比	π_{Lt}	L_{Lt}/L_0	L_0 为全国光纤长度

表 5.13　经济圈相似准则

编　号	经济圈相似准则	符号	因子团公式	备　注
43	三产总产值比	$\pi_{p/P}$	$P_{1,2,3}/P$	相对产值
44	人均产值比	π_p	Y_p/Y	Y 为全国人均产值
45	人均收入比	π_{inc}	$Y_{\text{inc}}/Y_{\text{INC}}$	Y_{INC}为全国人均收入
46	人均消费比	π_{con}	$Y_{\text{con}}/Y_{\text{CON}}$	Y_{CON}为全国人均消费

表 5.14 遥感数据相似准则

编号	遥感数据相似准则	符号	因子团公式	备 注
47	表观亮度	π_{vis}	G_{vis}	灰度值
48	表观亮度温度	π_{AT}	G_{AT}	
49	表观热惯量	π_{ATI}	$(1-A)/\Delta T$	
50	表观悬浮含沙量	πs	$S/\lg G$	

3. 遥感信息模型的方法

根据遥感信息模型的理论不难理解其方法，但是要真正解决问题，方法的技巧还是很重要的。建立遥感信息模型的一般方法是：

第一，从要分析的问题中提取独立变量。

第二，建立方程，如果该方程没有初始条件和边界条件，则对独立因子进行量纲分析，完成无量纲因子团研究，各无量纲因子团应有明确的地理－物理意义，即为地理相似准则。

第三，对各因子团进行多元非线性回归统计分析。

第四，从统计分析中提出随时间、空间分布的地理参数。

五、应用举例

本节以土壤含水量遥感信息模型为例，简要介绍遥感信息模型的理论与方法。

遥感领域一般用微波波段研究土壤含水量，马蔼乃等（2000）利用光波段与热红外波段研究了土壤含水量的遥感信息模型。土壤含水量的信号无论在微波波段还是光热波段都是微弱的。在强背景下再提取弱信号，有相当的难度。只有尽可能地减少步骤，减少误差累积，才能达到比较理想的效果。本例分析了土壤含水量在微波与光热波段数字影像中的机理，提出了土壤含水量在光热波段的信息模型，说明了野外实测土壤含水量与遥感信息模型获得的表观土壤含水量的可比性。

1. 遥感数据中的土壤含水量信息

遥感数据包括可见光波段、近红外波段、中红外波段、热红外波段、微波波段，这五个波段都在一定程度上含有土壤含水量的信息。

1）可见光波段的土壤含水量信息

根据地物波谱的测定，在可见光部分干燥土壤的反射光谱比潮湿土壤的反射光谱平行抬高一段反射率。随着含水量的多寡，抬高的距离大小不同。因此，早期遥感研究中有用可见光波段测定土壤含水量的尝试。

2）近红外波段的土壤含水量信息

近红外波段对水的反应灵敏，水对近红外光完全吸收。因此含水量高的土壤在近红外波段上呈暗色调，地物波谱曲线不是平行降低，而是陡坡降低。因此早期与可见光波段同时使用推求土壤含水量。

3）中红外波段的土壤含水量信息

中红外波段对高温反应灵敏，是林火的探测波段。土壤十分干燥时温度较高，故之在中红外遥感影像上有反映。也就是说，如果求土壤的干燥度时，用中红外波段效果较好。

4）热红外波段的土壤含水量信息

热红外波段对常温反应灵敏，土壤温度与湿度关系密切，因此热红外遥感数据中也包含了土壤含水量的信息。

5）微波波段上的土壤含水量信息

微波波段对水的反映极其灵敏，很薄的水层就可以屏蔽微波辐射。因此许多国内外的学者都认为微波是探测土壤含水量最佳的波段。马蔼乃等（2000）根据对各个波段的研究，首先发现微波对水的反映极其灵敏，但是对土壤含水量的反映却不十分灵敏。原因是水面是十分光滑的，而土面的粗糙度与微波波长十分接近，从而使得土壤含水量的信息强度被淹没在粗糙度的信息强度之中。由于排除不了粗糙度的强信息，所以对统计分析测出的土壤含水量的可靠性产生了质疑。利用热惯量与土壤含水量的关系，虽然也有土壤质地、颗粒矿物成分等的影响，但是土壤含水量的信息与其他影响因素不是同数量级的（波长短得多），不可能被淹没，因此采用了热惯量求土壤含水量的途径。而且热惯量包括了可见光波段、近红外波段与热红外波段，物理的机制也更加明确。

2. 表观热惯量的遥感信息模型

物体的热惯量 P 是物体固有的属性，它的表达式为

$$P = \sqrt{k\rho\gamma} \tag{5.11}$$

式中：k 为热传导系数；ρ 为密度；γ 为比热容。因为热传导系数、密度、比热容对一种物体来说是固定不变的，所以热惯量也是地物的固有属性。土壤因为含水量的变化，使得热传导系数、密度、比热容都发生变化，从而使得热惯量变化，这是确定无疑的。但从遥感数据不可能直接提取出热惯量，也不可能直接提取热传导系数、密度、比热容。

可以证明地物在吸收短波太阳辐射后以长波的方式发射，可以形成地温的增高。太阳辐射能量减去地物反射的能量后，余下的能量就是使地温增高的能量。白昼地物吸收太阳能量而增温；夜间地物发射能量而减温。地物昼夜的温差就是地物热惯量的表象。例如水体，由于热惯量大，昼夜温差小；岩石热惯量小，昼夜温差大；各种含水量不同的土壤热惯量介于水体与岩石的热惯量之间，热惯量的大小也介于水体与岩石的热惯量之间。由此可以证明，遥感波段中可见光与近

红外中的全部太阳波谱的能量，减去地物在所有谱段内的反照率能量，就产生昼夜温差的能量。我们称其为表观热惯量遥感信息模型 ATI：

$$\mathrm{ATI} = k\left(\frac{1-A}{\Delta T}\right)^{n} \tag{5.12}$$

式中：A 为反照率；ΔT 为昼夜温差；k，n 为地理参数。A 可由可见光与近红外所有波段遥感数据之和求出；ΔT 由白昼热红外遥感数据减去夜间热红外遥感数据求出。ATI 可以用水体在遥感影像$\left(\frac{1-A}{\Delta T}\right)$上的数据为最大值，干旱沙漠的数据为最小值，从而求解 k，n。撒哈拉沙漠、塔克拉玛干沙漠、澳大利亚沙漠、北美沙漠与它们附近的水体所求解出来的 k，n 是不相同的，因为在式（5.12）中还有一些地理环境因素没有考虑到，而被包括在其中了。由此根据式（5.12）可以计算出表观热惯量的影像图（ATI 图）。表观热惯量与真实热惯量之间是正变的关系，前者是无量纲的相对值，后者是有量纲、有单位的物理量。真实热惯量的单位是 $\mathrm{J/(m^2 s^{1/2} K)}$。两者在数值上虽然不相等，但是表达的都是热惯量。在遥感技术中，通常采用相对值来表示物理量。

3. 表观土壤含水量遥感信息模型

既然我们用表观热惯量替代了真实热惯量，因此对于土壤含水量，也应该可以用表观土壤含水量来替代真实土壤含水量。现在给出表观土壤含水量 ASW 的表达式为

$$\mathrm{ASW} = a_0(\mathrm{ATI}) \cdot \left(\frac{D}{d}\right)^{a_1}\left(\frac{\rho_s}{\rho}\right)^{a_2} \tag{5.13}$$

式中：d 为土壤颗粒粒径；D 为土壤土层厚度；ρ_s 为土壤的密度；ρ 为水的密度；a_0，a_1，a_2，为地理参数。将土壤颗粒粒径、土壤土层厚度、土壤密度内插成影像化的图像，与遥感图像配准。在影像$\left(\frac{1-A}{\Delta T}\right)$上或地面上（配准），确定最干燥的土壤、最湿润的土壤以及中等含水量的土壤，作为标准，求出地理参数 a_0，a_1，a_2。由此求出的表观土壤含水量 ASW 也是无量纲的相对值。

式（5.13）的含义是表观土壤含水量是表观热惯量的函数，是相对土壤密度的函数，也是相对土层厚度的函数。由于水的密度是 1，所以土壤密度除以水的密度，该因子团成为无量纲相似准则。颗粒粒径表示土壤的空隙度，土层厚度表示所测土壤含水量的深度范围，颗粒粒径除以土层厚度表示相对土层厚度，即土层有几倍的粒径厚度，也是无量纲因子团。由于世界各地的土壤种类不同，所处地理环境不同，所以 a_0、a_1、a_2 各处是不同的，也是以图像表示的。同样地，表观土壤含水量也是虚拟的。

4. 真实土壤含水量与表观土壤含水量

真实土壤含水量是在地面上实测的土壤含水量。实测土壤含水量在地面上的取样面积只有几平方厘米，遥感是监测不到的。即使遥感的地面空间分辨率达到了1m，那么也需要在地面上1m^{2}的范围内实测6～9个点的土壤含水量，求其均值，才能与遥感影像数据比较。何况遥感监测土壤含水量是大面积范围上的工作，往往用气象卫星的数据，每1个像元是1km^{2}的面积，地面上实测的土壤含水量根本无法与之比较。1km^{2}上需要实测几百个点的土壤含水量，取其均值，还要随机统计方法正确，才能两相比较。况且地面上实测的土壤含水量很难做到同步实测。某个点的含水量与相邻点的含水量观测时间往往相差几个小时，甚至相差几天，而遥感所计算出来的表观土壤含水量是同一瞬间的，完全同步的。

土壤含水量本身就是一个无量纲的百分含量（%），遥感数据也是无量纲的灰度，因此容易误认为两者既然都是无量纲的，可以直接进行统计分析。其实不然，土壤含水量是真实的物理量数据，而从遥感影像上求出的表观土壤含水量是虚拟的相对数据。既然不同，为什么可以用遥感计算出来的表观土壤含水量来替代实测的土壤含水量呢？

根据在极少数有可能对比的点上取到的实测土壤含水量资料的研究表明，遥感所计算的表观土壤含水量与实测的土壤含水量成正变关系，即表观土壤含水量大，实测的土壤含水量也大；表观土壤含水量小，实测的土壤含水量也小。正因为如此，所以方程（5.13）是一个通用的表观土壤含水量公式。其中没有地形与植被的影响，可以认为该两项因素已经包括在a_0里面了，这样便于产业部门应用。如果把地形因素与植被因素也考虑进去，那么表观土壤含水量的方程要复杂得多，即：

$$\mathrm{ASW} = a_0(\mathrm{ATI}) \cdot \left(\frac{D}{d}\right)^{a_1}\left(\frac{\rho_s}{\rho}\right)^{a_2}\left(\frac{h}{H}\right)^{a_3}(\sin\alpha)^{a_4}(\mathrm{NDVI})^{a_5} \tag{5.14}$$

式中：h为相对高程；H为绝对高程；$\sin\alpha$为坡度，NDVI为植被指数。

第三节 定量遥感反演

一、概述

随着遥感技术的发展，遥感数据的种类和数量都在迅速地增长，近期美国EOS计划Terra卫星的成功升空又一次实现了对地面目标的多方向同轨观测，同时对地遥感观测在空间分辨率、光谱分辨率、光谱覆盖范围等方面都有新的提高。遥感数据量的快速增加，使人们对遥感数据用于地表参数信息获取的渴望也在增加。如何把大量的遥感数据，更准确地转变为人们需要的地表各种特性参数的面状信息，用来帮助人类认识、保护和利用自然资源，是遥感反演面临的重要课题。

遥感的本质是反演。而从反演的数学来源讲，反演研究所针对的首先是数学模型。因此，遥感反演的基础是描述遥感信号或遥感数据与地表应用之间的关系模型，也就是说，遥感信息模型是遥感反演研究的对象。

为什么会产生反演模型这样的研究途径呢？遥感是人类观测地球的一种新方法，是一类新问题。但是从科学的习惯，科学家思维定式的惯性，总是希望把新问题纳入老方法的框架中去解决。这不仅是物理学家，数学家、地理学家也都存在类似的问题。因为，在老框架的基础上去补充完善比重新建立一个新框架容易，而新框架的建立也必须在老框架的基础上完成，所以从物理学的角度提出反演遥感模型是不足为怪的。

定量遥感的反演问题，简言之，就是根据观测信息和前向物理模型，求解或推算描述地面实况的应用参数（或目标参数）。定量遥感反演的困难，在于应用参数往往不是控制遥感信息的主导因子，或者说是非敏感参数，只能为遥感信息提供弱信号。

目前国际上对地遥感反演的主流仍坚持沿用高斯的最小二乘法，坚持“定量遥感反演的必要条件是独立观测的个数大于未知数的个数”（简称“第三公设”）。

地表是一个复杂的开放的巨系统，未知的参数几乎是无穷的，而遥感数据总是有限的，接受第三公设，采用最小二乘法，其结果是只能估计最敏感的少量几个参数，而这几个参数往往不包括应用所需的时空多变要素，导致了定量遥感与应用需求之间巨大的缺口，和普遍的悲观情绪。

遥感系统从垂直方向来说，光线（电磁波）穿越大气、植被，到达土壤，再反射穿越植被、穿越大气，达到卫星传感器。影响这一过程的因素，数不胜数；从水平方向上来说，陆地表面在遥感像元尺度上几乎总是混合像元，1m 分辨率的天安门广场上，我们可以看到人影，其实看到的是比较密的人群。大家也许认为大戈壁或沙漠可以认为是“纯”像元，但其实也包含砾石的阴影。实测沙漠上砾石的承照面和背阴面，温差大约 10℃以上。对 1km 像元尺度来说，地形的起伏常常不可忽略。

所有这些，使遥感定量反演命中注定是一个病态反演，它不仅需要进行遥感机理与各种前向模型的研究，还要进行各种反演模型和反演策略等一系列问题的研究。现以植被遥感系统为例来说明定量遥感反演的概念。李小文等（1995 年）把整个植被遥感系统分为以下 5 部分：

（1）辐射源 $\{a\}$，包括太阳和天空散射，用 $\{a\}$ 表示其特性和参数集合，它们包括谱密度（I_λ）和方向（θ_1，φ_1），其中 λ 为波长，（θ_1，φ_1）分别表示入

射方向的天顶角和方位角。

（2）大气 $\{b\}$，包括大气中的空气微尘、水蒸气、臭氧等的空间密度分布和本身因波长而异的吸收和反射特性，用 $\{b\}$ 表示其特性和参数集合。

（3）植被 $\{c\}$，包括植被组分（叶、茎、干等）的光学参数（反射、透射）、结构参数（几何形状、植株密度）及环境参数（温度、湿度、风速、降雨量等），用 $\{c\}$ 表示其特性和参数集合。一般说来这些参数都可能随波长、时间和空间位置而变。

（4）地面或土壤 $\{d\}$，包括其反射、吸收、表面粗糙度、表面结构及所含水量等，用 $\{d\}$ 表示其特性和参数集合。

（5）探测器 $\{e\}$，包括频率响应、孔径、校准、位置及观察方向的天顶角 θ_2、方位角 φ_2 等，用 $\{e\}$ 表示其特性和参数集合。

用 $\{R\}$ 表示探测器所得到的辐射信号，即观察值——它可以是多光谱、多时相、多角度等数据，也可以考虑为由这些观察值所派生出的综合指数（如绿度、亮度等）。它随辐射源、大气、植被、地面、探测器的特性而变化。一般可表示为

$$R = f(a,b,c,d,e) \tag{5.15}$$

函数 f 反映了产生 $\{R\}$ 的辐射转换过程。若给定系统参数 $\{a\sim e\}$ 来产生 $\{R\}$，则为正演问题，即前向建模问题。“正演”是从机理出发，研究因果关系，并用数学物理模型来描述地学过程。相反，若从测量值 $\{R\}$ 来产生 $\{a\sim e\}$ 中的任一个或任几个参数，则属于反演问题。“反演”是从测量到的现象推求未知的原因或参数。

如，若要从测量值 $\{R\}$ 中反推植被参数 $\{c\}$，则可以定义或导出一个函数或算法 g，即

$$c = g(R,a,b,d,e) \tag{5.16}$$

为了求出 $\{c\}$，往往需要对系统参数 $\{a, b, d, e\}$ 都假设为或可测或已知。但事实上，在遥感数据的反演过程中，上述的每个参数都包含了若干因子，其中很多是未知的或目前难以精确测量的。由此看来，“前向模型”的建立是“反演”的先决条件，而“反演”则具有更实际的应用价值，但难度更大，有时甚至不可能。因而，要实现遥感的反演，就不可避免地要做些过程的简化或条件的假设，这就必然存在着“无定解”问题。对于复杂过程的分解简化，往往可以或单独处理 $\{e\}$ 的影响（辐射纠正），或单独处理 $\{b\}$ 的影响（大气校正）等。值得注意的是对于辐射源问题的处理，由于可见光-近红外波段的辐射源为太阳，若是水平的地面，仅给定太阳的方位和探测器的光谱响应，则不难将 $\{a\}$ 与 $\{c\}$ 和 $\{d\}$ 分开；但对于热红外波段，其主要辐射源是地面目标的热发射，它与地表的发射率和温度的分布以及地表结构有关，此时的 $\{a\}$ 和 $\{c\}$、$\{d\}$ 有密切的联系。若是崎岖的山地，则无论是可见光-近红外波段，还是热红外波段

均要考虑地形的影响进行地形纠正。另外，精确的大气校正也需要知道大气下垫面方向反射及地表结构的情况。也就是说，$\{b\}$ 与 $\{c\}$ 和 $\{d\}$ 也是相关联的。

定量遥感反演的一个主要障碍是反演理论的研究不足。陆地遥感反演长期局限于采用处理数据量多于未知量的成熟算法，最小二乘法是高斯以来从大量数据中反演少量未知参数的成熟方法。但陆地遥感反演的根本问题在于定量遥感往往需要用少量观测数据估计非常复杂的地表系统的当前状态，本质上是一个病态反演问题。因而必须在反演过程中尽可能地充分利用一切先验知识，把新观测的信息量有效地用于时空多变要素的估计上，使新观测中的信息有效分配给这一复杂系统中的时空多变参数。定量遥感的另一个障碍是：我们能反演的不一定是用户所需要的。也就是遥感模型与农学模型、生态学等模型的链接问题。

二、定量遥感反演面临的主要问题

1. 方向性问题

传统的遥感主要采取垂直对地观测方式，以获取地表二维信息，对获取的数据则基于地面目标漫反射的假定——即简单化、理想化的把地表看作各种同性的、均匀的表面——“朗伯体”，地表与电磁波的相互作用是各向同性；遥感的研究也主要是从地物目标的波谱特征入手，进行分析、判读或分类。

但事实上，地球表面并非朗伯体。大量事实证明，地物与电磁波的相互作用也非各向同性，而具有明显的方向性。这种反射的方向性信息中，既包含了地物的波谱特征信息，又包含着其空间结构特征信息；而辐射的方向性信息，也是由物质的热特征及几何结构等决定的。因而，随着太阳高度角及观测角度的变化，地物的反射、辐射特征及地物瞬时所表现出的空间结构特征都会随之变化。这种变化记录在遥感图像上，则将可能产生同一地物反射、辐射信息的很大差异。Kimes 的研究认为朗伯表面的假设会在反照率计算中引起高达 45%的误差，而随着观测天顶角从 0°～80°变化，观测到的作物表面亮度温度可以产生 13℃变化。正因为传统遥感缺乏足够的信息来同时推断像元的组分光谱和空间结构，使遥感的定量精度受到很大的限制。地表反射与发射辐射的方向性模型研究和应用，是定量遥感必须首先解决的关键问题。

2. 尺度效应与尺度转换

不同的自然现象有不同的最佳观测距离和尺度，并不一定是距离越近越好，观测越细微越好。对海岸线长度的测量问题是地学描述中尺度效应最典型的例子。对这一测量值尺度效应的研究，在 20 世纪 70 年代中期启发形成了分形理论和分数维这样全新的数学概念，并进而发展成为分形几何。遥感科学中尺度效应的研究更为困难，在陆地遥感中，不同地物光学性质的尺度效应很少得到研究，分形几何的应用几乎没有超出计算机模拟的范围。

由于我们面对的自然与人文环境是十分复杂的，所要研究的对象是多种多样的，它们在空间特征上差异性大（空间异质性），这些差异又往往是非线性的。也就是说，自然单元、人文单元是以不同空间尺度客观存在着。对于这些不同地学对象、地表现象与过程的地学描述和研究，需要按不同的尺度进行。这里便存在着不同尺度间的对比、转换、误差分析等问题，也就是常说的“尺度效应与尺度转换”。多层次遥感对地观测系统为地学分析提供了多空间分辨率、多时间分辨率的遥感数据，可以为不同空间尺度、不同时间尺度地学对象的应用研究提供适合的信息。地面观测与不同层次遥感数据之间、各个层次遥感数据之间的“尺度转换”是提高遥感应用的效率与实用性的关键之一。“尺度效应与尺度转换”可以理解为以下四层涵义。

（1）那些立足于点或均一表面（在给定微观尺度上）的基本物理定理、定律、概念，直接用于以遥感像元尺度的面状信息（多为非均一的）时，有个适应性问题。即随着尺度的变化，原有的原理、规律可能有效，也可能需要修正，于是存在着尺度效应与尺度转换问题。李小文等于 1999 年提出并研究了这类问题。比如，像元的漫反射性问题，即像元内处处漫反射，但像元未必为漫反射。假想一个遥感像元对应于地面一个 90°谷地的顶部，太阳与遥感器位于与谷的走向垂直的主平面上，尽管两坡面均为朗伯反射面。但因入射光的方向及多次散射，则在遥感器视场内两坡的亮度不一，而亮、暗的面积比随观测角而变化。这个像元作为整体，不再具有朗伯特性（图 5.2）。

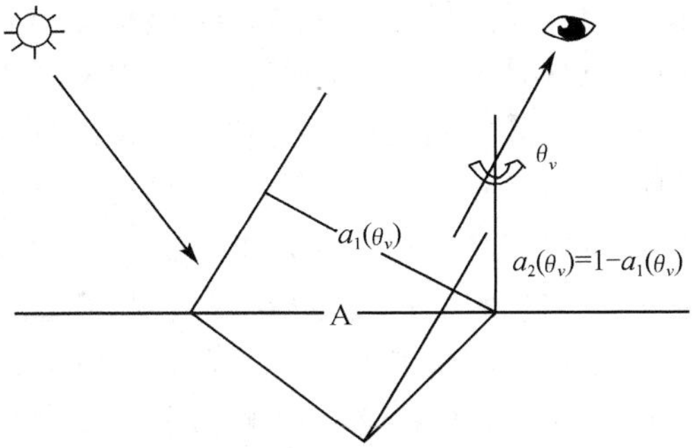

图 5.2　朗伯特性的尺度效应

Li-Stratller 几何光学模型本身也涉及像元的漫反射问题。该模型在假定树冠表面与地面处处具有朗伯特性的条件下，用四分量（承照植被、承照地面、阴影植被、阴影地面）向不同方向投影之差异，来解释由于地表的三维结构，导致像元内亮度的不均匀。因而，虽然像元尺度的微观部分具朗伯性（各向同性），但是像元作为一个整体是非朗伯特征（各向异性）。

例如，普朗克（Planck）定律是现代物理学的基石之一，它的适用条件是对于同温（T）的平面地面（给定温度的黑体表面），仅有发射率（ε_0）的空间变化时，可以认为是尺度不变（即热辐射各向同性）。因而长期以来，地表热辐射

可表达为

$$L_{\lambda} = \overline{\varepsilon_{\lambda}} \cdot B_{\lambda}(\overline{T}) \tag{5.17}$$

式中：$\overline{T}$ 为平均地温；$\overline{\varepsilon_{\lambda}}$为平均发射率。Planck 定律给热红外遥感带来极大的便利。但是遥感像元尺度上往往非同温，则$\overline{\varepsilon_{\lambda}}$和 $\overline{T}$ 也就难以实际应用。更何况像元内除非同温外，还往往并非平面，而有一定的空间结构，那么像元内就存在着内部的反射与多次散射。李小文等认为假定像元内处处为黑体表面，满足 Planck 定律，像元作为一个整体可以不满足 Planck 定律所要求的条件，并导出了考虑空间结构、温差分布、材料发射率等的概念性模型，把 Planck 定律修正到像元的尺度。

（2）常规地学手段对地表信息的采集多是以稀疏的地面观测点方式进行的，而遥感数据的采集是以面状“连续”像元方式记录。遥感数据（影像的反射值）是其空间位置的函数，是像元尺度上积分统计的结果。这种二维扩展的面状变量具有空间异质性。由离散观测的点数据来标定遥感像元面数据，再由遥感像元面数据扩展到“区域”甚至“全球”，是完全不同的空间尺度。这种不同尺度信息之间往往是非线性或不均匀的，两者链接中必然存在着空间扩展、数据转换、误差分析和是否具有“代表性”等一系列问题。

（3）对于每一种具体的遥感器来说，它多是以单空间分辨率方式采集地表数据，但是遥感可以多平台、多遥感器方式采集地面数据，它本身是多空间分辨率的。也就是说，遥感图像像元所对应的面状信息本身具有空间分辨率从小于 1m 到数千米的不同尺度。这些不同尺度的像元各表征不同的“量”，其空间异质性程度有明显差异。因而，某个尺度的特征、规律在另一尺度上不一定有效，需要验证与修正，建立像元尺度上的数学模型，包括地表的结构模型等；需要进行不同尺度信息间的尺度效应与转换研究；也需要有相关先验知识的补充和支持。

Leprieur 等于 2000 年对半干旱地区（尼日尔），运用不同尺度的 NOAA/AVHRR、SPOT 卫星观测数据，通过不同植被指数（NDVI、MSAVI、GEMI），来进行区域尺度上的植被变化监测和评估。研究表明：对于同一剖面，用 AVHRR 数据估计的覆盖度的变化范围为 0～22%，而用 SPOT 数据估计的覆盖度的变化范围则为 0～63%。可见，由于观测尺度不同，像元所对应目标的均匀度不同，研究结果会有较大差异，因此研究工作应考虑植被指数、表面参数和观测尺度的结合。

（4）“尺度”问题除了上述的“空间域”的涵义外，还应包含“时间域”的转换。遥感信息是瞬时信息，对于一些需要时间积分的参数，还应进行“时间扩展”。例如，热量平衡各分量的日总量，需要对比地面的气象站、生态站的热量平衡各分量时间过程数据的日积分值和遥感方法所获得的瞬时值，求出它们的转换系数。

地球时空信息的尺度效应研究，应根据应用需求确定不同的研究尺度和空间分辨率的信息源，着重研究不同尺度信息的空间异质性的特点，尺度变化对信息量、信息分析模型和信息处理结果的影响，并进行尺度转换的定量描述。

对尺度效应与尺度转换中空间异质性的研究，一般采用参数化法，即定义不同的参数来描述不同尺度地表特征的空间异质性，测量实际影像的空间结构，如空间自相关性指数、尺度方差（scale variance）与变差图（variogram）、局部方差法（半方差）等统计学法，纹理分析法、分形几何法、小波分析法、神经网络法等来测度实际影像的空间结构。其中变差图用于描述与测度相邻地物（空间样点）之间的空间相关性，可通过互不相关的地物类别之间的距离来定义。变差图分析被广泛应用于探测和描述遥感数据及地面数据的空间异质性；确定影像数据和地面数据的最佳采样点；评估纹理分类中适合的窗口大小等。Woodcock 等从实际的数字影像计算了变差图，发现地面覆盖物的密度影响着变差图的高度；物体的大小影响变差图的变程；地面物体大小在空间分布上的差异影响着变差图的形状（也就是说，随异质性增加，变差图越平滑）。直方变差图及直方图分解的图谱法则是通过直方变差图的参数化——驻点、边界点等来描述空间不同尺度地表特征的空间关系、分布格局、破碎程度等。

光谱影像数据也是随时空位置变化而变化的随机变量，其空间异质性与地面景观、遥感器参数相关。Paul 和 Philip 于 2000 年用参数化法来检测加拿大安大略省西北地区高空间分辨率航空成像光谱图像的空间结构。通过计算沿着给定方向计算的半方差 γ 可以精确地描述它的空间异质性。在实验中，半方差作如下定义：

$$\gamma(h)=\frac{1}{2N(h)}\sum_{i=1}^{N(h)}[Z(x_i)-Z(x_i+h)]^2 \tag{5.18}$$

式中：h 为估算 γ 的延迟量（或像素间的距离），是一个矢量（既有方向又有大小）；N 为采样点对（即空间点 x_i 和 x_i+h）的数目；$Z(x_i)$ 和 $Z(x_i+h)$ 分别为随机函数在空间采样点 x_i 和 x_i+h 处的样本值。

实验表明，样本的空间异质性不仅决定了估计样本间空间异质性的精度，而且影响估算地表特征的精度。变差图法具有从多尺度异质性的影像上提取信息的能力。

3. 反演策略与方法

遥感的本质是获取遥感数据，并利用遥感数据重建地面模型，也就是反演的过程。而反演就必须研究模型，研究那些描述遥感数据与地学应用之间关系的遥感信息模型。地球表面是个非常复杂、开放的巨系统。人们对它的认识需要用多种参数加以描述，这种未知参数几乎是无穷的，而遥感数据总是有限的。要用遥感数据反演地表参数始终存在着反演策略与方法问题。传统的遥感地表参数反演都把观测的数据量（N）大于待反演的模型参数量（M）作为反演的必要条件，采用“最小二乘法”进行迭代计算。

各种遥感反演模型都要确定一些参数，通过遥感手段获得起决定作用的关键参数。然而遥感信息的有限性、相关性和地表状况的复杂多变，使得在遥感实践中往往只能得到少量观测数据，却要估计复杂多变地表系统的当前状态。要真正满足 $N>M$ 是十分困难的，有时几乎是不可能的。也就是说遥感反演的信息量通常是不足的，互不相关的信息更少。因而遥感的许多反演问题本质上是“病态”的，是“无定解”的问题。显然在遥感反演中，先验知识的引入以及注意反演的策略与方法，是至关重要的。

针对遥感模型反演的特点，学者们对模型反演成功的要素进行总结。Goel 等提出 4 要素：一是模型参数 M 要小于或等于测量样本数 N，对于非线性模型，要求 $M \ll N$；二是模型本身必须是数学可反演的；三是模型具有灵敏度，即模型反演的抗噪声能力；四是可利用其他参数的辅助信息，即用测量值或估计值固定一些非重要的参数。

李小文、王锦地（1995 年）采用排除法，提出了模型成功反演的基本要素：

（1）模型本身的特点，即注意模型中部分参数以“同形态”出现以及参数的相关性。所谓参数以“同形态”出现，指不是独立参数，而是以函数组合的形式出现，如 λR^2 只能作为一个参数来反演。

（2）观测值的信息量和类型。由于测量数据本身含有噪声，而且或多或少不完全独立，成功反演的必要条件已不是数据的数量，而是观测数据中的信息量至少大于等于待反演参数的信息量（不确定性的减少）。也就是使测量数据包含的信息量尽可能多，数据之间的相关性尽可能的小。增加信息量的方式可以有多种方式，如对某些参数的值域加以限定，或增加观测数量或利用先验知识等。

（3）地面实况下观测值对地表未知参数（反演参数）的敏感性。当地面实况使一个或几个反演参数变得不敏感时，这种不敏感参数的反演结果极不稳定，可能会使反演失败。则需通过先验知识的积累，事先对此有所了解，对其可能的取值范围做出估计，强行赋予它一个合理的值，而不让不敏感参数参与反演。

在模型的反演中，观测数据中噪声对反演结果的影响十分显著。如 Goel 和 Thompson 于 1984 年在反演 LAI 的模拟实验中，用 25 个角度数据反演 Suits 模型的 6 个参数，观测数据中 1%的误差将导致 LAI 的反演误差为 75%；反演 SAIL 模型的 7 个参数，也产生类似情况。另外，参数的敏感性对反演的作用也是不可忽视的。于是，学者们提出了一些反演策略与技巧。如 Goel 等于 1987 年的重建式反演策略。1996 年李小文等提出：第一，基于先验知识的积累解决地学反演无定解问题，强调先验知识的合理利用，可以大大提高反演的效果；第二，指出对未知参数不确定性的（先验）统计描述（即对某些参数的值域加以限定）和如何根据新的观测值对这种统计描述进行修正，适用于对观测信息量不足、方程组无定解情况下的地学反演问题：第三，提出“参数的不确定性和敏感矩阵”的概念（Uncertainty & Sensitivity Matrix -USM），用以描述各参数在每个采样方向上的敏感性。USM 把数据对参数的敏感性与参数先验知识的不确定性结合起来，为数据集和参数集的分割提供分析判断依据；第四，以此为基础制定了基于知识的多阶段反演策略。即在多阶段决策中，先计算参数的 USM，以确定最不确定的参数作为首选反演参数（每次反演参数不超过 4 个，其余的参数可简单固定或忽略），在每个阶段反演中选用最敏感的观测数据，去反演最不确定的参数，并将前一阶段的反演结果作为后一阶段反演的先验知识，直至反演结果满意为止。USM 概念的引入可将一个复杂的模型简化为若干个子模型，分阶段反演，以达到反演目的。

目前反演中采用的数学方法多为最小二乘法。即依据最小二乘法定义代价函数的形式为

$$F = \sum_{i} W_i [y_i - f(x_i)]^2 \tag{5.19}$$

式中：y_i 为观测数据；x_i 为模型参数；f（x_i）则为由 x_i 得到的模型结果；W_i 为相应于第 t 个观测的权重。通过最小化 F 可得到参数 x_i 的值，在计算机领域属无约束最优化范畴。最小二乘法虽是高斯以来从大量数据中反演少量未知参数的成熟方法，但对无定解方程组最小二乘法并不合适。为了考虑参数物理边界的限制，1996 年李小文和 Strahler 提出 WSSEWP（weighted sum of square error with penalty）非常类似于约束最优化方法中的外罚函数法。此外，神经网络法等也被应用。

4. 遥感模型与应用模型的链接

在遥感应用研究中，遥感所获得的大量数据，必须转换为有用的信息。这里的关键在于通过各种处理、各种模型运算，从海量遥感数据中提取或反演出“实用”的专题信息、特征指标和地表参数。为此，人们发展了大量的遥感模型。这些模型中有简单算术运算的指数提取模型，如归一化植被指数 NDVI 等；有运用数学、物理学的理论与算法（如线性与非线性回归分析、因子分析、主成分分析、小波分析、Bayes 理论、分形、分数维理论等），发展较为复杂的遥感前向模型和地表参数反演模型，如各种地表二向反射模型、地表真实温度反演模型、大气纠正模型等；也有遥感与 GIS 结合的应用分析模型，如土壤侵蚀模型、作物估产模型等。

面对各种各样的遥感模型，对于实际应用领域来说，还存在着遥感模型与应

用模型相互链接的问题。这是定量遥感实用化的关键。以遥感界应用最为广泛的NDVI为例，一方面人们根据不同的地域特征，经改造、修正的NDVI模型就不下数十种；另一方面，人们致力于研究NDVI与植被盖度、生物量、叶面积指数、叶绿素含量、农学参数（穗数、粒数、千粒重等）的相互关系，建立起两者间的相关分析模型以适应实际应用的需求。然而遥感参数NDVI与这些植被参数之间的关系并非简单的线性关系。如LAI，由于随着LAI的增加植物叶子的红光反射减小，而近红外反射率增加，因而在植物生长的早、中期，NDVI与LAI呈线性增长关系。但是，对于水平均匀植被而言，当LAI增加到一定程度（约大于3）时，两者间的线性关系开始变差，而当LAI达到7后，则趋于饱和，即LAI的增加，不再影响植被的反射特征。当然，这是一个非常粗略的概括，精确的定量描述还需考虑到太阳的角度、叶面积密度（FAVD）与叶倾角分布（LAD）的空间分布，并要有足够的样本数。Curran和Williamson于1986年用遥感的比值植被指数估算草地的LAI，发现要达到5%的估算精度和95%的置信度，至少需要142～293个样本，这对遥感是难以达到的。

再如，遥感通过热惯量法（裸地或植被稀疏情况下）或植物蒸腾法（植被覆盖区）——作物缺水指数等方法反演土壤表面含水量。但由于植株（包括农作物）根系深扎（其根系层可达1m左右），“土壤表面水分”这一参数已意义不大，而实际应用中，特别是精准农业应用中，更需要植物根系层的土壤含水量以及植株（尤其是植冠层）含水量，并要求能及时监控以指导农业生产，确保节水丰产。遥感定量反演的遥感参数——土壤表面含水量与应用参数——土壤根系层含水量，遥感参数——植被冠层温度与应用参数——植株含水量之间的关系是十分复杂的。这里存在着遥感模型与各类应用模型的“链接”问题。它涉及对遥感数据的理解、遥感的机理研究、遥感模型的精度、地学过程的理解，以及地表时空多变要素的反演等。

三、定量遥感反演的基本原理

1. 反演问题的主要内容

从数学模型反演的一般概念来讲，反演问题研究的主要内容有3个方面：

1）反演模型解的适定问题

其中首先是解的存在性问题。从观测资料的反演中，解的存在性已被大量事实所证实，它也是对所研究的问题及其附加条件的正确性的一种检验。从理论上讲，主要与反演问题数学确定性有关。从实验上，研究具体问题时总是对实际情况做简化使其一般化。论证解的存在性有时也是提供解法的过程。

其次是解的唯一性问题。即若解存在，那么解是否唯一。一般来说，为解决其唯一性通常采取附加约束条件或增加观测数据两种方法。当约束条件和观测数据的总量可以满足反演模型要求时，则解唯一。

再有是解的稳定性问题。由于观测数据常是有误差的，且与观测的状况有关，解的稳定性是研究反演问题中观测数据稍有变化时，其解是否会发生大的变化。如果数据的微小变化所引起的解在定义域中的变化也是微小的，则认为解的值连续依赖于数据，问题的解是稳定的。如果数据的微小变化使解在定义域中的变化很大且不规则，则称问题的解是不稳定的，即为病态。

在反演问题中，对于容许的数据 d 的每一个集合，问题的解 m 存在且唯一，且解连续依赖于 d，这时，线性偏微分方程问题称为适定问题，或者说其解是适定的（well or properly posed problem ）。部分不满足或全不满足上述条件的问题便称为不适定问题（ill or improperly posed problems）。

从模型参数的物理意义出发，有时表现为反演中的不适定问题，但有可能是观测误差造成的，若严格讲，计算机求解的误差也可能是造成不适定问题的原因，因此，实际物理内容的确定存在性与相应数学适定性之间有明显的矛盾。

解决这个问题的直观想法是给反演加附加条件，使原来在数学上不适定的问题变为适定的，或者换句话说，不能强求反演问题的精确解，而应去寻求那些满足方程同时近似满足定解条件，或近似满足方程但精确满足定解条件，或两者都近似满足的解。所以很明显，此时的解不唯一。

所以在数学上面临的问题是在“条件适定”概念下求解不适定的问题。

2）反演问题的求解方法

由于实际问题的复杂性，常常不能以解的存在性和唯一性验证为求解的先决条件。许多问题都是通过反演的实践与演变，具体问题具体分析，从具体到一般，才能建立起比较可行的反演算法和完整的理论。所以，反演问题研究中最大量的工作是研究求解的方法。

3）反演问题的解的评价

解的评价是反演理论的重要组成部分，是提取真实解信息的工具。解的评价主要研究评价的一系列准则及折中原则。这里与正演问题的误差分析不同，主要考虑的是确定性差（正函数与反函数）。

反演中人们习惯于解出确切数值，但实际上反演的精确值很少。主要由于解的不适定性，所以实际上，是根据模型设计所期望得到的解的类型与根据已知资料（数据）实际能得到的信息之间的各种各样的折中；常从模拟参数的估算值、模型参数的约束值和模型参数的加权的平均值等方面考虑。

模拟参数的估算值，即解是模型参数的估算 m^{est}。

如

$$m^{est} \equiv (1,4,2,9,\cdots,1.0)^T$$

估算值本身不能给出解的质量的信息，要通过适定性评价之后才能评价。

模型参数的约束值

有些反问题可以给出解的约束值。

可能是确定型的，如 $1.3 < m^{est} < 1.5$

可能是概率型的，如 $m^{est}=1.4\pm0.1$，按概率计算，解的真值位于置信区间（1.3，1.5 的概率为 95%）。

也可以用概率密度函数 P(m)来表示约束,从分布判断解的唯一性和约束性。

模型参数的加权的平均值

尽管数据不能在某一点分辨模型参数的平均值，但却能在某领域分辨模型参数的平均值。

2. 二向性反射模型的反演原理

无论大气或地表，都不是理想的均匀层或朗伯表面，都有垂直方向上的变化和空间结构。因而其反射的方向性是其材料波谱特征和空间结构特征的函数。传统的单一方向遥感只能得到一个方向的投影，缺乏足够的信息来同时推断一个像元的主要材料波谱特征和空间结构，从而使定量遥感非常困难。多角度遥感则有希望提供足够的三维空间结构信息和波谱信息，使定量遥感成为可能。从 1996 年起，法、美等国的新一代航天遥感器陆续升空，多角度遥感的新时代即将来临，如何利用这种新的航天遥感信息成为当前国际遥感界学术研究的热点。

最简单最直接的途径是把不同角度获取的数据作为新增加的“频带”，在增加了信息量的多维空间作传统的有监或无监分类，方法简便成熟，但这种做法无法充分利用信息资源，分类精度的增加有限。

用统计模型或半经验 BRDF 模型拟合，以求纠正不同方向的观测到同一方向以利比较，或从拟合的 BRDF 求地表反照率，但在外延观察到大天顶角方向，或外延某一太阳角时外延误差可能相当大。

Myneni 承续了李小文等的思路，将全球植被分为 6 类，分别用适当的物理模型进行前向模拟，然后对 6 类分别就叶面积指数与方向观测作回归分析。这可以说也是一种半经验的途径。其优点是外延能力较强，对方法性观测的信息量要求不如前述半经验或经验模型那么严格。

Smith 和 Abuelgasim 等则试图用回溯神经元网络来估计叶面积指数或树冠参数。用于训练的数据由相应的前向物理模型产生。这在本质上与 Myneni 的方法相似，精度有可能高一些。

Kimes 认识到知识库和反演策略的重要性，设计了一个以知识库和专家系统为基础的反演系统。系统仍然基于经验知识，但一个主要特点是反演策略取决于观测数据。Kimes 系统的缺点是：①经验知识库内容极其有限；②观测值与经验数据之间的匹配很难，在经验知识库内容少时也许这种匹配还行；随着经验知识的增加，这种匹配是否能确定很成问题。

生物物理/化学参数的定量遥感，最终仍需要对二向性反射（BRDF）的物理模型进行反演。1997 年前后，美国加利福尼亚州科学家倡议利用大规模的"寒温带针阔混交林与大气系统（BOREAS）"实验中获取的大量多角度遥感，森林结构测量，林下辐射测量，及气象数据等，建立从多角度遥感数据反演生物物理量的讨论和试验的计算机网络，曾获各国科学家积极响应。

BRDF 模型主要描述物体表面反射的方向性和表面结构、组分光谱之间的关系，可以概念性地表示为

$$\mathrm{BRDF}(\boldsymbol{i},\boldsymbol{v},b) = f(\boldsymbol{i},\boldsymbol{v},r(b),s) \tag{5.20}$$

式中：$\boldsymbol{i}$，$\boldsymbol{v}$ 为入射和反射方向的矢量；b 为波长/波段；r（b）为组分材料的波谱特征，由于通常遥感像元多于一种构成材料，所以在给定的波长 b，$\boldsymbol{r}$（$\boldsymbol{b}$）为几种材料波谱构成的矢量；s 为描述空间结构参数的集合。这种描述材料波谱特征如何决定像元 BRDF 的模型，称为前向模型。

方向矢量 $\boldsymbol{i}$，$\boldsymbol{v}$ 的作用明显不同于其他参数，无论在前向模型和反演中，均是已知变量，该文中称之为方向采样点。参数 s 和 r（b）的作用和它们在反演中所要求的信息类型也是截然不同的，空间结构参数集合 s 的作用是跨波段的，而每一种组分材料，在任一给定的波段都需要一个参数值。这种差别说明了为什么单一方向的观测，无论如何细分光谱，都难以实现定量遥感。

假定模型有 K 个结构参数，L 个组分材料，那么对单一波段来说，就有 $K+L$ 个参数。在反演时，从一个观测值，一个方程，无法解出 $K+L$ 个未知数，这是不言而喻的。如果大大增加波段数到 N，这时，前向模型的参数量增至 $K+NL$；而观测值数据增至 N 个，此时即使只有一种材料的波谱未知，未知数仍有 $K+N$ 个，仍然无法定解。因而人们曾经倾向于只能用一定的空间分布统计规律来估计。

而多角度遥感的希望即在于，从 M 个方向采样，在 N 个波段上共可获得 $M\times N$ 个观测值，不难实现 $M\times N>K+NL$。然而要用 $M\times N$ 个带各种噪声的观测值，从 $M\times N$ 个通常非线性的方程解出 $K+NL$ 个未知参数，是极端困难的。

1995 年李小文等指出，反演的主要困难在于：前向模型中含有不敏感参数，同形态参数，作用相似或相反的参数，或相关的"核"等；需要观测数据信息量的类型与参数类型的匹配；而上述匹配因时因地而异，取决于方向采样的模式和地面实况。

为解决后两个困难，必须积累先验知识，并在反演中表达，以减少待定参数的不确定性从而减少对观测信息量的要求；必须实行多阶段目标决策，使对地面

目标的知识增加最优化。多阶段目标决策，意味着不应用所有的观测数据来同时反演所有的未知参数，而应分阶段进行，首先用部分观测数据来反演对其最敏感，同时不确定性也最大的参数，在这一部分参数的不确定性减低之后，再用观测数据的另一子集反演另一部分参数。

四、应用举例

本节以2000年李小文等对地表结构参数的遥感反演为例，介绍定量遥感反演的原理与过程。

1. 遥感反演中参数的不确定性与敏感问题

反演策略对于反演的成败至关重要，但是以往的遥感反演研究方法大多不具备客观性和通用性。人们早已认识到参数敏感程度对反演成败的影响，对于反演策略的制定，通常认为应该把不敏感的参数固定下来，但如何定义参数的敏感程度尚无一致意见，例如，Privette等定义的参数敏感度为

$$S(b)=\frac{\mathrm{rms}}{E(\mathrm{BRDF})} \tag{5.21}$$

式中：rms为某一参数偏离期待值10%后，BRDF在所有方向上变化值的平方和；E（BRDF）为所有参数在期待值各方向的平均值。

这种对某一参数敏感程度用所有方向上采样BRDF值的平方和来定义敏感性的做法，对反演的帮助不大。这种对参数敏感性的定义是对于所有给定样本的总体敏感性，没有考虑到参数的不确定性，而且忽略了参数的敏感性会随不同观测方向变化的事实。李小文等认为应该用观测数据的子集去反演最敏感及最不确定的参数，这就要求客观地确定哪些参数是最敏感和最不确定的，以及如何寻找相应的敏感数据集。

由此引入了不确定性和敏感性矩阵（USM）的概念，从较为客观的角度阐述了参数在反演中的不确定性和敏感性，并以此为基础制定了基于知识的多阶段反演策略，是对定量化反演策略的一个新尝试。

人们早已注意到参数的敏感性与反演直接相关，但是对于如何定义这种敏感性却没有达成共识。由于每个参数在不同的采样方向有不同的敏感性，而且相同的样本对于不同参数的敏感性也有很大的差别，李小文等建议使用敏感性矩阵来描述各参数在每一采样方向上的敏感性。

假定BRDF模型有N个波段，K个结构参数，L个组分材料，因此参数总共有$K+N\times L$个，称之为列，而观测共有M个方向采样，因而共有$M\times N$行。这样矩阵太大，而且由于某一波段的波谱参数并不影响另一波段的观测，所以将

这个 $M \times N$ 行 $K+N \times L$ 列的矩阵分解为结构参数敏感性矩阵（$M \times N$ 行，K 列）与 N 个单一波段的波谱参数敏感性矩阵（M 行，L 列）共 $N+1$ 个矩阵。矩阵的元素可以定义为在各参数期待值处的第 i 方向采样对第 j 列参数是偏微分。但是这样的定义不能反映参数不确定性的范围；因此，李小文等建议定义矩阵元素为

$$S(i,j) = \frac{\Delta \mathrm{BRDF}(i,j)}{\mathrm{BRDF}_{\exp}(i)} \tag{5.22}$$

式中：ΔBRDF（i，j）为第 i 个方向采样在其他参数固定期待值时，第 j 个参数在其不确定范围内导致 BRDF 的最大值与最小值之差，而 $\mathrm{BRDF}_{\exp}$（i）是所有参数固定在期待值时第 i 个方向采样处 BRDF 的值。“不确定范围”建议第 j 个参数为期待值处±1 个标准差在物理限制之内者，从而 S 可以称为“不确定性和敏感性矩阵”（USM）。

如果一个 BRDF 模型有 K 个结构参数和 L 个光谱组分参数，相应的观测数据有 M 个波段，每个波段有 N 个样本，于是 USM 就有 $M \times N$ 行，$K+M \times L$ 列。当波段数目较多时，这样的一个 USM 十分庞大，阎广建等以 Li-Strahler GOMS 模型为例针对不同的波段分别进行讨论。在表 5.15 和表 5.16 所示的参数预测值及不确定性的条件下得到了近似 ASAS 采样方向的 USM，如表 5.17 所示。作为示例，此处只给出了红光波段的计算结果。

表 5.15　GOMS 模型结构参数的预测值及不确定性

项目	nR^2	b/R	h/b	$\Delta h/b$
预测值	0.177	3.512	2.0	0.5
不确定性	0～0.78	0.51～8.52	0.09～8.9	0～10.93

表 5.16　GOMS 模型光谱组分参数的预测值及不确定性

项目	红光波段			近红外波段		
	G	C	Z	G	C	Z
预测值	0.154	0.073	0.01	0.506	0.78	0.07
不确定性	0～1	0～1	0～0.073	0～1	0～1	0～0.3

从表 5.17 的 USM 中可以明显看出，Z 在靠近热点方向（+46°）最不敏感。这是显然的，因为热点方向没有阴影，关于阴影区域的任何信息不可能在此观测方向反映出来。同时也可以发现在太阳一侧的大天顶角观测时，C 是最敏感且最不确定的参数，这是由于对于这里给定的采样角度和预测值，树冠的光照表面是决定 BRDF 的主要因素。于是在 USM 的帮助下，即使我们对 GOMS 模型知之甚少，也可以做出决定：用太阳一侧的大天顶角样本去首先反演 C，下一步为利用阴影一侧的大天顶角样本反演 nR^2 和 Z。

表 5.17　近似 ASAS 采样角度下的 USM

VZN	nR^2	b/R	h/b	$\Delta h/b$	G	C	Z
+60°	1.168 3	0.156 3	0.167 6	0.153 3	0.189 0	13.139 5	0.085 5
+46°	1.064 3	0.334 8	0.115 2	0.026 8	1.268 8	10.906 9	0.061 4
+30°	2.064 5	0.584 9	0.287 9	0.186 1	1.039 3	10.290 8	0.647 6
+15°	3.044 0	0.818 0	0.253 6	0.213 9	1.344 0	8.567 3	1.223 5
0°	4.065 2	1.173 9	0.233 2	0.176 1	2.039 4	5.991 4	1.814 5
−15°	5.368 5	1.543 3	0.233 4	0.157 1	2.089 7	4.514 2	2.545 1
−30°	5.688 7	1.732 6	0.174 7	0.170 5	1.564 5	4.223 5	3.290 4
−45°	7.863 4	1.710 5	0.096 3	0.207 0	0.848 8	4.441 7	3.978 8
−55°	8.392 4	1.546 7	0.047 6	0.244 4	0.404 6	4.744 7	4.316 7

注：所有样本位于太阳主平面内，VZN 表示观测天顶角，太阳天顶角为+47.8°。

从 USM 可以发现，尽管 h/b 和 $\Delta h/b$ 给定了很大的不确定性，在接近 ASAS 的采样方向时它们是最不敏感的两个参数，所以当观测数据中的信息不足以反演 7 个参数时，这两个参数应该首先被固定下来。

对于数量较多，且在半球空间均匀分布的样本，可以采用图 5.3 的极坐标把 USM 更直观地表示为等高线的形式（图 5.4），图中的中心点代表垂直观测方向，与水平方向（太阳方位）的夹角为相对方位角，离中心点的距离为天顶角。在本例中太阳的天顶角为 45°，观测天顶角为 0°～75°，相对方位角为 0°～360°。计算中采用了表 5.15 和表 5.16 所列的参数预测值和不确定性。图中亮的地方代表了对参数变化最敏感的样本，图下相应的绝对值大小可以用来比较不同参数间的不确定性和敏感性。对比图 5.4（a）和（b）发现除了绝对量上的区别，红光波段和近红外波段不同参数对样本的敏感性分布相当一致，这也与实际的情况相符。

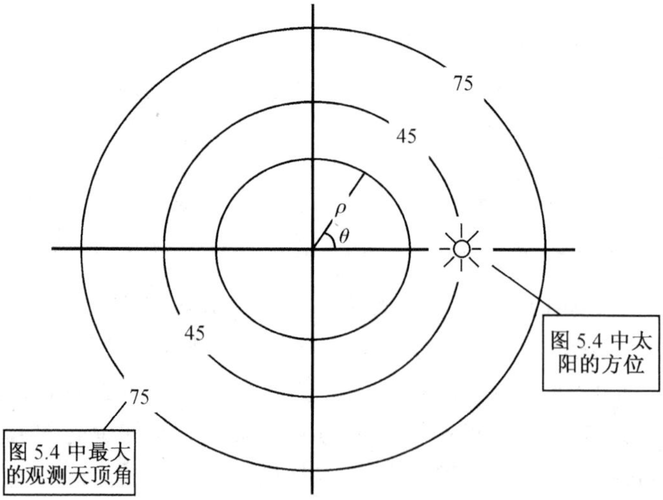

图 5.3　USM 计算中的角度关系

ρ：观测天顶角；θ：相对观测方位角

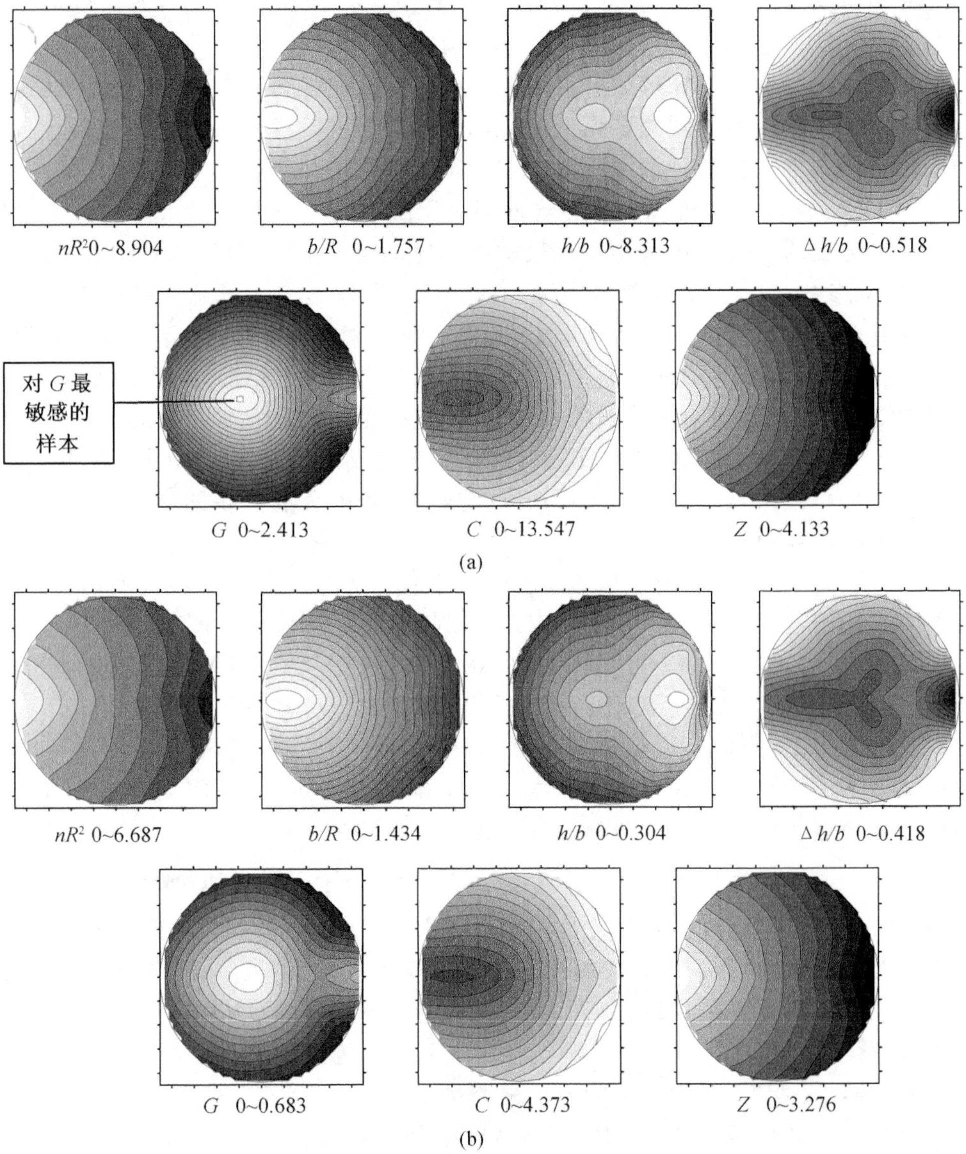

图 5.4 半球均匀采样方向的 USM

(a) 红光波段；(b) 近红外波段

2. 多阶段目标决策反演策略

多阶段目标决策主要基础是对数据和参数的不确定性和敏感性分析，实现有依据地进行观测数据子集和参数子集的分割，从而可以在每一阶段的反演中，充分应用敏感数据子集，寻找反演参数子集中不确定性最大的参数子集。这样把整体上的病态反演问题，分解为每一阶段上的适定反演问题，以用 LS 法取得参数的解。

当第一阶段的反演完成后，再用 USM 判断，重新测量参数的不确定性，这时，由于第一次反演中观测数据的信息已注入或转变到反演参数中，使得该参数的不确定性减小，在这种情况下，再进行第二阶段的反演。

在 USM 的基础上可以较为客观地制定反演策略，每次从参数集中选出最敏感及最不确定的参数，再选用相应最敏感的样本来反演。假设通过 USM 找出了 K_1 个结构参数，L_1 个光谱组分参数相应于 N_1 个样本最为敏感，同时也最不确定，而其余的参数可以简单地被固定下来，则原来的 BRDF 模型就近似成为由 K_1+L_1 个参数组成的子模型，可以称之为一级子模型 $BRDF_1$，利用这 N_1 个样本对 $BRDF_1$ 的反演为第一阶段的反演，简称为一级反演。在理想的情况下，整个 BRDF 模型可以分解为在参数集和数据集上都不相重叠的若干个 $BRDF_1$，反演的全过程可以由若干次的一级反演来完成。在没有先验知识的情况下，一级反演所要求的样本数至少为

$$N_1 \geqslant K_1 + L_1 \tag{5.23}$$

如果无法找到若干个一级子模型 $BRDF_1$ 来实现对整个 BRDF 模型的分解，则在反演得到参数子集 X_1 后，重新计算 USM，选出下一组最不确定和最敏感的参数 X_2，进行第二阶段的反演，直到所有的参数全部反演完毕。

既然 $BRDF_1$ 子模型只包含了少数几个敏感且不确定的参数，反演结果的稳定性应该不成问题，问题在于反演结果的不确定性如何。在本章的反演工作中，采用了带罚点的加权平方误差和（WSSEWP）作为代价函数

$$\mathrm{WSSEWP} = \exp\{\sum[(x_i - x_i^{\mathrm{prior}})^2/{}_i^2]\}\cdot \mathrm{SSE} + \mathrm{Penalty} \tag{5.24}$$

式中：SSE 为模型与观测数据之间的拟合误差；Penalty 为参数越界后的惩罚量；x_i 为产生此 SSE 的第 i 个参数的取值；x_i^{prior} 为其预测值；i 为相应的标准偏差。通过迭代搜索的方法，可以找出一定的精度范围内最小的 WSSEWP，相应的参数集为 X_1'，如何评价 X_1' 的不确定性很重要，因为这一不确定性将被用到下一阶段的反演中，本节采用如下的方法来衡量：

（1）采用最小的 WSSEWP，样本数 N_1 和参数总数 K_1+L_1 来估计所选择的简化子模型 $BRDF_1$ 和反演参数 X_1'的总的置信度。

（2）在 $BRDF_1$ 是最佳选择且 X_1'是相应 $BRDF_1$ 的最佳估计的情况下，使 x_i 偏离反演的 x_i'而导致 WSSEWP 增大为原来的 2.72 倍时，得到相应的 x_i 的变化范围来估计新的 i。这一点是为了确保如果所反演的参数一点都不敏感，在反演后其不确定性不会降低。

第一点在目前用来选择可行的 $BRDF_1$，第二点用来作为下一阶段反演的输入条件，虽然这并不是一个十分严密的方法，但是对从客观的角度制定反演策略

起到了一定的帮助作用。

下面我们以李-Strahler考虑树冠间相互遮蔽效应的几何光学模型（GOMS）反演为例，并用昌平飞行实验数据，来说明USM和多阶段反演策略（MSDT）在反演程序中的作用和反演过程的实现。

李-Strahler GOMS模型有4个结构参数，3个组分波谱参数，期望值和不确定性范围设定，如表5.18所示。

表5.18 GOMS模型7参数的期望值和不确定性

项目	结构参数				组分波谱（红）			组分波谱（近红外）		
	nR^2	b/R	h/b	$\Delta h/b$	G	C	Z	G	C	Z
期望值	0.177	3.5	2.0	0.5	0.154	0.073	0.01	0.506	0.225	0.045
不确定范围	0～0.78	0～8.5	0.1～8.09	0～10.9	0～1.0	0～1.0	0～0.07	0～1.0	0～1.0	0～0.22

这些参数的物理意义见GOMS模型原论文，这里仅简述其在BRDF中的作用。nR^2是反映垂直方向上树冠覆盖度的参数；b/R是树冠形状参数，主要影响非天顶方向观察的覆盖度；h/b是树冠离地高度参数，主要影响地面反射对热点贡献的宽度；$\Delta h/b$是树冠高度分布离散程度的参数，主要影响BRDF“碗形”程度；G，C，Z分别是给定入照条件下，地面、树冠和阴影的亮度。

表5.18中所给的不确定范围是相当宽的，表明对地面实况基本没有什么确切的了解，期望值则是对地物类型，即寒温带针阔叶混交林的一种概略估计。在所给期待与不确定性之下，给定太阳高度角为47.8°，观察方向主平面上从天顶角+60°到−60°，此时上述定义的敏感性矩阵为表5.19。注意在红与近红外两个波段，为了简略，将前述3个矩阵写成一个MN（2×9）行，$K+L$列的表。

从表5.19可以看出，①在热点附近，有3个参数完全不敏感，从原理上也知道，在热点处看不到阴影，因此关于阴影区亮度及其分布的影响是最小的。所以，用热点附近的观测值来反演这3个参数，也有害无益。②其次，在大倾角观测方向上，G在给定的期待值处，也是极不敏感的。因此，即使对GOMS模型没有任何理解，人们也可以从表中看出，必须a）首先利用大倾角的观测数据反演C，降低其不确定性，这是很容易办到的，因为在大倾角处C几乎是唯一的最不确定最敏感的参数，b）在C的不确定性减小后之后，就应该用天顶和热点附近的观测来反演nR^2，b/R，G并进一步减少C的不确定性，此后的方案虽不再那么明显，将取决于前面两阶段的结果，但也有踪迹可寻。

从表5.19中还可以看出，对4个结构参数的敏感性矩阵来说，上边的9行（红波段）与下边的9行（近红外）几乎成比例。这是由于结构参数本身是独立于波谱的。因而波段的增加并不提供更多结构参数的信息，然而由材料波谱在两个波段对比度的差异，两个波段内的敏感度仍有绝对值上的差异，因而提供了不同波段反演不同结构参数的可能。

表 5.19 GOMS 模型在表 1 条件下的不确定性与敏感性矩阵

波段	观测角	nR^2	b/R	h/b	$\Delta h/b$	G	C	Z
红	45.000 0	1.168 3	0.156 3	0.167 6	0.153 3	0.189 0	13.139 5	0.085 5
	60.000 0	1.064 3	0.334 8	0.115 2	0.026 8	1.268 8	10.906 9	0.061 4
	30.000 0	2.064 5	0.584 9	0.287 9	0.186 1	1.039 3	10.290 8	0.647 6
	15.000 0	3.044 0	0.818 0	0.253 6	0.213 9	1.344 0	8.567 3	1.223 5
	0.000 0	4.065 2	1.173 9	0.233 2	0.176 1	2.039 4	5.991 4	1.814 5
	−15.000 0	5.368 5	1.543 3	0.233 4	0.157 1	2.089 7	4.514 2	2.545 1
	−30.000 0	5.688 7	1.732 6	0.174 7	0.170 5	1.564 5	4.223 5	3.290 4
	−45.000 0	7.863 4	1.710 5	0.093 6	0.207 0	0.848 8	4.441 7	3.978 8
	−55.000 0	8.392 4	1.546 7	0.047 6	0.244 4	0.404 6	4.744 7	4.316 8
近红外	45.000 0	1.296 7	0.175 7	0.160 9	0.141 0	0.060 9	4.232 1	0.084 8
	60.000 0	1.170 7	0.366 1	0.114 0	0.024 4	0.404 9	3.480 3	0.060 3
	30.000 0	2.117 5	0.585 0	0.277 7	0.164 1	0.320 7	3.175 7	0.616 0
	15.000 0	2.965 3	0.768 6	0.238 3	0.181 8	0.399 8	2.548 3	1.121 7
	0.000 0	3.767 6	1.040 7	0.212 0	0.148 3	0.582 9	1.712 6	1.598 6
	−15.000 0	4.754 6	1.309 0	0.204 3	0.123 2	0.573 8	1.239 55	2.153 9
	−30.000 0	5.712 1	1.418 0	0.147 7	0.129 2	0.415 0	1.120 2	2.689 9
	−45.000 0	5.519 3	1.352 5	0.079 0	0.152 4	0.218 7	1.144 3	3.159 4
	−55.000 0	5.863 7	1.196 3	0.038 4	0.175 5	0.102 9	1.206 3	3.382 7

式（5.16）中建议的敏感性矩阵元素的定义，与用偏微分来定义相比，有 3 个明显的优点：① 首先是参数不确定性的范围已同时考虑；② 其次是不同列的元素单位相同，可以直接比较，因而可直接在矩阵程序内搜索最大值；③ 矩阵对先验期望值的依赖性小得多。

表 5.19 中很明显，最敏感最不确定的参数是 C，这是由于在给定的期望和方向采样条件下（垂直覆盖度约 50%，树冠形状尖长，太阳角 45°），树冠承照面是决定 BRDF 的最主要因素。同时，表 5.18 假定对 C 几乎没有先验知识，故其不确定范围从 0～1，实际上通常 C 的不确定性在 7 个参数中往往是最小的，因为针叶林冠承照面的波谱特性变化不大，远小于所给值，但这几乎不影响反演方案，因为从大倾角处反演唯一敏感的 C 是非常容易的。注意某一参数不确定性的减小只影响该参数对应的列，但期望值的变化可能影响表中敏感度大小的分布规律。

从表 5.19 中还可以看出，尽管不确定性很宽，$\Delta h/b$ 在给定的采样方向点上是最不敏感的参数，因而在信息量不足（如小于 7 个方向采样，方向采样相关，或测量噪声太大等）时，应首先考虑将其排除出反演之外。

从对 GOMS 模型反演的分析，我们可以看到 USM 还是很有助于反演中参数集和数据集的分割和有效使用的。我们在实验中先后采用了 1995 年度我们在北京市昌平县的机载 CCD 模拟成像的飞机数据，覃文汉提供了 VNR 二波段森林目标的模拟数据和 ASAS 机载多角度遥感数据等进行了反演实验。实验过程表明，USM 和 MSDT 都是可以在反演中起重要作用的。但同时，也发现并解决了一些新的问题，如参数不确定性的定义，我们曾用参数取值概率分布的±1 置信方差范围与硬边界范围之比，作为确定性系统，可以从数据参数服从随机概率分布假设的处理方法来研究解决问题。

3. 先验知识在遥感反演中的作用

1）知识及其在反演中的表达

所谓先验知识，指在反演之前，或多阶段反演中某一阶段之前已有的知识，包括：

（1）其中最重要的知识之一是地物的分类，如果事前没有关于地物分类的知识，那么多阶段反演的第一步就应该是分类，但大多数文献通常同意地物的分类以及这些地物的季节性变化可以作为反演前的先验知识。有了这一先验知识，才能选择适当的物理模型。

（2）伴随着物理模型的选择，自然也接受其中部分参数取值范围的物理限制，例如反射率不大于 1，不小于 0，植被叶面积指数（LAI）非负等。这一种取值范围限制的知识，在常规的反演程序中已有参数取值“越界罚点”的表达方式。

（3）比较有争议的是另一类知识在反演中的引入和表达。这就是待反演参数取值的平均期待和这种期待的不确定性，李小文等认为，反演的目的在于从遥感信号中最大限度增加有关地表的知识，而这种知识的增加在给定地物分类和物理模型之后就表达为各参数外取值不确定性的减少，因此这种不确定性在反演中的表达是至关重要的。他们并进而试图利用这种先验知识，即取值概率的倒数来对反演中的拟合误差加权。类似于物理限制（硬性限制）的越界罚点，称这种概率加权为“软性限制”。

（4）另一类先验知识是长期以来实验室测量积累的已知地物材料波谱特性。其表达通常隐含在上述平均期待的不确定性中，但在多阶段目标决策反演时，这种先验知识可能应用在两个不同阶段反演之间，即前一阶段反演中获得的某一波段材料性质的不确定减小，不仅可用于下一阶段反演中该波段本身而且可用于其他波段同一材料波谱参数不确定性的减小。

在遥感反演中，先验知识的应用是不可缺少的，即使对应用先验知识持反对态度的作者，也不能不承认模型选择即包含着先验知识的应用。随着模型的选择，各参数的物理限制，如叶片大小非负，发射率非负且小于 1，等等，先验知识也就很自然地引入到反演中，作为参数取值的“硬边界”，对此人们很少异议。

既然遥感反演本质上是从有限信息量探索 S^{∞} 的无定解过程，那么，就没有必要回避先验知识，而应该尽量完善利用先验知识，知之为知之，不知为不知，即不能强不知以为知，又不能佯作不知——因为信息量有限，不能浪费。因此，在反演中应该理直气壮地引进和应用先验知识。而紧接着需要解决的问题则是先验知识在反演中如何表达和利用的问题。

仿照参数物理限制"越界罚点"的办法，李小文等用参数的平均期望和不确定性构造了参数的"软边界"，用作搜索最小均方误差的加权，有较好的效果，但缺乏数学上的理论证明。

1987 年 Tarantola 指出，先验知识最好的表达，就是构造 m 维参数空间 S 上的概率密度分布函数 P_s（P_1，S_2，…，S_m）。通过前向模型，这一分布将对应 M 维数据空间的一个概率密度分布函数 P_D（d）。然而，由于模型近似误差和测量噪声的存在，对 S 空间任一定点 S 和测量条件 X，计算所得的 d 与实际测量所得的 d_{obs} 完全一致的可能性是没有的，这种由于模型近似和测量与环境噪声引起的误差可以用 M 维实际空间 D 上的一个概率密度来描述：

$$P_D(d_{obs}) = P_D(d_{obs} \mid d) = P_D(d_{obs} \mid X, S) \tag{5.25}$$

如果对这一概率密度有所了解，就构成先验知识的第二个主要内容。

2）信息量与置信度

对一个给定的离散概率分布，可以计算其信息量：

$$I(P) = \sum P_i \cdot \log P_i \tag{5.26}$$

这里对数可以以 2 为底，也可以 10 或 e 为底，信息量的单位则分别称为比，贝或奈培。

可以证明，当所有 P_i 是等概率时，分布的信息量最小，从先验知识的角度来看，就是完全不知道变量取值的倾向性。可以称这种分布为无知分布，由于其具体取值随离散化程度变化，常用作计算信息量的参照值。

单用信息量还不足以描述关于 S 取值的先验知识。比如说，给定一个骰子，并不知道其性能，只能假定掷出任一点的概率是相同的，因此对此特定骰子掷出点数的先验知识为一均匀分布。经过艰苦的努力，假定已掷了6 000次，统计结果表明每一点数各出现1 000次，则该骰子掷出点数的概率分布仍为一均匀分布。这一知识包含的信息量并未增加，但是其置信度增加了，有相当大的把握说这个骰子性能良好。从这个意义上，李小文等强调的"遥感反演的目的在于对地面目标知识的增加"，不能单用 Shannon 信息量来描述。

3）Bayes 定理和 Bayes 反演

对遥感界来说 Bayes 定理并不陌生，在最大似然分类中有广泛的应用。定理说：

由于

$$P(x,y) = P(x \mid y)P(y) = P(y \mid x)P(x) \tag{5.27}$$

因此

$$P(x \mid y) = \frac{P(y \mid x)P(x)}{P(y)} \tag{5.28}$$

式中：P（Z）为 Z 的边际概率密度，P（Z，W）为 Z 与 W 的联合概率密度，P（$Z \mid W$）为给定 W 时 Z 的条件概率密度，不表示特定的函数，当 x，y 为离散变量时，这些概率密度应理解为冲激函数。因此在给定的 $M+m$ 维空间 D，S 上的 s，d 联合概率密度 $P_{\mathrm{D,S}}$（d，s），Bayes 定理即可用于反演

$$P(S \mid d_{\mathrm{obs}}) = \frac{P_{\mathrm{D}}(d_{\mathrm{obs}} \mid S)P_{\mathrm{S}}(S)}{P_{\mathrm{D}}(d_{\mathrm{obs}})} \tag{5.29}$$

换言之，在观察值给定为 M 维空间向量 d_{obs} 时，m 维空间参数向量为 S 的概率密度分布（反演结果）为先验概率 P_S（S）乘上一个修正系数，其分母为先验概率所给出观察值的全概率，分子为给定相应 S 值时观察值的先验概率。这里 d_{obs} 的先验全概率为

$$P_D(d_{\mathrm{obs}}) = \int_S P_{\mathrm{D}}(d_{\mathrm{obs}} \mid S) \cdot P_S(S)\mathrm{d}V_S \tag{5.30}$$

式中：$\int_S$ 和 $\mathrm{d}V_S$ 分别为 m 维参数空间 S 上的积分和多维积分元。

所以 Bayes 反演的适应性是很广泛的，它提供了把有关参数的先验知识和有关模型本身及测量误差的先验知识注入反演过程的途径，但并不硬性规定必须有这样的先验知识——例如你没有 P_S（S）的知识，假定 1 个无知分布好了；不知道误差之间有什么相关，假定它们独立好了，这种情况就退化到最小平方误差的情况。

Bayes 反演之所以有很强的适应性，在于它只根据观测数据提供的信息量，对先验知识进行修正，没有什么预先设定的数据信息量的要求，因而特别适合于通过遥感手段来积累对地观测的知识。

这里要说明的一点是，按照 Shannon 的信息度量，一般说来，先验知识 P_S（S）的分布越窄，信息量越大，获得观察数据以后，如果观察数据与先验知识根据模型计算值基本吻合，则修正后的 P_S（S）将会更窄，信息量增加。但如果观测值与预期值相差较大，说明观测值与先验知识或模型相抵触，这时修正后的 P_S（S）反而会更宽，信息量减小。但这个分布的置信度增加。

4）对地观测与知识积累

李小文等指出，遥感信号无论多波段，多角度，多偏振多到什么程度，其信息量总是有限的，如果每次反演都基于对地面目标无先验知识的假定，重复反演，实质上是对信息资源的浪费。因此，多角度反演必须基于知识的积累和先验知识的利用。使每一次反演都能增加对地面目标的知识，Bayes 反演为实现这一

目标奠定了理论基础和实施的途径，但要实现 Bayes 反演，必须首先注重积累先验知识。

从目前的经验看来，遥感反演中用到的先验知识可以分为两大类：有关地物类型的先验知识和具体地表目标的先验知识。其积累与应用的方式有一定的不同，但均包括：

（1）适用的物理模型（含半经验模型）。

（2）模型参数的不确定性及相关，即 P_S（S）。

（3）模型误差的统计规律（含测量噪声），即 P_D（$d_{\mathrm{obs}} \mid d$）。

（4）可能的季相变化规律。

（5）先验知识的置信度。

地物类型的先验知识，一般说来有较高的置信度（假定从大量观测统计而得），但有较大的方差（较少的 Shannon 信息量）。而特定目标的先验知识，如果有的话，其 P_S（S）应该有较小的方差，但其置信度较低，除非经过实测数据的验证。

尽管地物类型的先验知识有较高的置信度，但用于特定地物目标反演时作为对此给定地物的先验知识的置信度仍是有限的。一般将此先验知识与第 1 次观测数据作为等置信度处理。如果第 1 次观测数据是精确的，则反演结果相当于 1 次精确测量与地物类型统计值的平均。以此作为该特定目标的下次反演的先验知识。如果有多次精确测量，则知识累积的结果将逐渐逼近该地物的真实值。先验知识的信息量和置信度同时还取决于适用模型反映客观事物本质的能力。如果多次测量知识累积的结果表明与地物真实值有系统的偏差，则应考虑采用或发展更精确的模型。

多阶段目标决策反演方案，主要针对有限遥感信息量条件下反演的困难而提出的。李小文等明确指出了在遥感反演中引入地表先验知识的重要性，及其在无定解反演中的作用，从理论上给出了在现阶段遥感反演中引入先验知识的方法，从而充实了基于知识积累的反演方案。

其他的反演方法还有很多，本书不再一一介绍。

思考题

1. 遥感信息中最基本的信息有哪些？它们有什么关系？
2. 什么是遥感信息的综合特征？
3. 遥感信息的不确定性体现在哪些方面？
4. 简述遥感信息模型的概念及内涵。
5. 何为地理信息编码模型？它与遥感信息模型有什么区别与联系？

6. 简述建立遥感信息模型的一般方法。
7. 何为定量遥感？为什么说遥感定量反演注定是一个病态反演？
8. 定量遥感反演面临哪些主要问题？
9. 简述二向性反射模型的反演原理。

主要参考文献

李小文，汪俊发 等．2001．多角度与热红外对地遥感基础、突破与应用前瞻．北京：科学出版社

马蔼乃．1997．遥感信息模型．北京：北京大学出版社

马蔼乃．2000．地理科学与地理信息科学论．武汉：武汉出版社

马建文，赵忠明 等．2001．遥感数据模型与处理方法．北京：中国科学技术出版社

斯韦恩 P H，戴维 S M．1984．遥感定量方法．北京：科学出版社

赵英时．2003．遥感应用分析原理与方法．北京：科学出版社

赵振远．1981．遥感．北京：地质出版社

周成虎，骆剑承 等．1999．遥感影像地学理解与分析．北京：科学出版社

中国科学院遥感所．1999．遥感知识创新文集．北京：中国科学技术出版社

张仁华．1996．实验遥感模型及地面基础．北京：科学出版社

Mark D F，Stephen E. P. 1995. Advances in environmental remote sensing. John Wiley & Sons Ltd

Roujean J L et al. 1992. A bidirectional reflectance model of the earth’s surface for the correction of remote sensing data. J Geophics Res，100（D10）：20 455～21 089

第六章　水环境遥感

第一节　水环境概述

水环境是由地球表层水圈所构成的环境，它包括在一定时间内水的数量、空间分布、运动状态、化学组成、水生生物种群和水体的物理性质。水环境是一个开放系统，它与土壤-岩石圈、大气圈、生物圈乃至宇宙空间之间存在着物质和能量的交换关系。

水环境按其范围大小，可分为区域水环境（如流域水环境、城市水环境等）、全球水环境。就某个特定区域而言，水环境又可分为地表水环境和地下水环境。地表水环境包括河流、湖泊、水库、池塘、沼泽等；地下水环境包括泉水、浅层地下水和深层地下水等。

在环境科学中，按环境的组成要素：大气、水和土壤分别分类为大气环境、水环境和土壤环境。具体地说，存在于我们周围的河流、湖泊、水库及近岸海域，是与我们关系密切的水环境；当然，从整体而言，海洋也是水环境。不同地域的水，实际上是相互连通的。

地球水环境总是处在不断变化之中，与大气环境、土壤环境等介质环境相比，水环境具有明显的特点。

（1）水体状态的可变性。水有三种状态——固态、液态和气态。通常所说的水环境是指水的液体状态。当温度和压力变化时，水可以从一种状态转变为另一种状态。水的这种相变对人类和水中的各种生物具有特殊的生态意义。

（2）水体物质组成的差异性。海水、淡水、酸性水、碱性水，虽然都是水，但每种水体所含的物质组成差异却很大。海水含盐量很高，平均可达3.5%，而陆地淡水含盐量却要低得多；沼泽水的pH值可达到3～4，而沙漠半沙漠水的pH值可达10～11。黄河水中悬浮物含量很高，而一般湖泊水中悬浮物含量就要少得多。

（3）水体时空分布的不均一性。地球表层的水体分布极不均匀。从占地球表面积71%的海洋分布看，南北半球和东西半球之间的差异很明显。从南北半球看，北半球海洋面积占60.7%，陆地面积占39.3%；在南半球海洋面积占80.9%，陆地面积占19.1%。从东西半球看，东半球海洋占62%，陆地占38%；西半球海洋占80%，陆地占20%。就陆地水分布而言，时空分布也是不均一的。从时间分布看，我国大部分地区冬季少雨，多春旱；夏秋多雨，多洪涝。东南部各省6～9月降水量占全年降水量的60%～70%；北方黄、淮、海、松辽流域 6～9 月的降水量一般占全年总降水量的 85%。从地区分布看，长江及其以南地区耕地只占全国的 36%，而水资源量却占全国总量的 80%；黄淮海流域耕地占 40%，水资源量仅占 8%。水资源分配不均，造成我国水环境差异悬殊。

(4) 水的可循环性。水体除了可以在气态、液态、固态之间转化外，不同水体之间还存在不断的循环与交换。海洋与大陆之间，生物与非生物之间，水圈与大气圈、土壤-岩石圈之间都可以进行循环与交换。水在循环过程中可以产生能量传输、物质运移、气候调节和大气净化的环境效应。这反映了水圈与地球其他圈层的密切关系。

一、天然水的物质组成

河流、湖泊、水库等水体中的各种天然水都不会是纯净的。水在循环过程中，水体表面与大气接触，水体底部与土壤、岩石接触，溶解和聚集了各种气体、离子以及源于矿物或生物的胶体物质。这些物质悬浮、分散和溶解在水中，相互作用，共同决定了天然水的特性（图 6.1）。天然水体中含有地壳中的大部分元素，但其含量变化范围很大，图 6.1 是天然水体中含量较多的、较常见的物质组成。

- 天然水中的物质成分
  - 悬浮物质
    - 细菌——有致病的，也有非致病的
    - 藻类及原生生物——使水有臭味、色和混浊
    - 泥沙、黏土——使水混浊
    - 其他不溶解物质
  - 胶体物质
    - 溶胶（如硅酸胶体、氧化铁、氧化铝等）
    - 高分子化合物（如腐殖质胶体等）
  - 溶解物质
    - 盐类
      - 钙镁
        - 重碳酸盐——决定水的碱度、硬度
        - 碳酸盐——决定水的碱度、硬度
        - 硫酸盐——决定水的硬度
        - 氯化物——决定水的硬度、腐蚀性、味
      - 钠
        - 重碳酸盐——决定水的碱度、硬度
        - 碳酸盐——碱度、硬度
        - 硫酸盐
        - 氯化物——使水有味
        - 氟化物——致病
      - 铁盐及锰盐——决定水的硬度、腐蚀性、味
    - 气体
      - 氧——使水具有氧化能力
      - 二氧化碳——决定水的酸度、腐蚀性
      - 硫化氢——决定水的酸度、腐蚀性和嗅味
      - 氮
    - 其他溶解物质
      - 无机的
      - 有机的

图 6.1 天然水的物质组成及其对水质的影响

水中溶解的固体主要有 Cl^-、SO_4^-、HCO_3^-、Na^+、K^+、Ca^{2+}、Mg^{2+} 等八种离子，它们的总量占水中溶解固体总量的 95%以上。这八种离子在各类水体中的含量和自然地理条件密切相关。海水中以 Na^+、Cl^- 含量占绝对优势，河水中以 Ca^{2+}，HCO_3^- 含量占优势（表 6.1），地下水受到局部环境地质条件的限制，其优势离子变化很大。

表 6.1　河水与海水主要组分对比（%）

组　分	河　水	海　水
O_2	48.6（HCO_3^-）	0.41（HCO_3^-）
SO_4	9.3	6.68
Cl	6.5	55.4
NO_3	0.8	—
Ca	12.5	1.15
Mg	3.4	3.69
Na	5.3	30.62
K	2.0	1.10

天然水中除上述八种离子外，还含有一些微量元素，如溴、碘、铜、钴、镍、氟、铁等。海水和陆地水微量元素的组成结构有本质的区别。在河流水中，绝大多数微量元素集中在悬浮物中，而在海水中，悬浮体元素含量要比溶解态低数百倍到数千倍，甚至不易呈溶液状态存在的微量重金属，如铬、铅，在海水中也主要以溶解态存在。在河流水中，溴要比海洋水低数千倍，硼低数百倍，锶、碘、氟、锂低数十倍，而河水中的锰、钍、铅要比海水中高几十倍。因此很明显，当河水进入海洋时，微量元素的溶解性发生了本质上的再分配。河水向海洋流动时，不仅微量元素的浓度发生变化，而且元素之间的比例关系也发生变化。因此，水体中的微量元素尽管浓度很低，却具有很大的意义，微量元素的组成可以说明水的地质历史。此外，当水中一些金属元素浓度异常时，可以作为找矿的指示剂。其中的许多组分，即使在浓度很低的情况下，也能影响动植物的生命活动。

溶解于水中的主要气体有 O_2 和 CO_2，还有少量的 N_2、H_2S 和 CH_4。溶解性气体能够影响水生生物的生存和繁衍以及水中物质的溶解、化合等化学和生化行为。天然水体中的有机质一般指腐殖质，主要是生物生命活动过程中所产生的有机物质和生物残骸分解所产生的有机物质，它们大部分呈胶体微粒状。这些有机物在化学与生物化学作用下被分解为无机物。

天然水体中的物质组成决定于它的形成环境，也就是说，一方面决定于与水接触的物质的成分和溶解度；另一方面决定于这一作用进行的条件，即化学及物理化学作用，包括溶解-沉淀、氧化-还原、水相-气相间离子平衡，固-液两相之间离子交换，有机物的矿质化、生物化学作用等。通过上述作用，使天然水富集或析出各种离子和分子。

二、天然水的理化性质

1. 物理性质

表征天然水体物理性质的指标有温度、臭与味、色度、混浊度、悬浮物质、电导率和溶解气体等。

1）温度

地表水的温度随季节发生变化。河水的月平均气温低于大气的月平均温度，水中各部位的温度差异不大；温带地区的湖泊、水库等静水水体，夏季水温随着水深下降呈现正分层，冬季则出现下层温度高于上层的逆分层现象，春秋两季湖泊的上下层发生循环，处于同温状态。

2）臭与味

天然水中臭与味主要来源于水生动植物或微生物的繁殖与衰亡、有机物的腐败分解、溶解的气体（如硫化氢），以及溶解矿物盐或混入的泥土等。

3）颜色和色度

有机物的分解经常使得天然水体表现出各种颜色。包括悬浮杂质在内所出现的水色称为“表色”，去除悬浮杂质由胶体及溶解物质造成的颜色称为“真色”。

目前世界各国统一用氯铂酸钾溶液作为水质色度的标准溶液，来测量天然水的色度。清洁的天然水色度大多在15°～25°之间，湖泊水的色度可在60°以上，有时可高达数百度。

4）混浊度

水的混浊度是指水中悬浮物和胶体物质对光线透过时的阻碍程度。透明度则表示水对光线的透过程度。地表水混浊是由于水中含有泥沙、黏土、有机物等所造成。混浊度通常用“硅单位”表示，每升水蒸馏后可获1mg SiO_2 时所构成的光学阻碍现象为混浊度1°。

5）悬浮物质

天然水体的悬浮物主要来自水体所在区域内的地表。泥沙、土壤有机质和无机矿物微粒因降水和地表径流的冲刷和输送作用进入水体，这种现象在雨季或暴雨期尤为显著。

6）电导率

由于水中溶解的各种无机盐类呈离子状态，使天然水具有导电能力。水中主要阴离子有 Cl^-、SO_4^{2-}、HCO_3^-、CO_3^{2-}；主要阳离子有 Na^+、K^+、Ca^{2+}、Mg^{2+}。天然水的电导率较低，污染水体的电导率较高。

7）溶解气体

天然水体表面与大气接触，在水气界面不断地进行气体交换，各种气体既可进入水中，亦可逸出水面。此外，水中生物作用和化学反应也可以产生气体。水中最重要的气体是氧气、二氧化碳和氮。在标准大气压下，水中溶解性气体含量随着水温升高而降低；在恒定温度下，随着压力的增加而升高。此外，增加水气交换面积，也可以增加水中气体的溶解量，故流水比静水中气体的含量高。

溶解于水中的分子态氧，称溶解氧气（DO)。它直接影响水生生物的生存、繁殖和水中物质的分解、化合等化学和生化行为。水中氧主要来自空气中氧的溶解和水中植物的光合作用。溶解在水中呈分子状态的二氧化碳称为游离二氧化碳。在水溶液中，H_2CO_3 与 HCO_3^-、CO_3^{2-} 的平衡关系随着 pH 而变化。游离二氧化碳量超过平衡所需部分称为侵蚀性二氧化碳，这种状态的水对混凝土有侵蚀作用。

缺氧的天然水体，由于有机物无氧分解可产生 H_2S，地表水中 H_2S 含量在 5mg/L 以上时则不宜饮用。天然水中溶解有氮气，称为“溶解氮”（DN)。溶解的氮近乎惰性，不参与生物体内的代谢活动，故水中溶解氮经常维持在饱和状态。

2. 化学性质

天然水是一种混合溶液，具有一系列有别于纯水的化学特性，是一个复杂的氧化还原系统和缓冲系统。

1）天然水是溶解有众多元素和化合物的混合溶液

天然水包含大气降水、地表径流和地下水。降水在形成和降落的过程中，吸收、吸附或夹带大气中各种来源的悬浮微粒（尘、雾、烟等)，其中气体含量十分丰富，尤其是溶解氧和酸性氧化物，这些溶解气体对天然水的化学组分影响极大。地表径流经过不同的自然地理带、植被、土壤和岩层，氧化和溶解了所接触的各种物质，并携带泥沙、生物等悬浮物质一起迁移，使其物质组分和含量不断地丰富。地下水长期储存于不同的岩石（层）和土层的孔隙空间之中，一般矿化度较高，化学组成丰富而差异很大。

天然水中各种物质之间还会发生许多物理、化学作用，诸如溶解与沉淀、化合与分解、氧化与还原、凝聚与胶溶、吸附与解吸、气体溶入与逸出等，随时都在改变着水中物质组成及其含量；再加上水生生物的吸收、分解与排泄等生物作用，使水中物质组成更加丰富和复杂。目前，地球上已知的 100 多种元素，在天然水中就可以找到 60 余种。

2）天然水体是一个复杂的氧化还原系统

天然水中溶解了众多的元素和化合物，其中有多种变价元素、氧化剂和还原剂、无机物和有机物。当它们共处于一个体系中时，由于彼此之间存在着电位差，便发生了氧化还原反应。

天然水体是一个复杂的混合氧化还原系统，在这个系统中起主要作用的首先是溶解氧。只有在有机物质累积而又缺乏氧气的情况下，有机物质才起到主要作用。此外，铁和锰是水体中分布相当普遍的变价元素，它们是水中氧化还原反应的主要参与者。

水体中氧化还原系统可分为无机和有机两大系统，无机的氧化还原系统是水中可溶解性和难溶解性矿物元素之间发生的氧化还原反应。当水中溶解氧丰富时，低价铁和锰氧化为高价铁和锰，形成难溶化合物而沉淀；而硫、铬等元素的高价化合物则为可溶性的盐类，更容易迁移。反之，水中缺氧时，铁、锰还原为低价态容易迁移，而硫、铬等则生成难溶解金属化合物而被固定。

有机的氧化还原系统，主要是指元素在生物参与下所发生的有机物质形成与分解过程的氧化还原反应。水中绿色植物在光合过程中，借助光能将水氧化为氧气，二氧化碳还原为有机碳水化合物，经过食物链供给各级消费者。各级消费者（包括最后分解者）在呼吸和分解代谢中，将有机物中的碳氧化为二氧化碳，氧还原为水，归还给环境，完成碳元素的氧化还原循环。生物体内其他元素如氮、硫、磷、铁等，也存在类似氧化还原过程。这种元素的氧化还原循环是一种生物地球化学循环。

氧化还原作用可改变某些元素的毒性，例如，Cr^{3+}存在于还原环境中，而Cr^{6+}存在于氧化环境，当水中氧化还原电位值发生改变，Cr^{3+}和Cr^{6+}就可以发生相互转化，而Cr^{6+}要比Cr^{3+}的毒性大100多倍。氧化还原作用可以改变环境化学因素，促进或阻止某些化学反应。例如，在厌氧的还原条件下，汞的甲基化反应受到阻碍，此时即使有亲离子存在，将生成不溶性硫化汞沉淀，而极难生成甲基汞。氧化还原作用还可以使水体的外观发生变化。例如，在缺氧的水体中，锰、铁等呈现出可溶性还原态，使水体的外观呈现出褐色。

由于水体是一种复杂的氧化还原的混合系统，在水中发生氧化还原反应有利于天然水体的自净过程和元素的迁移转化，但也会产生一些有害的效应。

3）天然水体是一个复杂的缓冲溶液系统

天然水和底质中溶解和储存了许多物质，其中有弱酸、弱碱及其盐类，还有像腐殖酸之类的有机酸和吡啶之类的有机碱，以及吸附性很强的有机、无机胶体。这些物质共同构成一个复杂的缓冲系统，对外来酸碱类物质的影响有一定的抵御能力，从而使得天然水的pH值保持相对稳定。

天然水的缓冲能力对保护水生生物的生长繁殖是极为有利的，因为一般生物只能在中性或微碱性水环境中生长。同时，碳酸盐缓冲系统能络合某些有毒金属离子，可大大降低金属元素的毒性。

三、水体污染和重要污染物

1. 水体污染

1）水体

水体有两层含义：一般是指河流、湖泊、沼泽、水库、地下水、海洋的总称，在环境学领域中则把水体当作包括水中的悬浮物、溶解物质、底泥和水生生物等完整的生态系统或完整的综合自然体来看。

水体还可按类型和区域划分。按类型可分为海洋水体和陆地水体。陆地水体又可分为地表水体（河流、湖泊等）和地下水体。

按区域是指按某一具体的被水覆盖的地段而言的。如太湖、洞庭湖、鄱阳湖，按类型划分，它们同属于陆地水体中的地表水体内的湖泊；按区域划分，它们是三个区域的三个不同的水体。又如，长江、黄河、珠江，按类型划分，它们同属于陆地水体中的地表水体内的河流，但按区域概念，它们是分属三个流域的三条水系。

在水环境污染的研究中，区分“水”与“水体”的概念十分重要。例如，重金属污染物易于从水中转移到底泥中，水中重金属的含量一般都不高，若着眼于水，似乎未受污染，但从水体看，可能受到较严重的污染，使该水体成为长期的次生污染源。

2）水体污染及类型

当污染物进入河流、湖泊、海洋或地下水等水体后，其含量超过了水体的自净能力，使水质和底质的物理、化学性质或生物群落组成发生变化，从而降低了水体的使用价值和使用功能的现象，称作水体污染。

由人类活动进入水体的污染物种类繁多，对水体污染产生的作用千差万别。目前，水体污染的类型划分，除按水体类型划分为河流污染、湖泊（水库）污染、海洋污染和地下水污染以外，大多采用按污染物划分污染类型。比较普遍的分类是：

（1）感官性状污染。天然水本应是无色透明的，水体受污染以后，其色泽、浓度、气味等都会发生变化，从而影响感官。如印染废水污染引起的水色变红；泥沙、有机质、微生物等悬浮、胶体物质产生的混浊现象；水中有机质在嫌气状态下的腐败发臭等。

（2）需氧物质污染。生活污水、食品加工和造纸工业等排放的废水中含有碳水化合物、蛋白质、油脂、木质素等，这些物质在生物氧化分解过程中，需要消耗大量溶解氧，影响鱼类和其他水生生物的生长。当水中溶解氧不足时，有机物将进行厌氧分解，产生 H_2S、CH_4、NH_3 等难闻气体，使水质进一步恶化。

(3) 无机污染。所谓无机污染，主要是酸、碱和无机盐类对水体的污染。这种污染常常引起水中 pH 的变化，导致天然水自然缓冲作用的破坏，影响微生物生长和水体自净作用的进行，同时还会影响水中无机盐类，特别是重金属的溶解和沉淀。

(4) 植物营养物质污染。富含氮、磷等植物营养物质的废水进入水体后，会引起水体富营养化，使藻类大量繁殖并消耗水中的溶解氧，导致鱼类窒息和死亡。水中大量的 NO_3^-、NO_2^- 将通过食物链进入人体，危害健康。

(5) 有毒化学物质污染。一些有毒物质，如有机农药、酚类、氧化物、重金属（汞、镉、砷）等进入水体后，高浓度时会直接杀死水生生物；低浓度时，可在生物体内累积，并通过食物链危害人类健康。

(6) 油污染。炼油工业废水排放、海洋石油开发、油轮运输等，都会引起水体油污染。水体油污染除直接影响水的利用外，还因水面油膜阻碍水体的复氧作用而对水生生物造成危害，对鸟类的生存也会构成威胁。

(7) 病原体污染。生活污水、畜禽饲养场污水、医院污水、屠宰业和皮革加工业废水中，常会有各种病原体，如病毒、细菌、寄生虫等，当这些病原微生物进入水体，就会传播各种疾病。许多由细菌引起的肠道传染病，由病毒引起的传染性肝炎、由寄生虫引起的血吸虫病等均是借水传播的传染病。

(8) 放射性污染。原子能工业的发展、核爆炸试验、核电站事故，以及同位素在医药和科研领域的应用，都会增加放射性废水的污染，其中 ^{90}Sr、^{173}Cs、^{131}I 等对人体健康有严重影响。这些物质可通过食物链富集，长期接触低剂量的放射性物质可能引起癌症或遗传变异。

(9) 热污染。热电厂等排放的高温废水是热污染的主要来源。热污染可使水温升高，加快水中化学反应速度，水温升高还会造成溶解氧减少，影响鱼类的生存和繁殖。水温升高还会加速细菌的繁殖，增强水污染对人类健康的危害。

3) 水质指标

水体污染有时可以直接地察觉到，例如，水改变了颜色，变得混浊，散发出难闻的气味，某些生物的减少或死亡，某种生物的出现或骤增等。但有时水体污染是直观察觉不出的，需要借助于仪器观察分析或调查研究。通常采用水质指标来衡量水质的好坏和水体被污染的程度。水质指标项目繁多，可以分为三大类：

第一类，物理性水质指标，包括感官物理性状指标（如温度、色度、嗅和味、混浊度、透明度等）和其他物理性状指标（如总固体、悬浮固体、可见固体、电导率等）。

第二类，化学性水质指标，包括一般的化学性水质指标（如 pH 值、碱度、硬度、各种阳离子、各种阴离子、总含盐量、一般有机物质等）、有毒的化学性水质指标（如重金属、氧化物、多环芳烃、各种农药等）、有关氧平衡的水质指标（如溶解氧（DO）、化学需氧量（COD）、生化需氧量（BOD）、总需氧量（TOD）等）。

第三类，生物学水质指标，包括细菌总数、总大肠菌群数、各种病原菌、病毒等。以下是对污染防治工作中常用的一些水质指标的简要说明。

悬浮物指水中呈固体状的不溶解物质。它是水体污染基本指标之一。如水中的各类矿物微粒，含铝、铁、锰、硅水合氧化物等无机物质，以及腐殖质、蛋白质等有机大分子物质。

有机物含量。水体中有机物种类繁多，组成复杂，难以分别对其进行定量、定性分析。因此，一般不对它们进行单项定量测定，而是利用其共性，用某种指标间接地反映其总量或分类含量。在实际工作中，常用下列指标来表示水中有机物的含量，即化学需氧量（COD）、生化需氧量（BOD）、总有机碳（TOC）和总需氧量（TOD）。

化学需氧量指用化学氧化剂氧化水中有机污染物时所需的氧量，以每升水消耗氧的毫克数表示（mg/L）。COD 值越高，表示水中有机污染物污染越重。目前常用的氧化剂主要是高锰酸钾和重铬酸钾。高锰酸钾法（简记 COD_{Mn}），适用于测定一般地表水，如河水。重铬酸钾法（简记 COD_{Cr}）对有机物反应较完全，适用于分析污染较严重的水样。目前，国际标准化组织（ISO）规定，化学需氧量指 COD_{Cr}，而称 COD_{Mn} 为高锰酸盐指数。化学需氧量所测定的内容范围是不含氧的有机物和含氧有机物中碳的部分，实际上是反映有机物中碳的耗氧量。另外，化学需氧量不仅氧化了有机物，而且对各种还原态的无机物（如硫化物、亚硝酸盐、氨、低价铁盐等）亦具氧化作用。

生物化学需氧量，简称生化需氧量（Bio-chemical Oxygen Demand），用 BOD 表示。BOD 表示水中有机物经微生物分解时所需的氧量，用单位体积的污水所消耗的氧量（mg/L）表示。BOD 越高，表示水中需氧有机物质越多。有机物经微生物氧化分解的过程一般可分为两个阶段：第一阶段为碳化阶段，主要是有机物被转化成为二氧化碳、水和氨；第二阶段为硝化阶段，主要是氨被转化为亚硝酸盐和硝酸盐。因为微生物的活动与温度有关，一般以 20℃ 作为测定的标准温度。当温度为 20℃ 时，一般生活污水中的有机物需要 20 天左右才能完成第一阶段的氧化分解过程，在实际工作中是有困难的。为了使测定结果有可比性，通常采用在 20℃ 的条件下培养 5 天，作为测定生化需氧量的标准时间，简称 5 日生化需氧量，用 BOD_5 表示。

总有机碳是指水中所有有机污染物质中的碳含量，耗氧过程是高温燃烧氧化过程，即把有机碳氧化成二氧化碳，然后测得所产生二氧化碳的量。

总需氧量是指水中被氧化的物质（主要是有机碳氢化合物，含硫、含氮、含磷等化合物）燃烧变成稳定的氧化物所需的氧量。TOC 和 TOD 这两个指标均可用仪器快速测定，几分钟可完成。由于用 BOD 和 COD 两个指标反映不出难以分解的有机物的含量，加上测定 BOD 和 COD 都比较费时间，不能快速测定水体被需氧有机物污染的程度，国内外正在提倡用 TOC 和 TOD 作为衡量水质有机物污染的指标。在水质状况基本相同的情况下，BOD_5 与 TOC 或 TOD 之间存在一定的相关关系。特别是 TOC 和 TOD 与 BOD 之间，通过实验建立相关，则可快速测定出 TOC，从而推算出其他有机物污染指标。

溶解氧，水中溶解氧的量，常用 DO 表示。水中的溶解氧是水生生物生存的基本条件，一般含量低于 4mg/L 时鱼类就会窒息死亡。溶解氧高，适于微生物生长，水体自净能力强。水中缺乏溶解氧时，厌氧细菌繁殖，水体发臭。有时溶解氧是判断水体是否污染和污染程度的重要指标。

pH 值，污水的 pH 值对污水处理及综合利用，对水中生物的生长繁殖，对排水管道等都有很大影响，所以被列为检验污水水质的重要指标之一。生活污水 pH 值为 6.2～6.6；工业污水的 pH 值就较复杂，变化较大。

污水的细菌污染指标，1ml 污水中的细菌数要以千万计。其中大部分是寄生在已丧生活机能的机体上，这些细菌是无害的；另一部分细菌，如霍乱菌、伤寒菌、痉疾菌等则寄生在有生活机能的活的有机体上，它们对人、畜是有害的。对污水进行细菌分析是一项很复杂的工作，在水处理工程中，用两种指标表示水体被细菌污染的程度：1ml 水中细菌（杂菌）的总数与水中大肠菌的多少。水中含有大肠菌，即说明已被污染。

有毒物质指标，我国已制定了“地面水中有害物质的最高允许浓度”的标准，列出汞、镉、铅、铬、铜、锌、镍、砷、氧化物、硫化物、氰化物、挥发性酚、石油类、六六六、DDT 等 40 种有毒物质。

以上指标是表示水体污染情况的重要指标。此外，还有温度、颜色、放射性物质浓度等，也是反映水体污染情况的指标。

2. 水体污染物的来源和种类

1）水体污染源的含义和分类

水体污染源是指造成水体污染的污染物的发生源，通常是指向水体排入污染物或对水体产生有害影响的场所、设备和装置，也包括污染物进入水体的途径。按污染物的来源可分为自然污染源和人为污染源两大类。

自然污染源是指自然界本身的地球化学异常所释放的物质给水体造成的污染，如高矿化度地下水对河水的污染、矿床周围的地球化学分散晕引起的水体污染。这种污染具有长期、连续作用的特点，发生的区域范围比较有限。

水体人为污染源是指由人类活动形成的污染源，是环境保护研究和水污染防治的主要对象。人为污染源体系很复杂，按人类活动方式可分为工业、农业、交通、生活等污染源；按排放污染物种类不同，可分为有机、无机、热、放射性、重金属、病原体等污染源，以及同时排放多种污染物的混合污染源。

水体污染物按空间分布方式，可分为点源和非点源（图 6.2）。

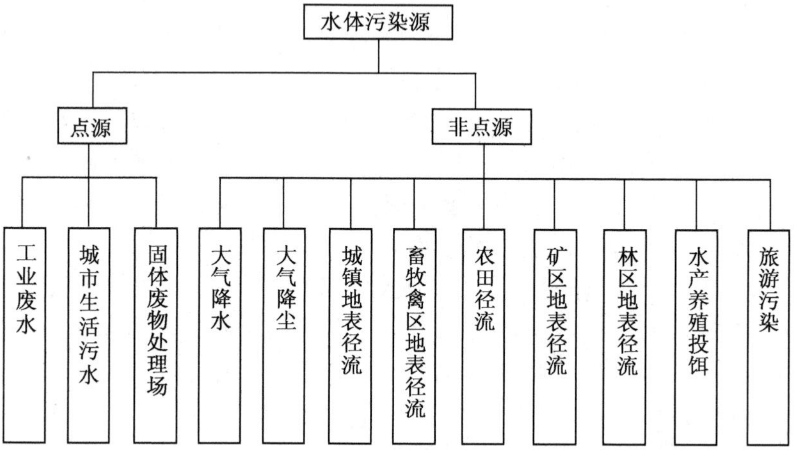

图 6.2　水体污染物来源的空间分布

水污染点源是指以点状形式排放而使水体造成污染的发生源。一般工业污染源和生活污染源产生的工业废水和城市生活污水，经城市污水处理厂或经管渠输送到水体排放口，作为重要污染点源向水体排放。这种点源含污染物多，成分复杂，其规律随工业废水和生活污水的排放规律而变化。

水污染非点源，又称水污染面源，是以面积形式分布和排放的污染物所造成的水体污染发生源。随着点源污染的逐步得到控制，非点源已成为水体污染的重要来源。尤其是非点源污染所具有的发生的随机性、形成机制的复杂性、来源的广泛性、影响的延续性和监测控制的困难性，已引起环境地理工作者的极大关注。

2）几种水体污染源及其特点

生活污染源，人类消费活动产生的污水、城市和人口密集的居住区是主要的生活污染源。人们生活中产生的污水，包括由厨房、浴室、厕所等场所排出的污水和污染物。生活污水中的污染物，按其形态可分为：①不溶物质，这部分约占污染物总量的 40%，它们或沉积到水体，或悬浮在水中。②胶态物质，约占污染物总量的 10%。③溶解质，约占污染物总量的 50%。这些物质多为无毒的含无机盐类氯化物、硫酸盐、磷酸盐和钠、钾、钙、镁等重碳酸盐。有机物质有纤维素、淀粉、糖类、脂肪、蛋白质和尿素等。此外，还含有各种微量金属（如锌、铜、铬、锰、镍、铅等）和各种洗涤剂、多种微生物。一般家庭生活污水相当混浊，其中有机物约占 60%，pH 值多大于 7，BOD_5 为 100～700mg/L。

工业污染源，工业污水是造成水体污染的主要来源。在工业生产过程中排出的废水、污水、废液等统称工业废水。废水主要指工业用冷却水；污水是指与产品直接接触、受污染较严重的排水；废液是指在生产工艺中流出的废液。工业废水由于受产品、原料、药剂、工艺流程、设备构造、操作条件等多种因素的综合影响，所含的污染物质成分极为复杂，而且，在不同时间里水质也会有很大差异。工业污染源如按工业的行业来分，则有冶金工业废水、电镀废水、造纸废水、无机化工废水、有机合成化工废水、炼焦煤气废水、金属酸洗废水、石油炼制废水、石油化工废水、化学肥料废水、制药废水、炸药废水、纺织印染废水、染料废水、制革废水、农药废水、制糖废水、食品加工废水、电站废水等。各类废水都有其独特的特点。

农业污染源是指由于农业生产而产生的水污染源，如降水所形成的径流和渗流把土壤中的氮、磷和农药带入水体；由牧场、养殖场、农副产品加工厂的有机废物排入水体，它们都可使水体水质恶化，造成河流、水库、湖泊等水体污染甚至富营养化。在美国，河流污染物的64%、湖泊污染物的57%是农业污染源形成的。农业污染源的特点是面广、分散、难于治理。

3）水体污染物的种类

造成水体质量恶化或引起水体污染的各种物质和能量均属水体污染物。

水体污染物种类繁多，用不同方法、标准或从不同的角度可将其分成不同的类型。如按水体污染物的化学性质，可分为有机污染物和无机污染物；如按污染物的毒性，可分为有毒污染物和无毒污染物。此外还可按其形态、制定标准的依据等划分。从环境保护的角度，根据污染物的物理、化学、生物学性质及其污染特性，可将水体污染物分为以下几种类型（表6.2）：

表6.2 水体污染物的种类

分类	特性	代表性污染物
无机物	无毒	酸、碱及一般无机盐 植物营养物（N、P等）
	有毒	重金属（Hg、Cd、Pb、As等） 氰化物、氟化物、硫化物等
有机物	无毒	需氧污染物（碳水化合物、脂肪、蛋白质等）
	有毒	酚类化合物 有机氯农药（DDT、六六六、狄氏剂、艾氏剂等） 石油
其他物质	放射性	放射性元素或同位素（Sr、Cs、U、Pu等）
	病原微生物	细菌、病毒、寄生虫
	致癌物	芳香烃、芳香胺 亚硝基化合物 有机氯化合物

无机无毒物质。无机无毒物质主要指排入水体中的酸、碱及一般的无机盐类。酸主要来源于矿山排水及许多工业废水。碱性废水主要来自碱法造纸、化学纤维制造、制碱、制革等工业的废水。酸性废水和碱性废水可相互中和产生各种盐类；酸性、碱性废水亦可与地表物质相互作用，生成无机盐类。所以，酸性或碱性污水造成水体污染常常伴随着无机盐的污染。酸性和碱性废水的污染，破坏水体的自然缓冲作用，抑制细菌及微生物的生长，妨碍水体自净，腐蚀着管道、水工建筑物和船舶。同时，还因其改变水体的 pH 值，增加水中的一般无机盐类和水的硬度等。

无机有毒物质。这类物质具有强烈的生物毒性，它们排入天然水体，常会影响水中生物，并可通过食物链危害人体健康。这类污染物都具有明显的累积性，可使污染影响持久和扩大。最典型的无机有毒物质是重金属，如汞（Hg^{2+}）、镉（Cd^{2+}）、铬（Cr^{+6}）、砷（As）、氰化物等。

有机无毒物质。有机无毒物质主要指耗氧有机物，人类排放的生活污水和大部分工业废水中都含有大量有机物质。其中主要是耗氧有机物，如碳水化合物、蛋白质、脂肪等。这些物质的共同特点是，没有毒性，进入水体后在微生物的作用下最终分解为简单的无机物质，并在生物氧化分解过程中消耗水中的溶解氧。因此，这些物质过多地进入水体会造成水体中溶解氧严重不足甚至殆尽，也会对水中生物的生存产生影响和危害。耗氧有机物种类繁多，组成复杂，因而难以分别对其进行定量、定性分析。一般以有机物在氧化过程中所消耗的氧或氧化剂的数量来代表有机物的数量。在实际工作中，常用化学需氧量（COD）、生物需氧量（BOD）、总有机碳（TOC）来表示水中有机物的含量。这在前面已有介绍。

有机有毒物质。有机有毒污染物质的种类很多，其污染影响、作用也不相同。主要有：

（1）酚类化合物。水体中酚的来源主要是冶金、煤气、炼焦、石油化工、塑料等工业排放的废水，由于各工业的原料、工艺、产品不同，含酚废水的浓度、成分也有较大差别。酚作为一种原生质毒物，可使蛋白质凝固，主要作用于神经系统。水体受酚污染后，会严重影响各种水生生物的生长和繁殖，使水产品产量和质量降低。

（2）有机农药。包括杀虫剂、杀菌剂和除草剂等。从化学结构上，有机农药可分为有机氯、有机磷和有机汞三大类。有机氯农药的特点是水溶性低而脂溶性高，易在动物体内累积，对动物和人体造成危害。

（3）聚氯联苯（PCB）。PCB 是一种化学性能极为稳定的化合物。它进入人体主要蓄积在脂肪组织及各种脏器内。日本的米糠油事件，就是人食用被 PCB 污染了的米糠油而导致中毒的。

（4）多环芳烃类。多环芳烃是指多环结构的碳氢化合物，其种类很多，如苯并芘、二苯并芘、苯并蒽、二苯并蒽等。其中以苯并（a）芘（简记为 BaP）最受关注，它已被证实是强致癌物质之一。在地表水中，已知的多环芳烃类有 20 多种，其中有七八种具有致癌作用，如苯并蒽、苯并芘等。

（5）表面活性剂。凡能显著降低水的表面张力的物质称为表面活性剂。表面活性剂在工业上和生活中用途极为广泛，诸如家用各种洗涤剂，食品、乳制品和畜产品工厂对废油（脂）类物质的清洗程序中和汽车冲洗行业中都要大量使用清洗剂，这些含一定浓度洗涤剂的工业和生活污水，排入地面水体，造成对水体的污染。合成洗涤剂中有一定量的氨（阳离子型季铵盐类）和磷（焦磷酸三钠），排入江、湖易发生水体富营养化。当水体中含洗涤剂达到 0.5mg/L 时，水面上将浮起一层泡沫，这不仅破坏自然景观，而且影响着大气中的氧向水中溶解交换。水体中的洗涤剂大于 10mg/L 时鱼类就难以生存，若达 45mg/L 时，水稻生长就会受到严重危害，甚至死亡。洗涤剂中的表面活性剂会使水生动物的感官功能减退，甚至丧失觅食或避开有毒物质的能力，也即可以使水生动物丧失生存本能。

放射性物质，人为的放射性污染主要来源于铀矿开采和精炼、原子能工业、放射性同位素的使用等。放射性污染物，如^{238}铀、^{226}镭、^{90}锶、^{137}铯、^{60}钴等，通过水体可影响生物，灌溉农作物亦可受到污染，最后可由食物链进入人体。放射性污染物放出的 α、β、γ 等射线可损害人体组织，并可蓄积在人体内造成长期危害，促成贫血、白细胞增生、恶性肿瘤等各种放射性病症。

生物污染物质，主要来自生活污水、医院污水和屠宰肉类加工、制革等工业废水。主要通过动物和人排泄的粪便中含有的细菌、病毒及寄生虫类等污染水体，引起各种疾病传播。

第二节　水环境遥感原理

不同的地物由于其物质结构和组成成分的不同，而具有不同的电磁波特征，对不同地物的电磁波特性，即光谱辐射反射特性的研究是遥感数据反演地表信息的首要条件。无论是理论计算还是实际测量，地物都有三个明显的辐射特征：一是总辐射水平的高低；二是可见光和红外的辐射平衡关系，即光谱整体趋势；三是辐射随波段变化的方向和强度。由于地物的这些特征在遥感数据中会有敏感的反应，因此，它们是利用光谱特征分辨地物的主要依据。

作为环境独立因子的水体，与其他环境因子相比，具有较为明显的辐射特征，其主要表现为：天然水体对 0.4～1.1μm 电磁波的反射率明显低于其他地物，其总辐射水平低于其他地物，在遥感图像上常常表现为暗色调；在近红外波段的反射比可见光波段更低；同时对不同的水体，在可见光波段，其反射率有较为明显的不同，如随泥沙含量的增加而增强。水体的识别和水质的监测大多就是基于这一原理开展的。水体范围的监测往往需要借助于某些辅助信息，如地理信息数据等。水质监测则通过分析卫星多通道遥感数据，尤其是某些敏感通道，结合实际观测资料，通过相关分析计算，形成局地区域的定量产品，如浮游生物的含量等。

一、水体的光谱特征

水的光谱特征主要是由水本身的物质组成决定，同时又受到各种水状态的影响。在可见光波段 0.6μm 之前，水的吸收少、反射率较低、大量透射。其中，水面反射率约 5%左右，并随着太阳高度角的变化呈 3%～10%不等的变化；水体可见光反射包含水表面反射、水体底部物质反射及水中悬浮物质（浮游生物或叶绿素、泥沙及其他物质）的反射 3 方面的贡献。对于清水，在蓝-绿光波段反射率 4%～5%，0.6μm 以下的红光部分反射率降到 2%～3%，在近红外、短波红外部分几乎吸收全部的入射能量，因此水体在这两个波段的反射能量很小。这一特征与植被和土壤光谱形成十分明显的差异，因而在红外波段识别水体是较容易的。图 6.3 反映了水的光谱递减规律，由于水在红外波段（NIR、SWIR）的强吸收，水体的光学特征集中表现在可见光在水体中的辐射传输过程。它包括界面的反射、折射、吸收、水中悬浮物质的多次散射（体散射特征）等。而这些过程及水体“最终”表现出的光谱特征又是由以下因素决定的。包括水面的入射辐射、水的光学性质、表面粗糙度、日照角度与观测角度、气-水界面的相对折射率以及在某些情况下还涉及水底反射光等。

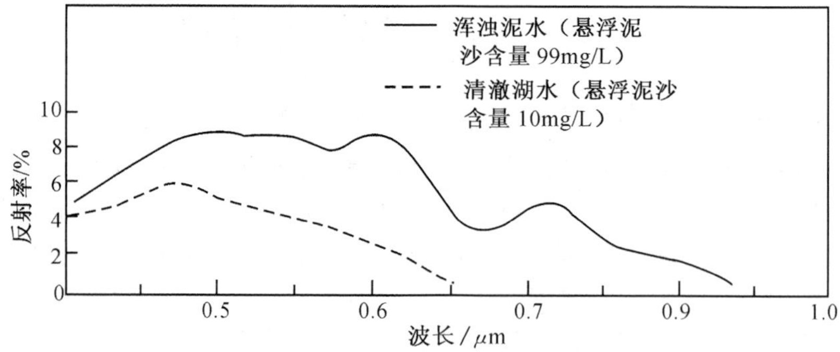

图 6.3　水体的反射光谱特征

图 6.4 反映了电磁波与水体相互作用的辐射传输过程。从图中可见，到达水面的入射光 L——包括太阳直射光和天空散射光（天空光），其中约 3.5%被水

面直接反射返回大气，形成水面散射光 Ls。这种水面反射辐射带有少量水体本身的信息，它的强度与水面性质有关，如表面粗糙度、水面浮游生物、水面冰层、泡沫带等；其余的光经折射、透射进入水中，大部分被水分子所吸收和散射，以及被水中悬浮物质、浮游生物等所散射、反射、衍射形成水中散射光，它的强度与水的浑浊度相关，即与悬浮粒子的浓度和大小有关（随粒径相对于光辐射波长的大小，可以产生瑞利和米氏不同的散射），水体浑浊度愈大，水下散射光愈强，两者呈正相关；衰减后的水中散射光部分到达水体底部（固体物质）形成底部反射光，它的强度与水深呈负相关，且随着水体浑浊度的增大而减小。水中散射光的向上部分及浅海条件下的底部反射光共同组成水中光或称离水反射辐射。水中光 Lw、水面散射光 Ls、天空散射光 Lp 共同被空中探测器所接收。$L=Ls+Lw+Lp$。（它们是波长、高度、入射角、观测角的函数）。其中前两部分包含有水的信息，因而可以通过高空遥感手段探测水中光和水面散射光，以获得水色、水温、水面形态等信息，并由此推测有关浮游生物、混浊水、污水等的质量和数量以及水面风、浪等有关信息。

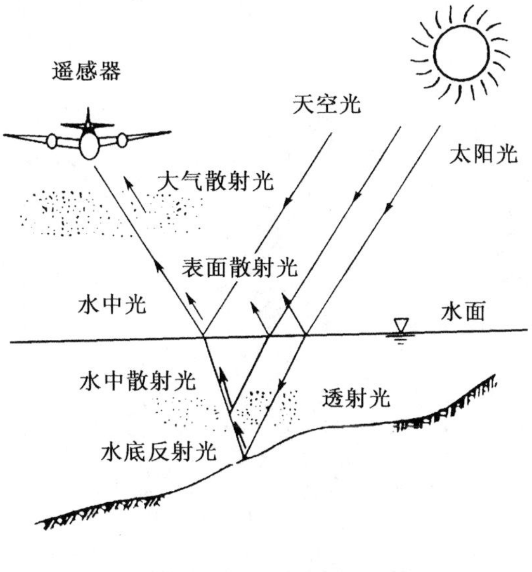

图 6.4　电磁波与水体的相互作用

上述的水体的散射与反射主要出现在一定深度的水体中，称之为“体散射”。水体的光谱特性（即水色）主要表现为体散射而非表面反射。所以与陆地特征不同，水体的光谱性质主要是通过透射率，而不仅是通过表面特征确定的，它包含了一定深度水体的信息，且这个深度及反映的光谱特性是随时空而变化的。水色（即水体的光谱特性）主要决定于水体中浮游生物含量（叶绿素浓度）、悬浮固体含量（浑浊度大小）、营养盐含量（黄色物质、溶解有机物质、盐度指标）以及其他污染物、底部形态（水下地形）、水深等因素。大量研究表明，叶绿素、悬浮固体等主要水色要素的垂直分布并非均匀的。水体中的水分子和细小悬浮质（粒径远小于波长）造成大部分短波光的瑞利散射（散射系数与波长的四次方呈反比，波长越短，散射越强），因此较清的水或深水体呈蓝或蓝绿色（清水光的最大透射率出现在 0.45～0.55μm，其峰值波长约 0.48μm）。

另外，离开水面的辐射部分（即水中光经折射出水面的部分），除了水中散射光的向上部分外，还应包含在日光激励下水中叶绿素经光合作用所发出的荧光。

水面入射光谱中，仅有可见光（0.4～0.76μm）才透射入水，其他波段的入射光或被大气吸收或被水体表层吸收，如图 6.5 所示。该图中还显示蓝光（0.4～0.5μm）水的透射性最好，对于清洁水可达几十米。入水的透射光，对水分子和溶解性物质微粒产生瑞利散射，其峰值位于蓝波段；对较大悬浮物质颗粒产生米氏散射，其峰值位于黄橙波段；由于水中物质分子吸收光后再发射而引起的拉曼发射，其峰值位于橙红波段；由于海底（浅海）反射，其峰值位于蓝绿波段。

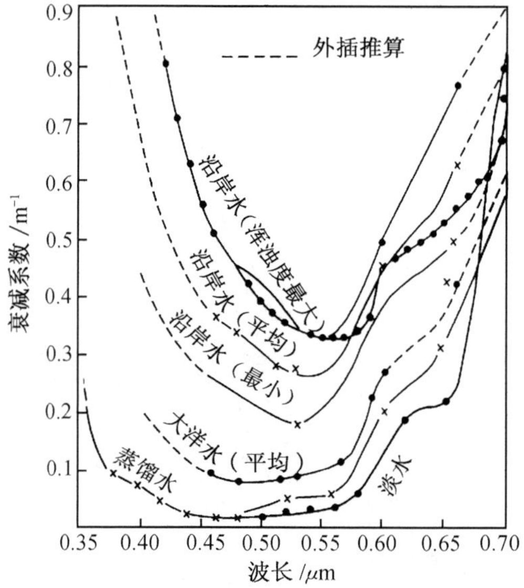

图 6.5　水的光谱衰减特性

二、水体在不同传感器上的表现

地物光谱数据测试是在地面的高度进行的室内或室外光谱试验，而现代遥感数据，主要是指利用具体传感器从地球轨道高度探测到的地面物体的光谱响应。不同的传感器，由于波段范围不同，及受时间、空间分辨率的限制，以及大气衰减作用，使得水体在具体的传感器上又有具体的表现。从最早的气象卫星到陆地卫星及海洋卫星等的发射至今，已有许多传感器成功地进行了地球的探测。主要有 LANDSAT（MSS、TM）、NOAA（AVHRR）、SPOT（HRV）、ERS 和 JERS（SAR）或机载 SAR 等。

1. MSS

MSS 是陆地卫星 Landsat1-3 上的传感器，有四个波段，空间分辨率为 80m×80m。其中 MSS4（0.5～0.6μm）属于可见光波段的蓝绿光，对水体有一定的穿透能力，能看到水下地形，由于散射较强，故在黑白像片上颜色较浅，对于水的污染特别是金属、化学污染具有很好的效果；MSS5（0.6～0.7μm）属可见光黄红波段，对水体的浑浊程度，即海洋中的泥沙流，大河中的悬移质状况有鲜明的反映；MSS6（0.7～0.8μm），MSS7（0.8～1.0μm）波段，水体由于强烈的吸收能力，在图像上呈现深黑色，水陆边界明显，易于水体的识别。

2. TM

专题制图仪（TM）是安装在陆地卫星 Landsat4、5、7 上的新型的多光谱扫描仪，与 MSS 相似，但有大的发展，称为第二代多光谱扫描仪。有 7 个波段，其中 6 个波段的空间分辨率为 30m×30m，只有第 6 波段为 120M，波段更窄、更细。TM1（0.45～0.52μm）与 MSS4 相比，对水体的穿透更强，探测水下地形更有效；TM4（0.76～0.90μm）同 MSS6、MSS7 一样，对探测水陆边界非常有利，由于其空间分辨率高，水体边界反映更为详细、清楚。

3. SPOT（HRV）

SPOT 卫星同陆地卫星相比，有更高的空间分辨率、兼有多波段通道和全色通道。其中多波段空间分辨率为 20m×20m，单波段为 10m×10m，图像清晰，具有较高的几何精度。三波段分别为（0.50～0.59μm）、（0.61～0.68μm）、（0.79～0.89μm），有利于水体识别，既可以穿透水体探测，又比较精确的反映水体的边界和形状。由于 SPOT 卫星是采用两台 HRV（高分辨率可见光传感器）同时扫描记录，因而可以进行立体观测。

4. NOAA（AVHRR）

第三代气象卫星，即现在正在运行的 NOAA 卫星有高分辨率的红外辐射探测器（HIRS）、甚高分辨率辐射计（AVHRR），可提供洋面温度和图像，从地表到 10MB 高空的温湿度廓线和三层水汽含量。AVHRR 有 5 个通道，其中 CH2 波段（0.725～1.15μm）对水体反映敏感，而 CH3（3.55～3.93μm）波段是太阳反射光和地物红外热辐射的交叉区在白天，既接收来自地物的反射辐射，又接收来自地物的热辐射，对地表温度敏感。水体白天温度不高，反射率又低，故呈现浅色调。NOAA 卫星可见分辨率和光谱分辨率低，一般不用于水资源监测，但由于其时间分辨率高，一幅图像对应的地面范围较大，为大范围的洪水实时监测提供了可能。

5. ERS 和 JERS（SAR）

由于微波具有一定穿透云层和全天候的工作能力，使得微波遥感成为 20 世纪 90 年代的主要遥感手段之一，ERS 和 JERS（SAR）或机载 SAR 成为遥感监测的先进传感器。根据雷达成像机制，地面分辨单元范围内的平均表面粗糙度，决定了该单元范围内的回波强度。水体表面粗糙度较 SAR 的波长而言，属于光滑表面。由于雷达波束的侧视，镜面反射使回波能量很弱，从而在 SAR 图像上表现为暗色或黑色调，水陆分界明显，尤其是水库周边以及海陆分界十分明显。水位越深，图像颜色越暗，反之则较浅一些。

第三节　水资源遥感监测

在水资源监测中，实测数据必不可少。但是，仅通过这些水文观测点得到的数据并不能得到我们所需要的区域水资源分布图。实际上，利用个别点的观测信息很难得到水资源的空间分布信息。在某些地区，水资源状况的实地测量根本无法进行。在这种情况下，遥感以其实时、高效、数据量大、观测范围广的优点在水资源监测中发挥了重要的作用。随着多传感器、多光谱遥感的发展和应用，结合地面实测数据，遥感会在河流湖泊动态监测、冰雪覆盖、地下水监测、水质监测、土壤水分等水资源监测方面发挥巨大作用，成为研究水文循环、进行水资源有效监测和管理的重要手段。

遥感在水文水资源方面的应用，包括水资源的调查、流域规划、水域面积分布及变化、径流估算、水深、水温、冰雪覆盖、土壤水分监测、冰雪监测、河口海岸带及浅海地形调查、海洋调查研究等方面。特别是在人类足迹难以到达的荒凉地区，遥感技术可成为水文、水资源调查的有效手段。例如，我国青藏高原在以往 300 年来先后经历了 150 多次探险考察，曾查出 500 多个湖泊，而近年来采用航空像片、卫星图像判读，不仅对这些湖泊的面积、形状进行了修正定位，而且还补充了地面考察或地图上未标明的 300 多个湖泊。另外，红外遥感图像在识别含水层、判断充水断层、查明富水地段位置方面是很有利的。例如，美国在夏威夷群岛，利用红外遥感发现了 200 多处地下淡水出露点，从而解决了该岛对淡水的需求。

利用遥感图像可进行海岸带岸线测量、河口及近岸悬浮泥沙迁移，以及海洋环境监测，诸如，海水温度、盐度、水深、洋流、波浪、潮汐等海洋诸要素的测量，对海洋的开发具有重要意义。遥感图像可提供大尺度、现实性强、多层次、全天候、客观逼真的丰富信息，为海洋研究及指导海洋渔业生产提供了基础。

一、水文要素遥感研究

1. 水位-面积和流域界定

要测量水面面积，首先要准确标定水边线。根据水体对近红外和红外线部分几乎全吸收及雷达波在水中急速衰减的特性，应用航空像片和机载雷达图像可以获得准确的水边线位置，从而保证水面面积量测的精度。目前最常用的是陆地卫星 Landsat TM/MSS、SPOT、气象卫星等遥感图像。例如，用 TM5 图像研究鄱阳湖洪水期和枯水期的水面形状，洪水期湖面好似一只斜放的三角瓶，枯水期时，湖变成了赣江分支众多的汊道形状。若收集历年来丰水年、平水年、枯水年及年内洪水期、中水期、枯水期的图像资料及同步实测的湖水水位资料，分析历史的水位与面积的关系，做出水位-面积关系曲线，则可以得出任何时刻图像上的湖水面积，从曲线上查出湖水位。若从 TM2 图像上根据灰度绘出等深线的话，则可根据深度和面积求出容积，这对研究湖泊、水库的调洪能力很有意义。

流域形状，可利用 TM5 图像描出河系网络，由 TM3 图像勾绘流域分水界线得到。若在其上面画出离河口的等距线，面积的分布按河段统计，并假定流域的最大长度和宽度总是以 100％计，即可绘成极其精确的流域分类曲线。这些流域分类曲线俨如流域的暴雨流量过程线的形式；所以利用遥感图像研究流域形状分类，对分析径流形成及正确了解洪水情况（特别是未经研究的河流）来说是有用且有效的。

水面面积和流域形状测量的精度与遥感图像的地面分辨率有关。地面分辨率低，则精度差；地面分辨率高，则精度高。

2. 水深探测

水深探测指光波对水的穿深能力，即水体的透光性能。它是由衰减长度来衡量的。衰减长度是表示水中能见度的一个量度单位，一个衰减长度被定义为向下辐照度等于表面辐照度的 1/e（或 37％）的长度。水体本身的光谱特性是与水深相关的。图 6.6 显示清澈水体随水深的增加（0～0.2～2～20m），其光谱特征的变化，即阳光透入清水的光谱特征，近水面的曲线形态近似于太阳辐射，但随着水深的增大，水体对光谱组成的影响增大。在水深 20m 处，由于水体对红外波段光的有效吸收，近红外波段的能量已几乎不存在，仅保留了蓝、绿波段能量，所以蓝绿波段对研究水深和水底特征是有效的。

光对水的穿深能力，除了受波长的影响外，还受到水体浑浊度的影响。图6.7显示不同浑浊度水体的不同光谱衰减特征。从图中可见，随着水中悬浮物质含量（浑浊度）的增加，反射率明显增强，透射率明显下降，衰减系数增大，光对水的穿深能力减弱，最大透射波长（即最大穿透深度的波长）向长波方向移动。

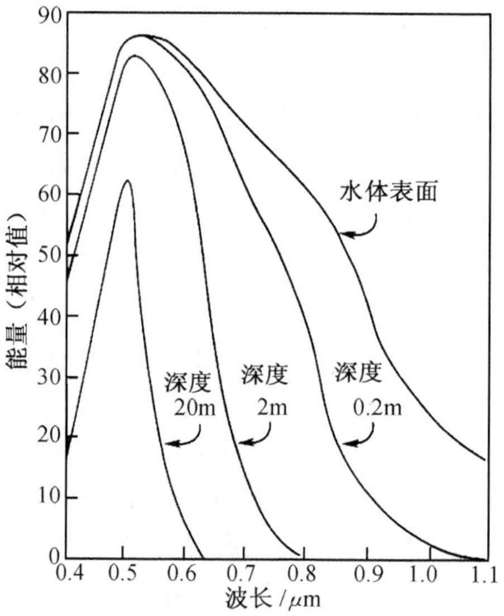

图 6.6　清水不同深度的光谱特征

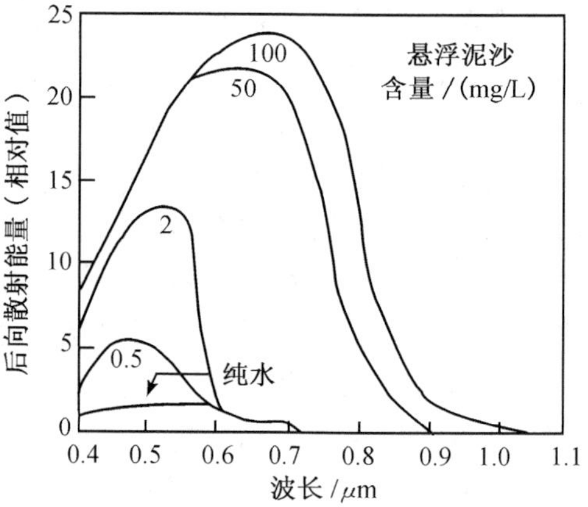

图 6.7　浊水不同深度的光谱特征

对于清水，光的最大透射波长为 0.45～0.55μm，其峰值波长约 0.48μm，位于蓝绿波长区。水体在此波段，散射最弱，衰减系数最小、穿深能力（即透明度）最强，记录水体底部特征的可能性最大；在红光区，由于水的吸收作用较大，透射相应减小，仅能探测水体浅部特征；在近红外区，由于水的强吸收作用，仅能反映水陆差异。正因为不同波长的光对水体的透射作用和穿深能力不同，所以水体不同波段的光谱信息中，实际上反映了不同厚度水体的信息特征，包含了“水深”的概念。比如，一般蓝绿波段（如 MSS4、或 TM1、TM2）穿透深度约 10～20m，则水体对应的像元可能反映了约 10～20m 厚度水体的综合光谱特性（清水则可能穿深 30m）；而红波段（如 MSS5 或 TM3）穿透深度约 2m，则可能反映了约 2m 厚度水体的综合光谱信息。正如前述，水体的光谱特性主要是通过体散射，而不是表面反射测定的，这与陆地截然不同。

实际上影响遥感入水深度的因素很多。除了波长、水体浑浊度外，还与水面太阳辐照度 $E(\lambda)$ ——是太阳天顶角 θ、太阳方位角 ϕ 的函数，水体的衰减系数

α (λ)、水体底质的反射率 ρ (λ)、海况、大气效应等有关。

Poleyn 和 Fabian 曾提出海面的离水反射辐射 L_w 与水深 Z 的关系式：

$$L_w(\lambda) = E(\lambda)/\pi \times \rho(\lambda)/n^2 \times \exp[-\alpha(\lambda)(\sec\phi + \sec\theta)Z] \quad (6.1)$$

式中：n 为底质的折射系数。其中衰减系数 α (λ) 是吸收系数与散射系数之和，它与水中的可溶性有机质及悬浮物有关，而水体中悬浮固体的垂直、水平分布，又受到地球重力场、风场、海流、潮汐等的影响。同一水区水体底质不同，其反射率 ρ (λ) 不同，遥感器所接收到的信号大小及信噪比也不同。如试验表明，在 $\alpha = 0.05\text{m}^{-1}$ 的清澈海水中，底质为砂质 ($\rho = 26\%$) 或底质为泥沙质 ($\rho = 20\%$)，对于相同的遥感图像数据，前者的最大入水深度明显大于后者。

但实验证明，遥感图像数据所能显示的水深信息、入水深度，要比理论推算的大，而且与水深实际测量值的相关程度往往随泥沙含量增加而增大。这说明水中泥沙虽减少了太阳光的入水深度，但同时又从水动力作用关系上，通过水下地形与悬浮固体的分布运动状况，来传递部分水深信息。这在河口附近的浅海区尤为明显。

上述的“衰减系数”指随着深度增加，光变得暗淡的速率，有时又用透射率或透明度来表示或度量。“透明度”表征随深度增加，漫散光沿垂直方向的衰减量。传统测量方法则用直径 30cm 的白色圆板垂直沉入水中所能看到的最大深度。透明度 z_m 与表层水的线性衰减系数 α 的关系，在许多海区可表示为

$$\alpha = l/\text{e} = (2.7 - 3.5)/z_m \quad (6.2)$$

式中：l 为衰减长度，即水中能见度的度量 (m)。衰减系数、透射率、透明度均可以表征水体的能见度。

此外，水体的光谱特性还与水面粗糙度有关。图 6.8 显示在可见光-近红外范围内，平静水面与波浪引起的粗糙水面的光谱特性。平静光滑的水面仅有体反射辐射部分的能量进入遥感器，而粗糙波浪水面有表面反射和体反射两部分能量进入遥感器，因此后者比前者亮度更高。

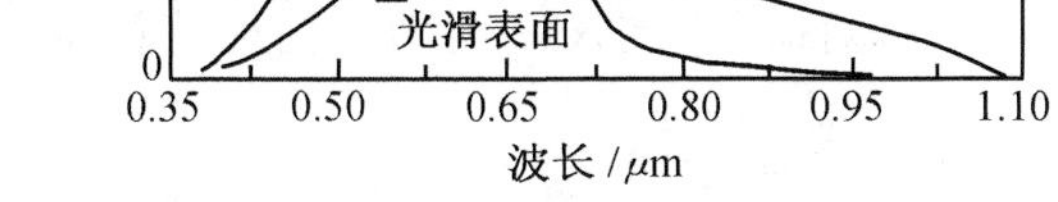

图 6.8　不同水面粗糙度的光谱特性

3. 水温探测

遥感器通过探测热红外辐射强度而得到的水体温度是水体的亮度温度（辐射温度），本应考虑水的比辐射率，方可得到水体的真实温度（物理温度）。但在实际观测中由于水的比辐射率接近于 1（近似黑体），在波长 6～14μm 段尤为如此

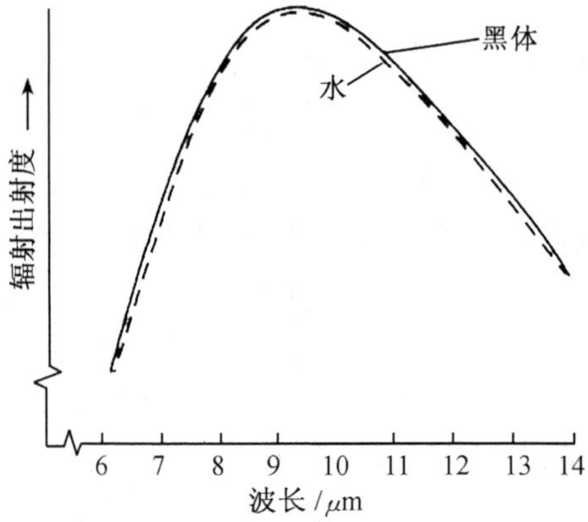

图 6.9 水体与黑体辐射特征

（图 6.9），因此往往用所测的亮度温度表示水体温度。

另外，由于水体热容量大、热惯量大、昼夜温差小，且水体内部以热对流方式传输热量，所以水体表面温度较为均一，空间变化小；但是大气效应，特别是大气中水汽含量，对水温测量精度影响较大，因此，遥感估算水温时，必须进行大气纠正。水面遥感测温及水面大气纠正均比陆地表面的简单和成熟。

尽管由于水体（这里是指海洋）中叶绿素、浑浊度、表面形态、表面热特征不一，使水体具有不同的光谱特征；而且不同波谱段对水体有不同穿透能力，同一谱段对不同类型水体有不同穿透能力等等，都会造成水体光谱特征的差异，但是，由于水体整体反射率低（<10%），相互之间的光谱差异小，与陆地上地物光谱特征间的差异相比要小得多，因而所得的海洋遥感图像反差很低，可以获得的信息是十分有限的。再加上，海洋信息的获取还受到多变的海洋环境的干扰，如太阳入射角、观察高度、海-气条件（云层、海冰、海浪、传播方向等）、底质条件、水深以及水体本身不同的生物、化学、物理因素等。因此，对水体遥感尤其是海洋遥感来说，光学遥感（主要是可见光遥感）显然是不够的，除了采用可见光，红外波段以外，必须开辟新的电磁波谱段——微波等。

海洋的微波辐射取决于两个主要因素：一是海面及一定深度的介电常量（E）。它反映海水的电学性质，由表层物质组成及温度所决定。海水是由各种盐类、有机质、悬浮粒等组成的复杂水体。从微波辐射角度，海水可视为含 NaCl 等盐类的导电溶液。海水的介电常数 E 是海水温度、盐度的函数。因而海洋微波遥感可以测得海面及水面下一定深度的温度和含盐度等信息。二是海面粗糙度——海面至一定深度内的几何形状结构。

4. 径流估算

以遥感方法估算地表径流和枯水径流的基本思路是：运用遥感数据分析流域下垫面特性及其与蒸发、下渗的关系其中着重考虑降水、径流与蒸发损失的关系。在边远地区水文气象站网稀少的情况下，除某些气象水文因子（降水、流量）可由常规方法获取外，遥感图像为分析流域下垫面条件、河网结构以及量测和提取其相应参数提供了极大方便。

河流枯水则是一种具有周期性的河川水文情势的表现。枯水资源系指无洪汛时期的河川径流，其径流量主要来源于流域蓄水及地下水补给，可见枯水流量与流域特征和地质特征息息相关。因此，从历史枯水和现状枯水着手，运用多源综合分析研究影响枯水流量的地质岩性、地表形态、植被覆盖和人类活动等因素的关系与作用是极为重要的。它反映出水文下垫面的基本特性，是评价枯水模型和分析确定水文参数的有效方法。

利用空间遥感信息，通过流域水文下垫面要素的分析，建立起下垫面分区基本单元，结合非遥感信息研究降水进入流域存储系统内的再分配过程，并测定水文参数，是实施流域枯水估算的快速经济的途径。主要有三方面的工作：

一是枯水下垫面要素图的研制。在水文和水资源估算中，通常是利用模型参数来综合反映其下垫面的地质、地貌、植被等因素对降水进入下垫面储存系统再分配诸环节的影响效应。而这些要素，一般可在调查分析的基础上利用遥感图像，结合非遥感图件分析编制而成。下垫面要素图一般包括地质岩性与土壤类型分布图，地貌类型分布特征、植被覆盖特征等。

二是建立枯水估算水文下垫面分区单元。枯水下垫面分区单元是其诸要素综合分析而构成的。每个单元都具有基本相同的地表水形成、运移及储存的条件以及地下水补给与再分配的相似环境因素。因此，在其水资源量估算时，通常可根据同一下垫面分区单元的基本相似环境条件，以相同的水文参数进行。分区单元的建立主要是采取地质类型和地貌类型的组合，然后与植被类型或其植被盖度复合，形成下垫面的基本单元图。

三是流域枯水资源量计算。根据流域遥感地学解译下垫面分区单元内的水文地质及其富水性等条件，结合有关实测调查资料，确定其模数，计算地下水径流量，其算式为

$$R_g = M_e \cdot F_s \tag{6.3}$$

式中：R_g 为地下水径流量；M_e 为地下水径流模数；F_s 为单元集水面积。据此可按照该流域水文下垫面分区单元的地质岩层与土壤透水性及植被盖度等分析确定，以计算出地下水径流量。

二、水域变化监测

遥感研究长周期的水域历史变迁，主要是依据它在遥感图像上所遗留下来的“痕迹”进行识别的。由于河流、湖泊、海岸等均有其特定的发生发展规律，有其区别于其他地物的特性，因此尽管经历了漫长的自然历史过程，发生了很大的变化，仍有不少特征通过地表水分条件、植物生长状况、土地利用方式、地貌结构和组合关系等得以不同程度的保留。在遥感图像上，它们以色调、阴影、形态、大小、纹理结构等的差异反映出来，由此可勾绘出它们的变迁轨迹。人们通

过寻找这些图像标志及其与周围环境因子的不同之处，来追索它们的分布、变化范围和演变规律，并结合它们的时空变化规律（在空间组合上的规律性），进一步从宏观上恢复此地当时的古地理环境。这种水域历史变迁“痕迹”的识别，往往在大范围内才能奏效。

一个地区的自然历史变迁与该地的水域演变有着十分密切的联系。遥感研究自然历史变迁，尤以研究水域的情变最为突出，效果明显。这是因为，一是水域面积大，变化快，形态独特；二是水在各波段具有明显的特性；三是水域演变后多能在原地保留一定湿度和形态，即“痕迹”较为明显。因而，在遥感图像上图斑清晰，信息丰富，较易辨别。正因为遥感图像上详细地记录了水域的分布形态，并且方位准确，形象逼真，所以有利于水域演变的定位定量研究，可以起到在宏观上“再现”演变模式的作用，因此为水域的动态研究提供了新手段和新途径。

自然环境变迁中，河湖水系的变迁最为明显，它们在卫星影像特征中有较好的表征，这为河道的分布及其变迁研究提供了重要的依据。因为水体在遥感图像上表征出的形迹，除了其河湖本身特征外，还反映在其他相关要素的间接标志上。另外，从水体分布的地理规律及其发生发展的特点，可通过地学分析加以揭示。例如，对古河道与三角洲变迁的研究，除由其色、形、位等直接标志分析外；还可从植物（包括农作物）生长情况、地貌结构特征、土地利用方式等相关因素进行综合分析。

1. 河流、水系变化

河流演变主要指河型和河床的演变。利用不同年份的航空像片和卫星遥感图像，并结合同期河床断面形态测量资料和历史记载对比河床平面形态的变化，可研究河床演变的过程。

河型是指一条河流的河床平面形态。它在遥感图像上有生动的反映。由于河床类型代表某种河床调整的机制，这种机制与河床比降和横断面的调整密切相关。河型本身影响着河床对水流的阻力，某种河型的存在与所能得到的泥沙总量和性质有密切关系，与流量及其变化的关系也十分密切。所以，近些年来国内外河流地貌研究重点是河型。通常在遥感图像上能把河型分为顺直微弯、弯曲、分汊和游荡四种。人们常把河流的长度与河谷长度的比值作为划分各种河型的标准。这一比值称为曲折率，它的大小大致变化在 1～5 之间。顺直微弯型的曲折率为 1.0～1.25；弯曲型的曲折率为 1.2～5.0，其中一般弯曲的曲折率是 1.2～1.5，蛇曲或蜿蜒的曲折率则是 1.5～5.0。分汊型是河床被江心洲分为若干汊道，有分有合、时分时合，河岸抗冲性比顺直微弯和弯曲型的小，有可能因冲刷展宽河床，为江心洲发育提供条件。游荡型河床的主要特点是，河身宽浅，心滩众多，洪水时汪洋一片，波涛汹涌；枯水时河汊密布，水流散乱，有时甚至难辨主流所在，在多沙河流上尤其普遍。

对于水系及其环境的研究，目前多采用 Landsat 图像、SPOT 图像和国土资源卫片，开展地学分析应用。不同的卫星图像由于传感器的差异，其地面分辨率、波谱分辨率等也不同。故此，在应用中需视研究的目标对象而选取。例如，多光谱 MSS 图像中，MSS7 波段适于水体的分析，因为其对红外波段有强烈的吸收能力。因此，水体在图像上呈现深色调，沼泽湿地也是较深色调，这对于水体的分布和浅层地下水的分析均有较好的效果。又如，TM4 能显示出水体的细微变化，有利于水系结构的分析，同时能较好地区别于其他地物。另外，TM1 波段对分析冰雪表面特征有较显著效果。可以认为，TM 图像对区域的水文、地貌的研究提供了有利的条件，这也为气候影响流域发展的理论提供定量的研究。

流域是由一完整河系组成的，它反映了地表水流的方向和地形结构特点，这与区域的降水量、岩性、地质构造等因素有密切关系。利用遥感图像编制水系图，可以较客观地表征出区域的地理特征，如图 6.10 所示。

图 6.10　河流水系示例

例如，京津唐地区国土普查卫星图像综合应用研究中，曾利用国土卫星像片进行了水系图的解译编制。如潘家口水库地区的水系分布图，就是利用 1978 年和 1985 年 10 月获取的 1：200 000 比例尺国土卫片（全景式像片和彩红外像片），运用地学分析方法解译而成。实践认为，利用国土卫片可将该区域的水系解译表示出 4～5 级，乃至小沟谷。对此，经与陆地卫星图像 MSS 比较，其水系一般只能表示出 2～3 级，TM 图像可解译到 4 级；SPOT 图像上水系可表示到 4～5 级，但水系结构细节的清晰度不如国土卫星像片。

区域的水系发育，与其地质基础、构造、地貌、地表物质和植被覆盖等水文地理环境因素密切相关。在卫星图像上，往往有许多急转弯的河流或是笔直分布的河流，这通常与区域的地质构造（如断裂构造）方向基本一致。它主要受构造控制，但亦与岩性有关。有些河流在图像上形迹模糊不清，这种河系多半是发育在松散地表物质上，或是风化物质上，因此，河流在图像中的细节不清，难以识别表示。

对三角洲地区的河流，遥感分析同样有着积极的作用。遥感图像上无论是三角洲堆积地貌、河口地貌或是水网分布等均有明显的标志。河口冲积扇往往是呈半圆形突出分布，海陆交界线呈白色线状特征，冲积扇上的色调通常显示出不同物质结构的特征，同时也可从冲积扇形状分析出三角洲的发展方向。如滦河三角洲冲积扇前缘地带北侧较窄，而南端宽敞，它表示该扇形渐向南方扩展。

2. 湖泊演变

卫星遥感技术是探测湖泊、沼泽等水域的先进手段。不论是分布在人迹罕至地区的火山湖，或是熔岩地区的溶蚀湖，还是冰天雪地中的冰川湖，乃至渺无人烟浩瀚戈壁沙漠里的风蚀湖，在遥感卫星的观察下，任何湖泊都显露无遗。湖泊主要是通过遥感器探测记录水的光谱特性得以表征。因此，水体的影像特征与水的光谱特性紧密相关，如水体在可见光范围内，其影像色调与水体的悬浮物微粒数量、粒径大小及混浊等有关。当水体较清澈时，对短波的散射能力强，水体影像呈现蓝色；水体混浊时，影像呈现绿色或黄绿色，这就是人们以遥感图像解译湖泊的重要标志之一。

卫星遥感图像上，有不同色调、大小形状的图斑。就湖泊水体来说，其波谱特性和背景地物的光谱特性有明显的差异：在可见光范围，湖泊水体的反射率与其背景地物类型的反射率相差不大；可是在红外波谱段，水体与背景地物反射率有明显的差别，因湖泊水体对红外辐射，几乎全部吸收，使湖泊水体相对于其背景地物有显著的色调区别。因此，湖泊水体在陆地卫星图像的 MSS7 波段（0.7～1.1μm）有很好显示，地学工作者通常采用此波段图像对湖泊位置、形状、大小和水文等特征进行分析。对不同时期湖泊水位的变化，也可采用不同波段，如用陆地卫星 MSS4，MSS5，MSS7 合成的标准假彩色图像中的蓝色、深蓝色等不同层次的颜色得以区别。从而可用来分析湖泊水位变化的地理规律。水体与背景地物的影像特征区别，不仅能反映出湖泊的形态特征，而且可揭示其成因、结构等特点；同时，可用以分析湖泊的演变。以 20 世纪 70 年代后期干涸消亡的罗布泊为例，它的消失过程在陆地卫星假彩色图像上得到了清晰的显示。

在丰富多彩的卫星影像上，湖泊、水库等水体，一般呈现深色调，在黑白片上呈现黑色，在彩红外图像上，呈深蓝色或者墨绿色。这些深淡不同的色调，往往与湖泊、水库的蓄水深度有关，一般来说水深色浓，水浅色淡。另外，湖泊、水库图形与其所处的地形特征相关。实践表明，卫星遥感图像除用做湖泊水体分布与变迁等动态研究外，还可以有效地分析湖区洪、涝、淤等灾害。

3. 河口三角洲演变

在我国漫长的大陆海岸线上分布有许多大小不一的河口三角洲，其中，由北向南规模巨大的诸如滦河三角洲、黄河三角洲、长江三角洲和珠江三角洲等。

对于河口三角洲的调查研究，以往通常是野外地面调查，随着遥感技术的进步，人们广泛地应用卫星图像进行典型调查分析。以下以黄河三角洲和长江三角洲为例，介绍河口三角洲的遥感调查情况。

黄河三角洲是因出海口处纵比降小、水流速降，同时又受到海水顶托，促使河流挟带的泥沙速沉而形成。这种三角洲类型因其河流流量、泥沙含量和海洋能量大小不一而有差异。所以，从影像上的河流三角洲形态的不同，可以分析河流因素的特征。黄河三角洲分流河口处呈扇形分布，这表明它是由黄河尾闾多次改道演变而成的结果。而这些古河道形迹，在影像上均有不同程度的反映，它们在图像上的河型特征也能得以分析。例如，分流河道是尾闾演变后期形成的河型，它在影像上往往保留较明晰的分流特征。倘若对照地形图，则可清楚地明辨出黄河三角洲中神仙沟、甜水沟和宋春荣沟分流河道的分布特点，但其左右分布着大小不一的游荡性河，有的多股水流归并一股，有的交叉。它们这种多股合流的、相互交织的或是密集排列的游荡性河流，在图像上的线状影纹特征均有显示，这为利用遥感分析游荡性河道提供了依据。这对于直线型和弯曲型河道的解译也是可行的。

通过三角洲河道演变所遗留的地貌特征（如入海河道两岸的条状沙岗等）分析，即可研究三角洲形成的历史及其沉积体系。三角洲区条状沙岗可在卫星影像图上勾绘出来，然后从沙岗图形分布和物质组成等分析即可得知，它们所集中的顶点分别是宁海和渔洼。它们是黄河三角洲新老两时期形成的中心，即近代和现代三角洲。根据上述黄河三角洲演变的影像解译分析可以清楚看到，其主要是向东北方向演化，这也为黄河三角洲地区的改造和整治提供了依据。

长江三角洲不同于黄河，它是多汊河口，即南槽、北槽、北港和北支四汊道，这在卫星影像图上有明显的反映。长江口的北港和北支之间的崇明岛变化很快，这在卫星像片上有清晰的展示。从中可知，长江三角洲发育的阶段性，即以崇明岛为主体的亚三角洲，北支逐渐衰退，很快将被淤死，而长兴岛则成为新亚三角洲的主体。这一现象，在卫星影像上崇明岛的西北岸有扩充的呈红色的作物分布，在新老滩地的分布上有一较明晰的界线，这可能与水文条件、物质结构和地表特征有关，从中也能估算出三角洲推进的前景。

从以上分析认为，利用遥感图像进行水系变迁、古河道的调查，对合理开发地下水的资源具有科学现实意义。目前，不少生产研究部门，利用遥感手段开展古河道、地下水和淡水的探测调查，取得了理想的效果。例如，关于古河道的调查，在实地考察中除了其河道发育过程中所遗留的牛轭湖等特征外，而河道本身则往往难以辨明。特别是在漫无边际的农田平原上，无法直接确认。因为经历了漫长历史阶段的人类生产过程，一些外形特征几乎不复存在，但古河道中蕴藏的地下水资源则在卫星影像上依然有明确的反映。

4. 海岸带演变

传统的海岸带资源调查和海洋调查，花费大量人力、物力、财力，虽已取得大量科学成果，但是方法落后，野外工作量大，周期很长。随着社会经济的发展，要求快速、准确地获取海岸和海洋的动态信息，为海涂开发利用、海水监测和以石油开发为中心的海洋开发新阶段提供科学依据。遥感技术是进行海岸、海洋调查的有效手段之一。近 20 年已在海岸带和海涂资源综合调查、海洋环境监测等方面取得了成功。为了更有效地将遥感技术应用于海岸、海洋环境监测和预报，资源的调查、开发和管理，使我国的海洋遥感技术尽快赶上世界先进水平，我国于 2000 年发射了海洋卫星（HY-1)。这对我国海洋开发事业具有非常重要的意义。

近岸海域环境（下称海岸带环境)，是全球环境变化的敏感与脆弱地带，其通常是指近岸海域的水深不足 20m 至陆域 10～15km 以内的区域，约占地球面积的 8%，它具有高度的自然能量和生物生产力，是地球系统中最有生机的一部分。海岸带地区往往是城市、人口分布密集、生产活动频繁的经济发达区。所以，海岸带环境面临着近岸生态环境不断恶化、海岸水域污染、海岸资源过度开发、沿岸灾害频发等严重的问题。

为此，海岸带环境的调查与监测，对于海岸带系统的良性生产循环，海岸区域的永续发展是十分重要的。遥感技术的进步，为海岸带和海岛的监测、海滩涂的调查、海岸带环境监测、海岸带和河口三角洲环境变迁及其环境质量评价等提供先进的手段。

海岸带是海陆交汇的过渡地带。其包括陆域的潮上带、海滩涂的潮间带和近海域的潮下带几部分。其陆域、滩涂与海域三者之间的面积比约为 4∶1∶5。我国拥有 18 000km 的大陆岸线，有着独有的优势区位，是我国经济建设的重要资源之一。

我国海岸带因受地质构造和地貌单元的控制作用，其类型大致有基岩海岸、砂砾质海岸、淤泥质海岸、珊瑚海岸和红树林海岸。研究海岸带及其变化，分析不同海岸类型有重要生产意义。

1）海岸线确定

我国海岸受潮汐作用的影响，沿岸分布有潮间浅滩，简称潮滩。人们通常将滩面宽度大、坡度平缓的粉砂淤泥质海岸的潮滩，称之为海涂。海涂是动态的潮间带，一天两潮，一年四季潮位均在变化之中，海涂处于陆地向海洋的过渡地带，是重要的自然资源，是农业围垦、水产养殖、海港建设、种苇、制盐和开辟旅游业的重要基地。

海涂上限是海岸线，为大潮涨潮，海水携带的漂浮物质，年久堆积成的一条明显的线。这条线实地比较清楚，航空像片上也易于解译，即大潮海水到达的位置。有的地段因筑有海堤，大潮海水到此为止，这时海堤边缘即为海岸线。

海涂下限是低潮位线，它的确定比较麻烦。尽管可采用低潮位航空遥感方法来确定，但是，空中航摄瞬间并不恰巧是最低潮位出现时刻，只能是近似的低潮位线。为了找到最低潮线的准确位置，必须在大潮退到最低潮位时，在海滩上设置标志点，并与陆地控制点进行联测。航空遥感时，潮滩标志点旁设有标志船，在飞机通过瞬间测定标志点处的海水深度，作为确定低潮位线的改正值，进而确定整个海涂不同地段的剖面和坡度变化，获得准确的低期位线。

有了准确的海岸线和低潮位线，就可以保证海涂面积和海岸线长度量算的准确性。海岸线属矢量数据，可借助扫描数字化和手扶数字化完成长度量算。扫描数字化的扫描光孔愈小精度愈高。海涂面积采用电子面积量测仪，按条件法量算和平差，闭合差为1%，符合详查的精度要求。

低潮位航空遥感便于深入研究和掌握海涂的构成、表征、类型、潮水向分布。然而粉砂淤泥质潮滩的冲淤变化是非常迅速的，需要重复进行观测，但是航空遥感的费用昂贵，不宜于经常重复进行。利用卫星图像量算潮滩的几何形态(宽度和坡度)，则可满足重复观测的要求。根据几个地区的试验结果，证明此法是可行的。

（1）波段选择。用卫星图像量测潮滩几何形态的关键是在图像上确认高潮线和成像时水边线的位置。高潮线的位置可以在落潮后的MSS7图像上确定，因为高潮线两侧地面的湿度差异在图像上形成明显的色调界线。然而在落潮过程中刚露出海面的潮滩往往大片积水，致使在MSS7图像上亦呈深色调，易与海域相混淆，因而，由此量测的潮滩宽度往往偏小，但用MSS6图像确定成像时水边线位置可获得满意的结果。在遥感图像，尤其是多光谱影像上，海岸带呈现有较清晰的形迹。比如，资源卫星 0.8～1.1μm 波段图像和 0.7～0.8μm 波段图像对海岸高潮线与其成像时的水边线都有较好的显示，能区分海水与陆地界线，同时，依据验潮站测得的潮汐过程线计算出海岸潮滩的宽度。这就为研究海岛、海岸带的变化提供了可靠的技术途径。

(2) 时相分布。卫星过境的成像时间与潮汐涨落的时间——潮时无固定的关系，不同时相卫星图像上的潮滩宽度的变化是随机的。用作潮滩形态量测的多时相图像，其成像时间要尽可能均匀地分布在整个潮汐周期中，特别是要有大潮低潮前后成像的图像。潮滩的宽度随潮高而变化，二者呈负相关。对应的潮高可从离测量岸段不远的验潮站记录的潮汐过程线中算得。这样，若在卫星图像上设置若干个固定测量剖面，则每个剖面上的潮高与潮滩宽度构成一个数据对，即潮高-潮滩宽度数据对。

(3) 潮高-潮滩宽度散点图。如果收集了某个岸段若干幅不同时相的卫星图像，则在每一个测量剖面上均可得到若干个潮高-潮滩宽度数据对。将这些数据对点在坐标纸上，便可绘成散点图。图中，潮高与潮滩宽度呈负相关，散点的分布形状类似于二次曲线，可用指数方程加以拟合。

$$y = a - bx^2 \tag{6.4}$$

式中：y 为潮高；x 为潮滩宽度。

据此方程可算得任意潮高下的潮滩宽度。

在渤海湾和杭州湾利用卫星图像进行的潮滩形态量测表明，它与海图测量、滩面实测的潮滩宽度和坡度的沿岸分布趋势是一致的。按数值而言，卫星图像量测的与海图测量的比较接近，但互有高低；地面实测的坡度明显偏大，宽度明显偏小，这是因为地面实测时，受潮时及其他因素的影响，往外未能到达最低潮线之故。由此可见，用多波段、多时相的卫星图像量测潮滩形态，不仅可达到通过复杂的测量计算而绘制的海图所能达到的精度，而且可节省大量的人力和物力。

2) 海滩涂的确定

海滩涂是海岸带系统中可开发利用的丰富资源之一。海涂是指淤泥质海岸的潮滩；砂质海岸的潮间带称之为海滩。海涂是适于开发利用的淤泥质潮滩。我国平原淤泥海岸的海涂主要分布于杭州湾以北的地区，港湾淤泥质潮滩主要分布于辽东大洋河口至老鹰嘴及浙江、闽北地区，是海岸带中利用潜力较大的滩涂资源。海滩是波浪作用下形成的，它有沙石滩、沙滩之分，后者宜于土地利用开发。滩涂资源包括海滩涂、滩涂沼泽地和河滩地，全国滩涂资源面积为 3 256.4 万亩 (1 亩 $=666.7\text{m}^2$)，其中平原岸段的滩涂资源比基岩岸段丰富。海滩涂是受水淹没出露的滩地，其面积约 2 623 万亩，占全国滩涂面积的 80%以上。它是可利用面积最大的滩涂主体，主要是贝藻类、鱼类等的海水养殖用地，大部分分布于南海与渤海沿岸，是海水养殖业的重要基地之一。

滩涂沼泽地是受海水和咸淡水作用，分布有湿生植物，如沼泽草地、芦苇地、红树林等的滩涂地，占全国滩涂面积的 14.5%。其在黄海、渤海、南海、东海沿岸均有分布，而黄海、渤海沿岸面积最大。该滩涂类型中，沼泽草地如大米草地，主要分布于江苏沿海的射阳、启东等地区。沿海滩涂的人工栽培植物，其最终为芦苇等所演替或发展为海滩牧场。芦苇地主要集中分布于上海以北的部分江河口平原岸段；例如，辽河三角洲是我国沿海芦苇分布面积最大的产区，其次是河北、江苏、天津等地。其中天津沿岸多数是分布于海堤内侧的低洼地；有的地区，如山东沿岸的芦苇，已不受海水影响。诸如此类不同生境的芦苇分布在卫星影像上都有不同特征的显示。因此，在分析芦苇植被时，应注意上述不同生境条件下的水分状况，因为有海水和无海水影响的影像有一定差异，前者有芦苇与水体的共同作用，而后者主要受芦苇植被的反射影响。此外，它们与水位也有关系。如洪水时高水位，除了芦苇群落挺于水面色调为红色外，其他植被被淹没色调呈蓝黑色，故影像标志是有差异的。自然，不同植物结构、覆盖度和生长期的芦苇群落，其影像色调也是不同的，一般说其色调在假彩色图像上呈鲜红色。这样，我们就可结合芦苇的生态环境，据不同饱和度的红色调加以区分。同时也能依据不同岸段土壤的芦苇长势，通过色调的变化予以识别；长势茂盛的呈鲜红色，长势差的呈橙红色或橙色，中间一般的呈红色。据此，不但可将不同沿岸段的芦苇表示出来，而且能反映出不同地貌、水文和土壤特征的芦苇类型。与此同时可根据分类的结果，按照一定的算法计算出其面积和产量。

另外，该滩涂沼泽地，在闽、粤、桂、琼等有关岸段为红树林分布区。红树林是热带、亚热带地区沿岸的一种盐生植物群落。其生境一般是在河口港湾的潮间带高潮区，宜长于入海处的淤泥质、泥沙质滩涂上，故称红树林滩涂地。目前，有些典型的沿岸已建立起红树林自然保护区，如广西壮族自治区北海市合浦县的英罗港、铁山港红树林保护区。

我们知道，植被在不同波段，有着不同的反射光谱曲线特征，即多峰、谷特征。在可见光谱段，植被的平均光谱反射率往往高于水体；在近红外谱段，比水体更高；在中红外谱段，与水体相近。

红树林滩涂地，因受海水的影响，其植物叶子的反射率比旱生的要低，但它又是盐生植物，其叶子的反射率也会逐渐增加；此外，它因受大气或水体污染程度而有变化。受污染水域的红树林，其反射率在不同波段是有差异的，在可见光谱段增高，在近红外谱段降低。当红树林水域严重污染，叶绿素被破坏的情况下，其在上述两谱段的反射率均会降低。为此，在解译红树林滩涂地时，应视其生态因子组合的影响而作具体的地学、生物学分析。

一般情况下红树林滩涂地，在卫星假彩色影像上呈深品红色或紫红色。另外，还与其覆盖度有关，盖度较大的，呈红色或鲜红色。在间接标志上，应研究红树林的水文因素、滩涂地的土壤特性及其所处的沿岸部位及人类活动的关系等，以区分出红树林滩涂地。

至于受咸淡水淹没出露的河滩地，在我国沿岸海域也有不少分布。例如，钱塘江口岸、珠江口段和黄河口段等，其仅占我国滩涂总面积的不足5%。在卫星影像解译时，应考虑其形成的海岸地貌、海水潮差及河口水利工程设施等因素。

3）海岸带历史变迁

研究海岸带历史变迁，对其合理开发利用具有重要的科学和生产应用价值。海岸线的变迁，应分析其不同时期的古海岸线变化。主要是根据所遗留的古海岸河口地貌，对贝壳堤状堆积分布、滨海古洼地等进行地学相关综合分析。

例如，天津、唐山间的渤海沿岸的历史变迁，第四纪期间，多次受到海进，在全新世中期的海侵达到最大规模，一直影响到丰南、宝坻、武清、文安、沧州一带。目前，在天津市以东平原，尤其是海河以南地区，遗留有标志古海岸的数道贝壳堤，它反映出海岸的间断后撤。其最内的一道贝壳堤，即第4道贝壳堤，因长期受自然和人为活动的影响，地表已残存遗迹很少，部分已被河流淤积物掩埋，在图像上多是东北-西南向的古河道带分布。第3道贝壳堤在影像上还有较清晰的形迹，呈现南北走向微弯的平滑弧线。据考古证实，第3道贝壳堤在战国时期已有人类居住生活。第2道贝壳堤，位于南北大港的东侧。在第1～2道贝壳堤之间，较清晰地展示出现代海积平原的低湿特征及海水影响的程度。

以上四道贝壳堤的分布，表明了古海岸的变迁历史。它在卫星影像图上，除了第4道贝壳堤残存遗迹少外，其余均能结合实地调查分析加以识别，详见表6.3。

从表6.3可以看出，其海岸演变次序反映了渤海湾天津-唐山市沿岸的变迁

表6.3 渤海湾海岸环境变迁影像特征分析

贝壳堤	形成年代	分布地理位置	堤间过渡带特征	影像特征分析
第四道	距今4 000～5 000年以前	黄骅地区，南大港西侧，北大港与团泊洼之间，乃至天津市区	地表残存少，部分埋于河流淤积物下	西南-东北向的古河道带，显示较清楚，局部田块走向上隐约显示出与现代海岸线平行的地面特征
第三道	距今3 000～3 800年前	近南北走向，穿越南、北大港洼地，向北经巨葛庄至张贵庄	黄河从此间注入渤海湾，开始了陆地塑造	显示出堤的微弯平滑弧线，其两侧的地物景观差异明显
第二道	距今1 500～2 500年前	位于南、北大港东侧，延伸于岐口、上古林、杨岑子、白沙岭一线	二道堤、三道堤之间，形成宽约10km的差异沉积带	能识别出堤的形迹和二道堤、三道堤之间的10km的沉积带
第一道	距今约500～600年前	紧靠沿海	一道堤、二道堤间的现代海积平原的低湿地带	废弃的曲流河道，影像上以断续的弯曲图形显示

过程，各变化阶段均与河流淤积作用有密切关系。它不仅说明其古地理环境的变化，而且也反映出海岸带和河流淤积的内在联系及其演化规律。

第四节　水质遥感监测

利用遥感技术能迅速、同步地监测大范围水环境质量状况及其动态变化，在这些方面弥补了常规监测手段的不足，因此引起许多环境科学工作者的重视。近些年来出现了“水质遥感”和“污染遥感”研究课题，它们分别对自然水体和污染水体的水质（或污染物）进行遥感研究。就精度而言，遥感方法通常低于常规监测方法，但遥感技术正是通过这种精度上的损失，换取了水环境研究的区域性、动态性和同步性，这正是把遥感技术应用于水环境研究的意义所在。

从原理上说，遥感传感器记录的是地表物体的电磁波辐射特性（强弱变化及空间变化），因此只有在较大程度上直接或间接影响水体的电磁波辐射性质的水环境化学物质才有可能通过遥感技术加以探测，并非所有水环境化学研究的内容都可以辅以遥感手段。

利用遥感技术研究水环境化学包括定性和定量两种方法。定性遥感方法是通过分析遥感图像的色调（或颜色）特征或异常对水环境化学现象进行分析评价的，这往往需要了解水环境化学现象与遥感图像的色调（或颜色）之间的关系，建立图像解译标志。定量遥感方法建立在定性方法的基础之上，为了消除随机因素的影响，通常需要获得与遥感成像同步（或准同步）的实测数据，以标定定量数学模型。

在江河湖海各种水体中，污染物种类繁多。为了便于用遥感方法研究各种水污染，习惯上将其分为富营养化、悬浮泥沙、石油污染、废水污染、热污染和固体漂浮物等几种类型，表 6.4 列举了各种污染水体在遥感影像上的特征。

表 6.4　水污染的遥感影像特征

污染类型	生态环境变化	遥感影像特征
富营养化	浮游生物含量高	在彩色红外图像上呈红褐色或紫红色，在 MSS7 图像上呈浅色调
悬浮泥沙	水体浑浊	在 MSS5 像片上呈浅色调，在彩色红外片上呈淡蓝、灰白色调，混浊水流与清水交界处形成羽状水舌
石油污染	油膜覆盖水面	在紫外、可见光、近红外、微波图像上呈浅色调，在热红外图像上呈深色调，为不规则斑块状
废水污染	水色水质发生变化	单一性质的工业废水随所含物质的不同色调有差异，城市污水及各种混合废水在彩色红外像片上呈黑色
热污染	水温升高	在白天的热红外图像上呈白色或白色羽毛状，也称羽状水流
固体漂浮物		各种图像上均有漂浮物的形态

水质遥感由于种类很多，不同的监测目的对于遥感影像的地面分辨率和光谱段及获取周期各有不同要求。表 6.5 表示在水污染遥感监测中，对于不同污染源所需要的遥感参数。

表 6.5 水质遥感对影像的要求

遥感参数 / 测定项目	地面分辨率/m	光谱分辨率/μm	波长范围/nm	摄影周期	视场角（离铅直方向的角度）	摄影范围/（km×km）
石油污染	10～30 (300)	—	紫外、可见、微波	2～4h (1 天)	注意光晕	200×200 (20×20)
悬浮泥沙	20 (500)	0.15 (0.15)	350～800 400～700	2h (1 天)	0°～+15° (-5°～+30°)	350×100 (10×10)
固体废物	10 (200)	0.15 (0.15)	350～800 400～700	5h (10 天)	0°～ +15° (-5°～+30°)	35×35 (10×10)
热污染	30 (500)	温度分辨率 ±0.2 ℃ (±1 ℃)	10～20μm (10～14μm)	2h (10 天)	—	35×35 (10×10)
富营养化	100 (2 000)	0.05 (0.15)	400～700	2 天 (14 天)	0°～+15° (0°～+30°)	350×350 (35×35)
赤　潮	30 (2 000)	0.015 (0.015)	400～700	5h (2 天)	0°～+15° (-5°～+30°)	350×350 (20×100)

注：表内数字是指理想值，括弧内的数字是最低限度允许值。

一、水体富营养化遥感监测

当大量的营养盐进入水体后，在一定条件下会引起藻类的大量繁殖，而后在藻类死亡分解过程中消耗大量溶解氧，从而导致鱼类和贝类的死亡。这一过程称为水体的富营养化。反映水体富营养化程度的最主要因子是叶绿素，其中又以叶绿素 a 最为突出。

叶绿素遥感是基于不同浓度浮游植物有着不同的辐射光谱特性。不同浓度浮游植物的光谱特征曲线在 0.44μm 处出现明显的吸收（辐射微弱）；在 0.52μm 处出现“节点”。在“节点”处，水面反射率随叶绿素浓度变化不大。在 0.55μm 附近，普遍出现辐射峰值。而且水体叶绿素浓度越高，其辐射峰值也越高。这就是叶绿素遥感的波谱基础。

赤潮（学术上称作有害海洋藻类水华）是因海水富营养化加上其他环境条件，海洋浮游植物短期内大量繁殖、聚集而引起海水变色的一种现象，本质也是水体富营养化。赤潮也可发生在远海大洋，但更经常地发生在河口、内海、港湾等沿海海域。海洋藻类大量生长繁殖的主要原因是水体富营养化。它是生物体所需的磷、氮、钾等营养物质在湖泊、河口、海湾等缓流水体中大量富集，引起藻类及其他浮游生物迅速繁殖，水体溶解氧含量下降、水质恶化，鱼类及其他生物大量死亡的现象。在我国沿海，如渤海湾至南海沿岸均多次发生赤潮，尤其是

1998年3月、4月间，在珠江三角洲和香港沿岸，7月在杭州湾，9月在渤海湾发生了严重的赤潮，对沿海生态系统产生了很大的危害，使经济受到了巨大的损失。所以说水体富营养化、赤潮等灾害已成为环境保护中的一个不可低估的环境问题。

目前，水体富营养化的遥感定性识别和定量研究都有一定进展，航空遥感和卫星遥感均有应用。航空遥感以彩色红外摄影为佳；对于卫星遥感，使用海洋水色卫星和陆地卫星（Landsat）的多波段假彩色图像有较好的判读效果。

1. 水体光谱特征与水中叶绿素含量的关系

水中叶绿素浓度是浮游生物分布的指标，是衡量水体初级生产力（水生植物的生物量）和富营养化作用的最基本的指标。它与水体光谱响应间关系的研究是十分重要的。当然，这种指示作用的有效性还与浮游植物光合作用的环境因素（如营养盐、温度、透明度等）以及叶绿素含量变化的制约条件有关。

一般说来，随着叶绿素含量的不同，在0.43～0.70μm光谱段会有选择地出现较明显的差异。图6.11显示不同叶绿素含量水面光谱曲线。从图中可见，在波长0.44μm处有个吸收峰。0.4～0.48μm（蓝光）反射辐射随叶绿素浓度加大而降低；在波长0.52μm处出现“节点”，即该处的辐射值不随叶绿素含量而变化；在波长0.55μm处出现反射辐射峰，并随着叶绿素含量增加，反射辐射上升；在波长0.685μm附近有明显的荧光峰（图6.12）。这是由于浮游植物分子吸收光后，再发射引起的拉曼效应——即进行水分子破裂和氧分子生成的光合作用，激发出的能量荧光化的结果。从图中可知，以上的波峰-波谷带宽较窄，为获取这些有指示意义的信息，需要选择的波段间隔不宜宽，最好小于或等于±5nm。

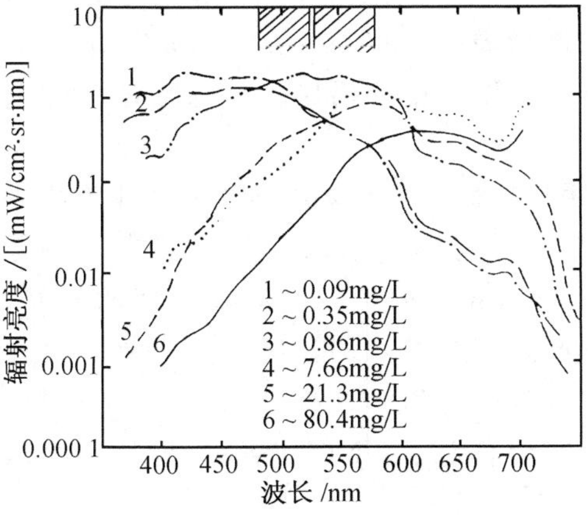

图6.11　不同叶绿素含量水面光谱曲线

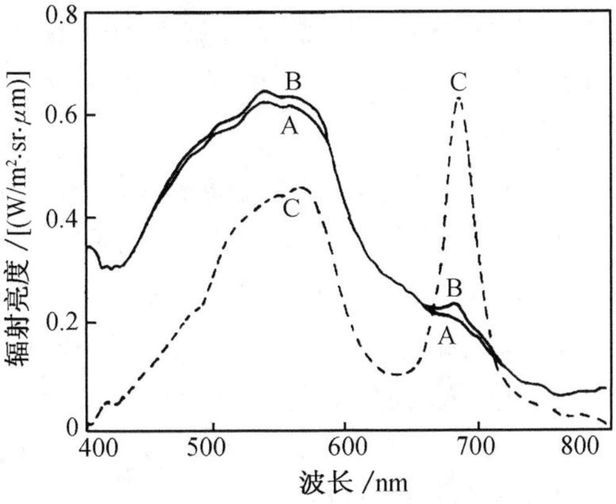

图6.12　不同叶绿素含量水面光谱荧光峰

图 6.13 反映航空遥感所测的不同叶绿素浓度的海水的光谱响应差异。从图中可见，当叶绿素浓度增加时，可见光的蓝光部分的光谱反射率明显下降，但绿光部分的反射率则上升。

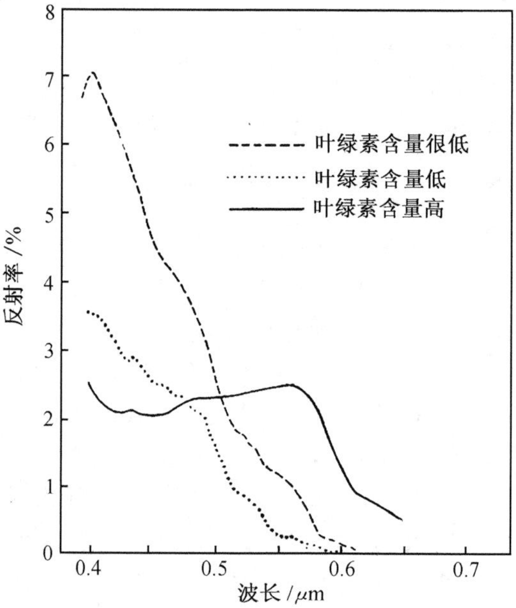

图 6.13　航空遥感所测的海水的光谱响应

应该说明的是，研究表明随着海水中悬浮物质浓度的增加，在 0.52μm 附近的叶绿素光谱“节点”会向长波方向移动。国外有关研究认为，当海水中悬浮物质浓度为 0.1mg/L 时，节点移至 0.57μm；当海水中悬浮物质浓度达 0.5mg/L 时，节点可移到 0.69μm。因此，在含较高悬浮物质的沿岸水，由于叶绿素光谱“节点”向长波方向漂移，随水中叶绿素浓度的增加，TM4（0.76～0.90μm）的光谱值增高。可见，近红外波段（TM4）也可作为提取沿岸流叶绿素浓度的重要信息源。

利用叶绿素浓度与光谱响应间的这些明显特征，人们采用不同波段比值法或比值回归法等，以扩大叶绿素吸收（0.44μm 附近蓝光波段）与叶绿素反射峰（0.55μm 附近的绿光波段）或荧光峰（0.685μm 附近的红光波段）间的差异，提取叶绿素浓度信息，以指示并遥感监测水体（海洋）的初级生产力水平。以 Landsat/TM 为例，选用 TM1（0.45～0.52μm）和 TM2（0.52～0.60μm）、TM3（0.63～0.69μm）波段数据，或直接比值法，TM3/TM1，TM2/TM1，或建立比值回归方程

$$C = b(\mathrm{TM3}/\mathrm{TM1}) + a \tag{6.5}$$

式中：C 为叶绿素（CHl-a）相对改度；a、b 为相关系数，可通过同步（准同步）观测求得，即由实测数据与遥感数据统计相关分析所得。使具有相同性质的噪声和干扰得到消除或部分抑制。比值法可以消除因太阳高度角、观测角不同而造成的误差，还可以部分抵消大气效应。但它更适于悬浮物质稀少的大洋水。

研究测试表明，水体叶绿素浓度与水面温度间存在线性相关：

$$C = a_0 + a_1 t \tag{6.6}$$

式中：C 为叶绿素浓度（mg/m^3）；t 为水面温度（℃）；a_0、a_1 为回归系数。

对于遥感估算水体叶绿素浓度，国内外学者做了大量的研究，建立了不少遥感数据与不同叶绿素浓度的水体光谱间的数学模型。但因水中叶绿素的光谱信号相对较弱，加上水中悬浮固体含量的影响，因而目前遥感估算水中叶绿素含量的精度不高、平均相对误差约20％～30％。

为了有效地研究海洋水色的初级生产力——叶绿素浓度，海洋遥感卫星携带了专门研究海洋水色的高光谱分辨率仪器——海岸带水色扫描仪（CZCS）等。选取更为合适的中心波长，且波段间隔很窄（20nm左右）；高光谱或荧光水色扫描仪（0.43～0.80μm内共288个波段，波段间隔达2.5nm），可以获得单个像元近似连续的光谱曲线，使观测精度大大提高。

2. 水体富营养化遥感监测的可行性

对于富营养化的两个不同阶段——藻类大量繁殖阶段和藻类大量死亡分解阶段（耗氧阶段），水体有不同的光谱特征。由于浮游植物中的叶绿素对近红外光具有明显的“陡坡效应”，因而这种水体兼有水体和植物的光谱特征——在红光区特别是在近红外区具有高的反射率。因此，在赤潮发生时，水体在彩色红外像片上（或标准假彩色图像上）呈现红色斑块，在彩色红外图像上，富营养化水体呈红褐色或紫红色；当藻类大量死亡后，水中含有丰富的消光性有机分解物，在上述两种图像上水体会呈现近于蓝黑的暗色调。当然，富营养化的这两个阶段不是截然分开的，因此图像上有时会呈现综合特征。

沿岸水域的云雾状影像可能是悬浮固体及微小浮游生物的后向散射共同作用的结果。因为沿岸水域带来的悬浮固体及其他营养物和污染物，会引起沿岸水域表层微小浮游生物迅速繁殖，所以沿岸水域的悬浮固体和微小浮游生物的浓度都比外海大，沿岸水域后向散射光谱在可见光及近红外谱段的辐射量比外海大，在影像上反映就亮一些。在可见光谱段的假彩色影像上就更为清楚。

在AVHRR可见光谱段，水体表现为一片漆黑，当海洋水体中浮游生物和悬浮固体浓度增加，使海洋水体后向散射光增加，但是增加得很小，在影像上水体还是黑暗的。只有发生藻华现象时（高浓度的颗石藻在成熟死亡过程中与藻层即碳酸钙层脱离，其骨架自由悬浮在水中）会造成水体反射率增加，在影像上表现为发亮的高反射率影像。暖流在这个过程中起了促进作用，即加速了过程的进行。

由于水体富营养化及赤潮的发生，海面浮游植物大量繁殖和生长，蓝、绿光被吸收，而红光和近红外则有强烈的反射，而偏离了正常的浮游植物的反射波谱，表现出强烈的吸收和反射特性。因此，赤潮发生时，在蓝、绿波段表现吸收特性，在红光区的 0.69～0.72μm 和橙光区 0.59～0.62μm 处有很高的反射峰。可以通过多波段传感器的可见光和红外的增强彩色影像，发现赤潮的存在，受其影响的沿岸或港湾水域在此类影像中以鲜明的橙红色显示出来。对于富营养化信息的提取，可以通过现场叶绿素生物量和蓝藻生物量数据采样，并用采样数据与特定的遥感数据（TM 或 AVHRR）反映的水体绿度指数，建立遥感回归模型，从而可得出水体中叶绿素及生物量的空间分布信息，并计算出叶绿素及蓝藻生物总量，可达到较高精度，由此发现和监测水体富营养化。

通过监测沿岸海面，发现赤潮、水体富营养化，并确定其程度和圈定其范围。并对发现的赤潮进行短期内的重复监测，以获取其发生、发展的进度和机理，寻求减少这类灾害出现的方法和措施。

3. 叶绿素浓度信息提取方法

用遥感方法估算叶绿素浓度，国内外许多学者已经做了大量工作，已有多种用遥感辐射率估算叶绿素浓度的生物光学算法。归纳起来，大致有经验算法（基于回归模型）、神经网络模型法、光谱混合分析法等几种算法（许珺，2000）。

1）经验算法

不同光谱曲线处于不同水色水体有大小不同的峰值，但相差甚小，所以对用于进行叶绿素遥感监测的传感器，要求有狭窄的光谱波段和很高的灵敏度。“Nimbus-7”卫星上配置的海岸带水色扫描仪（CZCS），该传感器工作波段中心为 0.44μm、0.52μm、0.55μm、0.67μm 和 1.15μm，各波段带宽只有 20nm，有较高的光谱分辨率和灵敏度。其前三个波段用于海面浮游植物浓度定量遥感的比值法处理，第 4 个波段用于对前三个波段进行大气校正。根据海水中叶绿素浓度 C 和蓝绿波段反射率比值（0.55/0.44）间存在的函数关系，建立叶绿素遥感比值法，用下式估算海面叶绿素浓度（mg/m^3）：

$$C = F[B/G] \tag{6.7}$$

式中：F 为函数关系因子；B（蓝）、G（绿）分别为蓝波段、绿波段的水体反射率。

陆地卫星的 MSS 和 TM 传感器，以及 NOAA 卫星的 AVHRR 传感器的可见光波段的工作波带都比较宽，不同程度上掩盖了浮游植物水体出现在狭窄波带处的光谱特征信号，这些传感器光谱灵敏度都比较低。为了获得较好的效果，许多学者进行了多方面的研究探讨。

Pennock认为在营养物质丰富的海湾，叶绿素的浓度通常受光照条件即悬浮固体浓度的限制。但是Keiner的研究表明悬浮固体浓度较低的情况下，影响浮游植物生长的限制因子不是光照，而是营养条件，此时的叶绿素浓度与悬浮固体浓度之间有很强的相关性。有些研究根据二类水体中悬浮固体和叶绿素的相关性，利用悬浮固体浓度来计算叶绿素浓度，但是会忽视了在高悬浮固体浓度下低叶绿素浓度的情况。

Clark等（1980）提出固体悬浮物浓度与叶绿素浓度的相关公式：

$$\lg S = -0.39 + 0.78\lg C \tag{6.8}$$

Tassan（1993）在那不勒斯湾的研究也显示悬浮固体浓度（g/m^3）与叶绿素浓度（mg/m^3）之间存在如下关系：

$$\lg S = (-0.247 \pm 0.016) + (0.567 \pm 0.026)\lg C \tag{6.9}$$

傅克忖等对多光谱反射比数据进行因子分析，得出主因子，然后建立叶绿素浓度对前三个主因子的多元线性回归方程。大量的经验算法都是建立在回归分析的基础上，这种方法有它的缺陷。统计分析要求数据（样本）量大，且数据的分布是典型的，数据少或者分布不典型，则难以找到统计规律。除了实测的误差，在获取足够的生物和光学采样数据期间发生的环境变化，由于非叶绿素吸收物质引起的波段比值的变化，以及采样数据的不连续，都可导致回归算法精度不高。为了避免统计分析的不足，陈楚群等在对叶绿素光谱特征及遥感估算叶绿素浓度机理研究的基础上，选取了TM1-TM4波段的75种波段组合为子因素，以叶绿素浓度为母因素，利用灰色系统理论，分析各波段组合与叶绿素浓度之间的关联度，得到估算表层海水叶绿素浓度的反演模型，发现TM数据3和4波段的乘积是估算沿岸海水表层叶绿素浓度的最佳波段组合，并且指出对于含悬浮颗粒物质较高的沿岸海水，由于独立于叶绿素浓度的光谱节点往长波方向漂移，随着海水中叶绿素浓度的增加，TM4（760～900nm）波段的光谱辐射值将增加，因此TM4波段将成为提取沿海叶绿素浓度的重要信息源。Keiner和Yan以TM1波段和1、3波段的数据用神经网络方法比值计算了叶绿素浓度，并和回归分析方法进行了比较，均方差从26.7%降低到9.5%。

CZCS（海岸带水色扫描仪）遥感数据的应用经验表明，蓝、绿2个波段的遥感数据的应用有较大的局限性。这主要是由于在海水中，各种物质成分的光谱信息叠加在一起，除浮游植物外，无机悬浮颗粒及黄色物质对离水辐射的作用同样重要。随着新一代水色遥感器如SeaWiFS及中分辨率成像光谱仪（MODIS）光谱通道的增加，为研究新一代的生物-光学算法，充分利用各通道的光谱信息提供了可能。这些新的传感器具有更多的波段，并且有更高的光谱分辨率，弥补了CZCS的一些不足。随着传感器性能的提高，需要提高生物光学算法用来从遥感辐射率数据精确地计算叶绿素浓度。

目前已有多种利用SeaWiFS影像多波段数据计算叶绿素浓度的算法，这些算法中大多数都是根据辐射率和叶绿素浓度回归分析得到的经验公式，如GPs算法、C3b算法、Arken算法、OCTS算法、POLDER算法、CalCOFI的两波段、三波段以及四波段算法、Morel算法。随着理论研究的深入和对海洋光学场知识的增加，出现了半分析（半经验）的海洋水色算法，如Carder模型、Garver/Siegel模型。O'Reilly等（1998）用来自SeaBAM（SeaWiFS Bio-optical Algorithm Mini-Workshop）919个站点浓度范围在0.019～32.19μg/L的观测数据，对15种经验算法和2种半分析算法进行了评价，认为由两个波段比值组成的三次多项式模型形式简洁，计算结果与实测数据吻合，优于其他算法：

$$C = 10^{(a_0+a_1 * R+a_2 * R^2+a_3 * R^3)} + a_4 \tag{6.10}$$

式中：$R=\lg\left[R_{rs}(\lambda_1)/R_{rs}(\lambda_2)\right]$；$a_0$、$a_1$、$a_2$、$a_3$、$a_4$为常数。

使用490nm波段有利于准确估算大范围变化的叶绿素浓度，统计结果表明R使用490/555nm波段的比值优于其他波段比值。443/555nm波段的比值虽然在中低叶绿素浓度计算的结果明显好于其他波段比值，但是在高浓度情况下精度较低，因为在波长较短的波段大气校正的不确定性较大。虽然443nm波段比较接近叶绿素的吸收峰，因而对叶绿素浓度变化较敏感，但是同样易于受CDOM吸收的影响。所以不主张使用443/555nm波段的比值。使用两个波段比值的三次多项式的缺点是当浮游植物组成、色素组分或生物光学条件与SeaBAM数据差异较大时，计算的精度会降低，所以使用新的独立观测数据时，必须经过验证。使用4个波段比值的三次多项式不会有这个问题，但是需要对4个波段进行精确的大气校正和轨道校正。用收集于多个大洋海区的连贯的SeaBAM数据验证的结果表明，用两个波段比值的三次多项式在热带、亚热带和温带水体都能得到较好的结果。

2）神经网络模型法

除非是在小范围内的统计，否则标准的线性回归不能反映叶绿素浓度与光谱特征之间的非线性关系，而非线性回归需要二者之间关系的先验知识，这通常很难获取。而神经网络模型没有这个限制，可以灵活地模拟各种非线性关系，因此可用于大变化范围的模拟方程。给定一定的节点数目，包含一个隐含层的神经网络模型就可使几乎任何连续方程接近任意的精度。一个简单的神经网通过训练就可以用来估算叶绿素浓度，达到比现有的回归分析方法更高的精度。新的SeaWiFS数据提供了较高的时间分辨率和光谱分辨率，将提高叶绿素浓度计算的精度。Keiner和Brown采用SeaWiFS数据的可见光波段（412nm，443nm，490nm，510nm和550nm），用神经网计算方法估算了海洋叶绿素浓度，提高了计算精度。

人工神经网是指由大量类似于生物神经系统的神经细胞的人工神经元互联而

成的、具有一定智能功能的网络，已成功地运用于影像分类、模式识别、信号处理和自动控制等领域。人工神经网的信息处理是由神经元之间的相互作用来实现的，知识和信息的存储表现为网络结构分布式的物理联系，网络学习和决策过程决定于各种神经元连接权值的动态变化过程。由于人工神经网的神经元通常采用非线性的作用函数，其动态运行则构成了一个非线性动力学系统，具有不可预测性、不可逆性、多因子等特点，从而可模拟大规模自适应非线性复杂系统。根据神经元的联结方式、学习方式和信息传递方向的不同，可以把网络划分为若干类型，例如，线性联想记忆网络、离散自相关器网络等。依所要解决问题的特点和性质而定。本书采用的是基于多层感知器的前馈神经网络系统的误差反向传播学习算法。

感知器是 1957 年美国学者 Rosenblatt 提出的一种用于模式分类的神经网络模型。当时的感知器只包括一个层，故称为单层感知器。图 6.14 所示的是单层感知器的示意图，其中 w_i 为连接权重，x_i 为输入向量的第 i 分量，θ 为输出阈值，f 为激励函数，如 Sigmoid 函数、Tan 函数等。已经证明，单层感知器只适用于线性可分数据，而对于非线性可分数据，判别边界会产生振荡。为了解决非线性可分问题，Rumelhart 等人提出了多层感知器（multiple layer perceptron, MLP）模型。这种模型的结构是由不同层次的结点集合组成，每一层的结点通过与下一层互联输出到下一结点层，其输出层通过连接权值而被放大、衰减或抑制。除了输入层，每一结点的输入为前一层所有结点输出值的加权和。每一结点的激励输出值由结点输入、激励函数及偏置量决定。图 6.15 为一个 3 层网络，由输入层、输出层和一个隐含层构成，它的输入与输出关系是一个高度非线性映射关系，如果输入结点数为 n，输出结点数为 m，则网络是从 n 维欧氏空间到 m 维欧氏空间的映射。通过调整神经网络中的连接权值、网络的规模（包括 n，m 和隐层结点数），就可以实现非线性分类等问题，并且可以以任意精度逼近任何非线性函数。

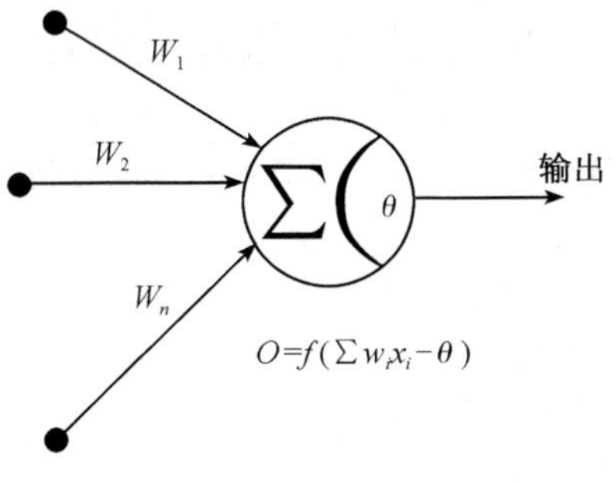

图 6.14　感知器模型

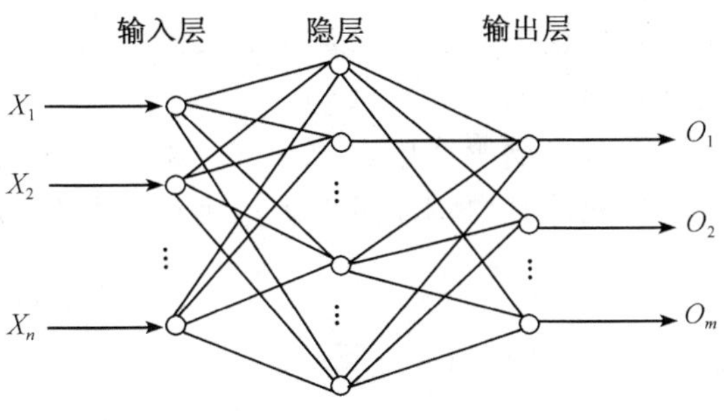

图 6.15　神经网结构示意图

3）光谱混合分析法

光谱混合分析法是与主成分分析类似的影像分析方法，主要的不同是光谱混合分析定义一个确切的在空间上和时间上都恒定的参照物（纯净像元），而主成分变化完全依靠场景变换。纯净像元代表影像上或实验室中完全由某一种特定材料组成的最单纯的像元。另外，主成分变换分离正交因子，而光谱混合分析仅仅根据纯净像元来计算。

遥感获取影像的方式通常是将连续的地表分成不连续的像元，假定每个像元代表某一类确定的物体，其光谱特征曲线只由一种地物类型来确定。事实上，由于像元对应的地面分辨率都具有一定的范围，当地表特征为连续渐变，或某种地物类型面积小于影像的地面分辨率时，就会产生一个像元实际上包括两种或两种以上地物的现象，这就是混合像元。传统的分类技术假设每个像元为单一的物体，将混合像元划分到与它光谱特征最接近的一类，分类的结果每个像元只包含一种地类。这样势必带来误差，导致分类精度下降，尤其是面积较小而又重要的类型就提取不出来，例如，在生态研究中，很多重要的植物群落可能都很小。而且这种误差会传递到基于分类的后续分析中去，所以对混合像元的分解是必要的，光谱混合分析提供了一种像元分解的算法。

光谱混合分析是一种像元分解的方法，将像元的光谱特征看成是各种纯净地物类型光谱特征的混合，用数学方法计算出每种纯净地物在低分辨率像元中所占的百分比。像元组分指影像上完全由某一种地物组成的纯净像元。如果影像从完全照明带过渡到完全没有光照的阴影，则影像上亮度最大的像元和阴影分别可以作为一个像元组分。这样，用光谱混合分析法分解由这两个像元组分组成的混合像元，就可以计算出这两种组分的不同组合。光谱混合分析是算法有线性混合模型、非线性混合模型、凸面几何学分析模型、有限光谱混合分析法等。在均匀光照明、表面比较光滑的情况下，不考虑各种地物间因散射而产生的相互作用的情况下，特定区域内的反射光线为各种地物在视场内的反射光的线性组合，这就是线性光谱混合模型。线性光谱混合模型计算简单，是常用的一种方法，已被应用于森林植被覆盖、岩石与土壤类型分析、海岸带水草类型分析、水体悬浮固体浓度计算等方面。

在多光谱影像中，选取每一种纯净地物作为像元组分（endmenber），每个波段像元的光谱特征可以表示为像元组分的线性组合：

$$\left.\begin{aligned} &\mathrm{DN}_b = \sum_{i=1}^{N} f_i \mathrm{DN}_{i,b} + E_b \\ &\sum_{i=1}^{N} f_i = 1 \\ &0 \leqslant f_i \leqslant 1 \end{aligned}\right\} \qquad (6.11)$$

式中：DN_b 为像元在波段 b（$b=1, 2, \cdots, B$）的辐射亮度；f_i 为该像元中第 i（$i=1, 2, \cdots, N$）类组合所占的比例；$N_{i,b}$ 为第 i 类组分在波段 b 的辐射亮度；E_b 为每个波段拟合的误差，其均方差为

$$\varepsilon = \left[N^{-1} \sum_{b=1}^{N} E_b^2 \right]^{1/2} \tag{6.12}$$

式（6.11）是 B 行 B 列矩阵方程。令

$$DN = \begin{bmatrix} DN_1 \\ DN_2 \\ \cdots \\ DN_B \end{bmatrix} \quad R = \begin{bmatrix} DN_{1,1} & DN_{2,1} & \cdots & DN_{N,1} \\ DN_{1,2} & DN_{2,2} & \cdots & DN_{N,2} \\ \cdots\cdots & & & \\ DN_{1,B} & DN_{2,B} & \cdots & DN_{N,B} \end{bmatrix} \quad F = \begin{bmatrix} f_1 \\ f_2 \\ \cdots \\ f_N \end{bmatrix} \quad \varepsilon = \begin{bmatrix} E_1 \\ E_2 \\ \cdots \\ E_B \end{bmatrix}$$

则可以把式（6.11）改写成

$$\left.\begin{aligned} & DN = RF + \varepsilon \\ & \sum_{i=1}^{N} f_i = 1 \\ & 0 \leqslant f_i \leqslant 1 \\ & \varepsilon = \left[N^{-1} \sum_{b=1}^{N} E_b^2 \right]^{1/2} \end{aligned}\right\} \tag{6.13}$$

通过最小二乘法计算，使 ε 最小，对应的即准确地反映了各组分所占的面积比例。

线性光谱混合模型假定多光谱传感器对光谱反射是线性响应。对野外物体来说，由于其表面状态复杂，地面与大气以及地物之间的多次散射、阴影，还有仪器视场的不均匀等原因产生的非线性效应，可能偏离线性模型，则用非线性光谱混合模型计算结果更好。

二、叶绿素浓度计算应用举例

本例使用 1998 年 10 月 30 日的 SeaWiFS 数据（图 6.16），采用经验模型、神经网络模型和光谱混合分析三种方法计算台湾海峡叶绿素浓度，并对这三种方法的结果进行比较（许珺，2000）。

1. 数据源分析

1）SeaWiFS 数据特征

SeaWiFS 是 SeaStar 携带的宽视场海洋水色扫描仪，有 8 个光谱波段，经过带通滤波，1～6 波段的带宽达到 20nm，7、8 波段的带宽为 40nm。表 6.6 列出了 SeaWiFS 的 8 个波段的中心波长及每个波段的特殊用途。

图 6.16　1998 年 10 月 30 日的 SeaWiFS 数据

表 6.6　SeaWiFS 光谱波段特征和主要用途

波段	中心波长		带宽/nm	主要用途
	波长/nm	颜色		
1	412	紫　光	20	黄色物质吸收带
2	443	蓝　光	20	叶绿素吸收带
3	490	蓝绿光	20	二类水体中的色素吸收带，K（490）
4	510	蓝绿光	20	叶绿素吸收带
5	555	绿　光	20	色素、光学特性、悬浮固体
6	670	红　光	20	大气校正（原 CZCS 大气校正波段）
7	765	近红外	40	大气校正，气溶胶辐射
8	865	近红外	40	大气校正，气溶胶辐射

SeaWiFS 的数据类型有两种：全球数据 GAC（global area coverage）和局域数据 LAC（local area coverage）。全球数据是在全球大部分海洋地区的分辨率约为 4km。局域数据为局部地区分辨率约为 1km 的影像，可以由高分辨率图像传输地面站（HRPT）接收。全球数据和局域数据的参数列于表 6.7。

表 6.7　SeaWiFS 的 LAC 和 GAC 数据参数

项目	LAC	GAC
扫描宽度	58.3deg	45.0deg
扫描覆盖	2 800km	1 500km
扫描线像元	1 285	248
星下点分辨率	1.13km	4.5km
扫描周期	0.167s	

SeaWiFS 的局域数据视数据处理程度不同分为两个级别。一级数据包含 8 个波段的原始辐射亮度数据以及卫星和仪器校正数据，被存为 HDF（Hierarchical Data Format）格式。二级数据经过由 NASA 海洋生物化学项目开发的 SeaWiFS 数据分析系统 SeaDAS 软件的处理，并经过大气校正。SeaWiFS 数据比 CZCS 数据的优点在于多了两个用于大气校正的波段：765nm 波段和 865nm 波段。CZCS 数据进行大气校正时假设大洋中的洁净海水在 670nm 波段没有辐射光线，因此认为传感器接收的辐射亮度全部是大气分子的瑞利散射和气溶胶散射。而事实证明洁净的大洋海水在 670nm 波段仍有少量的光线辐射。

2）SeaBAM 数据

使用 SeaBAM（SeaWiFS Bio-optical Algorithm Mini-Workshop）的 SeaWiFS 可见光波段（412nm，443nm，490nm，510nm 和 555nm）的遥感反射率来训练神经网，可以计算叶绿素浓度。

SeaBAM 是 NASA 成立的一个工作组，主要任务是确定一种适合 SeaWiFS 数据使用的全球叶绿素浓度算法。SeaBAM 由全球非极地地区站点所测的 919 个遥感反射率数据组成，包括叶绿素浓度范围从 0.019～32.79mg/m^3，其中大部分为一类水体，约 20 个测自海岸带二类水体。有两个测点的数据与其他数据不相容，相差太大，所以被去掉，剩下 917 个数据。

尽管 SeaBAM 数据是目前最全面的水体叶绿素遥感反射率数据，它仍有一些不足，例如数据主要采集于中低叶绿素浓度的海区，没有高叶绿素浓度的数据；一些数据测自水面，而大部分数据由水中测量的值推断而来，将所有的辐射亮度值转换为水面遥感反射率；一些测量数据用 520nm 和 565nm 波段的值代替 510nm 和 555nm 波段的值，555nm 波段的反射率由 555nm 波段的测值计算转换而来，而 510nm 波段的值直接由 520nm 波段的测值代替。

3）历史统计资料

据历史统计资料，台湾海峡中北部叶绿素 a 含量周年变化的峰期在秋季和春季，低值出现在夏季和冬季，各层次浓度均在 10 月和 4 月出现高峰。秋季随着东北季风逐渐增强，浙闽沿岸水影响范围逐渐扩大，海区营养盐含量升高，NO_3^--N 平均含量达 4.28μmol/L，为海区秋季浮游植物生长和繁殖提供了有利条件。叶绿素 a 含量达全年最高值，季平均含量达 1.67μg/L，变化范围在 0.50～6.04μg/L 之间。由于各水系消长的影响较复杂，海区叶绿素 a 分布很不均匀。受沿岸水影响的海区北部叶绿素 a 含量高于受暖流水控制的南部海区，上层和表层水中叶绿素 a 含量高于下层和低层，形成上高下低、西北部高东南部低的分布趋势。

10 月海区叶绿素 a 含量普遍较高，平均达 2.16μg/L，为全年最高值，这与浮游植物的秋季生长高峰一致，但分布不均匀，呈明显的斑块状。表层至 30m

层含量分布较相似，表层叶绿素 a 平均浓度为 2.51μg/L，小于 1.0μg/L 的低值区出现在海区南部中央和东北部的局部范围，海区其余部分含量几乎都大于 2.5μg/L，最高含量区在闽江口附近，含量达 6.0μg/L 以上。

2. 数据预处理

数据预处理主要指大气校正。大气校正算法是为了消除大气的影响，并将原始影像的辐射亮度数据转换成反射率，其结果是使得影像数据的每一个像元值都代表一个反射光谱。大气校正算法有平地校正法（flat-field correction）、对数残差法（log-residual method）、经验线法（empirical line method）、内部均值相对反射率法（internal average relative reflectance，IARR）以及大气消除法（atmospheric removal method，ATREM）等。

本例使用平地校正法。大气校正的目的是减小大气的影响，消除太阳辐照度的急剧变化以及一些残留的仪器影响。主要步骤是先选择一块地形平坦，光谱特征类似且光谱曲线也较平坦的区域，并且选择的区域应是影像中亮度值较大的区域以避免数据信噪比的降低。然后将每个波段的像元值除以这个波段平地区的平均值。通过校正，得到遥感影像的反射率。

3. 用经验模型计算叶绿素浓度

采用 SeaBAM 推荐的二波段比值的三次多项式模型来计算台湾海峡叶绿素浓度：

$$C = 10^{(a_0+a_1 * R+a_2 * R^2+a_3 * R^3)} + a_4 \tag{6.14}$$

式中：$R=\lg(R_{rs}490/R_{rs}555)$。

图 6.17 为用经验模型计算所得台湾海峡叶绿素浓度分布，其中叶绿素浓度的最大值为 5.9μg/L，在大陆沿岸，最小值为 0.628μg/L。从叶绿素浓度的分布来看，叶绿素浓度呈条带状分布，离大陆越远，叶绿素浓度越低。大陆沿岸和台湾岛西侧最大，在 2～5μg/L 之间，大部分浓度在 2～3μg/L 之间，离大陆稍远，叶绿素浓度降到 1～2μg/L 之间，离大陆更远以及台湾岛东侧，叶绿素浓度为 1μg/L 以下。

4. 用神经网络模型计算叶绿素浓度

1）神经网络模型结构

网络为多重前馈网络。为减少计算量，确定模型为 3 层网络。根据 Kolmogorov 映射神经网络定理，一个包含足够多结点的隐层能表示所有非线性逻辑判别功能，因此结构合理的三层网络能产生任意复杂的映射判决功能。图 6.18 表示的是本例所用的神经网结构，每一个输入结点对应于一个SeaWiFS的一个波

图 6.17　经验模型计算所得台湾海峡叶绿素浓度分布

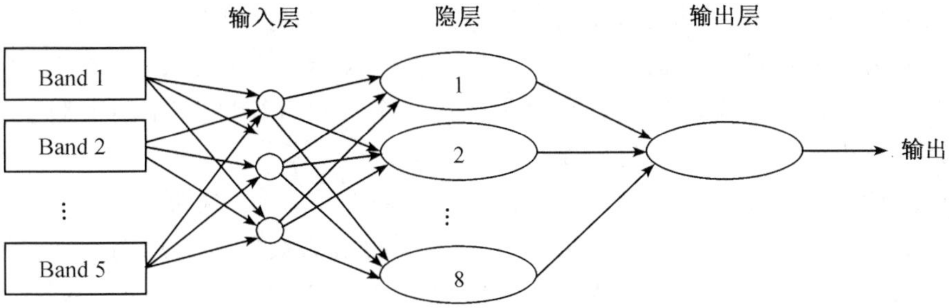

图 6.18　本例所用神经网结构

段的遥感反射率。本网络包含一个隐层，隐层的输出值为输出层的输入值。输出层输出的是需要的地理参数，在本例中为叶绿素浓度（μg/L)，如式（6.15）所示：

$$\text{output} = ag\left(\sum_{k=1}^{j} w_k z_k + \beta\right) \tag{6.15}$$

式中：w_k 为隐层与输出层之间的权重；β 为输出层的偏置量；j 为隐层的结点数；z_k 为输入向量的第 k 分量；g 为激励函数；因子 a 的值与输出值的变化范围有关，在训练过程中确定，在训练前的初始值通常设为（0，1）之间。由于 SeaWiFS 可见光波段与叶绿素之间有较强的非线性关系，因此本例采用了 3 层 BP 网络模型。经过试验，输入层、隐层和输出层的神经元节点分别选为 3、8、1。三层网络所采用的传递函数分别为：log-sigmiod、log-sigmiod 和 pureline 函数。由于叶绿素的值大于 1，因而输出层的传递函数置为 pureline 型。

输入层神经元结构：本例根据光谱信息计算叶绿素浓度。使用了 SeaWiFS 的 5 个可见光波段（412nm，443nm，490nm，510nm 和 555nm）的遥感反射率作为输入数据。

输出层神经元结构：每一组（5 个）SeaWiFS 的遥感反射率数据，经过神经网络分解模型的运行处理，输出叶绿素 a 的浓度。因此输出层只有一个结点，其输入值为隐层各神经元输出值的加权和，输出值为该组反射率值所对应的叶绿素浓度。

隐层神经元结构：隐层的结点数依功能的复杂度而定，增加隐层的结点数能使网络具有更复杂的判别能力，并在训练中得到较小的误差，但是也降低了网络的综合判别能力并增加了训练时间，因此选取合适的隐层结点数是十分必要的。经过实验，使用含 8 个隐层结点的网络结构。

2）神经网训练

神经网的目的是当给定一个输入模式时，能得到正确的输出结果，因此网络必须有通过样本数据的训练而学习的功能。训练数据包括输入值和已知为正确的网络所要达到的输出值。本例所用的训练数据是 SeaBAM 的 917 个实测叶绿素浓度数据和 SeaWiFS 的 5 个波段的遥感反射率。将 SeaWiFS 的遥感反射率值输入神经网络，通过计算得到输出值。将输出值与实际叶绿素浓度比较，二者的差值为网络的误差。训练的目的就是希望通过一定的学习算法，调整网络内部的权值，得到最小的误差和最大的精度。

反向传播（back propagation，BP）学习算法是 MLP 模型中应用最广泛的一种学习算法，利用它可以实现多层反馈神经网络的权值调节。BP 算法的学习过程由正向传播和反向传播组成。在正向传播过程中，输入信息从输入层经过隐层，再传向输出层，每一层神经元的状态值只影响下一层神经元的状态值；如果在输出层不能得到期望的输出值，则转入反向传播，将误差信号沿逆向路径返回，通过学习修正各层神经元的权值，使得网络的总误差值收敛到最小。

将 917 个实测样点数据输入神经网络，采用误差反向传播算法进行训练，训练了 3 000 次后，网络基本收敛。将 SeaWiFS 影像数据代入训练好的神经网络模型计算，得到台湾海峡叶绿素浓度分布（图 6.19）。从计算的结果来看，台湾海峡叶绿素浓度的范围总体为 0～12μg/L，其中海峡中间大部分区域的叶绿素浓度在 1～2μg/L 之间，叶绿素浓度小于 1 的区域只分布在大陆沿岸附近。大陆沿岸有小部分区域叶绿素浓度较大，为 5μg/L 以上，还有一部分区域的计算结果为负值。这是由于我国沿海属于高浓度泥沙含量的大陆架海水，含有大量的泥沙，海面上的向上反射光信息中以泥沙含量为主，由叶绿素吸收和反射的特征波长的信息被淡化，使得用于计算的光谱特征值与用于训练的典型实测光谱值有较大的差异，因此计算误差较大。

图 6.19　神经网络计算出的台湾海峡叶绿素浓度分布

5. 用光谱混合分析法计算叶绿素浓度

用光谱混合分析法计算叶绿素浓度。选用 SeaBAM 数据中的叶绿素最高浓度 32.787μg/L 和最低浓度 0.02μg/L 作为光谱混合分析的终端组分，根据 SeaBAM 中不同叶绿素浓度水体在 5 个可见光波段的遥感反射率，分别计算出不同叶绿素浓度下高浓度组分的光谱特征在遥感反射率中所占的比例 f_{high}（表 6.8）。

根据表 6.8 中不同浓度水体的 f_{high} 值与浓度的对应关系，得到方程（6.16）：

$$f_{high} = 0.1246\ln(C) + 0.6731 \tag{6.16}$$

表 6.8　不同叶绿素浓度水体的遥感反射率及光谱混合分析结果

项目	412nm	444nm	490nm	510nm	555nm	670nm	f_{high}
0.02	1.336%	1.296%	0.882%	0.327%	0.168%	0.002%	0
0.05	1.095%	0.946%	0.642%	0.343%	0.130%	0.005%	0.23
0.1	0.908%	0.820%	0.633%	0.387%	0.169%	0.007%	0.35
0.5	0.302%	0.291%	0.309%	0.275%	0.194%	0.009%	0.79
1	0.255%	0.236%	0.257%	0.248%	0.199%	0.041%	0.83
1.5	0.293%	0.312%	0.403%	0.378%	0.308%	0.020%	0.8
2	0.246%	0.238%	0.309%	0.311%	0.286%	0.034%	0.85
3	0.173%	0.157%	0.182%	0.177%	0.146%	0.028%	0.88
5	0.157%	0.146%	0.183%	0.189%	0.213%	0.020%	0.91
10	0.126%	0.163%	0.257%	0.319%	0.493%	0.179%	0.97
17	0.147%	0.150%	0.198%	0.205%	0.291%	0.032%	0.93
25.685	0.131%	0.157%	0.194%	0.203%	0.293%	0.037%	0.93
32.787	0.143%	0.258%	0.445%	0.541%	0.841%	0.328%	1

将 SeaWiFS 影像数据用光谱混合分析计算出每个像元的 f_{high} 值，用式（6.16）计算出每个像元的叶绿素浓度，得到台湾海峡叶绿素浓度分布（图 6.20），最大浓度为 10.66μg/L，分布于台湾海峡南部大陆附近，最小浓度为小于 0.05μg/L，位于台湾岛东侧。由光谱混合分析得到的叶绿素浓度分布与经验模型的计算结果类似，都是大陆沿岸叶绿素浓度最大，离大陆越远，叶绿素浓度越小，台湾岛东侧叶绿素浓度最小，只是浓度范围有所不同，由光谱混合分析所得结果的最小值更小，最大值更大，但只是少数像元是极值，而绝大部分区域浓度相差不大，都在 1～5μg/L 之间。

图 6.20 光谱混合分析法台湾海峡叶绿素浓度分布

6. 三种方法的比较

将 SeaBAM 的实测遥感反射率数据用三种方法计算，得到三种结果，将三种结果分别与 SeaBAM 的实测叶绿素浓度数据比较，对算法进行评价。不同算法之间的比较有多种标准，可以用统计数据比较，也可以用图形方式比较。统计数据比较是在将实测数据与计算结果进行对数转换后的比较，一方面是由于叶绿素浓度所跨的数量级较大，另一方面是由于对数转换后叶绿素浓度的分布更接近于正态分布。统计数据包括回归斜率、回归截距、偏差、决定系数 R^2、均方差（RMS）。表 6.9 为三种方法的统计数据比较，可以发现神经网络模型计算结果可以达到很高的精度，经验模型次之，而光谱混合分析法的精度较低。

表 6.9　三种算法的统计数据对比

算法	坡度	截距	R^2	RMS	偏差
经验模型	0.958	0.024	0.918	0.172	0.000
神经网络模型	1.000	−0.004	0.942	0.148	−0.004
光谱混合分析	1.293	0.293	0.765	0.476	0.126

统计数据可以作为算法评价的定量指标，但是不能显示算法结果与实测数据之间的非线性趋势或其他的重要特征，因此需要一些图形补充说明这些特征，包括散点图、相对频率图和分位数图（quantile-quantile plot）。散点图要线状分布，无特异值表明计算结果与实测数据吻合；分位数图也要线状分布，连续，并且越接近于直线 $y=x$ 越好；计算结果与实测数据的相对频率曲线分布特征越相近越好。通过三种算法的比较，可以发现神经网络模型计算的结果与实测数据非常接近，而光谱混合分析的精度最低。

图 6.17、图 6.19、图 6.20 分别为用经验模型、神经网络模型和光谱混合分析计算的台湾海峡叶绿素浓度分布。三种方法获取的叶绿素浓度分布总体上相差不大，台湾海峡内的浓度普遍在 1～5μg/L 之间，靠近陆地部分浓度较大，台湾岛东侧海域叶绿素浓度小于 1μg/L，与历史统计资料吻合。三种方法计算的叶绿素浓度等值线分布图与实测等值线分布情况也大体吻合，经验模型和神经网络模型计算在部分海区叶绿素浓度值相差较大，但总体分布形式一致。光谱混合分析法计算的结果与实测等值线最为接近，叶绿素浓度分布的高值区与低值区分布一致，只是等值线的形状有差别，主要原因是实测数据的样点有限，并且分布不连续，造成等值线绘制与实际情况有出入，另外实测数据与本例中使用的影像数据年代相差较远，也是一个原因。

神经网络模型虽然计算 SeaBAM 实测数据的效果最好，但是用于实地计算时，效果却不好，有部分海区计算结果出现负值。原因是采用适当的神经网络模型，虽然可以无限地接近训练数据，但是也降低了模型的适应能力，当计算数据与训练数据偏差较大时，计算的精度就会下降。所以用训练数据检验神经网络模型，可以达到很高的精度，用于与训练数据环境相差较大的数据，精度就会下降。经验模型是通过 SeaBAM 的实测数据所得，因此用 SaeBAM 数据检验的精度较高，但是由于各个海区水体中所含物质成分不同，以及叶绿素的种类的不同都能造成遥感反射率的差异，因此经验模型用于特定的海区的适应性也不同。在特定的海区使用当地实测数据进行神经网络训练，应该可以达到较高的精度，但是需要大量的训练数据。光谱混合分析法的统计分析结果虽然精度较低，但是只要在特定海区获取高浓度和低浓度终端组分的光谱特征，就能达到较高的精度，并且不需要大量实测数据，此外，光谱混合分析法还能用于多因子水色遥感。因此在缺乏大量实测数据的情况下，光谱混合分析法是一种较好的方法。可见三种方法各有其优势和不足，可分别适用于不同情况。

三、悬浮固体遥感监测

悬浮固体的运移特征是沿海河口形状和演变规律的核心问题。了解和掌握河口悬浮固体的来源、含量、分布、运移、沉积，可分析河口演变的动力特征。其作用在于它将直接影响到河口区资源的开发利用、环境变化、经济发展和人民生命财产问题。它是河口区发展决策的重要依据之一。所以用遥感的方法监测悬浮固体是很有必要的。

1. 水体光谱特征与悬浮固体含量的关系

由于自然因素和人类活动造成水土流失、河流侵蚀等，河流带走了大量泥沙入湖、入海，是水中悬浮固体物质的主要来源。这些泥沙物质进入水体，引起水体的光谱特性的变化。水体反射率与水体浑浊度之间存在着密切的相关关系。随着水中悬浮固体浓度的增加，即水的浑浊度的增加，水体在整个可见光谱段的反射亮度增加，水体由暗变得越来越亮，同时反射峰值波长向长波方向移动，即从蓝（B）→绿（G）→更长波段（0.5μm 以上）移动，而且反射峰值本身形态变得更宽。

自然环境下测量的清水（清澈湖水，悬浮固体含量 10mg/L）和浊水（混浊泥水，悬浮固体含量达 99mg/L）的反射光谱响应曲线有着明显的差异，浊水的反射率比清水高得多，且与清水相比浊水的反射峰值都出现在更长的波段。正因为水色与泥沙含量关系密切，水色成为泥沙含量的较精确的一种指标。水色随浑浊度的增加，由蓝色→绿色→黄色，当水中泥沙含量近于饱和时，水色也接近于泥沙本身的光谱。

图 6.21为长春遥感试验对7种不同悬浮固体浓度的水库进行反射率测定，

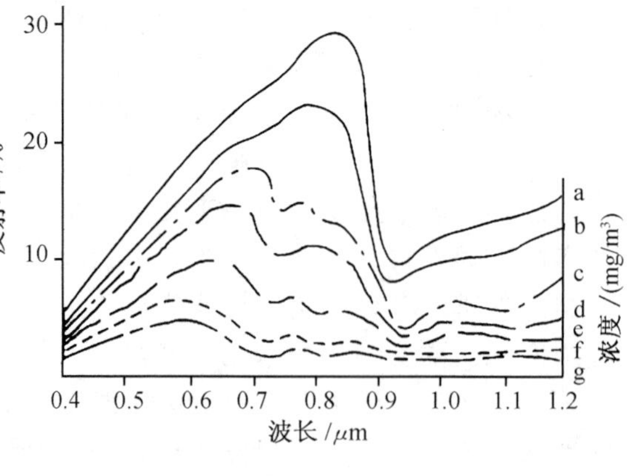

图 6.21　水库中不同悬浮固体浓度水体的反射率

所得的水体反射光谱曲线与泥沙浓度的关系。图中所示，随着水中悬浮固体浓度的增加及泥沙粒径的增大，水体的反射率增大，反射峰值向长波方向移动，但由于受到 0.93μm、1.13μm 红外强吸收的影响，反射峰值移到 0.8μm 终止（可能有系统误差）。

一般说来，对可见光遥感而言，0.58～0.68μm 对不同泥沙浓度出现辐射峰值，即对水中泥沙反应最敏感，是遥感监测水体浑浊度的最佳波段，被 NOAA，风云气象卫星及海洋卫星选择。因此调查水体中悬浮固体含量情况，多选用 0.58～0.68μm 谱段。当然泥沙含量的多寡具有多谱段响应的特性。因而水中悬浮固体含量信息的提取，除用可见光红波段数据外还多用近红外波段数据（与红波段数据正相反，其光谱反射率较低，且受水体悬浮固体含量的影响不大），利用两波段的明显差异，选用不同组合可以更好地表现出海水中悬浮固体分布的相对等级。以下介绍一下水中悬浮固体信息提取的方法。

从理论上讲，水体的光谱特性，包含了水中向上的散射光（水中光），它是透射的入水光与水中悬浮物质相互作用的结果，与水中的悬浮固体含量直接相关。因而，水体的反射辐射与水中悬浮物质含量之间存在着密切的关系。如何运用遥感获取的水体光谱数据提取出悬浮固体的专题信息，许多国内外学者对之进行了长期的研究，分别建立起不同的理论或半经验模型，来定量表达悬浮固体含量与遥感数据间的关系，反演悬浮固体含量，大致可分为以统计相关分析为基础的半经验模型和以灰色系统理论为基础的模型。

1）基于统计分析的半经验模型

即通过遥感数据与同步实测样点数据间的统计相关分析，确定两者间的相关系数，建立相关模型。

线性关系式：$L=A+BS$，此式为有限线性区间内的近似表达式，即 L 随着 S 的增加而增加，其关系简单，误差较大。

对数关系式：$L=A+B\lg S$ 或 $S=A+B\lg L$，此式在悬浮固体浓度不高时，精度较高；而对高浓度水域误差较大。

Gordon 关系式：

$$R = C + S/(A + BS) \text{ 或 } 1/(R - C) = B + A/S \tag{6.17}$$

此式根据准单散射近似公式得到。

负指数关系式：

$$R = A + B(1 - \mathrm{e}^{-DS}) \text{ 或 } \ln(D - L) = A + BS \tag{6.18}$$

式中：R 为反射率；L 为亮度值（可以是单波段值、多波段值或各波段的比值）；S 为悬浮固体含量；A、B、C、D 为系数。

统一关系式：即 Gordon 关系式和负指数关系式的综合，并可简化得其他各式。

$$L = \text{Gordon}(S) \cdot \text{Index}(S) = A + B[S/(G+S)] + C[S/(G+S)]e^{-DS} \tag{6.19}$$

式中：A、B、C 为相关式的待定系数，即由遥感数据与实测数据经统计回归分析所得；G、D 为待定参数。在具体应用中，往往先暂固定 D 值，寻找 G 值，使相关系数最高；然后固定 G 值，寻找 D 值，使相关系数最高；一旦确定了最佳 G、D 参数，则待定系数 A、B、C 也就同时被确定。实验证明，该模式效果最好。

由于单波段遥感数据的局限性，人们常利用不同波段对泥沙水体光谱响应特征的差异，提取反映水体泥沙含量的不同遥感指数，如由可见光与近红外波段数据组成的归一化泥沙指数等，以提高遥感反演的精度。但是，此类利用遥感数据与少量同步实测数据的相关性而建立的模型，缺乏普适性。此外，对遥感数据的大气干扰消除的程度也直接影响到最终的反演精度。

2）基于灰色系统理论的模型

以上基于统计相关分析的模型，要求样本数据量大，且数据分布典型。要满足此条件，对于浩瀚、多变的大海中海洋调查船的取样，尤为困难，而若样本数量不足或分布不典型，则难以从中寻找出统计规律，或引起较大误差，往往会因增加或减少一、两个样点而引起相关系数出现较大的变化幅度。显然，这种不稳定的相关系数用于外推，误差一定不小。

地学现象与规律往往是多因子的综合效果。这些多因素往往交织在一起，难以分离，且部分变量或信息是已知的，部分是未知的。这本身具有灰色系统的特点。为了避免统计分析的不足，可以运用灰色系统理论中的灰色数学方法——关联度分析方法，通过少量已知样本外推求取误差较小的估算效果。所谓“关联度分析”是对事态变化趋势的量化分析，其实质是对曲线间几何形状贴近程度的分析比较。即

对各因素作无量化处理，即标准化处理，如初始化、均值化等，以排除遥感数据 $[z(i)]$ 与各种实测数据 $[y(i)]$ 间量纲不同引起的干扰，使之成为可比较的无量纲数列。

对各因素（子因素 Z 与基准母因素 y）序列数据作累加处理产生平滑效果的新线性序列，方可使线性化遥感数据与线性分布的实测数据进行关联分析。

把样点值作为母因素（基准因素）、遥感数据作为子因素，分析两者间的关联度。关联度（r）由关联函数值求平均决定，而序列的关联函数值——斜关联函数 $[\xi_j(i_t)]$，由计算各序列与基准序列的斜率变化关系求得：

$$r = \frac{1}{N}\sum_{i=1}^{N}\xi_j(i_t) \tag{6.20}$$

式中：i 为实测样品变量；j 为不同遥感数据；t 为样品序号；r 值越大，说明遥

感数据与实测数据间关系越密切，即遥感数据或由遥感数据计算的含沙量曲线与实测的含沙量曲线间的几何形状越贴近。

确定关联变换系数后，以此为依据进行遥感图像数据（悬浮固体含量）的外推计算处理。

以上灰色数学方法与统计分析方法相比，后者反映的是一个平均水平；而前者反映的是序列间的分布误差水平及平均水平，其反映的规律性更明显，结果更稳定。此方法较好地应用于海水悬浮固体及叶绿素浓度、水深等海洋专题信息提取。

2. 悬浮固体遥感监测的可行性

悬浮固体含量不同，对辐射的吸收和散射也不同，因而在遥感影像中就可表现出不同的色调。在卫星遥感图像上，可以看到洪水期和枯水期河口泥沙的变化。污染水中泥沙含量增加使水反射率提高。随着水中悬浮固体浓度的增加及悬浮固体粒径增大，水体反射量逐渐增加，反射峰亦随之向长波方向移动，称为红移。然而由于水体在 0.93～1.13μm 附近对红外辐射吸收强烈，所以反射通量急剧衰减，反射峰移到 0.8μm 附近便终止移动。短波方向小于 0.6μm 辐射由于反射通量降低和受水分子瑞利散射效应干扰，不适宜作悬浮固体浓度的判定波段，定量解译悬浮固体浓度的最佳谱段应在 0.65～0.85μm 之间，根据图像上水体灰度变化情况推测水体受泥沙污染的程度。

利用气象卫星的数据进行监测则是一种经济有效的手段。NOAA 气象卫星的星下点像元分辨率为 1.1km。NOAA 气象卫星的时间分辨率很高，一颗星每天过顶两次，天上有两颗星，每天可以接收到四次图像，可以满足动态监测的需要。AVHRR 有五个谱段，0.58～0.68μm 可见光谱段的图像可用于沿岸、河口悬浮固体大范围分布及运动规律的观测。

根据遥感影像的光谱特征，定量地算出水体中悬浮物的含量。由于水体对 400～1 000nm 之间波长的低吸收率和高反射率，400～1 000nm 之间的波长是计算固体悬浮物的最有效的波长范围。大量研究表明，650～750nm 是反射率变化最大的波长范围，悬浮物含量从 0mg/L 至 1 200mg/L，反射率从 1%上升到 30%。因此，可见光和近红外波段是反映固体悬浮物最敏感的波段。很多用遥感计算悬浮物含量的方法，尤其是利用海岸带水色扫描仪（CZCS）AVHRR 数据的方法，都是用可见光和近红外波段（Mertes，1993）。

水体中固体悬浮物含量最初多用影像灰度定性地解释。定量解释是基于同步收集遥感数据、地面反射数据和实测数据，直接计算光谱和悬浮物含量之间的多项式几何校正曲线。由于水体反射率还受大气和水体环境变化的影响，使得这种方法只使用于原影像，而不适于其他影像。所以不同的影像必须经过大气校正。

水体中悬浮固体的含量与卫星接受到的水体后向散射辐射强度有良好的相关关系。卫星传感器接收到的辐射亮度与水体反射率有如下关系：

$$N = N_p + \frac{E}{\pi}RT \tag{6.21}$$

在同一成像条件下，大气辐射亮度 N_p、大气透射率 T、水体表面向下辐射度 E，均可近似为常数。只要求得水体反射率 R 同固体悬浮物浓度 S 之间的关系，则辐射亮度 N 同悬浮浓度 S 之间的定量关系便可求得。因此，应用遥感方法测定水体悬浮物的关键问题是建立遥感数据与悬浮物含量之间的定量关系，即：$S=f(R)$ 或 $R=f(S)$。

近年来，国内外水体固体悬浮物遥感定量研究工作中提出了一系列模型，主要就在于确定 $R\sim S$ 两者之间的函数关系。目前有两种模型。一种是理论模型，通过水体光学理论和模拟实验，建立光辐射与固体悬浮物遥感数据的相关关系。二是检验模式，通过遥感数据与地面同步或准同步测量数据建立相关关系式。目前国内外都有一些海面悬浮固体遥感的理论和经验模式投入使用。

理论模式是以大气物理和海洋光学的一些基本概念为依据，从理论上推导出水体反射率随悬浮固体浓度变化的基本关系。Gordon 用 Monte Carlo 方程，得到类似于幂级数的关系式：

$$R = \sum_{n=1}^{\infty} A_n \left(\frac{\beta_b}{\alpha + \beta_b}\right)^n \tag{6.22}$$

考虑到理论计算与水体散射机制之间的差距。一些水体参数测定方面的困难，这些理论模式在实际应用时，多采用水体光学理论模式简化后，运用统计方法求得回归系数的半理论半经验模式。比如对上式取一级近似，并设 α，β_b 均与 S 成正比，得到 Gordon 模式：

$$R = (C + S)/(A + BS) \tag{6.23}$$

式中：A、B、C 由现场调查数据进行数理统计获得。

我国国家海洋局第二海洋研究所，在可见光范围内，由悬浮固体的光辐射特性，通过薄水层上辐射传递的理论模型，推导出 $R\sim S$ 关系式：

$$R = C + \frac{A_0}{2B_0}\lg(2B_0B_1S + B_0^2) \approx A + B\lg S \tag{6.24}$$

式中：A、B 项可由遥感监测区海域水面波谱和悬浮固体实验数据的回归统计获得。

我国较早进行海面悬浮固体遥感定量研究的华东师范大学河口海岸研究所，也通过理论模型推导出半理论半经验模型：

$$S = [R/(a_0 - b_0R)]^d \tag{6.25}$$

运用于长江口、杭州湾和鸭绿江口等河口海域的海面悬浮固体遥感定量研究，其相对误差为 10%。

3. 悬浮固体信息提取方法

在实际工作中选择与悬浮固体浓度相关性好的波段，与实地调查悬浮固体结果进行分析，建立特定波段辐射值与悬浮固体浓度的对应关系模型，然后对该波段辐射值进行反演，可以得到悬浮固体浓度。具体方法有以下几种：

1）回归方法

用遥感辐射亮度估算悬浮固体浓度大体上有以下 5 个步骤：

（1）同步测量悬浮固体浓度（SSC）和水体上行辐射率 $L(\lambda)$。

（2）对第一步中的环境影响进行校正。

（3）用所选样点数据得到校正后 SSC 和 $L(\lambda)$的经验关系模型。

（4）用第三步所得的经验关系模型和校正后的遥感影像辐射率 $L(\lambda)$估算 SSC。

（5）用测试样点的 SSC 数据检验计算结果的精度。

回归方法必须基于以下几点假设：悬浮固体浓度对 $L(\lambda)$的影响与 $L(\lambda)$对悬浮固体浓度的影响相同；悬浮固体浓度测量过程中没有误差；$L(\lambda)$的误差与悬浮固体浓度无关。因此回归方法的结果在使用中受到限制。此外，回归方法需要与影像同步的实测数据，尤其是在河口或受潮流、天气影响而水文条件变化较大的地区，测量的同步性要求更为严格。很多工作由于缺乏大量实测数据，只能是实验性质。Keiner 和 Yan 指出回归分析中造成精度不高的原因有样点不足、采样的误差，或采样点与影像上对应像元位置的偏差等，而主要原因是难于对不确定的非线性关系建立合适的回归模型。

2）色度模型和主成分变化

Alföldi 和 Munday，Amos 和 Alföldi，Alföldi 等提出了色度模型，在不同的大气条件下，用 MSS4，5 波段与 MSS4，5，6 波段和的比值，分别求出绿色系数和红色系数。用这些色度参数与同时相的芬兰湾实测悬浮物浓度得出色度参数与悬浮固体浓度的相关模型。Alföldi 用这个模型成功地从卫星影像预测了瑞士、澳大利亚等地湖泊的悬浮固体浓度。

主成分变化和特征向量也被用来研究此类问题，根据影像亮度提取悬浮固体浓度模型。主成分影像显示的结果与色度转换影像类似。然而对主成分影像的解释是定性的，并且要讨论每一个波段对各种成分的贡献。

3）光谱混合分析法

通过实验所测的悬浮物浓度边界参数，可得出每个边界对像元类型的贡献率。F_i 在实验数据光谱混合分析的基础上，可转换成悬浮物浓度。光谱混合分析像主成分分析一样，同时结合多波段的多种成分的光谱信息，在蓝、绿光波段提高了悬浮物低浓度区的灵敏度，在红、近红外波段提高了悬浮物高浓度区的灵敏度。这种方法适用于缺少实测数据的地区。

四、水体悬浮固体浓度提取应用举例

许珺（2000）以福建省福清市海岸带为例，采用 TM 数据对近岸水体的悬浮固体浓度进行了提取。具体是采用迭代法计算出像元中物质组合的最佳解，并根据样点数据光谱混合分析所得的结果建立高悬浮固体组分的比例与实测悬浮固体浓度之间的关系模型，以此模型求得其他像元的悬浮固体浓度。用遥感影像提取悬浮固体浓度的步骤，如图 6.22 所示。

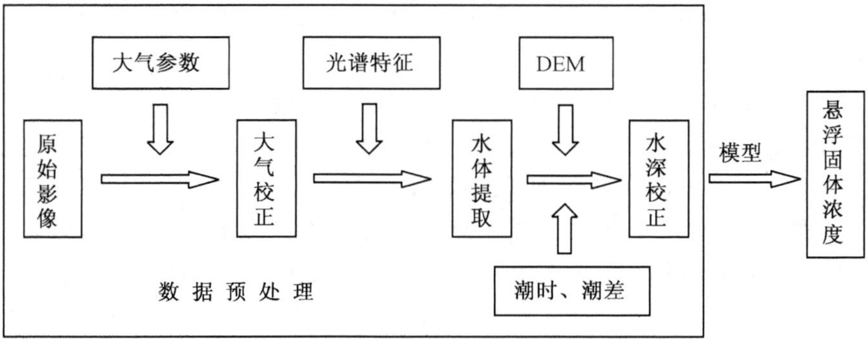

图 6.22　悬浮固体浓度计算流程

1. 大气校正

消除遥感辐射中由于大气分子和气溶胶造成的辐射在水色遥感中是非常重要的，尤其对于不是专门设计用来水色遥感的传感器来说更加困难。而且，即使在开阔海域适合的大气校正过程，对于海岸带的计算结果却不精确。大气校正流程见图 6.23。

最简单的大气校正方法是暗像元的减法校正。假设传感器接受的辐射亮度由离水辐射和大气辐射组成。而由大气散射的辐射在一幅影像上假设为常数。洁净水体，如深海水体或贫营养化的湖泊，几乎所有的入射辐射都被水体吸收，所以传感器接收到的全部为来自大气的辐射。对所选区域统计各波段的影像的直方图，由于大气散射存在，各波段影像上附加了路径辐射，在进行简单的零校正时，将各直方图上最小的像元灰度值当作路径辐射的估计值，并从各波段影像灰度值中减去相应的估计值，从而实现大气校正。此外，Smith 等于 1990 年提出一种基于光谱混合分析的仪器和大气校正方法。用大气校正模型进行大气校正，是一种比较精确的算法。

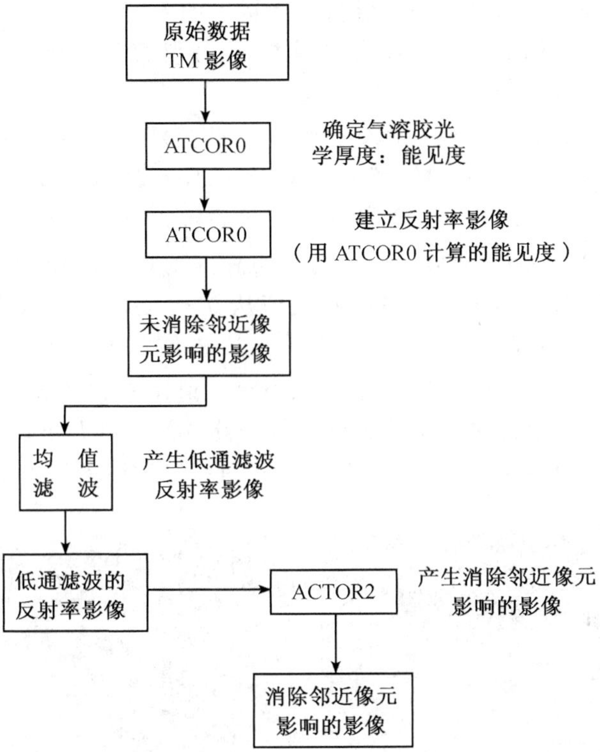

图 6.23　大气校正流程

通常有三种大气校正模型，复杂程度各不相同，分别假设：①均匀的大气；②均匀的气溶胶组成；③水平变化的气溶胶和大气。Tassan 于 1993 年描述了这三种大气校正模型，并比较了它们的灵敏度。用变化的气溶胶与大气模型得到的结果与实际情况最接近。由于这种方法考虑到气溶胶的水平变化，适于海岸带小规模的大气现象，如临近工业区。并且这种方法对各种不可避免的误差源造成的大气校正波段（如 TM3 或 TM4）的影像灰度值的变化不敏感，因此对海岸带水体有很强的适用性。但是这种方法在逻辑推理上不如 Gordon 最早提出的均匀气溶胶模型严密。而 Gordon 的模型对影响海岸带像元数值的误差源十分敏感。均匀大气模型虽然简单，在中低等气溶胶浓度以及大气水平变化不强烈的情况下却能得出满意的结果，而且对辐射误差不敏感。因此从总体上来说，这种方法比较适用于靠近海岸带浓度值和浓度梯度都较大的小区域。

校正所需的能见度。它应用 PCI 软件中包含的各种大气和气溶胶条件的大气文件，通过影像中已知反射率的目标（水体、暗像元、混凝土路面等）的灰度值计算不同能见度下其在影像中的反射率。本例选用了东张水库的水体和旧的混凝土路面作为参照物，分别计算出它们在 5～40km 能见度下的反射率，与它们的实际反射率比较，选择结果与实际值最为接近的 40km 最为接近该影像的能见度。计算结果中，水体的反射率在 TM4、5、7 波段很低，接近零值，人造地物混凝土的反射率随波长增加而增大，结果可信。

基于所选的大气类型（水汽含量、气溶胶类型）、能见度、平均高程值，计算每个像元的反射率。ATCOR1 模块计算的是不考虑邻近像元影响的反射率。然后将所得的发射率影响进行均值滤波，将滤波后的影像与反射率影像共同输入 ATCOR2 模块。ATCOR2 模块用来消除邻近像元对反射率值的影响，得到消除邻近像元影响的反射率影像，影像的灰度值从 0～255，每个灰度级代表反射率 0.257%，灰度 255 代表反射率为 65.535。校正前与校正后的影像特征见图 6.24。从统计特征来看，校正后的影像最小灰度值比原影像减小，最大值增大，影像的标准差增大，信息量增加。另外，从统计特征可以看出，TM 波段均值变化最大，校正后均值减小了 55.46，说明大气对蓝光波段的影响最大。

图 6.24　大气校正前后图像对比

左图为校正前图像，右图为校正后图像

2. 水体提取

要用 TM 影像进行水质监测首先要将水体范围从影像中提取出来。国内外的研究证明，近红外波段的遥感信息是确定水体的一种可信的和有效的技术。在近红外波段，穿过水-气界面的太阳辐射大部分被水体所吸收，吸收的多少随波长和水深而定。对于深于 1m 的水体，红外波段的透射率极低，因而观测水体的近红外传感器只能接受到少量辐射，有时甚至没有辐射。而大部分地物相对于水体来说都是强漫射反射体，与水面形成强烈的反差。近红外波段的波长不同，对水体的反映效果也不同。如大气窗口为 2.0～2.6μm 的波段，由于太阳辐射量的减少，并非最佳。根据国外学者的测试，理想的识别水体波长应在 1.5～1.8μm 之间。在该波段，足够的太阳照度既能照亮背景物体，又能对水生植物所封闭的水体增加许多识别条件。

综上所述，近红外波段的水体辐射率明显单一并且低于其他地物。因此选用一个合适的近红外波段，定出其水体的亮度阈值，将低于该值的像元定为水体，高于该值的像元则为非水体，这样就把水体提取出来了。TM5 波段（1.55～1.75μm）位于水体的吸收波段，对水陆边界反映较好，通常被用来提出水体。但是由于受其他在近红外波段光谱特征相似的地物的影响，用单波段的阈值法提取水体的结果并不理想，有错提、漏提的现象。例如在山区，由于山体的阴影在近红外波段的反射率特别低，从而在影像上形成暗色调。水体与阴影的混淆使得难以在近红外波段通过阈值法来提取水体。

为了提高对水体识别的效果，Alföldi 等人于 1978 年提出了色度判别法，后经多人研究，得到了进一步的完善和发展。其基本原理是，利用卫星资料的绿、红和红外波段的综合信息对整个图像进行色度转换。即分别用绿波段和红波段的辐射值除以绿、红、红外波段辐射值的总和，得到绿色系数 x 和红色系数 y。将 x 和 y 点绘成图，叫做陆地卫星色度坐标。在这一坐标系统中，已定出一条曲线，它具体标志着水体在色度坐标中的集结位置。因此只要计算出图像的 x 和 y 值，就可将接近于这条曲线的像元定为水体。色度判别法可以改善部分小水体的识别效果。然而对于更小的水体，特别是那些接近或小于像元面积的水体，还是无法识别。对于包含水体和其他地物的混合像元，用比率测算法分解像元，计算出流域每个像元中水体所占的比例，水体占一定比例以上的像元可以确定为水体。比率测算法能对其他方法无法识别的小水体，甚至部分小于像元面积的水体，有效地加以识别，对于湖泊、水库等较大水体的岸线形状也有很好的改善。

色度判别法和比率测算法虽然提高了对水体识别的效果，但是方法复杂，因此应用并不广泛。考虑到遥感信息机理，卫星遥感图像记载了地物对电磁波的反射信息，以及地物自身的热辐射信息。各种地物由于其结构、组成以及理化性质的差异，从而导致不同的地物对电磁波的反射存在着差异。杨存建、杜云艳等于 1998 年采用多波段的谱间关系法提取水体信息，从而避免了使用单一红外波段影像的不足。本例采用水体在 TM 影像绿、红、近红外波段与其他地物不同的光谱特征信息，提取了福清市附近海域及陆域水体范围，一次性成功，简单易行。

3. 水体及背景地物的光谱特征分析

在经大气校正后的遥感影像上，就本地区典型的地物，测定其在各波段的光谱亮度值，数据列于表 6.10。

表 6.10　典型地物的光谱亮度值

地物 \ 灰度	TM1	TM2	TM3	TM4	TM5	TM6	TM7
水　体	26	32	0	0	3	138	4
林　地	2	10	0	129	59	148	25
居民地	30	47	39	61	89	144	83
水　田	18	30	1	78	87	148	60
旱　地	22	38	24	98	109	150	96
阴　影	0	4	0	11	4	122	13

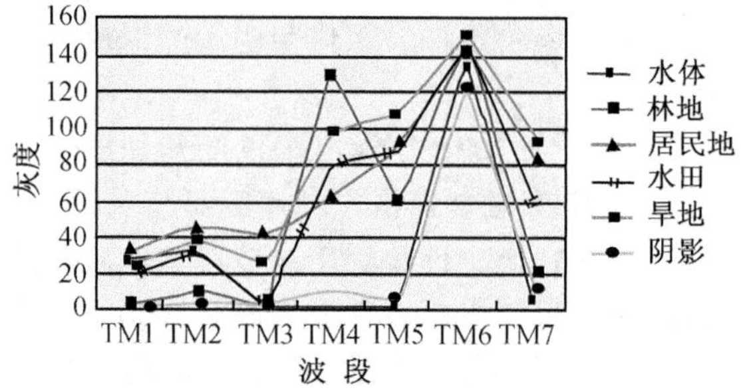

图 6.25　地物光谱特征曲线

从表 6.10 和图 6.25 中可以看出，在 1 波段和 2 波段上，水体与居民地、水田、旱地的亮度值混淆较大，而与阴影和林地有区别。在 3 波段上，水体与旱地、居民地区别较大，而与阴影、水田和林地都有混淆。在 4 波段和 5 波段上，水体与林地、旱地、水田和居民地均有明显的区别，可以用阈值法将水体与它们区分开，但是水体与阴影却不易区分。在 6 波段和 7 波段上，水体与各类地物均有混淆。

从图 6.26 不仅能看出以上的分析结果，还可以看出各类地物的波谱形态。可以发现，水体的第 5 波段值明显小于第 1、第 2 波段。而其他地物刚好相反。在第 1、2 波段，水体的灰度值大于阴影，而在第 4、第 5 波段上，阴影的灰度值都大于水体，将这两个波段相加，可以增大这种差异。将 4 波段与 5 波段的值相加，与 1 波段、2 波段的值比较，并作出如图 6.27 所示的改进后的地物波谱图。可以看出，只有水体具有 1 波段和 2 波段的值分别大于 4 波段加 5 波段的值的特征。从而通过判别 1 波段灰度值大于 4 波段、5 波段灰度值的和的像元，可实现 TM 影像中水体范围的提取。用 2 波段的值来比较判别提取水体的结果与用 1 波段的结果非常相似，只是结果有少许阴影和滩涂混入。

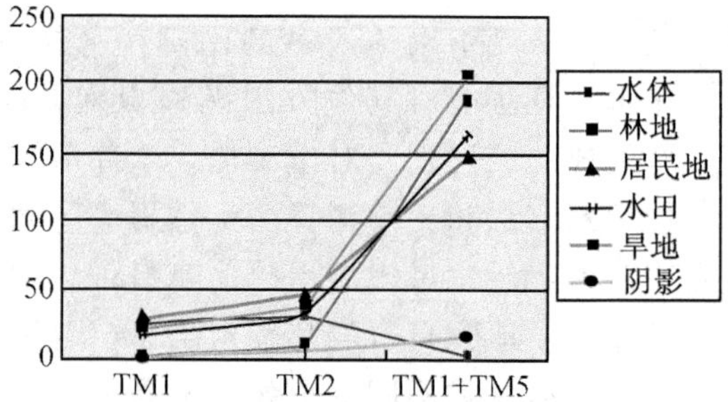

图 6.26　改进后的地物光谱特征曲线

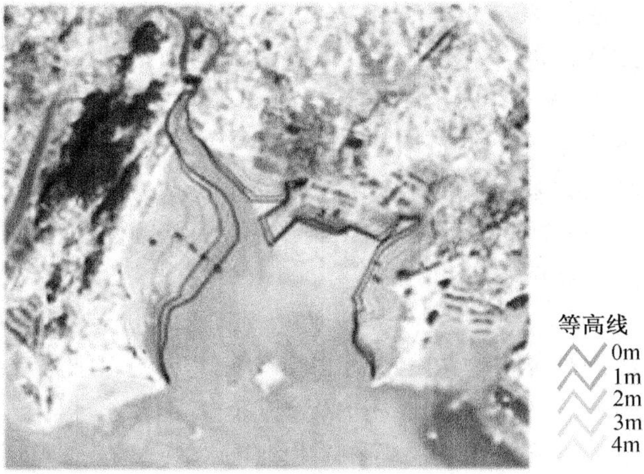

图 6.27　等高线和潮汐校正

4. 水深校正

可见光波段中透射能力最强的 0.47μm 波长的蓝光对纯净的大洋海水有 100～200m 左右的透射深度。在进行海岸带水色遥感时，由于水深较浅，难免受到海洋底质光谱反射率的影响，使得影像的光谱信息中包含了海洋底质的光谱特征，因此要进行水深校正，消除海洋底质的影响。

福清海岸线漫长曲折，地形复杂，岬湾多，半岛长，楔入福清湾、海坛海峡、兴化湾中，在太平洋半日潮波和全日潮波的共同作用下，在本海域产生了较为正规的半日潮型，一日两个潮周期，每个潮周约为 12.4h，平均潮差约为 5m 左右。因此在本区进行水深校正的同时，还要考虑到潮汐作用，在不同的涨潮或落潮时段，海水的水深是不同的。1997 年 1 月 28 日为阴历十二月二十日，按当地海潮运转时间，上午 9：30 开始涨潮，到下午 3：12 为满潮时间，涨潮历时 5h42min，平均每小时涨潮深度为 1m 左右。影像获取时间应为刚开始涨潮不久。通过将海洋等深线与陆地等高线内插，得到潮间带 1m 间距的等高线（图 6.27）。发现水位涨到 1m 等高线附近，则水深应由原深度值加上 1m。

水深对悬浮固体与 $L(\lambda)$ 关系的影响取决于底质和悬浮固体的类型，但这仅限于非常清澈的浅水区（如热带潟湖），底质对水表的反射特性有很大作用。实验表明，水体中含有悬浮固体颗粒和有机物质时，可见光对水体的透射能力将随着其悬浮物质含量的升高而迅速衰减，自然水体中都含有大量的悬浮物质，因此，对于一般的清水，即使是在 0.47μm 的蓝光波长，也只有 10～20m 的穿透深度。对于近岸悬浮固体浓度在 100mg/L 左右，水深大于 20～30m 的水体，$L(\lambda)$不受底部反射率的影响。对于任何可见光波段的传感器，其接收到的 90%

的辐射亮度来自于水体表层 $1/K$ 的深度之内，K 是水中的漫射衰减系数。$1/K$ 为光线在水中的穿透深度，在这个深度以下的光线辐射可以说对传感器接收的辐射亮度没有影像。据 Whitlock 的研究结果，S 超过 10mg/L 后，穿透深度的变化就很小了，可视为常数，如果研究区内悬浮颗粒的粒径（d）变化很小，也可以视为常量。K 值可以通过叶绿素、黄色物质浓度和悬浮固体浓度精确地计算。Bower 等假定黄色物质的含量可忽略，叶绿素的浓度为夏季的平均值，从爱尔兰海的悬浮固体浓度分布图计算出爱尔兰海的 K 值介于 0.25～0.3 之间，即卫星的探测深度仅在 3～4m 之间。爱尔兰海的悬浮固体浓度很低，夏季都在 5mg/L 以下，而福清市沿海悬浮固体浓度高达 200mg/L 以上，因此探测深度应当更小，即 3～4m 深的海水辐射率应不受底质的影响。经过潮汐校正后，0m 等高线以下的水体可以认为不受水深的影响。而 0m 以上的水体仅有一小部分，因此此处不进行水深校正。

5. 用线性光谱混合法计算悬浮固体浓度

用光谱混合分析法计算悬浮固体浓度，首先要获取不同悬浮固体浓度水体的光谱特征。据福建海洋研究所的报告，福建沿海的悬浮固体的粒径均小于 15μm，其中海坛岛东北的中值粒径为 7μm 以下。福清市沿海的悬浮固体主要为砂-泥质粉砂、泥质粉砂和粉砂质泥，中值粒径为 4～6ϕ。由于缺少与影像同时相的实测悬浮固体浓度数据，且不清楚本区悬浮固体浓度的最大值和最小值，无法从影像上获取不同浓度的光谱特征，因此采用陈涛等在山东垦利县境内的黄河岸边的现场实验数据，悬浮固体浓度从 43.3～2 324.8mg/L 分为 8 个等级。据调查资料，黄河三角洲地区河床沉积主要由粉砂组成，中值粒径为 4～5ϕ，与本区悬浮固体颗粒相近，因此可以采用黄河的实测数据，影响不大。实验过程满足太阳高度角大于等于 50°，仪器倾角小于等于 5°，太阳方位角与仪器方位角垂直，光谱辐射计探头到被测水体高度大于等于 1.5m。由于本区水体悬浮固体浓度小于黄河实验的最小浓度 43.3mg/L，因此最小浓度 5.6mg/L 的实测值采用 Witt 等（1981）的实验数据（表 6.11）。

表 6.11 不同悬浮固体浓度水体的反射率

悬浮固体浓度/(mg/L)	反射率/%		
	TM1	TM2	TM3
5.6	1	1	0.80
43.3	1.25	2.25	1.50
81	2.25	3.50	2.50
308.6	5.75	9.25	10.20
522.6	4.50	12	13
1 140.4	5.40	12.40	15.60
2 324.8	8.40	15.60	22

不同悬浮固体浓度在 TM 影像 1、2、3 波段的光谱特征表现为：随着悬浮固体浓度的增加，水体反射率提高，只有 308.6mg/L 浓度在 TM1 波段的反射率偏高，大概是实验误差所致。最大反射波段有向长波方向移动的趋势，即 TM2 波段对低浓度悬浮固体浓度变化比较敏感，TM3 波段对高浓度悬浮固体浓度变化比较敏感。因此，普通的对数模型或负指数模型只考虑一个波段与悬浮固体含量的关系，不能兼顾高、低浓度的悬浮固体含量，而光谱混合模型可以充分利用多波段的光谱信息，对不同悬浮固体浓度的水体同样适用。

选用最小浓度值 5.6mg/L 和最大浓度值 2 324.8mg/L 作为像元分解的终端组分，把其他各像元作为是这两种成分的混合，分别计算出各个像元所含的低浓度成分的比例 f_{low} 和高浓度成分的比例 f_{hign}，就可通过线性混合知道该像元所代表的悬浮固体浓度。但是由于水体光谱反射率与悬浮固体浓度的非线性关系，随着悬浮固体含量增加，反射率的增高速度减慢，单纯地使用线性光谱混合模型，将高估水体悬浮固体浓度。Mertes 等先根据同悬浮固体浓度的实验光谱反射率数据，计算出这些浓度下的 f_{low} 和 f_{hign}，将不同浓度与其计算结果相对应，得到一条校正曲线，以此确定不同比值下的悬浮固体浓度。但是这种方法需要将计算结果与校正曲线一一对比，并且是建立在假定所用的实验数据完全正确的基础上。考虑到实验可能出现的误差，所得结果并不一定可靠，并且为了计算方便，本例将根据表 6.12 中实验数据计算的 f_{hign} 值与悬浮固体浓度进行回归分析，得到一条对数校正曲线（图 6.28）：

$$f_{\mathrm{high}} = -0.972 + 0.298\ln(0.3S + 21.554) \tag{6.26}$$

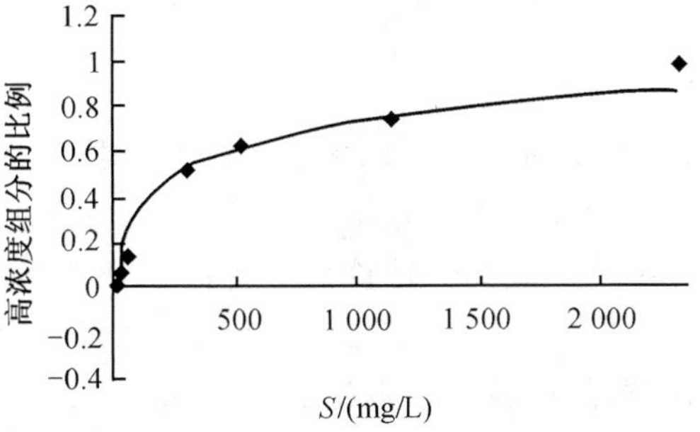

图 6.28　高浓度组分比例与 S 的相关性

从而可将线性光谱混合分析的结果 f_{hign} 值代入上式，计算出悬浮固体浓度 S 值。为检验计算的精度，记各点的含沙量为 S_i，对应的 f_{hign} 值代入上式的计算值为 S_i'，计算值与实测值之间的误差 $\Delta S_i = |S_i - S_i'|$，$i=1, 2, \cdots, 6$，计算值与实测值之间的平均误差为 82.9，相关系数为 0.98（表 6.12）。实验值和计算值的关系见图 6.29。

表 6.12　光谱混合分析法计算结果评价

S_i	5.6	43.3	81.0	308.6	522.6	1 140.4	2 324.8	$\overline{\Delta S}$	$\Delta S_{\max}$	R
f_{low}	1	0.951	0.886	0.505	0.379	0.285	0			
f_{hign}	0	0.049	0.114	0.495	0.621	0.715	1			
S_i'	15.1	30.7	55.7	386.1	626.1	886.3	2 421.6	82.9	254.1	0.98
ΔS_i	9.5	12.6	25.3	76.5	104.5	254.1	96.8			

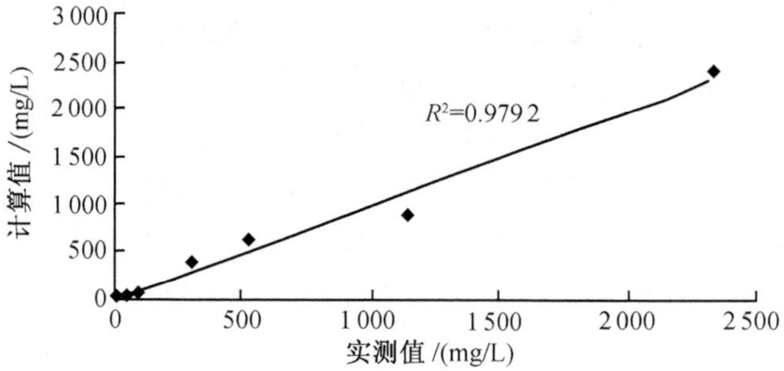

图 6.29　计算结果与实测值的比较

公式中 f 的求解可由有关的线性方程组解决。f 是线性方程的最优解。

$$\mathrm{DN} = Rf \tag{6.27}$$

此最优解为

$$f = (R^T R)^{-1} R^T \mathrm{DN} \tag{6.28}$$

需要注意的是，由此求得的 f 并不一定满足 $\sum_{i=1}^{n} f_i = 1$ 的条件，还可能出现 $f_i < 0$ 及 $f_i > 1$ 的情况，这在实际分析中是不能接受的。

6. 结果与讨论

将 1997 年 1 月 28 日和 1991 年 11 月 4 日经大气校正后的水体 TM1，2，3 波段影像光谱数据代入式（6.30），用有限光谱混合分析法，通过迭代求得每个像元的 f_{low} 和 f_{high}，再用式（6.29）计算出悬浮固体浓度 S_i'。选东张水库库心、倪浦和海口桥的实测值 S_i（表 6.13）与计算值 S_i' 比较，结果列于表 6.14。图 6.30 为实测值与计算结果的比较，二者相关系数为 0.94。

表 6.13　样点实测悬浮固体浓度及光谱数据

影　像	采样点	S/（mg/L）	TM2	TM3	TM4
1997 年 1 月 28 日	东张水库库心	24	15	0	0
	海口桥涨潮	456	32	22	10
	倪浦大桥涨潮	1 511	35	26	74
1991 年 11 月 4 日	东张水库库心	22	13	5	3
	海口桥退潮	358	23	42	47
	倪浦大桥退潮	2 091	43	69	92

表 6.14　福清近岸水体光谱混合分析计算结果评价

S_i	22	24	358	456	1 511	2 091	$\overline{\Delta S}$	ΔS_{max}	R
S'_i	30.1	92.72	296.4	624.78	1 771.6	1 540.1	186.2	550.9	0.94
ΔS_i	8.1	68.72	88.6	168.78	260.6	550.9			

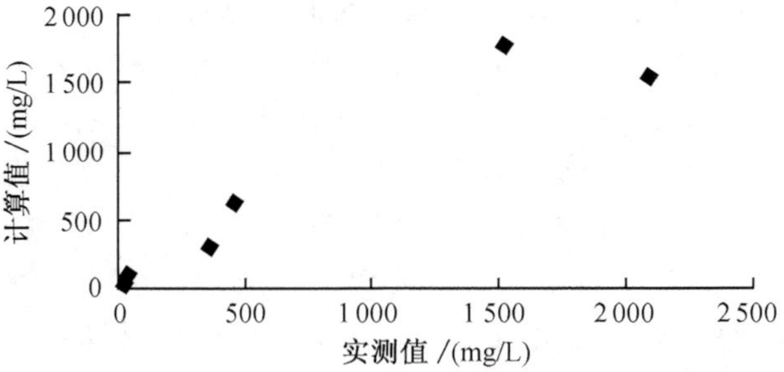

图 6.30　计算值与实际值的相关性

光谱混合分析法是一种计算悬浮固体浓度的有力的方法，尤其对缺乏实测数据的地区，只要有适当的纯净像元的实验室观测数据或能通过辐射转换理论计算出水体和悬浮物的光学特性，就可以用光谱混合分析法计算影像上的悬浮固体浓度。与主成分分析类似，这种方法同时使用多个波段的信息，能获取对低悬浮固体浓度敏感的蓝、绿波段信息，也能获取对高悬浮固体浓度的红色、近红外波段的信息。对于 TM 影像的地面分辨率，一个像元中可能混合有水体、泥沙、叶绿素等多种信息，用光谱混合分析计算时，如果选用了叶绿素的纯净像元，就可以同时计算出叶绿素的浓度，计算时要是不考虑到叶绿素的纯净像元，如果某个像元含有叶绿素，计算结果的均方根会很大，有助于区分含叶绿素的像元和不含叶绿素的像元。更重要的是，这种方法中没有任何假设，因此不排除在任何地区水域应用的可能性。

五、石油污染遥感监测

海上或港口的石油污染是一种常见的水体污染，遥感调查石油污染不仅能发现已知污染区的范围和估算污染石油的含量，而且可追踪污染源。如果污染源是海上油轮，可根据遥感图像追究其法律责任；如果污染源不是来自人类活动，而是海底自然渗漏，则可能发现新的油田。遥感技术在海上石油污染监测中的应用开始很早。石油污染指在石油的开采，炼制，储运，使用的过程中，原油和各种石油制品进入环境而造成的污染。当前主要是石油对海洋的污染，已成为世界性的严重问题。

石油污染后，在海面上形成一层油膜，由于未污染海水与水面上油膜的辐射反射率有很大不同，辐射温度也不同，如常温下，石油的反射率 $E=0.27$，而海水的反射率 $E=0.96$，因而可以利用热红外图像进行遥感监测。在热红外图像上，夜晚未污染水区呈白色，排油区呈黑色条带。另外据灰阶不同，还可计算出石油覆盖的含量，而且可以追踪污染源。因而控测石油污染的方法很多。一种是利用 0.3～0.4μm 波段控测，因为石油在这个波段反射率较弱，在紫外像片上油膜呈白色调。在可见光的蓝色光范围；石油反射率较海水高，还有闪烁现象，油污的伪彩色密度分割片能很清楚显示排油源和油污范围。在常温下石油反射率远小于海水反射率，热红外像片上，油膜呈深色调，也可测定油污程度。用 13.6GHz 频率（即 2.2cm 波长）的微波辐射计成像成也能监测石油污染。早在 1969 年，美国就使用 C-47 运输机，装载两部多波段可见光扫描仪，对加利福尼亚圣巴巴拉附近海上采油区井喷造成的海上油污区进行海面污染监测，取得了很好的效果。现在，传感器和计算机系统的发展，使遥感技术已经能对海面油膜的覆盖范围、油膜厚度、溢油数量和污油油种进行监测。

目前可用于水面石油污染监测的传感器较多，有航空的，也有航天的。在可见光波段，水面油膜的反射率要比洁净海面的反射率大得多，应用可见光波段的传感器，就能摄制海面油膜影像，往往用多波段照相机或多波段扫描仪等传感器，把油膜与船的航迹等分开，以提高可见光波段传感器的分辨率。油膜与海水反射率之比，其最大值在红光部分，它的比值比最小的蓝光波段大 2～4 倍。工作波段在 0.63～0.68μm 的传感器能使油膜和周围干净海水的反差达到最大。因此，可以用红光波段来监测海面油膜，而用蓝光波段来区分油膜、航迹和泥浆羽流。卫星星载多波段可见光传感器，可用来监测海面大面积溢油。美国陆地卫星、Nimbus-7 卫星等都证明了卫星对海面大面积溢油的监测能力。但由于卫星的地面分辨率低，卫星轨道覆盖频度有限，不可能长时间盘旋于油污区，因此较难进行短时间尺度的海面油膜动态监测。因此，海面污油遥感主要借助于机载传感器来进行。

紫外光波段电磁波，其波长（0.01～0.40μm）小于可见光波段（0.40～0.76μm）。在其波长范围内，对厚度小于 5mm 的各种水面油膜敏感。此时，油膜对紫外光的反射率比海水高 1.2～1.8 倍，有较好的亮度反差。因此，利用紫外波段电磁波，可以把海面薄油膜显示出来。

红外遥感技术是目前广泛使用的海洋石油污染监测技术。实验表明，厚度大于 0.3mm 的油膜，热红外比辐射率在 0.95～0.98 之间海水的比辐射率在 0.993。因此，当油膜与海水实际温度相同时，它们的热红外辐射强度是不同的，在红外影像中，油膜的灰度比周围海水大，呈黑灰色。利用工作于红外波段的传感器：红外辐射计、红外扫描仪、热像仪等，均可测定海水和油膜的不同辐射能量，而获得海面油膜的影像。对厚度小于 1mm 的油膜，其比辐射率随厚度的增加而增加。因此，海面油膜的红外影像也能反映出灰度层次随厚度的变化情况。由此，从海面油膜的灰度等级，可以确定油膜的厚度等级，算出油膜的厚度和分布，推算出总溢油量。

微波波长较长（1mm～30cm），具有很强的绕射透射能力，可以穿透云、雨、雾。运用微波波段的被动式和主动式传感器，均有监测海面溢油的能力。实验表明，对波长为 8mm、1.35cm 和 3cm 的微波，不论入射角和油膜厚度如何，油膜的微波比辐射率都比海水高。这样，用微波辐射计就可以观测海面油膜。同时由于油膜的比辐射率还随其厚度变化，反映到微波辐射计影像上灰度随油膜厚度变化，因此，用微波辐射计可以监测到油膜的厚度。由于水体和油膜对微波波段电磁波的吸收比红外区要小得多，对用雷达探测海面油膜非常有利。油膜的存在对海面起平滑作用，使海面粗糙度降低，这样受油膜覆盖的海面，对雷达脉冲波的后向散射系数明显比周围无油膜区小得多，因此在侧视雷达和合成孔径雷达图像上，油膜成暗色调。雷达和微波遥感可以全天时、全天候地进行海上石油监测，缺点是地面分辨率低。

此外，还有激光荧光遥感、激光扫描成像、湿度测定法、声学遥感技术等都能进行海上油膜监测。其中激光荧光遥感技术是能探明海面油污油种的最接近实用的遥感探测方法，不仅能迅速描述海面石油污染的分布，而且具有二维绘制能力，不管在白天黑夜或是恶劣气候条件下，都能有效地监测海面油污，数据准确可靠。

通过遥感监测可及时发现海上泄油事故，得到排油源和油污面积，估算排污量。通过连续监测能得到油污的扩散方向和扩散速度，预测其将影响的区域。

六、废水污染遥感监测

在沿河、沿海、或者在港湾的工业区和人口密集区，有大量的工业和生活废水产生，这些废水往往是多排污口，多渠道的，有的还是间断性地排入江河湖海。用常规方法对这些污染源及入海废水的输移扩散进行整体监测，往往有困难。而遥感则是一种很好的方法。据波谱测定表明，造成水体污染的城市生活污水、工业废水和固体废弃物等，其光谱反射特征与洁净水体有较明显的差异。因此可以利用生活污水、工业废水、受污染水体的光谱特征，用遥感手段来探测水体污染状况，并由此监测污染水体的动态变化及其稀释扩散情况。利用 TM 图像，可以进行水体污染调查，区分出严重污染、重污染、轻污染等不同情况，为治理污染提供依据。

对于废水，由于它的水色与悬浮物性状千差万别，所以在特征曲线上它的反射峰的位置和强度也不大一样。废水污染，一般用多光谱合成图像进行监测。

另外，污水排放的控制点、扩散方式、稀释混合等特征也是识别污水的重要标志。污水的排放口一般与污染源（如工厂等）相距不远，它们或与渠道相通，较其周围水体污染的浓度更高。污水扩散特点有以下几种情形：

在静止水体中，图像上显示以排放口为中心，呈半圆或喇叭形向外逐步过渡到周围清洁水体；

在流动水体中，图像上显示的污染区位于排污口下游，且面积不大，这是由于污水在流水作用下迅速扩散的缘故；

在河口地区，由于潮水的周期性涨落，污水的展布形态也会发生变化，特别是当潮水上溯时，排污口与污水连成一片，一旦退潮，就会形成与排污口失去联系的离源污染。

由于排污及废水污染的以上特征，通过遥感图像的适当处理，进行人工解译和目视解译就能得到水体污染的信息。

从遥感图像上可以得到的废水污染信息主要有污染源类型、排污口、污染程度、污染范围等。

七、热污染遥感监测

电力、钢铁、化学等工业中使用的冷却水，超过允许的热水排放标准而排入江河湖海时，使自然水体的温度上升，引起水体物理、化学和生物过程的变化，就构成了热污染。热污染常使水体中的鱼、虾、蚌、贝大量死亡；引用热污染的水灌溉农田，会影响农作物的生长。应用红外扫描仪记录地物的热辐射能量，能真实地反映地物的温度差异，所获取的遥感图像又称为热图像。在热图像上，热水温度高，发射的能量多，呈浅色调；冷水或冰发射的能量少，呈深色调。

在热图像上，热排水口排出的水流，通常呈白色或灰白色羽毛状，称热水羽流。羽流的影像，由羽根到羽尖，色调由浅逐渐变深，由羽流的中轴向外，色调也由浅变深；值得注意的是，有些污染水体也可能在热图像上仅呈浅色调，这时需要根据形状加以区别。

热水羽流的形状较明显，是羽状或流线型絮状，色调最浅的中心区域即为排水口附近地区。浑浊水体中的悬浮物是良好的热载体，当水体流速极小时，水温不易扩散，使水面呈弥漫的雾状或黑白相间的絮状。混合污水是消色体，吸收太阳辐射的能力强，发射能力也强，呈均匀的浅色调。

利用光学技术或计算机对热图像作密度分割，根据少量的同步实测水温，可确切地绘出水体的等温线。例如，湘潭钢铁厂向湘江排放的污水，在热红外图像上呈现为一白色条带——自排放口向下游延伸并向两侧扩展、温度逐渐降低的带状热污染区。热图像的密度分割结果表明：热污染水出口处温度最高，温度梯度大，温度由 19°C 很快降至 15 °C，热交换作用强烈；当热污染水进入湘江后，由于温度已经比较低，温度梯度小，热交换作用微弱，在较长的距离内温度才由 15 °C逐渐降至 12 °C。可见热红外图像基本上反映了热污染区温度场的特征，能达到定量解译的目的。

此外，生活垃圾及洪水带来的各种动、植物残骸漂浮于水体中，在回水区或静水区聚集，腐烂发酵使水体变质，造成污染。高分辨率图像能很快发现水体中漂浮聚集区，获得其面积，并估算漂浮物总量。

第五节　海洋水色遥感研究

一、海洋水色遥感概述

海洋水色遥感是利用机载/星载探测器测量与海洋水色有关的参数，如叶绿素、悬浮物、有色可溶有机物、污染物等，此外，也可获得沿岸流、浅水水下地形以及航道等下垫面的有价值信息。

海洋水色遥感受到国内外学者的广泛重视，其原因是：

从近岸应用角度，可为估计海洋初级生产力、海洋工程、污染监测与防治、河口航道、渔场状况与治理等提供基本参数；

从全球应用角度，可为海洋生态环境的评价与预测，也可为全球气候变暖的深入了解提供有效途径。

实践证明，常规海洋调查船走航调查难以取得大面积海洋水色资料，卫星调查已成为不可代替的有效手段。

众所周知，太阳辐射能入射至海洋表面的约占总功率 30%，其余被大气吸收和散射，反射入太空。入射至海面的太阳辐射能中的一部分透射进入海水，一部分被海面直接反射或吸收。入射光谱中只有可见光（0.4～0.76μm）才透射入水，其他波段几乎全被海面反射或被表层水吸收。所以，海洋水色遥感本质上是可见光遥感，其中蓝光波段透水性好，对于清洁海水可透水十几米至几十米，称为“海窗”。

透射入水辐射能经水体中的水分子、浮游生物、悬浮物等散射，其中一部分离开水面反射出来，这部分的反射辐照度（单位波长）称为离水反射辐射率，简称为离水辐射率。显然，离水辐射率含有浮游生物、悬浮物等有关信息。水色遥感目的是精确测量离水辐射率。此外，在太阳某特定波长辐射下，浮游生物还会发射荧光，有时还十分显著，也含在总离水辐射能中。

由于卫星探测器接受到的总辐射通量中，离水辐射率占的分量很小，约5%以下，其余95%以上是大气散射入瞳的辐射能和海面直接反射能。这样，为了精确测量离水辐射率，就需要在总辐射能中扣除这部分影响，前者就是大气校正的任务，后者要通过改变探测器观测角度来避免。这成为卫星海洋水色探测特有的两个关键问题。

海洋水色主要由海水中某些成分决定，这些海水中的成分也是海洋水色遥感观测的主要要素。这些要素包括叶绿素、悬浮物质、黄色物质、污染物等。

关于海水叶绿素的作用：海水植物与陆地植物一样，在太阳光下起光合作用时，绿色植物吸收CO_2，放出O_2。海水叶绿素浓度与浮游生物量直接关联，海洋浮游生物是海洋生物的食物链，不仅提供鱼虾贝类的食物，而且是衡量水体吸收CO_2能力的一项指标。所以人们想通过测量海水叶绿素含量来了解浮游生物繁殖状况，通过测量海水叶绿素含量来了解海洋在全球碳循环和全球温室效应中的机制和作用。

观测这些要素的主要目的是：

(1) 掌握海洋初级生产力分布、海洋渔业及养殖业资源状况和环境质量等，为海洋生物资源合理开发与利用提供科学依据。

(2) 了解重点河口港湾的悬浮固体分布规律，为沿岸海洋工程及河口港湾治理提供基础数据。

(3) 监测海面油膜、富营养、热污染等，为海洋环境监测、环境保护、管理执法提供数据。

(4) 为今后进一步发展我国海洋空间探测积累经验，奠定科学技术基础。

二、海洋水色遥感基础研究

1. 海水光学特性

实质上，海洋水色是在海洋表面观测的向上散射辐射率的可见光谱。该辐射率与水体光学特性及在水体中各种要素的光学特性密切相关。因此，为解译海洋水色卫星遥感资料，需了解光传输至水体的特性，光在水体中传输的特性，以及光离开水体和信号到达传感器并被接收之间的关系等。

为此，必须对海水中主要水色要素光谱特性进行分析研究。主要研究内容为：

(1) 海水固有的光学特性。

（2）主要水色遥感要素光合生物群、悬浮物质、黄色物质、污染物质等的光学特性。

（3）混合层海水的光学特性研究。

（4）粗糙海面和有白冠存在条件下的光学特性。

（5）海水类型及其光学特性。

2. 大气辐射校正

为了从星载水色遥感资料提取主要观测海洋要素，必须排除大气辐射影响。在对大气辐射校正理论算法分析研究基础上，提出具有实际应用价值的大气校正算法。

星载海洋水色探测传感器接收到的辐射能量主要由以下辐射所贡献。太阳辐射 L_s 在大气中传输时受到大气的散射与吸收。部分散射光作为天空光与太阳直射光同时入射到海面，部分散射光不经海面而直接进入传感器视场，成为路径辐亮度 L^*。到达海面的太阳辐射，一部分 L_r 被海面反射回天空，另一部分透过海面进入水体，受到海水、溶解物与悬浮物的散射与吸收。

传感器接收到的辐射能量由三种来源的辐射组成：海面离水辐亮度、海面反射光和大气散射光。由于海面离水辐亮度是水色遥感所感兴趣的量，故必须从传感器接收到的信号中除去大气散射的影响。这就是大气校正。在大气-海洋系中，海面向上光谱辐射亮度 L_w 比大气路径辐射亮度 L^* 和海面反射光 L_r 小，因此大气效应的消除成为水色卫星遥感模式研究中的核心问题。

1978 年，Gordon 首先提出大气校正的基本思想。1980 年 Gordon 等人第一次将该大气校正方法用于 CZCS 图像处理之中，在 CZCS 图像处理及所得的海洋水色卫星预研工作中，Gordon 算法不断地发展，其他的大气校正方法也在不断地探索中。

1）经验的 Gordon 大气校正方法

如果海洋水色遥感器（CZCS、SeaWiFS 等）沿轨道方向倾斜接收，避开太阳光耀斑的影响，可将海面反射天空光 L_r 及路径辐射 L^* 加在一起，则传感器接收到的光辐射 L_t 可表示为：

$$L_t = L_w \times t + L^* \tag{6.29}$$

这样，大气校正便转化为对 L^* 和透射比 t 的计算。

Gordon 单次散射模式本质上是一种对洁净大气中良好传播问题的线性近似假设：可分别计算分子散射和气溶胶散射、气溶胶相位函数和散射衰减比几乎与波长无关、气溶胶的散射光与气溶胶的光学厚度成比例、海面是平坦的，则星载传感器接收到的辐亮度由三部分组成：

$$L_t(\lambda) = L_r(\lambda) + L_a(\lambda) + t(\lambda)L_w(\lambda) \tag{6.30}$$

式中：$L_r(\lambda)$ 为大气分子瑞利散射引起的光辐射；$L_a(\lambda)$ 为大气气溶胶散射引起的

光辐射；$L_w(\lambda)$为水体向上的离水辐亮度；$t(\lambda)$为海面至大气的漫射透射系数。

L_a（λ）和L_r（λ）中包括海面反射的天空光，但不包括太阳光在海面的镜面反射。

传统的Gordon大气校正方法有如下问题：一是在图像中可能不存在所要求的清水区；二是在图像中，气溶胶类型发生变化；三是即使所有其他假设都满足（单次散射），由于气溶胶相位函数与波长之间仅存在较弱依赖关系，也将引起某些参数的变化；四是该方法忽略了多次散射、表面粗糙不平、垂直结构、白冠、臭氧层变化、大气压强变化等诸多因素；五是单次散射的假设不够精确。

2）Gordon传统大气校正方法的改进

目前，最有前途的改进由Morel等人完成。对一类水域，标准离水辐亮度$[L_w]_N$设为色素浓度C的函数，因此有：

$$L_t(\lambda) = L_r(\lambda) + L_a(\lambda) + tL_w(\lambda, C) \tag{6.31}$$

并用迭代法求$L_w(\lambda,C)$。

该算法的优点是：色素浓度C的最大值可很大，如可达1.5～2.0mg/m^3，因此对清水区的要求可降低；且该算法可对图像逐点处理。

但该算法仍采用了Gordon的一些假设。也再一次证明了单次散射不够精确。

1989年，Gordon等人将大气瑞利多次散射引入CZCS图像处理之中，结果发现，由于忽略气溶胶与大气分子的相互作用，仍存有误差对于未来发射的灵敏度更高的海洋水色传感器，应考虑多次散射，传统的大气处理方法精度不够。

三、海洋水色要素信息提取

1. 海洋水色要素提取技术的进展

CZCS（Coastal Zone Color Scanner）是美国发射的第一台海洋水色探测器，于1978年10月搭载Nimbus-7卫星上发射。CZCS从1978年10月一直运行到1986年12月，共运行了8年，获得了丰富的全球海洋水色资料，世界各国科学家对这些资料研究了10年，取得十分令人鼓舞的成果。CZCS主要用于海岸带探测，探测参考参数包括：上层水体的污染物质；水中沉积物性质；船舶航线预测；岸带叶绿素、海温和海冰。

SeaWiFS的全称为Sea-Viewing Wide Field-of-View Sensor，由美国Hughes/SBRC公司制造，是美国发射的第二台海洋水色探测器。SeaWiFS与CZCS不同，它是地球观测系统（EOS）计划的组成部分。该计划的主要目的是增进对全球变化的认识，预测地球系统的变迁，时间跨度为几十年乃至100年。SeaWiFS的时间跨度为5年，其后由MODIS来代替SeaWiFS的职能。SeaWiFS

主要用于调查影响全球变化的海洋因素，评价海洋在全球碳循环中的作用，以及在其他生物地理化学循环中的作用；弄清全球海洋浮游植物所产生的初级生产力和叶绿素的数量及其变化，确定春季浮游植物大量繁殖的时空分布；积累海洋水色探测的科学和技术经验，为 EOS 今后探测器发展提供借鉴。

以下以 CZCS 水色遥感资料为例，介绍一下海洋水色要素提取技术的研究进展。

获取的 CZCS 水色遥感资料是海洋生物学家和物理海洋学家特别感兴趣的。海洋生物学家从最初对海洋水色遥感在其研究工作中的作用认识不足，到迅速认识到海洋水色遥感有能力对近海面浮游植物色素的时空分布进行综合观测，为海洋生物学家对海洋过程认识提供了新的手段。物理海洋学家也认识到，可以将浮游植物作为示踪物对某些海洋动力现象进行研究。到目前为止，海洋水色遥感应用研究已取得了可喜成果和较大的进展，并继续利用 CZCS 数据对有关海洋科学研究和应用进行探讨。在 1978～1986 年期间，CZCS 传感器共获取经过处理的海洋水色遥感图像约66 000幅以上。在十几年时间里，海洋学者利用 CZCS 图像对海洋学领域的许多应用研究课题，以及有关业务应用方面的问题进行了研究和探讨，取得了十分可喜的成果。这些技术成果主要体现在以下研究和应用内容等方面。

1）浮游植物色素浓度年季变化研究

1994 年 Banoe 和 English 等人对上层海洋真光层区内浮游植物色素浓度的 CZCS 数据进行了分析研究，目的是区分在开阔海域色素浓度、地球物理参数和时间上季节性的模型。主要研究内容包括在大约77 000km^{2}范围内，给出数年色素浓度的月平均值；在 62.5°N 和 62.5°S 之间的广阔海域范围内，绘制年度的最高和最低色素浓度的平均值；最高色素浓度平均值发生的月份；最高与最低色素浓度平均值之间的比；以及在最高和最低色素浓度平均值之间变化的范围等。这些研究为进一步研究海洋生态系的变化打下了可喜的基础。

Halpern 和 Felaman 等人应用 CZCS 资料研究了在浮游植物生物量区域分布，上升流和沿太平洋赤道上升水体营养含量之间的相关关系等。在对沿太平洋赤道 145°E～95°W 区域研究中，为了对海洋环境深入研究，使用的参数包括由 CZCS 资料导出的表层浮游植物色素浓度；由风导出的海洋总环流模式，描述在 90m 真光层水深的模拟垂直光学特性参数；由模拟温度模式估算硝酸盐浓度；由模拟垂直运动和硝酸盐浓度计算硝酸盐进入真光层的上升通量等。在此基础上，通过对 CZCS 资料的分析，研究沿经度剖面的色素浓度模型，年度循环周期及 ElNino 现象等。初步研究结果表明，在 175°～95°W 范围内，由 CZCS 图像导出的浮游植物色素浓度是均匀的。上升流，浮游植物生物量，及 90m 水深硝酸盐通量等经度剖面具有不同的形状。浮游植物色素浓度与硝酸盐通量的小的年度循环周期是协调一致的，即浮游植物生物量增加与上升硝酸盐通量相关。此外，分析结果还表明，浮游植物色素浓度变化在 ElNino 现象发生期间高于通常年度循环周期期间的浓度变化。实际上，在 ElNino 发生期间所观测的浮游植物色素浓度降低是与较小的上升硝酸盐通量相关的。在非 ElNino 期间，浮游植物生物量与硝酸盐通量进入真光层无关。上述研究结果对于深入研究全球生态系统变化等课题具有重要的科学价值。

2）CZCS 遥感资料在浮游植物色素浓度年季变量中的研究

1994 年 Thomsa 和 Strub 应用 CZCS 月平均合成图像分析了浮游植物色素浓度季节和年度间变量的比较，选择的海区是沿着南美和北美的西海岸的秘鲁流系（PCS）和加利福尼亚流系（CCS）海域内。分析了整个时间序列的资料（1978 年 11 月至 1986 年 6 月），目的是给出平均的年度循环周期和在每个流系内纬度方向和垂直陆架区方向系列年度间变量的表示。分析表明，在加利福尼亚流系海区内，在 1983 年的 ElNino 年期间，年度间变量的主要特征是存在一个很强的负浓度异常。其中，在加利福尼亚中部海区，浮游植物色素浓度的负异常是最强的。在秘鲁流系海区，1982～1983 年 ElNino 年期间的浓度负异常仅在 Peruvian 近岸海域明显。这些研究结果说明，应用 CZCS 资料研究区域海区的现象与大尺度的天气和海洋现象相关，这在海洋学的研究中有重要意义。

3）CZCS 遥感资料在渔业研究上的应用

CZCS 水色遥感资料在渔业资源上的应用主要包括通过识别和确定海洋锋，以及环流等特征的位置，定量确定与叶绿素和悬浮物质浓度直接有关的海洋水色及水团的识别等。

长鳍金枪鱼捕获量的分布与水色边界的关系。Laurs 等人曾利用 CZCS 图像和渔民上报的渔捞日志上长鳍金枪鱼捕捞数据来研究美国太平洋西海岸长鳍金枪鱼渔获量与海洋水色边界之间的关系。海洋学家们把渔获量数据绘于浮游植物色素浓度分布的 CZCS 图像上，并进行对比分析。结果显示，长鳍金枪鱼的捕捞作业大部分分布于大洋水域，在沿岸水域不多。捕捞作业大致集中的水域是在把沿岸水和大洋水分开的水色交界沿线或其附近，有时可达距边界约 100km 的大洋水域。对卫星图像和同时获得的金枪鱼捕捞数据分析表明，长鳍金枪鱼的分布及可利用率与海洋锋有关。金枪鱼成汛聚集的近岸海区是在蓝色、温暖的大洋水域。大洋水向岸边方向侵入特别有利于形成金枪鱼聚集的渔场。研究表明，卫星的红外及可见光水色资料都能确定金枪鱼鱼汛聚集的空间分布的环境界限，而且比过去使用的船测或航测数据更为有效。至今还没有其他观测手段如此使人信服地揭示中尺度大洋性质生命形态、范围及连续性，而水色卫星资料对于确定此类洄游范围很广鱼类的分布和可利用率都是非常重要的。

1983 年 Fidler 等人在对南加利福尼亚湾 4 次鱼卵集中调查中观测到加州鳀鱼产卵区分布。利用 AVHRR 和 CZCS 数据勾画出海面水温和浮游植物色素浓度的中尺度模型。分析结果表明，在 CZCS 图像上显示出沿岸海区较高的浮游植物色素浓度以及确定了加利福尼亚州鳀鱼产卵区向外海延伸的明显叶绿素锋。同时与 AVHRR 海面温度数据一起分析，更可靠地确定了加利福尼亚州鳀鱼产卵地的空间分布。

虾类不能生存在底部水体中氧的含量较低环境中。当水中微小植物和其他有生命物质死亡，并沉降至海底发生分解时，消耗大量水中氧气。海水中叶绿素浓度与微小有机物等的生物量是相关的。因此，叶绿素浓度分布可作为水中氧气不足可能发生海区位置的指示。对 Mexico 湾海区的 CZCS 图像的分析并提取的叶绿素等色素浓度分布图像，与海面温度测量相结合，预测了氧气不足水域可能的位置。在此海区进行的实验表明，海洋水色信息的应用帮助了虾类养殖业的发展，减少了可能造成的损失。因为虾类养殖业产值每年大约为 5 亿美元，这也充分说明减少损失的经济价值和意义。

4）CZCS 遥感资料在近岸油气勘探与生产中应用研究

为了近岸海区油气勘探与生产的安全，AVHRR 海面温度数据是用于涡旋等海洋动力现象预报的主要信息源之一。利用涡旋尺度，位置的时间变化和海流前锋位置等，进一步获得有关涡旋和海流的地点、流向，以及发生的概率，持续时间和大小等信息。这些要素的监测对油气开发和生产都十分必要。

然而，在像 Mexico 湾这样的海区，以及在纬度约为 30°S～30°N 区域内的许多海区，从夏季到秋季期间，利用热红外海面温度的测量探测涡旋等现象，有时效果不好。首先，这是由于在此期间，太阳光的强烈照射，海表层温度范围很小，约为 29～31 ℃左右，这样使得海面状况处在相对等温条件下；另一方面，潮湿的大气条件也使得热红外信号的某些部分产生了严重的衰减。因此，当海面较平滑和太阳光照射强度很高时，由于海面被加热所产生的一些限制因素最大。结果，在某些情况下，海洋的一些特征被掩蔽，降低了热红外数据的可用性。这种情况的一个例证是，同时获得的 1979 年 1 月 20 日的 Mexico 湾海区的热红外图像和 CZCS 图像。在热红外图像上，仅能观测到湾区内一部分海流特征，而在 CZCS 图像上，叶绿素浓度的分布十分清楚，不仅能观测到海流的完整状况，而涡旋的特征也明显可见。这也有力说明海洋水色遥感资料在监测用于近岸海区油气勘探和生产的海洋动力现象中的应用价值。

5）CZCS 遥感资料在海上船舶航行中的应用研究

如前所述，应用 AVHRR 和 CZCS 资料可以观测海洋中的涡旋，锋面和海流等动力现象。这些动力过程的监测对海上船舶航行及军事上都十分重要。航行于海上的船只对于了解和掌握这些动力现象的存在是必要的。例如，在 1986 年 5 月 12 日获得相差 14h 的地中海内一部分海区的 AVHRR 图像和 CZCS 图像中，在 AVHRR 热红外图像上，存在一个热异常点，同步的海上船只和飞机观测结果是，海面较平坦，太阳辐射较强，上层海面 1m 水深的温度高于下面水温约 3℃左右。因此，在分析解释该图像时，必须考虑到表层热特征可能掩盖了下层某些环流动力特征的存在及对环流动力模型的监测。在 CZCS 图像上，不存在与周围被冷水包围的较暖水体相关的生物学上分布模型（如叶绿素分布）。因为辐射的出水辐射率是来自大约一个衰减系数（依据混浊状况，典型值为 4～20m）的深度。当时海上现场实测数据也表明了强烈的太阳辐射也掩蔽了实际存在的环流模型。由此可知，在某些环境条件下，利用生物学上一些要素分布模型表征环流模型比用热红外表层模型更好些。这说明了用 CZCS 水色遥感图像监测海洋环境等动力现象，并用于海上航行是有效可行的。

6）CZCS 遥感图像在海洋动力环境监测中的应用研究

除生物海洋学主要依靠卫星的海洋水色资料得以发展外，卫星的水色遥感资料也促进了动力海洋学的发展。将浮游植物（或悬浮沉积物）视作一种被动的示踪物，卫星图像呈现出与余流飞涡旋、锋面的不稳定性或者混合过程有关的图形。即使这些特征在热红外图像上得不到反映，但是，许多这样的特征均可能具有色彩标志。例如，在 1981 年 3 月 26 日获得的英吉利海峡的 CZCS 图像中，在提取的含有沉积物信息的图像中，清楚显示出波特兰崎（Partlandbill）西南的顺时针涡旋。另一个例子是在 1980 年 4 月 4 日获得的英吉利海峡的另一幅 CZCS 图像，所揭示的某些没有料到的空间变化结构。由于这些结构是叶绿素，而不是沉积物的一种特征，所以它的大小和持续时间部分地受生物生长动力学的制约，因此，这类图像包含着这类海区急流涡旋动力学的信息。该海区的主要动力特征是约 1m/s 的强潮流。从这里人们还可发现可见光水色遥感图像在某些海区优于红外温度图像。因为英吉利海峡区的水温一般是均匀的，所以，红外图像不能相应地显示出这些涡旋结构。然而，生物生产力块状空间分布却能揭示某些动力特征。

上述给出的几例 CZCS 图像应用研究例子，仅是 CZCS 资料应用及应用研究方面少数几个典型，由于对 CZCS 资料的应用研究已开展了十几年，并且目前仍在继续，海洋学家们已经在研究和应用等方面，在海洋学的各个领域都取得可喜成果，并与未来发射的海洋水色卫星开展的各项研究工作联系起来。由此可以肯定，海洋水色遥感应用研究具有很大的潜力。

2. 海洋水色要素信息提取存在的问题

利用水色卫星遥感资料提取水色要素是十分有效和成功的。由于受传感器性能，资料的质量，方法研究深度等各种因素的影响和限制，在水色要素信息的提取中还存在一些问题。存在的主要问题有三方面：

1）水色要素信息提取算法模式的不完善性

目前应用和研究的水色要素提取算法中既包括解析算法，也包括 *F* 经验算法、K 算法、水光学模式、反向模式等。这些算法和模式都有其局限性。因此，今后在我国海洋水色卫星遥感资料和国外水色卫星遥感资料的应用研究中，需开展水色要素信息提取算法模式的研究，使其具有较好的准确性和精度。

2）大气校正方法研究中存在的问题

大气校正是水色要素信息提取算法中关键问题之一。目前大气校正方法中忽略了以下一些因素的影响，而这些因素在大气校正中是起作用的。这些因素主要有：

（1）多次散射。

（2）瑞利散射与气溶胶散射相互作用影响。

（3）臭氧层变化影响。

（4）大气压强变化影响。

（5）大气中气溶胶时空变化的影响。

（6）海面粗糙度，如海面白冠等对大气校正的影响。

3）季节性大气中悬浮沙尘对大气校正的影响

由于我国海区上空大气受我国西北沙漠地区影响，特别在每年的春季，我国大部分海区上空大气中含有悬浮沙尘，这些沙尘在大气校正中必须要加以考虑排除。

3. 叶绿素浓度反演

海洋水色卫星遥感的主要目的之一是测量海水中叶绿素。为了较准确提取叶绿素信息及其浓度的时空分布，必须研究实用的提取算法。主要内容一是在分析不同叶绿素浓度海水的光谱特性基础上，提出浓度信息提取方法，寻求低、中、高浓度信息提取的实用算法；二是选择典型海区作为研究应用重点，研究提取算法中相关问题；三是配合实验室与现场观测，研究环境因子与不同成分的影响；四是开展数据同化和图像复合研究。

在已经开展的研究中，提出的海水色素浓度提取算法主要有：

1）解析算法

海水总吸收系数 a 和总后向散射系数 b_b 为水中存在的不同吸收体和散射体的单个系数线性总和：

$$a = a_{\mathrm{w}} + \sum a_i \tag{6.32}$$

$$b_b = b_{b\mathrm{w}} + \sum b_{bi} \tag{6.33}$$

式中：a_{w} 与 a_i 分别为海水及第 i 成分的吸收系数；$b_{b\mathrm{w}}$ 与 b_{bi} 分别为海水及第 i 成分的后向散射系数。这些系数与各自成分浓度有关：

$$a_i = f_i^a(C) \tag{6.34}$$

$$b_{bi} = f_i^b(C) \tag{6.35}$$

式中：f_i 一般为非线性的。上述诸关系可将 L_w 与 C 直接联系起来：

$$L_w = \frac{t_w \times E_d(0^-)}{3n_w^2 Q}\left[\frac{b_{bw} + \sum_i f_i^b(c_i)}{a_w + \sum_i f_i^a(C_i)}\right] \tag{6.36}$$

由于海水中所含成分及其引起的后向散射特性与吸收特性之间关系复杂，上述解析方法很难求得 f 值。因此，较实用的是经验算法。

2）经验算法

经验算法必须依靠不同类型水体反射光谱的经验观测资料。1977 年，Morel 和 Pnieur 将所有水体按光学性质分为两大类型，这是非常有意义的。第一类水体（Morel Case I Waters）仅以浮游植物及其降解物的光学性质为主，第二类水体（Morel Case Ⅱ Waters）则只含有非叶绿素的沉积物或黄色物质。Case I 水域中，L_w 仅与叶绿素浓度 C 有关。

对 Case I 水域，a 及 b_b 可扩展为

$$a(\lambda) = a_w(\lambda) + a_\rho(\lambda)C \tag{6.37}$$

$$b_b(\lambda) = b_{bw}(\lambda) + b_{b\rho}(\lambda)C \tag{6.38}$$

式中：下标 w 为水体分子的吸收和散射；下标 ρ 为浮游植物物质；C 为叶绿素浓度。对海洋中大量不同种类浮游植物，已测到 $a(\lambda)$和 $b_b(\lambda)$是波长和叶绿素浓度的函数，由此可精确地计算辐射反射比 $R(\lambda)$。因为 $a(\lambda)$和 $b_b(\lambda)$二者可以独立地变化，因此至少得使用两个不同反射率比来计算叶绿素浓度。

目前，已提出叶绿素浓度 C 对光谱辐射亮度比率的经验关系式。这些式子最普通的形式为

$$\lg C = \lg A + \lg[L_w(\lambda_i)/L_w(\lambda_j)] \tag{6.39}$$

目前，NASA 采用的计算方法是：

（1）Gordon 双通道法：

$$C_1 = 1.13[L_w(443)/L_w(550)]^{-1.71} \tag{6.40}$$

$$C_2 = 3.33[L_w(520)/L_w(550)]^{-2.44} \tag{6.41}$$

（2）Clack 提出的三通道算法：

$$C = 5.56 \times [(L_{w1} + L_{w2})/L_{w3}]^{-2.252} \tag{6.42}$$

Gordon 算法在 C=1.5mg/m^3 处产生跃变，使色素浓度直方图产生畸变，并影响了色素浓度的统计特性。Clark 算法产生较平滑的叶绿素浓度分布。

3）K 算法

1981 年，Austin 和 Petxold 介绍了上层水域（第一衰减深度）漫射衰减系数的算法。该算法在大气校正准确的条件下，精度可达船舶测量的精度。

$$K(490) = 0.022 + 0.0883[L_{ss}(443)/L_{ss}(550)]^{-1.491}\,\mathrm{m}^{-1}$$

$$K(520) = 0.044 + 0.0663[L_{ss}(443)/L_{ss}(550)]^{-1.398}\,\mathrm{m}^{-1}$$

式中：$L_{ss}=\frac{n^2 L_w}{1-\rho(\theta^1)}$；$n$ 为折射率；ρ 为海面反射率。

4. 悬浮固体含量反演

悬浮固体是水色遥感的另一个主要观测要素。其中提取悬浮固体含量，包括低、高含量提取算法。

从水色卫星遥感资料对典型海区开展深入研究，结合其他遥感和现场观测资料，研究泥沙含量与运移规律等。主要研究内容为：

(1) 研究悬浮固体信息提取定量算法。

(2) 研究不同悬浮固体浓度之间的内在关系。

(3) 研究特定海区，如长江口、黄河口等海区的悬浮固体时空分布等。

(4) 研究与其他卫星遥感资料的图像复合。

(5) 配合实验室测试与现场观测，研究不同浓度悬浮固体光谱特性。

四、海洋水色要素应用研究

1. 污染物质与黄色物质监测应用

海面污染物质和黄色物质是水色遥感的主要目标之一。水色遥感资料在海洋环境污染监测中得以广泛应用。主要内容包括：

(1) 水色遥感资料海面污染信息提取方法研究。

(2) 污染物质时空分布与漂移研究。

(3) 重点海区污染物质遥感监测与环境评价研究。

(4) 多种遥感资料分析应用与常规监测结合研究。

(5) 从水色遥感资料提取污染信息及其在环境保护、海水养殖业和海洋渔业中应用研究。

2. 动力环境要素反演应用

应用海洋水色卫星数据监测沿岸海区动力现象及探讨在近岸工程中的应用潜力。为海岸工程提供有参考和应用价值的动力环境参数。主要研究内容包括：

(1) 研究和探讨水色卫星遥感资料中生物学信息与动力环境参数的关系。

(2) 沿岸海区动力现象，如上升流，沿岸流及涡旋等动力参数信息提取方法及在近岸油气勘探与开发和其他沿岸工程中应用研究。

(3) 研究海流的动力特征，寻求海流与悬浮固体及其输运关系等研究。

3. 在海岸带和陆地上的应用

利用海洋水色卫星遥感资料对海岸地区和陆地上的资源和植被进行调查、监视和管理等服务，并为相应的地理信息系统提供有效和可靠的数据源。主要研究内容为：

（1）利用海洋水色卫星遥感资料提取海岸带地区资源等信息方法研究。

（2）利用海洋水色卫星遥感资料提取陆地上植被等信息方法研究。

（3）开展对海岸带地区调查、管理和开发等应用研究。

（4）为海岸带地区、陆地上提供有实际应用价值的专题图和为相应的地理信息系统提供数据源等应用研究。

（5）土地覆盖与生物量变化监测研究。

（6）主要农作物类型的区分和产量的估算研究。

（7）旱涝灾害及地表水域变化监测研究。

（8）地质找油、找矿的研究。

4. 在全球尺度环境变化过程中的应用

由于海洋在稳定全球大气化学成分方面起着重要作用，所以对全球海洋生物量的监测和研究是必要的。同时，与有关全球环境研究计划相结合，探讨海洋水色遥感数据在全球性环境监测中应用。主要研究内容：

（1）应用水色遥感资料探讨海洋在全球 CO_2 循环中所起作用研究。

（2）建立海洋水色卫星遥感资料数据库，用于研究全球环境长期变化等。

另外，海洋水色卫星遥感资料还可为军方提供海上活动所需的海洋光学、海洋水色、海洋动力要素等信息。主要研究内容为：

（1）探讨海洋水色卫星遥感数据在海军海上航行中应用可能性及潜力的研究。

（2）探索海水光学特性，海上能见度及水团、锋面、涡旋等海洋动力现象在海军海上活动中的应用研究。

五、海洋水色遥感专题图制作

1. 海洋色素浓度变化图

1）研究目标

应用海洋水色卫星遥感资料研究制作主要水色要素叶绿素、悬浮物质、黄色物质和污染物质等时空分布图。为海洋渔业、海水养殖业、近海油气勘探开发生产、海岸工程、海洋环境监测与评价等服务，提供有价值数据。

2）现有基础

现有基础包括国外和国内在海洋色素研究方面的基础。在国际上，近十几年以来，对 CZCS 水色遥感资料进行大量的研究与应用。国内在海洋色素研究方面主要利用陆地卫星资料、气象卫星资料及部分 CZCS 资料等。这些为进一步利用水色卫星遥感资料提取海洋色素打下了良好坚实的基础。

3）研究内容及成果

· 叶绿素浓度月平均专题图。
· 叶绿素浓度季度平均专题图。
· 叶绿素浓度年度平均专题图。
· 叶绿素浓度分布与海面温度分布复合专题图。
· 叶绿素浓度分布与渔情预报和海水养殖环境监测相关性复合专题图。
· 叶绿素浓度分布与海洋动力要素监测相关性复合专题图。
· 重点海区悬浮固体含量分布专题图。
· 重点海区悬浮固体运移规律专题图。
· 重点海区污染物质及黄色物质分布及漂移规律专题图。
· 主要水色要素光谱特性专题图。

2. 初级生产力分布图

1）研究目标

通过研究制作初级生产力分布图，为海洋渔业保护与捕捞、海水养殖业环境监测等服务提供有实际意义的数据。

2）现有基础

国外和国内在应用水色遥感资料研究初级生产力方面做了不同程度的研究工作，尤其国外在利用 CZCS 资料研究方面提供了可借鉴的经验。国内在利用陆地卫星 Landsat 资料和气象卫星资料方面，以及利用常规方法研究初级生产力等方面都有一定基础。

3）研究内容及成果

叶绿素浓度与初级生产力相关关系研究；

初级生产力与海洋渔业、养殖业相关关系研究及专题图制作。

3. 海面温度场图

1）研究目标

应用水色卫星遥感资料提供制作海面温度场图，为海洋渔业保护、渔情预报、海水养殖、海洋动力要素监测等服务，并提供有关的科学数据。

2）现有基础

海面温度遥感监测研究和应用具有良好的基础，尤其在利用气象卫星资料提供海面温度场信息等方面做了大量的研究和应用工作。

3）研究内容及成果

- 海面温度场时空分布专题图。
- 重点渔场海面温度场专题图。
- 重点海水养殖海区海面温度场专题图。
- 海面温度场与海洋动力环境监测相关性复合专题图。

4. 热污染扩散图

1）研究目标

热污染扩散图的制作与研究是为监测海洋环境、热污染扩散趋势和范围，热污染发生的程度及危害影响等服务，提供环境监测所需科学数据。

2）现有基础

热污染扩散图的制作关键是利用遥感资料提取海面温度信息，并判别是否构成热污染。海面温度遥感应用研究是较成熟的技术并且具有良好基础。

3）研究内容及成果

- 重点海区，特别是发电厂废水排放海区，温度扩散场专题图。
- 重点海区海面温度场时间变化专题图。
- 重点海区热污染影响和危害专题图。

5. 近岸海区海洋动力现象及黑潮流系变化图

1）研究目标

应用水色卫星遥感资料研究大、中尺度海洋动力现象，目的是为更全面、深入认识和监视大、中尺度海洋动力过程的变化规律，及其在区域和全球环境变化中的影响和作用。

2）现有基础

近岸海区海洋动力过程和黑潮流系的监测历来是海洋学研究中的重点之一，可见光遥感资料，如气象卫星资料、陆地卫星资料及微波雷达高度计资料等均在近岸海洋动力现象和黑潮流系研究中发挥重要作用。此外，多年来应用常规调查方法，对近岸海区动力现象和黑潮流系进行过数次专项调查，这些为应用水色卫星遥感资料监测沿岸动力过程和黑潮流系奠定了基础。

3）研究内容及成果

- 中国沿岸海区动力现象监测与分析。

· 探讨黑潮的动力学特征，包括起始及流经范围。
· 研究中国大陆架及其邻近海区的海洋环流变异的卫星信息提取。
· 海洋锋面及中尺度过程的动力学研究。
· 沿岸水/陆架水和陆架水/黑潮水的相互作用、交换的研究。
· 水色卫星遥感资料与雷达高度计资料综合研究黑潮流系变化。
· 卫星信息与海洋动力学分量的同化处理研究。

6. 海岸带综合环境图

1）研究目标

海岸带地区环境监测是为海岸带地区开发利用及规划制定、环境保护等服务，提供各种科学数据和依据。

2）现有基础

陆地卫星资料由于具有较高的空间分辨率，在海岸带监测中发挥了重要作用。在海岸带地区的管理与开发利用中做了大量研究与应用工作，取得了十分可喜的成果，这为水色遥感资料的应用打下了良好基础和开辟了广阔潜力。

3）研究内容及成果

· 海岸带地区资源综合利用分布专题图制作。
· 海岸带地区环境质量评价专题图。
· 潮间带范围估算专题图。
· 重点海岸带地区变化系列专题图。
· 重点海岸带地区规划设计利用专题图。
· 重点海岸带地区灾害损失分析专题图。
· 重点海岸带地区与环境变化相关性研究。
· 海陆相互作用结果与影响研究。

六、应用举例

以下以我国海洋一号卫星（HY-1）为例，介绍一下海洋水色遥感在海洋环境监测中的应用。

海洋占地球表面的70%以上，海洋对造就目前这样一个适合人类生存的环境有极大的影响：它维持当前的气候，调节地球的热量平衡，控制着地球上的水循环和碳循环。海洋本身也是人类活动的场所，人类许多生产活动都是在海上进行的，如海上运输、渔业捕捞、油气资源和矿产开发、海水养殖、海滨旅游以及海上军事活动。随着海洋经济的发展，人类在海上活动的规模日益扩大，海洋与人类的生存关系将更加密切。

每年冬季，我国的渤海及黄海北部均有结冰现象出现，冰情的状况直接影响海上油气资源的开发、交通运输、海岸工程的正常作业，已成为一种海洋灾害。如1969年出现的一次历史上较为严重的冰情，几乎整个渤海地区被冰覆盖，有2座石油平台分别被毁坏和推倒，5艘万吨级货轮被海冰挤压变形，船舱进水，7艘货轮被推移搁浅，19艘货轮被冰块夹住不能航行。这次海冰灾害造成的直接经济损失上亿元。卫星遥感技术应用于海冰监测，可以获得长期、连续、大范围、同步实时监测资料，从而减少海冰灾害造成的损失。

赤潮的发生严重地破坏了海洋渔业资源和渔业生产，恶化海洋环境，损害海滨旅游业，给海洋经济造成巨大的损失。含有毒素的赤潮生物还能通过食物链的转移和累积使海洋经济动物和人类中毒甚至死亡。特别是近年来，由于我国经济的发展和人口的快速增长，近岸水域的开发利用不断增加，生活污水、工业废水和养殖污水向海洋过量排放，致使海水越来越富营养化，为赤潮的发生提供了可能。日益发达的世界性交通运输也使某些有害生物特别是其孢囊得以广泛传播。根据我国海洋环境监测部门的不完全统计，自20世纪90年代以来，我国海域大规模赤潮频发，从80年代的年均5～10次到90年代的近30次；持续时间加长，面积扩大；造成的直接经济损失越来越大，从90年代初近亿元到1998年的近10亿元。急需也完全可能利用卫星遥感对我国近海赤潮的发生发展进行实时监测与研究，以采取相应对策和减少损失。

我国拥有18 000km的大陆岸线，海岸带面积约35万km^2，有着独特的优势区域，是我国经济建设和发展的重要资源之一。利用卫星遥感数据对它们进行长期连续监测，尤其是我国海域的三大河口——黄河口、长江口和珠江口，对于沿海经济的快速发展和海岸带资源的合理利用与开发是非常重要的。

2002年5月15日，我国成功地发射了第一颗海洋水色卫星——“海洋一号”（HY-1）卫星，开创了我国自主监测海洋的新纪元，为海洋环境监测、环境保护、执法管理提供了大量有价值的遥感监测数据。

1. 海洋一号卫星（HY-1）简介

HY-1卫星是我国第一颗应用于海洋水色遥感和海洋环境监测的海洋卫星，星上有效载荷为一台10波段COCTS水色扫描仪和一台4波段CCD成像仪。COCTS主要用于探测海洋水色要素（包括叶绿素浓度、悬浮固体含量和可溶有机物等）和海洋表面温度分布，扫描刈幅为1 350km，重复周期为3天；CCD成像仪主要用于获取海岸带的图像资料，对海岸带地区的资源和植被进行动态监测，扫描刈幅为500km，重复周期为7天。

利用HY-1卫星遥感数据，可以得到海洋初级生产力的时空分布状况，为海洋渔业提供渔业环境信息服务，为海洋养殖业资源状况和环境质量以及海洋生物资源的合理开发与利用提供科学数据；利用 HY-1 卫星的高分辨率数据，可以对海洋赤潮、溢油污染、海冰冰情和海岸带与河口悬浮固体进行动态监测，为海洋环境监测与保护、海洋工程提供基础信息。

海洋水色扫描仪——COCTS，海洋水色扫描仪主要用于海洋水色和海温的探测，有 8 个可见光与近红外通道和 2 个热红外通道，空间分辨率 1.1km，每行 1 024 个像元，量化级数 10bit，各波段间的像元配准小于 0.3 个像元。表 6.15 是 COCTS 传感器的技术指标。

表 6.15　COCTS 遥感器的波段、动态范围及应用对象

波段/μm	动态范围	应用对象
0.402～0.422	40%	黄色物质、水体污染
0.433～0.453	35%	叶绿素吸收
0.480～0.500	30%	叶绿素、测冰、污染、浅海地形
0.510～0.530	28%	叶绿素、水深、污染、泥沙
0.555～0.575	25%	叶绿素、植被、低含量泥沙
0.660～0.680	20%	高含量泥沙、大气校正、污染、气溶胶
0.730～0.770	15%	大气校正、高含量泥沙、植被
0.845～0.885	15%	大气校正、水汽总量
10.30～11.40	200～320K	水温、测冰、地表温度、云顶温度、卷云
11.40～12.50	200～320K	水温、测冰、地表温度、云顶温度、卷云

CCD 成像仪，CCD 成像仪主要用于中国近海大陆架、海岸带变化的动态监测，地面分辨率为 250m，波段设置兼顾海洋和陆地监测数据的获取，每行2 048 个像元，量化等级 12bit，各波段的像元配准小于 0.3 个像元，表 6.16 是 CCD 传感器的技术指标。

表 6.16　CCD 遥感器的波段、动态范围及应用对象

波段/μm	目标反射率/%	应用对象
0.42～0.50	20	污染、植被、水色、冰、水下地形
0.52～0.60	50	悬浮固体、潮间带、污染、冰、滩涂、植被
0.61～0.69	35	悬浮固体、潮间带、污染、冰、滩涂、植被
0.76～0.89	50	大气校正、水汽总量、土壤

卫星数据产品，HY-1 卫星数据产品分为三级，即将 HY-1 卫星地面应用系统接收的原始数据经辐射校正和地理定位后生成的 1 级数据产品、对 1 级数据产品进行精确地理定位和大气校正后生成的 2 级数据产品和在 2 级产品基础上生成的单一海洋参数（单波段）数据产品及海洋应用产品为 3 级产品。具体说明见表 6.17。

表 6.17 HY-1 卫星地面应用系统数据产品

级 别	遥感器类型	产 品 种 类
1 级	COCTS	经地理定位和辐射校正后的 L1A、L1B
2 级	CCD	经地理定位和辐射校正后的 L1A、L1B
	COCTS	6 种离水辐射率（412、443、490、510、555 和 670 波段） 3 种气溶胶辐射（670、750 和 865 波段） 叶绿素 a 浓度分布 海表温度分布 色素浓度 第 7 和 8 波段气溶胶辐射比 气溶胶光学厚度（865 波段） 悬浮固体含量分布 漫衰减系数等共 16 种
	CCD	植被指数 NDVI 和泥沙含量等 2 种
3 级	COCTS	16 种 2 级产品要素的周和月统计结果
	CCD	根据用户需求确定
3 级应用产品	COCTS 和 CCD	海冰监测 赤潮监测 溢油监测 河口悬浮固体 岸带植被监测 潮间带 海洋渔业环境信息 海表温度分布 海洋初级生产力分布等应用产品

2. 海洋环境监测应用

1）海冰监测

海冰是海上一切冰体的总称，它包括由海水冻结成的咸水冰和入海河流带来的淡水冰。我国渤海和黄海北部地区，每年冬季皆有不同程度的结冰现象。海冰对航运交通和海上作业都有很大影响，有必要利用卫星图像实时监测冰情，发布海冰预报的业务服务。

冰具有与水体截然不同的光谱特征。冰的反射率普遍高于水体，因此在卫星图像上可以轻而易举地确定冰区的范围——冰界。海水和海冰的光谱反射率不同，冰厚度不同，反射率也不一，故海面温度场也有差异。海水在卫星像片上的颜色由浅蓝至蓝色，可区分出沿岸固定冰和流冰的分布，海冰色调显白色的，其冰厚度大，有的可达到 30cm 以上。因此，在彩色卫星像片上依据其色调的差异，可勾绘出流冰分布的最大外缘线，并能进一步量算出海冰覆盖的面积。可见，利用卫星图像的分析，一般可以确定海冰类型的分布、海冰的厚度范围、流冰的密集度以及最大流冰边缘线位置和海冰面积、海面与冰面温度等数据。

渤海、黄海北部海域及其沿岸地区是中国重要的经济区之一。渤海海域业已发现的丰富油气资源，展现了渤海油气勘探开发的广阔前景。而每年冬季渤海及黄海北部海域的结冰及海冰漂移直接对海上交通运输、海上油气资源勘探和海洋生产构成不同程度的影响。NOAA 卫星 AVHRR 的可见光和红外波段图像和 GMS 卫星的可见光图像已被用于渤海和黄海北部海冰监测和预报业务中。而 HY-1 卫星的 CCD 遥感图像具有 250m 的高空间分辨率，因此可以利用 HY-1 卫星数据得到更高精度的海冰产品，实现对海冰冰情的实时监测。反演的海冰产品还可以作为海冰预报的初始场数据，用于海冰的数值和常规预报中，为我国海洋环境灾害的预警提供数据服务。

在 NOAA 卫星 AVHRR 海冰遥感反演研究和应用的基础上，建立起的HY-1 卫星海冰反演算法，可以提供渤海海冰实时监测图像和冰情参数，向海冰业务预报提供客观化的初始场。

HY-1 卫星海冰遥感生成的反演监测产品有冰厚、冰密集度、冰外缘线和冰温等 4 种。

另外，利用 HY-1 卫星的遥感数据还可以实施对俄罗斯沿海和南北两极的海冰进行监测，为我国的科学考察提供数据支持。

图 6.31（a）和（b）分别是 HY-1 卫星 CCD 成像仪 2002 年 12 月 29 日监测的辽东湾海冰图像和反演的海冰密集度图像。

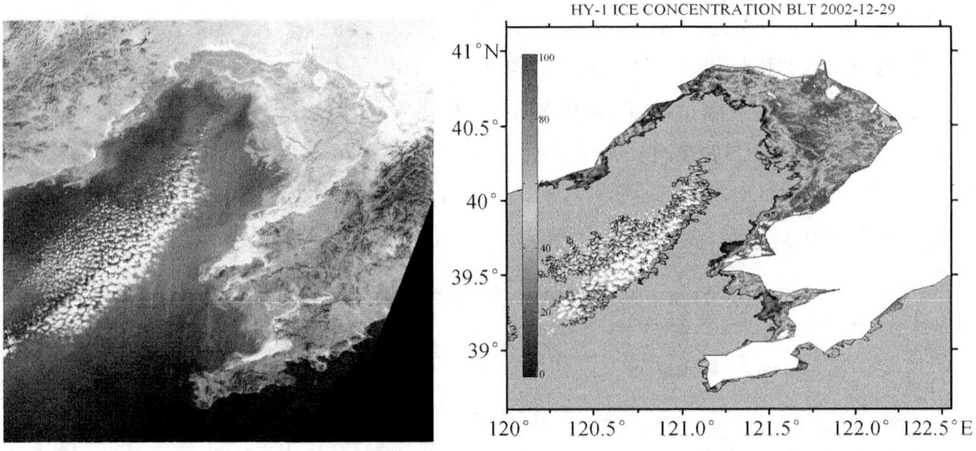

(a)　　(b)

图 6.31　2002 年 12 月 29 日 HY-1/CCD 监测的辽东湾海冰实况（a）和反演的海冰密集度图（b）

2）赤潮监测

科学研究和现场观测表明，赤潮生物的存在是赤潮能否发生的一个关键。赤潮生物的生长需要一定的外部环境条件，包括海水的富营养化、温度、盐度、海表面的光照、海水的稳定性以及海面风的强度等。海水的温度、盐度和海表面的光照程度决定了赤潮生物的生长速率，气象和海洋因素则决定了赤潮生物对光和海水营养的利用程度。

赤潮生物按其生长的特点大体可分为两类，一种是单细胞浮游植物，如中肋骨条藻，其体内含有叶绿素 a 等色素。叶绿素 a 的含量与浮游植物细胞密度有相当好的相关性。研究表明，叶绿素 a 的浓度随海区和季节的不同而不同，反映了赤潮藻类的生长状况。赤潮发生时，水体中叶绿素 a 含量往往比正常海区高数倍乃至数百倍，因而可以利用叶绿素 a 含量的变化判断赤潮的发生与否。另一类赤潮生物是浮游动物，如夜光虫和红色中缢虫，它们以单细胞藻类为饵料进行生长繁殖。赤潮发生前，需要浮游植物大量迅速生长以提供夜光虫需要的食料，此时，叶绿素 a 的含量将比平时明显增加，而后夜光虫等生物大量消耗藻类以进行自身的繁殖，使水体中叶绿素 a 含量不再增加或甚至下降。

海水温度直接或间接影响着赤潮生物的生长和增殖，海水只有到了一定的温度范围，在其他赤潮发生条件得到满足的情况下，才有可能形成赤潮。因此，温度是赤潮发生不可少的重要物理条件。赤潮发生时，发生区域的海水表面温度要高于周围的非赤潮水体。

利用表 6.18 给出的 HY-1 卫星遥感资料反演生成的离水辐射率、叶绿素 a 浓度和海表温度分布产品，借助 NOAA 卫星或 SeaWiFS 卫星遥感赤潮的成果，研究形成了 HY-1 卫星遥感赤潮信息的双波段比值和温度模型、基于主成分分析方法模型等。利用上述赤潮信息提取模型和 HY-1 卫星的高分辨率遥感资料可以对我国海区发生的赤潮进行监测并提取与赤潮发生有关的位置和面积等信息，展示了 HY-1 卫星遥感资料在海洋赤潮监测、预警方面的应用能力。图 6.32 是 HY-1 卫星监测到的 2002 年 6 月 15 日发生在我国辽东湾海区的赤潮，图中 1 和 2 处为赤潮发生区。

表 6.18　东、黄海几种主要经济鱼类的适温范围

鱼类	越冬期		产卵期		索饵期	
	渔场	水温/°C	渔场	水温/°C	渔场	水温/°C
马面鲀	对马	14～17	钓鱼岛附近	14～20*	不生产	
	东海外侧	17～19				
鲐鱼	对马	13～19	东、黄、渤海近海	15～21	黄海南部	12～18
	东海外侧				东海南部	24～28
带鱼	东海中部	13～17	浙江近海	17～20*	东海北部	19～21*
					黄海南部	
马鲛鱼	东海中部	13～16	黄海南部	14～16	黄海中南部	14～18
					东海北部	

注：带 * 号的为底层水温。

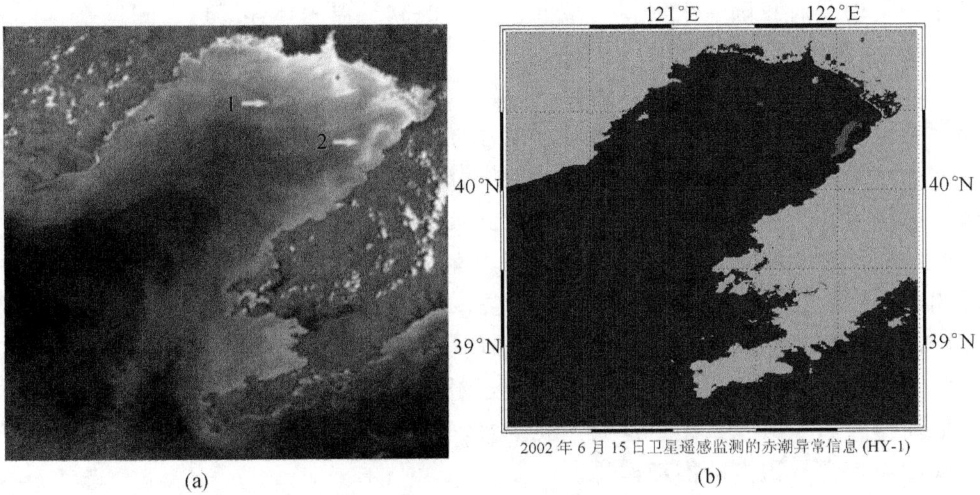

图 6.32　HY-1/CCD 赤潮信息提取模型提取的 2002 年 6 月 15 日辽东湾赤潮图像（a）与信息提取（b）

图（a）中 1 和 2 处为赤潮发生区

3）海岸带动态监测

大量的调查和科学研究表明，海岸带地区资源丰富，具有高度的自然能量和生物生产力，是地球系统中最有生机的一部分，往往也是人口分布密集，生产活动频繁，社会经济发达区。

我国海域的三大河口——黄河口、长江口和珠江口区域就是上述表征的很好例子。但是，由于三大河口每年向海洋中输送大量泥沙，尤以黄河口为最多，悬浮固体和岸线的年变化较大，对其变化和河口的植被资源进行连续调查监测，将为沿海地区经济的可持续发展研究提供科学依据。

由表 6-17 给出的 CCD 成像仪的技术参数可知，4 个波段在设置上考虑了海洋和陆地兼顾的原则，主要应用于海岸带的动态监测，250m 的空间分辨率可以获得海陆相互作用区域的高分辨率、高精度的监测数据。因此，利用 HY-1 卫星的 CCD 遥感数据动态监测我国海岸带地区是一种有效而经济的手段。

利用 HY-1 卫星 CCD 遥感资料提取我国海岸带地区资源信息，生成的黄河三角洲潮间带潮滩类型图、黄河三角洲潮间带范围及其演变量化信息图、黄河三角洲岸线动态变化分析图、河口悬浮固体含量信息时空分布图、河口植被指数分布图、珠江口水域水色时空分布信息图等产品可直接应用于我国海岸带重点地区——三大河口的资源和植被进行动态监测和管理。

到目前为止，HY-1 卫星累计对地观测 1 200 多次。利用它的遥感数据发现了渤海、华东沿海和黄海赤潮，为海洋环保监测部门提供了科学依据；首次利用 HY-1 卫星数据进行渤海海冰冰情监测和预报，并已正式进入中国海冰预报业务工作；实现了对我国三大河口区域的植被资源和悬浮固体连续地监测调查。

4）渔海况

分析鱼群的栖息环境，目的在于评估鱼群的分布海域。因为任何一种鱼类，都与海域深浅、水温高低、盐度浓淡和鱼类食源等密切关联。例如，我国黄海、东海分布有广阔的大陆架浅滩，因水深、盐度、水温适中，同时还有丰富的鱼食源，形成多种鱼类生存的生活环境，故是我国多种经济鱼类重要分布场所。

目前，我国有关部门相继利用遥感，尤其是卫星遥感，开展渔业调查及生产应用研究。它们主要包括渔场的地理分布，鱼类的生态环境因子与鱼群分布的相关性以及沿海滩涂经济贝类等的调查和评估分析等。最近一些年来，我国有关部门已开展渔业遥感信息系统的研究，逐步建立起从鱼类数据的采集、分析处理、评估预测的渔业信息系统。这对于我国渔场速报业务系统的发展，实现渔业生产的现代化，具有积极的推动作用。

鱼群侦察是海洋渔业生产的关键。海岸鱼类大多每年要作产卵和索饵性的洄游，因此海洋渔业生产往往要花很多时间来探测鱼群的位置。常规方法判断渔场位置和决定捕捞时间，只是凭前期海况资料并参考常年渔发海况来确定，无法实时地、全面地了解海况及其变化趋势。美、日、苏、法、英等国 1970 年开始利用气象卫星在轨信息绘制海面温度分布图，提供给渔民使用，效果很好。近几年来，我国也开展了应用 HY-1、NOAA 卫星资料速报渔海况。

海洋鱼类的生活习性与其生活环境是一个统一的整体，海洋环境状态因子（如水温、盐度等）及其变化（温度的升降、水系交汇区的变动等），均对鱼类的生存、繁殖、洄游和分布有直接影响，从而改变了中心渔场的位置、鱼汛期的早晚和渔获量。尤其是水温及海流状况是确定中心渔场的重要指标。每一种鱼类在其不同的生活阶段和生活季节，都有其一定的适温范围（表 6.18）。到了冬季，水温急剧下降，鱼类被迫向外海暖水区作越冬洄游，因此这段时期的水温指标对鱼类的洄游、集群更为重要。一般来说，鱼类喜栖息在寒流或暖流前锋，或其两侧，这是由于不同水系的交汇处等温线往往较密集。特别是冬季，只有很窄的水温带适宜于鱼类栖息，使鱼类高度密集在这些窄狭的水温带上，从而形成中心渔场。再则，不同水系的交汇往往发生海水的涡动混合作用，将底层大量的营养成分带到表层，有利于该海区浮游生物的大量繁殖，而且不同性质海流的流动，也会把其他海区的饵料带来，在界面形成丰富的饵料带区，吸引大量的索饵鱼群游向这一海区，也是形成中心渔场的一个原因。流系强弱的年间变动亦对渔场、鱼汛期的变化有很大影响，例如每年冬季，我国大沙渔场围网旺汛期的到来，主要是依据黄海暖流和北侧山东沿岸冷水及朝鲜沿岸冷水间 13～15 ℃流隔（指海面上水团或海流的温度梯度较大的边界）形成的早晚来判断，鱼汛期的长短也根据此流隔带位置的变化趋势来推测。

目前正在空间运行的有 NOAA-14 和 NOAA-15。它们成对运行，NOAA-15 为上午轨道，NOAA-14 为下午轨道。在双星系统下重复观测的周期可缩短为 0.5 天，卫星的观测带宽为 2 700km，星下点分辨率为 1.1km。应用 NOAA-14 和 15 的第 1 通道（0.58～0.68μm）和第 4 通道（10.3～11.3μm）资料，提取近岸水色（混浊程度）及海面温度信息，得出海面等温线及近岸水色分布，再进一步分析出主要流系的具体走向（如黄海暖流、对马暖流、沿岸水系等）。在这些主要海洋环境因子的基础上，结合上述鱼类的生活习性，便可分析判定中心渔场的位置。然后以海面温度、流态、近岸水色及参考中心渔场四个因子为内容，绘制成“东海、黄海渔海况速报图”。速报图的范围为 25°（或 30°）～40°N，120°～130°E，适合我国海洋渔业生产的需要；我国速报图基本上做到了隔日发播，因此时间性强、同步性好、对生产单位及时掌握渔海况的变化很有用。速报图上的海面温度，据用户与现场水温对比，一般相差在 1℃以下。与同期的断面调查资料对比，均方根误差为≤±0.4℃。速报图不但对围网生产捕捞中上层鱼类十分有用，而且由于每年 11 月到翌年 3 月，东、黄海大部分海域表底始温呈垂直等温现象，表底温度均分布相似，因此，海面水温对底拖网渔场分析也有参考价值。

HY-1 卫星的成功发射与运行，实现了利用我国自主卫星实时监测我国海洋环境的突破，现已纳入中国海洋立体监测体系，为我国海洋的防灾减灾提供科学数据服务，标志着中国海洋卫星遥感与海洋环境监测应用技术迈入了一个崭新阶段。

思　考　题

1. 水环境和水体有何区别与联系？
2. 常用的水质指标有哪些？
3. 水体污染物的种类有哪些？简要介绍它们各自的主要代表性污染物。
4. 简述水环境遥感的基本原理。
5. 遥感在水资源方面的应用主要包括哪些内容？
6. 如何应用遥感方法探测水深？
7. 如何应用遥感方法探测水温？
8. 简述叶绿素遥感的波谱基础。
9. 简述悬浮固体遥感监测的基本原理。
10. 何为海洋水色遥感？其观测主要要素有哪些？

主要参考文献

陈军，邬伦．2003．数字中国地理空间基础框架．北京：科学出版社

陈述彭，童庆禧，郭华东．1998．遥感信息机理．北京：科学出版社

陈英旭．2001．环境学．北京：中国科学技术出版社

傅肃性．2002．遥感专题分析与地学图谱．北京：科学出版社

龚家龙，阎守邕．1980．环境遥感技术简介．北京：科学出版社

郭华东．2001．对地观测技术与可持续发展．北京：科学出版社

国家环境保护总局．2003．第一届环境遥感应用技术国际研讨会论文集

胡如忠．2002．中巴地球资源卫星及其应用．北京：全国地方遥感应用协会编印

李树楷．1992．全球环境、资源遥感分析．北京：测绘出版社

林培英，杨国栋，潘淑敏．环境问题案例教程．北京：中国科学技术出版社

刘高焕，叶庆华，刘庆生等．2003．黄河三角洲生态环境动态监测与数字模拟．北京：科学出版社

童庆禧，郑立中．2001．中国遥感奋进创新 20 年学术论文集．北京：气象出版社

汪小钦．2002．黄河三角洲生态环境演化的时空分析．中科院地理科学与资源研究所博士论文

吴邦灿，费龙．1999．现代环境监测技术．北京：中国环境科学出版社

奚旦立，孙裕生，刘秀英．2001．环境监测．北京：高等教育出版社

许珺．2000．海岸带环境遥感分析与评价——以福清市为例．中科院地理科学与资源研究所博士论文

杨晓梅．1999．遥感影像的地学理解及分析．中科院地理科学与资源研究所博士论文

张钧屏，方艾里，万志龙等．2001．对地观测与对空监测．北京：科学出版社

赵锐，刘玉机，傅肃性．1999．中国环境与资源遥感应用．北京：气象出版社

赵英时．2003．遥感应用分析原理与方法．北京：科学出版社

周克元．1990．新技术在环境保护中的应用．北京：中国环境科学出版社出版

朱颜明，何岩等．2002．环境地理学导论．北京：科学出版社

庄逢甘，陈述彭．1999．遥感与新世纪——1999 年全国地方遥感应用协会年会论文集．北京：气象出版社

庄逢甘，陈述彭．2000．遥感科技论坛——2000 年全国地方遥感应用协会年会论文集．北京：地震出版社

庄逢甘，陈述彭．2002．2002 年遥感科技论坛——全国地方遥感应用协会成立 10 周年纪念文集

中国资源卫星应用中心．2003．中巴地球资源卫星应用研究文集

总装备部．2001．卫星应用现状与发展．北京：中国科学技术出版社

Curran P J，Hanson J D，Plummer S E et al. 1987，Multispectral remote sensing of near shore. Suspended sediments：a pilot study，International Journal of Remote Sensing，8：103～112

Jensen J R. 2000. Remote sensing of the environment：An earth resource perspective ，Upper Saddle River，Prentice-Hall Inc

Mark D F，Stephen E P. 1995. Advances in environmental remote sensing. New York：John Wiley & Sons Ltd

Tim J M，Peter J M. 2003. Remote sensing of the coastal zone-an overview and priorities for future research. Int J Remote Sensing，24 (13)，2805～2815

第七章 大气环境遥感

第一节 大气环境概述

一、大气的成分及分布

地球大气由多种气体和悬浮于其中的固体粒子或气体粒子（称为大气气溶胶）所组成。在地球大气的气体成分中，水汽是最重要、最活跃的，它不但造成云雨雷电、天气变化，而且在地球的生态系统中起着重要作用。因此分三部分来讨论地球大气，即由多种气体成分组成的干洁空气、水汽（可处于气、固、液三态之中一态）及悬浮的气溶胶粒子。

1．干洁大气

通常把除水汽以外的纯净大气称为干洁大气，简称干空气。干洁大气由多种气体混合组成，按照各成分在大气中的浓度，可分为主要成分、微量成分和痕量成分三部分，后两部分也可合称为次要成分或微量成分。主要成分一般指 N_2、O_2、Ar 及 CO_2，浓度在 300“ppmv”以上；微量成分，浓度在 1～20“ppmv”，如 CH_4 等；痕量成分浓度在 1“ppmv”以下，重要的有 O_3、H_2、氮氧化合物、硫化物及人为污染物氟氯烃类化合物等。

我们主要关注的是 90km 以下的均质层，特别是对流层大气内空气的成分。由表 7.1 可见，N_2，O_2，Ar 三种气体就占了空气体积的 99.966%，如果再加上

表 7.1 低层（对流层内）大气的主要成分

气体		相对分子质量	体积百分比	质量百分比	浓度/（μg/m³）	同位素		平均停留时间/a
准定常成分	N_2	28.013 4	78.084	75.52	9.76×10^8	^{14}N ^{15}N	99.635% 0.365%	约 10^6
	O_2	31.998 8	20.948	23.15	2.98×10^8	^{16}O ^{17}O ^{18}O	99.759% 0.037 4% 0.203 9%	约 5×10^3
	Ar	39.948	0.934	1.28	1.66×10^7	^{40}Ar ^{38}Ar ^{36}Ar	99.600% 0.063% 0.337%	约 10^7
可变成分	CO_2	44.009 9	0.033	0.05	$(4\sim8)\times10^5$	^{12}C ^{13}C ^{14}C	98.9% 1.1% 2×10^{-10}%	5～6

CO_2（表 7.1 中所列值是近地面平均值），则剩下的次要成分所占的体积是极微小的。表 7.2 列出了空气中的微量成分（包括水汽和气溶胶）。它们的含量虽少，但与人类的关系很密切。而且，近几十年来，随着工业和航空事业的发展，大量污染物进入大气，某些微量成分的含量在增加，大气中还含有了一些原来没有的成分，例如，人为排放的氯氟烃化合物等。

表 7.2　低层（对流层内）大气的次要成分

气体		相对分子质量	浓度		平均停留时间
			“ppmv”	$\mu g/m^3$	
准定常成分	Ne	20.183	17.18	1.6×10^4	约 10^7a
	He	4.003	5.24	920	约 10^7a
	Kr	83.80	1.14	4 100	约 10^7a
	Xe	131.30	0.087	500	约 10^7a
可变成分	H_2	2.016	0.4～1.0	36～90	6～8a
	CH_4	16.04	1.2～1.5	850～1 100	约 10a
	N_2O	44.01	0.25～0.6	500～1 200	
	CO	28.01	0.01～0.2	10～200	0.2～0.5a
	O_3	47.998	10^{-3}～10^{-1}	0～100	
	水汽	18.015	可变		约 10d
	NH_4	17.03	0.002～0.02	2～20	约 5d
	SO_2	64.06	0～0.02	0～50	约 2d
	CH_2O	30.03	0～0.1	0～16	
	H_2S	34.07	(2～20) $\times10^{-3}$	3～30	约 0.5d
	NO_2	46.00	(1～4.5) $\times10^{-3}$	2～8	
	I_2	253.80	(0.4～4) $\times10^{-5}$	0.05～0.5	
	Cl_2	70.90	(3～15) $\times10^{-4}$	1～5	
	气溶液		(1～1 000) $\times10^{-9}$		约 10d

若按平均停留时间，大气成分可以分成三类。

第一类称为基本不变成分或准定常成分，它们的平均寿命大于 1 000 年，各成分之间大致保持固定的比例。这些气体主要有 N_2、O_2、Ar，还有微量的惰性气体氖、氪、氙及氦等。

第二类称为可变成分，平均寿命为几年到十几年，它们在大气中所占的比例随时间、地点而变，如 CO_2、CH_4、H_2、N_2O 和 O_3 等。CO_2、CH_4 等气体是重要的温室气体，工业革命以来在大气中的含量有了明显增加。

第三类是平均寿命短于 1 年的变化很快的气体成分，如一些碳、硫、氮的化合物，含量虽极微少，但由于人类活动的影响或特殊的自然条件，在某些局部地区浓度可能很大，造成危害。

由上述可见，大气微量成分和痕量成分一般也是短寿命的成分（除惰性气体），它们至少有两个特点：①有化学活性，能够参与大气中一些化学过程，例如，形成酸雨、光化学烟雾等；②大多是温室气体，它们含量的变化会影响地球的辐射平衡，影响全球气候变化。因此，对这些大气微量成分的研究已成为大气化学的重点之一。

2. 水汽

水汽在大气中所占的比例很小，仅 0.1%～3%，却是大气中最活跃的成分。水对于地球上生命的意义以及水在地球大气条件下存在的三相变化，使水汽不同于其他微量气体而更具有重要性。

水汽的来源主要是海洋表面的蒸发。副热带洋面的蒸发提供了大量水汽，并经大气环流向赤道和高纬地区上空输送。中国处于欧亚大陆东南部，水汽主要来源于南海和印度洋；其次可能是北冰洋或极地大西洋以及太平洋西南洋面。

水汽上升凝结形成水云或冰云以后，又以降水的形式降到陆地和海洋上。降到陆地上的水量一部分供给河流、湖泊，一部分渗入地下，补充地下水。海洋上的蒸发量大于降水量，蒸发的水汽被气流带到大陆上形成降水，然后又被河流和地下径流带入海洋。地球上的水分就是这样在大气、陆地和海洋之间循环的。关于地球上水分的分配状况，绝大部分水分储存在海洋、极冰及河流、湖泊、地下水中。在陆地水中，极冰量最大，地下水次之，河湖的水量比较少。大气中的水汽仅占地球上总水量的 0.001%，即十万分之一，相当于覆盖全球表面厚度为 2.5cm 的水层。

温度高有利于水面的蒸发，所以在温暖的大片水面附近，水汽含量往往较高。目前地面上观测到的最高露点是34℃，在阿拉伯半岛的沙迦海滨，假设气压为 1 000hPa，则混合比就是 35g/kg，这是目前已测得的湿度最大值。由于在低温、低湿条件下，温度感应元件灵敏度很低，难以准确测量，只能把由气温得到的饱和水汽压值作为实际水汽压的上限。因此，湿度最小值在最低气温的地方，目前有记录的最低地面气温是－88.2℃，位于南极的原苏联东方站（Vostok 站，海拔 3 470m），相应的饱和水汽混合比是 10^{-4} g/kg，与最大值差 5 个数量级，比通常认为的平流层的典型值还要低一个数量级。虽然地形、气候条件、植被覆盖面、离水汽源的远近使局部地区的水汽含量在水平方向有很大差异，但一般来说，地面大气中的水汽量是随着纬度的增加而减少的。水汽量的年变化也很明显，北京夏季水汽混合比有时可达到 30 g/kg，冬季有时小于 5g/kg。

对流层内的水汽量一般随高度而减小，但有时也可观测到有湿度逆增现象。湿度逆增层往往和逆温层同时存在，因为逆温层的稳定结构阻止了水汽继续向上输送。水汽量随高度的分布往往比较复杂，受到温度垂直分布、对流运动、湍流交换、云层的凝结和蒸发以及降水等多种因素的影响。水汽分布的垂直结构，平均比湿随高度几乎是按指数规律很快减小。约 90%的水汽在 500hPa（中纬度地区约 5km）以下，其中 50%的水汽集中在 850 hPa（约 1.5km）以下，而且热带地面的比湿最大。

平流层内水汽分布比较均匀，约在 1～3ppmm 范围内变化，也曾观测发现平流层内含有更多的水汽量和很大的变化率。通过高纬地区观测到的贝母云（25km 高空）和夜光云（约 80km 高空），根据其所在高度的温度，可由霜点估算这些高度的水汽混合比。

3. 大气气溶胶

气溶胶的原来含义是指悬浮在气体中的固体和（或）液体微粒与气体载体组成的多相体系。大气中含有悬浮着的各种固体和液体粒子，例如，尘埃、烟粒、微生物、植物的孢子和花粉，以及由水和冰组成的云雾滴、冰晶和雨雪等粒子，所以可以把它们看成是一种气溶胶。空气中这些粒子的浓度很低，它们的存在并不影响空气的动力学特性；同时，这些粒子又具有独立于空气的物理化学特性，而这些特性正是我们所需要关注和研究的。因此，习惯上“大气气溶胶”就是指大气中悬浮着的各种固体和液体粒子。

气溶胶粒子也称大气粒子，它们的形状很复杂，往往不是球形。为了研究方便，常采用等效直径来表示它们的大小，如空气动力学等效直径、光学等效直径和体积等效直径等。在本节的讨论中，粒子尺度指的是与撞击式测量仪器有关的空气动力学等效直径。

习惯上，按尺度大小将气溶胶粒子分成三类：爱根核（半径 $r<0.1\mu m$）、大粒子（$0.1\mu m<r<1\mu m$）和巨粒子（$r>1\mu m$）。此外，大气中还有大、小离子，小离子是分子或原子失去电子或捕获电子后形成的，它的半径小于 $0.005\mu m$，大离子则相当于爱根核的尺度。

在不同地方，气溶胶粒子的浓度分布不一样，它受地理位置、地形、地表性质、人类居住情况、距污染源的远近程度及气象条件的影响。据对爱根核的观测，一般在海洋上空平均数密度是 10^3 个/cm^3，田野上空是 10^4 个/cm^3，而城市上空受污染的空气中能达到 10^5 个/cm^3 或更高。气溶胶总浓度的分布也是这一趋势，城市中的高于海面上的。

图 7.1 给出一种多次观测的平均的气溶胶粒子尺度分布。图中纵坐标为数密度 $n(D)=dN/d\lg D$，其中 N 是直径小于 D 的气溶胶粒子的总浓度，横坐标是 $\lg D$。由图上可以看到，城市受污染大气中粒子的浓度最高，并且气溶胶浓度随着尺度加大而迅速减小。这是因为大粒子沉降快，在空中停留时间短的缘故。直径大于 $10\mu m$ 的粒子由于会逐渐沉降到地面，在空气污染监测中称为降尘；小粒子能长期漂浮在大气中，称为飘尘。大于 $10\mu m$ 的粒子能滞留在人的呼吸道中，小于 $5\mu rn$ 的，特别是小于 $1\mu m$ 的粒子能深入肺部，对身体健康危害严重。

各类大小粒子的浓度并不是不变的，微小的爱根核由于互相凝并而变成大粒子，它也可能被云质点及其他大粒子捕获。巨粒子的浓度更是随时间有很大的变化。

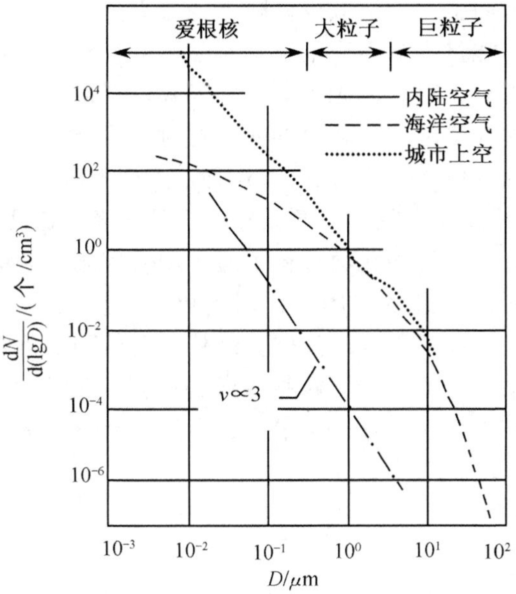

图 7.1　气溶胶粒子的尺度分布

图 7.1 气溶胶粒子的尺度分布状况是因为它具有一定的降落速度，大尺度粒子常常很快沉降到地面。据估计，降水作用能清除掉气溶胶粒子的 80%～90% 左右，因此在降水以后，往往能见度好转，空气清新。

气溶胶主要集中在 5km 以下的对流层低层，在此高度范围内，其数密度随高度大致按指数规律递减；5km 高度以上的气溶胶数密度随高度的分布则较为复杂，有时并不按指数规律随高度递减，而且在某高度会出现数密度较大的气溶胶层。平流层内气溶胶粒子浓度又有些增加，在 20km 左右高度出现一个气溶胶层，称为荣格层。据飞机观测，这层粒子的平均尺度仅为 0.1～1μm 的数量级或更小，估计与火山喷发物和宇宙尘埃有关。应指出，平流层内气溶胶、浓度随高度和时间都可能有比较大的变化，在火山爆发后不久，平流层下部微粒浓度常很快增加，有时甚至增加 10 倍以上。

气溶胶粒子在云雾降水、大气辐射、大气光、电等大气物理过程中起着重要的作用。根据云的微物理学理论及实验研究，如果大气非常纯净没有杂质，则由水汽分子凝聚自发生成云雾微滴及冰晶是极为困难的。因为产生这种同质凝结过程的相对湿度需高达百分之几百，纯净水滴冻结成冰晶也需要－40～－30℃的低温。然而实际上，大气中成云致雨的过程并不罕见，就是因为大气中有大量微粒存在。这些气溶胶粒子起着凝结核、冰核、凝冻核（在核上先凝结，再冻结成冰晶）、凝华核等作用，它们是云雾滴能够产生并且生存长大的基础。

气溶胶粒子能削弱（吸收和散射）太阳辐射，并将少部分太阳辐射散射回宇宙空间，使入射到地面上的能量减少，降低低层大气的温度。另一方面，气溶胶层吸收了太阳辐射的能量本身得到增温，并通过大气运动传输热量，又能提高大气温度。气溶胶的大粒子对太阳光的散射和吸收，会影响大气能见度，使可见距离缩短。大气中悬浮大量细小烟粒尘埃或盐粒时，天空混浊并且呈浅蓝色（以物体为背景）或微黄色（以天空为背景），这种现象称为霾，它使能见度减小。天空中出现大量浮尘或尘暴时，则更是天昏地暗，日月无光，能见度减小到 50～100m。

气溶胶粒子在大气的许多化学过程中起作用。固态粒子能够吸附大气中的微量气体，液态粒子能溶解微量气体，它们起化学反应后生成新的物质微粒。例如，燃烧排出的 NO，NO_2 和 SO_2 气体在紫外辐射的照射下会氧化，遇水滴或在高温的情况下生成硝酸、亚硝酸、硫酸及各种盐类。若大气处在逆温稳定状态，对流很弱，大量的有毒物质悬浮在空中，还会造成严重的大气污染事件。

二、大气的物理特性

1. 大气分层

由于地球自转以及不同高度大气对太阳辐射吸收程度的差异，使得大气在水平方向比较均匀，而在垂直方向呈明显的层状分布，故可以按大气的热力性质、电离状况、大气组分等特征分成若干层次（图 7.2）。最常用的分层法有以下几种：

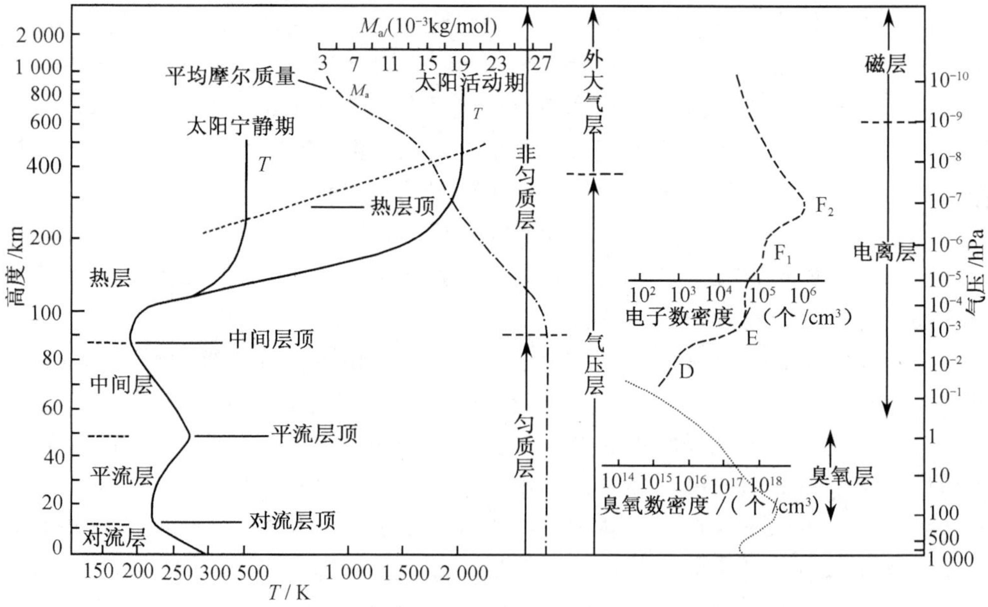

图 7.2　大气圈的层状结构（盛裴轩等，2003）

按中性成分的热力结构，把大气分成对流层、平流层、中间层、热层和逸散层；

按大气的化学成分，把大气分为均质层和非均质层；

按大气的电磁特性，分为电离层和磁层；

按大气的压力结构，在高空 500km 以上直到 2 000～3 000km 的大气层称为外大气层或逸散层，由该层逐渐过渡到行星际空间，逸散层以下称为气压层。

通常根据大气热力结构，即根据大气中温度随高度的垂直分布特征，把大气分为对流层、平流层，中间层，热层和逸散层（或外层）等五层。

1）对流层

对流层是大气的最底层，其厚度随纬度和季节而变化。在赤道低纬度区为 17～18km；在中纬度地区为 10～12km；两极附近高纬度地区为 8～9km。夏季较厚，冬季较薄。

这一层的显著特点一是气温随高度升高而递减，平均每上升 100m，温度降低约0.65°C。由于贴近地面的空气受地面辐射增温的影响而膨胀上升，上面冷空气下沉，故在垂直方向上形成强烈的对流；二是密度大，大气总质量的 3/4 以上集中在此层。

在对流层中，因受地表的影响不同，又可分为两层。在 1～2km 以下，因受地表机械、热力强烈作用的影响，通称为摩擦层或边界层，亦称低层大气，排入大气的污染物绝大部分活动在此层。在 1～2km 以上，受地表影响变小，称为自由大气层，主要天气过程如雨、雪、雹的形成均出现在此层。对流层和人类的关系最为密切。

2）平流层

对流层顶到 50km 的大气层为平流层。在平流层下层，即 30～35km 以下，温度随高度降低变化较小，气温趋于稳定，所以又称同温层：在 30～35km 以上，温度随高度升高而升高。这是因为，在高约 15～35km 的范围内，有厚约 20km 的一层臭氧层。因臭氧具有吸收太阳光短波紫外线的能力，同时在紫外线的作用下可被分解为原子氧和分子氧。当它们重新化合生成臭氧时，可以热的形式释放出大量的能量，使平流层的温度升高。平流层能大量吸收紫外线，使地球生物免受紫外线的照射，同时又对地球起保温作用。平流层的空气没有垂直对流运动，平流运动占显著优势，空气比对流层稀薄得多且干燥，水汽、尘埃的含量甚微，大气透明度好，很难出现云、雨等天气现象。

3）中间层

从平流层顶到 85km 高度的一层称为中间层，该层空气更为稀薄，有强烈的垂直对流运动，气温随高度增加而下降，该层顶部温度可降至－100～－90°C。

4）热层

从 85km 到约 500km 的高空称为热层。热层温度趋于常数的高度是热层顶。热层顶的高度随太阳活动的强、弱而变化，太阳活动高峰期时约在 500km 高度，温度达 2 000K，宁静期高度下降到 250km 左右，温度约 500K。该层的下部基本上是由分子氮所组成，而上部是由原子氧所组成。原子氧层可吸收太阳辐射出的紫外光，因而在这层中的气体温度随高度增加而迅速增加。层内温度很高，昼夜变化很大。由于太阳和宇宙射线的作用，该层大部分空气分子发生电离，使其具有较高密度的带电粒子，故又称为电离层。电离层能反射地面发射的电磁波，对地面的无线电通信起到十分重要的作用。

5）逸散层

热层以上的大气层作为逸散层（也叫外层），该层空气在太阳紫外线和宇宙射线的作用下，大部分分子发生电离，使质子的含量大大超过中性氢原子的含量。逸散层空气极为稀薄，其密度几乎与太空密度相同。由于空气受地心引力极小，气体及微粒可以从这层被碰撞出地球重力场而进入太空逸散。对逸散层的高度还没有一致的看法，实际上地球大气与星际空间并没有截然的界限。该层的温度也是随高度增加而略有增加的。

除根据大气热状况将大气分为上述五层外，还可按大气化学成分随高度的分布，将大气分为均质大气和非均质大气。从地面到 90km 高度附近的气层，由于各种气体混合均匀，除水汽和臭氧等少数气体外，大气中所含各种气体成分的比例几乎保持不变，所以称为均质层。从 90km 高度到大气边界则情况相反，由于太阳的光化离解作用和重力分离作用等，大气中所含各种气体成分的比例随高度不断发生变化，较轻的气体成分将逐渐占优势。因此，这层大气称为非均质层。

此外，还可按大气的电离状况随高度的变化，将大气分为非电离层和电离层。60km 高度以下的大气，各种气体成分基本处于中性状态，所以称为非电离层。60km 高度以上的大气，在太阳紫外辐射和宇宙射线等作用下，气体成分开始电离，形成大量正、负离子和自由电子。这时，大气就成为由带电粒子和部分中性分子所组成的混合气体，所以 60km 高度以上的大气称为电离层。

2. 气压和大气密度

大气压力是指单位面积上直至大气上界整个空气柱的质量，是气象学中极其重要的一个物理量，它的分布和变化与大气运动及天气状况有密切关系。

若大气温度随高度的分布已知，气压和大气密度就可通过大气静力学方程和气体状态方程计算求得。

熟知的大气静力学方程可表示为

$$\mathrm{d}P(z) = -\rho(z) g \mathrm{d}z \tag{7.1}$$

式中：$P(z)$为气压（dyn/cm）（1dyn=10^{-5}N），习惯上常以毫巴为单位，1mbar=10^3dyn/cm；z为高度（cm）；$\rho(z)$为大气密度（g/cm³）；$g=980.655$cm/s，为重力加速度。

而气体状态方程则表示为

$$P(z) = \frac{1}{M} R^* \rho(z) T(z) \tag{7.2}$$

式中：$M=28.964$，为大气分子质量；$R^*=8.314\ 32\times 10^7$ 尔格/K. 克分子，为通用摩尔气体常量；$T(z)$为气温（K）。

取海平面 $z=0$ 处的气压作为参考值，于是将状态方程（7.1）代入静力学方程（7.2），积分后可推得气压随高度变化的表达式：

$$P(z) = P_0 \exp\left[-\int_0^z \frac{Mg}{R^* T(z')} dz'\right] \tag{7.3}$$

若气温随高度的分布 $T(z')$已知，代入式（7.3）即可求得气压随高度的分布 $P(z)$。

由状态方程（7.2）和气压高度公式（7.3），可推得大气密度随高度分布的表达式：

$$\rho(z) = \frac{\rho_0 T_0}{T(z)} \exp\left[-\int_0^z \frac{Mg}{R^* T(z')} dz'\right] \tag{7.4}$$

式中：ρ_0 为海平面处的大气密度；T_0 为海平面处的大气温度。于是根据气温随高度的分布 $T(z)$，即可由上式求取大气密度随高度的分布 $\rho(z)$。

由于高层大气出现化学分解和电离作用，因而在 90km 高度以上，大气分子量将随高度变化，重力加速度也逐渐随高度递减，而且大气静力学关系式的准确性也较差，从而使 90km 高度以上气压和密度的计算精度亦有所下降。

3. 大气湿度

大气中的水汽主要集中在对流层下半部，它是由海面和陆面的水蒸发而进入大气的。水汽在大气物理过程中的作用很大。水汽凝结过程是形成云、雾和降水的云物理基本过程，而且水汽相变还伴随着大量潜热的吸收或释放。因此，水汽是各种天气现象的主要因子之一。大气中的水汽含量随纬度、季节和天气的变化较大，因此，水汽随高度和纬度分布的平均结果，仅表示气候平均值。大气中水汽的实际含量可与平均值差几倍乃至十几倍，在实际应用水汽资料时，应注意这一特点。

大气湿度常用以下各量表示：

（1）水汽压，表示大气中的水汽分压强，单位取 mbar。

（2）绝对湿度，表示单位体积大气中所含水汽质量，即水汽密度，单位为

g/m^3（或 g/cm^3）。

(3) 比湿 q，表示同体积大气中水汽质量与湿空气质量之比，单位为 g/kg（或 g/g）。

(4) 混合比 s_h，表示同体积大气中水汽质量与干空气质量之比，单位为 g/kg（或 g/g）。

(5) 相对湿度 f，表示空气中水汽压与同温度下饱和水汽压 E 之比，单位为 mbar/mbar。

(6) 露点温度 T，是将水汽压为 e 的水汽，等压冷却到饱和时的温度。

大气湿度随高度增加而急剧递减。通常，中纬地区地面处水汽混合比的年平均值约 10g/kg，至 500mbar 高度成为 1g/kg 左右，到了对流层顶仅为 10^{-2}g/kg。

大气湿度的分布还与纬度有关。例如，截面为 $1cm^2$ 整层大气气柱内水汽含量的年平均值，极地为 0.153 2，中纬地区为 1.2g，热带为 47g。这说明水汽混合比不仅随高度增加而递减，而且还随纬度增加而递减。例如，高度为1 000mbar时，赤道地区的水汽混合比约为 15g/kg，而极地仅为 2g/kg 左右。高度为700mbar时，赤道地区的水汽混合比约为 6g/kg，而极地为 1g/kg 左右。

此外，大气温度还与下垫面和天气条件密切相关。例如，干冷气团内截面为 $1cm^2$ 整层大气气柱的水汽含量为 0.15g，而湿热气团内则可高达 8g 以上。

三、大气污染及重要污染物

1. 大气污染的发生

1) 大气污染的概念

通过干洁大气的组成成分可以看出，其中痕量气体的含量是微不足道的。但是，由于人类生产和生活活动（包括工业废气、燃烧、汽车尾气、采暖和烧饭等）及自然过程（包括火山喷发、森林火灾、岩石风化等）都不断地向大气释放各种原来没有或极微量的物质。当其数量和持续时间均足以对人、生态及材料等产生不利的影响和危害时，这时的大气状况就被污染了。简而言之，大气污染是指大气中一些物质的含量达到有害的程度，以致破坏人和生态系统的正常生存和发展，对人体、生态和材料造成危害的现象。

2) 大气污染的发生

大气污染物由人为源或天然源进入大气（输入），就参与了大气的循环过程，经过一定的滞留时间后，又通过大气中的化学反应、生物活动和物理沉降等过程从大气中去除（输出）。如果它们输出大气的速率小于输入大气的速率，就会在大气中相对地积聚，造成大气中某种物质浓度的升高。当浓度升高到一定程度时，就会直接或间接地对人体、生物或材料等造成急、慢性危害。一般地说，由于自然环境所具有的物理、化学和生物作用过程（自然的净化作用），使天然源造成的大气污染，经过一定时间后会得到恢复，所以说，大气污染主要是指人类活动造成的。

造成大气污染的物质，主要是由于人类活动的结果，如工业的发展，城市人口的增加，交通运输等活动使大气加入了各种各样的有害气体和烟尘，造成了大气污染。一般认为大气污染只发生在城市和工业区，那里的大气污染物浓度往往要比农村或郊区高出许多倍，似乎大气污染仅局限于局部地区或是区域性问题。但是，从实际表现看大气污染是全球性的问题，因为污染物最终将散布到整个大气层。

2. 大气污染物的来源

大气污染源是指向大气环境排放有害物质或对大气环境产生有害影响的场所、设备和装置。按污染物质的来源可分为天然污染源和人为污染源。

1）天然污染源

自然界中某些自然现象向环境排放有害物质是大气污染物的一个重要来源。尽管与人为源相比，由自然现象所产生的大气污染物种类少，浓度低，仅在局部地区某一时段可能形成严重影响，但从全球角度看，天然源还是很重要的，尤其在清洁地区。大气污染物的天然源主要有以下 5 种。

火山喷发：排放出 SO_2、H_2S、CO_2、CO、HF 及火山灰等颗粒物。

森林火灾：排放出 CO、CO_2、SO_2、NO、HC 等。

自然尘：风沙、土壤尘等。

森林植物释放：主要为萜稀类碳氢化合物。

海浪飞沫：颗粒物主要为硫酸盐与亚硫酸盐。

在有些情况下天然源比人为源更重要，有人曾对全球的硫氧化物和氮氧化物的排放作了估计，认为全球氮排放中的 93％，硫氧化物排放中的 60％来自天然源。

2）人为污染源

人类的生产和生活活动是大气污染的主要来源。通常所说的大气污染源是指由人类活动向大气输送污染物的发生源。大气的人为污染源可概括为以下几方面：

（1）燃料燃烧。燃料（煤、石油、天然气等）的燃烧过程是向大气输送污染物的重要发生源。煤是主要的工业和民用燃料，它的主要成分是碳，并含有氢、氧、氮、硫及金属化合物。煤燃烧时除产生大量烟尘外，在燃烧过程中还会形成一氧化碳、二氧化碳、二氧化硫、氮氧化物、有机化合物及烟尘等有害物质。火力发电厂、钢铁厂、焦化厂、石油化工厂和有大型锅炉的工厂、用煤量大的工矿企业等，根据工矿企业的性质、规模的不同，对大气产生污染的程度也不同。家庭日常生活用的炉灶，由于居住区分布广泛、密度大，排放高度又很低，再加上无任何处理，所排出的各种污染物的量往往不比大锅炉低，在有些地区甚至更高。

（2）工业生产过程排放。工业生产过程中排放到大气中的污染物种类多，数量大，是城市或工业区大气的主要污染源。工业生产过程中产生废气的工厂很多。例如，石油化工企业排放二氧化硫、硫化氢、二氧化碳、氮氧化物；有色金属冶炼工业排出的二氧化硫、氮氧化物以及含重金属元素的烟尘；磷肥厂排出氮化物；酸碱盐化工业排出二氧化硫、氮氧化物、氯化氢及各种酸性气体；钢铁工业在炼铁、炼钢、炼焦过程中排出粉尘、硫氧化物、氰化物、一氧化碳、硫化氢、酚、苯类、烃类等。总之，工业生产过程排放的污染物的组成与工业企业的性质密切相关。

（3）交通运输过程中排放。现代化交通运输工具如汽车、飞机、船舶等排放的尾气是造成大气污染的主要来源。内燃机燃烧排放的废气中含有一氧化碳、氮氧化物、碳氢化合物、含氧有机化合物、硫氧化物等多种有害物质。由于交通工具数量庞大，来往频繁，故排放污染物的量也非常可观。

（4）农业活动排放。农药及化肥的使用，对提高农业产量起着重大的作用，但也给环境带来了不利影响，致使施用农药和化肥的农业活动成为大气的重要污染源。田间施用农药时，一部分农药会以粉尘等颗粒物形式散逸到大气中，残留在作物体上或黏附在作物表面的仍可挥发到大气中。进入大气的农药可以被悬浮的颗粒物吸收并随气流向各地输送，造成大气农药污染。关于化肥在农业生产中的施用给环境带来的不利因素，正逐渐引起关注。例如，氮肥在土壤中经一系列的变化过程会产生氮氧化物释放到大气中；氮在反硝化作用下可形成氮（N_2）和氧化亚氮（N_2O）释放到空气中，氧化亚氮不易溶于水，可传输到平流层，并与臭氧相互作用，使臭氧层遭到破坏。

此外，为便于分析污染物在大气中的运动，按照污染源性状特点可分为固定式污染源和移动式污染源。固定式污染源是指污染物从固定地点排出，如各种工业生产及家庭炉灶排放源排出的污染物，其位置是固定不变的；流动源是指各种交通工具，如汽车、轮船、飞机等是在运动中排放废气，向周围大气环境放出的各种有害物质。按照排放污染物的空间分布方式，可分为点污染源，即集中在一点或一个可当作一点的小范围排放污染物；面污染源，即在一个大面积范围排放污染物。

3. 大气污染物及大气污染类型

大气污染物系指由于人类活动或自然过程排入大气的并对环境或人产生有害

影响的那些物质。目前已认识到的对环境已产生影响的主要大气污染物种类很多。按其存在的物理状态可概括为两大类：气溶胶状态污染物和气体状态污染物；若按形成过程分类则可分为一次污染物和二次污染物。

1）按形成过程分类

（1）一次污染物。是指直接从污染源排放的污染物质，如二氧化硫、一氧化氮、一氧化碳、颗粒物等。它们又可分反应物和非反应物，前者不稳定，在大气环境中常与其他物质发生化学反应，或者作催化剂促进其他污染物之间的反应，后者则不发生反应或反应速度缓慢。

（2）二次污染物。是指由一次污染物在大气中互相作用经化学反应或光化学反应形成的与一次污染物的物理、化学性质完全不同的新的大气污染物，其毒性比一次污染物还强。最常见的二次污染物如硫酸及硫酸盐气溶胶、硝酸及硝酸盐气溶胶、臭氧、光化学氧化剂，以及许多不同寿命的活性中间物（又称自由基），如 HO 等。

2）按其存在的物理状态分类

（1）气溶胶状态污染物。在大气污染中，气溶胶系指固体粒子、液体粒子或它们在气体介质中的悬浮体。其直径约为从 0.002～100μm 大小的液滴或固态粒子。在环境保护领域，大气气溶胶中各种粒子主要按其粒径大小，又可分为：

总悬浮颗粒物（TSP）。用标准大容量颗粒采样器（流量在 1.1～1.7m^3/min）在滤膜上所收集到的颗粒物的总质量，通常称为总悬浮颗粒物。其粒径大小，绝大多数在 100μm 以下，其中多数在 10μm 以下。它是分散在大气中的各种粒子的总称，也是目前大气质量评价中的一个通用的重要污染指标。

飘尘。能在大气中长期漂浮的悬浮物质称为飘尘。其粒径主要是小于 10μm 的微粒。由于飘尘粒径小，能被人直接吸入呼吸道内造成危害；又由于它能在大气中长期漂浮，易将污染物带到很远的地方，导致污染范围扩大，同时在大气中还可为化学反应提供反应床。因此，飘尘是从事环境科学工作者所注目的研究对象之一。

降尘。降尘是指用降尘罐采集到的大气颗粒物。在总悬浮颗粒物中一般直径 30μm 的粒子，由于其自身的重力作用会很快沉降下来，所以将这部分的微粒称为降尘。面积的降尘量可作为评价大气污染程度的指标之一。

可吸入粒子（IP）。美国环保局 1978 年引用密勒（Miller）等人所定的可进入呼吸道的粒径范围，把粒径 $Dr \leqslant 15\mu m$ 的粒子称为可吸入粒子。随着研究工作的不断深入，国际标准化组织（ISO）建议将 IP 定为粒径 $Dr \leqslant 10\mu m$ 的粒子。此标准目前已为我国和日本科学工作者所接受。

气溶胶粒子按其来源及其物理形态的不同，又可分天然气溶胶和人为气溶胶，烟、雾、尘等。它们的物理特征和成因等如表 7.3 所示。

表 7.3 气溶胶形态及其主要形成特征

形态	分散质	粒径/μm	形成特征	主要效应
轻雾	小滴	>40	雾化、冷凝过程	净化空气
浓雾	液滴	<10	雾化、蒸发、凝结和凝聚过程	降低能见度、有时影响人体健康
粉尘	固体粒子	>1	机械粉碎、扬尘、煤燃烧	能形成水核
烟尘	固液微粒	0.01～1	蒸发、凝聚、升华等过程，一旦形成很难再分散	影响能见度
烟	固体微粒	<1	升华、冷凝、燃烧过程	降低能见度、有时影响人体健康
烟雾	液滴和固体微粒	<1	冷凝过程、化学反应	降低能见度、有时影响人体健康
烟炭	固体微粒	—0.5	燃烧过程、升华过程、冷凝过程	影响人体健康
霾	液滴固粒	<1	凝聚过程、化学反应	湿度小时有吸水性，其他同烟

由于气溶胶的来源和成分不同，气溶胶对水汽的吸附能力亦不尽相同。按吸附水汽的性能，可分为吸湿性气溶胶、非吸湿性气溶胶和混合型气溶胶三类。吸湿性气溶胶多由硫酸盐、硝酸盐和氯化物等亲水性物质组成，主要为海洋性气溶胶和工业大气污染所形成的盐类等。非吸湿性气溶胶多由矿物尘、烟灰等憎水性物质组成，主要来自大陆和工业污染等。而混合型气溶胶则由这两类物质混合而成，其中部分混合型气溶胶粒子是在非吸湿性物质上蒙上一层吸湿性物质而构成。

通常，当大气中相对湿度大于 60%～70%时，气溶胶便吸附水汽而凝结增长，这时气溶胶由于吸附水汽凝结增长而包上一层水，这不仅使气溶胶粒子的尺度增大，其成分亦不同于原来的干气溶胶粒子，因而气溶胶对光的散射、吸收等物理过程亦发生相应变化，并将对激光大气探测产生影响。

(2) 气体状态污染物。简称气态污染物，是以分子状态存在的污染物，大部分为无机气体。常见的有五大类：以 SO_2 为主的含硫化合物，以 NO 和 NO_2 为主的含氮化合物，CO_x、碳氢化合物以及卤素化合物等。目前已受到人们普遍重视的气态污染物，如表 7.4 所示。

表 7.4 大气中主要气态污染物

类别	一次污染物	二次污染物
含硫化合物	SO_2，H_2S	SO_3，H_2SO_4，MSO_4
含氮化合物	NO，NH_3	NO_2，HNO_3，MNO_3
碳的氧化物	CO，CO_2	无
碳氢化合物	$C1—C_5H_n$ 化合物	醛、酮、过氧乙酰基硝酸酯
含卤素物质	HF，HCl	无
颗粒物	重金属元素、多环芳烃	H_2SO_4，SO_4^{2-}，NO_3^-

硫化物。硫常以二氧化硫和硫化氢的形态进入大气，也有一部分以亚硫酸及硫酸（盐）微粒形式进入大气。大气中的硫约2/3来自天然源，其中以细菌活动产生的硫化氢最为重要。人为源产生的硫排放的主要形式是SO_2。SO_2是一种无色、具有刺激性气味的不可燃气体，是一种分布广、危害大的主要大气污染物。SO_2和飘尘具有协同效应，两者结合起来对人体危害更大。所以空气质量标准中采用"SO_2浓度（mg/Nm^3）与微粒浓度（$\mu g/Nm$）的乘积"标准。SO_2在大气中极不稳定，最多只能存在1～2天。相对湿度比较大，以及有催化剂存在时，可发生催化氧化反应，生成SO_3，进而生成H_2SO_4或硫酸盐，硫酸和硫酸盐可形成硫酸烟雾和酸性降水，造成较大的危害。SO_2所以被作为重要的大气污染物，原因就在于它参与了硫酸烟雾和酸雨的形成。SO_2主要来源于人为活动，为含硫燃料的燃烧以及硫化物矿石的焙烧、冶炼过程所排放。火力发电厂、有色金属冶炼厂、硫酸厂、炼油厂和所有烧煤或油的工业锅炉、炉灶等都排放SO_2烟气。在排放SO_2的各种过程中约有96%来自燃料燃烧过程，其中火力发电厂排烟中的SO_2浓度虽然较低，但总排放量却最大。

氮氧化物。氮氧化物（NO_x）种类很多，它是NO、NO_2、N_2O、NO_3、N_2O_4、N_2O_5等氮氧化物的总称。造成大气污染的NO_x主要是指NO和NO_2。NO毒性不太大，但进入大气后可被缓慢地氧化成NO_2，当大气中有O_3等强氧化剂存在时，或在催化剂作用下，其氧化速度会加快。NO_2的毒性约为NO的5倍。NO_x对环境的损害作用极大，它既是形成酸雨的主要物质之一，也是形成大气中光化学烟雾的重要物质和消耗臭氧的一个重要因子。天然排放的NO_x，主要来自土壤和海洋中有机物的分解，属于自然界的氮循环过程。人为活动排放的NO_x大部分来自化石燃料的燃烧过程，如发电厂、机动车、柴油机及工业窑炉的排气等；也来自生产、使用硝酸的过程，如氮肥厂、有机中间体厂、有色及黑色金属冶炼厂等。据1990年初估计，就美国而言，当前的NO_x排放总量达2 000万t，其中发电厂的烟气，汽车尾气和其他工业过程的排气带出的NO_x各占1/3。

碳氧化物。碳氧化物主要有两种物质，即CO和CO_2。

一氧化碳（CO）是无色、无味的有毒气体。其化学性质稳定，在大气中不易与其他物质发生化学反应，可以在大气中停留较长时间。CO在一定条件下，可以转变为CO_2然而其转变速率很低。一般城市空气中的CO水平对植物及有关的微生物均无害，但对人类则有害，因为它能与血红蛋白作用生成基血红素。实验证明，一氧化碳与血红蛋白的结合能力比氧与血红蛋白的结合能力大200～300倍，因此，它能使血液携带氧的能力降低而引起缺氧。CO主要是由含碳物质不完全燃烧产生的，天然源较少。

二氧化碳（CO_2）是一种无毒的气体，对人体无显著危害作用。在大气污染问题中，CO_2所以引起人们的普遍关注，原因在于它能引起全球性环境的演变，如使全球气温逐渐升高，生态系统和气候发生变化等。CO_2 的人为源主要是矿物燃料的燃烧过程。

碳氢化合物。碳氢化合物包括脂肪族烃、脂环烃、芳香烃。脂肪族烃包括烷、烯、炔烃，在常温下随碳原子多少而呈气态、液态和固态。碳氢化合物是形成光化学烟雾的主要成分。在活泼的氧化物如原子氧、臭氧、氢氧基等自由基的作用下，碳氢化合物将发生一系列链式反应，生成一系列的化合物，如醛、酮、烷、烯以及重要的中间产物——自由基。自由基进一步促进 NO 向 NO_2 转化，造成光化学烟雾的重要二次污染物——臭氧、醛、过氧乙酰硝酸酯（PAN）。多环芳烃中有不少物质被认为是致癌物质，经研究和动物试验表明，这些物质中苯并（a）芘是强致癌物质。

目前污染大气的碳氢化合物主要是由广泛应用石油和天然气作燃料和工业原料造成的。因此，炼油厂、石油化工厂、以油（气）为燃料的电厂或工业锅炉、汽油机车、柴油机车等是碳氢化合物的重要污染源。

含卤素化合物。大气中以气态存在的含卤素化合物大致可分为以下三类：卤代烃，其他含氯化合物、氟化物。

卤代烃。大气中卤代烃包括卤代脂肪烃和卤代芳烃。其中一些高级的卤代烃，如有机氯农药 DDT、六六六，以及多氯联苯（PCB）等以气溶胶形式存在，2 个碳原子或 2 个碳原子以下的卤代烃呈气态。卤代烃的主要人为源如三氯甲烷（$CHCl_3$）、二氯乙烷（CH_3CHCl_2）、四氯化碳（CCl_4）、氯乙烯（C_2H_3Cl）、氯氟甲烷（CFM）等是重要的化学溶剂，也是有机合成工业的重要原料和中间体。在生产和使用过程中因挥发而进入大气。海洋也排放相当的三氯甲烷。

其他含氯化合物。大气中含氯的无机物主要是氯气（Cl_2）和氯化氢（HCl）。

氯气（Cl_2）主要由化工厂、塑料厂、自来水净化厂等产生，火山活动也排放一定量的 Cl_2。氯化氢主要来自盐酸制造、废物焚烧等。其环境本底为 13～5ppb（太平洋上空）。氯化氢在空气中可形成盐酸雾，除硫酸和硝酸外，盐酸也是构成酸雨的成分。

含氟废气。主要是指含 HF 和 SiF_4 的废气。主要来源于炼铝工业、钢铁工业以及黄磷、磷肥和氟塑料生产等化工过程。

氟化氢是无色有强烈刺激性和腐蚀性的有毒气体，密度为 0.921，极易溶于水，还能溶于醇和酶，四氟化硅是无色的窒息性气体，密度 3.57，遇水分解为硅酸和氟硅酸。

氟化氢对人的呼吸器官和眼结膜有强烈的刺激性，长期吸入低浓度的 HF 会引起慢性中毒。目前在氟污染地区氟对人体健康的危害通常以植物为中间介质，即植物吸收大气中氟并在体内积累，然后通过食物链进入人体产生危害，最典型的是引起牙齿酸蚀的“斑釉齿症”和使骨骼中钙的代谢紊乱的“氟沉着症”。

第二节　大气环境遥感原理

一、大气环境遥感的基本概念

大气环境遥感技术可分为掩星、散射及发射三大类（图 7.3）。

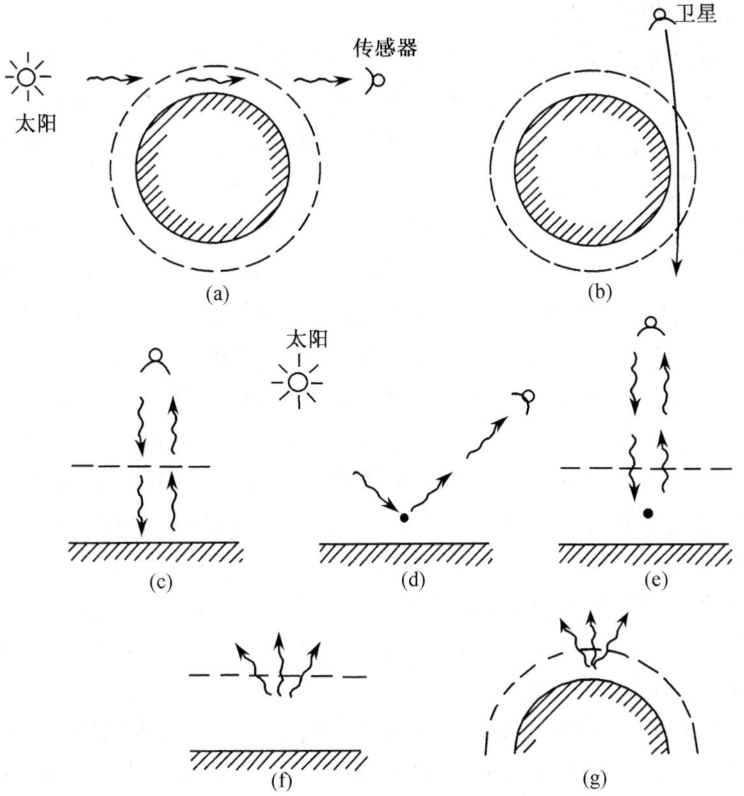

图 7.3　大气探测的各种情况（Charles Elachi，1987）

掩星技术测量的是已知特征信号通过大气的一部分时，由于大气的作用而发生的变化。所用的信号源可以是太阳、星体或诸如无线电或雷达讯号发射装置等人造信号源。从几何学角度来说掩星技术通常是临边探测。图 7.3（a）是太阳作为辐射源的情况，图 7.3（b）是卫星无线电讯号发送装置作为辐射源，这种情况通常用于行星掩星测量。图 7.3（c）则是特殊情况，即大地表面为镜面使信号通过整层大气两次。

散射技术测量的是沿入射波方向或偏离该方向的散射波特性。辐射源可以是太阳（图 7.3（d））或人造辐射源（图 7.3（e））。

发射技术的辐射源是大气本身（图 7.3 的（f）和（g）），测量的是发射辐射的谱特性及其强度。

大气探测的目的是测量大气特性的时空变化，特别是温度、成分特性和浓度、气压、风及密度等廓线，作为概述，下面简单描述测量这些特性所用的方法。

1. 温度探测

测量分布已知的气体（地球大气中如二氧化碳或分子氧）的发射辐射，可以导出大气温度。粗粗一看似乎只能导出大气的平均温度，因为任何瞬时探测的辐射是由大气中所有层射出波合成的。但是，测量谱线附近辐射随频率的变化就可以得到温度廓线。说明如下：

大气顶各层的密度低（辐射分子数少），它们的贡献很小。随着向大气内部深入，大气密度变大，贡献也就增加。接近表面的深层虽然辐射源最强，但发射的辐射必须通过整层大气才能达到探测点，而整层大气都有吸收，能达到大气顶的辐射并不多，所以对总的辐射贡献不大。这就意味着对一定的大气光学厚度有一个最佳高度层，该层的气体密度（即源强）与通过该层上方各层衰减的组合结果使其对总辐射的贡献最大。光学厚度变化则最大贡献层高度也随之变化。所以，如果在吸收谱带周围许多邻近频率处观测辐射，这些频率对应的光学厚度覆盖广阔的范围，峰值贡献的高度将覆盖一定的高度范围，这样，就可以测得不同高度的温度。要得到精确的温度廓线，所用的吸收带应具有下述特性：

发射成分的混合比已知，最好在大气中是均匀混合的。地球大气（一直到 100km）的氧分子及二氧化碳就属于这种情况。最常用的氧波段是 60GHz，二氧化碳则为 15μm 及 3.4μm 的红外波段。

所含吸收带不为其他大气成分吸收谱带所重叠。地球大气中 60GHz 氧谱线，地球、火星与金星大气中 15μm 二氧化碳谱线，木星大气中 7.7μm 甲烷谱线都满足了这一要求。

可以应用局地热力平衡假定，Planck 发射定律成立。80km 以下地球大气属于这种情况。

波长要足够长，与热发射比较，散射的太阳辐射不显著。微波、毫米波与热红外部分就是这样的。

2. 成分探测

一般通过探测与某种分子有关的一条或几条谱线是否出现来鉴定大气成分。在这意义上说，谱线信号实际上是气体成分的“足迹”。

确立成分的丰度要求更细致的谱线分析。谱线强度与分子的数密度有关，从而要求有当地的气压与温度资料。从上述均匀混合成分的辐射导出温度后，测量其他谱线的辐射就可以得出对应成分的丰度廓线。

3. 气压探测

总的柱吸收与大气成分垂直柱质量有极大关系，在成分的共振线附近更是如此。在大气中均匀混合的成分其总质量与表面气压成正比，可以设计一种方法通过测量地球大气中诸如氧这类均匀混合气体的垂直柱总吸收，从而达到探测表面气压的目的。

4. 密度测量

大气折射率与大气密度成正比。测量密度的一种方法是测定折射廓线（作为高度的函数）。通过测定飞近行星探测的飞行器被大气“阻挡”时的无线电通讯信号的折射可以得到行星大气的密度廓线。

掩星法广泛用于飞近行星探测的飞行器探测行星大气。当无线电通信联络信号被行星大气掩盖时，由于介质折射指数的变化出现了折射。测定通过深层大气时信号的折射大小得到折射率随高度的变化就可以定出大气密度廓线（假定某一种确定的大气成分）。用静力学方程和状态方程从密度廓线得到气压与温度的信息。

5. 测风

最简单的测风技术是根据拍摄云图的时间序列得到云所在高度的风场。要得到其他高度的风场，需要用 Doppler 效应。

由于 Doppler 效应，运动分子产生谱线位移。这一位移称为 Doppler 位移，其值等于：

$$\Delta v = \frac{V}{\lambda}\cos\theta \tag{7.5}$$

式中：λ 为谱线波长；$V\cos\theta$ 为沿观测线的分子速度。通过精确测定已知的大气成分的谱线中心频率，与同一成分在静态时谱线频率加以比较，可以得到一个速度分量。例如，二氧化碳分子在探测线上运动速度为 1m/s，15μm 谱线的位移约是 66.7kHz，这值很小但可测出。如果用 60GHz 氧的谱线则其位移为 200Hz。

另一种基于 Doppler 效应的测风技术是用激光器或雷达波束的散射波。入射波为运动粒子散射，回波信号有一个频率位移 Δv：

$$\Delta v = \frac{2V}{\lambda}\cos\theta \tag{7.6}$$

回波信号与参考信号（与传播信号完全一样）混合可以得出 Doppler 位移。

二、电磁辐射的大气传输

传感器从高空观测地面物体时，它所接收到的是各种来源的辐射能量的总和。主要由五个部分组成：地球表面的发射辐射；地球表面对于太阳光的反射辐射；大气层本身的发射辐射；大气层对太阳光的反射辐射；地球表面对于大气层向下辐射（天空光）的反射辐射。

装载在飞机或卫星上的传感器，从高空所收集到的数据要受到下列因素的影响：作为照明光源的太阳的光谱特性；光源的入射角，即太阳高度角或大气光学质量；大气的发射、反射、散射、吸收和透射等特性；被测地物自身的反射和发射特性；传感器的位置和高度；传感器性能和记录方式。

传感器在天底方向所接收到的辐射是两次通过大气而受到衰减的太阳辐射：一次是太阳辐射从大气外界通过倾斜路径到达地面（包括太阳直接辐射和天空光形式的散射辐射）；二次是到达地面的太阳辐射经过地物的反射，垂直向上又一次经过大气。因此，传感器收集到的数据受到了大气的影响。图 7.4 为通过大气到达空中传感器的太阳辐射的传输过程的示意图。

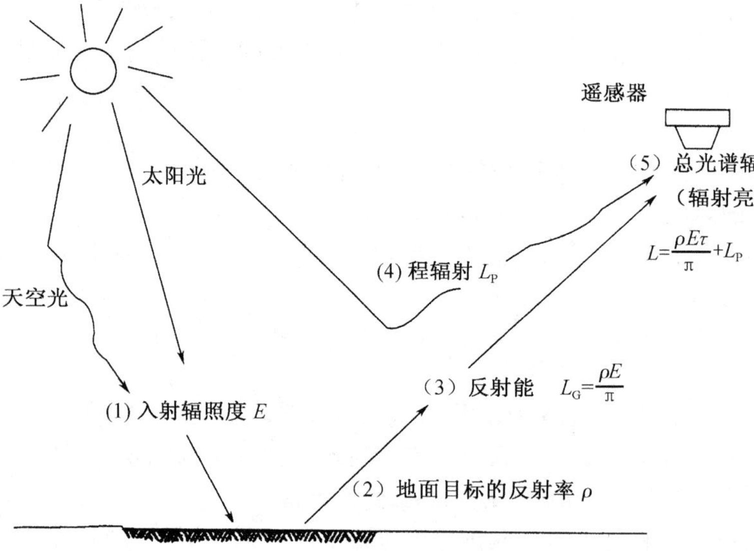

图 7.4　太阳辐射的传输过程（赵英时，2003）

大气对通过的电磁波产生吸收、散射和透射的特性，称为大气传输特性，这种特性除了取决于电磁波的波长（随波长不同而不同），还决定于大气成分，以及环境的变化。

地球大气是由多种气体、固态及液态悬浮的微粒混合组成的。大气中的主要气体包括 N_2、O_2、H_2O、CO、CO_2、N_2O、CH_4 及 O_3。此外，悬浮在大气中的微粒有尘埃、冰晶、水滴等，这些弥散在大气中的悬浮物统称为气溶胶，形成霾、雾和云。以地表面为起点，在 90km 以下的大气中，除 H_2O、O_3 等少数可变气体外，各种气体均匀混合，所占比例几乎不变，所以把 90km 以下的大气层称为均匀层。在该层中大气物质与太阳辐射相互作用，是使太阳辐射衰减的主要原因。

1. 大气对太阳辐射的影响

太阳辐射进入地球之前必然通过大气层，太阳辐射与大气相互作用的结果，是使能量不断减弱。约有 30%被云层和其他大气成分反射回宇宙空间；约有 17%被大气吸收，约有 22%被大气散射；而仅有 31%的太阳辐射辐射到地面。其中反射作用影响最大，由于云层的反射对电磁波各波段均有强烈影响，造成对遥感信息接收的严重阻碍。因此目前在大多数遥感方式中，都只考虑无云天气（晴空大气）情况下的大气散射、吸收的衰减作用，这样太阳辐射通过大气的透射率（τ）为

$$\tau = \mathrm{e} - (\alpha + \gamma)x \tag{7.7}$$

式中：($\alpha+\gamma$) 为衰减系数，它是随波长不同而变化，总趋势是随波长的增大而减少；α 为大气中气体分子对太阳辐射的吸收系数；γ 为大气中气体分子，液态和固体杂质等对太阳辐射的散射系数；x 为路程长度（即通过大气的厚度）；e 为自然对数的底。

式（7.7）为大气透射率（τ）所表达的大气传输特性，它与所通过的路程 x（即大气厚度）和大气的吸收、散射密切相关。其中路程与太阳高度角和至传感器的入射角有关。当高度角越大（即天顶角越小）和入射角越小，大气厚度 x 就越小，透射率就大；反之，透射率就小。大气的吸收、散射则与大气成分及其微粒大小有关。

太阳光通过大气要发生散射和吸收，地物反射光在进入传感器前，还要再经过大气并被散射和吸收，这将造成遥感图像的清晰度下降。所以在选择遥感工作波段时，必须考虑到大气层的散射和吸收的影响。

2. 大气的吸收

大气的吸收有显著的选择性。吸收太阳短波辐射的主要气体是 H_2O，其次是 O_2 和 O_3，CO_2 吸收的不多。吸收长波辐射的主要是 H_2O，其次是 CO_2 和 O_3。图 7.5 给出了整层大气和各主要吸收气体吸收光谱的略图。

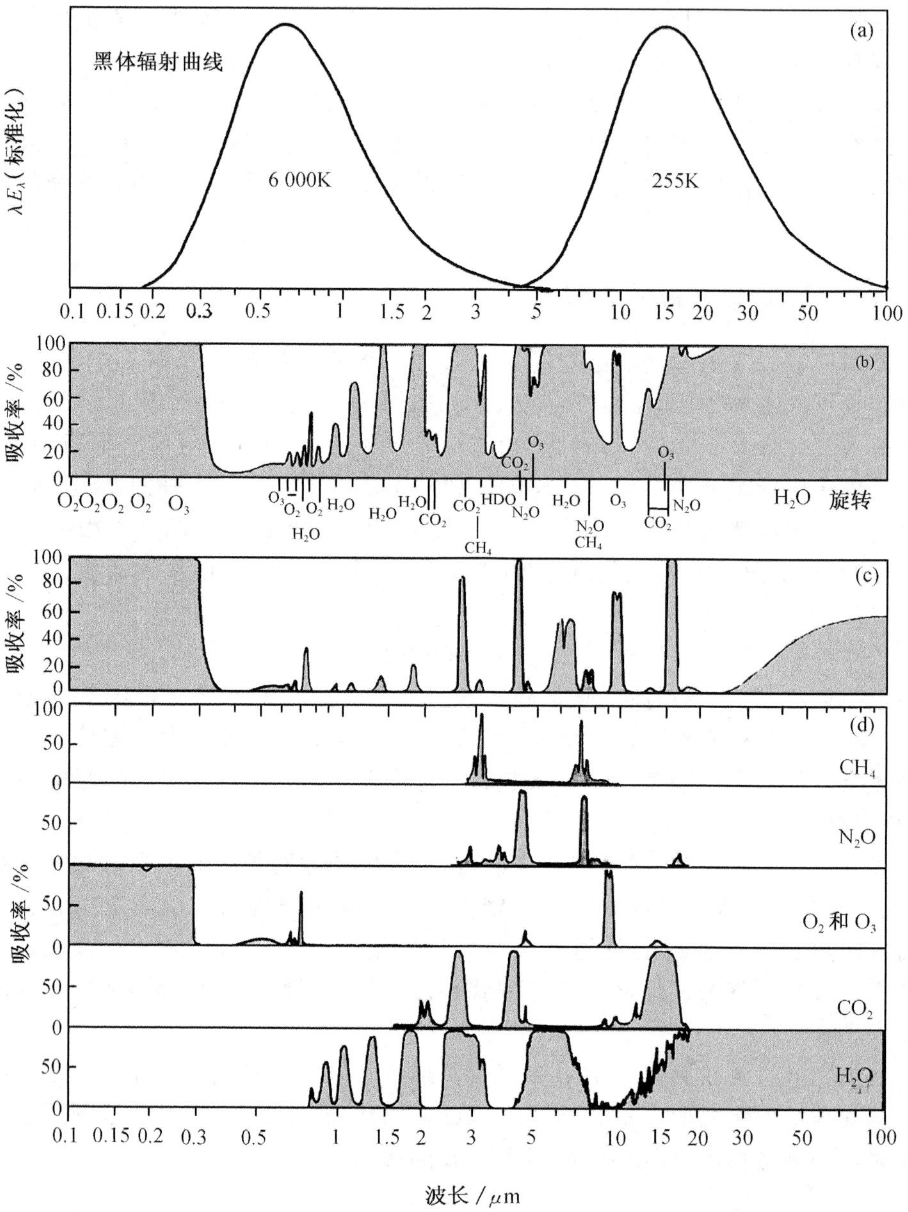

图 7.5 整层大气和各主要吸收气体吸收光谱略图（盛裴轩等，2003）

H_2O 的吸收带主要在红外区，不但吸收了约 20% 的太阳能量，使太阳光谱发生改变，而且几乎覆盖了大气和地面长波辐射的整个波段。H_2O 吸收作用最强的是 6.3μm 振转带和大于 12μm 的转动带。大气中还有液态水（如云雾滴等），其吸收带和水汽的吸收带相对应，但波段向长波方向移动。液态水的吸收系数很大，但因只有云雾时才有液态水且一般含量不大，所以对太阳辐射的削弱并不多。不过对于大气长波辐射，100m 厚的云就相当于黑体，所以一般可把云体表面当成黑体表面。

O_2 的吸收主要在小于 0.25μm 的紫外区，有舒曼-龙格（Schumann-Runge）吸收带，波长为 0.125～0.202 6μm；较弱的有赫兹堡（Herzberg）带，波长为 0.196 1～0.243 9μm。虽然 O_2 的吸收作用很强，但因太阳辐射在 0.25μm 以下的能量不到 0.2%，因此吸收的能量并不多。O_2 在可见光区还有另两个较弱的吸收带，其中心分别在 0.76μm 和 0.69μm，对太阳辐射的削弱不大。

O_3 最强的吸收在紫外区，有哈特来（Hartley）带，波长为 0.22～0.30μm，以及较弱的哈金斯（Huggins）带，波长为 0.32～0.36μm；在可见光区还有一个较弱的查普尤（Chappuis）吸收带。据估计，臭氧层能吸收太阳辐射能量的 2%左右，是导致平流层上部温度比较高的原因。在红外区吸收比较强的是 4.7μm、9.6μm 和 14.1μm 波长。

CO_2 主要在大于 2μm 的红外区有吸收，比较强的是中心位于 2.7μm、4.3μm 和 15μm 的吸收带。由于 2.7μm 带与水汽的吸收带重叠，而太阳辐射在 4.3μm 处已很弱，所以 CO_2 对太阳辐射的吸收一般不专门讨论。对于大气长波，以 15μm 附近的吸收带最为重要。

从图 7.5（b）的整层大气吸收率可看出，大气中的 O_2 和 O_3 把太阳辐射中小于 0.29μm 的紫外辐射几乎全部都吸收了。在可见光区，大气的吸收很少，只有不强的吸收带。在红外区，主要是水汽的吸收，其次有 CO_2 和 CH_4 的吸收。在 14μm 以外，大气可以看成是近于黑体，地面发射的大于 14μm 的远红外辐射全部被吸收，不能透过大气传向空间。

在 8～12μm 波段，大气的吸收很弱，被称为大气的透明窗或大气光谱窗。这一区域中只有 9.6μm 附近臭氧有一个较强的吸收带，臭氧主要分布在高空，因此这一吸收带对由大气上界向外的辐射有明显作用。大气窗区对地气系统的辐射平衡有十分重要的意义，因为地表温度约 300K，与此温度相对应的黑体辐射能量主要集中在 10μm 这一范围，而大气对这一波长范围的辐射少有吸收，故地面发出的长波辐射透过这一窗口被发送到宇宙空间。

表 7.5 给出大气主要成分在近红外和红外区域主要的吸收带，它们在大气辐射平衡中有重要作用。表中所说的强吸收和弱吸收是对每种气体相对而言的。实际上，每种气体在每个吸收波段的吸收对大气辐射平衡的重要性取决于两个因素：一是吸收线的强度，二是吸收气体的含量及其空间分布。

表 7.5　大气主要组成成分在近红外和红外区域主要的吸收带

成分＼波段	强吸收		弱吸收	
	波长/μm	波数/cm	波长/μm	波数/cm
水汽	1.4	7 142	0.9	11 111
	1.9	5 263	1.1	9 091
	2.7	3 704		
	6.3	1 595		
	13.0～1 000			
CO_2			1.4	7 142
	2.7	3 704	1.6	6 250
	4.3	2 320	2.0	5 000
	14.7	680	5.0	2 000
			9.4	1 064
			10.4	962
O_3	4.7	2 128	3.3	3 030
	9.6	1 042	3.6	2 778
	14.1	709	5.7	1 754
CH_4	3.3	3 030		
	3.8	2 632		
	7.7	1 299		
N_2O	4.5	2 222	3.9	2 564
	7.8	1 282	4.1	2 439
			9.6	1 042
			17.0	588
CO	4.7	2 128	2.3	4 348

3. 大气的散射

大气中各种成分对太阳辐射吸收的明显特点，是吸收带主要位于太阳辐射的紫外和红外区，而对可见光区基本上是透明的。但当大气中含有大量云、雾、小水滴时，由于大气散射使得可见光区也变成不透明了。大气散射作用使部分辐射能由于改变辐射方向，干扰了传感器的接收，降低了遥感数据的质量，造成影像的模糊，影响遥感资料的判读。

大气散射集中于太阳辐射能量较强的可见光区。因此，大气对太阳辐射的散射是太阳辐射衰减的主要原因。根据辐射的波长与散射微粒的大小之间的关系，散射作用可分为三种：瑞利散射、米氏散射和非选择性散射。

（1）瑞利散射（Rayleigh 散射）。当微粒的直径比辐射波长小得多时，此时散射是由分子对可见光的散射引起的。所以瑞利散射也叫分子散射。由于散射系数与波长的四次方成反比，当波长大于 1μm 时，瑞利散射基本上可以忽略不计。因此红外线、微波可以不考虑瑞利散射的影响。但对可见光来说，由于波长较短，瑞利散射影响较大。如晴朗天空呈碧蓝色，就是由于大气中的气体分子把波长较短的蓝光散射到天空中的缘故。

（2）米氏散射（Mie 散射）。当微粒的直径与辐射光的波长差不多时而引起的散射。由于大气中云、雾等悬浮粒子的大小与 0.76～15μm 的红外线的波长差不多，因此，云、雾对红外线的米氏散射是不可忽视的。

（3）非选择性散射。当微粒的直径比波长大得多时所发生的散射称为非选择性散射。此时散射系数为一常数，散射与波长无关，即任何波长散射强度相同。如大气中的水滴、雾、烟、尘埃等气溶胶对太阳辐射，常常出现这种散射。常见到的云或雾都是由比较大的水滴组成的，云或雾之所以看起来是白色，是因为它对各种波长的可见光散射均是相同的。

综上所述，太阳辐射的衰减主要是由于散射造成的，散射衰减的类型与强弱主要和波长密切相关。在可见光和近红外波段，瑞利散射是主要的。当波长超过 1μm 时，可忽略瑞利散射的影响。米氏散射对近紫外直到红外波段的影响都存在。因此，在短波中瑞利散射与米氏散射相当。但在当波长大于 0.5μm 时，米氏散射超过了瑞利散射的影响。在微波波段，由于波长比云中小雨滴的直径还要大，所以小雨滴对微波波段散射是属于瑞利散射，因此，微波有极强的穿透云层的能力。而红外辐射穿透云层的能力虽然不如微波，但比可见光的穿透能力大 10 倍以上。

4. 大气的透射和大气窗口

1）大气透射分析

影响大气透射特性的物质主要有大气分子（二氧化碳、臭氧、氮、水蒸气等气体分子）和气溶胶（雾及霭等的水滴、烟、灰尘等粒径放大的粒子）。

太阳的电磁辐射经过大气时，经过大气的各种衰减，到达地面后比例很小。一种说法是，就可见光和近红外而言，被云层或其他粒子反射回去的部分约占 30%，其次为散射作用约占 22%，占第三位的是吸收约占 17%，这样透过大气到达地面的能量仅占入射总能量的 31%，这仅是一般地对透过率（透过大气的辐照度与入射大气前的辐照度之比）的粗略估计。图 7.6 是另一种估计，到达地面时约剩下总能量的 45%，如果选择使用无云天气情况下的数据资料，反射的影响就可以降到最小。严格说，各部分能量损失的比例值和最后的透过率要根据具体情况分析才是最科学的。

由大气分子引起的散射中，瑞利散射由于引起散射的粒子的尺度与波长相比很小，在时间上、空间上几乎都是固定的。它对大气透射率的影响具有随波长变短而逐渐增加的倾向。

此外，由气溶胶引起的散射中，引起米氏散射的粒子尺度比波长要大，对波长的依赖性很小。大气中气溶胶的发生源，有来自海盐、黄沙等从海上、陆地漂

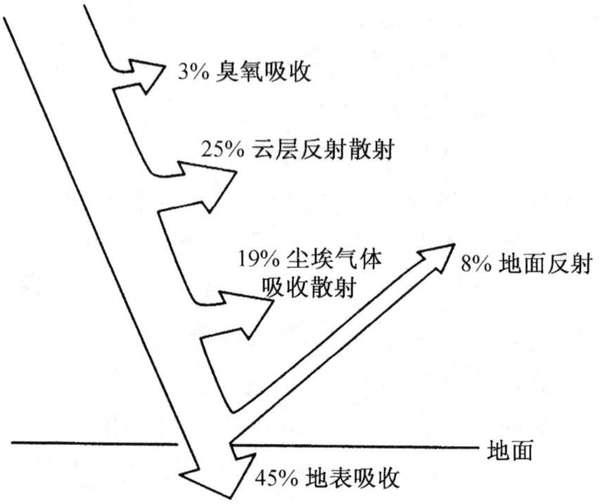

图 7.6 大气透射示意图（彭望琭等，2002）

浮到大气中的浮游粒子，以及由城市灰尘、工厂排烟、火山活动引起的浮游粒子。气溶胶的数量随时间和场所会有很大的变化。此外，气溶胶的光学特性及粒径分布也随着相对湿度、温度等环境条件而变化。所以，要想正确了解气溶胶引起的光的散射特性是比较困难的。

2）大气窗口

大气的散射、吸收及透射的程度随波长而变化。图 7.7 是表示大气的垂直方向的吸收引起的透射率与波长的关系曲线（大气的光谱透射率曲线）。它是用大气的垂直方向的透射率来表示主要的大气分子的吸收特性的。通常把通过大气而较少被反射、吸收或散射的透射率较高的电磁辐射波段称为大气窗口。

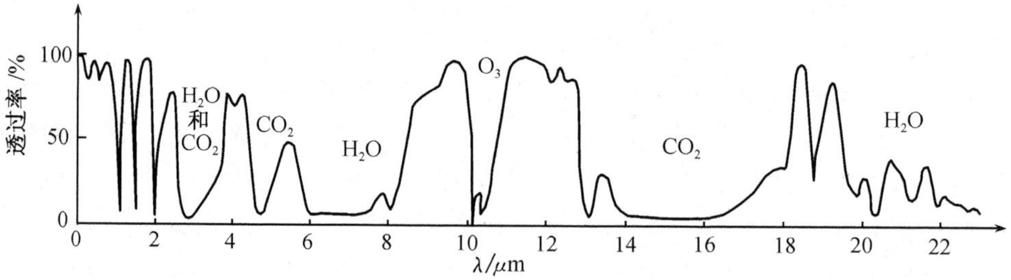

图 7.7 大气的透射和大气窗口

大气窗口主要有：

0.3～1.3μm，即紫外、可见光、近红外波段。这一波段是摄影成像的最佳波段，也是许多卫星传感器扫描成像的常用波段。比如，Landsat 卫星的 TM 的 1～4 波段，SPOT 卫星的 HRV 波段等。

1.5～1.8μm，2.0～3.5 μm，即近、中红外波段，在白天日照条件好的时候扫描成像常用这些波段，比如，TM 的 5、7 波段等用以探测植物含水量以及云、雪或用于地质制图等。

3.5～5.5μm，即中红外波段，物体的热辐射较强。这一区间除了地面物体反射光谱反射太阳辐射外，地面物体也有自身的发射能量。比如，NOAA 卫星的 AVHRR 传感器用 3.55～3.93μm 探测海面温度，获得昼夜云图。

8～14μm，即远红外波段。主要来自物体热辐射的能量，适于夜间成像，测量探测目标的地物温度。

0.8～2.5cm，即微波波段，由于微波穿云透雾的能力，这一区间可以全天候工作。而且由其他窗口区间的被动遥感工作方式过渡到主动遥感的工作方式。如侧视雷达影像，Radarsat 的卫星雷达影像等。其常用的波段为 0.8cm，3cm，5cm，10cm，有时也可将该窗口扩展为 0.05cm 至 300cm 波段。

5. 辐射传输的有关物理量

1）大气光学厚度

光学厚度（optical depth 或 optical thickness）是沿辐射传输路径，单位截面上所有吸收和散射物质产生的总削弱，是量纲一的量（原称无量纲量）。以公式表示为

$$\delta = \int_0^l k'_{\mathrm{ex}} \rho \mathrm{d}l = \int_0^l k_{\mathrm{ex}} \mathrm{d}l \tag{7.8}$$

式中：ρ 为吸收物质的质量密度；$\mathrm{d}l$ 指由海平面升至高度为 l 处的气层厚度；k'_{ex}和 k_{ex}分别为吸收和散射物质的质量削弱系数和体积削弱系数。若需分别讨论吸收或散射，只需将削弱系数换成吸收系数或散射系数即可。对于某一波长，光学厚度为

$$\delta_\lambda = \int_0^l k'_{\mathrm{ex},\lambda} \rho \mathrm{d}l = \int_0^l k_{\mathrm{ex},\lambda} \mathrm{d}l \tag{7.9}$$

利用式（7.9），指数削弱规律可写成

$$E_{\lambda,l} = E_{\lambda,0} \mathrm{e}^{-\delta_\lambda} \tag{7.10}$$

式中：$E_{\lambda,l}$为高度为 l 处的辐照度；$E_{\lambda,0}$为高度 $l=0$ 处的辐照度。

整层大气垂直光学厚度定义为

$$\delta_\lambda(0) = \int_0^\infty k_{\mathrm{ex},\lambda}(z) \mathrm{d}z = \int_0^\infty k'_{\mathrm{ex},\lambda}(z) \rho \mathrm{d}z \tag{7.11}$$

$\mathrm{d}z$ 指由海平面升至高度 z 处的气层厚度。

δ_λ（0）也常记为 δ_0，当大气状态不变时，δ_0 也不变，它代表了大气的光学特性，是大气辐射和大气光学中很重要的物理量。“光学厚度”是一个用得极为广泛的表征大气的参数。清晨与傍晚由于太阳高度角小，大气光学厚度较大，太阳辐射经过长光程路径，其短波辐射已被散射掉，余下的是长波辐射，可见光段

主要剩下红光，因而晚霞与夕阳均呈现为红色。在航天遥感中，为了取得清晰的地球图像，选择在太阳高度角 $\theta<60°$ 的条件下成像，减小大气厚度及折射的影响。

2）光学质量

辐射束沿传输路径在单位截面气柱内所吸收或散射的气体质量，称为光学质量（optical mass），常以 u 表示

$$u=\int_0^l \rho \mathrm{d}l \tag{7.12}$$

当日光垂直入射时，利用均质大气的概念，可将海平面以上整层大气的光学质量写为

$$u=\int_0^\infty \rho \mathrm{d}z=\rho_0 H \tag{7.13}$$

式中：ρ_0 为海平面处的空气密度；H 为当地条件下的均质大气高度；u 的量纲是 $\mathrm{M}\cdot\mathrm{L}\Delta^2$。光学质量还可以用标准状态下吸收或散射气体的厚度表示

$$u=\left[\int_0^l \rho \mathrm{d}l\right]\Big/\rho_s \tag{7.14}$$

式中：ρ_s 为标准状态下气体的密度。臭氧的光学质量习惯上常用此定义。此时 u 的量纲是 L。

3）单色透过率 τ_λ 和单色吸收率 A_λ

通过一段大气路径的透过率（或透射率），根据定义，由式（7.10），有

$$\tau_\lambda=\frac{E_{\lambda,l}}{E_{\lambda,0}}=\mathrm{e}^{-\delta_\lambda}=\exp(-k'_{0,\lambda}\tilde{u}) \tag{7.15}$$

即前后辐射通量密度之比。习惯上常将整层大气在垂直方向的透过率称为透明系数，单色辐射透明系数为

$$P_\lambda=\mathrm{e}^{-\delta_\lambda(0)} \tag{7.16}$$

若大气路径内仅有吸收作用，则吸收率为

$$A_\lambda=1-\tau_\lambda=1-\mathrm{e}^{-\delta_\lambda}=1-\exp(-k'_{0,\lambda}\tilde{u}) \tag{7.17}$$

可见，一个气层的吸收率并不与吸收物质的多少成正比，而是成指数关系。只有当吸收物质很少时，即在 $\tilde{u}$ 很小时，才能导出

$$A_\lambda=1-\exp(-k'_{0,\lambda}\tilde{u})=1-(1-k'_{0,\lambda}\tilde{u})=k'_{0,\lambda}\tilde{u} \tag{7.18}$$

这种条件下，吸收率与物质光学质量成正比。

吸收率和透过率是辐射传输中的重要物理量。因气体的吸收带由几百到几万条吸收线组成，在实际工作中很难测准单一波长的吸收系数，由分光测量得到的辐射量实质上是一个波数间隔内的平均值。

三、大气遥感探测

大气遥感探测是指大气探测仪器与被探测大气在相隔一定距离的情况下，通

过某种辐射波（包括光波、电波、声波等）在大气中传播所获得的信息来反演大气参数的一种大气探测方法。大气遥感技术的应用，使人们能够在更为广阔的空间（乃至全球尺度）获取大气的多种信息，使大气探测进入了一个崭新的发展阶段。这一发展阶段以 20 世纪 40 年代微波雷达的采用，60 年代卫星遥感和激光雷达的采用为标志，至今已取得了迅速的发展和广泛的应用。

按照所用探测波束性质的不同，大气遥感可分为大气光学遥感、大气微波遥感和大气声学遥感等。按照遥感探测仪器是否主动地发射探测波束，大气遥感又分为大气主动遥感和大气被动遥感。当然，各种遥感技术按照运载工具的不同，还可分为地基大气遥感和空基大气遥感。

1. 被动式大气遥感

通过太阳辐射和其他自然辐射源发出的辐射同大气相互作用的物理效应来遥感探测大气的技术被称为“被动式大气遥感”。由于不需发射设备，可大大减小接收器的功率和重量。可利用的辐射源主要有太阳辐射、大气及地面等的红外热辐射和微波辐射，其他还有闪电、带电水滴运动碰撞、冰晶化过程所激发的无线电波信号，以及大气运动中特定部位激发的重力波、声波、次声波等。红外热辐射和微波辐射相应的遥感探测仪器则称为大气红外辐射计和大气微波辐射计。其中，红外辐射计用于接收大气所发射的波长在约 1～100μm 范围内的红外波；而微波辐射计则用于接收波长约为 1～100mm 的微波。虽然两者的工作波段范围相差很大，但这两种仪器都能用来实现对大气温度、湿度、微量成分，以及云、雨参数的遥感探测。由于这两类仪器本身不牵涉到波的发射，因此结构一般都比较简单，在地基和空基的大气遥感探测中得到了广泛的应用。特别是自 20 世纪 60 年代以来，人们将各种被动遥感仪器安装在人造卫星上，以对地观测的方式对地球大气进行遥感探测，从而开辟了大气遥感的一个新领域——卫星大气遥感。

气象卫星投入使用是遥感技术在气象学中最为成功的应用，从此开辟了从高空全面不间断监视大气的新观测平台，它不仅给我们提供了卫星云图，还获得了大气中水汽、臭氧、温度垂直分布、风场等许多信息，而且更多的观测项目还在不断地开发之中。

在气象卫星观测平台上，能接收到的来自地面和大气的电磁辐射主要有两类：一类是地面和云层对太阳辐射的反射，另一类是地面、大气和云层的红外辐射和微波辐射。

1）可见光波段

大气对太阳光，尤其是可见光波段基本上是透明的，因此到达卫星的反射光主要来自地表和由水滴构成的云层对阳光的反射。地表的反射率与地表性质有关，例如，海水中的水分子具有电偶极矩，红外共振非常强，可一直影响到对红、橙色可见光区域也有微量选择吸收，使得海水略显蓝色。而云层的反射是由大量半径在几微米到几百微米之间的水滴所形成的，散射强度与波长没有明显的关系，结果水滴都以同样强度反射太阳光中的各色光，从而形成白色光。卫星传感器上在可见光波段选择适当的波长，就可得到清晰的用色调代表对可见光反射率强弱的可见光云图。低云中水滴密度大，反射光最强也最亮。另外，从云图上还可见到无云区的地表特征。由于太阳辐射强度大，因此可见光云图的分辨率高，但其致命缺点是不能得到地球“夜半球”的云图。

2）红外波段

卫星上的红外辐射接收仪的基本工作原理是通过光学系统将来自目标的辐射聚焦到传感器上，经它转换成电信号，再经分光放大系统处理后存储为目标的数值化红外信息。为了尽量减少来自云层和地面的辐射信息在途经大气时的衰减，辐射接收仪的工作波长必须选择在大气红外窗区波段，并且靠近云层和地面最大辐射能力的波长附近。辐射接收仪将接收的能量强弱转换为色调亮度，并按接收仪的扫描顺序在地理底图上显示出来，辐射能量大的地方暗一些，小的地方亮白一些，这样就形成了一张红外云图。

根据斯特藩-玻尔兹曼定律，辐射的强度主要取决于辐射体的温度，因此云图上的明暗色调实质上显示的是地面或云顶的温度高低。

高云因高度高而温度低，在云图上色调最亮；低云就相对比较灰暗；地面温度通常比云顶高许多，色调最暗。这样根据云图上的色调深浅就可以分析不同高度的云层与地表特征。我们还可以看到，冬天海水温度通常高于陆地，因此在云图上显得更暗；到了夏天正相反，陆地色调反比海洋暗。可见红外云图的内涵完全不同于可见光云图，但云区分布形式仍大体相同，只是在细节上有所差异，如可见光云图中低云往往最明亮。

需要特别指出的是，这里所说的温度并不是辐射体的实际温度，而是它们的亮温，也称“亮度温度”，是指使黑体单色亮度与发光体的单色亮度相同时的黑体温度。由于黑体在任何波长均具有最大辐射能力，因此亮度温度一般要比辐射体的实际温度低一些。如果对卫星接收到的红外辐射值直接加工分析，便可得到云顶温度、高度和海水温度等信息。

红外云图通常又分为短波红外（3.4～4.3μm）和长波红外（10.5～12.5μm）两种红外云图。前者波长较短，在大气中的衰减小，测温灵敏度较高，在输运中虽然会被CO_2、N_2等气体少量吸收，但由于这些气体在大气的各个高度上比例固定，比较容易进行温度补偿修正。在白天这个波段与太阳辐射光谱的红外部分重叠，使收到的信号中含有太阳辐射反射光的“污染”，给准确测定云层和地表温度带来困难。长波红外云图的分辨率、测温灵敏度比短波稍低。在实际应用中，还必须对数据进一步处理，以修正有关辐射在大气中衰减以及卫星视角变化带来的误差。

卫星对地面和云层的遥感探测要尽量避开大气中某些气体对红外辐射吸收的干扰，而在另外一些场合又要充分利用它们的辐射特性。传统上，对大气层中气象要素分布的观测，是依靠投放在大气中的传感器，如气球探空仪、火箭等来完成的。大气辐射理论研究和卫星技术的结合，发展了以卫星为平台的卫星探空技术。根据大气中某些成分对电磁波选择吸收的特性，通过接收和解析来自这些气体的辐射特征，可反演得到大气中气象要素的垂直和水平分布。

探测器接收的某选定电磁波信号，是在探测方向上的整层大气中某气体成分辐射经不同层次吸收后的总积分效应。其中还有来自地面的辐射，它们经过整层大气吸收后通常非常弱；也有来自低层大气的辐射，因为这里温度较高，它们的辐射通常比较强，但也受到了高层大气的吸收；而高层大气温度相对较低，辐射强度较弱，但所受衰减也最少。最后它们均被探测器接收，因此反演非常困难，需要对辐射物理过程有深入的了解并且有很高的技巧。比较成功的方法有所谓的“频谱法”，分析辨别所收信号的频谱差异；另外还有“扫角法”，即分析探测器视野内不同天底角方向上的辐射特征，它们包含了因所经路径不同而引起的辐射特征的变化。两种方法都能反演出大气成分与温度的垂直分布廓线。

从以上的分析可以看到，只要选择在大气中混合比为常数的吸收气体为对象，并在其若干窄的吸收波段内进行观测，就能根据辐射传输方程反演出温度随高度的变化。在 90km 以下的大气中，CO_2 含量比值是均匀的，因此 CO_2 的 4.3μm 和 15μm 以及 O_2 的 5mm 辐射带常被用来探测温度垂直分布。15μm 辐射带处于大气辐射的峰值附近，能量较大；4.3μm 辐射带在大气温度较高时比较灵敏；5mm 辐射带处的辐射强度不如前面两个波段，但它属微波波段，穿透云层的能力要强得多。三个辐射带各有特点，可以相互补充。目前虽然对温度垂直分布的探测精度还不是很高，均方误差达 $\pm$2K，但对沙漠、海洋等监测站稀少的地区仍有参考价值。

对于大气中水汽的红外遥感原理与前面讲的相似，不同之处在于水汽密度变化很大，因此各大气层对水汽吸收波段（如 6.7μm）的透射率也相差悬殊。例如，在湿热的热带洋面上空几乎不透明，但在含量近于饱和的寒冷高层对相同的波长则近于透明，因此在处理高层水汽时更加复杂。依据相同的工作原理，我们还可以对大气中的臭氧含量、地-气辐射平衡等项目进行遥感探测。

3）微波

波长为 1mm～30cm 的电磁波被称为“微波”。与红外辐射相比，微波最大的特点是具有一定穿透云层、降雨水滴甚至一定深度地表的能力，它这种全天候的特点可以被利用来遥感探测大气中云内、云下、地表及海洋的物理特征。在热力平衡的条件下，物体发射的微波辐射可以用瑞利-金斯公式表示：

$$B_\lambda(T_b) = 827.8T/(100\lambda)^4 \tag{7.19}$$

式中：T 为温度；T_b 为黑体亮温。在某波长 λ 的辐射能力与温度的一次方成正比，可见辐射能量相当微弱，如 10cm 的微波辐射强度要比 10μm 的红外辐射强度小八个量级。但一般微波辐射接收器的灵敏度远远超过红外接收器，正好弥补了信号微弱的不足。

微波在大气中的传输过程要受到某些气体和微粒的吸收和散射，频率越高越显著，其中主要有氧分子在 5mm 和 2.53mm 两个波段的吸收。氧分子是对称的双原子，虽没有电偶极矩，但有永久磁偶极矩，由它的跃迁构成了氧的微波吸收谱线。根据与红外遥感相同的原理，氧在 90km 以下的大气中含量比值不变，也可以利用氧的微波吸收特性遥感探测大气的垂直温度分布。此外，水分子的三原子结构，不仅存在电偶极矩，还有三个转轴，形成转动惯量不对称的所谓“不对称转子分子”，在 1.64mm 和 13.48mm 两个波段出现能级不规则的微波吸收谱线。大气中云滴的大小已与微波波长相当，散射作用明显，其程度不仅与微波物理性质有关，显然还与云滴的滴谱有关。雨滴的直径一般在 100～1 000μm，此时瑞利散射规律已不适用，散射更加明显，与滴谱关系也更加密切，因此降水云层中的微波传输的问题要复杂得多。

在考虑到上述各种因素后也可以构造微波辐射传输方程。例如，存在低云层时，卫星能接收到的微波辐射包括五部分：来自地表的、来自低云向上的、地表反射低云向下的、大气发射的以及地表反射大气向下的微波辐射。目前在气象卫星上大多都装有多种单波道微波辐射仪，用以探测大气和云的含水量、降水强度、大气和海面温度、陆面冰雪覆盖程度等气象要素。云滴和雨滴的微波辐射还具有连续谱的特征，在温度确定的前提下，云滴和雨滴的微波辐射强度直接与云中的含水量和雨强成正比。因此利用大气微波窗区的微波辐射，能定量地探测云体的总含水量和雨强分布。波长较长的微波辐射在传输过程中受云雾干扰较小，是全天候遥感大气温湿分布的理想波段。

2. 主动式大气遥感

主动式大气遥感技术是由遥感探测仪器发出波束，此波束与大气物质相互作用而产生回波，通过检测这种回波而实现对大气的探测。由于主动式大气遥感探测仪器既要发射波束，又要接收回波，即处于雷达工作方式。因此其结构与被动式大气遥感探测仪器相比要复杂，但其探测能力相应也要强得多。

随着现代科技尤其是物理学中声、光、电技术的发展，可以利用的信号越来越多，探测的内容也不断扩大。与被动式遥感相比，主动式遥感探测装置虽然体积、功耗增大许多，但它具有不扰动被测环境（这是直接探测仪不可避免的误差来源）、不受大气自身信息微弱的限制、信号种类和强弱的可调可控性强等特点，提高了探测精度，也扩大了探测领域，目前已成为地面和机载探测的重要手段，广泛应用于大气湍流、中小尺度天气系统结构、大气边界层物理过程和环境监测等研究。

主动式探测器大多在信号源的声、光后冠以雷达两字，其意义不言而喻，都是利用空间分布的散射体为目标所产生的回波进行“探测”与“测距”。散射体可以是整个连续具有均匀散射的介质，也可以是一些散射中心的集合体，每个中心都具有特定的散射强度和角分布形式。一般来说，与探测仪信号相互作用最强的大气结构的尺度，约为波长的二分之一。比这更小的目标被称为“瑞利粒子”，它们的散射与波长关系密切，随波长的负四次方而衰减，因此，可以据此来评估不同目标的最佳探测方式。例如，对 5～50μm 的云滴，光雷达可得到很强的回波，但穿透距离较短；而短波长的微波雷达散射要弱些，对云的穿透性也要好一些；长波长的雷达和声雷达可不考虑云的散射，而给出雨滴与大气折射率起伏的信息。一般来说，可见光雷达适用于小于 1μm 的粒子以及水汽、臭氧等气体成分的探测，红外光雷达适用于 1～10μm 的大粒子，短波长（0.3～30cm）雷达适用于云滴，一般雷达适用于雨滴、温湿变化，声雷达适用于温度和速度变化等。而多普勒雷达还可用于目标物速度与风速的遥感。在主动探测中，探测仪的发射波长与天线结构（如孔径直径）对系统的角分辨率（波束宽度）影响很大。分辨率以光雷达最高，声雷达最低。

温、湿以及风速等气象要素分布的不均匀性引起的声波散射强度，要比电磁波大 100 万倍，所以用声脉冲信号来探测大气，灵敏度会很高。如果在回波接收系统中加入分析多普勒频移的设备，就被称为“多普勒声雷达”，还可计算出沿声波方向的风速。利用多点多普勒声雷达的立体定位功能，更可探测边界层大气中的风速、温度脉动结构系数、温度层结构和重力波等。但声波在传输过程中耗散快，探测距离近，探测高度一般在 1～2km 的边界层内。由于声雷达利用了声波与大气热力和速度微结构有很强相互作用的原理，因此，湍流的间歇性和不规则分布给声技术的应用带来了很大困难。

主动式大气遥感探测仪器的典型代表是 20 世纪 40 年代发明的微波气象雷达和 60 年代发明的大气探测激光雷达。目前，微波雷达和激光雷达仍然是大气遥感探测技术的主要发展方向。

微波气象雷达和大气探测激光雷达从工作原理上看基本相同，所不同的是工作波长。微波气象雷达的工作波长大约在 1～100mm 范围，大气探测激光雷达的工作波长则在约 0.1～10μm 范围。由于微波气象雷达和大气探测激光雷达在工作波长上的很大差异，使两种波束的空间扩展性、在大气中的传播特性、与大气物质相互作用机制等方面也有很大差异，造成微波气象雷达和大气探测激光雷达在大气探测应用中的不同特点。

微波波束的波长长，使它只能与大气中的云、雨、雪等大尺寸粒子或大范围的大气不均匀体相互作用产生回波，而对晴空均匀大气则会直接穿透，形成探测盲区。激光波束的波长短，可与大气中的任何原子、分子和粒子相互作用而产生回波，不存在大气探测的盲区。特别是，激光波束可与大气中的原子、分子产生共振的相互作用，不仅可探测它们，而且还可以区分它们。此外，由于激光波束宽度比微波波束窄，因此使大气探测激光雷达探测大气的空间分辨能力比微波气象雷达高。另一方面，微波受到大气中雾、云、雨、雪等的衰减比激光波要小得多，使微波气象雷达在恶劣天气条件下的探测距离比大气探测激光雷达要远得多。由此看来，微波气象雷达和大气探测激光雷达各有特点，在大气探测中有很强的互补性：微波气象雷达一般适用于在天气较差条件下对云、雾、雨、风等大气特性进行探测与研究，而大气探测激光雷达则适用于在天气较好条件下对大气的其他诸多参数，如密度、温度、温度、压力、微量组分、大气风场等进行高空间分辨的探测与研究。

1）激光雷达

光波在大气传输过程中，要受到气体分子、气溶胶和云雨滴的吸收与散射。在湍流大气中，也因湍流区的大气折射率不均匀，引起光前向散射波的随机变化，包括被统称为“光传播湍流效应的强度”（闪烁）、“位相（抖动）起伏”和“光束扩展”（散焦）等特征的变化，探测这些特征的变化就可以反演出大气的有关特征。由于太阳光是强度很强的自然光源，所以光探测技术更多地应用于被动式遥感中，以获得大气温度、湿度、成分、风场及湍流等有关信息。20 世纪 60 年代新相干光源激光技术以及湍流传播统计理论的发展，推动了主动式光遥感理论和技术的发展。激光是一种具有很好相干性、单色性和方向性的光源，在大气遥感中作用独特。目前已研制的激光雷达主要有三种工作方法：散射法、吸收法和荧光法。

散射法依据在瑞利、米氏散射（分别指球形散射粒子的尺度比入射波长小很多和同一量级的散射，它们采用不同的公式，瑞利散射也称“分子散射”）中散射波的强度、角分布和偏振特性以及它们与波长的依赖关系，反演出大气气溶胶特性和时空分布，进而由气溶胶的不均匀结构或散射波的多普勒频移，探测大气湍流和平均风场。对于拉曼（Raman）散射，因散射非常弱，可利用入射和散射波长光子能级差和气体分子固有的能级对应关系，判定大气中的多种成分及其混合比。

在吸收法中，发射大气中某种气体在一特定吸收线上和线外两种波长的激光，测量其在同一光路上的衰减差异，能极其灵敏地测定大气中极微量的成分。还可利用气体吸收光谱特性对温度和气压的依赖关系，遥感探测大气温度的垂直分布和地面气压。

荧光法是利用大气分子或原子在吸收线上吸收激光后，通过受激能级共振荧光光谱的测定，探测荧光量子效率较高的高层大气中的钾、钠等成分。

2）微波气象雷达

微波与红外遥感的原理有类似之处。红外遥感更多地用于地-气自然红外辐射的被动式遥感探测，而微波对水汽和云雾的穿透能力使其成为气象雷达的主要工作波段。通过定向发射持续几微秒的微波脉冲与大气相互作用，根据回波便可确定目标物的空间位置、形状变化等宏观特征，还可根据回波信号的位相、频率等结构变化确定目标物的许多物理性质，如云中含水量、气流速度、湍流、降水粒子谱等。所谓“脉冲与大气的相互作用”包括大气中水汽凝结物的散射和吸收，电磁波在空气中折射率不均匀结构和闪电形成的电离介质对入射波的散射，冰雹等非球形粒子对圆偏振波散射的退偏振作用，稳定层结的部分反射，散射目标运动对入射波的多普勒效应等，都可以利用。

雷达使用的工作波长取决于它的探测目标。探测一般云层高度、厚度及物理特性的测云雷达常用 K 波段（0.75～2.4cm）的 1.25cm 或 0.86cm 波长；探测降水特征和跟踪降水天气系统的天气雷达常用 X、C 波段（2.4～15cm）的 3～5cm 波长；而对暴雨、冰雹的探测用 S 波段（7.5～15cm）的 10cm 波长，这样受大气衰减较小，效果更好。此外，还有工作频率在 30～3 000MHz（10～1 000 cm）的甚高频和超高频的多普勒雷达，用来探测 1～100km 高度的晴空水平风、垂直气流、大气湍流等大气结构。

用雷达探测云、雨时，接收到的回波功率与雷达参数、目标距离、目标物理性质等之间的定量关系式被称为“气象雷达方程”。它是建立回波功率和降水强度分布关系的定量方程式，是测定云中含水量、探测云和降水物理性质的重要理论基础。而正确设置参数，是提高雷达探测能力的关键之一。

从 20 世纪 60 年代开始研制的多普勒雷达，除具有与常规雷达一样的探测降水区域状态等的性能外，还利用多普勒效应测量云和降水粒子的径向运动，获得在一般条件下很难测定的晴空大气条件下的低空风场结构以及雷暴云中的气流结构，包括龙卷风、下击暴流（雷暴云顶向下崩溃时在地面附近产生的风速高达 18m/s 以上的强下沉气流，其突发性和相伴随的与周围空气间的强风切变常造成飞行事故）、中小天气系统中的垂直风、温结构等，还可推演高空风的水平分布、大气湍流等大气运动资料，极大提高了对某些突发灾害的预警能力和时效。目前，多普勒雷达已成为研究云层和降水物理学，监视中小尺度天气系统三维运动详细结构的重要工具。

使用 30～3 000 MHz 频段的甚高频和超高频多普勒雷达，可达到更高的探测灵敏度，探测高度可达 1～100km，所以也称“中层-平流层-对流层（MST）雷达”。其原理与一般多普勒雷达相似，但一般都配备了大型天线，直径有的可达几十到上百米，发射功率也比较大。为获得较高的灵敏度和分辨率，对脉冲发射体系和回波处理也作了改进，因而提高了对晴空大气湍流和中高层温度层结构的探测能力。此外，多普勒雷达还可对中层大气中自由电子对电磁波的散射和流星余迹散射进行探测。

必须看到，计算机、电子设备等硬件技术的发展促进了遥感探测能力的提高，而对大气中诸如湍流、折射散射等物理过程和本质的深入研究以及模式化反演过程的处理技术的探索，也是推动大气遥感探测发展的关键。

第三节　大气微波遥感

微波传感器广泛地用于探测大气特性。被动式微波传感器用来测量大气发射的热辐射从而得到大气温度廓线及某些大气成分（如水汽）的分布；主动式微波传感器用来绘制降水图及测量表面气压；掩星技术用来获得行星大气的密度廓线。微波波段的一个主要优点是对云不敏感，在低波段部分尤其如此，可以用来探测有云大气。本节主要介绍被动式大气微波遥感方面的研究成果。

大气微波遥感就是利用微波信号与大气的相互作用来遥感探测气象要素。在近代大气遥感中，它是发展较早的一种大气探测方法。在 20 世纪 40 年代后期，微波雷达就成功地应用于气象科学，对监测台风、雷暴、冰雹等灾害性天气起了重要作用。近十几年来，除了连续波调频气象雷达、多普勒气象雷达、微波侧视雷达和综合孔径雷达等新型雷达的发展以外，接收与分析大气本身发射的微波辐射信号，用它来探测气象要素的遥感理论与技术，又异军突起，蓬勃发展，成为大气微波遥感的另一个新兴分支。

大气微波遥感的兴起与蓬勃发展绝非偶然。因为它具有红外遥感所没有的特色与优点。首先，红外辐射在大气中衰减效应并不弱，不仅稀薄的高云，即使大气气溶胶和水汽红外吸收带的远翼效应对红外遥感结果的影响仍很严重。当大气中有一般云雾形成时，红外辐射只能穿透其表层，既很难透过它们，又不可能探测到其内部的结构。微波遥感却能够弥补红外遥感这些固有的局限。气象卫星微波遥感探测试验结果完全证明，微波遥感大气温度分布与水汽完全不受大气气溶胶粒子的影响。除了被赤道复合对流云带覆盖的少数地区以外，在全球绝大部分地区，微波遥感气象要素分布都是可行的。同时，微波遥感是探测云和降水结构的有效手段，而红外遥感还无能为力。

当然，被动式大气微波遥感也存在一些困难。微波辐射计的精度与灵敏度虽然已经达到 0.1K 甚至更高的水平，由于大气微波辐射信号十分微弱，要足够精确地接收并分析这些信号，或者要求很大的接收天线，或者需要较长的观测积分时间（一般高达几秒以上）。这些因素使被动式大气微波遥感水平的空间分辨率大约是红外的10倍左右。

地表微波辐射紧密地依赖于其物理和化学结构，其比辐射率的变化远远超过红外比辐射率。千变万化的地表微波辐射背景给空间大气微波遥感带来了困难，在从大气微波辐射信号提取气象要素时，必须系统而精确地知道地表微波辐射特征与规律。另一方面，地表微波辐射信号灵敏地反映海洋和大陆的物理与化学结构，甚至一定深度内部的结构，使微波遥感在海洋卫星、地球资源卫星上获得更为重要而广泛的应用。

从上述几个方面的相互联系来看，被动式大气微波遥感研究主要解决三个问题。

第一，基础理论问题。主要研究大气分子、云和降水粒子、海洋与冰雪等陆地固体介质的微波辐射机制与传输规律。目前比较成熟的是大气的微波辐射，海洋与陆地微波辐射与传输理论研究还正在发展，这是一个很有意义而大有作为的新领域。

第二，大气微波探测原理与方法问题。主要是解决从大气微波辐射信号中提取气象要素信息的理论与方法。

第三，微波技术的研究。如何提高微波辐射计灵敏度、研制多通道微波分光计、提高微波探测水平尺度空间分辨率等都是当前微波遥感技术要继续解决的课题。现在，美国正在研制十几个通道的多波长微波辐射计，它将可以探测从地面直到80km中层大气温度的垂直分布。在西欧空间局20世纪80年代空间科学技术发展计划中，利用微波遥感探测对流层、平流层及中层大气温度、水汽、臭氧、氧化氯等微量气体成分也是一个重点探测项目。从发展来看，被动式大气微波遥感不仅是红外遥感的一种补充手段，而且愈来愈成为一个相对独立而完整的大气遥感探测体系。

一、大气的微波辐射特征

大气对微波的吸收包括气体分子和云、雨的吸收，尘埃微粒的影响可以忽略不计。大气中主要的吸收气体是氧气和水汽，臭氧也有一定程度的吸收。其他一些微量气体以及污染气体成分（如HS，SO_2，NO，CO等）也都具有各自的吸收区，而且就其吸收线的强度来说，可以与氧气和水汽相比拟。但是，由于它们在大气中的含量十分稀少，因而对大气的微波吸收和发射过程不起什么作用。然而，利用这些气体所特有的微波吸收线，有可能定性地监视它们的存在，进而定量地测定它们的含量。

1. 大气氧分子的微波吸收

根据分子微波波谱学的理论，气体分子对微波的吸收和发射主要是分子转动能级之间量子跃迁的结果，其谱线结构要比红外振-转光谱简单得多。大气氧分子的微波波谱是研究得较多的一种气体分子。自然界中的氧有三种同位素，构成三种氧分子：$^{16}O_2$，$^{17}O^{18}O$ 以及 $^{18}O_2$。其中 $^{16}O_2$ 占 99.7%以上，我们这里所讨论的氧分子的微波吸收特征主要是对 $^{16}O_2$ 这种同位素而言的。

氧分子 $^{16}O_2$ 是双原子分子，因而属于线型分子。氧分子的转动常数 $B=43.1$GHz。Van Vlek 最早研究了氧分子的微波波谱，指出：由于 O_2 在结构上的对称性，其基本电偶极矩等于零，转动能级量子数 N 只能取奇数值。但是 O_2 具有两个不配对的电子，形成两个玻尔磁子，使得 O_2 具有微弱的磁偶极矩。

在通常的大气条件下，位于 $N>33$ 的能级上的分子数已经很少，相应的吸收线也很弱。这样，氧分子的微波吸收谱便具有明显的频率分区。若取最大的 $N=45$，则总共有 23 对共振吸收线，其中有一条位于 118.75GHz，其余的 44 条谱线集中在 50～70GHz 附近，形成一个以 60GHz 为中心的共振复合带。虽然服从 $\Delta N=\pm 2$ 选择定则的转动能级跃迁也是允许的，但它们所对应的频率已超出目前微波技术所能观测到的下限，而位于亚毫米和远红外波段。上述这些结果为后来的理论和实验所证实。由此可见 5mm 吸收带的波长大，技术上易于实现，因而它在微波传输和大气遥感应用上占有重要的位置。

另外，氧分子微波波谱在 2.53mm（中心频率 $v_0=118.750\,5$GHz）处有一条单谱线结构的吸收线。它与 5mm 吸收带以及 1.64mm 水汽吸收线都相隔一个明显的波段。

2. 水汽的微波吸收

水汽是三原子极性分子，其电偶极矩不等于零。水汽分子虽然在几何结构上有对称性，但其三个惯性主轴彼此不等，属于非对称分子。在外来电磁场的作用下，水汽分子转动能级的跃迁，产生对电磁波能量的吸收。根据水汽分子转动能级的分布和跃迁的选择定则，可以确定水汽分子转动能级跃迁所对应的共振吸收线，大部分处于远红外和亚毫米波段，只有两条（$\lambda_1=1.348$cm 和 $\lambda_2=0.164$cm）位于微波波段。这两条吸收线构成了水汽分子在微波区的主要吸收特征，它们都具有单谱线结构。

水汽分子对微波的吸收，与微波频率有关。通常按照吸收线与微波频率的相对位置，将水汽的吸收简单地分成共振吸收和剩余吸收两部分，前者是靠近微波频率的水汽吸收线的吸收，后者是远离微波频率的水汽吸收线（包括远红外和亚毫米波段的吸收线）的吸收，这后一部分又叫做远翼吸收，或连续吸收。

3. 臭氧和其他大气分子及污染气体成分的微波吸收特征

在微波区有吸收的其他大气分子有 O_3、CO、NO、NO_2、SO_2、HS、NH_3、

OH 等，它们有的来自平流层光化学反应，有的来自工业排放的污染气体。虽然它们在大气中的含量十分稀少，因而对于微波辐射的传输以及大气的微波发射不起显著的影响，但是这些气体的微波吸收线具有足够的强度，为定性、定量测定它们在大气中的含量提供了潜在的可能。

1）臭氧（O_3）

臭氧主要存在于 20km 以上的平流层，它主要是氧分子在太阳短波辐射作用下光离解的产物。臭氧的存在及含量对于地球能量平衡、气候变化以及生态平衡等有重要的影响。

臭氧是不对称分子，其转动常数为 $A=106\,530$MHz，$B=0.133\,491$MHz，$C=11\,834.3$MHz，实验上测得其电偶极矩 $p=0.53\times10^{-18}$ e. s. u（绝对静电单位）。Caton 在大气中测量了 O_3 在 8mm 附近的 37.836GHz 吸收线以及 101.7GHz 吸收线。Shimabukuro 等直径 11m 天线的射电望远镜，从太阳连续谱的背景上发现了大气 O_3 的 110.836GHz 吸收线，并根据总衰减推算出 O_3 随高度的分布。最近，Randegger 提出，在地面上测量 101.736 83GHz 吸收线附近 20 个通道上的大气微波发射，经过迭代反演，可以得到 O_3 分布的垂直廓线。Randegger 的数值试验结果表明，要得到合理的结果，观测误差必须控制在 0.01K 以内，这对目前的技术条件来说，还是一个比较苛刻的要求。

2）二氧化硫（SO_2）

SO_2 为不对称分子，振动基态的转动常数为 $J=60\,778.79$MHz，$B=10\,317.1$MHz，$C=8\,799.96$MHz。自然界的同位素中 $^{32}S^{16}O_2$ 占 94.5%，$^{34}S^{16}O_2$ 占 4.2%，SO_2 具有较大的电偶极矩，其数值为 1.634×10^{-18} e. s. u。因而它在微波区有较大的吸收。Koble 等计算了 $J\leqslant50$GHz，$f<200$GHz 上 SO_2 一系列吸收线，并对其中的 20～40GHz 以及 70GHz 附近的吸收线进行了实测。

3）二氧化氮（NO_2）

NO_2 是不对称分子，其转动常数分别为 $J=239.869$GHz，$B=13.0$GHz，$C=12.303$GHz，电偶极矩为 0.316×10^{-18} e. s. u 。NO_2 有一个稳定的自由基，它在大气化学反应，特别是破坏平流层臭氧方面起着重要作用。

NO_2 的微波波谱比较复杂，电于自旋磁矩与分子转动磁矩之间发生耦合，使每个转动能级分裂成两个子能级。同时，由于与核自旋磁矩的相互作用，使这些子能级进一步分裂，从而在每条转动跃迁线附近产生许多精细结构。Meier 实验上研究了二氧化氮 $26_{1,25}\rightarrow25_{2,24}$ 转动线的超精细结构，发现在 93.445GHz 附近包含 6 条吸收线，吸收系数的最大值为 $1.8\times10^{-5}\,\mathrm{cm}^{-1}$。Tanaka 发现，由于转动能级与电子自旋的耦合，二氧化氮的 $6_{1,6}\rightarrow7_{0,7}$，吸收线实际上有三条，其中心频率为 25.2GHz、31.5GHz、42.4GHz。同时由于电子自旋与核自旋的耦合，使能级进一步分裂，上述三条谱线都有一定的超精细结构。

4）氨（NH_3）

氨是对称分子，其电偶极矩等于 1.468×10^{-18} e. s. u。虽然氨分子的最低转动能级跃迁吸收线位于 572GHz 附近，但是由于氮原子核的反向振荡，产生中心位于 23GHz 附近的吸收带，带内吸收线的位置与离心力变形以及转动态的量子数有关。

5）硫化氢（H_2S）

H_2S 是较轻的分子，其转动常数为 $A=316\ 304$MHz，$B=276\ 512$MHz，$C=147\ 536$MHz，电偶极矩等于 0.974×10^{-18} e. s. u。在 200GHz 以下只观测到 7 条吸收线，其中只有 168.782 8GHz 吸收线具有足够的强度，其峰值吸收系数大约为 $1.0\times10^{-2}\text{cm}^{-1}$。其余的几条吸收线的强度比它小 5～6 个量级。

6）一氧化碳（CO）

CO 是线性分子，其转动常数 $B=57\ 635.97$MHz，电偶极矩为 0.112×10^{-18} e. s. u。在 300GHz 以下只有两条吸收线，分别来自 $J=0\rightarrow1$ 以及 $J=1\rightarrow2$ 的跃迁，其中心频率分别为 115.271 2GHz 和 230.538GHz，相应的峰值吸收系数为 $3.1\times10^{-4}\text{cm}^{-1}$ 和 $2.4\times10^{-3}\text{cm}^{-1}$。

另外，还有一氧化氮（NO）、羟基（OH）等污染气体的微波吸收特征，此处不再详述。

4. 云雾的微波辐射特征

在实际大气中，云雾降水是经常遇到的自然现象，并且变化多端。它们对大气的微波吸收和发射过程起着积极的作用。研究云雾降水的微波辐射特征是大气微波辐射中的一个重要课题。在微波遥感中，我们还必须在考察云和降水本身的微波辐射的同时，利用它们的辐射特征，探测云和降水的物理结构。

1）Mie 散射理论

云是由液态水滴与冰晶粒子群所组成，它们的直径在 1～100μm 左右，当超过 100μm 时就开始形成降水。云的微波吸收与辐射也就是一群水滴或冰晶的吸收与辐射的总和。为简单起见，首先把这样一个辐射过程归结为均匀介质的球形粒子与电磁波的相互作用。

根据电动力学的基础，假设波长为 λ 的平面波照射到半径为 r，折射指数为 M 的均匀介质所组成的球形粒子，在相应的边界条件下，求解 Maxwell 方程组，即可得到一组完整、严格的解，这个解叫做 Mie 解。从 Mie 散射理论可知，该粒子将把入射的电磁波能量分成两部分。一部分被粒子吸收转化成内能，另一部分将向四面八方辐射出去，使得能量在空间得到重新分配，称之为散射。原来入射方向传播的电磁能受到的损失就是由吸收与散射这两部分组成，构成入射波的总衰减。用被粒子吸收或散射的能功率与入射到单位面积上电磁波能功率之比来量度粒

子吸收或散射的能力，相应定义为吸收截面 Q_a 或散射截面 Q_s，由 Mie 解得到

$$\left.\begin{aligned} Q_t &= Q_a + Q_s = \frac{\lambda^2}{2\pi}\sum_{n=1}^{\infty}(2n+1)\mathrm{Re}(a_n+b_n) \\ Q_s &= \frac{\lambda^2}{2\pi}\sum_{n=1}^{\infty}(2n+1)(|a_n|^2+|b_n|^2) \end{aligned}\right\} \tag{7.20}$$

吸收和散射的和构成衰减截面 Q_t。式中：a_n，b_n 为 Mie 系数，它是粒子尺度参数 $2\pi r/\lambda$ 和折射指数 M 的函数。对于一些典型的情况，已有各种相应函数表出版，可供计算。

2）云的微波吸收

在一般情况下，粒子的吸收截面和散射截面与粒子大小、入射波长和折射指数等要素之间的解析关系是相当复杂的，只有当粒子的大小与入射波长相比很小时，即 $2r/\lambda \ll 1$，它们之间有较简单的关系，这就是 Rayleigh 近似。为了直观地考察云滴在微波段 Rayleigh 近似的适用范围，在 0.1～3cm 各波长，分别对直径为 10μm、20μm、30μm 和 100μm 的水滴，计算了各自的 Rayleigh 近似的吸收截面与相应 Mie 的衰减截面的比值 Q_{aRay}/Q_{tMie}。结果表明，对于直径在 30μm 左右的云滴，在整个微波段完全可以用 Rayleigh 近似。即使对于 100μm 的大滴，在微波段也不会导致太大的误差。当波长小于 1.6mm 时，用 Rayleigh 近似所引起的偏差在 80%～90%之间。因此在研究云雾微波辐射时，完全可以用 Rayleigh 近似。

在 Rayleigh 近似条件下，吸收截面和散射截面分别为

$$\left.\begin{aligned} Q_a &= \frac{8\pi^2 r^3}{\lambda}\mathrm{Im}\left(-\frac{m^2-1}{m^2+1}\right) \\ Q_s &= \frac{128\pi^5 r^6}{3\lambda^4}\left|\frac{m^2-1}{m^2+2}\right|^2 \end{aligned}\right\} \tag{7.21}$$

两式相除，得

$$\frac{Q_a}{Q_s} = \frac{3}{2}\left(\frac{\lambda}{2\pi r}\right)^3 \frac{\mathrm{Im}(-K)}{|K|^2} \tag{7.22}$$

式中：$K=\dfrac{m^2-1}{m^2+2}$。

通常比值 Im（$-K$）/$|K|^2 < 10^{-1}$ 量级。在微波段，对于最大的云滴（100μm 的直径），吸收比散射要大一个量级以上，一般情况下，可达 3 个量级左右，于是，在微波段计算云的衰减系数时，可以用吸收系数代替。也就是说，二者近似相等。

在自然云中，单位体积的云滴集合呈现一定的大小分布，称之为云滴谱。若单位体形中半径在 r 和 $r+\mathrm{d}r$ 之间的云滴个数为 n（r），则云滴谱的吸收系数：

$$a_c = \int_0^{\infty} n(r) Q_a \mathrm{d}r \tag{7.23}$$

将式（7.41）代入得

$$a_c = \frac{0.6\pi}{\lambda\rho}\mathrm{Im}(-K) \cdot M \tag{7.24}$$

式中：ρ 为水的密度；M 为云中含水量，若 ρ 以 $\mathrm{g/cm^3}$ 为单位，M 以 $\mathrm{g/m^3}$ 为单位，λ 以 cm 为单位，则上式吸收系数 a_c 为 km^{-1}。

这个结果告诉我们，云的吸收系数只与它们的含水量有关，而与其云滴的大小分布无关。这不仅使对云层的微波辐射研究大为简化，而更重要的是奠定了由云的微波辐射强度，探测云中含水量的物理基础。

比较水云和冰云的计算结果，可以发现，冰云的吸收系数比水云要小几百倍。因此，冰云的微波辐射很弱。一般很少用微波来探测非降水性的纯冰晶云(例如，卷云等)。

5. 降水的微波辐射特征

自然降水粒子主要由雨滴、冰粒、雪花和干湿冰雹所组成。由于它们的直径都大于 100μm，有的雨滴可超过 6mm，冰雹更大达几厘米。此时，Rayleigh 散射规律就不再适用，一般情况下，散射作用也显著起来，其辐射特性也与滴谱密切相关。因此，降水的微波吸收与辐射问题比非降水云要复杂得多。在球形水滴的假定下，关于降水的微波吸收和散射已有不少研究结果。近年来，我们为开展云雨的微波遥感和大气微波传播的研究，对降水的一些基本辐射特征进行了较为细致的探讨，并改进了国外某些计算方法。

1）球形雨滴的微波辐射

首先，我们列举单滴也就是匀谱的计算结果。它提供了一些极端的情况，从中可以清楚地看到降水的微波吸收、散射与波长、温度的关系。

对于 2mm 以下的雨滴，其衰减随滴径的增加速率很快，波长越短，增长率越甚。大于 2mm 以后，短波很快呈现饱和，对大滴的反应就不敏感了，即趋向于粒子几何截面的 2 倍。在较小滴径的一端，基本上接近于 Rayleigh 近似，其近似范围与波长很密切。波长越长，Rayleigh 适用的滴径越大。如 10cm 波长，2mm 以下的滴是适用的。

可以说，大多数情况下，对于雨滴，Rayleigh 近似是不适用的，只有在小雨时，也就是说，一般滴径小于 1mm，大于 5.6cm 的波长才可用 Rayleigh 近似。至于散射的影响，当波长大于 2cm 时，水滴的散射作用明显小于吸收，这时可以忽略散射的影响；当波长为 5.6cm 时，散射只占衰减总量的 0.05；当波长小于 1.55cm 时，水滴的散射效应就应该考虑了。一般情况下，只要不是大雨和暴雨，降水粒子直径不超过 2.5mm 左右，则当波长不小于 1.55cm 时，雨滴的散射衰减也可忽略，约为吸收的十分之一。我们所以考虑这一问题，是因为在研究降水微波遥感中，如果包含有散射衰减项，则问题就很复杂。所以希望散射效应比吸收小，可以忽略，以便直接求得降水微波辐射亮度温度与降水强度的关系。为满足这一条件，我们选择降水微波遥测通道时，首先就要求波长大于 2cm，而当大部分雨滴直径不超过 2.5mm 时，此极限波长可延伸到 1.55cm 或 1.35cm。

2）雨滴谱的微波辐射

自然降雨是由一些大小不等的雨滴所组成。在大量研究了实际雨滴谱以后，Marshall-Palmer 谱已被大家公认为连续性降水的典型代表，它能很好反映中小强度降水的平均谱。该谱的表达式为

$$N = N_0 e^{-Ad} (\mathrm{m}^{-4}) \tag{7.25}$$

式中：N 为单位直径间隔、单位体积内直径为 d（mm）的水滴数；$N_0=8\times10^{-6}\mathrm{m}^{-4}$，系数 A 与降水强度 R（mm/h）的关系为

$$A = 4.1R^{-0.21} (\mathrm{mm}) \tag{7.26}$$

由该模式谱所求得的降雨衰减系数 α_{pt}（km^{-1}）与相应雨强建立起一个两参数的经验公式：

$$\alpha_{pt} = aR^b (\mathrm{km}^{-1}) \tag{7.27}$$

式中：a，b 与波长 λ，水滴温度 t（℃）有关。利用回归统计可得下列关系：

$$\left.\begin{aligned} a &= f_0(\lambda) + f_1(\lambda)t + f_2(\lambda)t^2 \\ b &= g_0(\lambda) + g_1(\lambda)t + g_2(\lambda)t^2 \end{aligned}\right\} \tag{7.28}$$

式中：f_i，g_i（$i=0$，1，2）是一些依赖于波长 λ 的经验回归系数。

结果表明，波长小于 1.35cm 或大于 5.6cm 时，b 值几乎与温度无关，而 a 值与温度无关的范围仅限于短波（即小于 1.55cm），波长越长，温度影响越显著。当波长在 8mm 附近 $b\approx1.0$，则衰减系数正比于降水强度。因此，对于中小雨，采用 1.35cm 和 0.8cm 波长的微波辐射探测降水是比较有利的，而 5.6cm 可用于探测大雨或暴雨。

大量实验证明，以选波长为 1.55cm 通道探测降水强度为最佳。在大多数情况下，该波长能满足三个条件：降水的散射作用，云的微波吸收均可忽略，降水的吸收系数和降水强度 R 有线性正比关系，而且基本上不依赖于温度。因此采用 1.55cm 波长，不仅问题大为简化，而且能提高深测精度。但是在大雨暴雨时，大量水滴直径可以大于 2.4mm，雨滴的散射作用不能不考虑，此时选波长 3cm 较好。

二、大气微波遥感探测

晴空大气在氧气和水汽等气体分子的微波吸收带上有强烈的选择吸收和发

射。与大气热红外遥感类似，利用大气的微波辐射也可以间接测量大气的特性。在50km以下的大气层内，氧气的混合比不随高度而改变，这就为利用氧气5mm微波辐射遥感大气温度结构提供了可能。同样，在已知温度分布的前提下，测量适当大气成分的微波辐射，有可能推算出该物质的含量。这是利用大气热辐射（红外的或微波的）遥感大气的一个问题的两个方面，目前遥感温度的问题取得了较大的进展，而遥感大气成分的问题尚有一系列的问题有待解决。

1. 大气微波遥感方程

大气分子光谱理论和实际观测都充分表明，不同物理状态的大气发射出不同特征的微波辐射信号。利用它们来探测大气，是被动式大气微波遥感的基本内容。大气微波遥感和红外遥感在探测原理上有不少共同之处，也有其显著的特色。

在晴空大气中，由于微波辐射的波长较长，大气分子和气溶胶粒子的散射作用可以忽略不计，只需要考虑大气对微波辐射的发射和吸收过程。因此，微波辐射在大气中的传输过程完全满足下列方程：

$$\frac{\mathrm{d}I_\lambda(l)}{\mathrm{d}l}=-\alpha_\lambda I_\lambda(l)+\alpha_\lambda B_\lambda(l) \tag{7.29}$$

式中：$I_\lambda(l)$是在大气中沿方向I传输的波长为λ的微波辐射强度；α_λ为大气吸收介质密度的函数；$B_\lambda(l)$为黑体辐射强度。

如果引入辐射亮度温度$T_{\mathrm{B}\lambda}$为

$$I_\lambda=\frac{2K}{\lambda^2}T_{\mathrm{B}\lambda} \tag{7.30}$$

式中：K为玻尔兹曼常量。

方程（7.29）即可改写为

$$\frac{\mathrm{d}T_{\mathrm{B}\lambda}(l)}{\mathrm{d}l}=-\alpha_\lambda T_{\mathrm{B}\lambda}(l)+\alpha_\lambda T \tag{7.31}$$

地表微波辐射特征与规律的研究具有极为重要的意义。它一方面是大气微波遥感所必需的背景。另一方面，它又为探测地表结构与低空大气水汽分布提供了宝贵的信息。

2. 大气温度分布的微波遥感

1）大气温度分布的空间微波遥感

1961年Meeks首先提出利用大气氧分子5mm微波辐射测量大气的温度结构。20世纪60年代末和70年代初，国外在这方面进行了一系列的地面、飞机和气球观测试验。实验表明：采用微波通道和红外15μm吸收带通道相结合的方法探测大气温度分布，探测精度比单独用红外方法要高。试验的结果表明测温精度大约提高 30%左右。由此可见，除发展红外测温技术外，大力发展微波测温技术对于提高测温精度、减少云层对测温的影响、提高卫星测温的全天候能力，是完全必要的。此外，利用 2.53mm 氧气吸收线来探测高层大气温度分布的工作，国外也有不少尝试。

空间微波辐射计所接收到的地-气系统的微波辐射由三部分组成。为了讨论微波遥感温度分布的可能性，我们这里暂且只考虑大气向上发射的微波辐射这一项，此时，遥感方程简化为

$$T_{B\lambda}=\int_0^{\infty} T\alpha_\lambda \mathrm{e}^{-\int_z^{\infty}\alpha_\lambda \mathrm{d}z'}\mathrm{d}z \tag{7.32}$$

式中：$T\alpha_\lambda \mathrm{e}^{-\int_z^{\infty}\alpha_\lambda \mathrm{d}z'}\mathrm{d}z$ 叫做遥感方程的核函数，记为 $K_\lambda(z)$。由于 O_2 的吸收系数随温度的变化范围不大，可以近似认为遥感方程中的核函数只与某一标准状态下的温度分布有关，而与具体的要探测的温度分布 $T(z)$无关。一级近似下，遥感方程（7.32）可以看成是线性的。

根据氧气 5mm 吸收带的特点以及关于线性遥感方程所具有的局地空间分辨率的分析，选取八个微波通道，进行空对地微波测温的数值试验。这八个通道的频率为 52.7GHz、53.65GHz、54.25GHz、54.9GHz、55.45GHz、56.0GHz、58.8GHz、59.4GHz。由于这些频率都位于吸收线谷区，吸收系数随频率的变化比较平缓，频带宽度对核函数的影响不大。事实上，计算表明频宽度可取 120MHz。这八个通道的核函数覆盖 0～20km 的空间范围，用这一组通道可以探测 0～20km 左右的大气温度分布。若再经过最优化处理，核函数的半宽度进一步减小，这将使得反演解的空间分辨率和稳定性更好。

2）大气温度分布的地面微波遥感

关于利用氧分子 5mm 的微波辐射从地面向上遥感对流层温度垂直分布的问题，国外从 20 世纪 60 年代后期就开始了许多理论和实验的研究。起初的目的，是为预报大气污染物质扩散条件提供一种快速、经济的测温手段，研究的重点侧重于低层大气结构，特别是逆温层的探测上。例如，美国 Sperry Band 研究中心（SRRC）设计了一种频率为 54.5GHz 的单频扫角工作的辐射计，通过实际观测发现，在晴朗的天气条件下能测出近地面层逆温以及不稳定层结的温度廓线，其反演精度在 0～5km 范围内大约为 1K。后来 Miner 等人利用三通道（51.53GHz，52.92GHz 和 54.03GHz）和五通道（51.382GHz、51.986GHz、52.963GHz、54.061GHz、59.629GHz）微波波谱仪在地面探测从地面到 10km 的大气温度分布。Snider 对单频扫角、扫频以及扫频扫角相结合三种工作方式的系统的测温效果进行了比较。结果表明，以扫频扫角相结合的方式反演效果最好，其均方根误差只有 0.5～0.6K，同时对近地面层逆温也能很好地反映出来；而以单角扫频法

反演效果最差。

与空对地微波测温的情形不同，地面微波测温一般多使用吸收不太强的频率；同时，对向下辐射亮度温度贡献最大的低层大气恰恰就是水汽含量最多的地方，可想而知，水汽对地面微波测温的影响要比空对地的情形重要得多。由于水汽的分布随季节和天气形势的不同而有很大的变化，因此逐日的影响也不相同。为了更好地修正水汽的影响，在地面微波测温系统中，配备适当的对水汽敏感的通道是十分必要的。

温度场水平不均一性对测温也有一定的影响。数值试验的结果表明，温度水平不均一性对亮度温度测量值的影响主要表现在低仰角上，在上述假定下，最大影响可达 2K。由于温度场水平不均一性所引起的亮度温度测量值与理论计算值的差异，可以看作是物理模式误差，它说明用平面分层、水平均-大气的遥感方程来代表实际的辐射传输过程只是一种近似。物理模式误差虽然不是来自测量本身，但同样会引起反演解的误差。

温度随时间变化的影响表现在当辐射计天线的仰角固定时，所测得的亮度温度也随时间变化。Westwater 等人发现，固定仰角的亮度温度与固定高度上的温度在时间变化上有一定的相关，在他们的例子中，有一部分亮度温度实测值与计算值之间的差异，可归因于温度随时间的变化，在微波测温资料的解释时，有时需要考虑这些因素。

此外，地球曲率对测温也有一定的影响。

3. 水汽分布与总量的微波遥感

关于利用大气在水汽微波吸收段上的吸收和发射特性遥感大气水汽分布的问题，国外在 20 世纪 60 年代就已经开始研究。遥感的方法大致可分为两种：

一种是纯粹利用水汽的微波吸收，以太阳为波源，测量太阳 1.343cm 波段上的微波辐射经过整层大气的衰减，由此推算水汽的垂直分布。此时，整层大气的衰减厚度 τ_λ 是水汽分布的积分，即

$$\tau_\lambda = \int_0^\infty \alpha_\lambda(z)\sec\theta \mathrm{d}z = \int_0^\infty k_\lambda(z)\rho(z)\sec\theta \mathrm{d}z \tag{7.33}$$

式中：τ_λ 为水汽的微波吸收系数；θ 为太阳的天顶角。式（7.33）表明，整层大气的微波衰减厚度 τ_λ 是水汽分布的线性泛函，泛函方程小的核函数 k_λ（z）$=\alpha_\lambda$（z）/ρ（z），也就是单位水汽密度下的吸收系数，在一级近似下它与水汽分布无关，且对温度和气压的依赖关系较弱。原则上测量了水汽吸收带不同频率或不同天顶角上的微波衰减，然后求解线性积分方程组（7.33），便可得到水汽密度随高度的分布。

另一种遥感方法是利用大气自身在水汽微波段上的吸收和发射。20 世纪 70

年代以后，美国开始在气象卫星上做试验，“雨云”卫星上的五通道微波波谱仪设有一个水汽通道，它与另一个微波窗区通道相配合，测得了海洋上空整层大气的水汽含量，后来又用类似的装置从地面测量对流层水汽分布，这些试验给出水汽微波辐射的有用信息，证明微波遥感水汽分布的可能性。随后的 EOS-MODIS 传感器上专门设有测量水汽的通道，现在已有大量研究成果。

微波遥感水汽总量的工作已经取得很大的进展。这可以用 1.348cm 吸收带上单通道，或配合 8mm 微波窗区通道，或用多通道组合的方法来实现。对于吸收不太强的频率，或水汽含量不大的情形，整层大气的水汽总量与微波辐射亮度温度之间呈线性关系，这个结论已为一些实验观测结果所证实。不过，遥感水汽总量最好选取吸收不太强的通道，例如 20.5GHz，它的微波辐射亮度温度与水汽总量之间的线性关系，应当更加稳定。遥感陆地上空的水汽总量也可以用这个通道，问题是要确切知道不同陆地表面的微波比辐射率。当然，也可以通过大量的实验观测，取得陆地上空微波辐射亮度温度与水汽总量的经验关系。显然，其中的经验系数随不同的地表而有所不同。

4. 云和降水的微波遥感

除了大气中几种主要气体的微波强吸收带以外，云和降水对微波的吸收与辐射要比晴空大气强得多。另外，云和降水的微波辐射又与云和降水各自的特征参数有明确的定量关系。例如，吸收系数与云中含水量或雨强之间所建立的方程。这些关系就是我们微波遥感探测大气云和降水的物理基础。

气象卫星上微波辐射计的资料表明，遥感海洋上的云中含水量和雨强是成功的。在地面遥感测站上空及其周围百公里方圆内云中液态水总量和路径积分雨强的探测，这几年来也有所开展，对研究云雾降水的空间结构及其演变有很大的作用。

1）云中含水量的空间微波遥感

考虑到自然地表对微波的反射作用，从空间接收到非降水云层的微波辐射亮度温度 $T_{B\lambda}$ 为

$$T_{B\lambda}=\alpha_{s\lambda}T_s e^{-\int_0^\infty \alpha_\lambda(z)dz}+\int_0^\infty T(z)\alpha_\lambda(z)e^{-\int_0^\infty \alpha_\lambda(z')dz'}dz+(1-\alpha_{s\lambda})e^{-\int_0^\infty \alpha_\lambda(z)dz}\int_0^\infty T(z)\alpha_\lambda(z)e^{-\int_0^\infty \alpha_\lambda(z')dz'}dz \tag{7.34}$$

对于有云大气，式中：$\alpha_\lambda(z)$ 为有云大气的吸收系数，它包括三项即 $\alpha_\lambda(z)=\alpha_{H_2O}+\alpha_{O_2}+\alpha_c$，$\alpha_{H_2O}$，$\alpha_{O_2}$，$\alpha_c$ 分别为水汽、氧气和云的吸收系数。$\alpha_{s\lambda}$ 为自然地表的微波比辐射率，T_s 为地表温度，$T(z)$ 为气温分布。

云的吸收系数 α_c 与云中含水量 M（g/m^3）有如下关系：

$$\alpha_c=\frac{6\pi}{\rho\lambda}\mathrm{Im}(-K)M \quad (\mathrm{km}^{-1}) \tag{7.35}$$

将式（7.35）代入式（7.34），在一定的大气参数高度分布下，就可以得到微波亮度温度与云中含水量的关系。

2）云层的地面微波遥感

在不计及散射作用的情况下，从指向云层的天线方向所接收到的微波亮度温度 T_{Bg} 为：

$$T_{\mathrm{Bg}} = \int_0^{\infty} T(r)\alpha(r)\mathrm{e}^{-\int_0^r \alpha(r')\mathrm{d}r'}\mathrm{d}r \tag{7.36}$$

在与前述相同的大气模式下，在天顶方向对式（7.36）进行数值积分，发现地面探测云中含水量，同样用 0.86cm 波段为好。对总含水量的反映是比较灵敏的，每 $100\mathrm{g/m^3}$ 的亮度温度变化约为 5～6K。

为适宜于地面遥测云中含水量的空间结构，不妨将方程沿着射束路径积分，对式（7.36）进行如下演化：

$$\begin{aligned} T_{\mathrm{Bg}} = &\int_0^{r_1} T(r)\alpha_{\mathrm{a}}(r)\mathrm{e}^{-\int_0^r \alpha_{\mathrm{a}}(r')\mathrm{d}r'}\mathrm{d}r + \int_{r_1}^{r_2} T(r)[\alpha_{\mathrm{a}}(r)+\alpha_{\mathrm{c}}(r)]\mathrm{e}^{-\int_0^r \alpha_{\mathrm{a}}(r')+\alpha_{\mathrm{c}}(r')\mathrm{d}r'}\mathrm{d}r + \\ &\int_{r_2}^{\infty} T(r)\alpha_{\mathrm{a}}(r)\exp\left[-\int_0^r [\alpha_{\mathrm{a}}(r')+\alpha_{\mathrm{c}}(r')]\mathrm{d}r'\right]\mathrm{d}r \end{aligned} \tag{7.37}$$

式中：右方第一项为地面到云层之间（$0\sim r_1$）的大气发射贡献；第二项为云层本身（$r_1\sim r_2$）的微波发射；第三项为云层以外（$r_2\sim\infty$）大气的发射贡献；$T(r)$为路径上的气温分布；$\alpha_{\mathrm{a}}(r)$ 为大气吸收系数；$\alpha_{\mathrm{c}}(r)$ 为云的吸收系数。

如果云滴的大小与波长比值很小，其吸收服从 Rayleigh 近似，则

$$\alpha_{\mathrm{c}} = a(T,\lambda)M(r) \tag{7.38}$$

在特定波长下，比例系数 a 只是温度的函数，代入式（7.37）得

$$\alpha(T_2)\int_{r_1}^{r_2} M(r)\mathrm{d}r = -\ln\left\{1-\frac{T_{\mathrm{Bg}}-T_{\mathrm{Bs}}}{T_1+(T_2-T_1)\mathrm{e}^{-\tau_\lambda}-T_{\mathrm{Bs}}}\right\} \tag{7.39}$$

令 $\int_{r_1}^{r_2} M(r)\,\mathrm{d}r$ 为云层的总含水量，于是

$$G = -\ln\left\{1-\frac{T_{\mathrm{Bg}}-T_{\mathrm{Bs}}}{T_1+(T_2-T_1)\mathrm{e}^{-\tau_\lambda}-T_{\mathrm{Bs}}}\right\}\Big/a(T_2) \tag{7.40}$$

根据探空资料以及辐射计的实地测量可以确定 T_1、T_2、τ_λ 以及 T_{Bs} 值。这样根据云天不同的 T_{Bg} 值，就可以算得云层总含水量。

3）降水的空间微波遥感

雨天条件下，卫星上接收到降水云层的微波辐射亮度温度 T_{B} 所遵循的辐射传输方程在形式上与式（7.34）是一样的。不同的是 α_z 为雨云大气的吸收系数，它包括四项，即

$$\alpha(z) = \alpha_{\mathrm{H_2O}} + \alpha_{\mathrm{O_2}} + \alpha_{\mathrm{c}} + \alpha_{\mathrm{p}} \tag{7.41}$$

式中：α_{p} 为雨的吸收系数。它与雨强的关系可用一回归方程表示：

$$\alpha_{\mathrm{p}} = aR^{b} \tag{7.42}$$

对空间遥感探测来说，降水云层微波辐射亮度温度对降水强度变化的敏感性与地表微波比辐射率有很大关系。当大陆地表比辐射率大时，背景微波辐射强，就减低降水云层微波辐射亮度温度对降水强度变化的敏感性。波长越短，背景越强，越不利于对降水的探测。而在海洋上，其敏感性可提高 2～3 倍，大致在 2～9K/(mm · h) 的范围内。

因此，对微波探测降水来说，也是在海洋上比在大陆上空有利。在大陆上微波辐射亮度温度反应降水强度就很粗，要提高探测精度，关键是要提高地表比辐射率确定的精度。

此外，选取什么波长的微波通道要由探测目的来定。如果主要是探测大暴雨，则选 3.2cm 通道为好，否则选 1.55cm 为好，而 0.8cm 通道既可以探测非降水云的含水量，又可以灵敏地反应强度不超过 10mm/h 降水的变化。故一般或用 0.86cm 和 3.2cm 两通道相结合，或用 0.86cm 与 1.55cm 两通道相结合，以综合探测云中含水量与降水强度。

目前处理卫星资料推算雨强的方法大致也是建立一个雨强和亮温的公式，其确定系数的方法有两种。一种是理论计算，根据大气模式进行辐射传输方程的数值积分，求得 T_{B} 与 R 的回归系数。另一种是所谓经验方法，求辐射计测得的 T_{B} 与同时雷达测到的 R 之间的相关，列出其经验关系。

4）降水的地面微波遥感

如果气象卫星上能实现遥感全球降水分布，显然对暴雨预报、防涝抗洪起很大的作用。但当前对大陆地表的降水遥感还存在着困难。

在与上述相同模式条件下，周秀骥等（1991）计算了地对空微波辐射亮度温度与雨强的关系。结果表明对于地面测雨，同样有个波长选择的问题。对于雨强大于 20mm/h 的暴雨，则选用 3.2cm 为好。如果低仰角探测，由于射束穿透的雨区宽，3.2cm 波长也会有饱和现象。据计算，当积分雨强大于 1200mm/（h · km），3.2cm 辐射计就不能分辨雨强大小。为了水平探测大范围的中大雨，通道应该选择更长的波长，如 5.6cm 为好。

中国科学院大气物理所 105 组提出了利用 3.0cm 微波辐射计遥测地面区域性降水的原理方案，并得到初步应用验证。其方程的建立类似于云中含水量的地面微波遥感探测。在任意的射束方向上有一雨区如图 7.8 所示。考虑到在测雨厘米波段，雨滴的微波散射一般较吸收小一个量级以上，故可忽略散射作用，这时，传输方程的形式为

$$T_{\mathrm{B}} = \int_{0}^{r_1} T(r)\alpha_{\mathrm{a}}(r)\mathrm{e}^{-\int_0^r \alpha_{\mathrm{a}}(r')\mathrm{d}r'}\mathrm{d}r + \int_{r_1}^{r_2} T(r)[\alpha_{\mathrm{a}}(r)+\alpha_{\mathrm{p}}(r)]\mathrm{e}^{-\int_0^r[\alpha_{\mathrm{a}}(r')+\alpha_{\mathrm{p}}(r')]\mathrm{d}r'}\mathrm{d}r + \int_{r_2}^{\infty} T(r)\alpha_{\mathrm{a}}(r)\mathrm{e}^{-\int_0^r[\alpha_{\mathrm{a}}(r')+\alpha_{\mathrm{p}}(r')]\mathrm{d}r'}\mathrm{d}r \tag{7.43}$$

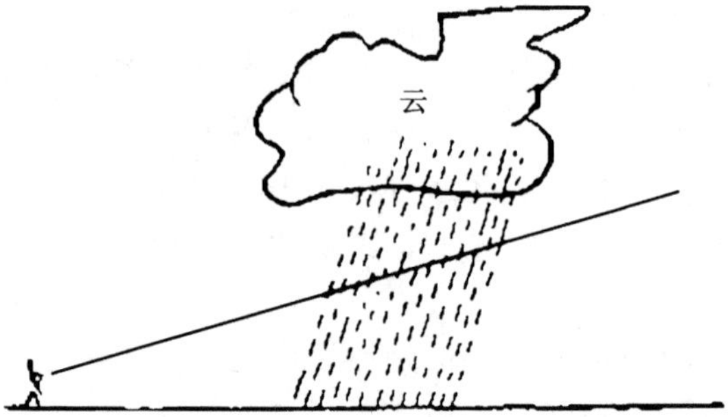

图 7.8　地面测雨示意图

式中：右方反映雨区前大气、雨区和雨区后大气三部分的辐射贡献；T（r）为路径上气温分布；α_a（r）为无雨大气的吸收系数（包括云的影响），α_p（r）为雨的吸收系数。由上一节同样的做法可得

$$\tau_p = \int_{r_1}^{r_2} \alpha_p(r)\mathrm{d}r = -\ln\left\{1 - \frac{T_{Bg} - T_{Bs}}{T_1 + (T_2 - T_1)e^{-\tau_\lambda} - T_{Bs}}\right\} \tag{7.44}$$

式中：T_{Bs}为无雨时的云天背景辐射亮度温度，从式（7.44）就可求得降水区的总衰减厚度。若根据预先研究建立的 α_p 与雨强 R 的定量关系：

$$\alpha_p = aR^b \tag{7.45}$$

式中：a，b 为经验常数，则可以求出平均雨强 R 及路径积分雨强 L_R，

$$\bar{R} = \left\{-\ln\left[1 - \frac{T_B - T_{Bs}}{T_1 + (T_2 - T_1)e^{-\tau_\lambda} - T_{Bs}}\right]\Big/L_a\right\}^{1/b}$$

$$L_R = \int_{r_1}^{r_2} R\mathrm{d}r = \bar{R}L = \left\{-\ln\left[1 - \frac{T_B - T_{Bs}}{T_1 + (T_2 - T_1)e^{-\tau_\lambda} - T_{Bs}}\right]\Big/a\right\}^{1/b} L(b-1)/b \tag{7.46}$$

式中：T_B 为下雨时实际测量值；T_{Bs}为扔掉雨的潮湿大气辐射值，它可在雨前测量获得或在本站向非降水方向测量获得，也可按实际探空温湿层结计算而得。在近地面探测时，不妨取 $T2=T1=T'$，则 T'为路径平均温度，可按降水时的气温分布适当取平均值。在 T_{Bs}、T'以及 a、b 已知情况下，根据 T_B 就可推算该方向上的 L_R 和 R 值。

第四节　大气激光探测

大气激光探测虽只有四十多年的发展史，但因在遥感探测晴空大气和大气成分等许多方面日益显示出其优越性，因而受到各国的普遍重视。大气激光探测也将由探索激光探测各种大气物理要素的可行性阶段，逐渐转向深入发展阶段。

用光学方法进行主动大气遥感探测，早在19世纪30年代就有过尝试，当时用探照灯研究了直至28km高度的大气混浊度和大气分子散射特性。以后，还发展成脉冲光探照灯进行大气探测以及脉冲弧光灯探测云底高度等。但是，利用这种非相干普通光源探测大气，受到光源性能的多方面限制，因而大气光学探测这一分支学科进展缓慢。

自1960年激光问世以后，由于这一新型光源具有单色性好、相干性强、方向性高，以及高亮度、大功率等特点，立即受到各有关方面的重视，并获得广泛应用。1962年开始就提出了激光探测大气的种种设想，并利用红宝石脉冲激光雷达探测了高层大气的混浊度，以及低层大气的云和雾等。近40多年来，许多国家都积极开展激光大气探测研究，并在激光大气探测原理和激光探测技术方面取得了突飞猛进的发展，从而使激光大气探测成为十分有前途的大气遥感探测分支。

激光雷达是一种主动式的现代光学遥感设备，是传统的无线电或微波雷达（radar）向光学频段的延伸。激光雷达（lidar）意为光的探测与测距，属于主动式辐射传感器。激光雷达最基本的工作原理与普通雷达类似，即由发射系统发送一个信号，与目标作用产生的返回信号被接收系统收集并处理，以获得所需要的信息，不同的是，激光雷达的发射信号为激光，与普通无线电雷达发送的无线电波乃至毫米波雷达发送的毫米波相比，波长要短得多。

由于所用探测束波长的缩短和定向性的加强，使激光雷达具有很高的空间、时间分辨能力（空间分辨可达数米，时间分辨可达数秒）和很高的探测灵敏度（可探测近百公里高度处每立方厘米仅几个原子的稀疏大气成分）等优点，被广泛地应用于对大气、海洋、陆地和其他目标的遥感探测中。相对而言，激光雷达最适合用于对大气的探测与研究。用于大气探测的激光雷达是历史上出现最早的激光雷达，也是目前应用最为广泛的一种激光雷达。以下首先介绍激光雷达技术概况，然后重点介绍激光雷达在大气探测中的一些应用。

一、大气探测激光雷达基础

1. 大气探测激光雷达的工作原理

大气探测激光雷达的基本组成和工作原理可用图7.9来说明。图中大气探测激光雷达被简化为仅由脉冲激光器、接收望远镜和信号检测仪器三个基本部分组成。

脉冲激光器向空中发射一激光脉冲，该激光脉冲在向上传播的过程中，不断地与大气中的原子与分子等物质相互作用。一旦向上传播的激光脉冲进入接收望

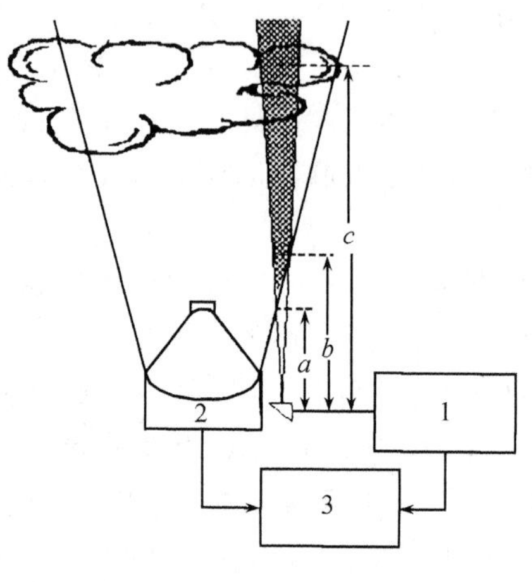

图 7.9　大气探测激光雷达的工作原理
1. 脉冲激光器；2. 接收望远镜；
3. 信号检测仪器

远镜的视场，则激光与大气物质相互作用所产生的光回波将被接收望远镜接收，经信号检测和处理后即可得到大气探测激光雷达回波信号，如图 7.10 所示。

大气探测激光雷达回波信号的纵坐标表示回波信号的强度，它是发射激光束与大气物质相互作用后产生回波信号强弱的量度；横坐标表示某段探测大气的回波信号被接收时相对于发射激光脉冲的延时 $\Delta\tau$。由于发射光脉冲和回波光脉冲均以光速 c 传播，因此延时可简单地换算成该大气回波产生处到大气探测激光雷达的直线距离 R，即 $R=\tau\cdot c/2$。对垂直向上探测而言，R 即为被探测大气段的高度。

图 7.10 中，$0\sim a$ 段的回波信号为零，这是因为在很低的高度段发射激光束尚未进入接收望远镜视场的缘故。$a\sim b$ 段，回波信号逐渐加强，表明发射激光束逐渐进入接收望远镜视场。到 b 点所示高度处，回波信号达最大值，表示发射激光束已完全进入接收望远镜视场。此后，回波信号表现为一种平滑的衰减，反映出大气成分的密度随高度的分布（$b\sim c$ 段实线）。如在某些高度处有云雾等气溶胶粒子出现，则会表现出此段回波信号的明显的增加，如 $b\sim c$ 段的虚线所示。可见，图 7.10 示的大气探测激光雷达回波曲线反映了各种大气组分随高度的分布情况。通过连续进行这种探测和对回波信号进行适当的反演处理，可获得许多大气参量的空间分布和时间变化的信息。

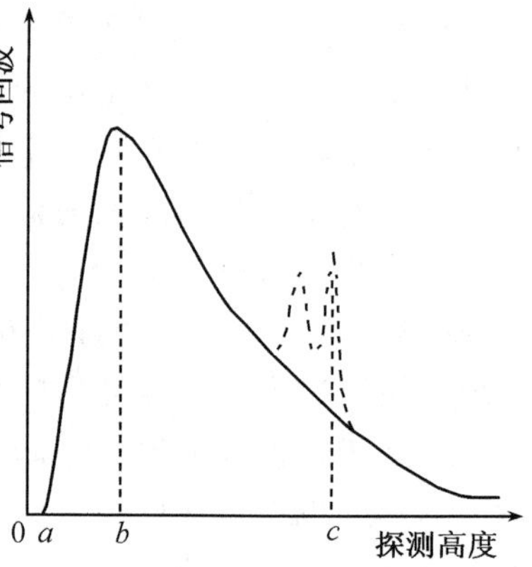

图 7.10　大气探视激光雷达的回波曲线（阎吉祥等，2001）

2. 激光和大气相互作用的各种机制

从上面的介绍可知，激光束与大气物质相互作用而产生回波信号是大气探测激光雷达进行大气探测的关键。激光与大气物质的相互作用机制有多种，由此产生了不同种类的大气探测激光雷达，分别用于对大气的各种探测。现对几种主要的激光与大气相互作用机制作简要介绍。

1）米（Mie）散射

大气中的各种固态或液态的气溶胶粒子，包括尘埃、烟雾、云层等与激光的相互作用主要表现为散射，称为 Mie 散射。Mie 散射的特点是散射粒子的尺寸与入射激光波长相近或比入射激光波长更大。Mie 散射的散射光波长和入射光相同，散射过程中没有光能量的交换，称为弹性散射。散射过程中，粒子将入射光向四周的散射并不是均匀的，粒子越大，向前方散射的光越多而向后方散射的光越少。大气探测激光雷达的回波就是由这种后向散射光所形成。Mie 散射的截面与许多因素有关，如散射粒子的尺寸、形状、组成等，与入射光波长的关系也不固定（通常可认为与入射波长的 1～2 次方成反比），这些都使得 Mie 散射截面的理论处理较为复杂。和其他的光散射机制相比，Mie 散射的散射截面最大，这是 Mie 散射大气探测激光雷达的回波信号通常很强的原因。

2）瑞利（Rayleigh）散射

Rayleigh 散射是指激光与大气中的各种原子与分子相互作用而被散射的过程，其特征是散射粒子的尺寸比入射光的波长小。Rayleigh 散射也是一种弹性散射过程，即散射波长和入射波长相等。Rayleigh 散射的角向分布比 Mie 散射的角向分布要对称一些，其前向散射和后向散射相等，而向两侧的散射很小。Rayleigh 散射的截面比 Mie 散射小，且与入射光的波长密切相关，即与入射光波长的四次方成反比。因此，利用波长较短的紫色或紫外激光束激发 Rayleigh 散射可获得较大的激光雷达回波信号。

3）拉曼（Raman）散射

Raman 散射是激光与大气中各种分子之间的一种非弹性相互作用过程，其最大特点是散射光的波长和入射光不同，产生了向长波或短波方向的移动。而且散射光波长移动的数值与散射分子的种类密切相关。

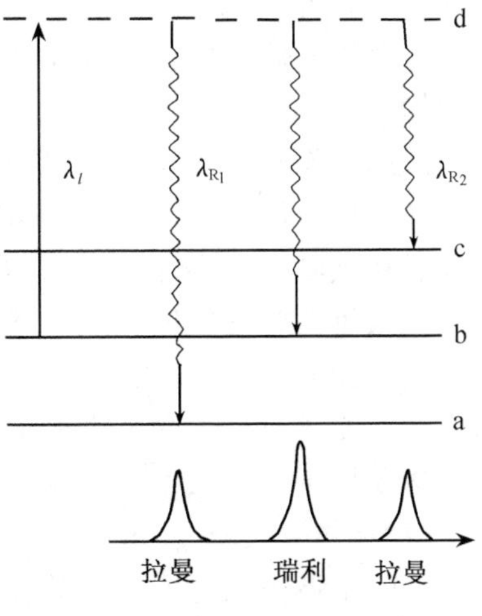

图 7.11 Raman 散射原理

Raman 散射的过程如图 7.11 所示。图中 a，b，c 等为散射分子的振动或转动能级。原来处在能级 b 上的分子被波长为 λ_L 的入射激光所激发，向上跃迁到虚能级 d 后，很快向下跃迁回到低能级 c 或 a，并同时发射波长为 λ_{R_1} 和 λ_{R_2} 的光子（如回到能级 b，则是 Rayleigh 散射）。和原来处于能级 b 上的分子相比，产生波长 λ_{R_1} 的 Raman 散射过程使分子处于较高的能级 *c*，故散射波长变得比入射波长 λ_L 长（称为 stokes 移动），而产生波长 λ_{R_2} 的 Raman 散射过程使分子处于较低的能级 a，故散射波长

变得比入射光波长 λ_L 短（称为 anti-stokes 移动）。显然，Raman 散射波长的移动量与散射分子能级的能量差是一一对应的，而分子能级的能量差是不同种类分子的内部固有特征。因此，我们从散射波长 λ_R 相对于入射波长 λ_L 的移动量，就可以确定参与散射的分子种类。这就是利用 Raman 散射实现对大气组分的辨认性探测的原理。Raman 散射的缺点是其效率很低，即 Raman 散射截面很小。

4）共振荧光（resonance fluorescence）

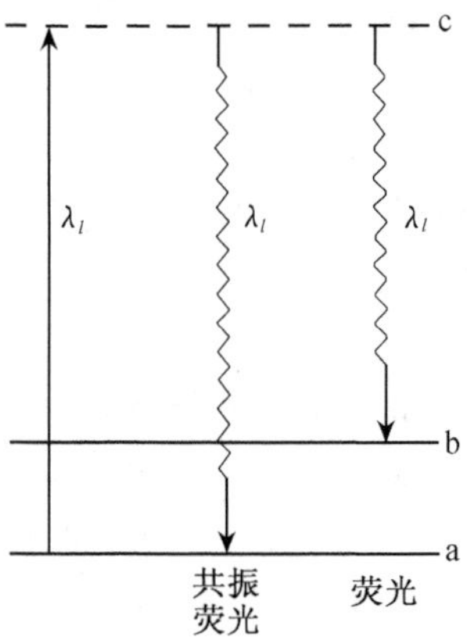

图 7.12 共振荧光原理

原子、分子在吸收入射光后再发射的光称为荧光。如图 7.12 所示，a，b，c 为原子的能级，设 a 为基态。当改变入射激光的波长，使其光子能量正好和原子 a～c 能级间的能量差相等时，该原子将吸收此入射光子的能量而从基态 a 跃迁到激发态 c。由于原子在激发态的寿命通常很短（约 10^{-8} s），处于激发态的原子会很快自发地跃迁回到低能态，并向外发射一个荧光光子。如果激发态原子跃迁回到能级 b，则为普通荧光过程，如果跃迁回到原来的能态 a，则为共振荧光过程。在共振荧光过程中，荧光波长和入射光波长相等，$\lambda_e=\lambda_L$。

在共振荧光过程中，虽然有 $\lambda_e=\lambda_L$，但我们仍可利用它来进行分辨大气组分的探测。这是因为当入射激光的波长（即入射光子的能量）与被探测原子或分子能级之间的能量差不相等时，激光与原子或分子的相互作用表现为普通的 Rayleigh 散射过程，相应的散射截面很小；当入射激光的波长与原子或分子内能级之间的能量差相等时，激光与原子或分子的相互作用过程变为共振荧光。由于共振荧光截面比 Rayleigh 散射截面大得多，可以利用在某些特定的激光波长下原子或分子发生共振荧光增强的现象来实现辨认大气组分的探测。

限制共振荧光机制应用的一个因素是荧光的淬灭效应。在低空大气中，原子、分子的密度很大，原子与分子之间的碰撞十分频繁。如果被激光激发的原子或分子在其激发态寿命期间内遭遇到其他原子与分子的碰撞，则此激发态的原子或分子很可能将激发能量交给碰撞对象而回到基态，在此过程中并不发射荧光光子，称为荧光的淬灭。在高层大气中，原子、分子的密度很小，两次碰撞间的时间间隔比原子或分子激发态的寿命长，不存在荧光淬灭的问题。因此共振荧光激光雷达多用于对高层大气中原子、分子的辨认组分探测。

5）吸收（absorption）

吸收是指当入射激光的波长被调整到与原子、分子的基态与某个激发态之间的能量差相等时，该原子、分子对入射激光产生明显吸收的现象。参与吸收过程的原子、分子数目越多，激光束能量的吸收损失越大。和前面讲过的几种光与原子、分子相互作用机制不同，吸收过程并不注重原子、分子对光的散射或发射，而只强调由原子、分子吸收所导致的入射激光束能量的减少。和上述几种光与物质相互作用的机制相比，吸收属于截面较大的一种机制。同样，原子、分子对某些波长入射光的选择性吸收是由原子、分子内部能级的固有特性决定的，因此吸收过程也可用来进行辨认大气组分的探测。

和上面讲过的共振荧光机制比较可见，共振荧光和吸收可看成是一个过程的两个方面，前者注重原子、分子吸收入射激光光子后的荧光发射，后者则只注重原子、分子对入射激光能量的吸收，而不看重其吸收后是否产生荧光发射。这样，即使是在低层大气中由于碰撞而导致荧光淬灭，也并不影响按吸收方式工作的激光雷达的性能。因此，吸收式激光雷达特别适用于对低空大气的辨认组分探测。

作为小结，表 7.6 给出了上述几种光与大气相互作用机制截面的大小。从表中可以看出，从截面最大的 Mie 散射到截面最小的 Raman 散射，所产生的激光雷达回波信号通常要相差许多数量级。这说明不同工作机制的激光雷达，对其探测回波信号的能力将有不同的要求。

表 7.6　各种光和物质相互作用机制截面量级的比较

机　制	Mie 散射	Rayleigh 散射	Raman 散射	共振 Raman	吸　收	荧　光
截　面 /(cm^2/s)	$10^{-27}\sim10^{-8}$	10^{-27}	$10^{-29}\sim10^{-30}$	10^{-23}	10^{-17}	10^{-17}

6）大气探测激光雷达方程

表示激光雷达回波信号强度与各种因素关系的数学表达式称为激光雷达方程。大气探测激光雷达的回波信号强度与许多种因素有关，大致可分为三类。首先，大气探测激光雷达必须利用一种大气与激光相互作用机制来产生激光雷达回波；同时，不管采用哪种回波机制，激光雷达的发射光和回波光在大气中来回传播将受到大气的衰减。另一方面，激光雷达的回波信号强度还与许多激光雷达配置和技术方面的因素密切相关。因此，可将大气探测激光雷达方程写成如下形式：

$$P(R)=C\cdot P_0\cdot\frac{A}{R^2}\cdot\Delta R\cdot\beta(\lambda,R)\cdot\exp\left[-2\int_0^R\alpha(\lambda,R)\mathrm{d}R\right]\qquad(7.47)$$

式中：$P(R)$ 为激光雷达接收到的来自 R 到 $R+\Delta R$ 高度大气段的回波信号功率；P_0 为发射激光束的功率；C 为激光雷达的校正常数；R 为探测距离（或高度）；A 为接收望远镜的收光面积；$\beta(\lambda,R)$ 为大气中某种被探测组分的后向散射系数；$\alpha(\lambda, R)$ 为大气总的消光系数。

为了更清楚地看出各种因素对激光雷达回波信号的影响，我们将式（7.47）所示的激光雷达方程写成两项乘积的形式，即 $P(R)=A\cdot B$。其中，$A=C\cdot P_0\cdot\frac{A}{R^2}\cdot\Delta R$ 为仅与激光雷达参数相关的量，我们称之为雷达项；$B=\beta(\lambda, R)\cdot\exp\left[-2\int_0^R\alpha(\lambda, R')\,\mathrm{d}R'\right]$ 为仅与大气参数相关的量，我们称之为大气项。

在雷达项 A 中，激光发射功率 P_0 和望远镜收光面积 S 对激光雷达回波信号的影响是很明显的，P_0 和 A 越大，激光雷达接收到的回波功率 $P(R)$ 就越大。这就是通常将乘积 $P_0\cdot A$（单位为 $\mathrm{W/m^2}$）称为激光雷达质量因子的原因。根据用途的不同，激光雷达的配置相差很大，质量因子可以很不相同。探测高度以 R^2 的形式出现在雷达项的分母中，表示即使在均匀大气和无衰减的条件下，激光雷达回波信号也与探测高度的平方成反比。这种随高度平方的衰减源于被探测大气对接收望远镜所张的立体角随高度的减小，而与大气散射的强弱无关。ΔR 表示探测的高度分辨，其最小值取决于发射激光的脉冲宽度 τ，即 $\Delta R_{\min}=c\cdot\tau/2$，此处，$c$ 为光速。对大多数目前用于激光雷达的脉冲激光器而言，τ 约在 $10^{-8}\mathrm{s}$ 量级，使 $\Delta R_{\min}$ 仅在几米量级。因此，在实际应用中 ΔR 往往是由回波信号检测电路中的采样门宽所决定。雷达项中的校正常数 C 还可进一步写成 $C=g\cdot q\cdot\eta$，式中：η 为光电探测器的效率，q 为接收光学系统的透射率，g 为重叠因子，后者表示发射激光束与接收望远镜视场的重合程度，完全重合时其值为 1，否则为零。

在大气项 B 中，后向散射系数 $\beta(\lambda, R)$，（单位为 cm/s）表示高度 R 处大气对激光的散射能力，它还可进一步写成 $\beta(\lambda, R)=N(R)\cdot\sigma(\lambda)$，式中：$N(R)$ 为被探测大气组分的密度（单位为 $\mathrm{cm^3}$），通常为高度 R 的函数；$\sigma(\lambda)$ 为被探测大气组分的后向散射截面（单位为 $\mathrm{cm^2/s}$）；$\beta(\lambda, R)$ 为激光雷达方程中代表回波产生机制的量，表示回波信号的强度与被探测大气组分的密度和其后向散射截面成正比。这也是从激光雷达回波中能够反演出被探测大气组分的密度的原因。而 $\exp\left[-2\int_0^R\alpha(\lambda,R')\mathrm{d}R'\right]$ 则代表光在激光雷达和探测高度 R 之间来回两次所受到的衰减。显然，为了减少这种衰减，需要选择合适的发射激光波长，以使消光系数 $\alpha(\lambda, R)$ 最小。虽然消光系数 $\alpha(\lambda, R)$ 中既有散射的贡献，又有吸收的贡献，但大气的吸收往往更为重要。因此除利用吸收机制工作的激光雷达外，其他激光雷达的发射波长大都选在如图 7.13 所示的大气窗口内，以避免强烈的大气吸收。至于散射消光的避免，情况较为复杂一些。因为在许多激光雷达中，散射作为消光应该避免，但散射又是其产生雷达回波的机制需加以利用。这时，激光发射波长总的选择原则是，在激光波长变化导致大气散射的变化中，要使波长的选择有利于增加激光雷达的整体探测能力。

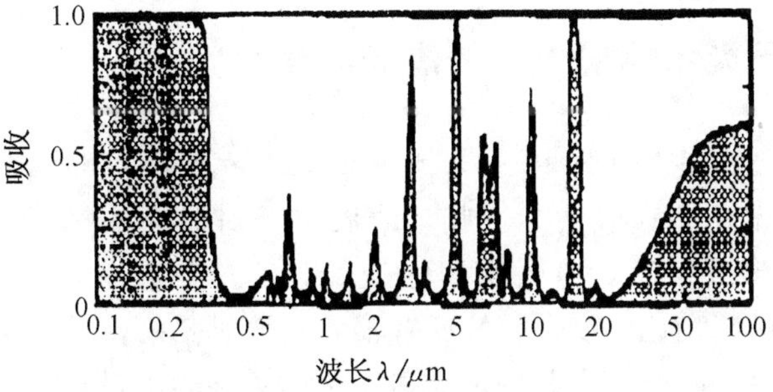

图 7.13　大气的吸收光谱

空白区表示适合激光传输的大气窗口

3. 大气探测激光雷达技术

按激光与被探测大气相互作用的机制，大气探测激光雷达可分为 Mie 散射激光雷达、Rayleigh 散射激光雷达、Raman 散射激光雷达、差分吸收激光雷达和共振荧光激光雷达等几种。按照大气探测激光雷达的运载方式可将其分为固定（或台站）激光雷达、车载激光雷达、机载激光雷达、船载激光雷达和星载（卫星运载）激光雷达等几种。而且在同一种类的激光雷达中，其结构和配置还会有很大差异。尽管大气探测激光雷达的种类繁多，结构各异，但其基本组成都可以归结为激光发射系统、光学接收系统和信号检测系统三个主要部分，在激光雷达的这三个基本组成部分中，有许多技术对各种激光雷达都是共同的（图 7.14）。

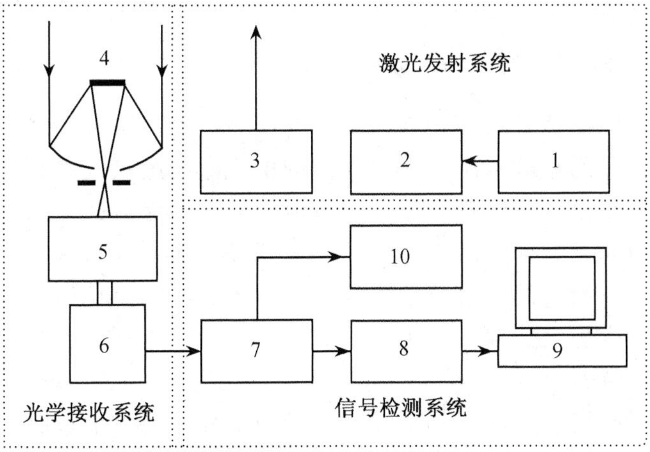

图 7.14　激光雷达的组成（阎吉祥等，2001）

1. 脉冲激光器；2. 光束准直器；3. 光束发射器；4. 接收望远镜；

5. 窄带滤光器；6 光电探测器；7. 放大器；8. 采样平均器；9 微机；10 显示器

二、Mie 散射激光雷达对大气气溶胶的探测

Mie 散射激光雷达是一种用于探测 30km 以下低空大气中的尘埃、云雾等气溶胶粒子的激光雷达。大气中的这些气溶胶粒子对激光的散射机制为 Mie 散射，故称为 Mie 散射激光雷达，有时也简称为散射激光雷达。

与其他散射机制相比，Mie 散射具有较大的散射截面，使 Mie 散射激光雷达的回波信号通常较大。此外，大气气溶胶粒子大多处在较低的高度上，使之更易于探测。因此，Mie 散射激光雷达和其他类型的激光雷达相比，技术上相对较为简单。

需要指出的是，虽然我们称这种探测大气气溶胶的激光雷达为 Mie 散射激光雷达，但在大气中，大气分子和气溶胶粒子总是共存的。因此，Mie 散射激光雷达的回波信号中总是既有气溶胶粒子的 Mie 散射成分，又有大气分子的 Rayleigh 散射成分，只是由于大气分子为大气中相对稳定的成分，而大气气溶胶则是变化很大的成分，因而 Mie 散射激光雷达只适用于探测大气气溶胶，而不适用于探测纯净大气。

大气中的尘埃、烟雾、云团等气溶胶粒子对大气的辐射平衡、化学过程、气候变化乃至人们的日常生活都有着重要的影响。因此，对这些大气气溶胶粒子的各种特性进行探测研究一直是大气科学、气象探测和大气环保等部门的一项重要任务。激光雷达以其高的时空分辨能力，加上激光能与微小的大气气溶胶粒子产生有效的相互作用，很适合用来对大气中的各种气溶胶粒子进行探测。在激光雷达的发展历史上，对大气气溶胶的探测也是激光雷达最早的探测应用领域。

1. 大气气溶胶的定性探测

气溶胶的定性探测是指通过激光雷达的探测，给出各种大气气溶胶粒子的空间分布和时间变化的总体状况。在这类探测中，除能给出气溶胶粒子密度的相对值外，并不给出其他各种物理参数的定量数值。正因为如此，这类探测的结果往往可以直接从激光雷达的回波信号中得到，而不必通过复杂的反演处理。不过，在这类探测中，所给出的气溶胶粒子的空间分布和时间变化的相对值都还是定量的。因此，也有人称这类探测为半定量探测。

1）云层的探测

虽然从物性上讲，云层也是大气气溶胶的一种，但由于云层在大气能量平衡和天气演化过程中的重要作用，在大气气溶胶的激光雷达探测中，往往将对云层的探测作为单独的一项内容，而把对云层以外的大气气溶胶如尘埃、烟雾等的探测归于另一类。

在对流层大气中，云层的密度要比气溶胶大得多，使云层的激光雷达回波信

号特别强，很容易从回波信号中直接辨认。在云层的探测中，几个主要的参量为云底高、云顶高、云层厚、云的性状、云的分布等。

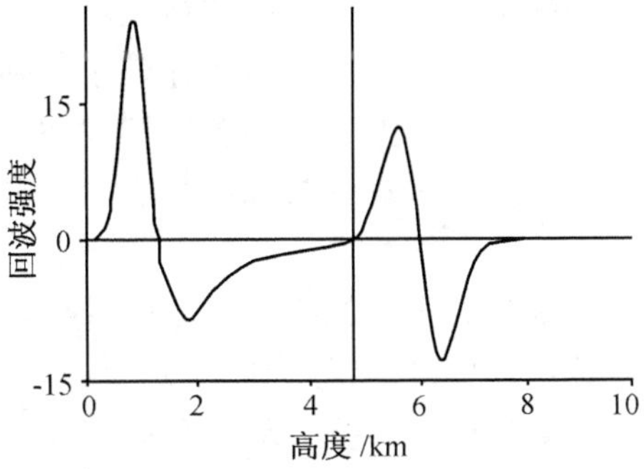

图 7.15　云底高的测量（阎吉祥等，2001）

云底高的测量相对比较简单，往往可以从激光雷达的回波曲线上直接通过肉眼观测确定。较为准确的方法采用斜率法，即将回波曲线微分变成其斜率随高度的分布曲线，当该曲线上斜率从负变正时所对应的高度即为相应云层的云底高，如图 7.15 所示。

对云顶高和云层厚的测量，则较为复杂，它需要区分两种情况，即穿透云和非穿透云。如图 7.16 所示。在高度 a 处的云层以上，如在高度 b 处仍可看到明显的散射信号（Rayleigh 或 Mie 散射信号），或者在更高的高度处，如在高度 c 处还有其他云层信号出现，则表明高度 a 处的云层被激光穿透，其云顶高（从而云层厚）可被确定。如 a 是密度很大或厚度很大的云层，激光束无法将其穿透，在激光雷达的回波信号上则表现为在云层高度之上，回波信号强度迅速衰减到本底噪声水平。如图 7.16 中的虚线所示。对于这种非穿透云层，其云顶高和云层厚则无法测定。

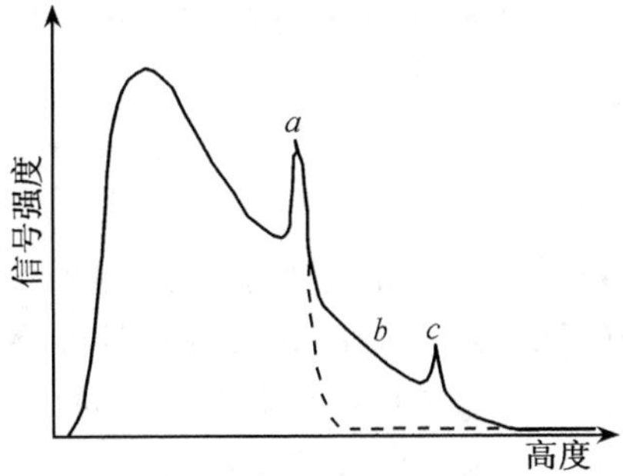

图 7.16　云顶高的测量

对云层空间分布及其时间变化的探测，通常采用两种方法。一种是用非扫描式的激光雷达，d 通过定向（通常是垂直向上）连续探测的方法获得空间某一区域云层的高度分布状况随时间变化的信息。代表云层密度的回波信号强度则由灰度或颜色表示，由附在图侧的灰度标尺指示。从这种图上可以明显地看出激光雷达所在处上方云层的垂直高度分布随时间的演化情况。另一种方法是采用扫描式的激光雷达，通过在一段时间内使激光雷达在 0～180°的俯仰角范围内进行过顶式扫描探测，获得在该段时间内激光雷达上空云层在某一方位角平面内的垂直和水平分布状况。如果将激光雷达做成车载或机载式，则还可通过在汽车行驶或飞机飞行过程中所进行的激光雷达探测，获得某一路径上云层分布的信息。

2）气溶胶的探测

此处气溶胶是指除云层之外的尘埃烟雾等粒子。气溶胶粒子在大气过程和气象变化及成云致雨中起着重要的作用。同时，这些体积很小的气溶胶粒子在大气中可以停留很长的时间，并且大多数气溶胶粒子都存在于 2～3km 以下的大气层中，将直接造成对近地面大气的污染，吸入这种有害气溶胶粒子会严重地影响人类的健康。而且大气中气溶胶粒子浓度增加会使空气变得浑浊，降低大气的能见度，对交通运输和日常生活带来不利的影响。这些气溶胶粒子的形成除自然的原因外，人为的因素，如工厂烟囱和汽车尾气的排放也越来越不容忽视。因此，利用激光雷达对对流层气溶胶进行探测研究，有利于进一步了解其特性和作用，控制人为的大气污染。

研究表明通过激光雷达的探测，不仅能直接获得对流层气溶胶分布和变化的信息，还可以获得大气结构及状态的特征。如从气溶胶的分布状态可得知大气层的稳定特性。通常，从气溶胶的均匀混合分布状态可推知其上部有大气逆温层存在，并由此可测量出大气边界层（PBL）的高度和变化，这在大气研究和气象预报中有重要意义。同时，大气逆温层的出现对大气污染的转移和扩散极为不利。因此，这类激光雷达探测在大气污染的预测和控制中也很有用处。

另一个和大气污染有关的应用是用 Mie 散射激光雷达直接探测工厂烟囱或汽车尾气排放情况。用此种方法对大气污染排放的扩散和转移进行探测也是十分有效的。

2. 大气气溶胶的定量探测

在许多与大气气溶胶相关的应用问题中，仅知道大气气溶胶的空间分布和时间变化的概况是不够的，往往需要对大气气溶胶的浓度或含量的绝对值、各种物理或化学参量进行更为深入的了解。这就要求对大气气溶胶进行各种定量的探测。对气溶胶进行定量探测涉及的内容较多，下面仅以两种主要探测内容为例作一介绍。

1）气溶胶光学特性的探测

利用激光雷达可探测的气溶胶光学参数为后向散射系数 β 和消光系数 α。这两个参数都有重要应用价值，其中气溶胶的消光系数与大气的光学厚度、透射系数以及大气的能见度直接相关，而气溶胶的散射系数则与气溶胶的密度相关。在一定条件下，从这些光学参量还可导出其他一些物理参量。

从式（7.47）所示的简化激光雷达方程可以看出，β 和 α 都包含在同一激光雷达方程之中。要想从一个方程中求解出两个未知数或其中之一，必须首先确定此两未知数的相互关系，如它们的比值 α/β（称为激光雷达比）。如前所述，在 Mie 散射激光雷达方程中，β 中包含气溶胶的散射系数 β_a 和大气分子的散射系数 β_m，α 中包含气溶胶的消光系数 α_a 和大气分子的消光系数 α_m，对于大气分子，其激光雷达比可由理论计算得到，即 $\alpha_m/\beta_m=8\pi/3$。而气溶胶的激光雷达比则与诸多因素，如折射率、尺寸、形态和组成等的分布有关。实验表明，即使是对于相同折射率和相同尺寸分布的气溶胶，由于非球形粒子的表面波效应，其实测 $\beta_a/$

α_a 也比按 Mie 散射理论计算值要小十几倍。实际气溶胶粒子的尺寸、形状和组成的分布以及折射率参数的差异很大，使得相应的气溶胶激光雷达比的确定很困难。

2）平流层气溶胶的探测

在大气中，气溶胶粒子的浓度随高度而迅速降低，故大多数气溶胶粒子都集中分布在对流层底部几公里的范围之内。而 Junge 和 Manson 于 1961 年发现，在平流层高度大约 15～25km 范围内也存在着一层气溶胶。该气溶胶层的分布状态较稳定，存留时间也较长，其浓度与地球上火山爆发事件密切相关。在大气物理学上有时称这种平流层气溶胶为 Junge 层。平流层气溶胶除对大气中的能量平衡有重要影响外，在平流层大气的化学过程中也起着重要作用。尤其是近年来对平流层气溶胶与臭氧消耗之间关系的研究，更增加了人们对平流层气溶胶特性的重视。在对平流层气溶胶进行探测研究方面 Mie 散射激光雷达是最为有效的手段之一。

由于平流层气溶胶的浓度通常比对流层气溶胶要低得多，因此在求解平流层气溶胶探测激光雷达方程时，大气分子的散射不能忽略。通常采用计算散射比 $K_s(R)$ 的方法来获得平流层气溶胶分布的定量信息，即

$$K_s(R)=\frac{\beta_m(R)+\beta_\alpha(R)}{\beta_m(R)} \tag{7.48}$$

式中：$\beta_m(R)$ 为高度 R 处大气分子的散射系数；$\beta_\alpha(R)$ 为高度 R 处气溶胶的散射系数；$K_s(R)$ 为描述气溶胶散射与分子散射之比的参数。比值为 1 时表示纯粹的大气分子的 Rayleigh 散射，比值大于 1 时表示有气溶胶粒子 Mie 散射的贡献。由式（7.47）所示的雷达方程，有

$$K_s(R)=K\frac{P(R)R^2}{\beta_m(R)\cdot T_m{}^2(R)} \tag{7.49}$$

式中：$P(R)$ 为激光雷达的回波信号功率；$T_m(R)$ 为大气分子的透射系数；K 为雷达常数，包含所有与激光雷达相关的参数。其中大气分子的透射系数和散射系数可从标准大气参数或从实际的大气探空数据计算得到，而对平流层探测应用，在式（7.49）中忽略了气溶胶对透射的影响。归一化常数 K 的值则可在激光雷达回波曲线气溶胶散射最小的高度（R_0）处，令散射比值 $K_s(R_0)$ 为 1 求得。

图 7.17 为 Northan 等于 1974 年对平流层气溶胶进行激光雷达探测所得的结果。图 7.17（a）为实际的激光雷达回波曲线（实线）和计算的纯粹大气分子 Rayleigh 散射回波曲线（虚线）的比较。图中大约 12～26km 高度范围内激光雷达回波曲线凸起的部分即表示平流层气溶胶散射的贡献（大约 10km 处的尖峰为高云的散射贡献）。图 7.17（b）则是该探测数据经由上述散射比方法处理的结果。从此图上可以清楚地看出平流层气溶胶的分布情况。在此平流层气溶胶的峰值约 20km 处，散射比 K_s 约为 1.2，表示此处气溶胶的 Mie 散射强度约为同高

度处大气分子 Rayleigh 散射强度的 20%。

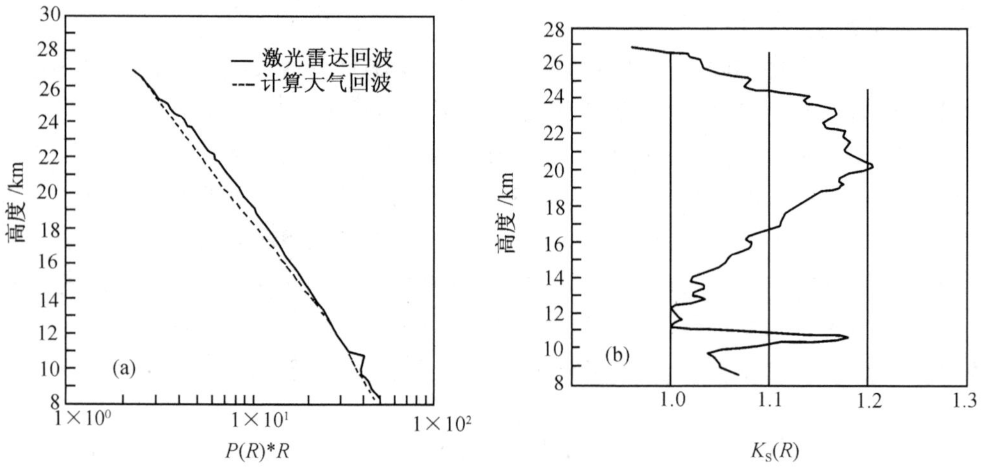

图 7.17　平流层气溶胶分布

(a) 激光雷达回波；(b) 散射比

利用激光雷达，不仅能探测和研究平流层气溶胶本身的特性及其对大气过程的影响，而且通过对平流层气溶胶在地球大气中扩散和传播的研究，还可增进对平流层气溶胶的产生和消散过程，平流层的运动特性，乃至全球风场和环流特性的了解。

三、Rayleigh 散射激光雷达对中层大气的探测

Rayleigh 散射激光雷达是一种利用大气中原子分子的 Rayleigh 散射机制而工作的激光雷达，主要用于对大约 30～80km 范围中层大气的探测。Rayleigh 散射激光雷达探测高度范围的下限被定在 30km 是因为在此高度以下，大气中包含着大量的尘埃、烟雾或云层等气溶胶物质，对激光的散射为 Mie 散射和 RayleidE 散射的混合，使激光雷达的探测仅能获得大气气溶胶的信息；而在 30km 以上高度，大气中已不再含有气溶胶成分，对激光的散射成为单纯的 Rayleigh 散射。Rayleigh 散射激光雷达探测高度的上限原则上只受激光雷达技术和配置的限制。目前已报道的最大配置的 Rayleigh 散射激光雷达，其探测高度可达到 90km 以上，但对大多数正常配置的 Rayleigh 散射激光雷达而言，其探测高度的上限多在 70～80km 范围。

30～80km 高度范围是中层大气（约 10～100km）的主要部分。这部分大气的探测，对探空气球而言太高，对卫星探测又太低，单靠偶尔发射探空火箭则难

以取得大量和连续的探测数据，而此段高度的大部分又是无线电雷达探测的盲区。因此，多年以来人们对这段大气的探测研究尚不充分。Rayleigh 散射激光雷达则可以对这段中层大气进行高时间、空间分辨的连续性探测，从而为中层大气的研究提供了一种有效的探测手段。

反映中层大气密度或温度随高度而变化的曲线称为密度或温度廓线（Profile)。Rayleigh 散射激光雷达最直接的应用就是探测中层大气的密度和温度廓线，以及从密度和温度廓线的变化中反映出的中层大气扰动过程。

1. 密度廓线的探测

激光雷达方程可以进一步简化为如下形式，

$$P(R)=\frac{K}{R^2}\cdot\beta_{\mathrm{m}}(H)\cdot T^2(R)=\frac{K}{R^2}\cdot N(R)\cdot\sigma_{\mathrm{m}}\cdot T^2(R) \tag{7.50}$$

故有

$$N(R)=\frac{P(R)\cdot R^2}{K\cdot\sigma_{\mathrm{m}}\cdot T^2(R)} \tag{7.51}$$

式中：$P(R)$为激光雷达接收到高度 R 处的回波功率；K 为所有与激光雷达参量有关的常数；$\beta_{\mathrm{m}}(H)$为高度 H 处大气分子的散射系数。该常数对某指定的激光雷达而言为定值，且在整个探测过程中保持不变。σ_{m} 为大气分子的 Rayleigh 散射截面，在激光波长确定的情况下，可视为常数。$T(R)$为激光在高度 0～R 间单次传输的透射率。对 Rayleigh 散射激光雷达而言，其探测范围均在约 30km 以上，如果认为在此高度以上大气的衰减可以忽略，则 30km 以上任何高度处的透射率均和 30km 处的透射相等。这样，从式（7.51）可以看出，中层大气的密度 $N(R)$与 $P(R)\cdot R^2$ 成正比。但式（7.51）中，$K=C\cdot P_0\cdot A\cdot\Delta R$，其中的激光雷达校正常数 C 在实际工作中很难精确计算或测定。因此，按式（7.51）往往只能从 Rayleigh 散射激光雷达探测获得中层大气密度相对值的高度分布。为了获得中层大气密度绝对值的高度分布，通常采用如下的密度归一化方法。

在 Rayleigh 散射激光雷达的探测范围内选择一归一化高度 R^*（通常选在30～40km 范围内)，并通过从标准大气模式计算或实际探空测量的办法确定出参考高度处的大气密度 $N(R^*)$。则有

$$K=\frac{\Pr(R^*)\cdot R^{*2}}{N(R^*)\cdot\sigma_{\mathrm{m}}\cdot T^2(R^*)} \tag{7.52}$$

将式（7.52）代入式（7.51)，并令在 $R\geqslant R^*$ 时，$T(R)=R(R^*)$ 则可求得大气密度的绝对值为：

$$N(R)=N(R^*)\frac{P(R)\cdot R^2}{P(R^*)\cdot R^{*2}} \tag{7.53}$$

式（7.53）表明，中层大气的密度廓线的绝对值可以从探测高度处和参考高度处

的激光雷达回波信号之比求得，而与其他激光雷达的技术参数无关。

2. 温度廓线的探测

假定中层大气处于静力学平衡状态，并符合理想气体定律，则中层大气的温度廓线可以从其密度廓线计算出来。

利用理想气体定律

$$P(R) = K \cdot N(R) \cdot T(R) \tag{7.54}$$

和静力学方程，

$$mN(R)g(R) = -\frac{\mathrm{d}P(R)}{\mathrm{d}R} \tag{7.55}$$

如将探测范围内的中层大气分为 n 个层次，每层高度为 AR 时，则第 i 层，即处于高度 Ra 处的中层大气温度可写成

$$T(R_i) = \frac{mg(R_i)\Delta R}{K \cdot \ln\left[\dfrac{p(R_i - \Delta R/2)}{P(R_i + \Delta R/2)}\right]} \tag{7.56}$$

式中：K 为玻尔兹曼常量；m 为大气的平均质量；g（R）为重力加速度。

式（7.56）表示，如将激光雷达探测的高度范围分成一系列厚度为 ΔR 的薄层，则第 i 层的温度将由该层顶部大气压力和该层底部大气压力之比所决定。

为求解式（7.56）所需的第 i 层顶部和底部的大气压力，可由静力学方程和激光雷达测量的大气密度值写出如下

$$\begin{aligned} P(R_i + \frac{\Delta R}{2}) &= \sum_{j=i+1}^{n}[m \cdot N(R_i) \cdot g(R_i) \cdot \Delta R] + P(R_n + \frac{\Delta R}{2}) \\ P(R_i - \frac{\Delta R}{2}) &= \frac{R(R_i + \Delta R)}{2} + m \cdot N(R_i) \cdot g(R_i) \cdot \Delta R \end{aligned} \tag{7.57}$$

式（7.57）中的 P（$R_i + \dfrac{\Delta R}{2}$）为第 n 层（激光雷达探测的最大高度处）的顶部大气压力，其值通常由标准大气模式得到，是本反演方法所需引人的唯一设定参数。

虽然式（7.57）表明，各层大气顶部和底部的压力均取决于大气密度的绝对值，而式（7.56）则表明，大气温度的绝对值仅取决于大气压力和密度的相对值。也就是说，由式（7.56）计算大气温度绝对值时并不受由激光雷达数据反演大气密度绝对值所采用的归一化程序的影响。另一方面，在温度绝对值的反演过程中，只在最大探测高度处引入了一个设定参数 $P(R_n + \Delta R/2)$。此参数的设定误差对反演出的大气温度值的影响会随高度的降低而迅速减小。当从激光雷达测量的顶部下降大约 10km 后，其造成的温度反演误差将小于 1%。因此，利用 Rayleigh 散射激光雷达测量中层大气温度廓线的绝对值具有较高的精度，这也是

Rayleigh 散射激光雷达更多地用于中层大气温度廓线探测的原因。

通过 Rayleigh 散射激光雷达的观测已发现了中层大气温度分布的许多重要现象，增进了对中层大气特性的了解。图 7.18（a）和（b）分别表示不同时间平流层出现增温和中间层出现逆温的现象。图中实线为激光雷达观测结果，虚线为 CEA-1972 标准大气模式所给出的结果。前者表现在平流层顶以下大约 30～50km 处温度的异常升高现象，后者则表现为在中间层内温度随高度的分布发生逆转，在大约 70～80km 处又出现一个温度的最大值。这种中间层逆温现象，所造成的中间层高端温度的变化有时高达数十甚至上百度，而且可持续数日并最少遍及数百公里。此温度的异常变化也将导致大气密度很大的变化，造成所谓中层大气的空洞现象。而这种中层大气密度空洞现象，对航天器的载人和回收有着十分重要的影响。

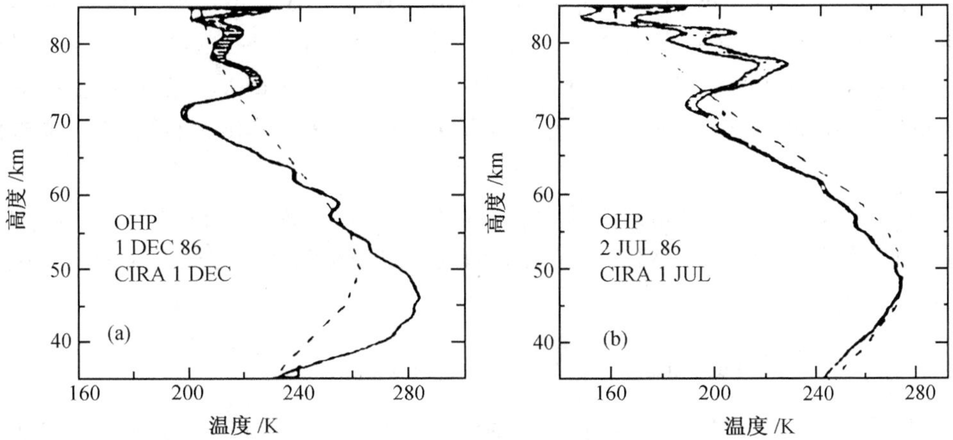

图 7.18 中层大气温度分布的异常现象（阎吉祥等，2001）

另外，由于重力波在向上传播的过程中，会引起中层大气密度或温度分布的改变，因此可以从激光雷达探测到的大气密度或温度分布的扰动变化中获得重力波特性的信息。此处不再详述。

四、Raman 散射激光雷达对大气组分的探测

以上介绍的 Mie 散射激光雷达和 Rayleigh 散射激光雷达都是利用大气气溶胶或大气分子对激光的弹性散射过程，其散射光的波长和入射光相同。而 Raman 散射则是大气分子对光的一种非弹性散射。在散射过程中，大气分子和激光光子交换能量，使散射波长发生改变。由于大气分子和激光光子交换能量的多少严格由各种分子的内部固有能级特性所确定，从而为 Raman 散射激光雷达进

行分辨分子种类探测提供了基础。一般而言，Raman 散射不是共振过程，即任何波长的激光都可以使任何种类的分子发生 Raman 散射，并一一辨认它们。这又为利用 Raman 散射激光雷达进行分辨分子种类的探测提供了很大方便。Raman 散射的最大缺点是其散射截面太小（约为 Rayleigh 散射的 1/1000）。因此，Raman 散射激光雷达一般只适用于对浓度较高和距离较近的对象进行辨认分子种类的探测。

虽然 Raman 散射激光雷达是一种低空探测激光雷达，但如前述，由于 Raman 散射截面很小，因此它属于一种要求具有很高探测灵敏度的激光雷达。这一特征使得 Raman 散射激光雷达技术与同是低空探测的 Mie 散射激光雷达大不相同，倒是与属于高空探测的 Rayleigh 散射激光雷达有许多相似之处。如 Raman 散射激光雷达通常需要有较大的激光雷达配置。又如，Raman 散射的截面也基本上与入射波长的四次方成反比，虽然缩短发射激光雷达波长会受到 Rayleigh 散射引起的激光束衰减增大，但在一定范围内，相应的 Raman 散射信号的增强仍然对探测有利。除此之外，对 Raman 散射激光雷达在技术上还有强的 Rayleigh-Mie 散射抑制，高的光谱分辨能力，以及白天工作条件等一些特殊的要求。

虽然 Raman 散射激光雷达都用于对大气组分的探测，但按其探测目的的不同，可将其分为两大类，即与气象有关的大气组分探测和与污染有关的大气组分探测。

1. 气象参数的 Raman 散射激光雷达探测

低空大气的湿度和温度是很重要的大气气象参数。Raman 散射激光雷达能对低空大气湿度和温度廓线进行高时空分辨率和连续性的探测，在气象研究和预报中有重要的应用价值。

1）湿度廓线的探测

探测低空大气水汽廓线的 Raman 散射激光雷达，通常需使用两个接收通道。其中，一个用于探测大气中 H_2O 的 Raman 散射，另一个则用于探测大气中 N_2 的 Raman 散射。

大气中水汽混合比 $M(R)$ 定义为

$$M(R)=\frac{N_{H_2O}(R)}{N_{air}(R)}\cdot\frac{m_{H_2O}}{m_{air}} \tag{7.58}$$

式中：$N_{H_2O}(R)$ 和 $N_{air}(R)$ 分别为水汽密度和干燥空气密度随高度的分布；m_{H_2O} 和 m_{air} 则分别为水汽和干燥空气的分子量。

探测 H_2O 和 N_2 的 Raman 激光雷达方程为

$$P_{N_2}(R)=\frac{K_{N_2}}{R^2}N_{N_2}(R)\cdot\sigma_{N_2}\cdot T(\lambda_0,R)\cdot T(\lambda_{N_2},R)$$
$$P_{H_2O}(R)=\frac{K_{H_2O}}{R^2}N_{H_2O}(R)\cdot\sigma_{H_2O}\cdot T(\lambda_0,R)\cdot T(\lambda_{H_2O},R) \tag{7.59}$$

将式（7.59）代入式（7.58），有

$$M(R)=C\cdot\Delta T(R)\cdot\frac{P_{H_2O}(R)}{P_{N_2}(R)} \tag{7.60}$$

式中：

$$C=\frac{K_{N_2}}{K_{H_2O}}\cdot\frac{\delta_{N_2}}{\delta_{H_2O}}\cdot\frac{m_{H_2O}}{m_{\mathrm{air}}}\cdot\frac{n_{N_2}}{n_{\mathrm{air}}},\Delta T(R)=\frac{T(\lambda_{N_2},R)}{T(\lambda_{H_2O},R)}$$

式（7.60）表明，低空大气中水汽的混合比可从水汽和氮气 Raman 散射激光雷达回波信号的比值得到，前提是要确定出两个量 C 和 ΔT（R）。C 通常为一常数，虽然其表达式中的大多数参量都可以算出，但两个 Raman 通道的激光雷达常数 K_{N_2} 和 K_{H_2O} 通常难以精确确定。因此，常数 C 需在探测过程中由气球探空的数据定标得到。而 ΔT（R）则为大气对氮气 Raman 散射波长和水汽 Raman 散射波长透射率之比，它是高度 R 的函数，取决于大气和气溶胶消光与波长的关系。前者容易由 Rayleigh 散射与波长四次方反比的关系确定，后者则可在假定气溶胶消光与波长一次方成反比的条件下，由模型或激光雷达探测给出的气溶胶随高度分布计算出来。

2）温度廓线的探测

前面曾提到，利用 Rayleigh 散射激光雷达可以探测 30～80km 范围大气的温度廓线。探测的下限定在 30km 是由于低空大气气溶胶的影响，使 Mie 和 Rayleigh 散射不能分离的缘故。

Raman 散射激光雷达是一种有辨认能力的激光雷达，即使在低空大气中混有大量气溶胶粒子的情况下，也可以选择性地探测其中的 N_2 分子（或 O_2 分子）。由于 N_2 分子在大气中有固定的组成比例，探测到 N_2 分子的密度就相当于探测到大气密度。这就为探测低空大气温度的分布提供了途径。和 Rayleigh 散射激光雷达探测中层大气温度所采用的方法相同，先从激光雷达回波信号中反演大气的密度分布，进而计算其温度分布。在此基础上，利用和前面 Rayleigh 散射激光雷达探测中层大气温度一样的方法计算出各种大气层的上下界压力，再算出低空大气的温度分布。但是 Raman 散射激光雷达探测低空大气的温度廓线和 Rayleigh 散射激光雷达探测中层大气温度廓线有一点不同。在低空大气中，气溶胶含量较高，且随高度分布的变化大，因此，大气的消光影响不能像处理 30km 以上中层大气时那样简单地忽略掉，而必须考虑透射的影响。低空大气对光的衰减主要来自大气分子的散射、气溶胶的消光和大气中臭氧分子的吸收，通常的做法是，利用大气模型来计算 Rayleigh 散射的光学厚度和臭氧的吸收，而气溶胶的消光则可根据激光雷达长期探测所积累的数据进行计算。利用这种方法，在气溶胶浓度不是很大的情况下，可以达到一定的探测精度。若采用激光雷达对气溶胶同时进行实测来对气溶胶的消光影响进行修正，则探测精度还可提高。

一种更好的探测低空大气温度廓线的办法是利用大气分子（包括 N_2，O_2 等）的转动 Raman 散射而不是上面所讲的振转 Raman 散射。用转动 Raman 散射激光雷达探测低空大气温度廓线的好处是可不受大气消光的影响，因此可以获得更高的低空大气温度探测精度。而且，转动 Raman 散射激光雷达原则上可以做到通过计算和实验室测量来进行标定，而不需要其他探测手段的校正。

2. 大气污染的 Raman 散射激光雷达探测

在大气污染探测中，往往要求能同时探视尽量多的大气污染组分。Raman 散射激光雷达具有用一种波长激光激发多种污染组分的能力，可满足在尽量简单的技术条件下达到多污染组分探测的目的。Raman 散射激光雷达的另一个优点是，只要在激光雷达中增加一个 N_2 分子 Raman 接收通道，则各种被探测对象浓度或密度的绝对值都可以从与 N_2 分子 Raman 信号的比较中得到。

如前所述，Raman 散射激光雷达最大的缺点是探测灵敏度低，可探测的浓度范围约在 $10^{-3}\sim10^{-5}$，使得在大气污染探测中，只能用于对工厂或汽车等排放源的探测。历史上，用 Raman 散射激光雷达进行大气污染探测在 20 世纪 70 年代经历了快速的发展，到 80 年代，发展方向逐渐转向探测灵敏度更高的差分吸收激光雷达（可探测浓度约 $10^{-6}\sim10^{-8}$）。

近年来，由于激光技术和弱光检测技术的进步，加上差分吸收激光雷达所面临的技术复杂等问题，又引起人们对 Raman 散射激光雷达探测大气污染的重视。

Inaba 等于 1976 年用 Raman 激光雷达谱仪对工厂烟囱和汽车尾气排放所测得的 Raman 谱图如图 7.19 所示。可见，在两种排放源中，反映在 Raman 谱上的除大气的主要成分 N_2，O_2，H_2O 和 CO 等外，尚可明显地看出排放物中所包含的 SO_2，CO，NO_2，CH_4，C_2H_4，H_2CO_3，H_2S 等大气污染物。

Hirschfeld 等通过对若干关键技术的改进，使 Raman 散射激光雷达的探测能力有了很大的提高，实现了在白天强背景光条件下工作，在 10m 的距离分辨率下对 SO_2 和碳氧化合物的探测灵敏度分别达到 30×10^{-6} 和 1.7×10^{-6} 的水平。

前面提到，Raman 散射原则上是一种非共振过程。从量子力学的观点看，散射过程中涉及虚能级跃迁概念。但人们注意到，如果改变激发 Raman 散射的激光波长，使跃迁中涉及的虚能级逐步向分子中的某个实能级靠近，则 Raman 散射的截面会迅速增大。当两者非常接近时，Raman 散射截面会有若干数量级的增加，这就是共振Raman过程。人们已对此共振Raman现象进行了深入研

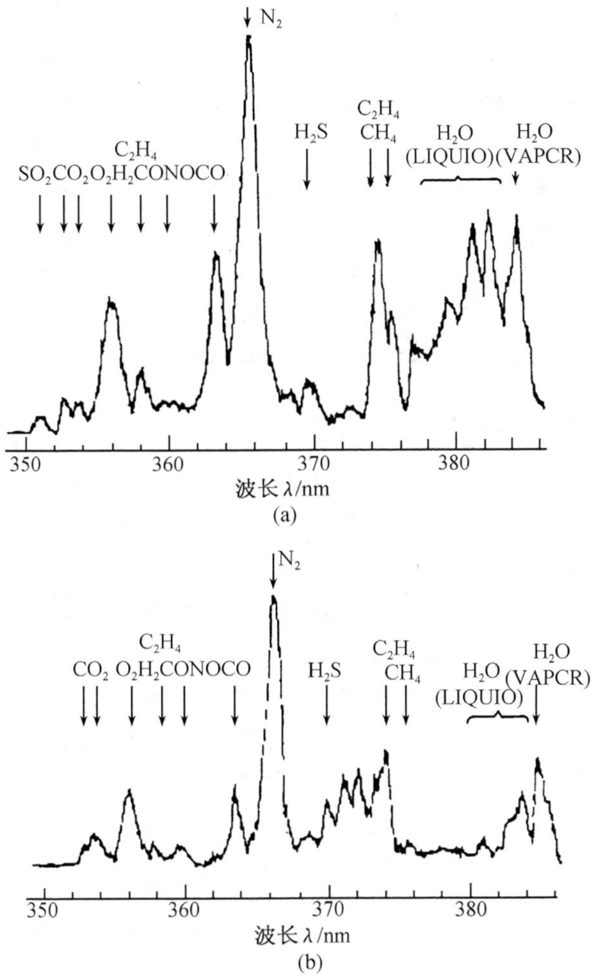

图 7.19　工厂烟囱（a）和汽车尾气（b）排放所测得的 Raman 谱图

究，发现 I_2 分子的共振 Raman 散射截面高达 $10^{-24}\,cm^2/s$，而 SO_2 和 NO_2 的共振 Raman 散射截面也可达 10^{-25} 和 $10^{-27}\,cm^2/s$。这和通常的 Raman 散射截面约 $10^{-30}\,cm^2/s$ 相比，依次分别有 10^6，10^5 和 10^3 的共振增强。利用这种增强特性，可有效地增强 Raman 散射激光雷达的探测能力。

五、差分吸收激光雷达对大气微量组分的探测

Raman 散射激光雷达可以实现大气组分的探测。但是，Raman 散射的截面太小，使得用 Raman 散射激光雷达只能探测浓度较高的大气组分。而大气中有些浓度量并不很高的组分，如 O_3，CO_2 等，其探测在大气和气象研究中也非常

重要。此外，在大气污染的探测中，除了要监测各种大气污染源的排放情况外，也要对这些污染源所排出的污染物在大气中的传播以及在城市环境大气中的分布进行监测。所有这些，都要求能对大气中微量（通常指含量在 10^{-6} 以下）组分进行探测。

在激光与大气相互作用的各种机制中，吸收具有很大的相互作用截面，使得利用吸收机制工作的激光雷达能达到 $10^{-6} \sim 10^{-8}$ 的探测灵敏度。同时，吸收又是一种共振过程，具有分辨大气组分的能力。因此，利用吸收机制工作的激光雷达能够满足上述对大气中微量组分进行探测的需求。利用吸收机制工作的激光雷达称为差分吸收激光雷达，文献中称之为 DIAL。

1. *差分吸收激光雷达原理*

前面讲过的几种散射激光雷达均是通过被探测大气物质对激光束的散射取得回波信号。对吸收激光雷达来说，可用的信号表现为被探测大气物质对激光束能量的吸收。为了得到吸收信号，经历了吸收的光还得通过大气物质散射回来，以形成激光雷达回波。也就是说，在差分吸收激光雷达中，既利用吸收而获得被探测组分的信息，又利用散射而形成回波。而且，为了尽量排除其他各种因素的影响，以获得准确的被探测组分的吸收信息，在差分吸收激光雷达中通常采用两束波长稍有差别的发射激光束。其中一束激光的波长选在被探测组分吸收峰的中心，使其受到最大吸收，记为 λ_{on}，另一束激光的波长则选在吸收峰的外边，使其受到的吸收尽可能小，记为 λ_{off}。

这样，对此两波长的激光雷达方程可分别写成

$$
\begin{aligned}
P(R,\lambda_{on}) &= \frac{K(\lambda_{on})}{R^2}\beta(R,\lambda_{on}) \cdot \exp\left\{-2\left[\int_0^R \alpha_0(\lambda_{on},R) + N_g(R)\cdot\sigma_g(\lambda_{on})\right]dR'\right\} \\
P(R,\lambda_{off}) &= \frac{K(\lambda_{off})}{R^2}\beta(R,\lambda_{off}) \cdot \exp\left\{-2\left[\int_0^R \alpha_0(\lambda_{on},R) + N_g(R)\cdot\sigma_g(\lambda_{off})\right]dR'\right\}
\end{aligned}
\tag{7.61}
$$

式中我们将指数项中原来常用的形式 $\alpha_a(\lambda,R)+\alpha_m(\lambda,R)$ 改成了 $\alpha_0(\lambda_{on}, R)+N_g(R)\cdot\sigma_g(\lambda_{on})$。这里，用 $\alpha_a(\lambda,R)$ 代表除被探测组分的吸收以外的所有大气物质的消光系数，它包括了大气气溶胶的消光和所有大气分子的散射，而将被探测组分的吸收抽出来，写成 $N_g(R)\cdot\sigma_g(\lambda)$ 的形式。其中，$N_g(R)$ 代表被探测组分密度的高度分布，$\sigma_g(\lambda)$ 为被探测组分的吸收系数。在被探测组分的吸收线附近，$\sigma_g(\lambda)$ 是波长 λ 的敏感函数。

将式（7.61）中的两式相除，由此可求得被探测组分的高度分布，为

$$
N_g(R) = \frac{1}{2[\sigma_g(\lambda_{on})-\sigma_g(\lambda_{off})]dR}\frac{d}{dR}\left[\ln\frac{P(\lambda_{off},R)}{P(\lambda_{on},R)} + \ln\frac{K(\lambda_{on},R)}{K(\lambda_{off},R)}\right] \tag{7.62}
$$

令 $\ln\frac{K(\lambda_{on}, R)}{K(\lambda_{off}, R)}=0$，则高度 R 处一厚度为 $\Delta R=R_2-R_1$ 的大气层中，则被探测组分的平均密度为

$$\overline{N}_g=\frac{1}{2(R_2-R_1)[\alpha_g(\lambda_{on})-\alpha_g(\lambda_{off})]}\left[\ln\frac{P(\lambda_{off},R)}{P(\lambda_{on},R_2)}+\ln\frac{K(\lambda_{on},R)}{K(\lambda_{off},R_1)}\right] \quad (7.63)$$

可见，被探测组分的密度仅与两通道回波信号之比和两波长处的吸收截面之差相关。

差分吸收激光雷达的最大优点是探测灵敏度高。表 7.7 给出了差分吸收激光雷达探测几种常见大气组分所能达到的探测灵敏度水平。可见，在紫外和可见光段，差分吸收激光雷达很适合用于探测 H_2O，O_3，SO_2，NO_2 等大气微量组分或大气污染，如果将使用波长扩展到红外波段，则还可探测 CO_2，CO，NO，CH_4 和其他多种碳氢化合物分子。

表 7.7 差分吸收激光雷达的探测灵敏度

分　子	波长/μm	在大气中的含量/$\times10^{-6}$	最小可探测量/$\times10^{-6}$
水汽	0.6944	4 000～30 000	3 000
CO	23 4.74	1～100 (15 typical)	2.5 0.1
NO_2	0.45	0.01～0.3	0.4
SO_2	0.30 8.88	0.01～0.3	0.04
C_6H_6	0.25		0.03
O_3	0.29 9.48	0.04～0.5	0.08 0.1
NH_3	10.7		0.03
NO	0.226	0.01～0.3	0.14
CH_4	3.39		0.07

差分吸收激光雷达的缺点是其结构和技术都比较复杂。从以上的介绍可见，利用差分吸收激光雷达每探测一种组分，需要使用两束波长不同的激光，而且对两波长（至少是其中之一）的准确性和稳定性均有严格要求。这样，在试图利用差分吸收激光雷达进行多个微量组分探测时，必然会导致激光雷达结构和操作技术上的复杂性。

2. 大气微量组分的探测

差分吸收激光雷达对大气微量组分的探测也可分为两类。一类是对与大气物理有关的微量组分，如 O_3 等的探测；另一类是对与大气污染有关的微量组分，如 SO_2，NO_2，NO 等的探测。

1）臭氧的探测

O_3 是大气中较为活泼的一种微量组分，并且有强烈吸收太阳紫外短波辐射的特性。因此是一种对大气中的化学过程、辐射平衡乃至保障人类的生存环境都有密切关系的大气微量组分。特别是近年来极区臭氧空洞现象的发现，更增加了人们对臭氧特性及其与人类活动关系的重视。差分吸收激光雷达作为一种很有效的臭氧探测手段，多年来在臭氧的探测研究中充分发挥了重要的作用。可分为对流层臭氧的探测和平流层臭氧探测。美国 NASA 的机载差分吸收激光雷达曾对对流层臭氧的探测有很好的结果，平流层臭氧探测需要较大的激光发射功率，故通常采用固定波长脉冲激光器方案，并作成台站式或车载式。

试验证明，在 30km 以下段，激光雷达探测结果与气球探空和火箭探空符合得很好，在 30km 以上直到大约 50km，激光雷达探测结果与火箭探空和卫星遥感均符合得很好。仅在 25km 附近卫星遥感结果与激光雷达探测结果有些差异。

另外，还可利用差分吸收激光雷达进行长期、连续的探测，可以获得平流层臭氧的分布及变化的重要资料。

2）大气污染的探测

用于大气污染探测的差分吸收激光雷达多做成车载形式，以便于进行区域流动探测。由于目前差分吸收激光雷达主要用于探测 SO_2，NO_2，O_3 和大气飘尘（气溶胶）等常见大气污染组分，因此其工作波段选在紫外和可见光。普通的技术方案是使用一套 Nd：YAG 激光激励染料激光的系统，用快速改变染料激光器振荡腔参数的办法实现双波长 λ_{on} 和 λ_{off} 的交替发射，两回波光由同一光电倍增管按顺序检测。探测气溶胶和 NO_2 时，可直接用可见光；探测 SO_2 和 O_3 时，需倍频成紫外光。接收望远镜直径通常不大，约 300～500nm 左右，但必须有扫描功能，以实现激光雷达收发的同步扫描。

关于共振荧光激光雷达对中层顶原子、离子的探测，大致情况如下：

荧光是一种截面很大的光与原子、分子相互作用机制。所不同的是，荧光容易被碰撞过程所淬灭，使其在探测低空大气的激光雷达中难以发挥作用。但是，在高空大气中，碰撞效应显著减弱，共振荧光激光雷达便显出了自己的优势。在大约 80km 以上高空，存在许多由原子和离子所形成的层次。其中，大约 80～110km，多为各种金属原子层；在其上更宽的高度范围，则为离子和电子构成的带电粒子层，称为电离层。由于原子和原子离子通常具有比分子或分子离子更大的共振荧光截面，因此更适合于激光雷达的探测。其中，金属钠原子具有较大的共振荧光截面、较大的粒子密度和最合适的共振荧光波长，因此对钠层的激光雷达探测最先实现。到目前为止，已成功进行过激光雷达探测的高空原子、离子有：钠、钾、锂、铁、钙等。在对锂层的探测中，稀薄到每立方厘米中仅有几个原子的锂层也被探测到，这是迄今为止激光雷达所达到的最高探测灵敏度。

第五节 对地观测卫星对大气圈的监测

大气圈是全球变化中最活跃的部分，物理气候系统和生物化学循环系统中许多相互影响、作用和交换的过程都要通过大气圈来完成。如全球的能量循环和水循环、碳循环等均离不开这一圈层。因此，利用对地观测卫星监测大气要素（温、压、湿、风）的垂直分布及其时间演变、大气中一些温室气体的含量及其变化、对辐射具有显著作用的云和气溶胶的含量及其变化等是十分重要和有意义的工作。应该说，对地观测卫星从诞生到现在的40多年，地球科学和航天科技这两个领域的专家一直在致力于这一问题的解决，到目前为止已经取得了巨大的进展，得到了许多有价值的成果，但离问题的最终解决尚需时日。本节将对这方面的成就进行概要地介绍。

一、大气参数的垂直分布探测

1. 大气温度和湿度探测

在地球大气的各种气体成分中，与电磁辐射发生相互作用的主要气体是二氧化碳（CO_2）、水汽和臭氧（O_3）。图7.20给出了大气成分在1.0～16μm波段范围内对电磁辐射的吸收带分布。大气所吸收的辐射能量的多少与大气中吸收气体的吸收特性和气体含量的多少有关。气体具有吸收某一光谱范围的辐射，同时又

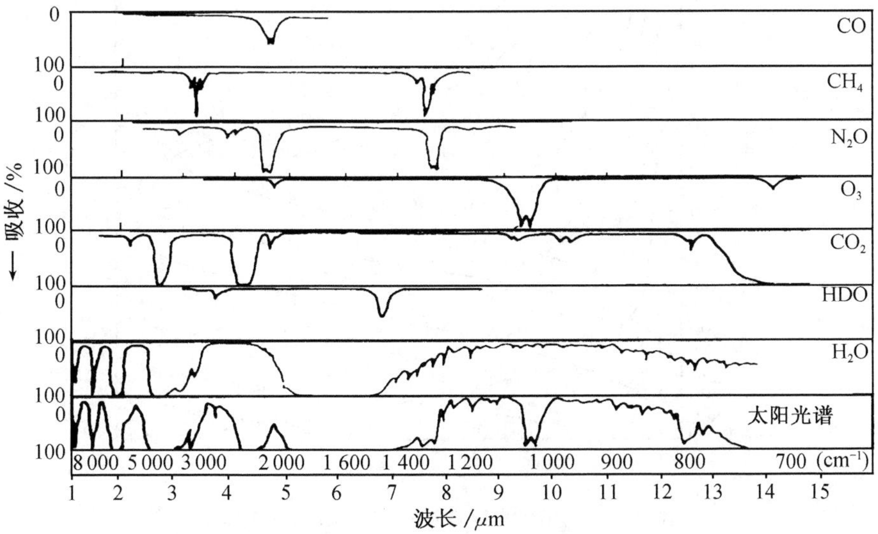

图7.20 1.0～16μm波段中不同成分沿垂直大气路径的吸收（方宗义等，2003）

以本身状态发射同一光谱范围辐射的特性。所以，在弱吸收光谱区，表面辐射被近地面层大气吸收，同时又从大气低层以自身温度发射同一波段的辐射到太空。在强吸收光谱区，当辐射通过大气时，表面辐射经过一个吸收和放射过程，到达太空的强吸收光谱区的辐射基本上来自于大气比较高的层次。在中等强度的吸收光谱区内，有效辐射层位于大气层的中间高度。因此，卫星在一个吸收带的中央（强吸收区）和两翼（相对弱的吸收区）选择若干个光谱带进行观测，就可以得到大气不同高度的热状态，进而得到大气温度的垂直分布。

为了更形象地说明这一问题，给出了 NOAA 泰罗斯（TIROS）卫星垂直探测器在 CO_2 15μm 吸收带附近 7 个探测通道的权重函数（图 7.21）。图上的纵坐标是以气压为单位的高度坐标，横坐标则是权重函数。某一通道权重函数的峰值高度，表示 CO_2 气体在该通道到达卫星探测器的辐射贡献最大的高度。7 个通道对应着 7 个有效辐射层。通过统计或数学物理处理技术，原则上就可以探测到大气垂直气柱内 7 个不同高度处的温度。采用插值处理技术，可以得到一条大气温度廓线。这就是气象卫星利用 CO_2 在红外波段 15μm 的吸收特性，探测大气温度垂直分布的原理简述。探测大气温度垂直分布的原理与此类似，但不同的是选择水汽在 6.7μm 吸收带和 13.7μm 的吸收带进行分光探测。

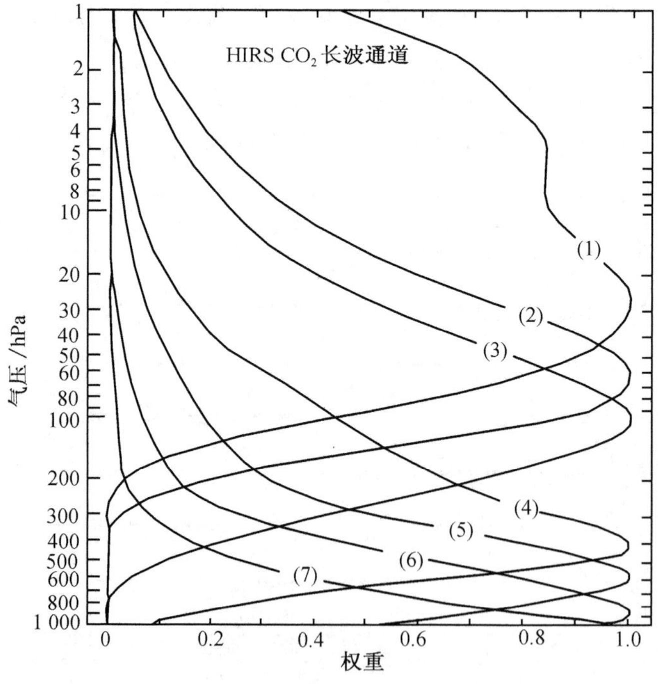

图 7.21　TIROS 垂直探测器 15μmCO_2 吸收带光谱通道权重函数（TOVS）（方宗义等，2003）

无论是 CO_2 还是水汽，他们的主要吸收带均分布在电磁辐射的红外波段。云中的水滴或冰晶对红外波段的辐射具有很强的吸收能力（屏蔽作用），卫星仅能探测到无云区和云顶以上大气温度的垂直分布。为了克服这一致命弱点，实现气象卫星的全天候探测，气象卫星设计者又选择了能够穿透云、本身又均匀分布的氧分子的（O_2）在 50～60GHz 的 10 余个通道来探测大气温度。ATOVS 就是把 CO_2 在红外波段 15μm 和 4.3μm 的吸收带，与 O_2 在 50～60GHz 的吸收带联合在一起，把 6.7μm 的水汽吸收带和 183.3GHz 的强水汽吸收带联合在一起，实现较好的全天候大气温度和湿度探测。

迄今为止，利用气象卫星探测大气温、湿度分布的工作已经开展了近 30 年，取得了长足的进步。但存在一个致命问题是探测精度尚不够高，垂直分辨率低。2002 年发射的 EOS 第二颗星 Aqua 给我们带来了希望。该星上的大气红外探测器 AIRS，在可见光、近红外、中红外和长波红外光谱范围，分 2 300 个波段进行探测，其水平分辨率为 13.5km，垂直分辨率 1km，反演温度的均方根误差有望达 1K 左右。若如此，则可以满足数值天气预报和气候监测的要求。

卫星探测得到的不同大气成分吸收带不同通道的测值，要经过预处理和处理之后才能将探测的计数值转换为湿度和温度。其中的预处理由资料提取、地理定位、辐射定标和各种订正（如临边变暗订正、水汽订正和表面发射率订正等）组成。在反演处理中则包括初估场的获取，正演亮温误差的统计修正、反演通道的最佳选择、物理反演计算等几个步骤。对得到的不同高度反演温度进行真实性检验后，就得到了卫星遥感的大气温度垂直分布。

目前，全球的所有与世界气象组织下属的全球通讯系统（GTS）相连接的国家，均可以得到由华盛顿发送的，NESDIS 处理生成的全球卫星反演的各标准等压面上的温度场、湿度场和高度场。由于卫星遥感大气温、湿度的探测器正处于迅速发展阶段，相应的处理软件也必须跟着改变。因此，尚难以生成有代表性的全球大气温、湿度的多年平均气候产品。

2. 卫星云迹风探测

风是大气中最重要的动力学参数，但卫星上的遥感探测器目前尚没有直接跟踪和观测大气运动的能力。所以，早期的卫星云图分析人员，均从云型特征、天气系统和风场的统计相关关系，来间接地推测风场。自从短时间间隔的静止气象卫星图像观测取得成功以后，一种想法提出来了：如果在半小时时间内云的生消变化不大，卫星图像上云的移动就是大气气流对它平流的结果，若能准确地求出云的移动矢量，这就是风。为此，必须解决以下几个问题。

（1）示踪云的选择。

（2）云图的精确定位和图像配准。

(3) 示踪云高度的确定。

云是随着大气中的天气系统发生或消散的。通常我们在卫星云图上所看到的云移动，实际上由两部分组成：一是随着天气系统移动而伴随的云的生、消活动。其二则是云一生成后，受环境流场的作用而产生的平流运动。后者正是我们所说的风矢量，当然，它就是我们要选的示踪云。这是需要一套分析识别原则来确定的。

云图的精确定位是指在一幅卫星图像上，我们在确定任意像素的经、纬度时，考虑了由于卫星姿态、卫星轨道参数等因素引起的位置变化，使定位的准确度小于1个像元。这是一个很高的要求，但这也是必须达到的要求。我们可以粗略地估计，在目前运行的静止气象卫星中，1个红外像元是4km，半小时4km的定位误差就会导致2.2m/s的测风误差。若定位误差是两个像元，则这一项带来的误差将是难以容忍的。

所谓图像匹配问题，就是用于计算风的连续两幅卫星图像的定位栅格的一致性问题。如果卫星的轨道和姿态预报均已达到足够高的精度，则不存在这一问题。当卫星的轨道和姿态达不到要求，一些卫星业务运行中心的做法是采用精细的地标导航方法对每幅云图均作到精确的定位，则二者定位栅格的一致性就会达到测风计算的要求。

示踪云高度的确定是一个重要而难度大的问题。由于大气中的风存在着显著的水平变化和垂直变化，尤其是在对流层顶附近，风的垂直切变可以达到每公里10～30m/s，如果把10km高度的云误定为11km，则仅此一项带来的误差就不能承受。为此，国内外的卫星气象工作者进行了多方面的研究。我国专家提出了“用红外和水汽两个通道的卫星测值指定云迹风高度”的方法。其核心是利用不同云类在红外窗区和水汽吸收带的辐射特性的差异，通过其点聚图将低云区、半透明卷云区和密蔽的高云区区分开来。在低云区和密蔽高云区用红外窗区测值确定云高；在半透明的卷云区，用红外和水汽两个通道的测值确定云高，取得了较好的效果。为了增加示踪信号，尤其是无云的晴空区的示踪信号，近年来卫星气象工作者又发展了以水汽图像上的水汽块为示踪信号的水汽风处理方法，也取得了很好的效果。

上述云迹风制作过程的原理说明，由这一方法得到的风场资料在水平方向上是不均匀的，只有在有示踪云的地方才有风的信息；在垂直分布上更不均匀，它取决于示踪云的高度。相邻两块云得到的风场资料，其高度相差可以大到几公里。

云迹风的上述特点决定了它在洋面上空，特别是热带洋面上空，风的密度大，无其他测风资料，是重要而有用的风场信息。在中纬度，风的密度小，有探空资料可用，是有用的风场补充信息。

二、大气成分监测

大气成分中的温室气体，通过它的辐射效应改变着地气系统的辐射平衡和气候变化，使之成为全球变化研究中最受重视的部分之一。本节主要介绍利用对地观测卫星能有效监测的部分这类气体，如臭氧、大气中的气溶胶。

1. 臭氧监测

从 20 世纪 70 年代开始，全球臭氧总量开始呈下降趋势，80 年代以来，臭氧总量减少趋势比 70 年代快得多，高纬度地区减少的趋势比低纬度地区快得多，南半球更甚，出现南极臭氧空洞。且 1991～1993 年臭氧空洞继续加大，1993 年 9～10 月份臭氧空洞面积超过 $24\times10^{11}\,km^2$，比两个半中国的面积还大。平流层臭氧含量减少，势必减少那里对太阳紫外辐射的吸收，将引起平流层温度的降低，势必影响到对流层，显示出气候变化效应。当大气臭氧总量减少时，太阳紫外辐射的波长越短，地面接收能量增加的相对量越大，例如，在波长 296.3nm，当臭氧总量减少一半，到达地面的太阳辐射强度将增加 50 倍。波长较短的太阳紫外辐射大量增加，将对自然生态系统和人类健康产生灾难性的影响，大气臭氧层一旦破坏，难以恢复。因此，臭氧层中的臭氧含量是影响地面生态环境的重要因素。

监测臭氧的原理如果在人造地球卫星上安装一台光谱仪，通过测量某些特定谱线（即那种气体成分的吸收线）存在与否，来确定大气中是否存在着那种气体，是探测它的行之有效的方法。在大气温度廓线已知的情况下，通过测量吸收谱线的强度，还可以得到那种气体成分的浓度。臭氧的强吸收带主要位于波长短于 0.36μm 的紫外波段、9～10μm 的地球辐射的红外波段，此外，对 0.46～0.74μm 的可见光波段也有吸收。

目前在对地观测卫星上广泛采用的探测器，如 NOAA TIROS 系列卫星的 TOVS 探测器上的 9.6μm 探测通道，就是通过测量地面发射的电磁辐射在臭氧 9.6μm 吸收带处被大气中臭氧吸收的状况来探测大气中臭氧的含量。同样，太阳后向紫外散射仪（SBUV），是通过测量地表反射的大气后向散射的太阳紫外辐射量来反演大气臭氧的垂直分布。所不同的是 TOVS 选用红外吸收带，测量的是地表辐射在红外波段被臭氧吸收的状况；SBUV 则选用臭氧在紫外光谱内的吸收带，测量的是太阳辐射在紫外波段被臭氧吸收的状况。

专门用于测量臭氧含量的主要星载遥感探测器有两个。一个是 SBUV，另一个是臭氧总量制图光谱仪（TOMS）。就观测原理而论 SBUV 和 TOMS 是一样的，测量技术也类似。

TOMS 是通过测量后向太阳紫外辐射中的 4 个光谱通道的辐射值（其波长

分别为：312nm、317nm、331nm 和 339 nm 其中臭氧的最强吸收（312nm）辐射和最弱吸收（331nm）辐射的比值就可以反演出大气柱中臭氧的总量。在实际反演算式中用了 3 个通道来进一步订正地面反射率、波长漂移及大观测角臭氧垂直分布等因素的影响，从而提高利用探测结果反演臭氧总量的精度。经地面陶普生（Dobson）测量资料校正，除去系统偏差，TOMS 对臭氧总量的反演精度可达 5%以上。TOMS 的扫描幅宽 2 300km，地面分辨率 50～100km，每天可得到一幅全球的臭氧总量分布图。

SBUV 与 TOMS 的不同之点是：SBUV 是一个不扫描、仅对星下点进行观测的仪器，视场 200km；SBUV 是一个具有 12 个波长的单色仪，除具有与 TOMS 相似的探测大气较低层臭氧的 4 个通道而外，还有位于更短波长范围（255～300nm），吸收更强的 8 个光谱通道。吸收愈强的波段，太阳辐射从大气层顶向下渗透的距离愈短，即探测得到的是大气高层的臭氧。随着吸收能力的降低，太阳紫外辐射中相应波段的辐射就可从大气层顶向下渗透愈来愈深，也即探测得到的臭氧表示较低高度的值。例如，波长 288nm 的紫外辐射可以穿透至 38km 高度，而波长更短的 255nm 的太阳紫外辐射则只能穿透至 50km 高度处。换言之，这些波段的太阳紫外辐射已被相应高度以上的大气中的臭氧全部吸收完毕。在此高度以下的太阳紫外辐射中，已不存在该波长的辐射，当然，也就没有向太空的后向散射。与前面介绍的探测大气温度垂直分布的原理相似，SBUV 各通道的权重函数的垂直分布说明，某一通道的紫外后向散射测值主要来自该通道权重函数的峰值高度，即此测值相当于对那个高度的臭氧的测量。

目前，利用 SBUV 反演大气臭氧垂直分布的算法多采用统计方法，即把大气分为 12 层，每层厚 5km，从平流层底开始，12 个通道的每一个通道（从臭氧紫外吸收带的波长较长处开始），随着波长变短，分别对应由平流层底向上每一个层次的臭氧含量。

卫星监测臭氧的状况和结果：雨云 4 号试验气象卫星上的紫外散射仪是最早安装在气象卫星上测量臭氧的遥感探测器，它从 1970～1977 年成功地获取了 7 年资料。SBUV 和 TOMS 则安装在雨云 7 号试验气象卫星上，1978 年一直工作到 1990 年。此后，改进的 SBUV/2 型仪器安装在 NOAA-11 气象卫星上，从 1989 年一直运行到 1994 年。此外，NOAA 卫星上 TOVS 探测器中的高分辨红外光谱仪（HIRS）一直有探测臭氧的 9.6μm 通道、具有连续地探测臭氧总量的能力。

20 世纪 80 年代中期，国家卫星气象中心已发展出了从 TOVS 探测资料中提取出大气臭氧总量的软件。图 7.22 是处理臭氧的信息流程图。预处理之后，通过对 HIRS 资料的处理得到臭氧的初始廓线，然而利用 9.6μm 的辐射测值，对初始廓线进行调整，经过多次迭代，收敛之后得到臭氧总量分布，与地面两个臭氧观测站的实测资料比较表明，其平均绝对误差约 3%。

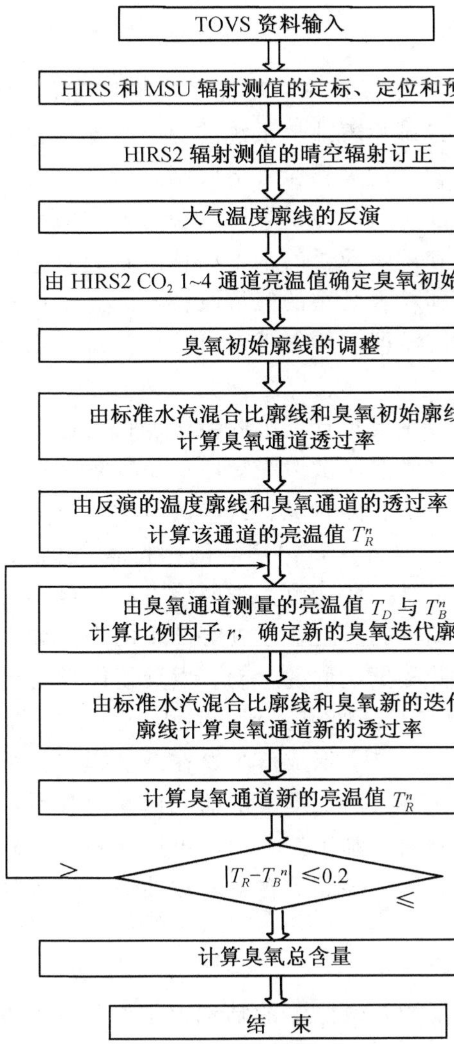

图 7.22 计算臭氧总含量的流程图（方宗义等，2003）

雨云-7 号卫星上的 TOMS 探测器共获得了 14 年的资料（1978 年 11 月至 1993 年 5 月）。此后，该仪器相继搭载在 NOAA-11、Probe、Meteor3 和 ADEOS 等卫星平台上。因此，1978 年至今这一类资料是连续的。在所有上述探测资料中，TOMS 的反演精度优于 5%，SBUV 的偏差通常小于 10%。对这些资料的分析表明，全球臭氧总量在不同时间尺度上（季、年、准 2 年、11 年等）都存在着变化趋势，这些资料也帮助我们分析了南极臭氧洞的演变，为科学地研究臭氧层的演变，尤其是它的损耗状况及其对地球表面人类健康的影响提供了基本信息。

2. 大气气溶胶监测

气溶胶是大气中十分重要的成分，在很多生物地球化学循环中具有重要作用。它的光学厚度分布直接影响着地气系统的辐射收支；它的粒径和性质与成云的效率和大气水循环直接相关；大颗粒气溶胶则是衡量空气质量，关系人类健康的重要因素，极端情况下沙尘或沙尘暴爆发则会对人类活动带来多方面影响。

卫星遥感监测气溶胶和沙尘粒子的基本原理是它们对太阳可见光和近红外波段的反射和散射。由于不同粒径大小的气溶胶粒子的光学特性有差异，这样利用星载遥感探测器得到的不同波段的辐射就有可能反演得到相应粒子气溶胶的光学厚度。

大气气溶胶的光学参数主要包括气溶胶粒子的折射指数、大小谱分布、不对称因子和散射相关函数等，气溶胶散射光学厚度是气溶胶粒子各个特征参数的综合效应，集中体现了大气气溶胶的状况。我国的科学家研制的基于暗目标的遥感图像大气气溶胶光学厚度获取方法，可用于遥感图像气溶胶光学厚度的实时获取，该方法结果与地面测量结果较一致，说明该方法是可行的。

火山爆发、森林或草场火灾、工业废气等产生的烟尘和火柱，可直接在遥感图像上确定位置和范围，并根据它们的运动、发展规律进行预测、预报。比如从北京地区的 TM 影像和 SPOT 影像观测到石景山电厂烟囱排入大气的烟尘，就是很好的例子。此外，这些污染会形成落尘，在低空飘浮，可以通过探测植物的受害程度来间接分析，或在降雪后探测雪层的光谱变化和污粒含量。可以通过可见光图像、红外图像等来判断。利用气象卫星可见光和近红外谱段的测量，在海洋上的晴空区可以估计出大气气溶胶的含量，对陆地上气溶胶含量的估算的研究也在进行中。

1）沙尘暴监测

沙尘暴是利用气象卫星能有效监测的陆地上空气溶胶含量的一种特殊情况。因为沙尘暴爆发之后，悬浮在大气中不同粒径的沙尘粒子已经足够多，使卫星遥感探测器监测到的辐射均来自沙尘本身。即可见光和近红外通道测得的沙尘对太阳光的反射和散射辐射，红外波段测得的则是沙尘顶部的发射辐射。通过对某一地区（如中国西北地区）云、沙尘和地表在 AVHRR 各通道的统计分析，一些低云与沙尘顶部的亮温很相近，但二者在反射率上却有显著差别；西北地区裸露的地表与沙尘在可见光通道的反射率上很相近，但二者在红外通道和亮温上又有明显差别。根据这些特点，可以对可见光、近红外和红外通道进行单通道增强，然后进行三通道的 R、G、B 合成，在合成的图像上可以很容易地将沙尘、低云和地表区分开来。目前，广泛采用的利用遥感卫星图像监测沙尘的方法均建立在这一思路之上。图 7.23 就是按此方法制作出来的一幅 3 通道真彩图色合成图，该图为风云一号卫星 2002 年 4 月 7 日上午监测的沙尘暴图像，图中显示东北地区大部、内蒙古中东部、河北北部出现大范围沙尘暴。

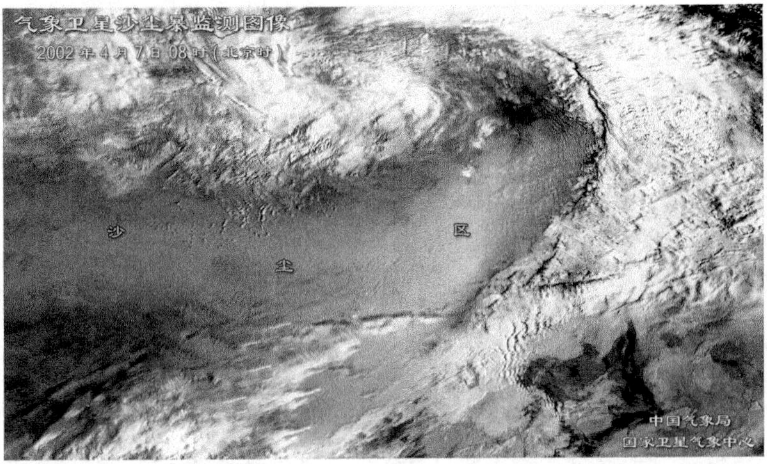

图 7.23　卫星监测的沙尘暴过程（2002 年 4 月 7 日）

2）海洋上空的气溶胶监测

气溶胶主要是由两种过程产生的。一是地球表面的物质（如土壤颗粒、海盐粒子、生物燃烧后的微粒和工业的废弃尘粒等）通过物理和化学过程进入、并分布于大气中；二是大气中的化学反应，凝聚等过程形成的粒子。这些粒子的直径在 0.01～1μm 之间，卫星可见光通道探测得到的气溶胶粒子对可见光的多次散射辐射值是卫星遥感气溶胶的基础。但是，其散射值的大小与粒子的大小、粒子浓度和光谱分布有关。下垫面的反射辐射有一部分可以透过气溶胶到达外空。因此，在晴空大气条件下，卫星上探测到的可见光辐射由下垫面反射的太阳辐射透过气溶胶部分与气溶胶多次散射返回太空的部分组成。这样，卫星遥感气溶胶的难度要比监测沙尘暴和沙尘的难度大得多。因为，首先必须从卫星遥感的可见光辐射值中区分出哪些来自下垫面反射，多少是气溶胶的多次散射值。

为什么在利用卫星遥感手段监测气溶胶的工作中首先得到解决的是海洋上空的气溶胶遥感，就是因为海洋表面的反射率小于 10%，且海表十分均匀。这样带来了基本不需要扣除下垫面背景辐射的影响问题，即海洋上空卫星遥感的可见光辐射值就是大气中气溶胶的多次散射辐射值。

海洋上空遥感气溶胶常用方法是查找表法。依据 MODIS 或 AVHRR 的观测光谱通道，利用包含有大气分子和气溶胶粒子多次散射、地表对阳光反射的角分布和光偏振的辐射传输模式，针对 11 种气溶胶模式，计算在 15 个天顶观测角（即在天顶角 115°～88°的范围内，每间隔 6°取一个计算角），15 个方位角（即在

0°～180°的方位角范围内，每 12°取一个计算角）和在 7 个太阳入射角情况下散射回太空的相应光谱通道的辐射值。将这些计算结果列成表。一旦得到海洋上空晴空区的遥感通道辐射值，通过查找表就可以得到大气中气溶胶的光学厚度和粒子大小的谱分布等参数。图 7.24 是利用 MODIS 卫星的可见光和近红外通道反演得到的大西洋上空不同气溶胶粒子的光学厚度。

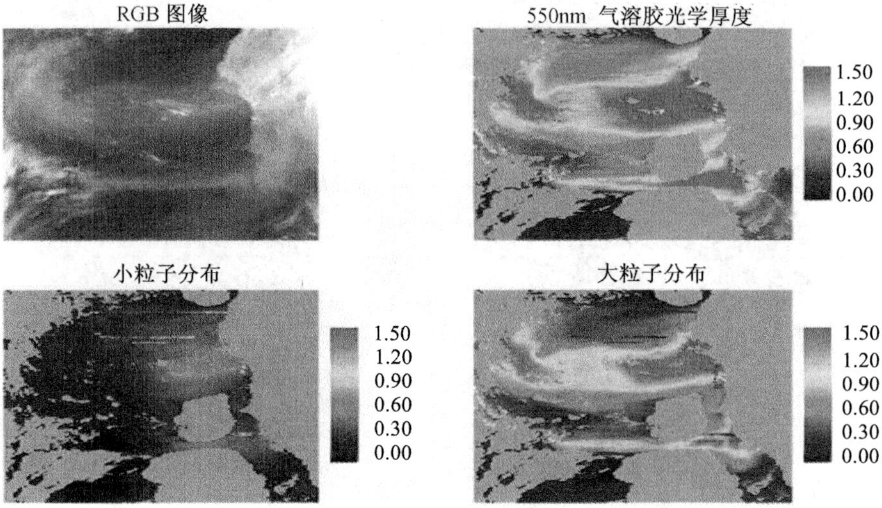

图 7.24　Terra 卫星 MODIS 遥感探测器得到的大西洋上空的气溶胶光学厚度（2000 年 2 月 29 日）

3）陆地上空的气溶胶监测

前面已经交待，陆地上空遥感气溶胶的最大困难是地表反射辐射的扣除问题。为了解决这一问题，MODIS 在可见光和近红外有 7 个探测通道，其光谱分辨率在 20～50nm 之间。尽管在整个可见光波段地表是一个亮背景，难以扣除，但其中的某些窄波段，如覆盖植被和裸土的地表在红光（0.62～0.67μm）和蓝光（0.46～0.48μm）波段的反射率低，表现为暗背景。MODIS 的第一、第三通道的光谱范围分别是 0.60～0.68μm 和 0.40～0.48μm，正好是暗背景。另一方面，气溶胶对空间观测辐射的影响随波长按 λ_1 到 Y 的比例递减，到中红外波段气溶胶对观测辐射的影响要比可见光波段小得多。因此，通过比较中红外波段与蓝光和红光波段的反射率就可以确定是否有暗背景存在。然后，利用暗背景通道在陆地晴空区的卫星遥感辐射测值，作为陆地上空估算气溶胶光学厚度的主要依据。在暗背景情况下，反演陆地上空气溶胶的步骤大致可以概括如下：

利用中红外通道遥感得到的反射率（2.1μm 和 3.8μm），相当于第 7 和第 20 通道，确定在蓝光（0.47μm）和红光（0.66μm）通道是否存在暗背景像元；

利用中红外通道的观测值估算暗像元在红光和蓝光通道的反射率；

利用全球气溶胶分布数据库，确定气溶胶类型，及其在红光和蓝光通道路径辐射之比值；

利用由地基遥感和地面观测的气溶胶谱分布及相关信息，得到描述气溶胶谱分布，折射指数、单次散射反照率等的动态气溶胶模型；

利用由动态气溶胶模型计算出来的查找表，根据卫星观测的辐射得到气溶胶的光学厚度、体积浓度和谱分布。

下面着重介绍针对 EOS-MODIS 辐射仪提出的用于全球陆地上空气溶胶遥感的方法。用 MODIS 的 36 个光谱通道中用于气溶胶遥感的通道是分辨率为 250m 的 0.66μm 通道（红光）和分辨率为 500m 的 0.47μm 通道（蓝光）和 2.1μm 通道和分辨率为 1km 的 3.8μm 通道。此外，还要应用 11μm 的红外窗区通道来订正 3.8μm 通道的地表辐射。此外，还要利用 1μm 的水汽通道订正大气可降水总量，9.6μm 通道订正臭氧总量。通过云检测，确定出晴空像元之后，求取全球气溶胶光学厚度，质量浓度和辐射强度分布，其步骤可概括如下：

第一步，选取暗背景像元，确定其地表反射率。利用 2.1μm 通道的反射率，以及它与蓝光、红光的地表反射率的经验关系，可以较精确地得出地表反射率。

第二步，初步估计光学厚度。利用全球大陆及气溶胶模式和卫星测得的红光通道和蓝光通道表观反照率，推算气溶胶的光学厚度。

第三步，确定气溶胶模式利用第二步得到的气溶胶光学厚度，确定气溶胶模式和在蓝光、红光通道气溶胶的单次散射的路径之比。利用此比值可以区分出沙尘气溶胶模式和非沙尘气溶胶模式。

第四步，重新计算气溶胶的光学厚度根据气溶胶模式订正红光和蓝光的光学厚度。利用大陆模式气溶胶等新模式气溶胶的转换关系，得到重新计算的气溶胶光学厚度。

第五步，次栅格计算以上计算的气溶胶的分辨率是 10km×10km。对于空间变化剧烈的气溶胶就显得不够。为此，首先利用 10km×10km 气溶胶的光学厚度和标准差来确定是否需要订正，如对标准差与光学厚度之比大于 0.5，则气溶胶的空间变化剧烈，需要订正。然后，将栅格分成 5km×5km，重新计算。

以上介绍的海洋上空气溶胶遥感算法和陆地上空的气溶胶遥感算法的产品均与地面太阳分光光度计的观测进行了对比分析，有一定的准确率，取得了可初步应用的成果。但离问题的完全解决还有相当长的距离。其中有遥感通道的光谱分辨率和精度问题，有计算中所使用的辐射传输模式问题，还有气溶胶模型的代表性和完善程度等问题。

为了弄清高空气溶胶状况，美国 1979 年 2 月发射了平流层气溶胶和气体实验卫星（SAGE），卫星通过日出和日落时在 4 个波长（0.38μm、0.45μm、0.6μm 和 1.0μm）测量太阳辐射透过地球大气时的衰减系数来探测气溶胶，该卫星提供了全球的气溶胶分布资料。

思 考 题

1. 最常用的大气分层法有哪几种？根据大气热力结构可将大气分成几层？
2. 对流层内大气的主要成分包括哪些？
3. 大气污染是如何发生的？主要的大气污染物有哪些？
4. 简述电磁辐射的散射和吸收特性。
5. 何为大气窗口？大气窗口的光波段主要有哪些？
6. 何为大气光学厚度？
7. 简述被动式大气遥感和主动式大气遥感的异同。
8. 被动式大气微波遥感的特色与优点是什么？
9. 简述大气探测激光雷达的工作原理。
10. 简述 Mie 散射激光雷达对大气气溶胶的探测原理。
11. 简述 Raman 散射激光雷达对大气组分的探测原理。
12. 什么是差分吸收激光雷达，其基本原理是什么？

主要参考文献

陈述彭，童庆禧，郭华东 . 1998. 遥感信息机理 . 北京：科学出版社
陈英旭 . 2001. 环境学 . 北京：中国科学技术出版社
董超华 . 2001. 气象卫星遥感反演和应用论文集 . 北京：海洋出版社
方宗义，刘玉洁，朱小祥 . 2003. 对地观测卫星在全球变化中的应用 . 北京：气象出版社
国家环境保护总局 . 2003. 第一届环境遥感应用技术国际研讨会论文集
教育部师范教育司组织编写 . 2000. 物理学与高新技术 . 上海：上海科技教育出版社
昆廷 L 威尔克斯，维克托 I 迈耶斯等 . 1986. 遥感手册 . 第十分册 . 北京：国防工业出版社
李树楷 . 1992. 全球环境、资源遥感分析 . 北京：测绘出版社
刘玉洁，杨忠东等 . 2001. MODIS 遥感信息处理与算法 . 北京：科学出版社
马光等 . 2000. 环境与可持续发展导论 . 北京：科学出版社
彭望琭，白振平等 . 2002. 遥感概论 . 北京：高等教育出版社
盛裴轩，毛节泰等 . 2003. 大气物理学 . 北京：北京大学出版社
孙景群 . 1986. 激光大气探测 . 北京：科学出版社
汤定元，陈宁锵等 . 1979. 遥感手册 . 第一分册 . 北京：国防工业出版社
童庆禧，郑立中 . 2001. 中国遥感奋进创新 20 年学术论文集 . 北京：气象出版社
吴邦灿，费龙 . 1999. 现代环境监测技术 . 北京：中国环境科学出版社

徐祥德，许健民，王继志. 2003. 大气遥感再分析场构造技术与原理. 北京：气象出版社
阎吉祥，龚顺生，刘智深. 2001. 环境监测激光雷达. 北京：科学出版社
张钧屏，方艾里，万志龙等. 2001. 对地观测与对空监测. 北京：科学出版社
赵英时. 2003. 遥感应用分析原理与方法. 北京：科学出版社
周秀骥. 1992. 大气微波辐射遥感原理. 北京：科学出版社
中国科学院遥感所. 1999. 遥感知识创新文集. 北京：中国科学技术出版社
Charles Elachi. 1987. 遥感的物理学和技术概论. 王松皋等译. 北京：气象出版社

第八章　生态环境遥感

第一节　生态环境概述

一、生态环境的含义

生态学中的“生态”这个词的含义是指生物与其生存环境的关系，但在环境保护的实际工作中，又常常应用“生态环境”这个词。《中华人民共和国环境保护法》第一章总则第一条中，将环境区分为生活环境与生态环境两部分。1999年1月6日经国务院常务会议通过的《全国生态环境建设规划》中，也应用生态环境这个词。在环境保护的实际工作的其他方面，也常常应用生态环境这个词。

生态环境主要是指除环境污染之外的人类生存的环境。生态环境主要包括自然生态环境、农业环境、城市生态环境三部分。其中自然生态环境是基础，是主要部分；农业环境是半人工生态环境，是在自然环境的基础上经人类改造发展起来的；城市生态环境则主要是人类建设的产物。

地球表层自然生态环境由于自然界本身的变化带来的不良影响，称自然灾害，例如，火山喷发、地震、海啸、台风、洪水、干旱等。如果由于人为的原因，人为的活动给自然生态环境带来直接或间接的破坏，称生态破坏。例如，乱砍滥伐森林造成水土流失；过度放牧造成草原退化沙化；过度捕捞造成鱼类资源枯竭；超采地下水造成地下水位下降、水质变坏、地面塌陷等。

生态破坏与环境污染是不同的。环境污染是由于人类活动排放出的物质和能量进入环境造成的，例如，大气污染、水污染、噪声等。生态破坏是非污染性的，是指人类活动给自然生态环境带来的直接或间接的破坏。

二、自然生态环境

1. 自然生态环境组成和结构

自然生态环境是地球长期演化形成的，包括非生物因子和生物因子两类组成部分。

非生物因子包括阳光、空气、岩石、矿物、土壤、河流、湖泊、湿地、地下水、海洋等；生物因子包括植物、动物和微生物。非生物因子组成岩石圈、大气圈和水圈，而生物因子则组成生物圈。

1）岩石圈

是指地壳及上地幔部分。地壳的平均厚度约17km，其中又分为花岗岩层、玄武岩层和橄榄岩层。岩石圈由各种岩石组成，其中包括岩浆岩、沉积岩和变质岩。岩石圈中包括含有的各种矿物。岩石圈地表岩石经日晒、风吹、雨淋、水冲、冰冻等物理和化学作用风化破碎分解，再经生物作用形成土壤覆盖层。土壤是生物万物生息的基础，是无机物向有机物转化的关键环节。

2）大气圈

大气圈是包围地球表面的气体圈层，其厚度达数千公里。大气圈分为对流层、平流层、中间层和逸散层。平流层下部还存在薄薄的一层臭氧层。臭氧层的存在对地球上的生物免遭太阳光中的紫外线的照射及破坏起到了保护作用，被称之为是“生命之伞”。大气圈主要由氮气和氧气组成，还含有少量的二氧化碳和不同含量的水蒸气。大气圈中的二氧化碳含量虽小，但作用很大，它可以阻止地球表面长波辐射的散失，对地球表层有增温作用。大气圈中的水蒸气含量不定，但却可形成雾、云、降水，对地球表层环境的水的循环和能量的交换起到了重要的作用。大气圈的形成和演化经历了漫长而复杂的过程，受到岩石圈、水圈、生物圈的深刻影响，又给岩石圈、水圈、生物圈带来巨大的作用。总之，大气圈的状况和运动对整个自然生态环境影响巨大而深刻。

3）水圈

地球表层各种形态的水的总和称之为水圈。它覆盖地球表面72%以上的面积，仅海洋就占地球表面71%的面积。水圈中海洋占97%的质量，陆地水仅占3%的质量，其中绝大部分是两极的冰盖。水圈的存在对自然生态环境影响巨大，特别是水在自然生态环境中的运动与循环，对自然生态环境中的物质与能量的运动与交换，对塑造地球表层的自然生态环境起到了重要作用，对生物的形成与发展也起到了至关重要的作用。

4）生物圈

生物圈是地球表层全部有机体与之相互作用的生存环境的整体。生物圈中的生物体包括植物、动物和微生物。生物圈是岩石圈、大气圈、水圈长期演化并相互作用的产物。

同时生物圈中的植物、动物、微生物对岩石圈（特别是土壤），也对大气圈、水圈的组成和演化有广泛而深刻的影响与作用。生物圈是整个地球表层生态环境中最活跃、最敏感、最脆弱的部分。生态环境的破坏往往最先表现在生物圈，而生物圈的破坏又往往带来整个生态环境的破坏。可以说生物圈是生态环境的晴雨表。

2. 自然生态环境的特点

1）整体性

自然生态环境的组成是复杂多样的，但其所有组成部分又形成一个统一的有机的整体，既互为依存，又互为制约，往往是牵一发而动全身。

首先从自然生态环境演化过程来看，某些组成部分孕育了其他组成部分，例如，岩石圈的形成和演化产生了地球原始的大气圈；岩石圈和原始大气圈的相互作用产生了最早的水圈；岩石圈、大气圈、水圈的长期相互作用产生了生物圈。

其次是自然生态环境组成部分之间互相影响和作用，例如，生物圈的形成和演化极大地改变大气圈、水圈的面貌；水圈则对大气圈、岩石圈又产生了深刻的影响；至于大气圈对岩石圈的影响和作用也是显而易见的。

再者自然生态环境各组成部分之间有物质流能量流相沟通、相联系，彼此渗透，彼此融合。岩石圈中有空气、水、生物，大气圈中有矿物质、水汽、生物，水圈中含矿物质、空气、生物；生物圈更离不开岩石圈、大气圈和水圈；土壤则是岩石圈、大气圈、水圈、生物圈长期相互作用、渗透、融合的产物。

2）区域性

因为地球是围绕太阳旋转的球体，因此地球表层的自然生态环境由于所处纬度位置、海陆位置、地形地貌和地质条件各不相同，带来生态条件各不相同，进而产生了生态环境区域分异。这就是自然生态环境的区域性。

由于纬度位置不同主要产生光热的差异，形成了热带、亚热带、暖温带、温带、寒温带、寒带的区域分异。

由于大气环流和海陆位置的不同产生的是水分的分异，带来了不同降水量和蒸发量，形成了湿润区、半湿润区、半干旱区、干旱区的区域分异。

由于地形地貌的不同，光热水分都有分异，产生了山地垂直地带性区域分异、山地阳坡与阴坡、迎风坡与背风坡等区域分异。

由于地质条件不同，也造成了某些区域分异，如由于岩石性质不同，形成了不同的地貌景观和土壤，带来了不同旅游风光和不同植被作物；由于地质构造的原因，也会形成某些区域分异，例如，火山、温泉、地下热水。

3）开放性

地球表层的自然生态环境是开放系统。它与宇宙空间和地球内部都有物质和能量的流动与交换。宇宙空间有大量的太阳光能和宇宙射线进入地球表层自然生态环境。陨石由宇宙空间不断地进入地球大气圈，少量直接达到地球表面。地球内部通过地震等形式向地球表面释放大量能量，还通过火山喷发向地球表面喷出大量火山物质，包括火山气体、火山灰、火山熔岩等。

非常难得的是，地球自然生态环境的开放性带有宝贵的自我调节、自我保护功能。厚厚的大气层将绝大部分陨石燃烧掉，使地表免遭陨石过多的破坏。大气圈中臭氧层又将太阳光中对生物细胞有杀伤破坏作用的紫外线大部分过滤掉，只有少量对生物有益无害的紫外线到达地球表面。地球表面又由一层又薄又硬又凉的地壳，将地幔火热的岩浆与地表自然生态环境隔开，保护了整个自然生态环境和生物界。

3. 当代全球面临的主要生态环境问题

近代工业革命使人与自然环境的关系又一次发生巨大变化。特别从 20 世纪中叶开始，科学技术的飞跃发展和世界经济的迅速增长，使人类征服自然环境的足迹踏遍了全球，人成为主宰全球生态系统的至关重要的一支力量。在第二次世界大战后短短的几十年历程中，生态环境问题迅速从地区性问题发展成为波及世界各国的全球性问题，从简单问题（可分类、可定量、易解决、低风险、近期可见性）发展到复杂问题（不可分类、不可量化、不易解决、高风险、长期性），出现了一系列国际社会关注的热点问题，如气候变化、臭氧层破坏、森林破坏与生物多样性减少、大气及酸雨污染、淡水资源危机、土地荒漠化、国际水域与海洋污染、有毒化学品污染和有害废物越境转移等。比较典型的问题有：

1）全球变暖

全球变暖是指全球气温升高。近 100 多年来，全球平均气温经历了冷-暖-冷-暖两次波动，总的来看为上升趋势。20 世纪进入 80 年代后，全球气温明显上升。1981～1990 年全球平均气温比 100 年前上升了 0.48 ℃ 。导致全球变暖的主要原因是人类在近一个世纪以来大量使用矿物燃料（如煤、石油等），排放出大量的 CO_2 等多种温室气体。由于这些温室气体对来自太阳辐射的短波具有高度的透过性，而对地球反射出来的长波辐射具有高度的吸收性，也就是常说的“温室效应”，导致全球气候变暖。全球变暖的后果，会使全球降水量重新分配，冰川和冻土消融，海平面上升等，既危害自然生态系统的平衡，更威胁人类的食物供应和居住环境。

2）臭氧层破坏

1985 年，英国科学家观测到南极上空出现臭氧层空洞，并证实其同氟利昂（CFCs）分解产生的氯原子有直接关系。这一消息震惊了全世界。到 1994 年，南极上空的臭氧层破坏面积已达 2 400 万 km^2，北半球上空的臭氧层比以往任何时候都薄，欧洲和北美上空的臭氧层平均减少了 10％～15％，西伯利亚上空甚至减少了 35％。科学家警告说，地球上臭氧层被破坏的程度远比一般人想像的要严重得多。南极上空的臭氧层是在 20 亿年里形成的，可是在一个世纪里就被破坏了 60％。臭氧层破坏的后果是很严重的。如果平流层的臭氧总量减少 1％，预计到达地面的有害紫外线将增加 2％。有害紫外线的增加，会产生以下一些危害：使皮肤癌和白内障患者增加，损坏人的免疫力，使传染病的发病率增加；破坏生态系统。对农作物的研究表明，过量的紫外线辐射会使植物的生长和光合作用受到抑制，使农作物减产。紫外线辐射也使处于食物链底层的浮游生物的生产力下降，从而损害整个水生生态系统。有报告指出，由于臭氧层空洞的出现，南极海域的藻类生长已受到了很大影响。紫外线辐射也可能导致某些生物物种的突变。另外，还可引起新的环境问题。过量的紫外线能使塑料等高分子材料更加容易老化和分解，结果又带来光化学大气污染。

3）酸雨

酸雨是由于空气中二氧化硫（SO_2）和氮氧化物等酸性污染物引起的 pH 值小于 5.6 的酸性降水。受酸雨危害的地区，出现了土壤和湖泊酸化，植被和生态系统遭受破坏，建筑材料、金属结构和文物被腐蚀等一系列严重的环境问题。酸雨在 20 世纪五六十年代最早出现于北欧及中欧，当时北欧的酸雨是欧洲中部工业酸性废气迁移所致，20 世纪 70 年代以来，许多工业化国家采取各种措施防治城市和工业的大气污染，其中一个重要的措施是增加烟囱的高度，这一措施虽然有效地改变了排放地区的大气环境质量，但大气污染物远距离迁移的问题却更加严重，污染物越过国界进入邻国，甚至飘浮很远的距离，形成了更广泛的跨国酸雨。此外，全世界使用矿物燃料的量有增无减，也使得受酸雨危害的地区进一步扩大。全球受酸雨危害严重的有欧洲、北美及东亚地区。我国在 80 年代，酸雨主要发生在西南地区，到 90 年代中期，已发展到长江以南、青藏高原以东及四川盆地的广大地区。

4）淡水资源危机

地球表面虽然 2/3 被水覆盖，但是 97％为无法饮用的海水，只有不到 3％是淡水，其中又有 2％封存于极地冰川之中。在仅有的 1％淡水中，25％为工业用水，70％为农业用水，只有很少的一部分可供饮用和其他生活用途。然而，在这样一个缺水的世界里，水却被大量滥用、浪费和污染。加之，区域分布不均匀，致使世界上缺水现象十分普遍，全球淡水危机日趋严重。目前世界上 100 多个国家和地区缺水，其中 28 个国家被列为严重缺水的国家和地区。预测再过 20～30 年，严重缺水的国家和地区将达 46～52 个，缺水人口将达 28 亿～33 亿人。我国广大的北方和沿海地区水资源严重不足，据统计我国北方缺水区总面积达 58 万 km^2。全国 500 多座城市中，有 300 多座城市缺水，每年缺水量达 58 亿 m^3，这些缺水城市主要集中在华北、沿海和省会城市、工业型城市。世界上任何一种生物都离不开水，人们贴切地把水比喻作“生命的源泉”。然而，随着地球上人口的激增，生产迅速发展，水已经变得比以往任何时候都要珍贵。一些河流和湖泊的枯竭，地下水的耗尽和湿地的消失，不仅给人类生存带来严重威胁，而且许多生物也正随着人类生产和生活造成的河流改道、湿地干化和生态环境恶化而灭绝。不少大河如美国的科罗拉多河、中国的黄河都已雄风不再，昔日“奔流到海不复回”的壮丽景象已成为历史的记忆了。另外，水污染情况非常严重，我国约有63％的地表水受到不同程度的污染。

5）森林锐减

森林是人类赖以生存的生态系统中的一个重要的组成部分。地球上曾经有76亿 hm^2 的森林，到20世纪时下降为55亿 hm^2，到1976年已经减少到28亿 hm^2。由于世界人口的增长，对耕地、牧场、木材的需求量日益增加，导致对森林的过度采伐和开垦，使森林受到前所未有的破坏。据统计，全世界每年约有1 200万 hm^2 的森林消失，其中占绝大多数是对全球生态平衡至关重要的热带雨林。对热带雨林的破坏主要发生在热带地区的发展中国家，尤以巴西的亚马孙情况最为严重。亚马孙森林居世界热带雨林之首，但是，到90年代初期这一地区的森林覆盖率比原来减少了11％，相当于70万 km^2，平均每5s就有差不多一个足球场大小的森林消失。此外，在亚太地区、非洲的热带雨林也在遭到破坏。

6）土地荒漠化

简单的说土地荒漠化就是指土地退化。1992年联合国环境与发展大会对荒漠化的概念作了这样的定义：“荒漠化”是由于气候变化和人类不合理的经济活动等因素，使干旱、半干旱和具有干旱灾害的半湿润地区的土地发生了退化。1996年6月17日第二个世界防治荒漠化和干旱日，联合国防治荒漠化公约秘书处发表公报指出：当前世界荒漠化现象仍在加剧。全球现有12亿多人受到荒漠化的直接威胁，其中有1.35亿人在短期内有失去土地的危险。荒漠化已经不再是一个单纯的生态环境问题，而且演变为经济问题和社会问题，它给人类带来贫困和社会不稳定。到1996年为止，全球荒漠化的土地已达到3 600万 km^2，占到整个地球陆地面积的1/4，相当于俄罗斯、中国和美国国土面积的总和。全世界受荒漠化影响的国家有100多个，尽管各国人民都在进行着同荒漠化的抗争，但荒漠化却以每年5万～7万 km^2 的速度扩大，相当于爱尔兰的面积。到20世纪末，全球将损失约1/3的耕地。在人类当今诸多的环境问题中，荒漠化是最为严重的灾难之一。对于受荒漠化威胁的人们来说，荒漠化意味着他们将失去最基本的生存基础——有生产能力的土地的消失。

7）生物多样性减少

生物多样性是一个地区内基因、物种和生态系统多样性的总和，分成相应的3个层次，即基因、物种和生态系统。基因或遗传多样性是指种内基因的变化，包括同种的显著不同的种群（如水稻的不同品种）和同一种群内的遗传变异。物种多样性是指一个地区内物种的变化。生态系统多样性是指群落和生态系统的变化。目前国际上讨论最多的是物种的多样性。科学家估计地球上大约有1 400万种物种，其中有170万种经过科学描述。对研究较多的生物类群来说，从极地到赤道，物种的丰富程度呈增加趋势。其中热带雨林几乎包含了世界一半以上的物种。生物多样性具有多种多样的价值，其潜在的价值更是难以估量。从长远来看，它对人类的最大价值可能就在于它为人类提供了适应区域和全球环境变化的各种机会。

据专家们估计，从恐龙灭绝以来，当前地球上生物多样性损失的速度比历史上任何时候都快，鸟类和哺乳动物现在的灭绝速度或许是它们在未受干扰的自然界中的100～1 000倍。在1600～1950年间，已知的鸟类和哺乳动物的灭绝速度增加了4倍。自1600年以来，大约有113种鸟类和83种哺乳动物已经消失。在1850～1950年间，鸟类和哺乳动物的灭绝速度平均每年一种。20世纪90年代初，联合国环境规划署首次评估生物多样性的一个结论是：在可以预见的未来，5%～20%的动植物种群可能受到灭绝的威胁。国际上其他一些研究也表明，如果目前的灭绝趋势继续下去，在下一个25年间，地球上每10年大约有5%～10%的物种将要消失，而且，灭绝速度越来越快。世界野生生物基金会发出警告：20世纪鸟类每年灭绝一种，在热带雨林，每天至少灭绝一个物种。物种灭绝将对整个地球的食物供给带来威胁，对人类社会发展带来的损失和影响是难以预料和挽回的。

8）垃圾成灾

全球每年产生垃圾近100亿t，而且处理垃圾的能力远远赶不上垃圾增加的速度，特别是一些发达国家，已处于垃圾危机之中。美国素有垃圾大国之称，其生活垃圾主要靠表土掩埋。过去几十年内，美国已经使用了一半以上可填埋垃圾的土地，30年后，剩余的这种土地也将全部用完。我国的垃圾排放量也相当可观，在许多城市周围，排满了一座座垃圾山，除了占用大量土地外，还污染环境。危险垃圾，特别是有毒、有害垃圾的处理问题（包括运送、存放），因其造成的危害更为严重、产生的危害更为深远，而成了当今世界各国面临的一个十分棘手的环境问题。

对以上全球性主要生态环境问题，均可应用遥感技术进行调查研究与分析。

三、城市生态环境

城市是人类社会发展到一定阶段的产物，是人类改造自然环境（自然生态系统），创造新的生存环境（人工生态系统）的具体体现。历史上，一直把自然生态系统作为人类的生存环境，即作为资源的来源和废物的容纳库来处理。但是，在城市中，城市生态环境是经过人类充分改造过的人工环境，是一个复杂的环境系统。环境系统与城市居民（生命系统）在城市这个特定空间组成城市生态系统。这类生态系统比自然生态系统复杂得多，属于人类生态系统（社会生态系统）的范畴。

城市生态系统可分为城市自然生态子系统（包括城市居民赖以生存的基本物质环境，如太阳、空气、水资源、森林、气候、岩石、土壤、动物、植物、微生物、矿藏以及自然景观等），城市经济生态子系统（包括城市生产、分配、流通与消费的各个环节），以及城市社会生态子系统（涉及城市居民及其物质生活与精神生活诸方面，如居住、饮食、服务、供应、医疗、旅游以及人们的心理状态，还涉及文化、艺术、宗教、法律等上层建筑的范畴）。遥感技术主要可用于城市自然生态子系统的调查和分析。

1. 城市大气环境

1）城市发展对气候的影响

人类活动对气候变化的作用主要反映在下垫面的改变以及向大气排放大量气态、颗粒态物质，而城市正是这种作用表现得最集中、最强烈的地区。

下垫面的性质是气候形成的重要因素之一。地面与其上的大气摩擦层间存在着复杂而普遍的水分、热量和物质交换及平衡，同时地面又是空气运动的界面。因而下垫面的性质直接影响着气温、辐射、湿度、大气稳定度、风等气象要素量值的时空分布，对城市局部气候的形成起着重要的作用。随着人口大量向城市集中，原有的乡村自然环境发生了根本性的变化，疏松、潮湿、具有植被覆盖的田园被砖石、沥青、水泥等坚实、不透水、导热率大的建筑材料铺筑，平坦或缓坡大地上低矮的农舍被林立的高楼和纵横交织的街谷所取代，从而极大地改变了原来下垫面的性质和自然环境状态。

城市中生产、生活活动释放出大量废热以及有害气体和气溶胶颗粒物。城市高强度的经济活动会排放大量的SO_2、CO_x、NO_x以及各种气溶胶颗粒物，造成大气质量下降，甚至大气污染。与此同时，将改变大气透明度和辐射热能收支，为云雾的形成提供丰富的凝结核，进而改变局地气候。

城市气候是受城市化影响而形成的，其人为气候变化的基本特征表现为：

城市上空空气中的有害气体和粉尘含量高，空气的浑浊度大，因而日照时数和太阳直接辐射强度均小于四郊。但由于都市释放的大量废热和下垫面性质的特殊性，市内的气温却明显高于四郊。其水平温度场的等温线构成了一条条以都市为中心的闭合圈。这种城市高温区是普遍存在的，犹如海面上与一条条闭合等高线对应的岛屿，故称之为“城市热岛”。

城市建筑群和街谷的高度差悬殊，恰如遍布的峭壁峡谷，它们使下垫面的粗糙度远高于旷野郊区。因此都市上空大气稳定度差，有利于空气污染物的垂直稀释扩散。但四周的热岛辐合环流又使扩散出去的污浊空气回流入市区。

城市路面坚硬质密，渗水性能很差，排污的下水管道发达，同时，绿地面积远小于农村，加之气温较高，从而致使市内空气的绝对湿度和相对湿度均小于四郊。但有时夜间在一定条件下，其绝对湿度则会高于四周。

城市上空相对湿度虽低，但由于吸湿性凝结核丰富，雾可在水汽未达饱和之前出现。另外，热岛的上升气流使城市上空的云量多于郊区，而常在其下风向产生降水。

城市气候特点的强弱随天气系统的不同、时代不同以及城市功能、发达程度与规模大小的不同而有所差异的。一般来说，当系统天气微弱时，城市的规模愈大，城市气候的特点就愈显著。学者将有关市区与郊区主要气象要素差别列入表 8.1。

表 8.1　市区与郊区气候特征比较（据 H. Landsberg，1981，城市生态环境与城市规划）

项　目	要　素	与郊区比较
大气污染物	凝结核	多 10 倍
	粉　尘	多 10 倍
	有害气体	多 5～20 倍
辐　射	地面总辐射	少 0%～20%
	冬季紫外辐射	少 30%
	夏季紫外辐射	少 5%
	日照时数	少 5%～15%
水汽凝结	云　量	多 5%～10%
	冬季雾	多 100%
	夏季雾	多 30%
降　水	降水量	多 5%～15%
	小于 5mm 的雨日数	多 10%
	市中心降雪量	少 5%～10%
	市下风向降雪量	多 10%～15%
	雷　暴	多 10%～15%
气　温	年平均	高 0.5～3°C
	冬季最低气温（平均值）	高 1～2°C
	夏季最高气温	高 1～3°C
相对湿度	年平均	小 6%
	冬　季	小 2%
	夏　季	小 8%
风　速	年平均	小 20%～30%
	极大阵风	少 10%～20%
	无风日数	多 5%～20%

2）城市“五岛”效应

a. 热岛效应

热岛效应是人类活动对城市区域气候影响中最典型的特征之一。早在 18 世纪初，学者（Howard）就发现伦敦市内外气温存在差异。此后，随着城市的发展，热岛效应对城市规划布局、经济发展及人群健康等许多方面的影响日益突出。在各国学者研究过的不同规模城市中，无论其处在何种地理纬度和地质条件，市内的气温都高于郊区。而且当系统天气微弱、冬季和夜间静风无云时，热岛的强度最强。城市内外温差以最低温度最显著。随着城市的人口、面积、性质不同，热岛强度最大值一般在 2～7 °C。

引起城市热岛效应的原因概括起来有以下几个方面：

城市与郊区的下垫面性质不同，城市房屋和道路等建筑物主要由混凝土、砖瓦和沥青构成。这些材料使热量难以传入地下，又阻碍地下水分上升蒸发，影响湿度，随着地表温度的上升，使气温升高。在夏季地表温度对城市气候的影响尤为明显。

空气污染。工厂、交通运输工具以及居民生活排出的污染性气体（CO_2 等）造成一种“温室效应”，阻碍着地表热量向外扩散。

人口密度大，人体发散的热量大。

植被覆盖差。植物蒸腾作用消耗的热量少。

市区高层建筑密集。影响空气流动，风速减小，妨碍城区的热扩散。

到 21 世纪，许多大城市的热岛效应将使得“暖气”增加，在冬季，这似乎是令人欣慰的。但到了夏天，空调度日（冷气开放时段气温平均超过 18°C 的日数总和）增加，因夏天 1°C 日冷气开放的能耗要比冬季 1°C 日取暖的能耗高，这对于缓解能源紧缺的压力来说是不利的。从长远的可持续发展的战略来看，对城市建设的能源消耗也是不利的。

夏季，当热浪袭来时，热岛效应使人们因酷热难忍而大开空调。可空调制冷向室外排出的热量，更加增强了热岛效应的副作用。密闭的建筑物内通风不畅将引起密闭建筑综合征等损害人体健康的多种疾病，如心力衰竭等。美国 15 个城市统计，每年有 1 150 人因高温使身体衰竭致死，而随城市热岛增强，估计死亡人数将上升到 7 500 多人。

热岛效应还会导致热岛环流的产生。在市中心气流辐合上升并在上空向四周辐散，而在近地面层，空气则由郊区向市区辐合，形成乡村风，补偿低压区上升运动的质量损失。这种环流可将在城市上空扩散出去的大气污染物又从近地面带回市区，造成重复污染。当天气系统主导的本底风速极小时，热岛环境表现得更为明显。热岛强度、城乡温差最大者莫过于北极圈内美国阿拉斯加的费尔班斯市，其局部城市与周围温差曾高达 14 °C，虽是个别现象，但可见城市工业、交通运输所发出的巨大热量。

b. 干岛、湿岛、雨岛、混浊岛效应

由于城市下垫面的特性与排水系统的发达、地面比较干燥，因而城市水汽蒸散量小于乡村。另一方面，城市中工业生产中排出的水汽可使空气湿度略有增加，但据统计，人为水汽量尚不足自然蒸散量的 1/6。因而在绝对湿度的空间分布上，市区小于四郊，形成了所谓“干岛”，尤以夏季晴天白天时为甚。

夜间，地面迅速冷却，气温垂直递减率减小，水汽向上的输送量也随之减少；由于城市热岛效应使市区气温较高，因而水汽凝结比例很小，所以在近地层空气中的水汽含量反而高于四郊，形成了所谓“湿岛”。但与“干岛”相比，它是次要的。

城市的工业、交通、民用炉灶等排出的烟尘以及大气中光化学过程生成的二次污染物使空气变得混浊，能见度下降，日照和太阳辐射强度降低，形成以城市为中心的混浊岛。

如前述城市大气中吸湿性凝结核丰富，水汽可在未饱和之前出现凝结，热岛上升气流又使城市上空云量多于郊区，表8.1统计城区降雨多于郊区，是为“雨岛”。

我国学者曾利用历史气象资料、环境监测数据和气象卫星的晴天红外辐射资料，较全面地研究了上海都市气候中的“五岛”效应，指出“五岛”之中，以热岛、干岛和混浊岛出现的频率最大；湿岛仅出现在夏季晴夜无风的短暂时期内；雨岛集中出现在汛期大气径向环流较弱之时的下风向处。“五岛”之间有着紧密的相互制约、相互依存的关系。

3）城市空气质量

空气污染物包括颗粒物、气态污染物 SO_x、NO_x、CO_x 及 O_3、Pb 等，这些污染物大多数将损害人体的呼吸及心血管系统。如CO对血液中血红蛋白有极强的亲和力，从而阻碍氧合成血红蛋白的生成，使人中毒。铅能抑制血红蛋白在骨髓中合成红细胞且扰乱红细胞的正常功能，损害肝、肾和神经系统。此外，室内污染物（如甲醛、石棉、汞、挥发性有机化合物等）对人群健康已构成日益增长的威胁。

2. 城市水环境

水是支持城市中各种活动的基本要素之一。然而，城市化的不断发展所带来的不透水下垫面面积的日益扩大及生产、生活污水排放量的日益增多，不但扰乱了城市区域正常的水循环，而且还导致了水质污染等一系列的环境问题。

1）对水循环的影响

城市化的最大特征之一就是原有的透水地区（农田、森林、草地）不断被混凝土建筑物及沥青路面所取代。城市不透水面积和排水工程的扩大，减少了雨水向下的渗漏，增加了地表径流流速，致使地表总径流量和峰值流量增加，滞后时间（径流量落后于降雨量的时间）缩短。

城市化的发展，不透水区面积的增大，使城市地表径流的流速和洪峰流量复现频率增加，地表径流的侵蚀和搬运能力将相应增强。所以，地表径流冲刷堆积于街道、马路及建筑物上的大量堆积物，可能引起水体的非点源污染。

2）对水分蒸发的影响

城市化不断加速，导致绿地迅速减少，不透水面积增加，降水对地下水的补给量减少，使得地表及树木的水分蒸发和蒸腾作用相应减弱。

对地下水收支的影响。城市化的发展加快了人们对地下空间的利用，如上、下水道及地铁等工程均对地下水的收支产生很大的影响。城市化的发展导致了地下水收支量的失衡，地下水支出量远大于其收入量，结果导致了大面积的地下水漏斗，即通常所说的地下水过度开采，常会引起区域性地面沉降。如东京有些地区曾在一年内地面沉降 26cm；墨西哥城每天抽取地下水量达 3.75Mt，由于过量开采地下水造成严重的地面沉降，建立于 1934 年的国立美术馆现已下沉 0.3m，16 世纪兴建的圣弗朗西斯科教堂下沉 1.5m，如今不得不加修阶梯以便进出；而在中国上海、天津等大中城市均有地面沉降问题，在经济发达的苏南地区也有许多城区地面沉降实例。总之，城市化的发展彻底改变了区域的本来面貌，破坏了区域正常的水循环，从而引起了许多环境问题。

3）对水质的影响

城市化对水质的影响，主要是指生产、生活、交通运输以及其他服务行业排放的污染物对水环境的污染。

目前，发达国家均已采取了十分严格的排污控制手段，加之兴建大量的一级、二级污水处理厂，从而使城市生产、生活污水排放已得到控制。特别是工业废水得到较高净化处理，减少了对水质的污染，许多河流的水质有了明显的改善。但尽管如此，城市水质污染问题远未得到彻底解决，城市河流 BOD（生物化学耗氧量）水平仍远高于非城市河流，如日本全国 BOD 含量超过 10mg/L 的显著污染河流中，城市河流占 88%，从地区分布上看，这些显著污染的城市河流的 70%以上集中于大城市及其周围地区。

与发达国家城市水质污染基本得到控制不同，发展中国家城市水质污染却十分严重，甚至于有进一步恶化的趋势。发展中国家经济承受力有限，所以城市基础设施的下水道系统不完备，其污染处理能力有限，先经济发展、后环境治理的方针，使发展中国家的城市水质日趋恶化。

3. 城市生物环境

城市化严重地破坏了生物环境，改变了生物环境的组成和结构，使生产者有机体与消费者有机体的比例不协调。许多城市房屋密集、街道交错，高楼大厦代替了森林，水泥路面代替了草地、绿野，形成了“城市荒漠”。野生动物群也在城市中消失。城市化过程也是一个破坏原有的自然生物环境，重建新的人工生物环境的过程。

盲目的城市化发展过程还造成振动、噪声、微波污染、交通堵塞、住房拥挤、供应紧张、生态紊乱等一系列威胁人民健康和生命安全的环境问题。城市规模愈大，就愈容易从促进生产和方便生活走向它的反面。

4. 城市固体废弃物

城市的固体废弃物的类型主要有居民生活垃圾（如煤灰、塑料、纸、玻璃、纤维和金属等），建筑垃圾、工业垃圾（如矿渣、冶炼废渣、炉渣、化工残渣及各种边角废料）以及混合垃圾，及以上几种废物的混合物等。

固体废弃物是人类生活与生产活动的代谢物之一。随着经济的发展和人们生活水平的提高，固体废弃物日益增多，给城市生态环境带来极大的危害。工业生产的固体废弃物可以通过清洁工艺、减少废弃物及其资源化利用来解决。而生活中的垃圾则是困扰各城市的极大难题。在国际上也发生了有害的固体废弃物越境转移现象，成为世界的公害问题。

城市固体废弃物的管理控制是一项复杂的系统工程，因此各国都把固体废弃物的处理视为难题，至今还没一个国家真正解决这一问题。千百年来人们以各种方式处理其生产的废物，但对固体废弃物的主动管理控制还是一项新的举措。现代管理称城市垃圾处理为“从摇篮到坟墓的系统工程”。

对城市固体废弃物的管理，首先是要在技术和经济允许的最大限度内削减废物的产量。所谓“源削减”，即从根源上减少固体废弃物的问题。

固体废弃物处理的目标是：无害化、减量化、资源化。对于不同成分的废弃物，要综合考虑各种因素，通过分析、论证，才能确定采用某种符合环境、经济和具有社会效益的处理方法。经多年实践与比较之后，正向资源化、综合处理的方向发展。传统的处理方法：填埋、焚烧、堆肥，都可产生新的环境问题，如城市附近的填埋场趋于饱和、远距离填埋增加费用、填埋渗漏、污染迁移、难降解的塑料可影响土地再利用等。

采用焚烧方法、利用热能成为一种趋势。但焚烧系统也有缺点，如投资、运行费用大，二次污染等。堆肥是一种充分利用有机质废弃物资源的好方法，依靠细菌、真菌等微生物的作用，使可生化降解的有机物转化为稳定腐殖质，这是一种垃圾处理的无害化方法。

由于资源和能源的日益紧缺，人们在垃圾处理时更多地考虑资源回收问题。目前正研究用热解法处理固体废弃物，是将垃圾中有机物在缺氧、不完全燃烧的条件下热分解。

第二节　自然生态环境遥感

一、自然生态环境监测对遥感数据的需求

遥感在生态研究中的应用主要是从研究植被入手。无论是土壤重金属污染、植被病虫害，还是野生动物生态环境，在遥感影像中都是通过植被的光谱特征变化来反映的。因此用于生态研究中遥感影像应以能反映植被的不同种类和生长状况为主（表 8.2）。植物遥感的最佳波段范围在 0.4～2.5μm 的可见光和近红外光

表 8.2　常规生态监测对遥感技术需求的参数

生态环境分类	时间分辨率/天	空间分辨率/m	波长范围/μm
土地生态	10～15	10～30	0.4～0.76
农业生态	5～7	10～30	0.4～0.76
草原生态	1～30	30～50	0.4～0.76
林业生态	30～60	50～100	0.4～0.768，0～14.0
水域生态	30～60	50～100	0.4～1.108，0～14.0
海洋生态	15～30	20～100	0.4～0.768，0～14.0
生物生态	5～10	10～30	0.4～0.76
城市生态	10～30	30～50	0.4～0.768，0～14.0

范围内，这其中可划分 8 个有效（可选）波段：

(1) 0.45～0.50μm（或 0.44～0.51μm），色素吸收波段。即在叶红素及叶绿素吸收区，其特性与红波段相似。

(2) 0.52～0.59μm（或 0.51～0.60μm），绿色反射波段。对区分不同林型及树种可能提供较多的信息。绿波段与红波段的比值（比值植被指数）可以提供作物生长的有用信息。

(3) 0.63～0.69μm（或 0.62～0.69μm），对区分有无植被、覆盖度及植物健康状况极为敏感。有人认为当用（0.74～0.91/0.63～0.69）作比值分析时效果最好。

(4) 0.70～0.74μm，是个过渡波段，仅能增加噪声，不宜包括在其他波段中，TM、SPOT 均避开了这一波段。但它也有特殊的功能，如受金属毒害的植物在此波段范围内（即可见光与近红外吸收边外），其反射率表现最明显，大约有 10nm 的蓝移，而高粱等作物在成熟期有大约 10nm 的红移。

(5) 0.74～0.90μm，是绿色植物的各种变量与反射率关系最敏感的波段，为植物通用波段。其中 0.74～0.80μm 与背景土壤形成明显的对比，对区分不同覆盖度作物长势最好。但作为植物通用波段取 0.74～0.90μm 为宜。为了避开 0.74μm 及 0.92～0.98μm 的氧和水的吸收，可以选择 0.76～0.90μm。

(6) 1.1～1.3μm，在高反射区与水吸收区之间，能区分植物类别。

(7) 1.55～1.75μm，2.1～2.3μm，均是位于几个水吸收带之间的反射峰，对土壤及绿色植物有很强的对比。

地物的识别，除了对其波谱特性的地学研究外，还须注重图像时相的物候期的分析，即以时间分辨率作为基本保证。地物构像特征是与其物候期息息相关的。因为各种植物都有一定的物候期。比如，木本植物都有其萌芽期、展叶盛期、开花盛期、树叶变色期、果实成熟期和落叶末期等。因此，可依据具体应用目的和要求，选择所需的物候期，对地物进行识别分类。例如，估算大面积植被生物量，不需要太高的地面分辨率，分辨率为 1km 的 NOAA 数据就能达到要求，但是因为要计算全年每旬的植被指数，考虑到云的覆盖，则要从更多的影像中进行挑选，就需要更高时间分辨率的影像，通常需要每日的影像。如果对小面积的植被分类，则需要高地面分辨率，通常为 10m 至几十米。若要对林型、树种进行判别，则要 10m 以下的地面分辨率。

二、自然生态环境遥感监测的内容

目前，我国的生态环境状况已相当严峻。生态环境破坏的范围在扩大、程度在加剧。生态破坏和环境污染一样已成为制约经济发展，影响改革开放和社会稳定的一个重要因素。生态破坏整治与环境污染治理同等重要。而对生态环境的整治，首先必须对我国的生态环境恶化状况有一个明确的了解，目前我国不少省市级监测站开展了生态监测工作，在新疆、内蒙草原、舟山海洋、洞庭湖湿地、江苏大丰农业区、黄山、长白山等地还建立了生态监测站，但要全面、及时、准确了解全国生态环境变化，这些站点是远远不够的。特别是我国大部分生态脆弱地区，均位于较为贫困的边远地区，经济落后、交通不便，如要开展常规生态监测非常不便，所以迫切需要建立以卫星遥感为主要手段的生态环境动态监测系统，以便对我国的生态环境现状进行及时调查，评价与预测。

1. 土地利用/土地覆盖

土地资源是人类赖以生存的重要物质基础，也是不可再生自然资源之一。随着人口、环境、经济发展的变化，土地资源开发利用中不可避免地出现不合理问题。由于土地资源的开发利用具有动态性等特点，所以调查土地利用现状、监测土地的动态变化是合理利用土地、保持良好的土地生态环境的重要环节。

土地利用是人类基本的生产生活方式，是人地关系地域系统的基本矛盾之一，从一定意义上说，人类社会的发展历史就是土地利用变化的历史。主要由人类的土地利用活动所造成的土地覆盖的改变必然对地球系统的气候、生物地球化学循环、水文及生物多样性等产生重要影响，同时土地覆盖变化必然也是地球表层物理的、化学的、生物的过程相互作用的景观表现。因此，土地利用/土地覆盖变化研究是全球环境变化研究的核心领域。所以，采用时空复合体的分析方法来研究土地利用/土地覆盖变化的规律，对于全球环境变化研究将发挥积极的作用。

土地覆盖是“地球陆地表层和近地面层的自然状况，是自然过程和人类活动共同作用的结果”，而土地利用是指人类利用土地的自然属性和社会属性不断满足自身需求的行为过程（IGBP&HDP，1995）。农业、放牧和城市建设指的是土地利用；作物、森林、草原、道路和建筑物以及土壤、冰川、水面等则属于不同的土地覆盖类型。土地覆盖变化包括生物多样性、现实和潜在的生产力、土壤质量以及径流和沉积速度中的种种变化。土地利用和土地覆盖既有密切联系，又有本质区别；土地利用变化既是土地覆盖变化的原因，也是土地覆盖变化的响应。土地利用和土地覆盖变化之间的相互作用是一个自然科学和社会科学的交叉研究领域。由于土地利用变化对环境的影响主要是通过改变土地覆盖状况产生的，因此人们常把土地利用变化与土地覆盖变化联系在一起，简称 LUCC。

各种地物都具有发射、反射、吸收电磁波的能力，地物的电磁波辐射能量及变化在图像上表现为灰度的变化，灰度是识别地物的重要依据。由于不同地物其辐射、吸收、反射和散射电磁波的波长不同，而在遥感影像上形成了不同的波谱特征，根据地物波谱曲线，并依据地表的实验结果，可分出不同的地物类型，即土地覆盖类型。

目前用于土地利用/土地覆盖监测的遥感数据主要有 NOAA/AVHRR 数据和 Landsat/TM 数据，还有 SPOT 数据。NOAA 是美国发射的气象观测卫星，其 AVHRR 数据时间分辨率高，有利于捕捉地面快速动态变化信息，成像面积大，利于获取宏观同步信息，减少数据处理容量，且资料来源均匀、连续、实时性强、成本低，不受地理条件限制。它的空间分辨率低（1.1km），包括红色、近红外、中红外和两个远红外波段，对地物有很强的宏观综合性，适于全球、大洲、区域等大尺度的环境资源研究。例如，Gopal 等于 1999 年用模糊神经网方法，采用 1°的 AVHRR 数据对全球土地覆盖进行了分类。

Landsat 是美国陆地资源卫星，与太阳同步的近极轨卫星，高度为 705km，每 16 天覆盖地球一次，影像的地面覆盖范围为 185km×185km，常用的有 TM 数据。TM 有七个波段，地面分辨率为 30m（TM6 为 120m）。TM 数据光谱分辨率较高，频道增加，波段变窄，针对性强，可根据不同的应用目的，进行多种组合处理和专题信息提取，适于做中小比例尺的土地利用研究。Hill 等于 1999 年用 TM 的红、绿、近红外三个波段与 AVHRR 数据求得的植被指数，对澳大利亚草场的土地覆盖进行了分类。Moraes 等于 1998 年用 TM 影像的归一化植被指数（NDVI）和第一主成分进行监督分类，得到巴西 Rondonia 的土地利用图，并计算了土壤和植被碳库。黎夏等于 1997 年用多时相的 TM 数据进行主成分分析，监测土地利用变化。

SPOT 是法国的地球观测卫星系统。SPOT 有全色和多光谱两种数据。全色波段地面分辨率为 10m；多光谱包括绿色、红色和近红外三个波段，地面分辨率为 20m。SPOT 数据的地面分辨率高，包括对植被、水体、作物识别的最佳波段，也可用于土地利用监测。SPOT 数据与 TM 数据融合，可获得具有较高地面分辨率和较高光谱分辨率的数据，更有利于地物的识别。

土地利用信息的获取主要是通过对多波段遥感图像的分类或者人工解译、判读得到的。

遥感图像的分类有非监督分类和监督分类，通常情况下，先作非监督分类，在参照非监督分类结果的基础上进行训练样区的选择，然后进行监督分类，得到土地利用的分类图。目前，这种计算机自动分类方法的精度在平原地区可以很高，在90%以上，在山区较差一些，大概可以达到60%～80%。

另外还可以通过人工解译的方法从遥感图像上得到土地利用的信息。通常这种方法是有经验的解译人员通过建立的解译标志进行目标影像的判别分类，最后得到分类图。通过比较不同年代的同一地区的土地分类图，可以得到土地利用动态变化信息以及其变化趋势。

2. 植被

植被的反射光谱是传感器最佳波段选择和遥感图像判读的基础，并且对植物的生态因子有指示作用。同种植物都具有相同的反射光谱特征，旱生植物具有较高的光谱反射率；植物所需的主要矿质营养成分的增加有增强植物对光的吸收作用，并使植物对光的反射率减小；随着土壤盐渍化程度的增强。植物光谱反射率有增高的现象，例如，随着土壤盐含量的增加，特别是氯离子含量的增加，棉花叶子的光谱反射率也逐渐增加；在寒带低温和有效态矿质营养成分不高的条件下，植物具有光谱反射率较低的特性。

植被遥感调查中经常采用的手段是利用植被指数区分不同的植被类型。植被指数是研究植被覆盖的重要数据和手段。所谓植被指数就是由多光谱数据，经线性和非线性组合构成的对植被有一定指示意义的各种数值，通常利用植物光谱中的近红外与可见光红波段两个最典型的波段值。近红外波段是叶子健康状况最灵敏的标志，它对植被差异及植物长势反映敏感，指示着植物光合作用能否正常进行；可见光红波段被植被叶绿素强吸收，进行光合作用制造干物质，它是光合作用的代表性波段。这两个波段数值的不同组合，是植被指数的核心。由于植被指数与叶面积指数、叶重、种群数量、生物量、叶绿素含量、植被病虫害状况等有很好的相关关系，植物的长势、覆盖度、季相动态变化直接对应着植被指数的数量变化，因而采用植被指数便于植物专题研究、绿色植物的遥感监测、病虫害监测以及生物量估算等。

植被指数有很多种，其基本原理都是利用植被在可见光的吸收谷和在近红外的强反射来进行计算的。目前常用的植被指数有比值植被指数（RVI）、归一化植被指数（NDVI）等，此外还有消除土壤因素影响的 PVI 、TSAVI 和消除地表反射、大气影响的 SAVI、GEMI。McDonald 等于 1998 年的研究发现 SAVI 和 TSAVI 受大气条件变化的影响最小，而对植被变化的反映强烈，是较好的植被指数。

Landsat/TM 数据和 NOAA/AVHRR 数据都含有近红外波段和可见光红波

段，是目前被广泛用来研究植被的数据。遥感 NOAA/AVHRR 光谱植被指数多时相的 NDVI 矢量和多时相的 NDVI 变化矢量是研究全球和区域尺度上土地覆盖变化的重要手段。利用 NDVI 研究全球和区域土地覆盖取得了非常好的应用效果，在非洲和其他区域获得了关于土地覆盖变化的信息。中国科学院成都山地灾害与环境研究所的高世忠等人以 TM 为遥感信息源，通过植被指数提取，成功地对火灾后的森林生态变化监测进行了研究。温刚于 1998 年用 AVHRR 植被指数数据分析了中国东部季风区的物候季节特性。除了用植被指数以外，用遥感影像直接分类也是研究植被类型的一种方法。例如，Gopal 等于 1999 年用神经网分类方法对全球的 AVHRR 数据进行了土地利用分类，刘纪远等于 1998 年用 NOAA/AVHRR 数据对中国东北植被进行了综合分类。TM 数据、SPOT 数据和航空影像因其探测幅面较小和空间分辨率较高，适于研究较小的区域。由于 TM 影像的高光谱分辨率，将由 AVHRR 求得的植被指数与 TM 数据一起进行分类，也是研究植被类型的一种方法。

高光谱遥感能够提供更多的精细光谱信息，现在已经成为地表植被地学过程对地观测的强有力的工具。高光谱遥感的特点是在特定的光谱域以高光谱分辨率同时获取连续的地物光谱图像，使得遥感应用着重于在光谱维上进行空间信息展开，定量分析地球表层生物物理化学过程和参数。例如，对于高光谱特征曲线的导数不仅能部分消除大气效应的影响，而且主要反映了由于植物中叶绿素等吸收物质的吸收产生的波形变化并能揭示光谱峰值的内在特性。因此，导数光谱可用在高光谱遥感中对植被指数进行估算和分析。另外，利用高光谱遥感数据可以较为细致地描述植被的红边特性。通过导数运算可以得到“红边”的位置和斜率。红边特性与植被指数有较大的相关性，在植被生长过程中由于叶绿素含量的不同，红边的位置和斜率也会发生变化。红边斜率主要与植被盖度或叶面指数有关，覆盖度越高或叶面积指数越大，红边斜率越大。红边位置主要与叶面叶绿素含量有关。当植被中叶绿素 b 含量减少时，红边位置将向短波方向偏移；当植被因缺水而枯萎时，红边位置将向长波方向偏移。高光谱遥感的超多波段（几十、上百个）、光谱分辨率高（3～20nm）的特点，使其可探测植被的精细光谱信息，反演各组分含量，监测植被的生长状况。张良培、童庆禧等于 1997 年用成像光谱遥感数据的导数光谱对植被生物量进行了估计。

3. 湿地

湿地是水域与陆地间的交互区域，是地球上具有多功能的独特的生态系统，是自然界最富有生机的生态景观和人类最重要的生存环境之一。如果说森林是地球之“肺”，那么湿地就应该是地球的“肾”，其巨大的生态效益、极丰富的生物多样性和极高的生物生产力为人类生存创造了重要条件，但由于土地利用的需要，湿地不断被开垦、破坏，湿地这一重要的自然资源面积日益减少。

目前人们已经意识到许多环境问题如旱灾和洪涝次数的增加与湿地环境的被破坏息息相关，认识到湿地在维持区域生态平衡、控制气候、降解污染、防止洪涝等方面的作用。保持和发展这一重要资源是当今科学工作者的重要任务之一。从国际湿地保护与研究的趋势看，遥感、GIS 等技术已越来越多地应用到湿地保护、监测、管理方面。我国在这方面的工作刚刚展开，先进技术利用还不成熟。利用遥感技术对湿地研究的内容包括湿地景观格局调查、湿地景观破碎化程度调查、湿地景观变化分析、湿地类型遥感解译等。高光谱分辨率影像是有效识别湿地植被类型的重要工具。

在国内，海南省气象局的李学谦以 TM 为数据源，以林业部《全国湿地资源调查与监测技术规范》中的湿地分类为标准，通过监督分类和目视解译，对海南岛进行了湿地研究、调查和遥感编图工作。

湿地信息的提取可以通过计算机自动分类，但主要还应该是通过建立解译标志，进行人工解译得到。针对特定的地区进行湿地信息提取，可得到湿地分类图，和湿地生态环境状况的评价。

4. 荒漠化

按《联合国防治荒漠化公约》的定义，荒漠化发生在年降雨量与潜在蒸发量之比在 0.05～0.65 之间的气候区，即干旱区、半干旱区和亚湿润干旱区。

荒漠化是指发生在上述气候区内的土地退化；荒漠化类型按其成因划分为以下几大类：风蚀荒漠化；水蚀荒漠化；冻融荒漠化；土壤盐渍化；其他因素形成的荒漠化。每一类型又按其荒漠化危害程度划分为轻、中、重 3 个等级。不同的成因类型有不同的分级标准。荒漠化监测就是对可能发生荒漠化地区的土地进行全面观测，调查荒漠化现状，评价荒漠化危害，监测荒漠化的发生发展过程，为防治荒漠化提供科学依据。

中国是世界上受荒漠化危害最为严重的国家之一。土地荒漠化是一个全球性的环境问题，它给人类带来的危害和影响是巨大的，已引起国际社会的广泛关注，防治荒漠化成为了全人类的共同行动，也成为全球环境科学研究的热点。荒漠化监测对于防治荒漠化至关重要，遥感监测是可以实现荒漠化监测的重要信息源，它对了解荒漠化现状及动态变化的情况，决策荒漠化防治的方法和治理措施具有重大意义。

如何对荒漠化进行宏观动态监测是一个新的研究领域，遥感技术能及时提供不断更新的动态数据并在荒漠化监测中发挥作用。目前，气象卫星 NOAA/AVHRR 数据是荒漠化宏观动态监测一种常用的信息源。NOAA 卫星资料因有以下特点而应成为荒漠化宏观动态监测的首选信息源：一是覆盖面积大，3 条轨道即可覆盖中国全部，我们可以用它实现对整个荒漠化区的准同步观测，从而解决用其他遥感资料因时相不同而造成的横向比较上的困难问题；二是具有高时间分辨率，每天过顶4次，几天即可获得一幅全国的可用图像，可以用来对荒漠化区进行不同时间尺度的连续观测，既可支持荒漠化发生发展规律（慢过程）分析及预估，也可用于突发性荒漠化危害的监测、预报及损失评估；三是空间分辨率适当（1.1km）；四是价格便宜。此外，它又是一种长期稳定的遥感信息源，使得多期监测结果具有很好的可比性。荒漠化监测是一个新的研究领域，国内科学家通过对AVHRR数据的处理分析，提出了用植被指数（NDVI）及时间序列方法，分析地表植被的覆盖度及生长状况，再用植被信息评价荒漠化危害，分析荒漠化动态。研究结果显示了AVHRR数据在宏观动态监测中应用的优越性及应用前景。

利用TM图像进行荒漠化监测的研究也获得了较好的结果。TM图像具有较高的空间分辨率（30m×30m）、波段信息量大（有七个通道）、覆盖面较宽（185km×185km）等优点。TM图像的波段数目多、信息量丰富，便于计算机的图像处理。当地表的绿色覆盖和土壤结构一旦被破坏，荒漠化的速度就加快。植被盖度与植被的生长状况对研究沙漠化的发生、发展有着重要的作用。在植被盖度高、生长状况较好的干旱、半干旱区域，荒漠化的程度较轻，反之，荒漠化的程度较重。由此可见，植被信息在荒漠化的监测中有着十分重要的作用。TM各通道信息与植被的反射波谱特性有关，经优化TM的波段组合，生成假彩色图像，再经过图像信息增强，加载地理信息，进行图像分类可以较好地制作荒漠化地区专题图。

遥感对荒漠化的监测主要是通过对遥感图像的分类识别来获得荒漠化信息的。通常需要建立解译标志，由于不同的荒漠化其地面景观不一样，反映在遥感影像上就是色调、形状等的不同，而不同荒漠化程度的地区的植被生长情况不一样，也可以用植被指数的参与分类，获得荒漠化专题信息图。

5. 水土流失

水土流失实质上为土壤侵蚀，是世界上各国普遍关注的问题，它的重要性仅次于水资源问题，严重的水蚀和风蚀将导致土地荒漠化。土壤侵蚀，指由水力，风力，重力，融冻力，溶解力等单独或综合作用而引起的地表松散物质的迁移和流失。土壤侵蚀的主要影响因素为气象气候因素；下垫面因素；人类活动因素。危害最大的是水蚀。水土流失在山区就意味着跑水，跑土，跑肥，跑石，跑人，山区贫瘠化，石漠化。对下游河道来说，河床堆积增加，洪水水位抬高，大堤不断加高，防洪防汛频率变高，强度加大。另一方面，大量水以地表径流的方式流入大海。地下水锐减，受旱面积扩大，旱灾强度和频率提高。

水土流失与水土保持的遥感应用以航空、航天等多平台遥感资料为信息源。20世纪80年代以来，我国将遥感技术列为重大应用工程进行科技攻关，先后在黄土高原区域治理，三北防护林工程遥感调查等重大项目中取得一系列有价值的成果。以1∶50万陆地卫星TM影像为基础，结合应用航片，SPOT卫片等，中国科学院完成了中国土壤侵蚀遥感调查项目，取得了全国最新土壤侵蚀数据。

土壤侵蚀量调查应选择雨季前后的最新遥感图像，如TM及其假彩色合成图像，还应收集调查区域各比例尺的地形图，地质图，土地利用现状图，水土流失图，土壤分布图等，可以利用汛前汛后不同时相的遥感图像进行判读比较。

对于土壤侵蚀的定量分析，通常采用遥感资料的过程如下：①数据的获取。应用航空摄影监测方法时，采用不同时相的航片立体像对，并且立体测定等高线图，建立三维立体分析模型的原始数据。②动态三维模型的建立。利用DEM内插软件包，对不同时相的三维立体模型的原始数据进行内插，建立不同时相的三维立体模型，与三维立体模型复合，建立三维动态分析模型。③数据的分析和处理。在三维动态分析模型的基础上，可直接计算出某一段时间内某一区域的水土流失总量，水土流失的体积其实就是新旧DTM体积之差。

以下，主要对土地利用/土地覆盖遥感和植被遥感加以具体介绍。

三、土地利用/土地覆盖遥感

1. 研究综述

“国际地圈与生物圈计划”（IGBP）和“全球环境变化人文计划”（HDP）在广泛征集各国科学家意见的基础上，于1995年提出了一个详细的LUCC研究计划，确定了三个研究重点，包括：

土地利用动态。该研究重点将采用实例比较研究，目的在于了解土地利用变化的自然和人文驱动力，从而有助于建立复杂的区域和全球模型。

土地覆盖动态。通过直接观测（如卫星图像和野外调查）和建立模型对土地覆盖进行区域评价。

区域和全球模型。研究的目的是改进现有模型和建造新的模型，用于预测各种动因下的土地利用变化，同时还将建立一个能够将不同方法综合起来的模型结构。

在三个重点之中还贯穿有两项综合活动：

(1) 数据和土地利用/覆被分类。这包括分析数据来源和质量，设计一个能够满足三个重点研究需要的土地利用/覆被分类结构。

(2) 尺度动态。由于认识到LUCC过程可以出现在不同尺度上，以及随

LUCC 分析时的尺度不同会影响全面地认识 LUCC，这项活动将确定指导 LUCC 研究的主要原则。

该计划的制定为世界各国的 LUCC 研究确立了方向，也为开展国际合作提供了基础。

国际上有关土地利用变化的研究正式始于 1992 年联合国制定的“21 世纪议程”。但是各国根据自己的情况开展的与土地利用变化有关的研究活动比较早。19 世纪中期，George Perkind Narsh 就人类活动对地表的改变进行了讨论。V. I. Vernadsky 就人类活动对地球上主要的生物 -物理-化学循环进行了分析研究。瑞典从 1972 年起在撒哈拉进行荒漠化和植被动态检测至今，对该地区土地利用和覆被变化进行了长期的研究。美国生态学会于 1988 年确定了 20 世纪最后 10 年其生态学优先研究领域，提出了创建可持续生物圈的规划（sustainable biosphere inititative：SBI），致力于研究生态学在地球资源管理和地球生命支持系统保护中的作用。自 1990 年起，隶属于国际科学联合会（ICSU）的 IGBP 和隶属于国际社会科学联合会（ISSC）的 IHDP 积极筹划全球性综合研究计划，于 1995 年共同拟定并发表了《土地利用/土地覆盖变化科学研究计划》，将其列为核心研究计划。国际系统应用研究所于 1995 年启动了为期三年的“欧洲和北亚土地利用/土地覆盖变化模拟”的项目，旨在分析 1900 ～1990 年该区域的土地利用/土地覆盖变化的空间特征、时间动态和环境效应，并预测该区域未来 50 年土地利用/ 土地覆盖变化的趋势，为制定相关对策服务。目前更多的国际组织和国家启动了各自的土地利用变化研究项目，取得了一系列成果，并形成了不同的研究流派。

北美流派的研究工作从宏观的角度出发，定性的研究全球规模大尺度上的土地利用变化状况及其与全球环境变化的相互关系，当今 IGBP&HDP 有关的 LUCC 研究计划，在很大程度上体现着这一研究流派的主要观点。北美流派的主要代表人物是 Turner 与 Skole 等人。然而，由于该研究派别的宏观性质，使其所得的研究成果过于空泛，多为概念性模型。

日本流派主要利用数量模型与经济学模型，定量研究区域性土地利用变化，最终用其进行预测。此流派的代表人物有日本国立环境研究所的 Kuninori、京都大学的 Masaru Kagatsume 以及东京农业大学的 Teitaro Kitamura 等人，所做的工作主要反映在 LU/GEC 项目（为全球环境保护的土地利用研究）上，研究土地利用/土地覆盖保护的空间分布、时间动态及驱动因子，设计并发展了一个有关土地利用变化的基本模型（LU/GEC-1）。

欧洲流派以 IIASA 计划 LUC 计划为代表的土地利用变化研究，是从福利分析（Welfare analysis）出发，在对土地资源与食品政策进行研究的基础上，构建相关研究模型并对未来的情景（Scenario）以及由此造成的自然环境与资源的改变进行模拟。其主要代表人物是 LUC 研究项目的负责人 Fischer。该流派将 LUCC 作为一个整体性的系统，通过对过去与现实的土地利用变化的仿真，揭示出隐于其后的社会经济驱动力，在此基础上通过模拟其未来的情景，对今后直至 2050 年土地利用变化的趋势进行预测，并对由此给资源环境所带来的影响进行评价。

自 20 世纪 90 年代起，我国学者紧跟国际研究动态，开展了一些对土地利用变化的监测与驱动力研究。主要研究领域包括：利用遥感影像对土地利用与土地覆盖变化的监测分析、土地利用与土地覆盖变化研究数据库的构建、土地利用与土地覆盖变化对农业生态系统及全球变化的影响、土地利用与土地覆盖变化驱动力研究以及土地利用与土地覆盖变化建模等方面，已经完成了多项研究任务并取得了不少成果，包括“中国陆地生态系统对全球变化响应的模式研究”，“景观动态及其驱动因素和效应分析”，“深圳市土地利用与覆被变化的动力学研究”，“深圳市土地利用变化机制分析”，“喀斯特山区土地利用变化的人类驱动力机制研究”，“人类活动对北京东灵山地区景观格局影响分析”，“基于 GIS 的内蒙古耕地时空变化研究”，“我国北方的土地利用与沙漠化”，“北京土地利用/覆被变化机制研究”，“环渤海地区土地利用变化与土地可持续利用”，“欧亚大陆桥土地利用变化机制及其对全球碳循环的影响”等。此外，响应联合国的倡导，我国于 1994 年制定了《中国 21 世纪议程》，并把合理利用国土资源和实施可持续发展作为我国现代化建设的基本战略之一，启动了“支持黄河三角洲可持续发展优先项目”、“我国北方农牧交错带农牧生产力动力学研究”、“农业资源高效利用与管理技术”等一系列研究项目，并把土地利用与覆被变化列为“中国全球变化研究方向”的重要内容之一。

2. 土地利用/土地覆盖信息的基本特点

1）土地利用/土地覆盖信息的自然特征

土地利用/土地覆盖包含了地球陆地表面的所有自然和人类建筑对象，是一个复杂的综合体，这就决定了土地利用/土地覆盖信息也是这一复杂空间对象的反映，其信息的自然特征就是这些对象自然属性的反映。土地利用/土地覆盖信息的自然特性体现在两个方面，即其空间特征和时间特征：

（1）土地利用/土地覆盖信息的空间特征。土地利用/土地覆盖信息的空间特征主要表现在：信息主要反映土地利用/土地覆盖本身的空间分布，包括类型、面积、状态、空间位置和区域间的差异等几个方面。面积主要反映了土地利用/土地覆盖的分布范围；状态则反映了土地利用/土地覆盖的存在状态；空间位置主要反映了土地利用/土地覆盖在整个三维地理空间中所处的位置；区域间的差异则体现了不同区域之间的土地利用/土地覆盖的异同。受到土地利用/土地覆盖本身特性的控制，其信息的空间特征表现为空间的复杂性，这是因为土地利用/土地覆盖信息是一个复杂体表现出来的综合信息，是由多个单一信息混合在一起的信息集合空间的连续性。土地利用/土地覆盖是一个完整的空间概念与之相对应，其信息在空间上的表现具有连续性，同时也表现出空间上的差异性。由于土地利用/土地覆盖的综合复杂性，土地利用/土地覆盖信息所反映的土地利用/土地覆盖的空间属性也是复杂的。土地利用/土地覆盖类型是一个人为的分类概念，主要反映了不同土地利用/土地覆盖类型之间在组成、形状、使用属性、存在方式上的相似和差别。

(2) 土地利用/土地覆盖信息的时间特征。土地利用/土地覆盖信息的时间特征主要表现为土地利用/土地覆盖信息在时间上的即时属性，即土地利用/土地覆盖信息仅仅反映当时瞬间的土地利用/土地覆盖特征，因而信息具有时间上的有效性问题。时间上的连续性：土地利用/土地覆盖信息具有时间上的连续性，由于在时间上是连续的，因而无论什么时候都有可能进行土地利用/土地覆盖信息的获取。时间上的变化性：土地利用/土地覆盖是一个随时变化的动态过程，其信息也表现为相应的变化特征。

2) 土地利用/土地覆盖的社会属性

土地利用/土地覆盖的社会属性主要是人们通过对土地利用/土地覆盖信息的获取和处理，从而研究土地利用/土地覆盖的基本特征以及动态变化特征，从而掌握其规律性，以实现为人类服务特别是实现可持续利用的目的。

土地利用/土地覆盖是一种综合的概念，是由不同的利用类型和覆盖类型形成的，不同的利用类型和不同的覆盖类型具有不同的表现特征，从而决定了其信息的可分离性和可获取性。由于土地利用/土地覆盖信息在空间上和时间上具有连续性，因此在信息获取时选择在空间时间上具有代表意义区域或时间段，对土地利用/土地覆盖信息获取就具有重要的意义。同时，由于土地利用/土地覆盖信息的时间有效性，因而在一定社会目的下，对信息获取和信息处理就具有一定的时间周期要求，即不同时间范围内获取的信息，就具有不同的使用价值。

3. 土地利用/土地覆盖分类系统

土地利用的分类和土地的分类是不同的，主要是因为土地利用分类是根据土地利用的不同目的和类型进行分类。

首先要根据利用程度上的差别和加强利用的可能性而分为：已利用、可利用而目前尚未利用（如沼泽地、滩涂、重盐碱地等）、根据当前技术经济条件难以利用（如沙漠、戈壁、冰川、永久雪地、高寒荒漠、石山等）三大类。

其次在已利用土地中，按主要用途而分为：①耕地；②园地；③林地；④牧草地；⑤工矿用地；⑥城镇用地；⑦交通用地；⑧特殊用地（自然保护区、旅游用地、国防用地等)；⑨水域和湿地。

然后在每种用地还可根据利用条件、方式和方向，再加细分。例如，耕地可根据水利条件分为：①水田；②水浇地；③旱地。也可根据地形条件分为：①平地；②梯地；③坡地。林地可根据利用方式分为：①用材林；②经济林；③防护林；④薪炭林等。牧草地可根据利用条件和方式分为：①天然草地；②人工改良草地；③饲草地。交通用地同样可分为：①铁路；②公路；③航路；④管道；⑤海港；⑥机场。工矿用地可分为：①工业区；②采矿区；③盐场。城镇用地可分为：①大城市；②中小城市；③集镇等。如此由大到小，由粗到细，体现一定层次等级的系统性和逻辑性。

在我国从 20 世纪 80 年代中期的土地利用详查中，根据我国土地利用的现状的特点，将我国土地利用类型分为 8 个一级类型，包括耕地、园地、林地、牧草地、居民点及工矿用地、交通用地、水域和未利用地。详细分类系统见表(表 8.3)：

该分类系统基本上适应了利用大比例尺航片作为主要信息源，并结合大量包含野外调查的大规模详细调查。

随着卫星遥感资料在土地利用/土地覆盖调查和动态监测中的广泛应用，特别是陆地卫星 TM 图像的使用，针对以卫星遥感数据作为主要信息源的土地利用分类系统，刘纪远 (1996) 等在中国资源环境遥感宏观调查与动态研究中，提出了一套完整的分类系统，该分类体系主要遵循以下四项原则：

(1) 土地的资源和利用的双重属性。不管其利用与否，按土地资源的性质、特点及其利用的方式划分类型，以反映土地资源和利用状况。

(2) 根据利用遥感技术开展土地资源分类调查及可能达到的规定精度，对低于应用陆地卫星 TM 图像并配合采用细小地物成数抽样方法量测达到预期精度的地类，均不能单独列入分类系统。

(3) 监测土地资源动态变化的连续性。将反映土地资源动态变化的要素作为某些土地资源类型的主要标志进行定性、定量划分，如草地覆盖度与土地沙化以及水土流失关系很大，因此在草地分类中以覆盖度大小来划分二级类型。

(4) 国家宏观决策的需要。在分类上，一方面尽可能与国家决策部门的要求相吻合；另一方面适应于全国范围土地资源快速调查的需要。

根据上述四点原则，全国土地资源采用三级分类系统：一级分为 6 类，主要根据土地的资源和利用属性；二级分为 25 个类型，主要根据土地资源经营特点、利用方式和覆盖特征。

另一方面，分类系统的详细程度与分类精度的问题也是必须考虑的。分类系统越详细，则在土地利用分类时错判数就越大。因此，在建立土地利用/土地覆盖分类系统时，不能一味追求详尽庞杂的分类系统，而忽略了分类的精度。

表 8.3　土地利用详查分类系统

一级类型	二级类型	含　义
1. 耕地	11. 水田	有水源保证和灌溉设施，用以种植水稻、莲藕、席草等水生作物的土地
	13. 水浇地	指有水源和灌溉设施，种植非水生作物的生物
	14. 旱地	无灌溉设施，靠天然降水生长作物的耕地
	15. 菜地	种植蔬菜为主的耕地，包括温室、塑料大棚用地
2. 园地	21. 果园	种植果树为主的土地
	22. 茶园	种植茶树为主的园地
	23. 桑园	种植桑树为主的园地
	24. 橡胶园	种植橡胶树为主的园地
	25. 其他用地	上述园地以外的园，如花园、黄花园等所用的土地
3. 林地	31. 有林地	树木郁闭度>30%的天然、人工林
	32. 疏林地	树木郁闭度在10%～30%之间的林地
	33. 灌木林地	覆盖度大于40%的灌木林地
	34. 未成林造林地	造林后不满3～5年或飞播后不满5～7年，成活率达合理造林株数41%、尚未郁闭但有成林希望的新造林地
	35. 迹地	森林采伐、火烧后，5年内未更新的土地
	36. 苗圃地	固定的林木育苗地
4. 牧草地	41. 天然草地	以天然草本植物为主，未经改良，用于放牧或割草的草地
	42. 人工草地	人工种植的牧草地，包括人工培植用于牧业的灌木地
5. 居民点及工矿用地	51. 城镇	市、镇建制的居民点，不包括市、镇范围内用于农、林、牧、渔业生产用地
	52. 农村居民点	镇以下居民点用地，包括宅基、乡村企业、畜圈、打谷场及内部交通、绿化用地
	53. 独立工矿用地	居民点以外独立的各种工矿企业、采石场、砖瓦窑、仓库及其他企事业单位的建设用地
	54. 盐田（场）	生产食盐的场地及其附属建筑用地
	55. 特殊用地	居民点以外的国防、名胜古迹、风景旅游、墓地等用地
6. 交通用地	61. 铁路	铁道线路及站场用地，包括路堤、道沟、取土坑及护路林
	62. 公路	指国家和地方公路，包括路堤、路堑、道沟和护路林
	63. 农村道路	指秦岭以南农村≥1m，秦岭以北农村≥2m的道路
	64. 民用机场	民用机场及其附属设施用地
7. 水域	71. 河流	天然形成或人工开挖河流常水位岸线以下的面积
	72. 湖泊	天然形成的积水区常水位岸线以下的面积
	73. 苇地	生长芦苇的土地，包括滩涂上的苇地
	74. 滩涂	河流、湖泊常水位至洪水位之间的滩地；时令湖洪水位以下的滩地；水库等正常蓄水位与最大洪水位间的面积
	75. 沟渠	人工修建，用于排灌的沟渠，包括渠槽、渠堤等
	76. 水工建筑	人工修建，用于除害兴利的闸、坝、堤路林、水电厂房、扬水站等常水位岸线以上的建筑物
8. 未利用土地	81. 荒草地	树木郁闭度<10%，表层为土质，生长杂草的土地
	82. 盐碱地	表层盐碱聚积，只生长天然耐盐植物的土地
	83. 沼泽地	经常积水或渍水，一般生长湿生植物的土地
	84. 沙地	表层为沙覆盖，基本无植被的土地，不包括水系中的沙漠
	85. 裸土、裸岩	表层为土质，岩石或石砾，基本无植被覆盖的土地
	86. 田坎	主要指耕地中南方宽>1m，北方宽≥2m的地坎或堤坝
	87. 其他	指其他未利用土地，包括高寒荒漠、苔原等

4. 土地利用/土地覆盖遥感信息源的选取

土地利用/土地覆盖信息是一种复杂的综合信息源，而遥感数据作为一种综合的空间统计信息，各种类型的土地利用/土地覆盖信息是互相混杂在一起的。土地利用/土地覆盖类型中任何一种类型均不是一个纯粹的单一对象，而是由复杂空间对象构成，在光谱特征上，同一类型的土地利用/土地覆盖就反映为一种混合特征。同时，由于土地利用/土地覆盖信息的使用者要求遥感数据的时间序列和空间区域的完整性、数据类型的完整性及数据时间代表性的一致性等。因此，利用遥感信息进行土地利用/土地覆盖信息的获取，首先必须充分考虑遥感信息的信息获取能力。不同的土地利用/土地覆盖类型具有不同的空间尺度，如根据土地利用/土地覆盖分类中最常见的分类系统所确定的类型为例，单一对象或混合对象在空间分布中的面积大小以及获取对象信息所要求的详细程度，即成为选择遥感信息源的主要依据。

在我国特有的区域环境单元中，其单一个体的大小差别较大，总体来说，我国南方的最小耕地面积要小于北方的耕地。同时，受到生活习惯等的影响，我国南方的农村居民地相对规模较小，分布较为零星，按人口的农村居民点用地统计，我国农村居民点人均用地最高的为内蒙古，达到625.09m^2，而四川省仅为55.24m^2（全国土地利用总体规划，1996）。根据采用陆地卫星TM影像对小于6×6个像元大小的土地利用/土地覆盖类型进行系统条带采样的分析结果可以看出，我国土地利用/土地覆盖类型在平原地区和北方地区相对规模较大，而南方特别是丘陵地区土地利用/土地覆盖类型的破碎程度较高。

在调查中，一方面遥感数据本身的能力决定了其在调查中的作用，通常在土地利用/土地覆盖信息获取中主要使用空间分辨率为10m至1km的可见光及近红外波段遥感数据。对应于这一分辨率的使用的主要遥感信息源包括Landsat/TM/MSS SPOT/HRV以及NOAA/AVHRR，其中，SPOT/HRV的空间分辨率为5m，对应于这一分辨率的最大制图比例尺为1∶1万，而Landsat/TM的空间分辨率为30m，对应于这一分辨率的最大制图比例尺为1∶10万，对应于Landsat/MSS的最大制图的比例尺1∶25万，对应于NOAA/AVHRR的最大制图比例尺约为1∶250万（1km分辨率）。

由于土地利用/土地覆盖信息获取中使用的主要为可见光，近红外波段，受到天气影响较大，同时植被信息在土地利用/土地覆盖信息获取中起着十分重要的作用，遥感信息的季相特性亦显得十分重要。综上所述，在土地利用/土地覆盖信息获取中选择遥感信息源应遵循如下原则：

第一，保证充分的空间分辨率：保证选择的遥感信息具有充分的空间分辨率，以满足信息获取中对制图比例尺以及对土地区别能力的要求。

第二，适当的波谱分辨率：选择适当的波段组合，以满足最大限度区别不同土地利用/土地覆盖类型的要求。

第三，适宜时相选择：选择适当时相的遥感信息源，是保证最大限度地获取土地利用/土地覆盖信息的重要依据，选择适当时相的主要依据在于区域内植被的物候特征，并根据地物的光谱特征进行确定。

第四，经济适用性：经济适用性在整个信息获取中，并不涉及技术上的问题，但经济适用性是保证信息获取能进行的重要原则，即在满足其他条件的情况下，选择尽可能廉价的遥感信息源以及尽可能少的附加信息处理工作量，达到最大的经济效益。

5. 土地利用/土地覆盖遥感信息的提取方法

土地利用/土地覆盖信息作为一种综合的信息是相互混淆的，尤其是在遥感图像的这种空间化的统计信息中，土地利用/土地覆盖信息提取即是将综合性的土地利用/土地覆盖信息，按照分类系统确定的主要类型，将各类型的信息从综合信息中分离出来，并进行综合制图的过程。

近年来，遥感信息提取的理论方法得到了飞速的发展，如自适应模糊规则分类法；特征变异增强方法；灰色相关像元分解方法；分层提取方法；遥感图像特定目标自动识别法；光谱混合分析法；重复传播网络方法；土地利用变化信息自动发现方法；土地利用变化信息的综合提取方法；土地覆盖多源遥感数据的识别方法。所有这些方法，大致可分为以下三类。

（1）基于像元光谱特征的自动分类方法，如非监督分类和监督分类。

（2）基于地学知识系统改进的自动分类方法。

（3）遥感与GIS一体化的遥感信息提取方法。

以下就这几类方法的特点、应用领域及分类精度逐一详述。

1）非监督分类和监督分类方法

非监督分类方法是按照特征向量在已选择的特征空间中的类别集群的特点进行分类，非监督分类中常用的分类方法是采用聚类法。在遥感图像中，土地利用/土地覆盖类型是一种统计型的空间信息，一方面其光谱特征在信息的识别中起着最主要的作用，但由于这些信息受到获取时地形、天气以及类别本身光谱特征相似的影响，存在着大量的非真实信息，另一方面，由于不同时间获取的遥感影像不同，导致相同地物具有不同的光谱特征或不同的地物具有相同的光谱特征。因而导致非监督方法在实际应用中具有很大的局限性。这种方法的结果精度较低，通常情况下在进行分类后，有必要对分类结果进行校正。但由于非监督分类的方法简便、省时，在无法得到先验知识的情况下，仍不失为一种好的方法，但更多的是作为其他分类的一种先行步骤。如美国地质调查局进行的每十年一次的全美土地利用/土地覆盖调查工作的前期分类即采用了非监督分类方法。

监督分类方法，土地利用/土地覆盖信息获取及其分类常常是由具有丰富的专业知识的专家完成，因而利用遥感图像进行土地利用/土地覆盖分类大都采用监督分类的方法。监督分类是在被分类的区域内根据先验知识选择典型区作为子区，子区中的各类别地物在图像中的位置是已知的，根据已知的像元数据求出参数，确定各数类别函数的形式，然后对未知像元数据进行类别判定和分类，对结果进行正确分类的方法。本方法得到结果的好坏主要和三个因素相关，即先验知识的准确性、图像质量的好坏以及判别函数的选择。其中前两者可以通过人为的工作进行调整，而判别函数的选择是监督分类中的关键。常用的判别函数主要包括最大自然判决（又称为 Bayes 准则），最小距离判别等。无论是非监督分类还是监督分类都是依据光谱特性进行分类和信息提取的方法，这种方法在土地利用/土地覆盖类型比较单一，光谱差距较大时，可以得到较好的效果。对土地利用/土地覆盖类型复杂、像元光谱距离差别不大时，分类结果的精度常常不高。特别是在要求制图精度较高、分类信息较强的中比例尺土地利用/土地覆盖调查与制图就存在一定的困难，分类精度不能满足要求。因而，根据实际情况，有必要对非监督分类和监督分类方法进行改进以应用于实际工作中，如聚类和监督分类、分类树分类以及多种信息的复合等方法。实际上，这种多种信息复合的分类方法就是下文要论述的基于地学知识系统改进的自动分类方法。

2）基于专家知识改进的自动分类方法

上文所述的基于像元光谱特征的自动分类方法（如非监督分类和监督分类方法），虽然简单易行，但其分类精度往往无法满足实际工作的需要。由遥感手段获得的能量信息与非遥感手段获得的物质信息的复合，是遥感应用中解决定量问题的必经途径，只有全面掌握了系统的物质与能量信息时才能真正做到对遥感信息的正确解译。因此，有必要将多种地学信息复合以辅助遥感信息的提取。下面以基于 NOAA/AVHRR 遥感数据的土地利用/土地覆盖分类实例来说明。这个实例尝试在 GIS 环境下，实现遥感数据与气温、降水、高程等地理数据的复合，以期改变遥感信息的单一光谱信息结构，提高 NOAA/AVHRR 遥感数据在大尺度植被覆盖制图的分析精度，实现研究区域的植被分类：

第一步：遥感数据采集与预处理

由于 AVHRR 的数据变形较大，几何畸变较严重，其 NOAA/AVHRR 数据的几何纠正十分重要；另一方面，通常采用组合处理（Composing）方法来消除云层覆盖对 NOAA 影像的地表信息的影响，以提高其利用效率。遥感数据预处理主要包括 NOAA/AVHRR 的几何纠正，NDVI 影像的生成及 NOAA/AVHRR 数据的优化等步骤。同时，将地形高程、气温及降水量等反映气候资源状况和地表植被分布的重要因子量化并生成地学数据数字影像。

第二步：多维空间信息复合的区域植被覆盖分类和制图

为了准确地进行地学编码数据与遥感数据的复合，不同类型数据集的严格配准是关键，试验研究中，对综合地学编码影像和遥感影像进行投影变换，统一采用经纬网坐标系，对地学编码影像和遥感影像进行配准。将配准后的地学编码影像与 NDVI 及 NOAA/AVHRR 经主成分变换后的影像进行信息复合，生成综合影像并将其优化。

在综合影像的判别分类中，可把非遥感数据的地学编码数据看作多波段或多时相工作传感器遥感数据中的一个波段，各种数据全部重叠，仍采用 Bayes 判别方法的思路，实现分类。

第三步：分类精度分析

利用数学公式加先验知识作分类，只能尽可能接近自然特性，但不可能完全符合实际，所以作完分类计算有必要作检验，分析分类精度。常用的检验方法是通过选取检验样本，采用混淆矩阵的分析方法。矩阵的第 I 行元素为类型 I 分类为 1～n 类型像元出现频率，即该类型像元出现的个数与该类型检验总像元数之比，对角线元素为正确分类的像元再现频率，I 行中其他元素是不正确分类的像元频率分布。因此，I 类型的分类精度为该类型中正确的像元出现频率，即正确分类像元个数与检验像元个数之比。总的分类精度为所有正确分类的像元之和与检验像元总数之比。分别对分类结果进行抽样，计算其误差矩阵和 Kappa 统计值，最后得到两种分类方法的分类精度分别见表（表 8.4）：

表 8.4　分类精度比较

分类方法	分类精度
综合地学影像的复合分类法	77.1%
单一 NDVI 的最大似然分类法	58.8%

由以上对比可知，由于地学编码影像的参与，分类精度提高了 18.3%。上述实例表明，这种基于专家知识改进的遥感信息提取方法用于植被分类制图是较为可行的，一方面它与基于像元光谱特征的自动分类方法相比，提高了分类精度；另一方面，它是一种适用于提取快速变化信息的自动分类方法，这种方法已较为实用，但其分类精度仍有待于进一步的提高。

3）遥感与 GIS 一体化的信息提取方法

遥感与 GIS 一体化的信息提取方法是针对遥感、地理信息系统一体化技术发展的一种基于人工解译的（包括图像判读和屏幕判读）综合分类方法。其工作特点是，借助专家知识和实地考察资料直接在精纠正后的影像上进行解译和判读，图像与图形相结合的作业环境（图 8.1），保证了现状地物和面状地物的正确识别，减少了同一地物由于季相不同或同一土地利用/土地覆盖类型由于不均一性而错判的概率等。

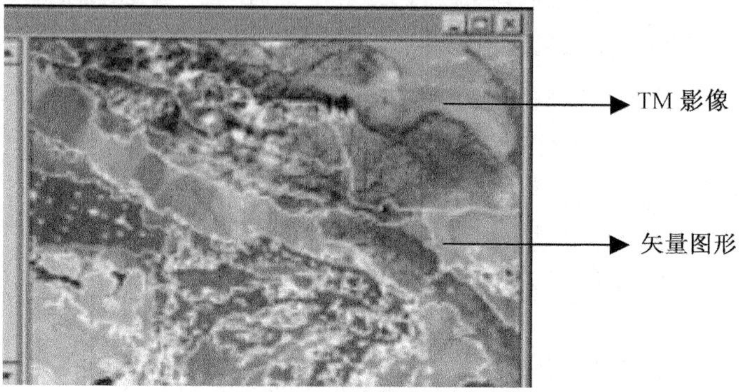

图 8.1　遥感与 GIS 一体化信息提取方法

这种基于专家知识的屏幕解译的遥感与 GIS 一体化信息提取方法有很多优点。从实际工作而言，这种方法即克服了前文所述的两种方法的缺点。与第一种自动分类的信息提取方法相比较而言，它大大提高了分类精度，可以应用于实际；与第二种基于专家知识的改进的自动分类方法相比较而言，它的分类精度仍然要高得多，同时，它还具有第二种方法不可比拟的优点，如它的作业环境是数字化的，形成的结果不需要数字化，可直接进入数据库，减少了中间环节，提高了精度，另外，其图形图像相结合的作业环境，形象生动，便于检查核实，便于数据查询和数据更新。

遥感与 GIS 一体化的信息提取方法工作流程具体如下：

第一步：地形图标描与行政界线订正

地形图资料选用全国 1∶10 万比例尺地形图，使用不同颜色透明笔分别对国界、省界和县界进行标描。由于目前使用的全国 1∶10 万比例尺地形图部分版本较老，全国各省、市、县界在成图后有较大的变动，需要对照新版 1∶25 万地形图进行行政界线的订正和修改。地形图的标描、订正和管理以全国 1∶100 万图幅为单位进行，以利于资料查询和以省为单位的县界拼接。

第二步：控制点的选取与行政界线数字化

选取图像中的地形图清晰可辨的河与河的交叉点、路与路（河）交叉点以及可选取的有明显特征的山脊线、沟谷线等永久地物作为控制点，所选取控制点在每景图像上的分布保持均衡。在平原地区每景图像的控制点数应在 20 个以上，山区应在 30 个以上。地形图上的控制点坐标通过数字化仪进行输入，首先输入地形图图廓点坐标，然后输入控制点坐标，通过图廓点坐标理论值对控制点坐标进行订正。使用数字化方式对地形图上标描的国界、省界和县市界进行输入，并赋予不同属性的标识，通过图廓点按地形图的 1∶100 万标准分幅进行拼接，最终得到以省为单位的行政界线矢量数据。

第三步：图像处理

（1）几何精校正，采用最小二乘法计算。校正方程根据控制点选取情况采用2～3次多项式进行。像元重采样采用最近邻点法或双线性插值法。

（2）图像镶嵌：在进行镶嵌处理时，图像景与景之间的接边采用最小灰度差算法，接缝处进行灰度加权平滑处理。

（3）行政界线与图像的套合：将矢量方式的行政界线数据及1∶10万地形图图廓点转换成栅格数据，以255灰度值将行政界线与图像套合。

第四步：资源层面判读

交互判读的主要内容是土地资源类型，土地资源分类按本规程规定的土地资源分类系统。交互判读的作业方法如下：

（1）首先输入省（区）级影像栅格文件，然后对该文件进行切割，划分成若干作业区（大小视各片情况而定）。

（2）以影像栅格文件作为判读背景（底层），通过人机交互方式，分层提取目标地类。

（3）根据影像的判读标志，如色调（颜色）、形状、位置、大小、阴影、纹理及其他间接标志等和自己对该区域土地资源分布规律的熟悉程度，识别目标地类。

（4）判读提取目标地物的最小单元：一般规定面状地类应大于6×6个像元，图斑短边宽度最小为4个像元。判读精度要求：耕地定性准确率＞98％，其他地类＞95％；屏幕解译线划描迹精度为一个像元点。

第五步：重要线状地物层面判读

重要线状地物指宽度不宜在细小地物成数抽样中对其面积进行测算和扣除的线状地物，如铁路、公路、主要干渠、运河、河流等，其宽度小于4个像元，大于等于1个像元，应用单线绘出，并赋属性代码。

第六步：基本地理单元层面判读

采用全数字作业的方式，利用精纠正处理后的陆地卫星遥感影像信息。首先获取精纠正遥感影像，并按分幅地形图切块分割。转换原有基本地理单元图件的投影方式与坐标系统，使其与现有遥感影像一致。对最新遥感影像、本次资源层面数据与原有基本地理单元层面实施叠加分析和判读。实现相邻图幅的内容接边，包括定性和定位的统一，二者同步实施，不得出现属性矛盾，接边定位误差要求同土地资源层面。内容接边完成后，形成以县为单位的完整数据文件保存。构成以省为单位的完整基本地理单元层面，同原有遥感影像相一致。基本地理单元的4项专题属性均形成独立的专题层面。对属性图斑进行自检，形成统一标准的自检记录，以备查询。提交质量检查组予以成果图件复查，合格图件提交总体组；存在问题图件由原完成者全面复核与修正，并再次提交复查，直至合格。

第七步：矢量图生成

（1）在 GIS 软件中导出图像目视解译结果。

（2）在 ARC/INFO 下键命令 DXFINFO 查看 DXF 文件有关分层的信息。再分别键入命令 DXFARC 将文件各层内容生成 Coverage。

（3）正轴等面积双标准纬线圆锥投影（Albers）的设计与变形计算。

（4）参照有关资料图件用资源类型图提取地理单元图斑并确定图斑属性。

（5）在资源类型图和地理单元图上逐图斑赋给属性代码。在重要线状地物图上逐线条赋给属性代码。

（6）将所有图件全部转成全国统一的等面积割圆锥投影。

（7）资源类型图和地理单元图经查错修改确认无误后，与行政区划图统一图廓边，最后须用 CLEAN 建立拓扑关系。重要线状地物图查错修改确认无误后，仍需与行政区划统一图廓边，但最后只须 BUILD 命令（Line 选项）建立拓扑关系。至此，全部图件可交质检组转下一工序。

第八步：作业片间的接边处理

在 ARC/INFO 软件支持下用 MAPJOIN 命令将省级图形文件连接在一起。拼接图幅多少视文件数据量而定，土地资源图、地理单元图、行政区划图和重要线状地物应具有同样的规模。在 ARCEDIT 中对相邻两个省级文件同一专题层面的图形实施接边处理。特别注意土地资源图在接边过程中移动了的线段，地理单元图的线段也应作相应的移动。

四、植被遥感

植被在地表占有很大的比例，陆地表面的植被常是遥感观测和记录的第一表层，是遥感图像反映的最直接的信息，也是人们研究的主要对象。作为地理环境重要组成部分的植被，与一定的气候、地貌、土壤条件相适应，受多种因素控制，对地理环境的依赖性最大，对其他因素的变化反映也最敏感。因此，人们往往可以通过遥感所获得的植被信息的差异来分析那些图像上并非直接记录的隐含在植被冠层以下的其他信息。如水土资源、蚀变带与矿藏、地质构造、自然历史环境演变遗留的痕迹等。

植物内部所含的色素、水分以及它的结构等控制着植物特殊的光谱响应。同时，我们还知道植被在生长发育的不同阶段（从发芽-生长-衰老），从其内部成分结构到外部形态特征均会发生一系列周期性的变化。这变化是以季节为循环周期的，故称之为植物季相节律。植物季相节律从植物细胞的微观结构到植物群体的宏观结构上均会有反映，致使植物单体或群体的物理光学特征也发生周期性变化，因此有可能通过多光谱遥感信息获得植物及其变化的信息，直接监测植被长势、病虫害以及进行森林、草场制图、生物量估算等多方面研究。

此外，陆地植被又是那些危及人类生存的生物地球化学循环中的关键因子。如全球碳循环中，陆地植被尤其是热带或北纬地区的陆地植被是很关键的。植被通过光合作用吸收 CO_2，将碳短期储积在叶内或较长期的储积在根部，它对大气中 CO_2 含量，对日益严重的“温室效应”均是至关重要的。通过遥感提供的植被宏观变化及影响这些变化的生态环境因子间的相互作用和整体效应，可以对于那些对人类生存有特殊意义的生态区如热带雨林、半干旱区农牧交错地带等进行变化监测和专题研究。

植物遥感研究由来已久。早期的研究主要集中在植物及土地覆盖类型的识别、分类与专题制图等。随后，则致力于植物专题信息的提取与表达方式上，提出了多种植被指数，并利用植被指数进行植被宏观监测以及生物量估算——包括作物估产、森林蓄积量估算、草场蓄草量估算等。随着定量遥感的逐步深入，植被遥感研究已向更加实用化、定量化方向发展，提出了几十种植被指数模型，研究植被指数与生物物理参数（叶面积指数，叶绿素含量，植被盖度，生物量等），植被指数与地表生态环境参数（气温、降水、蒸发量、土壤水分等）的关系，以提高植物遥感的精度，并深入探讨植被在地表物质能量交换中的作用。

1. 植物遥感原理

1）叶片和植被

植物遥感依赖于对植物叶片和植被冠层光谱特性的认识，因而需要首先了解植物叶片和植被的结构。

图 8.2 显示叶片的内部结构。叶片的最上层为上表皮，由较密集的细胞组成，并被半透明的薄膜（阻止水分丢失）覆盖；最下层为下表皮，含气孔可与外界进行气体、水分交换，这是植物光合作用和植物生长的根本保证；上下表皮之间为栅栏组织和海绵组织，其中，栅栏组织由长透镜状细胞平行排列而成，它又叫叶绿粒是由叶绿素和其他色素组成；海绵叶肉组织由相互分离的不规则状细胞组成。叶面积保证光合作用中 O_2 与 CO_2 的充分交换。

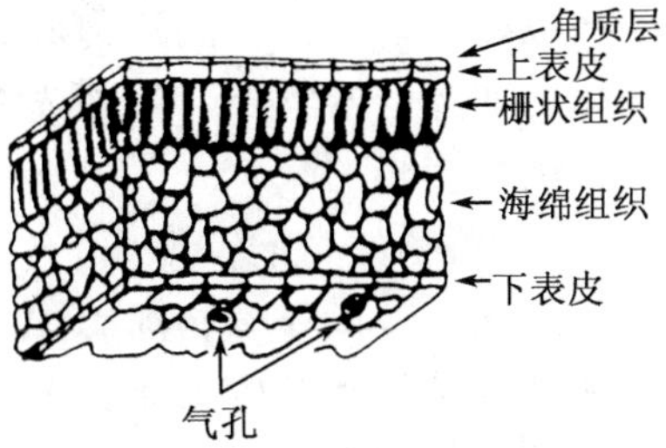

图 8.2　叶片的内部结构

植株是由叶、叶柄、茎、枝、花等不同组分组成。从植物遥感——植物与光（辐射）的相互作用出发，植被结构主要指植物叶子的形状（用叶倾角分布 LAD 表示），大小（用叶面积指数 LAI 表示），植被冠层的形状、大小以及几何与外部结构——包括成层现象（涉及多次散射）、覆盖度（涉及孔隙率、阴影）等。

植被结构是随着植物的种类、生长阶段、分布方式的变化而变化的。在定量遥感中它大致可分为水平均匀植被（连续植被）和离散植被（不连续植被）两种。两者之间并无严格界线。草地、幼林、生长茂盛的农作物等多属前者，而稀疏林地、果园、灌丛等多属后者。植被结构可通过一组特征参数来描述和表达，如叶面积指数LAI（定义为单位地表面积上方植物单叶面积的总和）、叶面积体密度FAVD（定义为某一高度上单位体积内叶面积的总和）、孔隙率（或间隙率）、叶倾角分布LAD（分为均匀型、球面型、倾斜型等）。

植物的光合作用是指植物叶片的叶绿素吸收光能和转换光能的过程。它所利用的仅是太阳光的可见光部分（0.4～0.76μm），即称之为光合有效辐射(PAR)，约占太阳辐射的47%～50%，其强度随着时间、地点、大气条件等变化。植物叶片所吸收的光合有效辐射（APAR）的大小及变化取决于太阳辐射的强度和植物叶片的光合面积。而光合面积不仅与叶面积指数（LAI）有关，还与叶倾角（LAD）、叶间排列方式、太阳高度角等有关。光合面积与叶绿素浓度结合可以反映作物群体参与光合作用的叶绿素数量。而水、热、气、肥等环境因素直接影响PAR向干物质转换的效率。如叶片缺水、气孔减小，直接影响作为光合作用原料的CO_2的吸收。

射入叶片的可见光部分中的蓝光、红光及少部分绿光可被叶绿素所吸收，用于光合作用。叶子的光合作用过程总是伴随着叶子的呼吸作用进行的。叶子通过其下表皮层的气孔吸入CO_2，并扩散到叶腔内；在光能的作用下，叶内的二氧化碳（CO_2）与水汽（H_2O）结合，经光合作用过程生成碳水化合物（$C_6H_{12}O_6$）和呼出氧气（O_2）。

植物在光合作用过程中将转换和消耗光能。此外，射入植被的光能除了被叶子吸收外，还有部分的反射和透射（部分透射能可达地表）。部分阳光投射到植物体的非光合器官上，因而光合作用的潜力是受植物类型、结构、生态环境等多方面因素影响的。

2）植物的光谱特征

近红外波段在植物遥感中有重要作用，这是因为近红外区的反射是受叶内复杂的叶腔结构和腔内对近红外辐射的多次散射控制，以及近红外光对叶片有近50%的透射和重复反射的缘故。随着植物的生长、发育或受病虫害胁迫状态或水分亏缺状态等的不同，植物叶片的叶绿素含量、叶腔的组织结构、水分含量均会发生变化，致使叶片的光谱特性变化。虽然这种变化在可见光和近红外区同步出现，但近红外的反射变化更为明显。这对于植物/非植物的区分、不同植被类型的识别、植物长势监测等是很有价值的。

植物的发射特征主要表现在热红外和微波谱段。植物在热红外谱段的发射特征，遵循普朗克（Planck）黑体辐射定律，与植物温度直接相关。植物非黑体而是灰体，因而研究它的热辐射特征必须考虑植物的发射率。植物的发射率是随植物类别、水分含量等的变化而变化。健康绿色植物的发射率一般在0.96～0.99

范围内，常取 0.97～0.98；干植物的发射率变幅较大，一般为 0.88～0.94。

植物的微波辐射特征能量较低，受大气干扰较小，也可用黑体辐射定律来描述。植物的微波辐射能量（即微波亮度温度）与植物及土壤的水分含量有关。而植物的雷达后向散射强度（即主动微波辐射）与其介电常数和表面粗糙度有关。它反映了植物水分含量和植物群体的几何结构，同样传达了大量植物的信息。研究表明：JERS-1 的 SJU（L 波段）图像可以穿透植被，而得到植物生长环境的信息；ERS-1 的 SAR（C 波段）图像可以直接监测植被，并含有土壤和地形信息；Palosm 于 1998 年研究了多波段（L、C、P）、多极化的 SAR 数据与农田观测的叶面积之间的关系，指出可以用多波段雷达数据估算作物叶面积指数（LAI）。可见，植物的发射特征（热红外和微波）和微波散射特征信息是光学反射遥感数据的补充，也是植物遥感的理论基础。

Boochs 于 1990 年指出，植被对电磁波的响应，即植被的光谱反射或发射特性是由其化学和形态学特征决定的。而这种特征与植被的发育、健康状况以及生长条件密切相关。因此，可以采用多波段遥感数据来揭示植物活动的信息，进行植物状态监测等。

单叶的光谱行为对植被冠层光谱特性是重要的，但并不能完全解释植被冠层的光谱反射。植被冠层是由许多离散的叶子组成，这些叶子的大小、形状、方位、覆盖范围是变化的。

自然状态下的植被冠层（如一片森林或作物）是由多重叶层组成，上层叶的阴影挡住了下层叶，整个冠层的反射是由叶的多次反射和阴影的共同作用而成，而阴影所占的比例受光照角度、叶的形状、大小、倾角等的影响。一般说来，由于阴影的影响，往往冠层的反射低于单叶的实验室监测的反射值，但在近红外谱段冠层的反射更强。这是由于植物叶子透射约 50%～60%的近红外辐射能，透射到下层的近红外辐射能被下层叶反射，并透过上层叶，导致冠层红外反射的增强，如图 8.3 所示。

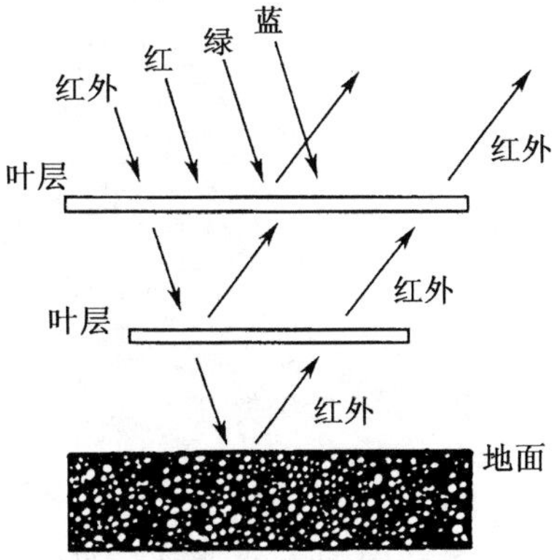

图 8.3　植被冠层的多次反射

在植物冠层，多层叶子提供了多次透射、反射的机会。因此，在冠部近红外反射随叶子层数的增加而增加。试验证明，约 8 层叶的近红外反射率达最大值。

植物冠层的波谱特性，除了受植物冠层本身组分——叶子的光学特性的控制，还受植物冠层的形状结构、辐照及观测方向等的影响。因此，植被的波谱特性与覆盖度、生物量密切相关。原则上，生物量可以通过比较近红外区（0.8～1.1μm）与绿光区（0.4μm）的反射率求得。

所谓“红边”是指红光区外叶绿素吸收减少部位（约<0.7μm）到近红外高反射率（>0.7μm）之间，健康植物的光谱响应陡然增加（亮度增加约10倍）的这一窄条带区。Collins于1978年研究作物不同生长期内的高光谱扫描数据发现，作物快成熟时，其叶绿素吸收边（即红边）向长波方向移动，即“红移”。这种“红移”现象除了作物外，其他植物也有，且红移量随植物类型而变化，因而可以通过对作物红边移动的观察来评价作物间的差异以及某一特定作物成熟期的开始。Collins还认为选择约在0.745μm和0.78μm很窄的波段，可观察这一特定期的“红移”现象。“红移”出现的原因虽很复杂，但其重要原因是由于作物成熟叶绿素a大量增加（即叶黄素代替叶绿素）所致。Horler等于1983年通过实验研究认为红边（0.68～0.80μm）可以作为植物受压抑（胁迫状态）的光谱指示波段区（图8.4）。

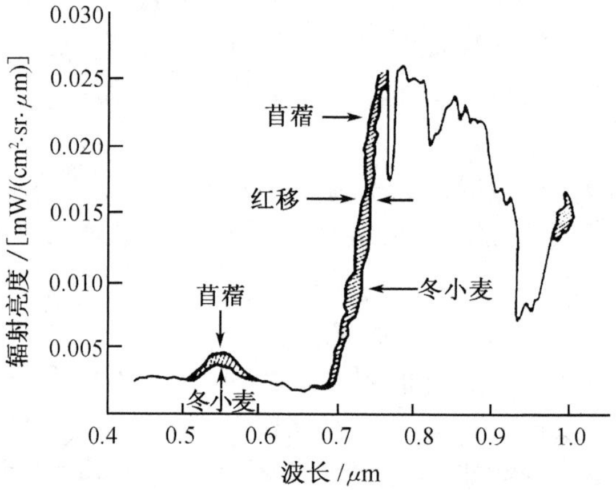

图 8.4 植物光谱的“红边”红移

2. 植被指数

1）植被指数的概念

遥感图像上的植被信息，主要是通过绿色植物叶子和植被冠层的光谱特性及其差异、变化而反映的，不同光谱通道所获得的植被信息可与植被的不同要素或某种特征状态有各种不同的相关性，如叶子光谱特性中，可见光谱段受叶子叶绿素含量的控制、近红外谱段受叶内细胞结构的控制、中红外谱段受叶细胞内水分含量的控制。

再如，可见光中绿光波段0.52～0.59μm对区分植物类别敏感；红光波段0.63～0.69μm对植被盖度、植物生长状况敏感等。但是，对于复杂的植被遥感，仅用个别波段或多个单波段数据分析对比来提取植被信息是相当局限的。因而往往选用多光谱遥感数据经分析运算（加、减、乘、除等线性或非线性组合方式），产生某些对植被长势、生物量等有一定指示意义的数值——即所谓的“植被指数”。它用一种简单有效的形式来实现对植物状态信息的表达，以定性和定量地评价植被覆盖、生长活力及生物量等。

在植被指数中，通常选用对绿色植物（叶绿素引起的）强吸收的可见光红波段和对绿色植物（叶内组织引起的）高反射的近红外波段。这两个波段不仅是植物光谱中的最典型的波段，而且它们对同一生物物理现象的光谱响应截然相反，故它们的多种组合对增强或揭示隐含信息将是有利的。

2）植被指数的种类

由于植被光谱受到植被本身、土壤背景、环境条件、大气状况、仪器定标等内外因素的影响，因此植被指数往往具有明显的地域性和时效性。20 多年来，国内外学者已研究发展了几十种不同的植被指数模型。大致可归纳为以下几类：

（1）比值植被指数（RVI）。由于可见光红波段（R）与近红外波段（NIR）对绿色植物的光谱响应十分不同，且具倒转关系，故两者简单的数值比能充分表达两反射率之间的差异。比值植被指数可表达为：

$$\mathrm{RVI} = \mathrm{DN_{NIR}}/\mathrm{DN_R} \text{ 或 } \mathrm{RVI} = \rho_{\mathrm{NIR}}/\rho_{\mathrm{R}} \tag{8.1}$$

式中：DN 为近红外、红外段的计数值（灰度值）；ρ 为地表反照率。

对于绿色植物叶绿素引起的红光吸收和叶肉组织引起的近红外强反射，使其 R 与 NIR 值有较大的差异，使 RVI 值高。而对于无植被的地面包括裸土、人工特征物、水体以及枯死或受胁迫植被，因不显示这种特殊的光谱响应，则 RVI 值低。因此，比值植被指数能增强植被与土壤背景之间的辐射差异。

土壤一般有近于 1 的比值，而植被则会表现出高于 2 的比值。可见，比值植被指数可提供植被反射的重要信息，是植被长势、丰度的度量方法之一。同理，可见光绿波段（叶绿素引起的反射）与红波段之比 G/R，也是有效的。比值植被指数可从多种遥感系统中得到。但主要用于 Landsat 的 MSS、TM 和气象卫星的 AVHRR。

RVI 是绿色植物的一个灵敏的指示参数。研究表明，它与叶面积指数（LAI）、叶干生物量（DM）、叶绿素含量相关性高，被广泛用于估算和监测绿色植物生物量。在植被高密度覆盖情况下，它对植被十分敏感，与生物量的相关性最好。但当植被盖度小于 50%时，它的分辨能力显著下降。此外，RVI 对大气状况很敏感，大气效应大大地降低了它对植被检测的灵敏度，尤其是当 RVI 值高时。因此，最好运用经大气纠正的数据，或将两波段的灰度值（DN）转换成反射率（ρ）后再计算 RVI，以消除大气对两波段不同非线性衰减的影响。

（2）归一化植被指数（NDVI）。归一化指数（NDVI）被定义为近红外波段与可见光红波段数值之差和这两个波段数值之和的比值。即

$$NDVI = (DN_{NIR} - DN_R)/(DN_{NIR} + DN_R) \text{ 或 } NDVI = (\rho_{NIR} - \rho_R)/(\rho_{NIR} + \rho_R) \tag{8.2}$$

实际上，NDVI 是简单比值 RVI 经非线性的归一化处理所得。在植被遥感中，NDVI 的应用最为广泛。它是植被生长状态及植被盖度的最佳指示因子，与植被分布密度呈线性相关。因此又被认为是反映生物量和植被监测的指标。

经归一化处理的 AVHRR 的 NDVI，部分消除了太阳高度角、卫星扫描角及大气程辐射的影响，特别适用于全球或各大陆等大尺度的植被动态监测。这是因为，对于陆地表面主要覆盖而言，云、水、雪在可见光波段比近红外波段有较高的反射作用，因而其 NDVI 值为负值（<0）；岩石、裸土在两波段有相似的反射作用，因 ρ 其 NDVI 值近于 0；而在有植被覆盖的情况下，NDVI 为正值（>0），并随着植被盖度增大，其 NDVI 值越大。可见，几种典型的地面覆盖类型在大尺度 NDVI 图像上区分鲜明，植被得到有效的突出。

但是，NDVI 的一个缺陷在于对土壤背景的变化较为敏感。实验证明，当植被盖度小于 15%时，植被的 NDVI 值高于裸土的 NDVI 值，植被可以被检测出来，但因植被盖度很低，如干旱、半干旱地区，其 NDVI 很难指示区域的植物生物量，而对观测与照明却反应敏感；当植被盖度由 25%～80%增加时，其 NDVI 值随植物量的增加呈线性迅速增加；当植被盖度大于 80%时，其 NDVI 值增加延缓而呈现饱和状态，对植被检测灵敏度下降。

实验表明，作物生长初期 NDVI 将过高估计植被盖度，而在作物生长的结束季节，NDVI 值偏低。因此，NDVI 更适用于植被发育中期或中等覆盖度的植被检测。

Huete 等于 1988 年为了修正 NDVI 对土壤背景的敏感提出了可适当描述土壤-植被系统的简单模型，即土壤调整后的植被指数（Soil-Adjusted Vegetation Index），其表达式为

$$SAVI = \left[\frac{DN_{NIR} - DN_R}{DN_{NIR} + DN_R + L}\right](1 + L) \tag{8.3}$$

或者：

$$SAVI = \left[\frac{\rho_{NIR} - \rho_R}{\rho_{NIR} + \rho_R + L}\right](1 + L) \tag{8.4}$$

式中：L 为一个土壤调节系数，它是由实际区域条件所决定的常量，用来减小植被指数对不同土壤反射变化的敏感性。当 L 为 0 时，SAVI 就是 NDVI。对于中等植被盖度区，L 一般接近于 0.5。因子（$1+L$）主要是用来保证最后的 SAVI 值与 NDVI 值一样介于-1 和$+1$ 之间。

在 SAVI 的基础上，人们又进一步发展了转换型土壤调整指数：

$$TSAVI = [a(NIR - aR - b)]/(R + aNIR - ab) \tag{8.5}$$

将土壤背景值的有关参数（a，b）直接参与指数运算。

为了减少SAVI中裸土影响，发展了修改型土壤调整植被指数：

$$\mathrm{MSAVI}=(2\mathrm{NIR}+1)-\sqrt{(2\mathrm{NIR}+1)^2-8(\mathrm{NIR}-\mathrm{R})/2} \qquad (8.6)$$

Major等又依据土壤干湿强度及太阳入射角的变化等，给出SAVI的3种新的形式（SAVI2，SAVI3，SAVI4）等。

实验证明，SAVI和TSAVI在描述植被覆盖和土壤背景方面有着较大的优势。由于考虑了（裸土）土壤背景的有关参数，TSAVI比NDVI对低植被覆盖有更好的指示意义，适用于半干旱地区的土地利用制图。

此外，针对不同的区域特点和不同的植被类型，人们又发展了不同的归一化植被指数。如，用于检验植被不同生长活力的归一化差异绿度指数：

$$\mathrm{NDGI}=(G-R)/(G+R) \qquad (8.7)$$

用于建立光谱反射率与棉花作物残余物的表面覆盖率关系的归一化差异指数：

$$\mathrm{NDI}=(\mathrm{NIR}-\mathrm{MIR})/(\mathrm{NIR}+\mathrm{MIR}) \qquad (8.8)$$

（3）差值植被指数（DVI）。又称环境植被指数（EVI），被定义为近红外波段与可见光红波段数值之差。即：

$$\mathrm{DVI}=\mathrm{DN}_{\mathrm{NIR}}-\mathrm{DN}_{\mathrm{R}} \qquad (8.9)$$

差值植被指数的应用远不如RVI、NDVI。它对土壤背景的变化极为敏感，有利于对植被生态环境的监测。另外，当植被覆盖浓密（≥80%）时，它对植被的灵敏度下降，适用于植被发育早-中期，或低-中覆盖度的植被检测。

上述的NDVI、DVI等植被指数均受土壤背景的影响大，且这种影响是相当复杂的，它随波长、土壤特征（含水量、有机质含量、表面粗糙度等）及植被盖度、作物排列方向等的变化而变化。

对于植被指数的主要组成波段红光和近红外光而言，叶子对红光的作用主要是吸收，而透射、反射均很小，作为背景的土壤则红光的反射较强，因此在植被非完全覆盖的情况下，冠层的红光反射辐射中，土壤背景的影响较大，且随着覆盖度的变化而变化；但近红外波段情况完全不同，叶子对近红外光的反射、透射均较高（约各占50%），吸收极少，而土壤对近红外光的反射明显小于叶的反射。因此在植被非完全覆盖的情况下，冠层的近红外反射辐射中，叶层的多次反射及与土壤的相互作用是复杂的，土壤背景的影响仍较大。

（4）缨帽变换中的绿度植被指数（GVI）。为了排除或减弱土壤背景值对植物光谱或植被指数的影响，除了前述出现一些调整、修正土壤亮度的植被指数（如SAVI、TSAVI、MSAVI等）外，还广泛采用了光谱数值的缨帽变换技术（Tasseled Cap，即TC变换）。该技术是由Kauth和Thomas首先提出，故又称之为K-T变换。

缨帽变换（TC）是指在多维光谱空间中，通过线性变换、多维空间的旋转，将植物、土壤信息投影到多维空间的一个平面上，在这个平面上使植被生长状况的时间轨迹（光谱图形）和土壤亮度轴相互垂直。也就是，通过坐标变换使植被与土壤特征分离。植被生长过程的光谱图形呈所谓的“缨帽”图形；而土壤光谱则构成一条土壤亮度线，有关土壤特征（含水量、有机质含量、粒度大小、土壤矿物成分、土壤表面粗糙度等）和光谱变化都沿土壤亮度线方向产生。

缨帽变换是一种通用的植被指数，可以被用于 Landsat MMS 或 Landsat TM 数据。对于 Landsat MMS 数据，缨帽变换将原始数据进行正交变换，变成四维空间（包括土壤亮度指数 SBI、绿色植被指数 GVI、黄色成分（stuff）指数 YVI，以及与大气影响密切相关的（non-such）指数 NSI。对于 Landsat TM 数据，缨帽植被指数由三个因子组成——“亮度”、“绿度”与“第三”（Third）。其中的亮度和绿度相当于 MSS 缨帽的 SBI 和 GVI，第三种分量与土壤特征有关，包括水分状况。

Kauth 和 Thomas 所提出的缨帽变换（TC 变换）是以陆地卫星 MSS 各波段的幅度亮度值作为变量。经线性变换后，组成 4 个新变量：

$$TC1 = +0.433MSS4 + 0.632MSS5 + 0.586MSS6 + 0.264MSS7$$

$$TC2 = -0.290MSS4 - 0.562MSS5 - 0.600MSS6 + 0.491MSS7$$

$$TC3 = -0.829MSS4 + 0.522MSS5 + 0.039MSS6 + 0.194MSS7$$

$$TC4 = +0.233MSS4 + 0.021MSS5 - 0.543MSS6 + 0.810MSS7$$

对于不同传感器和地区，系数是变化的。尽管这 4 个新波段没有直接的物理意义，但此信息与地面景物是有关联的。其中第二分量 TC2 表征“绿度”，它与绿色植被长势、覆盖度等信息直接相关；第一分量 TC1 表征“土壤亮度”，它反映土壤亮度信息；第三分量为“黄度”，无确定意义，位于 TC1、TC2 的右侧；第四分量无景观意义，主要为噪声（包含系统噪声和大气信息）。第一、二分量往往集中了 95%或更多的信息。因此，植被、土壤信息主要集中在由 TC1、TC2 组成的二维图形中。

而对于 TM 而言，可见光-红外 6 个波段数据经缨帽变换的前三个分量主要反映土壤亮度、绿度、湿度特征，第四分量主要为噪声。其中绿度指数可表示为：

$$GVI = -0.2848TM1 - 0.2435TM2 - 0.5436TM3 + 0.7243TM4 + 0.084TM5 - 0.18TM7$$

TC 变换既然是以各波段的辐射亮度值作为变量的，这些亮度值中包含了太阳辐射、大气辐射、环境辐射等多要素的综合信息，因而 TC 变换所得的图形和数值，受大气混沌度、光照角度等外界条件的变化而波动。

在作物研究中，为了突出作物本身的光谱特征的动态信息，尽量排除大气环境等因素的影响，在 TC 变换中选用反射率来替代亮度值，将典型的缨帽变换图

形进一步发展为 G-转换图形，即绿度转换图形。图形中的一维是作物在红波段（R）与近红外波段（NIR）组合的绿度模型（绿度变量 G），另一维是作物在 0.4～1.1 的平均反射率，每一种作物在由这两个变量组成的象限里均有各自独特的变化图形和不同的空间位置。

在绿度转换图形上，土壤与植被光谱特征互不相干，植被的绿度测量可排除土壤背景的干扰，一个通过植被光谱图形反映植被的生长状况，另一个通过土壤亮度线反映植被的生长条件，绿度转换图形直接形象地反映了 G、P 两维变量的变化规律和植被发育过程中空间结构的变化，且信息量得到压缩，但是它缺乏时间变量。

尽管图形反映了作物生长过程，而作物生长过程本身是时间的函数，作物光谱是随时间的变化而变化的，但由于它缺乏具体的时间变量、不能描述作物生长期的长短，特别是当两种作物在图形和空间位置相近，需用时间参数加以鉴别时，该图形反映出一定的局限性。为了弥补这一不足，往往运用多时相动态资料，绘制绿度时间剖面曲线，以显示作物不同生长期中的显著差异。

张仁华等人在山东禹城试验站，对黄淮海地区小麦、玉米、大豆、棉花等四种主要作物进行整个生长期较频繁的观测，这些作物在可见光-近红外波段的反射率差异较小，难以区分。但是若绘制成各作物的反射光谱特征的绿度转换图形和绿度时间剖面曲线，则各具特色，易于区分。

在绿度转换图形上，作物在土壤平面上开始生长，随生长阶段的发展，逐渐离开土壤平面以曲线的轨迹向绿要素区域接近，然后聚集在黄要素区，最后又以各种不同路径返回到初始的土壤平面上。原来不易区分的作物在这二维的绿度转换图形上相互差异明显，再配以绿度时间剖面曲线分析，则易于识别。可见，运用动态遥感信息和相应的动态植被指数是进行作物识别与监测的有效方法。

（5）垂直植被指数（PVI）。垂直植被指数（PVI）是在 R、NIR 二维数据中对 GVI 的模拟，两者物理意义相似。在 R、NIR 的二维坐标系内，土壤的光谱响应表现为一条斜线——即土壤亮度线。土壤在 R 与 NIR 波段均显示较高的光谱响应，随着土壤特性的变化，其亮度值沿土壤线上下移动。而植被一般在红波段响应低，而在近红外波段光谱响应高。因此在这二维坐标系内植被多位于土壤线的左上方。

不同植被与土壤亮度线的距离不同。于是 Richardson 于 1977 年把植物像元到土壤亮度线的垂直距离定义为垂直植被指数（perpendicular vegetation index）。

PVI 是一种简单的欧几里得（Euclidean）距离。表示为

$$\mathrm{PVI} = \sqrt{(S_{\mathrm{R}} - V_{\mathrm{R}})^2 - (S_{\mathrm{VIR}} - S_{\mathrm{VR}})^2} \tag{8.10}$$

式中：S 为土壤反射率；V 为植被反射率；R 为红波段；NIR 为红外波段。

PVI 表征着在土壤背景上存在的植被的生物量，距离越大，生物量越大，也可将 PVI 定量表达为

$$PVI = (DN_{NIR} - b)\cos\theta - DN_{R} \cdot \sin\theta \tag{8.11}$$

式中：DN_{NIR}、DN_{R} 分别为 NIR、R 两波段的反射辐射亮度值；b 为土壤基线与 NIR 反射率纵轴的截距；θ 为土壤基线与 R 光反射率横轴的夹角。

PVI 的显著特点是较好地滤除了土壤背景的影响，且对大气效应的敏感程度也小于其他植被指数。正因为它减弱和消除了大气、土壤的干扰，所以被广泛应用于作物估产。

从理论上讲，GVI、PVI 均不受土壤背景的影响，对植被具有适中的灵敏度，利于提取各种土壤背景下生长的植被专题信息。其数值已扩展到 TM 的 6 维数据（除 TM6 热红外数据），以及 AVHRR 的可见光-近红外数据，并有现成的模型和成熟的图像处理算法例如：

对于 MSS 数据可表示为

$$GVI = 0.388MSS7 + 0.557MSS6 - 0.660MSS5 - 0.283MSS4 + 32$$

$$PVI = 0.933MSS7 - 0.334MSS5 + 0.09$$

对于 AVHRR 数据可以表示为

$$GVI = 1.6225CH2 - 2.2978CH1 + 11.0656$$

这里应该说明的是，气象卫星 AVHRR 的 GVI 与陆地卫星 MSS 的 GVI 有极高的相关性。这就是说，尽管它们的空间分辨率、时间分辨率差异很大，但它们可以获得数据结果十分一致的 GVI，两者的绿度植被指数可以相互对比，互为替代。因而中大尺度植被监测中，多时相 AVHRR 的 GVI 可以直接用以替代或填补 MSS 资料的空缺，更利于植被季相节律的综合分析研究。

3. 植被指数与地表参数的关系

1）植被指数与叶面积指数的关系

叶面积指数（LAI）是指每单位土壤表面积的叶面面积比例。它对植物光合作用和能量传输是十分有意义的。

绿色植物的叶子是它进行光合作用的基本器官，叶片的叶绿素在光照条件下发生光合作用，产生植物干物质积累，并使叶面积增大。叶面积越大则光合作用越强，而光合作用越强，又使植物群体的叶面积越大，植物干物质积累越多，生物量越大。同时，植物群体的叶面积越大，植物群体的反射辐射增强。

实验证明：当作物群体 LAI 大于 3 时，其反射率可达太阳总辐射的 20%；当正常稻田 LAI 为 4 时的能量透过率为太阳总辐射的 23%或低于 20%；对草本植物而言，叶片倾角较大，光很容易透过冠层直达底部直至土壤则当 LAI 高达 7.5 时，有 5%的入射光可到达土壤表面。

可见，叶面积指数 LAI 是利用遥感技术监测植被长势和估算产量的关键参数。然而，叶面积指数 LAI 往往是难以直接从遥感仪器获得，但是它与遥感参数——植被指数间有密切的关系，它是联系植被指数与植物光合作用的一个主要的植冠形态参数。叶面指数一般大于 1，小于 10，在光谱曲线中，近红外波段的反射率随叶面指数增加而增加。

地表上的表面覆盖面积随时间发生变化，是植物和地面其他大多数地物（特别是那些与气候无关的）相区别的标志。张仁华等于 1996 年在 15m 塔上准垂直向下测量小麦全生育期的 NDVI 和 RVI 值，并同地面所测得的叶面积指数进行全过程对比。实验证明，NDVI 与 RVI 表达叶面积指数 LAI 的效果基本一致，特别是用全过程最大值相除后所得到的相对比值更为一致。其中，当覆盖度较小时，均显示出相对值偏小的现象。这是受土壤背景光谱影响的结果。

另外根据高塔遥感实验场的大量观测资料表明，植被指数 NDVI 或 RVI 与叶面积指数 LAI 的相关系数很高，且与 LAI 呈非线性函数关系。它们之间的关系可表示为

$$\begin{aligned} \mathrm{NDVI} &= A[1 - B\exp(-C \cdot \mathrm{LAI})] \\ \mathrm{RVI} &= A'[1 - B'\exp(-C' \cdot \mathrm{LAI})] \end{aligned} \tag{8.12}$$

两者形式相似，数值对应，从这点看，两者基本等价。

式中：A、B、C 及 A'、B'、C' 均为经验系数，可通过模拟试验获得。其中，A、A' 值是由植物本身的光谱反射确定的，不同叶形，叶倾角及散射系数造成不同的 A 值及 A' 值。B、B' 值与叶倾角、观测角有关，当叶呈水平状，则线性关系明显；当叶呈非水平状，随着 LAI 的增大，植被指数增大速率较慢，两者呈余弦关系，基本是线性的。C、C' 值取决于叶子对辐射的衰减，这种衰减是呈非线性的指数函数变化。

$$\mathrm{LAI} = K^{-1} \cdot \ln(1 - C)^{-1} \tag{8.13}$$

式中：K 为作物群体消光系数，如冬小麦拔节前 $K \approx 0.28$；拔节后 $K \approx 0.35$；C 为作物覆盖度。

VI 与 LAI 的关系，除了随不同物候期植物生理状况的变化而变化以外，还依赖于太阳高度角和方位角变化对植冠反射的影响，以及依赖于生态系统的类型如冠层密度、下垫面类型等。

2）植被指数与叶绿素含量的关系

叶子生长初期，叶绿素含量与辐射能吸收间几乎直线相关，即叶绿素含量增多，蓝、红波段吸收增强，绿波段反射率降低，近红外反射率增强，植被指数增大；但当叶绿素含量增加到一定程度后，吸收率近于饱和，反射率变化小，植被指数的差异不明显，因而植物在生长旺季较难区分。

不同作物由于植土比的差异，其表达叶绿素含量的光谱模型是不同。图 8.5

显示小麦几种植被指数模型与叶绿素含量的时间剖面曲线的关系。

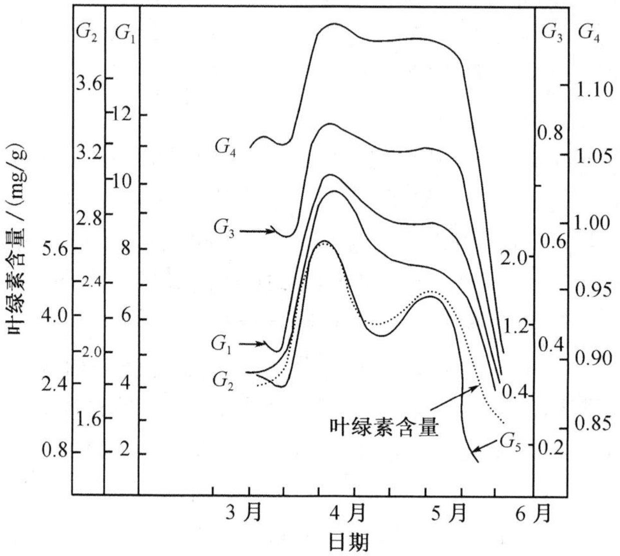

图 8.5 小麦光谱组合模型和叶绿素含量的时间剖面曲线

从图 8.5 可见，G_5 曲线与叶绿素含量相当吻合。实验证明，对小麦而言，$G_5=\mathrm{NIR}/R^2$ 的光谱模型表达叶绿素含量最佳。其余四个绿度模型分别为

$$G_1=\mathrm{RVI}=\mathrm{NIR}/R \tag{8.14}$$

$$G_2=\sqrt{(\mathrm{NIR}/R)} \tag{8.15}$$

$$G_3=\sqrt{(\mathrm{NIR}-R)/(\mathrm{NIR}+R)} \tag{8.16}$$

$$G_4=\sqrt{\frac{\mathrm{NIR}-R}{\mathrm{NIR}+R}+0.5} \tag{8.17}$$

对大豆而言，因叶子较早封垄，土壤影响较小，则 G_3 光谱模型反映叶绿素含量最佳。研究还表明，可以根据红边拐点对应的反射光谱值，来估计冠层叶绿素含量（$\mathrm{Chl_f}$），叶绿素含量增加，拐点值相应增加。Demarez 等于 2000 年指出：森林冠层叶绿素含量 $\mathrm{Chl_f}$ 除了以红边拐点对应的波长 λ_i 来确定外，还受叶面积指数 LAI、观测方向、下垫面反射和冠层结构等因素的影响。若不考虑冠层结构（如成熟林型或杆状林型等），林冠层叶绿素含量 $\mathrm{Chl_f}$ 的估计误差可达 $23\mu g/cm^2$。因此，需要充分考虑 LAI、视角、下垫面反射、冠层结构等因素，通过 BRDF 模型求解冠层反射，进行森林叶绿素含量的估计。

3）植被指数与植被盖度的关系

植被盖度指植被冠层的垂直投影面积与土壤总面积之比。即植土比。传感器所测得的反射辐射 R 可表示为

$$R = RV \cdot C + RS(1-C) \tag{8.18}$$

式中：RV 为植被的总反射辐射；RS 为土壤的总反射辐射；C 为植被盖度。则

$$C1 = (R - RS)/(RV - RS) \tag{8.19}$$

$$C2 = (\rho - \rho_S)/(\rho_V - \rho_S) \tag{8.20}$$

式中：ρ 为植被与土壤混合光谱反射率；ρ_V、ρ_S 分别为纯植被和纯土壤宽波段反射率。

据理论推导，RVI、NDVI 与植土比分别呈指数和幂函数关系，当 LAI 较小时，它们与植土比的变化反应不敏感。PVI 与植土比呈直线相关，其对植土比的感应能力也随 LAI 减小而降低。就估测作物而言，PVI 较为优越，但应选 LAI 较大的时期。

实际上，植土比和叶面积指数同时随空间而变化，因此，需综合考虑植被指数与两者的关系。

对同一地区来说，作物品种特性差异较小，作物长势越好，叶面积指数越大作物产量就越高。也就是说，作物（主要指冬小麦）的理论产量与抽穗期叶面积指数呈很好的直线相关关系。因此，可以将一个地区的平均叶面积指数（LAI）与该地区植土比（KW）的乘积（LK）作为该地区作物总产的线性相关因子。

4）植被指数与生物量的关系

以上讨论了植被指数与叶面积指数、植被盖度的相关性。尽管不同的植被指数与 LAI、植被盖度的相关性大小不同，但总体看来，这种相关性是明显的。

生物量指的是植物组织的重量。它是由植物光合作用的干物质积累所致。显然，叶面积指数 LAI 与植被盖度均是生物量的重要指标，它们都与植被指数相关。关于植被指数与生物量的定量关系，将在下面的“作物估产”部分做详细论述。这里仅讨论植被条件指数与植被盖度、生物量的关系。

由 NOAA/AVHRR 数据获得的植被条件指数 VCI 被定义为

$$VCI = (NDVI - NDVI_{med})/(NDVI_{max} - NDVI_{min}) \tag{8.21}$$

式中：NDVI、$NDVI_{max}$、$NDVI_{med}$、$NDVI_{min}$ 分别为平滑化后每周（7 天）的 NDVI 以及它的多年最大值、中值、最小值（以像元为计算单元）。

Anatoly 等于 1990 年曾对干湿两种气候条件和不同生态区（高程与 NDVI 值不同），运用 NOAA/AVHRR 数据获得的植被条件指数 VCI 来估算植被盖度以及草场与作物生产力，并通过大量地面实测数据来验证遥感估算的结果。研究结果表明，用植被条件指数 VCI 对植被盖度的估算误差小于 16%，低覆盖区误差更小；且 VCI 与实测的植被盖度相关性较高（相关系数约 0.76）。因此，用遥感卫星数据所获得的植被条件指数 VCI 方法，来定量估算大面积植被盖度和生物量是有效的。

5）植被指数与地表生态环境参数的关系

植被指数如 NDVI 常被认为是气候、地形、植被/生态系统和土壤/水文变量的函数。从概念上讲，可以用这些环境因子建立 NDVI 模型

$$\mathrm{NDVI} = F(C \cdot V \cdot P \cdot S) + E \tag{8.22}$$

式中：F 为函数关系；E 为模型误差；C 为气候子模型；V 为植被/生态子模型；P 为地形子模型；S 为土壤/水文子模型。这些子模型又可表示为各自主因子的数

$$C = F1(\text{降水、气温、日照}) + E1$$
$$V = F2(\text{生态系统类型、植被类型}) + E2$$
$$P = F3(\text{高程、坡度、坡向}) + E3$$
$$S = F4(\text{土壤持水性、肥料、透水性、地表水、地下水}) + E4$$

上述的 $E1$、$E2$、$E3$、$E4$ 为由未考虑的环境变量或潜在的测量误差引起的模型误差。可以看出上述模型涉及的因子很多，许多因子也难以具体化。但是由于其中一些环境变量并非完全独立，具有相关性，如日照与气温常高度相关、土壤持水性与透水性呈负相关。因此，模型可以被简化，有些变量可以由其他变量描述，则用有限的环境变量建立 NDVI 模型是可能的。

很显然，描述 NDVI 的这些环境变量均随时间/空间变化，则可以认为 NDVI 是个三维变量。但是对于一个特定的地理位置和一定时间尺度（如年或 10 年），地形子模型可认为是常量，植被/生态系统子模型及土壤/水文子模型也变化不大或基本倾向于常量。那么，应该说变化较大的是气候子模型，或者说，对一个具体时间（t），一个具体地点的 NDVI 主要成为相关气候变量的函数

$$\mathrm{NDVI} = F(\text{气候变量}) + E \tag{8.23}$$

A　植被指数与气候参数的关系

影响植被指数的气候参数主要指水、气温和日照，因此（8.24）式可表示为

$$\mathrm{NDVI}(t) = F[\text{降水}(T_t), \text{气温}(T_t), \text{日照}(T_t)] + E \tag{8.24}$$

式中：T_t 表示在具体时间 t 之前一段时间的某个因子的累计影响；一般说来，气温和日照是与同一年度的季节密切相关，而季节可用日期来加以描述。

因此，可用一个指定变量——日期（j），作为表示气候季节的变量，则上式可简化为

$$\mathrm{NDVI}(t) = F[\text{降水}(T_t), j] + E \tag{8.25}$$

对于一个时间分辨率为天的 NDVI 模型，上式的 t 为 j，则：

$$\mathrm{NDVI}(j) = F[\text{降水}(T_t), j] + E \tag{8.26}$$

也就是说，日期为 j 的 NDVI 为降水和日期 j 的函数。它受日期（表征气温与日照）以及该日期前一时间段降水的影响。

Di 和 Rundguist 等于 1994 年进一步研究了在植物缺水条件下（即干旱-半干旱环境下），植被指数 NDVI 与降水的关系，建立了植物生长期内降水-植被响应模型，来描述一次降水事件带来的随时间变化的 NDVI 响应曲线和对总的 NDVI 响应延续时间，以说明植被如何响应降水事件。

研究结果证实了 NDVI 与两三个月的累计降水有很好的相关关系：一次降水引起 NDVI 峰值出现，峰值出现时间约滞后 15～25 天。这种滞后现象可解释为降水到达植物根部，被根系吸收并且输送到叶部，并影响到叶的色素和结构所需要的时间。当然，这个响应时间是随植物生长模式、日期、土壤特性等而变化的。

很多学者对 NDVI 与降水的关系进行研究，指出 NDVI 与降水空间分布及年内、年际变化有关，并建立了 NDVI 与降水/土壤水分含量之间的描述性/统计性关系，以说明 NDVI 是识别气候干旱程度的一种方法。

如 Walsh 于 1987 年的研究表明，反映 Oklahoma 地区气候干旱的作物水分指数（CMI）、干旱指数（PDSI）、缺水指数（HD）3 个指数的空间/时间变化可以通过 NOAA/AVHRR 的 4 种植被指数来估算；Peters 等于 1991 年的研究表明，北美半干旱的 Nebraska 地区 NOAA/AVHRR 的 NDVI 与干旱指数间存在统计相关。并用 NDVI 找出了 1988 年该州的干旱中心；Kogan 和 Sullivan 于 1993 年证实植被条件指数（VCI）可作为很好的干旱指标，运用长期 NDVI 测量所得的 VCI 进行全球干旱监测。

植被指数与表面温度的关系，也被许多学者研究。Nemani 和 Running 于 1989 年通过植被蒸腾的冠层阻力，搞清温度与 NDVI 有关。Smith 和 Choudhury 对澳大利亚东南部地区，利用 TM 数据（春）和 NOAA/AVHRR 数据（夏），提取表面温度和 NDVI，通过一个土壤-植被的表面热平衡模型，分析了农田与常绿林地的 NDVI 与表面温度关系。这种关系对两者是不同的。

Hope 和 McDowell 于 1992 年调查高草牧区的 NDVI 和遥感所得的表面温度的关系，评价烧草或其他环境控制的效应。Gallo 等于 1993 年在研究城市热岛效应时，发现由多种地表环境因子组成的城市和郊区的 NDVI，与所观测的地表最小温度呈线性关系。Shigeto 于 1994 年研究由 TM 数据所提取的 NDVI 和亮度温度及表面温度梯度之间的线性关系，并研究不同地表类型表面温度的植被效应。

B　植被指数与植物蒸发量、土壤水分的关系

一般说来，NDVI 能反映植被状况，而植被状况与植被蒸发量、土壤水分有关的。对某一站点的绿色植被连续测定表明，累计的蒸发量与累计的植被指数间高度相关。

Smith 等于 1990 年对半干旱地区的研究表明，图像上测得的植被覆盖与实际地面测得的蒸发量有密切关系：Desjardins 于 1989 年、1990 年的研究发现，

草本植被冠层测得的 CO_2 和 H_2O 通量高度相关；Cihlar 等于 1991 年通过作物生长季节每 15 天的 NDVI、气象站点的气象数据，由土壤水分模型（VSMB、SWOM）反演计算了根系不同深度水含量以及生态、土壤等信息。在 GIS 支持下研究 NOAA/AVHRR 的 NDVI 与生态变量的关系以及用 NDVI 来估算蒸发量的可能性。

研究发现，不同的植被/土壤组合显示不同的 NDVI 变化轨迹，它与潜在的蒸发量（PE）曲线的趋势密切相关。实际蒸发量（AE）与相应的 NDVI 间相关系数为 0.77；NDVI 与前 15 天的潜在蒸发量间相关系数为 0.86；整个生长季节的累计 NDVI 与累计蒸发量高度相关，相关系数达 0.96。

研究表明，用 NDVI 和潜在蒸发量（PE）可以估算 15 天为周期的实际蒸发量（AE），估算误差约 10%～15%。这个结果说明 NDVI 的变化轨迹可提供植物季相变化的重要信息，并能较好的估算实际蒸发量（AE）。

不少学者研究了不同的干旱-半干旱地区植被指数与土壤水分的关系，发现植被指数与各种测量所得的土壤水分有效性（availability）之间有密切的经验关系。Singh 等于 1988 年的研究发现，植被指数与土壤水分受胁迫（stress）的关系，依赖于植被的类型，许多研究表明，NDVI 可以作为一种有用的土壤含水量指标。

Choudhury Golus 于 1988 年运用 Nimbus-7 的多通道微波辐射仪（SMMR）和 NOAA/AVHRR 数据，由 SMMR 的微波数据得亮度温度和由 AVHRR 得植被指数 NDVI，再通过降水指数（API）模型与土壤湿度进行相关分析。同时用 SMMR 和 AVHRR 的可见光-近红外数据建立土壤湿度模型（线性回归方程）得到 4 级土壤湿度，与不考虑植被的 3 级土壤湿度相比较。

Di 于 1991 年提出用 NOAA/AVHRR 所得的 NDVI 和表面温度，以及气候数据计算区域尺度土壤水分的方法。研究结果表明，此法所得的区域土壤水分与作物水分指数（CMI）和 Palmer 干旱指数（PDSI）有高度相关。

4. 植被遥感应用

1）大面积农作物的遥感估产

研究作物冠层反向光谱特征与冠层状态参数之间的关系，是用 MSS、TM 和 NOAA 等卫星遥感信息进行作物估产的基础。已有研究表明，可见光和近红外波段反射率组成的植被指数随作物冠层状态参数变化呈有规律变化。大面积农作物的遥感估产主要包括三方面内容：农作物的识别与种植面积估算，长势监测和估产模式的建立。

可以根据作物的色调、图形结构等差异最大的物候期（时相）的遥感影像和特定的地理位置等的特征，将其与其他植被区分开来。大面积的农作物除了具备与一般植被相似的光谱特征外，大都分布在地面较为平坦的平原、盆地、河谷内，少量分布在山坡、丘陵的顶部。由于耕作的需要，田块通常具有规则的几何形状（山区零星小块耕地除外）。在农作物估产时，除了使用空间分辨率较低的卫星遥感影像，如 NOAA 的 AVHRR、我国的 FY-1 影像外，并结合使用 Landsat、CBERS 等中等分辨率的影像，做出农作物的分布图。还必须应用较高分辨率的 SPOT 影像及高分辨率的遥感影像（如 IKONOS 和航空遥感影像等）对农作物分布图进行抽样检验，修正农作物分布图。从而求出农作物的播种面积。

利用高时相分辨率的卫星影像（如 NOAA、FY-1、FY-2 等）对作物生长的全过程进行动态观测。对作物的播种、返青、拔节、封行、抽穗、灌浆等不同阶段的苗情、长势制出分片分级图，并与往年同样苗情的产量进行比较、拟合，并对可能的单产做出预估。在这些阶段中，如发生病虫害或其他灾害，使作物受到损伤，也能及时地从卫星影像上发现，及时地对预估的产量做出修正。

监测作物长势水平的有效方法是利用卫星多光谱通道影像的反射值得到植被指数（VI）。常用的植被指数有比值植被指数（RVI）、归一化植被指数（NDVI）、差值植被指数（DVI）和正交植被指数（PVI）等。上节已有详细介绍。

到底选择哪一个植被指数作为监测农作物长势的估产指标，必须经 2～3 年的数据拟合、试估产后加以确定。

建立农作物估产模式。用选定的植物灌浆期植被指数与某一作物的单产进行回归分析，得到回归方程。如果作物返黄成熟期没有发生灾害或天气突变等影响作物产量的事件。那么，估产方程作为模型被确定。该方程为

$$y = a + b\mathrm{VI} \tag{8.27}$$

式中：y 为某一农作物的单产（$\mathrm{kg/hm^2}$）；a 为系数 1，为回归方式的截距；b 为系数 2，为直线的斜率；VI 为选定的植被指数。

最后求得单产

$$y : \bar{y} = yA \tag{8.28}$$

式中：$\bar{y}$ 为该地区某农作物的总产量（t）；A 为某作物的播种面积（$\mathrm{hm^2}$）。

在山西省运城地区的小麦遥感估产试验研究中，在应用遥感影像求得小麦播种面积的基础上，应用 NOAA 星的 AVHRR 数据求取小麦抽穗期归一化植被指数：

$$\mathrm{NDVI} = (\mathrm{CH2} - \mathrm{CH1})/(\mathrm{CH2} + \mathrm{CH1}) \tag{8.29}$$

经与多年小麦产量数据拟合，得到小麦成熟期单产模型：

$$Y = 232.009 + 49.3045\mathrm{NDVI} - 6.6878T \tag{8.30}$$

式中：T 为利用 NOAA 卫星热红外通道求得的植冠温度值。此处取负值是由于 4 月中旬至 5 月上旬是小麦最干旱的时期，土壤水分与小麦产量的关系很大，植冠温度反映了作物的水分状况。供水正常时，蒸腾增强，叶温降低；供水不足

时，蒸腾减弱，叶温升高。因此，植冠温度与产量成反比。该方程的相关系数为0.935。在1 700km^2麦田所划的17个亚区中，通过卫星影像求得的小麦播种面积与典型村实测比较，精度为81.1%～98.5%；与各县平均单产比较，精度达到90.8%～96.9%。

2）植被动态变化制图

应用遥感影像进行植被的分类制图，尤其是大范围的植被制图，是一种非常有效而且节约大量人力物力的工作，已被广泛的采用。在我国内蒙古草场资源遥感调查、“三北”防护林遥感调查和水土流失遥感调查、洪湖水生植被调查、洞庭湖芦苇资源的调查、天山博斯腾湖水生植物调查、新疆塔里木河流域胡杨林调查、华东地区植被类型制图、南方山地综合调查等许多研究中，都充分利用了遥感影像，其制图精度超过了传统方法。此外，在湖北的神农架地区以及湖北、四川部分地区的大熊猫栖息地的调查中，利用遥感影像把大熊猫的主要食用植物箭竹与其他植物区别开来，从而为圈定大熊猫的栖息地起到了重要的作用。

随着全球生态环境的恶化，植物遥感从主要了解局地植物状况和类型，到围绕全球生态环境而进行大尺度（洲际或全球）植被的动态监测及植被与气候环境的关系研究。在全球土地覆盖类型研究中，考虑到南北半球的差异，即南半球的1月份约相当于北半球的7月份，因而在数据采集上，将南半球数据移动6个月。经数据预处理后，对全球的NDVI作集群分类，分出13种土地覆盖类型——热带雨林、热带大草原、落叶林、常绿阔叶林、季雨林、热带草原和草原、草原、地中海灌木、常绿针叶林、阔叶林地、灌木和仅有旱生植被的干草原（半干旱）、苔原冻土冰区、沙漠，作全球土地覆盖类型图，并作13种类别NDVI的季节变化曲线，以进行全球土地覆盖类型的动态监测。

我国不少学者也用NOAA/FY1的NDVI，作全国植被或土地覆盖类型图，进行全国植被生态环境动态监测，以反映植被或土地覆盖的年、季、月动态变化及地域气候界线。由于用3条轨道的NOAA/AVHRR数据方可覆盖全国，而气象卫星轨道每天东移6°，3条轨道的时间约6h，因此多轨拼接存在着一系列的技术问题，如太阳高度角的纠正，目标反射辐射值的归一化处理，投影变换等。一般先计算每天的NDVI值，将每个像元10天中NDVI最大值作为该像元的“旬”NDVI值，再由一个月中的上、中、下旬NDVI生成每月的全国植被指数图，反映植被及生态环境的动态变化。

3）城市绿化调查与生态环境评价

改善城市的生态环境，提高城市绿化水平是我国城市生态建设的重要问题。近20年来，我国应用高分辨率遥感影像进行城市绿化调查已取得了显著的成效。我国的几个主要特大城市都进行过这方面的工作，北京市8301工程，上海市的三轮遥感综合调查，广州市、天津市、桂林市都应用航空遥感影像，做出了城市绿地分布、绿地类型等图件，进行定量研究。上海市在第二轮航空遥感综合调查中，通过遥感影像解译与野外实测相结合找出遥感影像特征与植株高度、胸径的关系，提出“三维绿化指数”或“绿量”指标，以代替原先的“绿化覆盖率”指标来评价城市绿化水平。研究指出，相同面积的草地、灌木和乔木具有相同的“绿化覆盖率”，但具有不同的“绿量”，其中，乔木具有最高的“绿量”，而草地的绿量最小，同样面积的乔木制氧和净化空气的效率为草地的 4～5 倍。要提高城市绿化水平，不仅要提高绿化覆盖率，而更重要的是要提高“三维绿化指数”也就是说要提高绿化的质量，这对改善城市生态建设和管理的理论和实践都有重要指导意义。

4）草场资源调查

草场上牧草的长势好坏与牧草的产量直接相关，而产草量是载畜量（单位面积草场可养牲畜的头数）的决定因素。我国在内蒙古草场遥感综合调查、天山北坡草场调查、湖北西南山区草场调查、西藏北部草场调查中，在应用遥感技术确定草场类型，进行草场质量评价的基础上，内蒙古草场资源遥感结合地面样点光谱测量数据，指出比值植被指数 RVI＝NIR/R 与产草量 W 有良好的关系：

$$W = -86.9 + 162.65\text{RVI}(\text{相关系数 } r = 0.966)$$

根据这一方程计算出全自治区草场的总产草量。为保证草场的更新和持续利用，可供牲畜食用的草量仅为总产草量的 50％左右，按此比例得出全自治区可食产草量为 91 286 657.02t。以每头绵羊平均日食鲜草 3.5kg 计算，求出全自治区的适宜载畜量为 7 066.3 万头绵羊单位（其他大牲畜 1 头相当 15 头绵羊单位）。将这一指标与实际载畜量进行比较，可以确定哪些草场还有潜力，哪些草场属于超载，从而为畜牧业的发展提供科学的依据。在具体工作中还可以划分出不同草场类型，不同产草量等级，分别确定合理的载畜量。

5）林业资源调查

林业部门是我国采用遥感技术进行资源调查最早的部门之一，在我国的各大林区都应用过遥感影像制作森林分布图、宜林地分布图等，并对林地的面积变化进行动态监测。其中尤其是 1987～1990 年之间全面开展的“三北”防护林遥感综合调查的重点科技攻关项目，对横贯我国的东北、华北和西北已建的防护林网的分布、面积、保存率和有效性进行评估。在调查研究中采用陆地卫星 TM 影像，国土卫星影像和试点区的航空遥感影像进行解译，制作了林地分布、立地条件、土地利用、土地类型等多种专题图，典型地区建立了资源与环境信息系统。结果表明，我国“三北”防护林建设取得了重大成就，“三北”地区森林覆盖率由 1997 年的 6.31％增加到 8.43％，使农田生态环境得到部分改善。通过调查还对防护树种结构等问题提出了改进的建议。这项调查的成果，为我国“三北”防护林建设的科学决策提供依据，有效地促进了遥感的实用化。

第三节　城市生态环境遥感

城市化的迅速发展，城市人口激增，产业高度集中，城市成为人类活动最集中的场所。城市化是人口、资源、环境问题的焦点。随着工业化的进程带来的一系列问题使城市生态环境急剧恶化，而且影响城市周围及大气环境，这已成为全球性的普遍问题。

为对城市生态环境预测、评价或城市生态环境监测，建立城市生态环境信息系统是十分重要的工作。人们的认识和注意力也日益从追求城市的舒适性的同时转向对城市生态环境的关心。为此，除以往从行政角度整理出的信息外，还必须进一步地从更多方面和更广范围收集城市生态环境信息。

遥感应用于城市生态环境研究，若从黑白摄影像片的应用算起，1858 年法国用装在气球上的相机拍摄了巴黎市的像片当为开端。近二三十年用航空像片进行城市专题研究日趋成熟，使用了彩色、彩红外、航空热红外等技术。卫星遥感数据主要应用于城市发展动态监测。中国学者已利用 SPOT，QuickBird，IKONOS 等分辨率高达 1～5m 的遥感影像对城市土地利用调查进行了大量研究。遥感技术已成为城市生态环境监测的重要技术手段。不仅世界上发达国家在这方面的研究不断在深入，许多发展中国家如埃及、印度、苏丹、巴西等都开展了城市发展研究。日本将遥感应用于城市生态环境研究的第一篇文章发表于 1973 年，中国则开始于 20 世纪 80 年代，这与城市化的进程在各个国家的不一致非常有关，而城市化的进程又取决于工业化程度，但城市生态环境中的问题是几乎相同的。如中国在 80 年代已先后在天津、北京、广州、南京、上海等 10 多个城市从事了城市环境遥感调查，应用的主要遥感手段也是以航空遥感为主。航空遥感图像数据应用于城市环境虽已取得很多实效，但作为城市环境调查、监测的实用化技术系统尚需做出更进一步的努力。航天遥感应用于城市环境虽存在一些问题，但是随着新型高分辨率航天遥感技术的发展，现在的应用越来越多。另外，城市环境遥感与城市信息系统的密切结合形成城市环境监测、分析、评价系统的技术将得到很大的发展。

一、城市生态环境遥感的研究内容和方法

1. 研究内容

城市生态环境是自然现象和人类活动的综合产物。可以说城市范围里一切现象都与城市生态环境紧密相关，是城市生态环境的组成部分。城市生态环境遥感

的研究内容主要包括：

（1）城市土地利用现状研究及分析。

（2）城市绿化系统分析及规划。

（3）城市环境污染调查、环境监测。

（4）城市气候研究，城市热岛效应研究。

（5）城市交通、建设、工业、公共设施现状及分析。

（6）城市结构，边缘发展动态分析等。

根据工业化水平和各个城市的特点，不同的城市生态环境遥感的具体工作各有侧重。日本正在进行的研究和计划中的主要课题有：

（1）有关土地覆盖自动分类的基础研究。

（2）利用了上述基础研究成果的绿地分布和城市结构的应用解析。

（3）其他如交通等城市生态环境信息的量化方法的开发。

（4）城市的热环境解析等。

南京市环境遥感研究中列出了 9 个课题：

（1）基础研究。即城市生态环境要素的波谱特性研究。

（2）城市土地利用研究。包括城市用地分类与现状及城市用地动态变化。

（3）城市绿化调查。

（4）城市环境污染研究。包括大气污染、热污染、水污染等研究。

（5）城市生态环境背景分析。包括地面环境类型，城市生态环境工程地质调查等。

（6）城市气候研究（如城市热岛效应）。

（7）城市交通。包括车流、城市道路质量、分布。

（8）遥感技术在城市生态环境应用的可行性和适用性。

（9）城市生态环境遥感专题制图及城市生态环境信息系统等。

城市生态环境遥感的主要遥感手段是航空和航天遥感。航空遥感图像数据的应用若从黑白航空像片算起，可以说已有很长的历史。当前使用的波谱范围从可见光、近红外、热红外一直延伸到微波。由于航空遥感图像的比例尺、地面分辨力较之航天而言均有可分辨城市生态环境细部的能力，几乎用在城市生态环境遥感课题的各个方面；航天遥感图像数据则大多应用于城市土地覆盖分类、土地利用等方面。随着航天遥感图像分辨率的不断提高（如现在 QuickBird 卫星分辨率已达 0.61m），一般城市生态环境遥感已逐渐采用高分辨率航天遥感图像数据。

为了谋求实用化，必须认识遥感是建立在观测→解析→评价这类多个领域相互综合的基础上的技术。对从事应用研究的人来说，最感兴趣的是评价。同时应具有观测和解析方面的广泛的知识，确立必要的观测体制和解析系统的规格。另外，城市生态环境遥感解决城市生态环境问题的基础在于与城市生态环境信息系统组成一个整体，这同样是个大的研究课题。

2. 研究方法

在谋求遥感应用于城市环境时，最根本的最重要的莫过于要掌握作为应用对象的城市所具有的特征。这似乎是不言自明的道理，可是从以往的研究来看，很多研究者仅以能得到的遥感数据为前提从事应用研究，而对于城市环境要求得到怎样的结果却还没有深入地去探讨。由此看来，这个问题也许会成为遥感应用于城市环境成功与否的一个重要问题。

城市环境的特征之一就是各种各样种类繁多的对象杂乱地分布在多个方面。关于这一点在进行土地覆盖自动分类时，无论是将建筑物、道路等级等城市的组成单位作为分类对象，还是以城市街区来掌握城市，都与以大面积的森林、草原、农田和湖泊为对象时所采用的数据处理方法和分类的思路不同。例如，对建筑物、道路等城市组成单位进行分类时，这些类别的境界线所占的比例是不能忽略的。即使是地面分辨力为 1m 的遥感图像，在独门独户居民住宅区的情况下，也只有 60％左右的纯像元，剩余的像元是境界部分和多个类别存在的混合像元；地面分辨力是 10m 的遥感数据，其纯像元数据要减少到 10％以下，大部分成了混合像元。

在土地覆盖的自动分类中，根据上述实际情况也提出了采用类别分解等方法的方案。然而在城市里，由于类别的数量众多，与所用的遥感数据的波段数相比是不匹配的等原因，难以产生方法上的很大改善。如考虑到所使用的遥感数据处理方法是以像元为处理单元并且将其假定为纯像元的话，那么就需要再考察一下所用的分类方法与所假定的条件是否一致。例如，监督分类中常用的是最优法，是一种能确保训练数据正确性的前提下才是一种有效的方法，就城市的土地覆盖分类来说这种方法就很难满足要求。

图 8.6 是表示同一目标区内地面分辨力不同图像的对比情况。可以看出随分辨力的不同土地覆盖的状况有很大差异。地面分辨力为 1m 左右的图像，看上去像是航空像片，建筑物和道路等还可以很好地判读出来。但是地面分辨力到了 20m，城市街区的纹理的意义就完全不同了。同时用这几种图像进行分类，其结果所分的类型必定存在很大不同。

作为遥感应用的对象，城市的各种目标在遥感器的探测器中探测到的多种波谱信息的综合响应的成分占的比例较大。城市结构复杂，各种漫反射、折射、点扩散效应比大片草原、森林、耕地的作用要强得多；城市上空的大气组成相比之下也要复杂、变化也剧烈得多，地面目标的光谱反射辐射量的传输路径影响也相对地说是不同的。这些均造成了对目标识别精度的影响。城市范围里地物波谱与遥感数据之间的波谱相关模型仍是值得研究的课题。

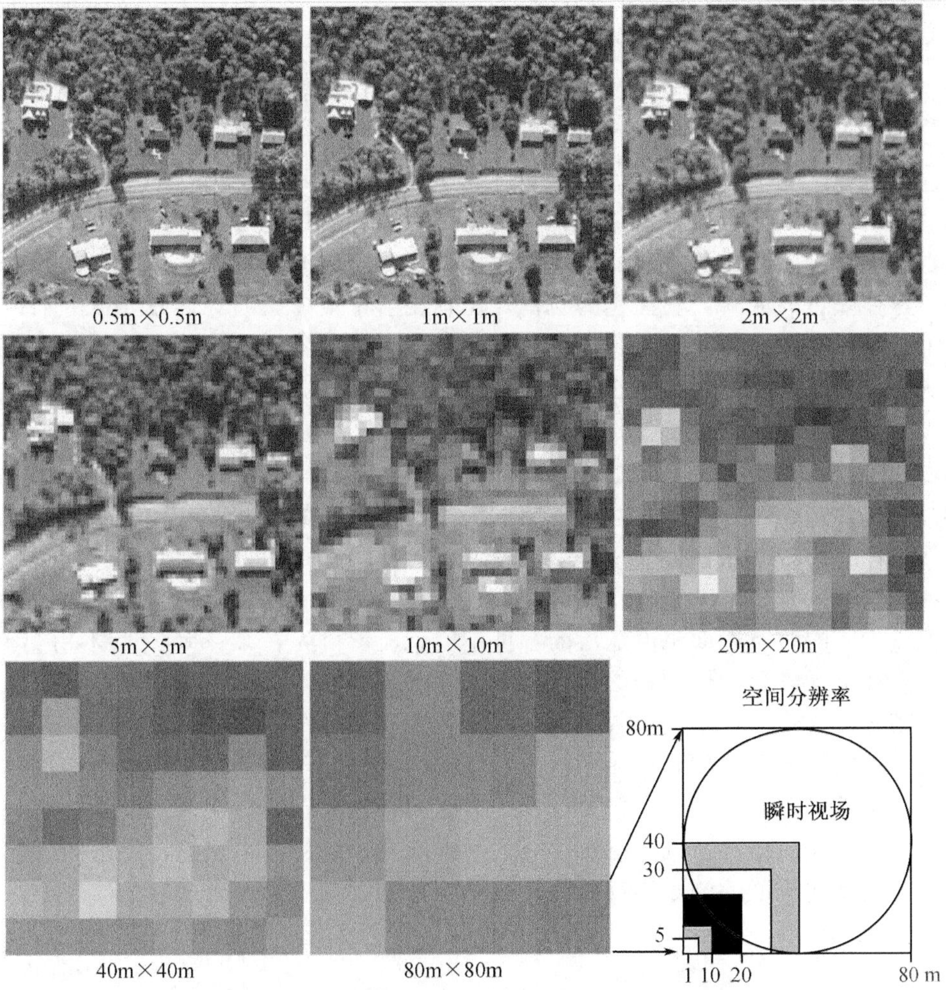

图 8.6　同一目标区内不同分辨率图像的对比

在掌握城市状态时，有时要求从微观的角度，有时要求从宏观的角度去考虑问题，这是城市问题的复杂性所决定的。就城市规划而言，既有城市的整体规划要求，也有分区级的详细规划的要求。

二、主要城市地物类型及其光谱特征

城市是人类改造自然的结果，因此城市中的地物具有鲜明的人工特征，如各种建材建成的路面、建筑物、人工种植的绿化植被群落等，研究这些地物的光谱特征是城市遥感应用的基础之一。

依传感器的工作波长范围不同，各类遥感图像不仅可以体现地物在可见光波段（包括部分反射红外波段）的反射波谱特征，而且可以显示地物的热发射特征和微波辐射特征。几种主要的城市地物为：建筑物、道路、水体和植被。下面分别介绍它们在可见光、近红外、热红外及微波波段的波谱特征。

1．建筑物

在遥感图像上，通常只能看到建筑物的顶部，建筑物的侧面反映很少，所以侧重于研究不同建材所构成的屋顶的波谱特征，包括沥青、油毡、水泥、各色瓦以及各种颜色的涂料。灰白色的石棉瓦屋顶反射率最高，沥青粘砂屋顶由于其表面铺着反射率较高的砂石而决定了其反射率高于灰色的水泥平顶。铁皮屋顶表面呈灰黑色，反射率低且起伏小，曲线平坦。绿色塑料棚顶的波谱曲线在绿波段处有一反射峰值，与植被相似，但它没有 0.68μm 处的吸收谷和近红外波段的“高反射坪”，因而有别于植被的反射波谱。

人工建筑物热红外的发射特征则取决于建筑材料的热特性，在遥感中经常应用的指标之一为“热惯量”，又称“热接触系数”，它是两种不同介质交界面上热传递速率的量度，可以反映物质对热的“惰性”差异。在同一个太阳日周期内，热惯量不同的物质表面温度涨落的幅度不同。所以可先在某一太阳日周期内，获取最高和最低气温两个时相的热红外扫描图像，制成“热惯量图”。据此图可以区分某些建筑物的材质。如各类钢材由于其密度和热传导系数较大，因而热惯性较大，在图像上呈亮色调；而木材由于其密度及热传导系数较小，因而热惯性较小，而呈暗色调，根据这个差别可以区分这两种物质。决定建筑物微波特征的主要因素是其表面结构。城市建筑物高低参差不齐，表面极端粗糙，雷达回波反射较强，而高建筑群的侧面，反射雷达波更为集中和强烈，可出现闪烁的亮点。

2．道路

城市中道路的主要铺面材料为水泥和沥青两大类，在城乡结合部尚有少量土路。这三种铺面道路的反射波谱曲线形状大体相似，在 0.4～0.6μm 段缓慢上升，后趋于平缓，至 0.9～1.1μm 段处逐渐下降。水泥路呈灰白色，反射率最高，其次为土路，沥青路反射率较低。城市道路两侧多种植行道树，由于植物在近红外波段具有高反射坪，所以凡有行道树的路段，特别当行道树为浓密的阔叶树时，在近红外波段图像上呈十分明亮的线状影像。沥青和水泥路面，因温度传导系数小，白天增温慢，而夜间其发射辐射强，温度比周围地物高，所以在黎明前的热红外图像上，城市道路显示为亮色调的线状网络。

3．水体

与城市水资源及环境有关的水体主要包括：沿海城市的近岸海水、流经城市的江河、水库、人工沟渠、大型蓄水池及污水净化池等。水体的反射率（除镜面反射方向外）在整个波段内都很低（平均值为 3%左右），在近红外部分更为突出，对于清水，一般在可见光部分反射率为 4% ～5%，于 0.6μm 处开始下降至 2%～3%，到了 0.75μm 以后的近红外波段，水成了全吸收体。但混浊水体的反射率则普遍偏高，且随着水中悬浮泥沙浓度的增加及悬浮泥沙粒径的增大，水体反射量将逐渐增加，反射峰亦随之向长波方向移动，称为“红移”。然而水体在 0.93μm 和 1.13μm 附近对红外辐射吸收强烈，所以反射通量急剧衰减，反射峰移到 0.8μm 附近便终止移动。

按悬浮泥沙由大到小的顺序，在天然彩色航空像片上，色调由橙黄色到绿色；而在彩红外航空像片上色调由天蓝色到黑色。所以游泳池、大蓄水池、清水水库等洁净水体在彩红外航空像片上呈黑色（个别水太浅见底者除外）；但一般城市中有机污染物含量较大的重污染黑臭水体在彩红外航空像片上亦呈黑色，此时可由热红外扫描图像区别它们，一般白天黑臭水暖于背景水，在热红外图像上呈亮色调。

此外，水体中叶绿素浓度和植物性浮游生物密度对水体的反射波谱影响也很明显，据此可以判定水体的富营养化程度。因为一般有机污染严重而富营养化的水体中藻类等水生植物大量繁殖，由于这些植物富含叶绿素而在近红外波段出现反射峰值，在对近红外敏感的遥感图像上，可以圈定富营养化水体的范围及分析污染的程度。

4. 植被

与其他物体相比较，各类植被具有极为相似的反射波谱特征，原因是一般植物均具有光合作用。植物的反射波谱特征是：在可见光绿波段，0.55μm 附近有反射率为 10%～20%的一个峰值；在近红外波段 0.8～1.0μm 间有一个反射率为 50%～60%的较宽反射坪。

在不同植物的光谱曲线中，反射率涨落最大的是 0.8～1.1μm 的近红外区。对于不同的植物种类而言，一般阔叶乔、灌木和草地在该波段具有较高的反射率；而针叶树的反射率较低，水生植物类则更低。同一种植物，在不同的季节，由于生命活力不同，在近红外波段的反射率也会有 10%～20%的涨落，一般春末夏初反射较高，而秋季较低。此外植物的健康程度也会在近红外波段有所显示，对于同一种植物而言，受环境污染及病虫害等影响的反射率较低，健康植物的反射率较高。

城市植被以人工绿化群落为主，与天然植物群落相比，城市绿化群落具有如下特征：第一，分布不均匀。一般公园及花园内较多，科教文卫单位及新居住区次之，工厂及老式居住区较少；第二，图案较规则。城市中的植物的分布形式一般只有片栽（公园、花园等），行栽（行道树等），点栽（单株树）等少数几种；第三，人工修剪较普遍。考虑到美观、通视等原因，部分城市中的植物需经常进行人工修剪；第四，单位绿地面积内栽种密度大、种类较多。城市土地利用较紧张，所以绿地的复层率一般较高，成片的绿也多采用乔、灌、花、草多层结构；另外考虑图案、色彩组合美观等要求，植物的种类也比较多。在彩红外航片上，植被显示为醒目的红色调，极易与其他地物相区别；此外，根据乔、灌、花、草的规则人工组合图案也很容易将城市绿地与城郊菜地等相区别。

三、城市土地利用/覆盖变化研究

1. 研究进展

目前城市化过程中的土地利用/覆盖变化研究进展概括起来主要集中在以下5个方面：一是土地利用/覆盖变化监测研究；二是土地利用/覆盖变化格局与过程特征分析；三是土地利用/覆盖变化驱动机制分析；四是土地利用/覆盖变化模型模拟；五是土地利用/覆盖变化生态环境影响分析。

在土地利用/覆盖变化监测研究方面，长期以来人们已经综合利用遥感对地观测、野外生态定位站观测、实地调查、社会经济统计等多种手段来获取反映城市化过程中土地利用/覆盖变化性质的各种多源属性和空间数据，并取得积极进展。在当前，日益发展的遥感对地观测技术已经可以提供丰富的土地利用/覆盖变化数据，成为了城市化过程中土地利用/覆盖变化监测的主要手段。众多研究者的结果表明，基于遥感数据的城市土地利用/覆盖变化动态监测和分类以及制图技术已经明显提高，将遥感数据，与地面实际调查数据、社会统计数据综合，已经基本上可以用来监测城市土地利用覆盖的时空变化，建立和验证城市发展模型，预测将来的土地利用格局和其他城市属性的变化。不过城市下垫面由于人类活动的影响使得组成成分复杂多样，导致地物光谱特征也非常复杂，这给运用常规遥感手段进行城市地物的识别和监测带来困难。因此目前遥感对地观测技术在城市土地利用/覆盖变化监测中的发展趋势主要表现在以下2个方面：一是积极采用新的高分辨率、高光谱遥感数据，发展新的监测技术和方法，对光谱特征非常相似的城市地物和人工目标物加以区分和精细分类，以提高土地利用/覆盖变化监测数据的准确性、可靠性和时效性，二是努力理解遥感信息传输机理，来定量反演获取地表的各种生物物理参数。

在土地利用/覆盖变化格局与过程特征分析研究方面，目前主要是借用景观生态学的理论和方法来进行的，基本上有格局指数方法和空间统计学两种方法，前者主要用于空间上非连续的类型变量数据（categorical data），而后者主要用于空间上连续的数值数据（quantitative data）。曾辉、陈浮、史培军等人利用景观生态学的方法系统分析了深圳等快速城市化地区各种土地利用/覆盖类型的格局变化特征，提高了人们对问题的理解和认识。

在土地利用/覆盖变化驱动机制分析研究方面，由于城市化过程中的土地利用/覆盖变化过程受到了不同时空尺度下的自然、人文、社会、经济等多种因素的综合作用，是一个复杂的人地系统相互作用的动力学过程。当前的驱动机制研究还比较宏观、定性，难以有效联系社会驱动过程与自然变化过程，满足建立城市化过程中土地利用/覆盖变化动力学模型的需要。例如，目前的许多研究已经认识到了人口与土地利用/覆盖变化之间的复杂关系，但更多的研究还是集中在对人口总量的判断和分析上，深入的研究如人口素质与土地利用/覆盖变化的关系，以及人口增长在多大时空尺度上对土地利用/覆盖变化产生影响却还很缺乏。更进一步的，在城市化过程中，各种影响因素相互之间的联系和干扰以及影响权重在城市化进程中的变化也不清楚。因此，对驱动机制的研究还需要加强，有学者指出，目前对驱动力的认识要综合不同尺度的不同影响，重要的问题在于要解析不同地区各种驱动因素的作用及其相互关系以及驱动因素与环境变化之间的关系。

在土地利用/覆盖变化生态环境影响分析研究方面，由于城市化过程中土地利用/覆盖变化具有复杂的生态环境影响，其中又以土地利用/覆盖变化对局地气候过程，流域水文过程的影响和生物多样性的影响尤为引人注目，引起了众多研究者的关注并取得了积极的研究进展。在气候影响方面，人们已经认识到土地利用/覆盖变化影响城市微气候，城市的规模及其扩展与热岛效应关系密切。史培军等利用 Yamada 三维紊乱闭合模型在深圳的模拟表明，深圳 1994 年的高温区比 1980 年高 2～3℃，并且高温区随城市扩展而增加。事实上，在目前全球增温和高速城市化进程的背景下，热环境已经被认为是整个城市环境的主导要素之一。在水文影响方面，人们已经认识到天然流域城市化或工业化后，其下垫面条件发生了很大变化，原来良好的植被与土壤被建筑物、都市街道、停车场及路面所取代，从而引起强烈的水文过程的改变。史培军等利用 SCS 流域水文模型对深圳市部分流域进行的降雨-径流过程进行了研究，结果表明各种土地利用/覆盖类型都有其特有的水文作用，城市化过程驱动下的土地利用/覆盖变化对流域降雨-径流有很大的影响。在生物多样性影响方面，人们已经认识到土地利用/覆盖变化对生物多样性的巨大影响超过了其他任何全球变化成分，并且这种影响会保持几十年。但总的看来，城市化过程土地利用/覆盖变化的生态环境影响研究还比较薄弱，定量深入的研究还比较少见，原因在于土地利用/覆盖变化的生态环境影响往往具有复杂的滞后效应和累积效应，至今还缺乏有效的方法将不同尺度的生态环境模型与土地利用/覆盖变化模型较好地耦合起来。

总之，作为一种典型的人地相互作用的宏观过程，城市化过程中的土地利用/覆盖变化研究正受到越来越多研究者的关注并有了一定的研究积累。但现有的研究总体上还比较散乱，无论是理论、方法还是实践案例上，都缺乏对典型区域城市化过程中土地利用/覆盖变化从测量、格局、过程到模型的系统综合研究以及对不同背景不同区域不同尺度上的土地利用/覆盖变化过程的深入比较研究，因而难以深入理解城市化过程的土地利用/覆盖变化动力学机制，尚未取得新的研究突破。

2. 研究方法

土地利用/覆盖变化动力学研究是当前土地利用/覆盖变化研究重新综合，寻求进一步突破的最新努力方向。主要包括三个方面的研究内容：一是土地利用动力学，即通过研究人类如何对土地利用进行决策，把局部的土地利用决策与区域和全球变化过程相联系，从而理解未来的社会发展与脆弱性情景，实现从过程到格局的研究；二是土地覆盖动力学，即通过研究"热点"和危机区域的土地覆盖变化来认识和理解可能的生态环境变化，实现从格局到过程的研究；三是综合模型研究，即通过对不同尺度的现象、驱动力和模型的综合，达到对人类驱动力-土地利用/土地覆盖变化-全球变化-环境反馈间相互作用机制的深入理解，从而建立能够预测土地利用/覆盖变化、评价环境变化趋势和存在问题、提供决策支持的土地用/覆盖变化模型。由此可见土地覆盖变化格局、土地利用变化过程、综合的全球与区域模型、地表过程数据库的建设与地表变化驱动力的分析成为了当前土地利用/覆盖变化动力学研究的主要议题（图 8.7），而在认识和理解区域土地利用/覆盖变化格局特征、变化过程与驱动机理基础上综合集成研究则是整个土地利用/覆盖变化动力学研究的核心与基础。

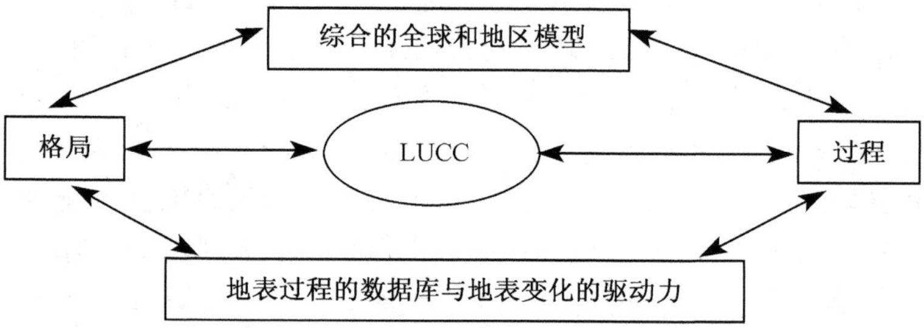

图 8.7　土地利用/覆盖变化动力学基本内容（何春阳，2003）

城市化过程中的土地利用/覆盖变化动力学 ULD 可以表示为

$$\mathrm{ULD} = f(D, L, E, \phi, \gamma, h, t, \lambda) \tag{8.31}$$

式中：D 为城市化动力子系统；L 为土地利用/覆盖变化子系统；E 为生态环境子系统；ϕ 为经度；γ 为纬度，h 为高度，t 为时间，λ 为某一控制参数。

进一步，假定 UL 由 n 个状态变量 $X_1 \cdots X_n$ 来描述，可以得到方程（8.32）。

$$\begin{cases} \dfrac{\mathrm{d}X_1}{\mathrm{d}t} = f_1(\lambda, X_1, X_2, \cdots, X_n) \\ \dfrac{\mathrm{d}X_2}{\mathrm{d}t} = f_2(\lambda, X_1, X_2, \cdots, X_n) \\ \cdots\cdots\cdots\cdots\cdots\cdots \\ \dfrac{\mathrm{d}X_n}{\mathrm{d}t} = f_n(\lambda, X_1, X_2, \cdots, X_n) \end{cases} \tag{8.32}$$

方程（8.32）可以简写为

$$\frac{\mathrm{d}X_i}{\mathrm{d}t} = f_i(\lambda, X_1, X_2, \cdots, X_n) \quad i = 1, 2, \cdots, n \tag{8.33}$$

式中：λ 为某一控制参数，状态变量 X_i既依赖于时间，也依赖于位置，可以表示为

$$X_i = X_i(\phi, \gamma, h, t) \tag{8.34}$$

$f_i(i=1,2,\cdots,n)$ 一般是 $\{X_i\}$ 的非线性函数，受到土地利用/覆盖子系统本身用地的适宜性 LS 和继承性 LC，驱动因素的合理性 DR 和生态环境影响的安全性 ES 等因素的综合影响，可以表示为

$$f_i \Leftarrow \{< DR, LS, LC, ES, \cdots >\} \tag{8.35}$$

很明显，方程式（8.32）和式（8.33）都是高维的偏微分方程，只有给定一定的初始条件和边界条件，才有可能求解。

城市化过程中土地利用/覆盖变化动力学研究的基本目的在于认识和理解城市化过程中土地利用/覆盖变化的基本特征规律，影响和调控城市化过程中的土地利用/覆盖变化动力系统，寻求生态安全条件下的土地利用/覆盖优化格局，从而提供合理的城市化决策支持，降低城市化过程的风险水平。

由此可见，要实现对 UL 的调控和优化，必须开展城市化过程中的土地利用/覆盖变化动力学研究，深入回答四个问题：①城市化过程中土地利用/覆盖是如何变化的？②城市化过程中土地利用/覆盖变化的原因是什么？③城市化过程中土地利用/覆盖变化的生态环境后果会怎样？④如何寻找城市化过程中生态安全条件下的土地利用/覆盖变化优化格局？显然，只有通过对城市化过程中土地利用/覆盖变化格局、过程、机理的深入研究，综合集成，才能较好认识和理解 UL，回答上述问题，由此，建立城市化过程中土地利用/覆盖变化动力学的概念模型（图 8.8）。

在图 8.8 中，土地利用/覆盖变化格局主要是城市化过程在空间上的景观表现，常常表现为不同土地利用/覆盖类型在空间上的群聚、交替和镶嵌，具有明显的空间尺度约束。土地利用/覆盖变化机理主要是要定量表达城市化驱动下土地利用/覆盖变化过程中各要素的相互作用关系，并没有时空尺度的明显约束。土地利用/覆盖变化过程主要是要定量展示土地利用/覆盖在空间或时间上的连续状态(水平)。城市化过程中土地利用/覆盖变化动力学研究就是在土地利用/覆

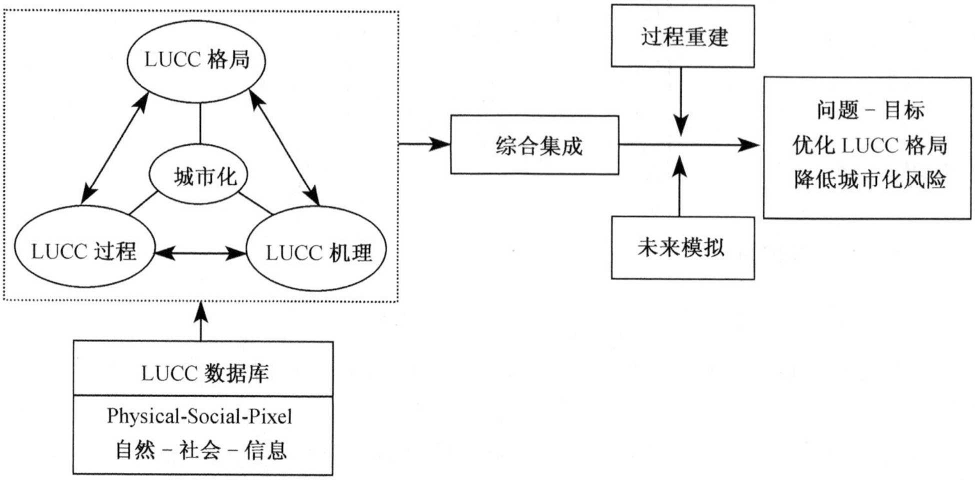

图 8.8　城市化过程中土地利用/覆盖变化动力学概念模型（何春阳，2003）

盖变化数据库的支持下，利用模型技术综合集成，耦合城市化驱动机理与土地利用/覆盖变化过程，通过对土地利用/覆盖变化过程的重建和未来不同情景下的土地利用/覆盖变化预测，来优化城市化过程中的土地利用/覆盖变化格局，从而降低城市化过程的风险水平。

3. 研究的基本内容

城市化过程中土地利用/覆盖变化动力学研究的基本思路就是在多学科综合的基础上，充分利用现代高新技术，在自然、经济和信息单元统一的基础上集成遥感对地观测数据、监测站点实测数据、社会经济统计数据等多源属性和空间数据，由点到面，系统分析，统筹选取城市化过程有特色，在地域上有代表意义，在实践中可以操作的典型区域，通过对其城市化过程中土地利用/覆盖变化格局、过程、机理的系统综合研究，来最终实现对区域和全球城市化过程中土地利用/覆盖变化动力机制的认识和理解。具体的，典型区城市化过程中土地利用/覆盖变化动力学研究的基本内容主要包括以下六个方面（图 8.9）。

1）土地利用/覆盖变化监测和数据库研究

进行城市化过程中的土地利用/覆盖变化监测，及时准确地获取土地利用/覆盖变化信息，是进行城市化过程中土地利用/覆盖变化研究的重要基础。一般的，土地利用/覆盖变化监测必须能够提供可靠的土地利用/覆盖变化的位置、数量和类型信息，主要应该回答三个问题：什么地方发生了变化（Where changes occurred)？它们是什么类型（What change types they were)？这种变化是什么时候发生的（When such changes occurred)？当前应该努力做到遥感对地观测、野

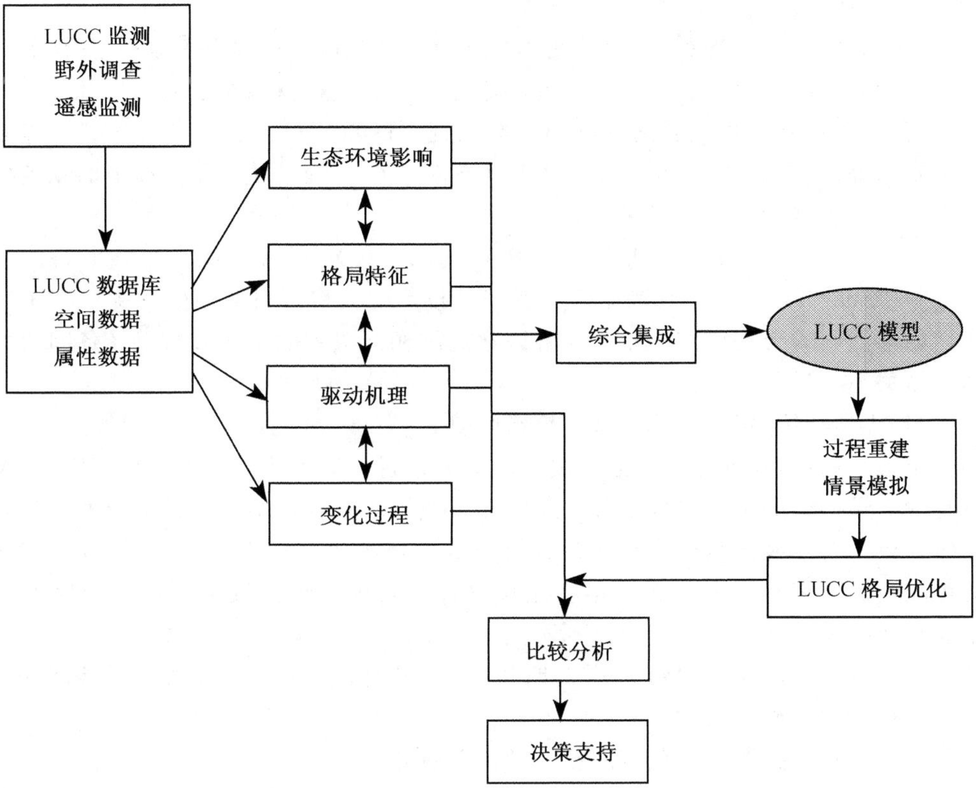

图 8.9 城市化过程中土地利用/覆盖变化动力学研究的基本内容（何春阳，2003）

外生态定位站观测、实地调查、社会经济统计等多源空间数据和属性数据在自然单元、信息单元和社会单元统一基础上的复合（式 8.36），以建立能够反映城市化过程中土地利用/覆盖变化过程的，具有明确空间参照性和足够精度的完备数据库，满足建立动力学模型的需要。

$$\sum_{i=1}^{n} I_i = \sum_{i=1}^{n} N_i + \sum_{i=1}^{n} S_i \tag{8.36}$$

式中：n 为单元数；I 为信息单元；N 为自然单元；S 为社会单元。

2）土地利用格局特征分析与变化过程研究

土地利用/覆盖变化格局特征与变化过程分析是城市化过程中土地利用/覆盖变化动力学研究的重要内容，它主要解决城市化过程中土地利用/覆盖如何变化的问题，是实现土地利用/覆盖变化研究从数据到知识转变的重要桥梁。事实上只有对土地利用/覆盖变化格局特征与变化过程进行深入的分析，才有可能合理的评价城市化过程的生态环境影响，建立最终的综合模型。

3）土地利用驱动机理研究

城市化过程中土地利用/覆盖变化机理研究是城市化过程中土地利用/覆盖变化动力学研究的焦点，也是目前研究的难点和薄弱点，原因在于城市化过程中的土地利用/覆盖变化过程受到了不同时空尺度下的自然、人文、社会、经济等多种因素的综合作用，是一个复杂的人地系统动力学过程。城市化过程中的驱动机理 UD 可以表示为：

$$\mathrm{UD} = f(\mathrm{P}, \mathrm{E}, \mathrm{T}, \mathrm{R} \cdots\cdots) \tag{8.37}$$

式中：P、E、T、R 分别代表政策、经济、技术、人口。目前的问题主要在于城市化驱动因素的合理确定与量化，各因素之间相互关系的量化分析以及各因素之间反馈关系的量化分析。

4）土地利用/覆盖变化生态环境影响研究

土地利用/覆盖变化的生态环境影响研究是进行城市化过程中土地利用/覆盖变化动力学研究的重要组成部分，原因在于城市化过程在给我们带来种种福利的同时，也具有巨大的负面影响，只有充分认识城市化过程中土地利用/覆盖变化的可能负面后果和影响，才能相应地采取合理对策，降低城市化过程的风险水平。目前的关键在于应该努力做到不同尺度下土地利用/覆盖变化与生态环境模型的有效耦合，以实现对城市化土地利用/覆盖变化生态环境影响的可靠模拟、仿真、评价和预警。

5）土地利用/覆盖变化空间动力学模型研究

在对城市化过程中土地利用/覆盖变化格局、过程、和驱动机制进行深入研究的基础上，利用模型技术综合集成，建立空间动力学模型，实现对城市化过程中的土地利用/覆盖变化过程和影响进行的有效模拟和预测分析，是建立土地利用/覆盖变化动力学，提供有效决策支持的主要手段和途径。空间动力学模型研究的核心在于实现对土地利用/覆盖变化的过程重建和未来的模拟预测，从而确定生态安全条件下的土地利用/覆盖变化优化格局。目前的问题主要在于对城市化过程中土地利用/覆盖变化过程的动力学表述（非线性模型组）、多尺度模型的转换和求解方法（不同时空尺度、复杂性模型求解）和基于对地观测资料的多尺度综合模型的仿真模拟（可用于情景分析的模拟工具）。

6）城市化政策分析和决策支持

在掌握比较完备的城市化过程中土地利用/覆盖变化信息的基础上，对比分析模拟优化格局和实际用地格局，从而提供城市化的政策支持，是城市化过程中土地利用/覆盖变化动力学研究的具体应用。实际上，也只有理论研究与实际政策相结合，才能真正做到对城市化过程中土地利用/覆盖变化动力系统的调控和优化，从而最终达到降低城市化风险的目的。

4. 信息处理流程和具体方法

城市化过程中土地利用/覆盖变化动力学研究主要是一个对土地利用/覆盖变化信息进行处理以获取知识的过程，关键在于能够根据研究的目的选择合适的信息处理技术和方法。从信息处理的进程和使用的方法上看，城市化过程中土地利用/覆盖变化动力学研究基本上应该包括信息的监测，信息的初步处理和信息的综合处理三个部分，流程如图 8.10。其中，信息的监测是研究的基础，重点是保证所得到信息的准确性和可靠性；信息的初步处理是研究的桥梁，重点是保证信息的清楚，定量，以认识土地利用/覆盖变化的格局特征和演变规律；信息的综合处理是研究的关键，重点是综合各种辅助信息，建立合理的土地利用/覆盖变化模型，以揭示土地利用/覆盖变化对各种生态环境变化过程的影响，寻求城市化过程中生态安全条件下的土地利用/覆盖优化格局。下面将依据图 8.10 所确立的流程，重点讨论信息处理各个阶段所涉及的基本技术和方法。

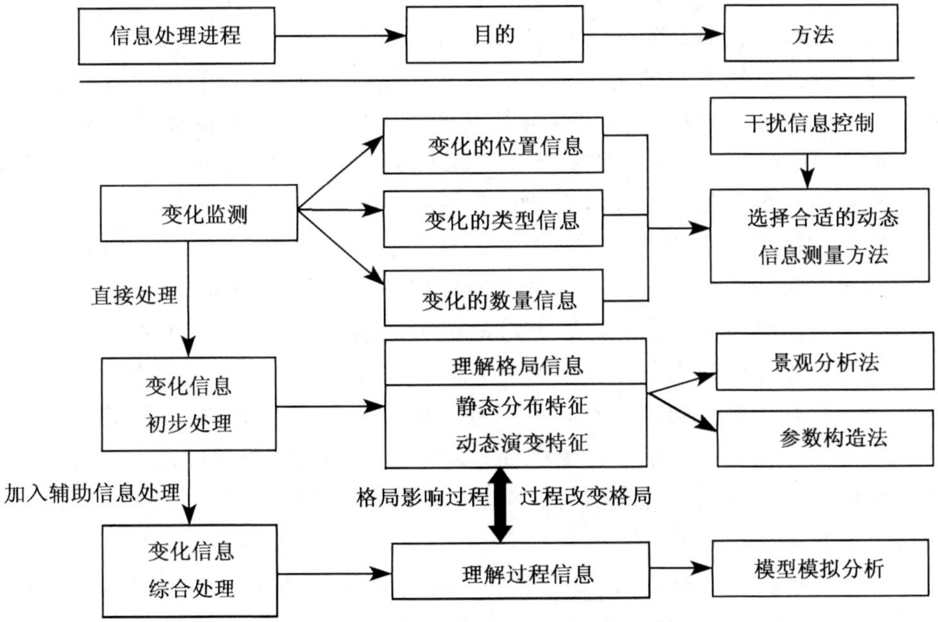

图 8.10　城市化过程中土地利用/覆盖变化研究流程（何春阳，2003）

1）土地利用/覆盖变化监测

土地利用/覆盖变化监测是一个通过长时间对地观测资料来确定土地利用/覆盖变化的类型、位置和数量等内容的过程。利用遥感数据进行区域土地利用/覆盖变化动态监测的基本假设是土地利用/覆盖变化必然导致辐射值的变化，而且这种由于土地利用/覆盖变化导致的辐射值变化明显大于其他干扰因素导致的辐射值变化）。这些干扰因素包括太阳高度角差异、土壤水分变化，图像失真，大气状况差异，植被物候差异、几何偏差等。因此，要成功地获取土地利用/覆盖变化动态信息，首先应该努力控制消除各种干扰因素的影响。一般应通过以下三方面的努力来减少和控制各种干扰因素的影响。

（1）严格的几何配准。图像与图像间的几何配准精度对动态监测的最终结果有着直接影响，是影响动态监测成败的重要因素。进行变化探测时图像匹配的误差应小于 0.5 个单元。当常规方法无法将图像匹配误差缩小到一个像元以内时，可采用 Gong 等提出的适应性灰级充填算法。

（2）有效的辐射标准化。对图像进行辐射纠正的目的主要是消除大气状况、太阳高度角和地形等的差异对地面光谱反射信号的影响，这在以光谱直接比较为基础的动态监测中非常关键。目前辐射标准主要有绝对辐射校正和相对辐射校正两种方法，在进行动态监测时应该根据具体情况合理使用。

（3）选择同一季相的高质量遥感数据。在目前对土壤水分变化、植被物候差异引起的辐射差异尚无可靠的辐射标准化方法校正时，通过数据的选择可以减少这些环境参数变化对地面光谱反射信号的影响。

合适动态监测方法的选择，是准确可靠地进行土地利用/覆盖变化监测工作的关键，它一方面取决于使用的数据源与质量，另一方面也取决于动态监测目的。近 20 年来，已经有许多基于卫星遥感的动态监测方法应用于土地利用/覆盖变化监测中，根据数据处理流程和获取信息的特点，基本上可以概括为分类比较法、光谱直接比较法和混合法三大类方法。表 8.5 对常用的土地利用/覆盖变化动态监测方法进行了总结，可以进一步从相关参考文献和 Singh、Jenson、宫鹏、史培军等人的研究中看到对这些方法的更为详细系统的总结，介绍和评价。

总之，每一种动态监测方法都有其优势和缺陷，研究表明没有一种方法最优并适合于所有情况。同时，不同的区域的环境背景和土地利用/覆盖变化特点也不完全一样。因此，在动态监测之前，对可能采用的方法都应该进行定量的实验评估和比较，从而找出适合研究区特点的、经济适用的动态监测方法，以获取准确的土地利用/覆盖变化信息。

此外，进行土地利用/覆盖变化监测还应该充分认识到遥感技术进步对土地利用/覆盖变化监测的推动作用。事实上，土地利用/覆盖随时间的推延而变化，尽管许多土地覆盖变化可以直接从不同时间的遥感影像上比较得来，但有些细微的土地覆盖变化由于灵敏度的限制，或其他因素（如大气干扰）的影响，可能无法探测到，而有些历时短暂的土地覆盖变化过程则可能由于未能及时获取当时的影像也无法探测到。因此，对这部分信息的监测更多的还是只有依赖于遥感技术的进步。只有选择具有更高光谱分辨率，空间分辨率、波谱分辨率和时间分辨率的传感器并适时地应用这类传感器，才能取得较为满意的监测结果。

表 8.5 土地利用/覆盖变化动态信息获取方法评价

	光谱直接比较法	分类比较法	混合法
代表方法	①不同时相图像的算术运算法（差值法（Weismiller et al.，1977），比值法（Howarth et al.，1981），植被指数法（Nelson 1983） ② 回归法（Singh，1986） ③ 主成分分析法（Byrne et al.，1980） ④ 变化向量分析法（Malila，1980）	①多时相合成图像变化法（黎夏等，1997） ② 图像分类后比较法（史培军等，2000b） ③ 图像与辅助数据比较法（Jensen，1996）	先提取变化区，再分类后比较（何春阳等，2001）
基本思路	通过逐像元光谱变化比较提取变化信息	利用遥感分类技术提取变化信息	先光谱比较提取变化地区，再对变化区分类比较提取变化数量和类型信息
数据质量要求	对遥感数据质量要求较高，适用于同一传感器相同季相的数据，要求严格的几何校正和辐射标准化	对遥感数据质量要求相对较低，可以应用于不同的传感器数据，不需要严格的辐射标准化，但对地面辅助资料要求较高，需严格几何校正	同光谱比较法
应用性评价	可以探测细微变化信息，能够较为准确地获取变化的位置和数量信息，但不能提供变化的类型信息（变化矢量分析法除外），适合单种类型的变化信息提取	可以提供不同时期的变化类型，数量和位置信息，操作简单，应用广泛，但结果过分依赖于分类精度，同时由于分类本身局限，往往忽略细微变化信息	可以提供不同时期的变化类型，数量和位置信息，并在一定程度上克服分类比较和光谱比较局限，但操作步骤多，比较复杂

注：据何春阳，2003。

目前遥感技术的发展正表现出多传感器、高分辨率和多时相特征。如长线阵CCD成像扫描仪可以达到1～2m的空间分辨率、成像光谱仪的光谱细分可以达到5～6nm的水平，热红外辐射计的温度分辨率可以从0.5K提高到0.3K乃至0.1K。而随着商业小卫星群计划的推行，可以用多颗小卫星，实现每3～5天对地表重复一次的采样，获得高分辨率成像光谱仪数据。多波段、多极化方式的雷达卫星，则将能解决阴雨多雾情况下的全天候和全天时对地观测。因此，对地表土地利用/覆盖信息的获取正变得更为准确、方便和有效，但同时也对土地利用/覆盖变化信息的处理提出了更高的要求。事实上，应用高分辨率、高光谱遥感数据进行土地利用/覆盖监测，获取地表的各种生物物理参数，开展“精细农作”等土地利用/覆盖研究，正受到越来越多研究者的重视。

2）土地利用/覆盖变化信息的初步处理

通过监测，在得到区域城市化过程中土地利用/覆盖变化信息后，就需要对得到的信息进行初步的处理，让信息更加明确和清晰，从而理解和认识区域城市化过程中土地利用/覆盖变化的格局特征和演变规律。目前常用的各种土地利用/覆盖变化信息的初步处理方法基本上可以概括成两类：参数构造法和景观分析法，下面分别用表 8.6 和表 8.7 予以介绍：

表 8.6 土地利用/覆盖信息分析常用参数

分类	名称	表达式	意义
土地资源数量变化指数	单一土地利用类型动态度	$K=\frac{U_a-U_b}{U_a}\times\frac{1}{T}\times 100\%$ 式中：K 为研究时段内某一土地利用类型动态度；U_a，U_b 分别为研究期开始和结束时某一种土地利用类型的数量；T 为研究时段长	表达研究区一定时间范围内某种土地利用类型的数量变化情况
	综合土地利用动态度	$LC=\left[\frac{\sum_{i=1}^{n}\Delta LU_{i-j}}{2\sum_{i=1}^{n}LU_i}\right]\times\frac{1}{T}\times 100\%$ 式中：LU_i 为监测开始时第 i 类土地利用类型面积；ΔLU_{i-j}是监测时段内第 i 类土地利用类型转为非 i 类土地利用类型面积的绝对值；T 为监测时段长度	表达研究区一定时间范围内土地利用类型及其数量变化情况
土地利用变化程度指数	土地利用程度综合指数	$L_j=100\times\sum_{i=1}^{n}A_i\times C_i$ 式中：L_j 为某研究区域土地利用程度综合指数；A_i 为研究区域内第 i 级土地利用程度分数指数；C_i 为研究区域内第 i 级土地利用程度分级面积百分比；n 为土地利用程度分级指数	反映区域土地利用的广度和深度
	土地利用程度变化参数	$\Delta L_{b-a}=L_b-L_a$ 式中：L_b 和 L_a 分别为 b 时间和 a 时间区域土地利用程度综合指数	反映区域土地利用程度的变化
土地利用变化区域差异指数	土地利用类型相对变化率	$R=(K_a/K_b)\ /\ (C_a/C_b)$ 式中：K_a、K_b 分别代表某区域某一特定土地利用类型研究期初及研究期末的面积；C_a、C_b 分别为全研究区某一特定土地利用类型研究期初及研究期末的面积	反映土地利用变化/覆盖变化的区域差异。如果某区域某种土地利用类型的相对变化率 $R>1$，则表示该区域这种土地利用类型变化较全区域变化率大。
土地利用空间变化指数	土地资源重心	$X_t=\sum_{i=1}^{n}(C_{ti}\times X_i)\ /\sum_{i=1}^{n}C_{ti}$ $Y_t=\sum_{i=1}^{n}(C_{ti}\times Y_i)\ /\sum_{i=1}^{n}C_{ti}$ 式中：X_t、Y_t 分别为第 t 年某种土地利用/覆盖类型分布重心的经纬度坐标；C_{ti} 为第 i 个小区域该种土地资源的面积；X_i、Y_i 分别为第 i 个小区域的几何中心的经纬度坐标；n 为研究区内小区域的总个数	通过比较研究期初和研究期末各种土地利用/覆盖类型的分布重心，就可以了解研究时段内土地利用/覆盖类型的空间变化特征

注：据何春阳，2003。

表 8.7　土地利用/覆盖景观分析指标

分类	名称	表达式	土地利用/覆盖意义
斑块尺度	斑块的面积、周长	略	可以反映土地利用/覆盖斑块的基本特征
	斑块形状指数	$S = P/2\sqrt{\pi A}$ 式中：P 为斑块周长；A 为斑块面积	可以度量土地利用/覆盖斑块形状的复杂程度
	斑块的分形分维数	$F_d = 2\ln(P/k)/\ln(A)$ 式中：P 为斑块的周长；A 为斑块的面积；F_d 为分维数；k 为常数	F_d 越趋近 1，斑块的自相似性越强，斑块的几何形状越简单，表明受干扰的程度越大
类型尺度	斑块平均面积	$P = A/N$ 式中：A 为某类斑块的总面积；N 为该类斑块的总个数	可以反映各种土地利用覆盖类型面积平均状况的基本特征
	斑块面积标准差	$D = \sqrt{\dfrac{\sum_{i=1}^{m}\sum_{j=1}^{n}\left[a_{ij} - \dfrac{A}{N}\right]^2}{N}}$ 式中：a_{ij} 为编号为 ij 的斑块的面积；A 为某类斑块的总面积；N 为该类斑块的总个数	可以反映各种土地利用覆盖类型面积差异状况的基本特征
	破碎度指数	$P = N/A$ 式中：A 为某类斑块的总面积；N 为该类斑块的总个数	可以反映土地利用/覆盖被分割的程度，在一定程度上揭示了人类活动的影响程度
景观尺度	多样性指数	$H = -\sum_{k=1}^{n}(P_k)\ln(P_k)$ 式中：P_k 为斑块类型 k 在景观中出现的概率（通常以该类斑块在景观中所占的面积比例来估算）；n 为景观中斑块类型的总数	可以反映区域中土地利用/覆盖类型的多少和各类型所占比例的变化
	均匀度指数	$E = \dfrac{H}{H_{\max}} = \dfrac{-\sum_{k=1}^{n}P_k\ln(P_k)}{\ln(n)}$ 式中：P_k 为斑块类型 k 在景观中出现的概率（通常以该类斑块在景观中所占的面积比例来估算）；n 为景观中斑块类型的总数	可以反映区域中各种土地利用/覆盖类型分配的均匀程度，其值越大，表明区域各土地利用/覆盖类型分配越均匀
	优势度指数	$D = H_{\max} + \sum_{k=1}^{m}P_k\ln(P_k)$ 式中：P_k 为斑块类型 k 在景观中出现的概率（通常以该类斑块在景观中所占的面积比例来估算）；m 为景观中斑块类型的总数	可以反映区域土地利用/覆盖中某种或某些类型支配区域土地利用/覆盖的程度。较大的 D 值对应于一个或少数几个类型占主导地位
	聚集度指数	$C = C_{\max} + \sum_{i=1}^{n}\sum_{j=1}^{n}P_{ij}\ln(P_{ij})$ 式中：$C_{\max}$ 为聚集度指数的最大值［$2\ln(n)$］；n 为景观中斑块类型总数；P_{ij} 为斑块类型 i 与 j 相邻的概率	可以反映区域土地利用/覆盖类型中不同土地利用/覆盖类型成分的非随机性或聚集程度

注：据何春阳，2003。

参数构造法主要是充分利用 GIS 技术，直接构造一些简单的定量参数，来刻画土地利用/覆盖变化特征，从而得到较为清楚的土地利用/覆盖变化定量信息。该类方法计算简单，操作方便，适合于大批量土地利用/覆盖变化信息的快速处理，刘纪远等于1998年对全国土地资源进行调查时就充分利用这种方法。表8.6归纳总结了目前比较有影响的，常用的一些土地利用/覆盖变化计算参数，可以在信息处理时根据需要选用。

景观结构分析是景观生态学研究的主要内容之一，近年来，已经有较为成熟和丰富的空间格局分析方法应用于景观生态学的研究中。景观分析法就是从景观分析的角度，借用景观生态学中的各种空间格局分析方法来分析和认识区域土地利用/覆盖变化的基本格局特征和演变规律。由于土地利用/覆盖格局数据主要是一种非连续的类型变量，而景观指数又能够高度浓缩景观格局信息，反映其结构组成和空间配置某些方面的基本特征，因此，景观指数正被广泛地应用于目前的土地利用/覆盖变化格局研究中，目前，有许多免费的景观格局分析软件可以从因特网上获得，其中最常用的是FRAGSTATS（ftp：//ftp. fsl. orst. edu/pub/fragstats. 2.0）。表8.7从斑块尺度、类型尺度和景观尺度三个层次上归纳总结了常用的景观指数，并从土地利用/覆盖变化的角度给予了相应意义解释。不过，在利用这些景观指数时应该注意两个问题：一是景观指数一般随空间幅度和粒度的变化而变化，在使用这些指数时必须要明确研究的尺度；二是景观指数之间的相关性往往很高，同时采用多种指数往往并不增加“新”信息，需要根据研究的实际情况进行合理的选择。

3）土地利用/覆盖变化信息的综合处理

城市化过程中土地利用/覆盖变化信息处理的根本目的还在于认识土地利用/覆盖格局变化对各种自然人文过程的影响机理，建立城市化过程中的土地利用/覆盖变化动力学模型，实现对区域城市化提供决策支持。但是，土地利用/覆盖变化是一个非常复杂的过程，仅靠土地利用/覆盖变化本身的信息是不足于满足研究和认识需要的。因此，需要集合自然和人文等多方面的信息，进行综合研究。Turner等在土地利用/覆盖变化研究中提出的“社会化像元和像元化社会”思路，就反映了这种认识，史培军等于2001年更是进一步强调，要在自然、社会和信息单元统一的基础上进行综合研究，寻求生态安全条件下的土地利用/覆盖优化格局。

模型，尤其是建立在明确空间定位基础上的，综合集成的多尺度动态模型，是我们理解和认识区域土地利用/覆盖变化的某些关键过程并进行定量描述，从而对未来的土地利用变化格局和影响进行研究评价的重要工具。目前常用的土地利用/覆盖变化模型主要可以归纳为经验统计模型，随机模型，优化模型和动态模拟模型（基于过程）四大类。Lambin等人的研究表明动态的基于过程的模拟模型比经验的、随机和静态优化模型更适合于预测土地利用，但随机和优化模型在描述表达土地管理决策过程时更有用。表8.8对各类模型的特征进行了概括归纳，在区域土地利用综合信息处理时可以根据已有信息的完备程度，信息处理的目的和各类模型本身的特点进行选用，对有关模型的具体了解可以查看相关文献。

表 8.8　土地利用模型分类

从 LUCC 中已知的信息	需要从 LUCC 中知道的信息	模型分类	建模方法
	将来发生的时间（短期）	随机模型	概率转移模型
过去的时间和地点	过去发生的原因（最近的原因）	经验随机模型	多变量统计模型
	将来发生的地点（短期）		基于 GIS 的空间统计模型
	将来发生的时间（短期）	基于过程的和机理的模拟模型	行为模型和动态模拟模型
过去发生的时间，地点和原因	将来变化的时间和地点（长期）		动态空间模拟模型
	将来变化的原因（根本原因）	分析的、经济的或特定目标的模型	扩展的冯·杜能模型
	将来变化的原因（根本原因和对应结果）		基于确定性和随机性的优化模型

总之，开展城市化过程中土地利用/覆盖变化动力学研究，在进行城市化过程中土地利用/覆盖变化监测时，关键是要排除干扰因素，选择合适的动态监测方法，以保证所得信息的准确性和可靠性。同时，随着遥感高分辨率，高光谱数据的逐渐丰富，很有必要积极探求新的动态监测方法，以充分利用这些遥感数据，获得更可靠有效的区域土地利用/覆盖变化信息。在进行城市化过程中土地利用/覆盖变化信息初步处理时，关键是利用各种手段，在监测信息的基础上，解决对土地利用/覆盖格局特征和变化过程的认识问题，它在城市化土地利用/覆盖变化动力学研究中起承上启下的桥梁作用。在进行城市化过程中土地利用/覆盖变化信息综合处理时，应该充分认识到遥感信息的局限性，利用模型技术合理有效地集成各种辅助信息进行综合处理，耦合土地利用/覆盖变化机理与过程，以最终建立城市化过程中的土地利用/覆盖变化动力学模型。

四、城市规划遥感

城市是人类改造自然最强烈，社会经济和文化科技功能最集中的地域。它是一定范围地区的政治、经济、文化中心。不同性质和等级的城市具有不同的结构特征和建筑规模，表现出不同的影像特征。在城市规划管理以及发展决策方面，遥感信息能为城市建设发挥重要的作用，就城市总体规划而言，从修编基础底图到编制城市用地现状图，如能运用遥感资料，可以大大提高工作效率和成果质量。城市规划工作中的许多重要项目，诸如城市交通布局、工业类型和分布、居住用地分类和住房质量分析、城市绿化规划和环境规划等方面，都可从遥感资料中获得有效的成果和有益的启示，往往可以取得用常规手段难以得到的功效。

1. 城市绿地遥感调查

城市生态环境遥感一个很实际的应用是绿地分布的调查。这一问题在全球规模的宏观调查中提出了种种指标方案，也绘出了全球范围的绿地分布图。在城市范围里，绿色是舒适性评价的重要指标之一，市政部门从很早以前就作为例行公事进行绿地调查。近期的绿色市政计划中，从大公园的绿地到以点状或线状分散在城市里的小面积绿地（小公园和学校等公共设施中的绿地、排树、庭院树木等），其调查范围是很广的。但以往的调查几乎都是通过地面勘查方式进行的，涉及更详细的调查时则因人事费用过高和时间上的制约等原因，所以说是有一定限度的。

城市绿地调查使用高空间分辨力的遥感数据进行解析是有效的方法。那么要何种程度的分辨率呢？日本的梅干野晁调查了分布在市街区里的绿地的实际状况。以若干市街区为调查对象，调查每一块集中点的绿地面积（树冠的投影面积在 $1m^2$ 以上），再来分析统计各种面积类别的绿地是如何分布的，结果 $10m^2$ 以下的绿地的个数占全部数量的 60%～80%；$100m^2$ 以上的绿地面积的个数虽然不多，却占了全部绿地面积的 30%左右。

从市街区中提取绿地信息，使用卫星遥感数据的例子也很多，从中可以看出，即使在 10m×10m 分辨力的图像上，大部分的绿地也是作为混合像元出现的。这种分辨力的图像在研究大范围绿地的概略分布时是有一定效果的，但也要事先有明确应用目的才行。从这样的绿地分布实况来看，以往的地面勘查方法也有不少问题。私有地不易进入调查，对分散的树木进行调查时也多限于大树等，很难说能进行详细而正确的调查，若需要投入大量人力进行调查，那就难于进行了。

从上述情况来看、对于城市绿地分布的调查而言，若能得到大范围的有 1～2m 左右地面分辨力的遥感数据的话，那将是很有效的。这在现在已经不是问题，如 QuickBird 卫星分辨率高达 0.61m，IKONOS 数据也可达 1m。从光谱特性来看，绿地在城市土地覆盖种类中可预期有最高的分类精度。当然，在保证高精度分类结果的同时，要想提出对绿色市政有用的实用化方法，不单要求分清哪些是绿地，还要求进行细分类，以区分绿地中的树木和草地，还需要提取阴影里的绿地。地面分辨力即使达到米级，由于含绿地的混合像元所占比例大，还必须要明确地作这方面的处理。作为研究题目，作些分析是相对容易进行的事情，但作为实用化是有硬指标作衡量标准的，必须解决实用化中的种种问题。

利用遥感技术不仅能够准确判定和量测绿化覆盖面积，而且对于判别绿地的类型、结构乃至识别植物种类等都是十分有效的。以下分别以城市绿化树种的调查，城市草地的调查，生产防护绿地的调查为例，做一简要介绍。

1）城市绿化树种的调查

城市植物的环境特点是植物种类较少，群落结构较单一。多是单一群落，或是单株生长。其分布多呈线带状，如行道树的分布；或是点块状，如街头花坛、绿地、公园等。值得指出的是，在解译标志中，最不稳定的是色调，如不同季节、不同时间摄影时的色温不同，像片中心与边缘由于像点光程不同而被大气散射的程度不同以及摄影处理条件的不同，都有可能影响影像的色调。对绿色植物而言，色调尤其不稳定，因为植物本身由于季节原因，新叶生长、老叶变色、树叶凋落等都是影响影像色调变化的原因。因此，一般采用比较解译的方法识别植物的种类。

a. 色调比较

在遥感图像上，以色调来区分针叶树与阔叶树是比较方便的，针叶树叶面细，色调较深，阔叶树叶面较大，色调较明亮，其色调差别一般如表 8.9 所示：

表 8.9　针叶树阔叶树色调差别比较表

图像类型	针叶树	阔叶树
黑　白	较深的灰色	较浅的灰色
天然彩色	墨绿色或橄榄绿	翠绿或黄绿色（少量墨绿色）
彩红外	紫红、暗红	鲜红、粉红色（少量暗红色）

对于针叶树，按影像色调由深到浅的顺序可排列为：松、侧柏、扁柏、罗汉松、龙柏、雪松、柳杉、池杉。阔叶树色调由深到浅的顺序为：广玉兰、榆、枫杨、柳、悬铃木、桂花、女贞、珊瑚树等。通常树木影像色调取决于以下三个方面：叶面颜色（叶绿素含量）、叶面光滑程度、叶面大小及疏密状态，一般革质叶面较茸毛质明亮，有大叶面且密集的树木反射强烈、色调较明亮，而有些树种由于经常换叶，色调也会有较大差异，而呈深浅不一的花斑状，如南方树种香椿。

另外，在大片的同种树林中，也可通过比较色调的深浅，或比较彩红外影像上红色的鲜艳程度来判定树木的生长情况。色调深（黑白影像）或红色鲜艳饱和（彩红外影像），表明树木的叶绿素含量高，生长茂盛。反之，则表明树木生长情况不佳或已枯死。

b. 纹理比较

在遥感影像上，树木枝形的变化表现为粗略的纹理差别，而树木叶面大小及稀疏程度变化表现为细微的纹理差别。朵状、多头状枝形，枝与枝间叶片不相连并有较大间隙时，表现为相当粗糙的纹理。另外，仔细观察树冠影像的细微纹理可以发现叶面肥大、排列稀疏，则其影像纹理较粗，反之则较细。按纹理由细到粗的顺序排列为：针叶树，包括池杉、侧柏、松、龙柏、雪松；阔叶树，包括枫杨、桂花、珊瑚、广玉兰、悬铃木。

c. 形状比较

由于受摄影角度的限制，一般所研究的形状主要为树冠顶部形状，只有在像片边缘才能看到部分树冠的侧面形状。仅仅根据冠顶的形状来解译树的立面形状是非常困难的，有时可以根据树冠的本影，特别是落影的形状来判断树冠的立面形状。解译中要注意摄影时的太阳高度角，在太阳高度角为45°时，树冠落影长宽比与自己实际长宽比相当，太阳高度角愈小，落影愈被拉长，反之则缩短。另外，树冠形态和树龄有密切关系，而且在城市中大部分乔、灌木都是经过人工修整的，这种修整对于树冠形态的改造作用是不言而喻的，所以，在室内解译时不能完全按树冠的自然形状来识别树种。

在城市绿化树种的比较解译中，色调、纹理、形状三个方面都占有重要地位，当两种树的纹理及形状十分接近，但色调差较大时（如榆和枫杨），则主要以色调区分它们；对于色调十分接近的不同树种（如桂花与珊瑚），则宜以纹理形状相区别；当几种树的三个特征都十分接近时，只得将它们划为不易区分类，再辅以实地调查相区分。

2）城市草地的调查

城市绿化草地一般有两种，一种是天然草地，另外一种是人工草地。天然草地形状不规则，有杂草，呈现粗糙纹理；人工草地形状较规则，有明显的人工痕迹，纹理光滑细腻。城市草地通常分布在公园、大中专院校、街心花园等环境较好的地段。

3）生产防护绿地的调查

对生产防护绿地的调查除了根据绿色植物的主要影像特征及呈带状分布来判定外，还要根据其所处位置来确定。根据其防护的功能不同，防沙林主要分布在城市周围；防护林则分布在江河护堤前或海边；工业防护林一般位于工厂厂区与生活区之间。

在城市绿化的遥感调查中，最有利于解译的是采用彩红外遥感图像，因为绿色植物除了在绿波段有一个反射峰值外，在红外波段也有很强的反射峰值。因此用彩红外遥感图像来调查城市绿化，可以区别在红外波段元反射峰值的其他城市绿色地物，如绿色屋顶的建筑等。

2. 工业区与工业类型识别

如果说城市居住区和商业区反映了某一城市的社会生活风貌，那么其工业区图像则直接反映了城市社会生产的结构特征和规模。识别城市工业区的分布及其工业类型，特别是识别某些重要的、特殊的工业企业，对城市规划工作人员和军事判读人员有很重要的意义。对工业图像进行正确的分类，需要具备有关工业要素的专业知识，人们对各种工业的生产特点和生产流程了解越多，其判读的效果就越好。每一种工业企业都有其一系列特征性的标志，这包括所用的原料、厂房等建筑物及生产设施、生产的产品和废物等特征标志。在这些生产要素中有不少是可以直接在航空像片上判读出来的，而另一些与室内生产过程有关的要素，则可以从中加以推测。识别工业类型一般需要1：20 000或更大比例尺的航空像片或1m左右的高分辨率卫星影像。首先要区分加工工业、装配工业和采矿工业等大类，然后进一步确定它是哪一门类的工业。

1）加工工业的识别

大型厂房及结构复杂的建筑物，且有公路（或有铁路、水运）与之相连。

厂房周围有贮放原材料的堆械、大坑、地窖、燃料仓库、储气柜、储水槽等设施。

室外运输装卸设备，如输油管、运输车、起重机、推土机、电铲等。

大型室外加工设备，如高炉、冷却塔、冷却窑、化学反应塔、预热设备等。

其他特征，如大烟囱、排气管、煤堆、储油罐、废料堆、废料坑等。加工工业中主要有机械制造工业、冶炼加工工业和化学加工工业等。机械制造工业的共同特点：巨大的车间厂房、原料物资和产品堆场、仓库等。室外管线少，密封罐也少，排气管不多，燃料堆也较小。例如，汽车制造厂有巨大的汽车装配车间和露天车库，其车身影像如蚂蚁。

冶炼工业中以钢铁厂最具代表性，它包括焦化厂、炼铁厂、炼钢厂和轧钢厂。其基本特征是：有大烟囱和许多排气管，有大体积的燃料堆和窑，而室外管线和高柜少。例如，炼铁厂的主体设备有高炉和并立圆筒形热风炉，高大的烟囱，高炉的一侧出铁水（有火红影像），另一侧出炉渣。平炉炼钢厂的主厂房高大，烟囱在主厂房顶部；而电炉炼钢没有烟囱，附近有变电所。化学工业的共同特征是：多管线、多密封罐、高柜和大型反应塔等，其露天加工设备很突出、很复杂。例如，炼油厂的催化裂化装置等均为露天，由不同类型塔架组成，纵横交错的管线担负着连接各塔架、码头及车站的管运任务，备有专用的铁路站线、码头等附属设施。

2）装配工业的识别

装配工业分为重型和轻型两类。前者有大型钢结构单层建筑物，厂房外往往有重型起重设备和储料场，有进入建筑物的铁路专用线。铁路车辆装配厂、汽车装配厂等属于重型装配厂。后者以轻型钢结构或木结构的厂房以及多层建筑物为特征，没有大型起重设备，原料露天堆放场很小。小型机器装配厂、塑料厂等属之，它们往往兼具机械工业和化工工业的空间结构特征。

3）采矿工业的识别

采矿工业包括开采各种金属和非金属矿石以及石油、天然气等工业企业。采矿工业的主要判读标志有：坑道、矿井、井架、钻塔、矿坑和废石堆等地表及地下设施；有起重机、推土机、电铲和矿用汽车等装卸设备；有铁路、公路或输油管运输网。矿区的地面建筑物一般不太多，且规模也不大。露天煤矿可见到许多大的废石堆放体。矸石堆场呈蓝灰色尖丘。沙金等砂矿开采区要开挖和剥离大量土砾，形成明显的人为地面起伏。遥感图像可以监测因开矿而造成的植被破坏，耕地被毁等损害环境的状况以及复原、重建的效果。

上述加工工业和装配工业大多集中于城市的工业区或城市边缘区和郊区，有的形成独立工矿用地，有的成为中心城市的工业卫星镇。而采矿工业大多以独立工矿用地的形式分布于城镇之间的广大山区和矿区。少数规模较大的矿区，随着矿山城镇的发展而形成矿区城市，成为空间结构和功能独特的一种专业化城市。在石油开采区形成的石油城周围地区，在像片上可看到石油钻机井架、输油管泵站及其明显的阴影以及储油槽、油库等设施。在石油城及其郊区建有炼油厂及其一系列下游工业企业，在城区内主要为商贸、科教文化和居住区，市区与矿区形成较便捷的交通网络。

4）其他工业的识别

下面列举能源、纺织和建材工业的空间结构特征和判读标志。

电力工业：大电厂有高大的主厂房，烟囱喷吐大量烟尘，皮带走廊连接主厂房与煤炭码头及煤场，还有大型煤气柜、冷却设备、变电所和输电铁塔。

纺织工业：包括棉纺、毛纺、针织、化纤、丝绸和印染等工厂。各厂的生产都在巨大的锯齿形主厂房内进行。印染车间的房顶有排气孔。在主厂房附近有仓库、锅炉房等设施。

建筑材料工业：水泥厂有多个并立高大的圆筒形生产库和水泥库，回转窑高大的烟囱喷吐大量浓烟，有圆形拌料浆池。厂房附近有采石场和采土场，有架空索道连接破碎车间。厂区附近有公路、铁路等专用站场。

砖瓦厂多位于黄土台地地区，其厂房（砖瓦窑）顶部有高大的烟囱，有道路连接呈蓝灰色的采土场和田块状的砖坯晾晒场。

3. 城市人口遥感估算

1）城市人口遥感调查的可行性

众所周知，遥感图像记录的是地球表面的地物分布信息。城市人口无法从遥感图像上直接获得，但有人就得有住房，不同类型的住房体现了不同的居住密度，可以通过解译居住区及其住宅的类型、大小、密度等来间接地估算城市的人口数。通过对航空遥感影像进行立体观察，可以在室内圆满地解决以下问题：

第一，识别住房与非住房，从而确定居住用地与非居住用地

通过观察建筑物的色调、形状、大小、阴影等直接解译标志，以及屋顶结构特征、房屋附属设施（如阳台）等间接解译标志，并分析建筑物群体的布局，可以将住宅和非住宅区分开来。例如，同样是多层楼房，住宅楼房一般每层都有阳台，立体镜下有时可看到阳台外的晒衣架，单栋影像形状呈锯齿状，有些多层住宅楼顶配有水箱，排列整齐规则且紧凑，彼此之间空地较少，特别是新建居住小区更为明显；而工厂、机关的办公楼没有住宅楼房所具有的阳台、水箱等标志，

房屋相对稀疏，空地较多，大小不一，分布不规则；学校的楼房分布虽较规则，但教学楼无单个阳台等标志，且学校均有运动场地，并设有绿化良好的场地。

第二，确定住房的类型

居住区的住宅类型不同，其居住的人口密度就不同，在遥感图像上根据住宅的平面形式及空间布局可以较准确地区分各住宅类型。例如，旧式住宅的形态一般小而低矮，形状细碎，房屋密集，一幢幢紧挨着。坡形的屋顶，色调呈深灰色，一般分布在城市的旧城区及尚未改造的城市中心区，这类住宅区的人口密度较大。新式住宅形式一般为长条形状，灰白色平顶，排列整齐且规则，并有明显的阴影，立体镜下可见阳台、水箱等标志，住宅之间有一定间距，这种住宅一般为单元式套房，每户平均人口约 3～4 人，由于楼房一般为多层至高层，建筑密度较大，主要分布在城市中心的周围地区，这类住宅区的人口密度也较大。花园别墅式住宅多为 2～3 层的近似正方形的小楼，深灰色的坡顶屋或平顶屋，房屋间隔比较大，有院落，绿化很好，设施完备，甚至能见室外的运动场地，一般分布在城市的外围地区，这类住宅区的人口密度较小。

第三，住宅楼的层数和住户的判断

楼房的层数可直接在图像上计数或量测出来，这里不再详述。

对于有阳台的住宅，每层楼的住户一般可由阳台数确定，如果有双向阳台，则通常按一个方向（朝南阳台）阳台计数；对于无阳台的住宅，分两种情况，一是旧式低矮的住宅由于其情况比较复杂，一般需要到实地调查；二是花园别墅住宅，一般是一幢楼一户。

2）城市人口的遥感估算方法

世界上从 20 世纪 60 年代开始应用遥感方法估算城镇人口。以遥感信息估算人口的方法主要有 3 种：以遥感影像上获得的居住单元来估算人口、以土地利用类型来估算人口、以建成区面积估算人口。

第一种方法最适合于估算以平房为主的农村人口和小城镇人口，只要有近期的比例尺较大的航空像片，即可估算出人口。第二种方法是以航空像片判读的方法，首先区分居住用地和非居住用地，然后把居住用地再按房屋的状况划分为不同的住宅类型，量出各类住宅的面积，抽样调查各住宅类型的平均人口密度，即可得到各住宅类型区的人口和全城区总人口。这种方法对于城乡人口调查都较适用，是比较可取的一种方法。第三种方法可以使用航空像片，也可以使用卫星像片量测建成区面积，并建立估算人口的模型。因其估算精度相对较低，一般适用于 50 万～250 万人口的大城市。

a. 居住单元估算法

该方法可用下式表示：

$$P = N_1F_1 + N_2F_2 + N_3F_3 + \cdots + N_nF_n \tag{8.38}$$

式中：N 为每户平均人口数；F 为户数；1～n 为不同的住宅类型；P 为总人口数。

具体方法是：分析建筑物的布局及结构特征，先将住宅与其他建筑区分开，再将不同住宅的类型分开，然后对不同类型的住宅分别进行住宅计数，每户的平均人数主要通过实地抽样调查获得。此方法适合在大比例尺航空遥感图像上通过目视解译进行，住宅计数要求工作人员有较高的像片解译技术，并且较熟悉研究区的情况。

b. 土地利用密度法

在城市，不同的土地利用类型具有不同的人口容量，因而人口密度也不同，之间的关系可用下列公式表示：

$$P = \sum_{i=1}^{n} A_i D_i \tag{8.39}$$

式中：A_1，A_2，…，A_i 为各土地利用类型的面积；D_1，D_2，…，D_i 为各类型用地对应的人口密度。

这里，土地利用类型的划分是以居住区人口密度差异为依据的，例如，可以分为平房居住区用地、新建小区用地、高层居住区用地、花园别墅住宅用地、商业一居住区混合用地等。

此方法的具体做法是，解译遥感像片，首先区分居住用地与非居住用地，在居住用地内再区分各种居住区类型，划出各类用地的边界，然后，量测各类居住区的用地面积，将其与抽样街区对应住宅类型统计的平均人口密度相乘，则得到各类型用地的估算人口数；各住宅类型的估算人口数之和即为全区总人口。

c. 建成区面积估算法

城市人口的增长决定了容纳其人口的住宅增加及对衣食需要的增多、交通的发展等，这必然引起城市面积的扩展。有研究资料表明，城市面积增长是人口增长的函数，因此，可以利用建成区面积反求城市人口。20 世纪 70 年代，罗楚鹏（C. P. LO 和 R. Welch）利用陆地卫星图像对中国广州、杭州、沈阳等 13 个城市采用量算建成区面积的方法，并结合人口普查数据，建立了 70 年代中国城市人口预测模型：

$$\lg P = 5.3304 + 0.4137 \lg A \tag{8.40}$$

式中：P 为人口数；A 为建成区面积。

无论用上述的哪一种方法进行人口调查，通常还需要利用人口普查资料进行核查，即按人口普查由采用的行政边界核对同一范围内遥感调查的人口总数，以检验和提高调查的准确性。必要时，还可利用人口普查数据对遥感调查数据进行平差处理。

4. 城市住房质量遥感分析

城市居住用地是城市用地中的一个重要类型。宫鹏于 1986 年利用南京市彩红外航空像片把该市鼓楼区的居住用地分为六类：旧式住宅用地、斜顶楼房住宅用地、新式住宅用地、高级住宅用地、学生宿舍用地、棚户住宅用地。其中每种类型都反映了住房质量的差异，也反映了人口分布密度的差异。

利用城市地区的航空像片进行立体观察，可以有效地分析城市各区片住房质量的差异。在大比例尺航片上能综合反映住房质量的基本要素有：房屋大小、院落大小及其位置，房屋密度，房屋与街道的距离以及街道的宽度、性质，房屋周围及其附近街道绿化的状况，接近繁华商业区和文化教育设施的程度。

判读航空像片或高分辨率卫星影像（1m 级），不仅可以区分楼房的高低，还可看出倾斜屋顶、砖木结构的楼房与平顶钢筋水泥结构的楼房，更可看出高层和超高层的大楼房。在倾斜摄影的航片上，还可数出楼房的层次。居住建筑的密度在像片上表现得更为直观。它不仅是反映人口密度的直接标志，也是反映房屋质量和城市环境质量的主要标志。在常规调查中，积累城区住房质量分布状况的资料是十分费时的，而利用遥感技术则可迅速获得全城区最新的资料和数据。在遥感图像上，旧城区表现为建筑密度很高，主要是低矮的一二层旧住宅，其间的街巷既窄小又弯曲，绿化差，卫生条件也差。而经过规划重建和新建的居住区，一般为整齐排列的中、高层楼房，沿主街道也有超高层楼房，建筑密度较低，街道宽敞平直，两侧多有行道树。待改造的旧城区与新建的居住区在像片上形成鲜明的对比，这是一般地图所难以表达的。

住宅区的区位条件和房屋质量与地价或地租的等级有密切关系。实时性很强的航空像片可以作为城镇土地定级估价的重要依据。城市繁华区由于地价很高，房屋多建在不大的地皮上，形成高楼林立的市中心区的景观特色。而在旧城区或相对贫困区内，住房质量和环境质量均甚差，在热红外图像上还可看出该区一些隔热很差的房子。在某些城市，住宅位置和建筑质量的差别，有的还往往与居民的民族传统、习俗、文化水平以及职业和收入等因素有关。

5．城市交通遥感分析

城市道路交通是一个非常复杂的动态大系统。它是由人流、车流、道路网和交通设施 4 个子系统构成的既相互联系、又相互制约的有机整体。

航空摄影已成功地用于城乡道路规划建设和运输、仓储研究。发达国家进行公路规划大多利用航空像片和高分辨率卫星影像，在城市地区规划道路网一般采用 1∶2 500 的航片，在农村地区则采用 1∶10 000 航片。而作公路设计时，则需用比例尺为 1∶1 000～1∶5 000 的沿线带状航摄像片，以便确定最优的线路中心线的位置，并确定桥梁和立交的位置、跨度。选择最经济的建材产地，更需要使用航片。此外，在公路验收、检查和运输管理方面都可运用航空摄影的方法。遥感技术在城市道路与交通中的应用简述如下：

1）在交通规划中的应用

城市交通战略规划，是指规划各种交通运输方式在城市交通中所占的地位。要规划城市交通战略，就要对城市的地理特征、交通特点和经济状况有充分的了解，还要掌握影响城市发展的港口、河流、湖泊、地形等地理信息以及影响居住与工作岗位分布的相对可达性信息。所有这些信息都可以从航空影像的解译中直接获取。

道路网的规划是城市交通规划的继续，只有在城市交通规划的基础上，掌握了城市内各分区及与相邻城镇的关系，江河、湖泊、公路、铁路、水运、空运及与城市的联系，城市的经济发展、交通发展和道路现状的大量资料后，才能制定出科学合理的道路网规划。

2）在道路工程中的应用

从交通运输的要求来看，连接两个端点的道路以直线最好，但由于受河流、湖泊、山丘、交叉路口、交通集散点、建筑物布局和汽车技术性能的限制，常常需要适当地改变路线的方向，以保证按计算行车速度行驶的车辆能够安全顺畅、舒适地通过。

在道路的线形设计方面，利用大比例尺的航空像片，可为道路工程提供相关地区的地形、地质、土质、地面水、植被等自然环境的信息，还可提供土地利用、建筑布局、社会经济等人文环境信息。此外，还能提供交通流量、交通密度、平均车速、道路几何参数、物理特征以及设计路线的工程量与工程费用等技术数据。

道路的横断面是垂直于道路中心线方向的断面，由车行道、人行道、分隔带组成。利用交通遥感的航片，可为道路的横断面设计提供有关道路和交通现状、道路和土地利用的关系、道路和自然环境的关系、道路和两侧建筑物高度的关系，等等。这些都是道路横断面设计中必不可少的重要信息。

在道路的养护方面，利用大比例尺航片可以发现路面破损，从而可以估算出整个地区需要维修的路面，以便事先编制出工程预算。在航片中还能发现排水不良的路段以及由于自然灾害造成的道路、桥梁、房屋损毁的情况。

3）在交通管理中的应用

分析连续拍摄的航片，可以发现城市交通拥阻的空间分布和时间分布。

在进行交通遥感的同时，对地面车辆空驶率进行同步调查，不但能掌握道路的交通总量，还可以掌握实际的交通要求。在交通紧张的情况下，有必要时，也可有条件地控制交通总量，有效地减少交通流量，提出治理交通的对策。

4）在道路交通现状调查中的应用

根据道路在遥感图像上的影像特征，可以调查城市道路的网络结构、板块结构、道路的质量、道路的宽度、停车场的数量及规模、道路两旁的绿化等。在交通动态调查方面，通过航空影像或多时相的影像可以调查路段上的车流密度、流量、车速、车头时距、车头间距、车辆的种类等。

五、城市环境遥感研究

近几十年来，城市化进程迅猛，出现了一系列严重的城市环境恶化问题，比如，城市空气污染、噪声污染、水污染、废弃物污染、土壤污染、城市热岛效应等。城市环境与人们的生活、工作息息相关，查明影响城市环境的因素，有利于有计划地调整工业布局和城市结构，加强城市环境的规划和管理，有效地降低环境污染，提高人们生活和工作的环境质量。

城市生产生活对环境的污染和破坏是多方面的，内容和形式也是多种多样的。污染物一般可分为化学性、物理性和生物性三大类。化学性污染物可进一步分为无机污染物和有机污染物两大类。物理性污染主要指噪声、振动、放射物、热污染等。生物性污染物主要有细菌、病毒等。其中，可以采用遥感手段进行调查研究的主要包括城市热岛效应、城市大气污染、城市水污染、固体废弃物、热污染等环境问题。以下分别加以论述。

1. 城市热岛效应遥感研究

热岛效应是现代城市由于人口密集、工业集中、形成市区温度高于郊区的小气候现象。由于热岛的热动力作用，形成从郊区吹向市区的局地风，把从市区扩散到郊区的污染空气又送回市区，使有害气体和烟尘在市区滞留时间增长，加剧了市区污染。红外遥感图像反映了地物辐射温度的差异，可为研究城市热岛提供依据。

红外遥感得到的是地物的辐射温度，而城市热岛的定性是以气温为依据的。气温的高低取决于诸多因素，大气低层的气温尤其与地面辐射强弱紧密相关。一般认为，气温、辐射温度和地表温度是相辅相成的，都可作为研究热岛的依据。只要掌握了相对的温度情况，即可直接用遥感图像上的温度定标读取辐射温度；辐射温度经过订正，可换算出地表真实温度。

城市热岛效应作为城市化发展中的一个不可避免的现象，已被世界所公认，并对此进行了一系列的研究。所采用的方法一般都是通过流动观测（汽车、气球、飞机）与定点观测（气象台站、雷达）相结合的办法。这类方法耗时多，费用大，观测范围有限、观测结果随机因素影响大，难以做到同步观测，重复观测也受到一定限制。只有使获取城市热信息的手段更新，才能使城市热岛效应研究获得突破性的进展。遥感技术的发展为这一研究带来了生机，遥感卫星固有的特性使得过去存在的问题迎刃而解，实现了定性到定量、静态到动态、大范围同步监测的变化。

研究结果表明，与以往的观测系统相比，利用遥感技术研究城市热岛效应有以下几方面的优越性：

(1) 遥感卫星极好的同步性，使得整个城市和郊区的温度等信息，瞬间可得。消除了诸多随机因素对观测结果的影响，使所获得的数据具有较高的可靠性和精确度。

(2) 结合遥感图像处理系统和计算机技术，使得获取的数据易于与其他信息分析研究。

(3) 输出结果不仅可以用于定性分析，而且可以用于定量研究，准确、快速、客观地反映出城市热信息在城市三维空间的分布状态和强度。

(4) 通过对输出结果中呈现的热信息分布状态和强度的分析，为分析城市热岛效应的形成原因和提出相应的防治措施提供了依据。

(5) 遥感卫星的重复观测利于对城市热岛效应进行周期性监测、有利于提取城市热岛效应分布、强度等的动态信息和进行趋势分析，便于采取措施，防患于未然。

由于温度信息主要是通过遥感器热红外波段通道来获得的，所以在选择数据时，主要考虑热红外波段，如 NOAA 的 AVHRR 资料、TM 的 6 波段以及小卫星星座成像光谱仪的热红外波段。但由于城市的尺度比较小，所以要求精度高，因此地面分辨率约 1km 的 AVHRR 资料在城市热岛效应的研究中不是很好。应该选用 120m 分辨率的 TM6 或者是分辨率更高的小卫星星座成像光谱仪热红外谱段。

城市热岛效应图件制作基本流程如下。

第一步：选择某一时间的热红外遥感数据，要求没有云在城市上空的覆盖。

第二步：进行几何精校正。

第三步：根据温度和热红外波段亮度值的反演模型，求得各像元温度值，并成图。

第四步：根据各像元温度高低，绘制等温线并对热岛效应的程度高低进行分区，如高增温区、中增温区、低增温区和未增温区，得到特定时间的城市热岛效应图。

第五步：综合一段时期（1 天、1 个月或者 1 年）内的城市各部分温度值进行均值的计算，得到这一段时间的该城市的温度平均增温图。

第六步：结合城市土地利用图，进行热信息分布状态和强度的分析，为分析城市热岛效应的形成原因和提出相应的防治措施提供依据。

2. 城市大气污染遥感监测

城市大气污染物的主要来源是固定工业排放源排出的烟尘、机动车尾气和裸土地面、建筑工地、建材堆场等的扬尘及人流车流等引起的再次扬尘。

城市大气污染的遥感调查主要是通过遥感手段调查产生大气污染的污染物质发生源的分布、污染源周围的扩散条件、污染物的扩散影响范围等。

1）调查烟囱的分布情况及其大小和高低

烟囱在遥感图像上很容易识别，其特点是阴影长、投影差大。烟囱的高低可分四个等级，一是 20m 以下的低架烟囱，主要为居民生活用烟囱，一般分布在居民楼顶或附近；二是 20～40m 的中架烟囱，主要为工业或集中采暖用烟囱，一般分布在小型工厂内，如机械制造厂、食品加工厂以及供热的锅炉房附近；三是 40～80m 的高架烟囱，主要为工业用烟囱，一般分布在冶炼厂等工厂内；四是 80m 以上的超高架烟囱，一般分布在热电厂等工厂内。烟囱的高度可以通过测量烟囱的阴影长度来计算其大致高度，也可利用专门的测高仪器（如视差杆）量测出来。

2）调查烟尘的扩散及影响范围

在遥感图像上通常可以看到由烟囱排出的烟气由点到面的逐渐扩散形状，颜色为灰白色，而且遮盖了城市下垫面的地物，使影像模糊不清。

3）利用植物对有害气体的敏感性来推断某地区大气污染的程度和性质

一般说来，在污染较轻的地区，植被受污染的情形并不容易被人察觉，但是其光谱反射率却会产生明显变化，在遥感图像上表现为灰度的差异。生长正常的植物叶片对红外线反射强，因此在彩色红外像片上色泽鲜艳、明亮。受到污染的叶子，其叶绿素遭到破坏，对红外线的反射能力下降，反映在彩色红外像片上颜色发暗。除植物的颜色以外，还可通过植物的形态、纹理和动态标志加以综合判断。

3. 城市水污染遥感监测

城市的水污染主要是由于工业和生活废水排入城市周围的水体中，使水质发生变化。

由于水质的变化往往引起水的温度、密度、色度以及透明度等物理性质的变化，而导致水体反射波谱能量的变化，这些变化有些可以通过遥感手段监测到。用遥感手段来研究水体的污染，主要是根据水体的颜色或色调以及相关位置等标志。这在第六章“水环境遥感”中已有详述，此处不再赘述。

4. 城市固体废弃物遥感调查

在遥感图像上，城市固体废弃物堆的影像形状一般呈圆锥形，而且有阴影伴随出现，其色调和纹理随其类型的不同而不同，在实际调查过程中需建立不同类型的解译标志，表 8.10 和表 8.11 分别为各类固体废弃物在天然彩色图像和彩红外图像上的解译标志。

表 8.10 固体废弃物堆在天然彩色图像上的解译标志

废弃物类型	解译标志（影像特征）		
	色调特征	形态、纹理特征	位置（分布）特征
生活垃圾	浅灰黄色	颗粒状，边界模糊	城郊公路两旁
建筑垃圾	土黄色，部分伴有杂色花斑	表面不平整、边界多呈弧状	建筑工地附近
冶炼渣	灰色夹黄白色	边界清晰，立体感强	工厂附近
废铁堆	棕褐色夹杂点状花斑	边界无规则	工厂及其附近地区
煤矸石	灰色并有光泽	一般堆体较高	煤矿附近
硫铁矿渣	赤红色至棕褐色	边界清楚	工厂附近

表 8.11 固体废弃物堆在彩红外图像上的解译标志

废弃物类型	解译标志（影像特征）		
	色调特征	形态、纹理特征	位置（分布）特征
建筑垃圾	灰、灰白	面积大而集中，圆形、条状、扇形等，边界清晰	基建工地周围
工业垃圾	灰、灰白、灰黑色	集中分布，边界清楚，有一定高度	公路边或工厂附近
生活垃圾	灰黄、灰绿色，少量红色斑点	堆状或分散片状，常有少量植被	居民点附近的路边、河边
混合垃圾	色彩混杂以灰黄、灰白为主	条状较多也有分散片状	城乡结合部，沿河沿公路处

在城市中有的堆放物的影像特征与固体废弃物堆很相似，解译时容易混淆，因此需要适当进行一些实地调查。例如，城乡结合部的垃圾堆与农村中的稻草堆粗看起来两者色调、形状都很接近，分布位置也无特点，但若仔细观察可见稻草堆顶部凸出，边界圆滑清晰，而垃圾堆则较平坦、边界模糊。又如，废铁料堆、钢铁用料堆和铁矿砂堆体，虽然它们的色调均为棕褐色，不易区分，但废铁料堆由于表面杂乱，引起堆体表面的反射光谱不均匀，使堆体图像具有杂色点状花斑，而钢铁用料堆体则具有均一的纹理特点，铁矿砂堆的色泽均匀成片。

由于城市中各种固体废弃物堆的分布在空间与时间上均受各城市多种环境因素的制约，因此，根据堆放物位置分布特征是判定其性质的重要一环。例如，在人口集中、建筑密度大、管理严格的城市中心区，不太可能出现大面积的生活垃圾和工业垃圾堆，建筑垃圾堆也只能堆在建筑工地周围或较偏僻的小马路上。又如城市中砂、石料、水泥等建筑材料和矿石等工业原料大部分由船舶、火车、汽车转运，因此，大的原料堆场只可能出现在车站或码头附近，而且色调单一、形状规则、排列整齐，纹理均匀，这与废弃物堆有较明显的区别。

第四节 生态环境遥感应用举例

以下以“中国西部地区生态环境现状遥感调查”为例，介绍遥感技术在区域生态环境现状调查中所发挥的巨大作用，并介绍生态环境现状遥感调查整个流程。

一、概述

为配合国家西部大开发战略的实施，国家环保总局与国家测绘局于 2000 年 7 月联合开展了“中国西部地区生态环境现状遥感调查”工作，旨在利用先进的遥感和地理信息系统技术对西部地区生态环境现状进行一次全面的摸底，以全面反映西部地区生态环境的现状和动态变化，为西部地区生态环境规划、生态恢复和生态环境保护决策提供科学依据。

“中国西部地区生态环境现状遥感调查”范围包括陕西省、甘肃省、宁夏回族自治区、青海省、新疆维吾尔自治区、西藏自治区、四川省、贵州省、云南省、广西壮族自治区、重庆市和内蒙古自治区，共 12 个省、自治区和直辖市，面积 597.6 万 km^2。

本次遥感调查综合运用景观生态学理论、生态系统服务功能理论、可持续发展理论、遥感和地理信息系统技术，研究了中国西部地区生态环境现状遥感数据的处理与集成，开展了中国西部地区土地覆盖和生态要素结构变化分析、沙漠化和水土流失强度评价、生态脆弱特征及时空分布规律分析、基于遥感调查的生态环境质量评价、基于多时相遥感数据对比的典型区生态环境遥感分析和生态环境变化成因对策分析等综合性的研究，不仅系统、全面地获取了西部地区生态环境现状和动态变化的空间分布与空间统计信息，而且用遥感分析和数字化手段揭示出西部地区生态环境现状及其动态变化的空间分布、空间统计和空间特征规律，形成了《中国西部地区生态环境现状遥感调查分析与研究报告》、《中国西部地区生态环境现状遥感调查技术与工作报告》、“西部地区生态环境现状遥感调查综合数据库”、“西部地区生态环境遥感调查数据库查询系统和多媒体演示系统”、《中国西部地区生态环境现状遥感调查图集》等一系列成果，并建立了“中国西部地区生态环境现状遥感调查”数据库查询系统。

本次遥感调查在遥感调查数据深加工及其质量保障、生态要素动态变化遥感分析、沙漠化和水土流失指标体系和强度评价、生态脆弱特征及时空分布规律分析、典型区生态环境特征分析、基于景观生态学的生态环境质量评价指标体系和评价及生态环境变化成因对策分析等方面进行了新的探索，从技术方法上取得一定的突破，并实现了多时相、多数据源、多专题、多尺度的生态环境数据的集成。这些成果的取得不仅为及时摸清我国西部地区生态环境的现状和动态变化、寻找其成因和对策带来了重大的帮助，也为西部地区生态环境建设和管理，特别是生态功能区划和生态环境保护规划提供了新的数据基础，同时还为西部大开发中经济的可持续发展与资源环境的可持续利用提供了宝贵的科学依据，也为今后我国开展大规模的生态环境遥感调查积累了经验。

二、调查内容

本次中国西部地区生态环境遥感调查内容主要包括两大部分：一是利用最新时相的卫星遥感数据分析中国西部地区生态环境现状，从空间上分析西部地区生态环境特征、脆弱机制及其保护对策；二是选择具有代表性的典型地区（重要生态功能区域或小流域），通过20世纪80年代、90年代末期生态环境的对比，结合社会、经济、人类活动因子，分析典型地区生态变化的特征、变化原因、趋势，为生态恢复提供对策、建议。基于这些，本次中国西部地区生态遥感调查的主要内容为：

1. 西部地区土地利用/土地覆盖现状遥感解析与专题数据库建设研究

本项目的研究基础主要是基于中国环境监测总站1999年完成的《全国生态环境背景数据库》，现状采用1999/2000年美国陆地资源卫星Landsat ETM$^+$/TM数据、典型地区采用20世纪80年代中后期、2000年美国陆地资源卫星Landsat ETM$^+$/TM数据进行工作，主要研究内容：

1）西部地区土地利用/土地覆盖现状遥感解析

本部分主要目的是获取地表覆被现状数据，为生态环境状况专题分析提供基础数据，因此，本阶段的关键是土地利用/土地覆盖遥感判读和遥感图像集的建设。为了保证数据分析的连续性，此次采用的土地利用/土地覆盖判读分类体系仍沿用中国科学院刘纪远等提出的6大类25类分类体系来进行工作，获取的土地利用/土地覆盖的主要内容是：

（1）耕地分布及面积。包括水田分布、面积；旱地分布、面积。

（2）林地分布及面积。包括有林地分布、面积；灌木林地分布、面积；疏林地分布、面积；其他林地分布、面积。

（3）草地分布及面积。包括高盖度草地分布、面积；中盖度草地分布、面积；低盖度草地分布、面积。

（4）水域分布及面积。包括河渠分布、面积；湖泊分布、面积；水库、坑塘分布、面积；冰川、永久积雪地分布、面积；滩地分布、面积。

（5）城乡、工矿、居民用地分布及面积。包括城镇用地分布、面积；农村居民点用地分布、面积；工交建设用地分布、面积。

（6）未利用土地分布、面积。包括沙地分布、面积；戈壁分布、面积；盐碱地分布、面积；沼泽地分布、面积；裸土地分布、面积；裸岩石砾地分布、面积；其他用地分布、面积。

2）中国西部地区土地利用/土地覆盖动态专题数据库建设研究

在1999/2000年西部地区土地利用/土地覆盖遥感解析现状基础上，通过与中国环境监测总站《全国生态环境背景数据库》（1995/1996年度为基准）对比，提取中国西部地区1995/1996年度与1999/2000年土地利用/土地覆盖动态数据，形成以县为单位的1：10万比例尺土地利用/土地覆盖动态数据库。

3）典型地区土地利用/土地覆盖遥感动态解析与专题数据库建设研究

本部分工作内容主要是利用80年代中后期、1999/2000年美国陆地资源卫星数据，通过在同一坐标系上配准，判读分类，并建立相应的土地利用/土地覆盖转化矩阵，获取典型地区土地利用/土地覆盖现状、变化动态的空间数据、面积统计，主要典型区包括：长江三峡库区；四川西部地区岷江及若尔盖地区；云、贵高原湖区（滇池流域）；黑河流域；黄河源头地区；阴山北麓地区；晋、陕、蒙交界地区和新疆塔河流域下游。

2. 西部地区生态环境现状与典型地区生态环境变化动态分析研究

根据本次西部地区生态环境遥感调查任务重、时间紧的特征，遥感数据解析与专题分为两个既相联系又独立的子专题，一方面组织队伍开展遥感数据处理、专题信息获取工作，一方面着手生态环境综合评价及相关数据获取工作，以保证研究工作的顺利进行。本专题的主要内容包括：

1）中国西部地区土地利用/土地覆盖现状、动态时、空间特征分析研究

根据《中国西部地区生态环境现状遥感调查》遥感解析提取的土地利用/土地覆盖现状数据、1995/1996年、1999/2000年土地利用动态数据、生态要素层面的空间数据，进行综合分析。

2）中国西部地区沙漠化/水土流失/石漠化综合分析

主要根据中国科学院地理科学与资源研究所移植的《中国西部地区1：10万比例尺土壤侵蚀数据库》，结合本次遥感调查的土地利用/土地覆盖分布、生态层面的湿润度指数等指标，分析中国西部地区耕地沙漠化、草地等沙漠化分布及强度，湿润地区水土流失、石漠化分布及强度，结合社会、经济因子，探讨中国西部地区生态脆弱特征及时空分布。

3）中国西部地区生态环境现状综合评价

本内容是结合中国环境科学研究院正在进行的《生态环境综合评价指标体系及方法学研究》国家科技部攻关课题，利用攻关课题的最新研究成果，用于中国西部地区生态环境综合评价。

4）典型地区生态环境现状与变化综合评价

根据遥感解析专题获得的土地利用/土地覆盖空间数据库，结合典型地区1：5万DEM数据，进行生态环境现状、变化综合分析，在条件成熟的区域，以景观生

态学的基本原则为指导，根据生态单元分类等级体系理论，进行景观生态类型的划分，并以基本景观类型为评价单元，对组成景观的生态系统单元的空间格局、优势度等分析，来综合评价生态环境的现状、变化，提出生态恢复的对策与建议。

3. 中国西部地区生态环境遥感调查数据库查询系统建设

本项工作是整个项目重要成果的体现与业务化查询的实现系统。通过对本次获得的中国西部地区遥感影像库、土地利用/土地覆盖数据库、沙漠化/水土流失/石漠化数据库、综合评价数据库、典型区生态环境综合数据库，中国环境监测总站的地面判读标志数据库、1995/1996 年度土地利用/土地覆盖空间数据库、生态环境要素综合数据库（多年均温、积温、湿润度指数、干燥度指数等）的集成，形成中国西部地区生态环境综合数据库系统，并建立可供查询的业务化运行体系。

三、技术路线

中国西部地区生态环境遥感调查的总体技术流程是一个体现综合评价全要素和全过程的概念流程。设计的基本指导思想集中体现为充分利用现有条件，尽可能利用现有资料的可获取性及其时空代表性，通过全面、客观而科学的分析与计算方法，立足于利用美国陆地资源卫星遥感信息对环境要素现况的全面和现势性反映，依靠 GIS 技术支持下的多专题信息数据的组织与管理以及定量化综合分析结果的产生，最终依靠这些专题数据的整体优势，实现遥感与地理信息系统技术在区域环境分析工作中的全面应用，包括系列专题分析，指标体系建立、数据库建设、环境评价及动态监测结果等，其基本技术流程包括：

1. 基础资料的准备

包括：卫星遥感资料（ETM、SPOT、NOAA）、1∶5 万地形图、DEM、降水、积温、干燥度指数、坡度、坡向及社会、经济与环境统计数据等。

2. 专题数据获取

包括：通过卫星遥感技术直接从空间获取的数据，包括土地覆盖、植被指数（仅限于典型区）和植被盖度（仅限于典型区）等因子；

通过直接量测的数据，包括降水、积温、干燥度（均为气象台站多年统计数据）；

通过间接获取，即采用 GIS 技术获取的专题图件，包括土地利用、土壤侵蚀类型与侵蚀程度、荒漠化（含石漠化）程度与分级、沟谷密度、海拔高度等。

3. 数据处理与分析

西部地域广阔，不仅经向和纬向跨度大，且地形、地貌类型复杂多样，区内自然条件千差万别，形成了种类繁多的自然生态系统。不同类型的生态系统有不同的组分、结构和功能，同一类型生态系统不同演替阶段的结构和功能也大不相同。另一方面，生态系统也不是其组成成分的单纯叠加，生态环境质量的评价不能只评价生态系统组成成分，只有通过对生态系统从整体上的综合分析才能全面地、科学地把握生态环境的质量。首先应对整个西部地区进行生态类型分区，然后按照分区建立生态环境评价指标体系，建立评价方法和判断标准及等级，最后获得典型区域生态区生态环境质量及其变化，实现环境综合状况及其主要影响要素的空间分异和典型区动态演化规律的定量化研究。

4. 成果生成

本次生态环境现状成果的集中体现，包括各种统计数据、专题制图、分析报告、数据库与多媒体演示等。

中国西部地区生态环境调查的总体技术流程见图 8.11。

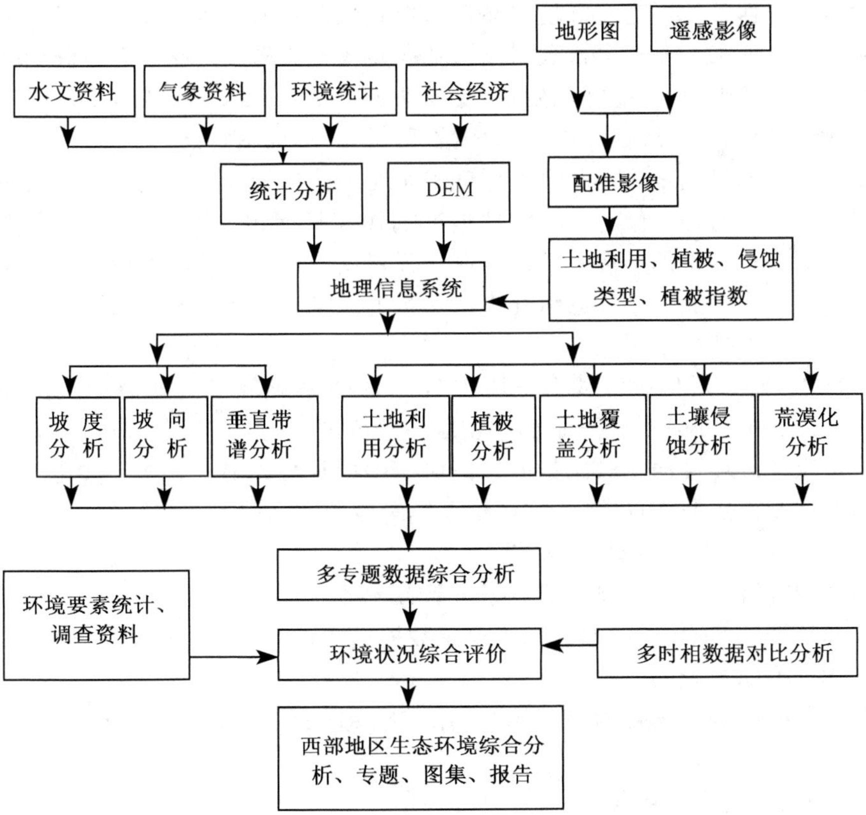

图 8.11　中国西部地区生态现状调查技术流程

四、信息提取和数据库集成

1. 前期准备工作

1）数据源分析

西部地区生态环境遥感调查采用的遥感数据源主要为美国陆地资源卫星Landsat 7 ETM+/Landsat 5 TM 2000年数据，对于无法获得该时段有效时相数据的区域依靠1999年的landsat 7 ETM+/Landsat 5 TM遥感数据或中巴资源一号卫星CBERS-1的CCD数据予以补充，保证覆盖整个西部地区。实际使用的数据包括陆地卫星2000年数据220景，1999年数据118景，合计338景。其中，Landsat-7数据246景，Landsat-5数据82景。由于天气、季节等因素影响，全国尚有14景数据无法获得，利用中国资源一号卫星（CBERS-1）的CCD数据予以补充，共计需要36景CCD数据，实际补充9景。

通过本次西部地区生态环境遥感现状调查数据查询表明，在目前条件下最少需要利用2年的ETM+/TM数据才能基本实现全部覆盖，并且需要兼用陆地卫星5号和7号两颗卫星的TM数据。数据来源以美国EDC（EROS DATA CENTER）为主，约占76%；另外24%的数据在国内地面站定购。

从数据选择情况来看，基本上保证了东北地区选择5月下旬至6月中旬或8月下旬至9月中旬的图像；西南北部地区选择3月上旬或10月下旬的图像，西南南部地区选择冬季的图像；西北地区选择初夏或初秋季节的图像，在数据查询过程中。遇到难以满足条件的情况下，基本上放宽一至两个星期的限制，保证遥感信息丰富，可判性强。

8个典型地区对比影像基本采用1986～1989年期间的有效时相美国陆地资源卫星Landsat 5 TM数据，根据典型区覆盖范围，应有69景Landsat 5 TM影像作为本次生态环境动态对比数据，但由于国内地面站有10景无20世纪80年代中后期的影像数据，且美国EDC也无此时段的数据服务。实际使用80年代中后期的Landsat 5 TM影像为59景。

本次调查所涉及的基础地理数据主要有：

1∶5万地形图10 000幅，用于遥感数据精纠正和地物信息提取参考资料；

1∶25万矢量地形库；

1∶25万DEM（数字高程模型），用于地貌分区、坡向、坡度分级等空间信息的提取；

1∶10万土地利用数据库；

1995、1996年度4、3、2波段RGB合成精纠正分县影像库；

1km分辨率全国积温数据库（0 ℃、10 ℃积温空间分布、分级）；

1km 分辨率全国降水数据库；

1km 分辨率全国干燥度、湿润指数数据库；

各省、自治区、直辖市气象、土壤、植被、水土流失等专题图、统计资料。

2）地图投影设置

中国西部地区采用的地图投影方式是等面积割圆锥投影。其设计参数与变形估算如下：

中央经线选取 105°E

坐标原点位于 0°E 与 0°N 交点；

南标准纬线为 25°N；

北标准纬线为 47°N；

采用克拉索夫斯基椭球体：

a=6 378 245.000 0

b=6 356 863.018 8

扁率倒数=298.3

投影比例尺 1∶1（即为实际大地坐标）

单位：m

投影变形估算：

投影面积比=1　面积变形=0.000 000

南标准纬线：长度变形=0.000 0　角度变形=0.000 0（°）

北标准纬线：长度变形=0.000 0　角度变形=0.000 0（°）

最南纬线：长度变形=0.024 3　角度变形=2.747 9（°）

最北纬线：长度变形=0.024 6　角度变形=2.787 3（°）

标纬中值线：长度变形=－0.024 9　角度变形=－2.884 5（°）

3）土地分类系统设计

我国地理环境复杂、土地类型多样。土地分类系统根据我国土地的特点和本次生态环境宏观调查的要求来划分，主要遵循以下四项原则：

（1）土地的自然生态和利用的双重属性。不管其利用与否，按土地的性质、特点及其利用的方式划分类型，以反映土地自然生态和利用状况。

（2）根据利用遥感技术开展土地分类调查及可能达到的规定精度，对低于应用陆地卫星 ETM 图像判读的地物，均不能单独列入分类系统。

（3）监测土地动态变化的连续性。将反映土地动态变化的要素作为某些土地类型的主要标志进行定性、定量划分，如草地覆盖度与土地沙化以及水土流失关系很大，因此在草地分类中以覆盖度大小来划分二级类型。

（4）国家宏观决策的需要。在分类上，一方面尽可能与国家决策部门的要求相吻合；另一方面适应于西部生态与环境范围快速调查的需要。

根据上述四点原则，西部生态与环境土地分类采用全国三级分类系统：一级分为6类，主要根据土地的自然生态和利用属性；二级分为25个类型，主要根据土地经营特点、利用方式和覆盖特征。分类系统及含义见表8.12。

表8.12 土地利用/土地覆盖遥感分类系统

一级类型	二级类型	含义
1. 耕地	11. 水田	指有水源保证和灌溉设施，在一般年景能正常灌溉，用以种植水稻、莲藕等水生农作物的耕地，包括实行水稻和旱地作物轮种的耕地
	12. 旱地	指无灌溉水源及设施，靠天然降水生长作物的耕地；有水源和浇灌设施，在一般年景下能正常灌溉的旱作物耕地；以种菜为主的耕地；正常轮作的休闲地和轮歇地
2. 林地	21. 有林地	指郁闭度>30%的天然林和人工林。包括用材林、经济林、防护林等成片林地
	22. 疏林地	指郁闭度为10%～30%的稀疏林地
	23. 灌木林地	指郁闭度>40%、高度在2m以下的矮林地和灌丛林地
	24. 其他林地	造林后不满3～5年或飞播后不满5～7年，成活率达合理造林株数41%、尚未郁闭但有成林希望的新造林地
3. 草地	31. 高盖度草地	指以生长草本植物为主盖度在5%以上的各类草地，包括以牧为主的灌丛草地和郁闭度在10%以下的疏林草地
	32. 中盖度草地	指盖度在20%～50%的天然草地和改良草地
	33. 低盖度草地	指盖度在5%～20%的天然草地，此类草地水分缺乏，草被稀疏，牧业利用条件差
4. 水域	41. 河渠	指天然形成或人工开挖的河流及主干渠常年水位以下的土地
	42. 湖泊	指天然形成的积水区常年水位以下的土地
	43. 水库、坑塘	指人工修建的蓄水区常年水位以下的土地
	44. 冰川久积雪地	指常年被冰川和积雪覆盖的土地
	45. 海涂	指沿海大潮高潮位与低潮位之间的潮浸地带
	46. 滩地	指河、湖水域平水期水位与洪水期水位之间的土地
5. 城乡、工矿、居民用地	51. 城镇用地	指大城市、中等城市、小城市及县镇以上的建成区用地
	52. 农村居民用地	指镇以下的居民点用地
	53. 工交建设用地	指独立于各级居民点以外的厂矿、大型工业区、油田、盐场、采石场等用地，及交通道路、机场、码头及特殊用地
6. 未利用土地	61. 沙地	指地表为沙覆盖、植被盖度在5%以下的土地，包括沙漠，不包括水系中的沙滩
	62. 戈壁	指地表以碎石为主、植被盖度在5%以下的土地
	63. 盐碱地	地表盐碱聚集、植被稀少，只能生长强耐盐碱植物的土地
	64. 沼泽地	指地势平坦低洼、排水不畅、长期潮湿、季节性积水或常年积水，表层生长湿生植物的土地
	65. 裸土地	指地表土质覆盖、植被盖度在5%以下的土地
	66. 裸岩石砾地	指地表为岩石或石砾，其覆盖面积>50%的土地
	67. 其他	指其他未利用土地，包括高寒荒漠、苔原等

4）软硬件配置

a. 遥感图像深加工处理系统

在生态环境基础数据库建设阶段，遥感图像深加工处理系统包括由工作站为服务器、配备多台高性能微机组成局域网络系统，并配有外部网络接口，一旦需要可实现本系统与外部系统的连接和交互。

硬件配置：

· PIII500MHz 微机	20 台
· 8mm 磁带机	1 台
· 4mm 磁带机	1 台
· 自动扫描仪	1 台（A0）
· 手扶数字化仪	1 台
· 打印机	3 台
· 外接磁盘	400GB

软件配置：

· 操作系统 Windows95/98/NT；

· 编程语言 C、Vsual basic；

· 应用软件 Intergraph Image Analyst 遥感图像处理分析系统、ERDAS 图像处理系统、Intergraph MGE、ESRI ARC/INFO、ESRI ArcView3. 1 地理信息系统。

b. 人机交互图像判读系统

硬件配置：

本底数据库建设以数字栅格图像作为主要信息源，以人机交互的数字作业方式为主，对系统配置的要求较高。为满足运作需要，主要依靠高性能的 PIII500 微机群组成图像判读系统，其基本配置为：

· 主频：500MHz 或以上

· 内存：128MB 或以上

· 硬盘：13GB 以上

· 驱动器：32X 以上光驱、3″软盘驱动器

· 显示缓存：4～8MB

· 显示器：15″

· 显示分辨率：800×640

· 颜色分辨率：32K 真彩色

软件配置：

主要使用的操作系统为 Windows 95/98，主要利用 ArcView GIS 3. 1 的功能来进行数据一体化作业。其主要特点为：

· 具有图形栅格与矢量相结合的功能。

· 具有多种数据格式的交换功能，能方便地实现与 ARC/INFO 的数据交换。

· 各种工具易于操作。

c. 数据集成系统

硬件配置：

Sun 工作站　1 台

内　存：256MB

硬　盘：36GB

缓　存：4MB

显示器：21″分辨率 1 280×1 024

PIII 500MHz 微机：10 台

软件平台：

操作系统：

Soloris 2.6 Openwindows 中文、Windows95/98/NT

GIS 软件平台：

ARC/INFO 7.2、Intergraph MGE 7.0；

遥感图像处理平台：

Imagine8.4、Intergraph Image Analyst 7.1

· 外部设备

HP 1050C A0 幅面彩色喷墨绘图仪：

分辨率：单色 1 200×1 200（dpi）彩色 600×600（dpi）24 bit-Color

内　存：16MB

打印速度：1 张/3min

Epson 彩色喷墨绘图打印机

HP 6L 激光打印机

d. 网络

各主要技术系统之间的网络连接，主要采用如下方案：

人机交互式系统采用 Windows 98 下的局域网、星形拓扑方案联结，采用 Microsoft 网络协议进行组内资源共享。图像处理系统内部采用 Ethernet-NDIS 数据网。

各处理系统与判读系统、集成系统采用 Ethernet-NDIS 网进行数据传输与资源共享。

图像处理系统与其他子系统采用磁带机、光盘进行数据交换与传输。

2. 陆地卫星 ETM 数据深加工处理

1）几何精校正

几何精校正的校正系统采用最小二乘法计算。校正方程根据控制点选取情况采用 2 次多项式进行。像元重采样采用最近邻点法或双线性插值法。校正后每个像元的分辨率为 30m。

2）图像镶嵌与色彩匹配

在进行镶嵌处理时，图像景与景之间的接边采用最小灰度差算法，接缝处进行灰度加权平滑处理。当图像景与景之间出现灰度差异，需要进行灰度调整时，采用直方图匹配方法进行灰度一致化处理。

3）行政界线与图像的套合

将矢量方式的行政界线数据及 1∶5 万地形图图廓点转换成栅格数据，以 255 灰度值将行政界线与图像套合。

4）影像文件输出格式

将套合行政界线的图像数据转换 Geotiff 格式数据，制成光盘提交给下一道工序。

3. 外业调查验证和判读标志的建立

根据对以 TM 为主的遥感信息源判读、分析，全面获取 1995 年前后和 2000 年度的土地利用空间数据，为了验证数据定性与定位的准确程度，在目前条件下，通过外业调查的方式，将室内分析结果与地面实况进行比较是可行和有效的方法之一，这也是自遥感技术应用于资源与环境研究以来，最常采用的精度分析方法。

1）外业调查验证

实施外业以前，针对不同区域的季节特点、土地利用特点等，预先制定了比较详尽的考察与验证计划，在调查路线布局、长度、验证土地类型等方面，并提出希望获得的结果内容。

调查路线长度分省设计，原则上要求土地总面积小于 2 亿亩的省区，调查路线总长度不少于 1 000km；土地面积 2.3 亿亩的省区，调查路线长度不少于2 000km；土地面积 3 亿～4 亿亩的省区，不少于 3 000km；土地面积大于 4 亿亩的省区，不少于 4 000km；北京、天津、上海等分别不少于 300km。

调查路线可沿国道和省级公路设计，以便于实现。在调查区内尽可能平均分布调查路线，以便于掌握比较全面的情况。

日调查里程在北方地区不高于每日 300km，南方不高于每日 200km。

GPS 定点调查密度，北方平均为 10km 左右，南方平均为 6km 左右，连片林区、草地和未利用土地地区，由于土地利用类型相对单调，可适当放宽调查点间距离。

在开展土地利用类型验证的同时，利用 GPS 方法定点调查，对山地地区，特别是林地、灌木、草地、耕地等类型交错地区，以及城镇周边地区和新的开垦地给予足够重视，平原农区因通视条件较好，可适当少设调查点。调查点比例分别为50%，30%和20%。

外业期间的GPS定点调查应在调查路途中选择通视条件较好，地类交错的地点停车，并将GPS确定的验证点位置及其编号标于地形图或土地利用图上。通过在土地利用图上填图，标明并修正室内分析时的图斑定性或定位错误。

同时，每一个验证点拍摄不少于2个方向的景观实况照片，并标明摄影方向角和注记必要的拍摄内容。

2）判读标志的建立

判读标志是随着遥感技术的发展，特别是在资源环境等具体领域应用工作的开展，而逐步发展形成的。在利用专业人员的专家知识进行遥感影像为主要信息源支持的判读分析工作中，判读标志的建立，对于提高分析结果的可靠性、客观性，以及保证不同专业人员对于遥感影像分析结果的一致性等，均具有特别重要的意义。

判读标志的建立过程，实际上主要是根据专业人员对于分析对象本身的了解程度，以及对于这些分析对象在各种遥感影像上的反映差异而确定的，主要目的在于提高判读分析的准确性。一般通过将遥感影像上的不同地物与这些地物的实际情况相比较来建立判读标志。主要在于发现不同地物的影像特征差异和归纳同类地物的影像特征一致性。在利用遥感影像为主要信息源的专题信息分析与提取过程中，一般包括数种，甚至数十种类型，需要针对每一种类型建立判读标志。

对于同一种类型，由于所处区域的外在环境条件不同，包括自然条件和人文条件等，如耕作方式的不同等，也会表现出不同的影像特征，一般判读标志都是在特定区域内有助于对遥感影像的专题信息的分类提取。

在同一地区的同一种目标地物，由于在土地利用分类信息提取时，地表植被、水体等的季节差异非常显著，因而表现出不同的影像特征，也是在建立判读标志时必须考虑的。而且，这种变化虽然对于利用单期遥感信息的分类造成很大的困难，但对于利用多时相遥感信息进行分类，却具有显著的积极意义，有助于通过了解植被的生长季节特点，提高分类精度。

在采用全数字人机交互分析方法恢复重建我国20世纪80年代土地利用状况的工作开展以前，实际上已经通过室内分析和野外验证相结合的方式，对于我国的土地利用特点，及其与它有关的区域生态环境背景条件、各地的植被生长差异、耕作方式和种植习惯、自然植被和作物种类等特点进行了系统的分析，并且在相类似的工作中得到了实际应用和修订。

我国西部地域辽阔，土地利用方式的区域差异、植被生长的地带性特点等非常明显，难以建立全国一致的土地利用遥感影像判读标志，通过外业考察与综合分析，按照不同土地利用类型所处的不同地貌部位、生长的植被类型季节特征、利用方式的差异等方面进行归纳，分区域建立了判读标志，具体包括西北、新疆和西南三大片。

3）景观照片库建设及对于判读标志的补充

在中国西部地区生态环境遥感调查中，西部十一个省、自治区和直辖市共计拍摄 3 067 幅景观照片，为便于和已经完成的遥感影像、土地利用数据等的结合，利用 Arcview 进行统一整理。外业调查期间已经利用 GPS 获得各个照片的准确地理位置，记录了类型、所处环境、方位角等相关内容。以 GPS 定位数据获取的各点坐标形成准确的路线图，各个点位附以景观照片，可以进行查询，在本次工作中，已作为室内遥感判读分析的参考依据。

4. 图像判读、矢量图生成与图斑面积量算

1）土地层面判读

交互判读的主要内容是土地类型，土地分类按本规程规定的土地分类系统。

首先输入省（区）级影像栅格文件（. tif 格式），然后对该文件进行切割，划分成若干作业区（大小视各片情况而定），并标出作业区图框和图名（可以省、区顺序编号），随后，即可进行分块作业。

在 ArcView GIS 3. 1 软件环境下，以影像栅格文件作为判读背景（底层），结合 95、96 背景数据库的土地覆盖层面，通过人机交互方式，分层提取目标地类：第 2 层为地类界；第 3 层为地类属性（注记）；第 4 层为重要线状地物。具体层面设置可适当调整。

根据影像的判读标志，如色调（颜色）、形状、位置、大小、阴影、纹理及其他间接标志等和自己对该区域土地类型分布规律的熟悉程度，识别目标地类。同时，直接操作鼠标，沿影像特征的边缘准确绘出地类界（界线应严格封闭），并赋地类属性，逐县完成全部地类的判读和进行准确的定位。

判读提取目标地物的最小单元：一般规定面状地类应大于 6×6 个像元，图斑短边宽度最小为 4 个像元。

判读精度要求：各图斑要素的判读精度应大于 95%；屏幕解译线划描迹精度为一个像元点。

2）重要线状地物层面判读

重要线状地物指宽度不宜在细小地物成数抽样中对其面积进行测算和扣除的线状地物，如铁路、公路、主要干渠、运河、河流等，其宽度小于 4 个像元，大于等于 1 个像元，应用单线绘出，并赋属性代码：铁路“71”、公路“72”、河流“73”、渠道和运河“74”。

3）基本地理单元层面判读

原则：根据基本地理单元分类系统及编码体系的设计与要求，在全数字作业

方式下，结合最新遥感信息及其判读形成的资源层面专题图件为依据，完成西部生态现势性基本地理单元层面。

内容：基本地理单元层面含地貌（形）、温度、湿润度和地表质地等四项属性。考虑到地貌和地表质地在一定时期内的相对稳定性，重点更新温度和湿度两项专题属性。

方法：

（1）采用全数字作业的方式，利用精纠正处理后的陆地卫星遥感影像信息、本次研究的资源层面专题图件和中国环境监测总站生态环境中心数据库基本地理单元层面图件的相互比较、判读与综合分析，产生基本地理单元现状层面。

（2）广泛搜集已有的各种有关调查资料，其中包括地貌图、地质图、土地资源图、土地类型图、植被图、水文地质图、土壤调查资料、区域地理资料、农业区划、自然区划、气象资料、遥感资料等，将其与遥感影像结合，进行综合分析，掌握基本地理单元各项属性的不同类型在影像上的特征，并经过必要的实地调查验证，了解研究区域特点和基本地理单元属性的空间分布规律，形成判读标志。

（3）以遥感图像为空间定位的基本资料，结合掌握的分布规律和地理相关关系等有关资料，确定类型组合单元的中心性质（各属性的类型），并充分考虑与土地类型界线的统一协调，确定类型组合单元（图斑）的边界，其最小图斑与土地类型一致。在土地属性相同的图斑中，地理单元属性不同、图斑面积小于36个像元，又没有重要的类型单元允许相并，其综合图斑按主要属性确定类型。

（4）地形类型的划分要保持实体的完整性，无论地势高低还是起伏高度都按完整实体而不按最后划定的图斑计算，故一般应首先确定地形类型，然后再划分确定温度、湿润度类型。

（5）地形类型应以山麓线、坡折线、流水线、谷底线和其他明显地形结构标志作为边界线。

（6）温度、湿润度类型应以全国自然区划单元为基础，利用所搜集的各种资料，掌握高度与温度、湿润度的变化规律，根据遥感信息和地图信息综合分析确定。

（7）自然垂直带和各类型应该是连续渐变的，但在实际中，当坡度陡、影像和土地都没有明显反映时，允许把两个类型带合为一个类型，其属性为占有较大面积的类型。

（8）地表质地属性按地理单元与土地类型界线叠加之后所得到的每个图斑（每一图斑内具有完全一致的地理单元与土地类型属性）确定，即按地表质地每一图斑的主要成分定其类型。土地类型为沙地、裸岩的图斑，在地理单元的其他属性与相邻图斑相同时不必在图上划出，但需在计算机中根据土地的属性对质地作修正。

(9) 限于本次调查人力、物力、财力和时间，对那些地表质地属性一时难以确定所属类型的图斑允许暂缺，待以后查明再予以补全。

步骤：

(1) 获取精纠正遥感影像，并按分幅地形图切块分割。

(2) 转换原有基本地理单元图件的投影方式与坐标系统，使其与现有遥感影像一致。

(3) 对最新遥感影像、本次资源层面数据与原有基本地理单元层面实施叠加分析和判读。

(4) 根据基本地理单元各专题属性的不同类型的影像判读标志，更新原有基本地理单元的相关属性和修正图斑边界。

(5) 实现相邻图幅的内容接边，包括定性和定位的统一，二者同步实施，不得出现属性矛盾，接边定位误差要求同土地层面。

(6) 内容接边完成后，形成以县为单位的完整数据文件保存。

(7) 构成以省为单位的完整基本地理单元层面，同原有遥感影像相一致。

(8) 基本地理单元的 4 项专题属性均形成独立的专题层面。

(9) 对属性图斑进行自检，形成统一标准的自检记录，以备查询。

(10) 提交质量检查组予以成果图件复查，合格图件提交总体组；存在问题图件由原完成者全面复核与修正，并再次提交复查，直至合格。

4) 矢量图生成

(1) 在 ArcView GIS 3.1 中将图像目视解译结果存为*.shp 文件：选取 Theme/Convert to shapefile 并在指定目录下键入文件名，存为类型 ArcView GIS 数据格式 shapefile，然后 OK 即完成操作。

(2) 在 ARC/INFO 下键命令 shapearc 生成 ARC/INFO Coverage 格式数据，主要命令包括：

SHAPEARC <in_shape_file> <out_cover> {out_subclass}

ITEMS info_files

REGIONCLASS <in_cover> {out_cover} <out_subclass> {in_region_item}

{out_region_item} {selection_file} {MULTIRING | SINGLERING}

CLEAN <in_cover> {out_cover} {dangle_length} {fuzzy_tolerance}

{POLY | LINE}

- 土地类型图斑的 Coverage；
- 属性代码注记的 Coverage；
- 重要线状地物的 Coverage。

· 启用 Arcedit 模块编辑各图图形，配准起控制作用的图廓 TIC 点。

（3）正轴等面积双标准纬线圆锥投影（Albers）的设计与变形计算（前面已叙述过）。

（4）根据基本信息源深加工处理部门提供的坐标，生成 TIC 点坐标与图像数学基础一致的空 Coverage。用 Transform 命令后跟 Projective 参数将 Coverage 恢复成图像所固有的投影坐标系统。

（5）相邻图幅接边。在 Arcedit 里实现，其方法和命令如下：

```
: display 9999
: mapextent Lcov Rcov
: editcoverage Lcov
: drawenvironment arc
: backcoverage Rcov 2
: backenvironment arc
: draw
```

（6）参照有关资料图件用土地类型图提取地理单元图斑并确定图斑属性。

（7）在土地类型图和地理单元图上逐图斑赋给属性代码。在重要线状地物图上逐线条赋给属性代码。

（8）启动〔ARC〕用 Project 命令将所有图件全部转成全国统一的等面积割圆锥投影坐标系统。在 Input 和 Output 中子命令 Projection、Units、Parameter 和 Spheroid 后面所需跟的参数，由进行基本信息源深加工处理的部门提供。有以下两点请注意：

· 若用于投影转换的机器执行 Spheroid 子命令选取克拉索夫斯基椭球体（Krasovsky）无效时，不能用默认值克拉克椭球体代替，此项任务应传在工作站上去完成。

· 如图像的数学基础与全国统一采用的投影完全一致的作业片，这项工作仍须进行，其目的在于给 Coverage 留下投影的有关记录。此时可写成批处理文件，其后若跟一个 PRO. AML 参数，很容易就能自动完成。

PRO. AML 文件的写法如下：

```
INPUT
PROJECTION   ALBERS
UNITS   METER
PARAMETER
25     0     0
47     0     0
105    0     0
```

```
0    0    0
          0
          0
OUTPUT
PROJECTION   ALBERS
UNITS   METERS
SPHEROID   KRASOVSKY
PARAMETER
25   0    0
47   0    0
105  0    0
0    0    0
          0
          0
END
```

(9) 土地类型图和地理单元图经查错修改确认无误后，与行政区划图统一图廓边，最后须用 CLEAN 建立拓扑关系。重要线状地物图查错修改确认无误后，仍需与行政区划统一图廓边，但最后只须 BUILD 命令（Line 选项）建立拓扑关系。至此，全部图件可交质检组转下一工序。

5）作业片间的接边处理

矢量中作业片间的接边处理在工作站上选用有经验的作业人员进行。

在 ARC/INFO 软件支持下用 MAPJOIN 命令将省级图形文件拼接在一起。拼接图幅多少视文件数据量而定，土地类型图、地理单元图、行政区划图和重要线状地物应具有同样的规模。

在 ARCEDIT 中对相邻两个省级文件同一专题层面的图形实施接边处理。特别注意土地类型图在接边过程中移动了的线段，地理单元图的线段也应作相应的移动。必须保证两图叠加后不会出现“双眼皮”现象。

土地图、地理单元图、行政区划图和重要线状地物图四图拓扑关系的建立、外图廓的一致性同前述要求。

6）图斑面积量算

(1) 面积测算作业必备资料

- 有行政单位名称、各县市控制面积与符合国标编码的数据库文件。
- 按县统计的各类重要线状地物平均宽度的数据库文件。
- 耕地的非耕地细小地物扣除系数的数据库文件。
- 土地类型图、地理单元图、行政区划图、重要线状地物图。

（2）对面积测算作业所需图件的要求

- 所有图件须完成投影转换，并纳入指定的坐标系统。
- 资源图多边形属性码正确无误，不得有一斑多码或邻斑重码现象。
- 行政区划图各图斑属性码必须与国标编码库文件相符。
- 重要线状地物属性码正确，该图目录下应有 AAT.DBF 文件。
- 作为面积测算的三个图件需有完全统一的外图廓。
- 各图建立拓扑关系后不得作任何改动，修改后须再建拓扑关系。
- 建议各图清除假节点以压缩文件数据量，也可缩短面积测算时间。

（3）为保证四图外廓统一的作业方法

- 在 ARCEDIT 中，图件查错修改完成后，将土地类型图与线状地物图图廓用 OUTLINE 命令选取并删除。
- 统一从行政区划图用 PUT 或 GET 命令重新获取图廓。
- 清除悬节点，此时注意图廓位置不得移动。
- 土地类型图和地理单元图均须再建拓扑关系，注意这次 CLEAN 容差参数必须取值为零，避免图廓线少量位移。
- 线状地物图无须 CLEAN，但应作 BUILD 处理（Line 选项）。

（4）图斑面积测算

- 分别对行政区划图、土地类型图、地理单元图和线状地物进行必要的检查。
- 检查内容：图斑是否闭合、属性编码是否符合要求、有无非规定代码图斑、拓扑关系是否建立、四图图廓线是否一致。不合格图幅退转作业者返工。
- 利用 IDENTITY 命令，将行政区划图、土地类型图、地理单元图和线状地物图四图叠加，生成 PAT 和 AAT 表。
- 编写程序，按图幅、按县两级与控制面积和理论面积对比，作出精度评定，相对误差大于 0.25%者为不合格产品，退质检组转作业者返工。
- 面积平差计算：经重要线状地物面积校正与细小地物扣除后，据控制面积按各类地物所占比例分级平差，并将平差后的最终数据纳入分省数据库。
- 提取行政单位编码、土地类型属性、地理单元类型属性、重要线状地物属性、图斑面积数据和重要线状地物长度等项，构造西部生态与环境数据总库。

（5）面积测算与数据汇总软件开发要求

- 中文操作界面。
- 图件必要的检查、误差评定、面积统一与线状地物扣除、非耕地细小地物扣除、平差计算、数据入库等功能既可分步作业，以适应各课题组不同进度的需要，又可一体化运行使操作简便。

· 具备灵活的查询与报表显示功能。

7）上交的阶段成果（按县记录的.DBF文件）

· 西部生态与环境数据总库。
· 西部各省数据分库。
· 分省农业景观用地数据库。
· 分省林业景观用地数据库。
· 分省牧业景观用地数据库。
· 分省水域面积占地数据库。
· 分省城镇景观用地数据库。
· 分省交通用地数据库。
· 分省未利用土地数据库。

8）重要线状地物面积校正

（1）利用四图叠加后建立拓扑关系生成的AAT表对图幅中位于各类面状地物内的重要线状地物长度分别按县加以统计。

（2）连接按县统计的各类重要线状地物平均宽度的数据库文件。

（3）逐县按其各自的平均宽度换算成面积数据。

（4）然后从PAT表中相应图斑类型的总数中扣除重要线状地物的面积。将扣下来的面积数量分别加入PAT表中的河渠或交通用地中去。

5. 专题分析数据库集成

本阶段是遥感解析成果的汇总、Arc/Info Coverage生成阶段，根据各流程完成的成果，经各流程的质检小组检查合格、质检总体组检查合格后上交成果，形成遥感解析专题遥感解析相关数据库。主要数据集成包括：

中国西部地区以县为单元的Landsat 5/7 TM/ETM 4、3、2波段彩色红外合成精纠正影像库；

中国西部地区以景为单位的精纠正控制点文件；

中国西部地区1∶10万比例尺以县为单位的土地利用/土地覆盖空间数据库；

中国西部地区1∶10万比例尺以县为单位1995/1996年、1999/2000年土地利用/土地覆盖动态空间数据库；

中国西部地区1∶10万比例尺以省为单位的沙漠化空间数据库；

中国西部地区1∶10万比例尺以省为单位的水土流失空间数据库；

中国西部地区1∶10万比例尺以省为单位的石漠化空间数据库；

中国西部地区1∶25万坡度分级数据库；

全国 1997～1999 年度 NOAA 气象卫星 AVHRR 数据去云精纠正分季影像及 NDVI 数据库；

中国西部地区土地利用/土地覆盖遥感信息提取标志数据库及野外景观图片库；

8 个典型区 20 世纪 80 年代中后期土地利用/土地覆盖空间数据库；

阴山北麓地区景观分类空间数据库；

具体的集成步骤大致如下：

（1）数据准备（包括数据输入，数据分类，数据检查）。

（2）数据标准化。

（3）TM 图像集成（包括分县遥感影像图生成，格式转换）。

（4）地资源专题数据集成（包括分县专题图的形成，修边）。

（5）叠加分析（包括土地资源-生态环境背景叠加，叠加结果数据表）。

五、结果分析

1. 中国西部地区生态环境现状及其动态变化遥感分析

通过对西部地区生态环境背景和基于 2000 年时相遥感数据调查的生态环境现状的分析研究，给出了西部地区各生态环境因子的空间分布、面积、比例和特征情况的可见统计、专题图和分析性结论。同时通过 20 世纪 80 年代、90 年代和 2000 年时相遥感数据的对比，分析研究了西部地区生态环境的动态变化，给出了分省土地利用/土地覆盖的类型结构变化、空间分布变化、面积比例变化的空间统计、专题地图和成因对策分析。现状与动态变化遥感分析技术流程见图 8.12。

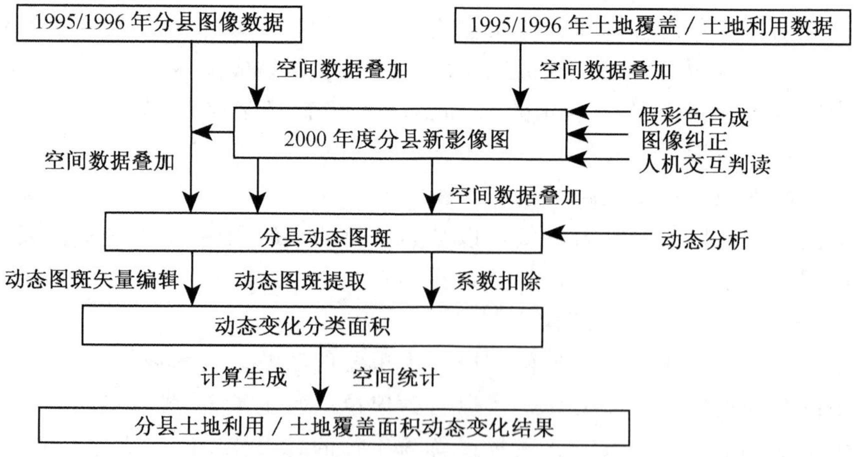

图 8.12　中国西部地区生态环境现状与动态变化遥感分析技术流程

现状和动态变化遥感分析的主要内容和结果有：

1）生态环境背景综合分析

· 西部地区社会经济状况（包括土地面积、人口、国内总产值、农业产值、工业产值等）。

· 西部地区生态环境条件现状（包括地貌、地表土、温度、湿度等）。

· 农业生态环境条件现状。

2）土地覆盖状况综合分析

· 土地覆盖（包括耕地、林地、草地、水域以及城乡、工矿、居民用地和未利用土地等）组成现状。

· 土地覆盖面积。

· 土地覆盖空间分布。

3）生态环境动态变化分析

· 多时相土地覆盖面积变化比较。

· 分省土地覆盖结构变化。

· 分省土地覆盖变化特点（增加、减少因子分析）。

· 土地利用/土地覆盖变化原因。

2. 中国西部地区沙漠化、水土流失现状遥感分析

本项目研究在提出中国西部地区沙漠化、水土流失（水蚀）和石漠化评价指标体系的基础上，利用基于20世纪90年代中期TM图像解译的土地覆盖数据、气象数据、基于NOAA卫星的植被指数（NDVI）数据、土壤侵蚀等大量基础数据，对西部地区沙漠化、水土流失（水蚀）进行了遥感分析，说明了土地目前的质量状况，远离未退化状态的程度，自然环境的脆弱性等，并给出退化土地的空间分布，造成土地退化的原因的分析。

本次西部沙漠化和水土流失现状调查，干旱区的划分采用了桑斯威特湿润指数 Im：

$$Im = \frac{P}{\mathrm{EP}}, \text{其中}, \mathrm{EP} = 16\left(\frac{10T}{H}\right)$$

式中：P 为降水量；EP 为可能蒸散量，可能蒸散量的概念是，在给定的气候条件下，满足地面植物最大生长有充足的水分供应时，土壤水分以水汽形式失去的最大可能量；T 为平均温度；H 为年热量指数，$H = \sum_{1}^{12} h$，h 为月热量指数，$h = \left(\frac{T}{5.0}\right)^{1.514}$；当 $T < 0$ ℃时，$h=0$。表8.13给出了根据湿润指数划分的干湿气候区情况：

表 8.13　基于湿润指数划分的干湿气候区

Im	干湿气候区
＜0.05	极端干旱区（extreme arid area）
0.05～0.20	干旱区（arid area）
0.21～0.50	半干旱区（semi-arid area）
0.51～0.65	亚湿润干旱区（dry sub-humid area）
＞0.65	湿润区（humid area）

沙漠化和水土流失类型主要根据土地利用类型划分为：耕地沙漠化、耕地水土流失、草地沙漠化、草地水土流失。沙漠化和水土流失现状评价的具体指标的选取主要以能反映沙漠化和水土流失的特征和发生原因，并能从遥感图像上提取到的指标为主。评价指标体系见表 8.14 至表 8.17。

表 8.14　耕地沙漠化评价指标体系（风蚀）

沙漠化程度	风蚀特征	堆积特征
轻　度	耕地中零星风蚀斑	无沙丘或固定沙丘
中　度	风蚀洼地和风蚀沟密集＜30％	流动沙丘面积＜30％
严　重	风蚀洼地和深槽密集 30％～50％	沙丘清晰可见，流动沙丘面积 30％～50％
极严重	风蚀深槽，风蚀谷＞50％	流动沙丘面积＞50％

表 8.15　草地沙漠化评价指标体系（亚湿润干旱区）

沙漠化程度	植被盖度/％	地表特征
轻　度	＞50	无沙丘或固定沙丘
中　度	30～50	流动沙丘面积＜30％
严　重	10～30	沙丘清晰可见，流动沙丘面积 30％～50％
极严重	＜10	流动沙丘面积＞50％

表 8.16　草地沙漠化评价指标体系（半干旱和干旱区）

沙漠化程度	植被盖度/％	地表特征
轻　度	＞40	无沙丘或固定沙丘
中　度	20～40	流动沙丘面积＜30％
严　重	5～20	沙丘清晰可见，流动沙丘面积 30％～50％
极严重	＜5	流动沙丘面积＞50％

表 8.17　水土流失评价指标体系（水蚀）

沙漠化程度	沟壑密度/(km/km^2)	坡度/(°)	植被盖度/％
轻　度	＜1	＜5	＞50
中　度	—	5～15	30～50
严　重	2～3	15～25	10～30
极严重	＞3	＞25	＜10

3. 中国西部地区生态环境综合评价

运用西部生态环境现状遥感调查的成果，对影响生态环境质量的相关要素进行定性和定量分析，选取主要生态环境因子进行定量分析，进行了中国西部生态环境综合评价。为便于把握生态系统的持续性，从地表结构分异认清自然生态特性，我们选择县级行政区域作为评价基本单元，即选择中尺度作为评价的尺度范围。由于生态现状的好坏归根结底是它的生态服务功能的发挥的状态，因此本项目选取评价指标时紧紧围绕生态功能来考虑，并通过压力、状态、响应三种指标类型来表述。这三类指标从不同的角度涵盖了在中尺度下生态系统所发挥的功能。压力指标反映生态环境所面临的压力，阐明生态系统承受压力的程度，或者人类向生态环境索求的程度。状态指标指示生态环境的现状，反映生态系统在各种自然、人类等因素综合作用下所表现出的一种状态，即其生态功能现状。响应指标是指生态环境受压力后所产生的反映，当然状态指标也是对生态压力的一种反映形式，但由于状态指标反映了多种综合作用的结果，难以对压力的作用进行明确的阐述，因此又选取了响应指标对由于超出生态系统承载能力而反映出的状况进行分析。由压力、状态和响应构成的评价指标体系见表 8.18。

表 8.18 生态评价指标体系

<table>
<tr><th>指标类型</th><th colspan="2">具体指标</th></tr>
<tr><td>压力</td><td colspan="2">人口密度
人类干扰指数</td></tr>
<tr><td rowspan="3">状态</td><td>组分</td><td>可发挥生态功能的土地覆盖类型覆盖率
生态功能极低的土地覆盖类型覆盖率
生态功能较高的土地覆盖类型覆盖率</td></tr>
<tr><td>格局</td><td>生态功能较高的土地覆盖类型的重要值
生态功能较高的土地覆盖类型的破碎度</td></tr>
<tr><td>活力</td><td>单位面积年均 NDVI 值</td></tr>
<tr><td>响应</td><td colspan="2">退化土地覆盖率</td></tr>
</table>

4. 典型地区生态环境变化遥感分析

为了更深入的反映西部地区生态环境动态变化状况，本项目选择了黄河源头地区、川西岷江源头及若尔盖湿地地区、滇池流域、黑河流域、晋陕蒙交界地区、新疆塔里木河流域下游地区、长江三峡库区和阴山北麓地区 8 个地区作为遥感调查深入研究的典型地区，通过多时相遥感数据对比分析，深入研究了典型地区生态环境现状及其变化的规律（其总体技术流程见图 8.13），特别是分析了黄河源区和四川西北部森林和湿地的动态变化；黄河源头区生态环境近十年的变迁；黑河流域和塔里木河下游干旱地区水资源不合理利用和对生态环境的影响；

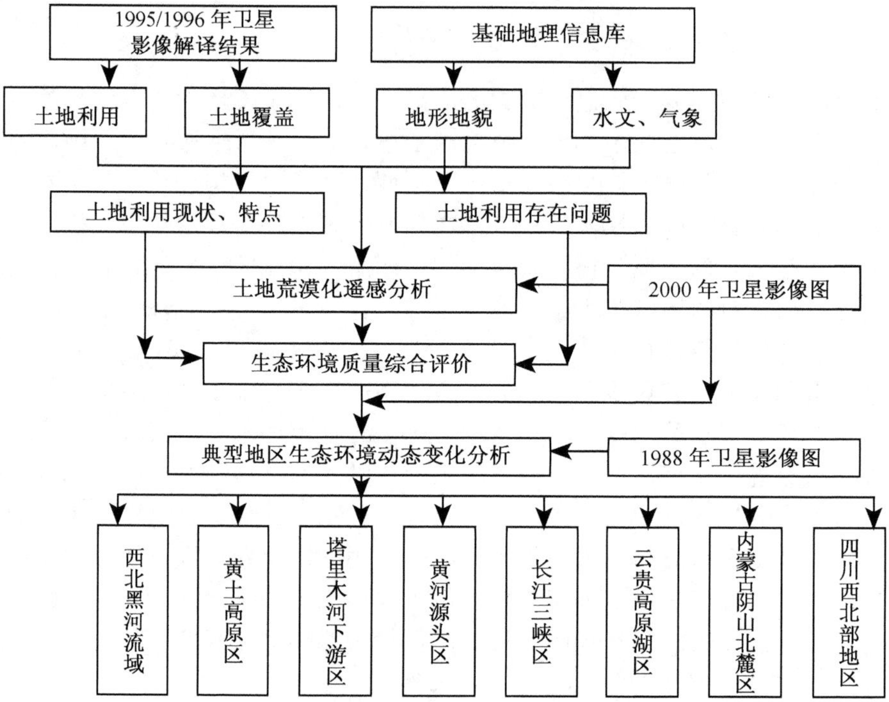

图 8.13　典型地区生态环境现状及其变化遥感分析总体技术流程

晋陕蒙接壤交界黄土高原地区的严重水土流失和资源开发对生态环境的影响；阴山北麓地区生态环境的退化；长江三峡水库建设、库区移民对库区生态环境质量产生的影响；滇池流域生态系统的破坏和湖泊富营养化严重等问题，给出了西部典型地区生态环境现状及其动态变化特点的空间分布、空间统计、成因与对策分析结果。图 8.14 至图 8.15 是部分遥感分析结果举例。

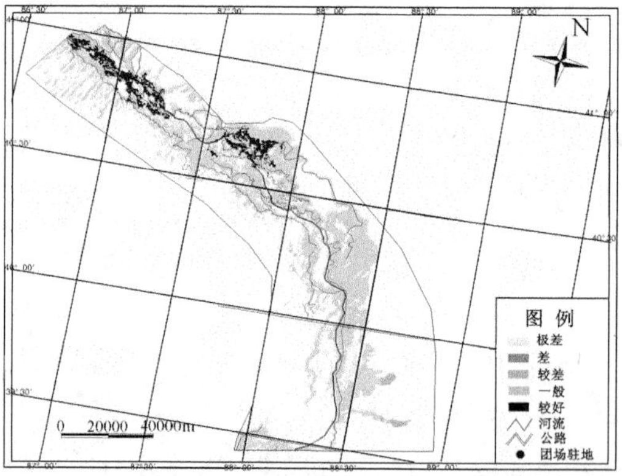

图 8.14　新疆塔里木河下游生态环境评价

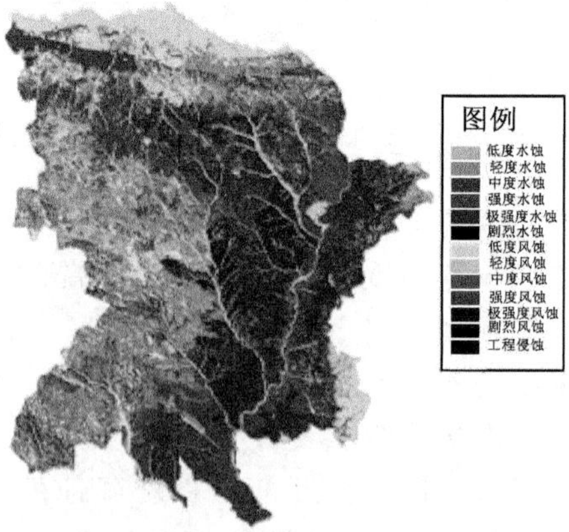

图 8.15　晋陕蒙接壤地区土壤侵蚀状况

思 考 题

1. 简述生态环境的概念和内涵。
2. 自然生态环境监测对遥感数据有哪些要求？
3. 自然生态环境遥感监测的主要内容有哪些？
4. 土地利用/土地覆盖遥感信息的提取方法主要有哪些？
5. 何为植被指数？常用的植被指数种类有哪些？
6. 简述城市生态环境遥感的研究内容和方法。
7. 如何应用遥感技术监测城市热岛效应？
8. 简述城市绿地遥感调查的方法。

主要参考文献

陈军，邬伦．2003．数字中国地理空间基础框架．北京：科学出版社
陈英旭．2001．环境学．北京：中国科学技术出版社
傅肃性．2002．遥感专题分析与地学图谱．北京：科学出版社
郭华东．2001．对地观测技术与可持续发展．北京：科学出版社
国家环境保护总局．2003．第一届环境遥感应用技术国际研讨会论文集
何春阳．2003．北京地区城市化过程中土地利用/覆盖变化动力学研究．北京师范大学博士论文
胡如忠．2002．中巴地球资源卫星及其应用．全国地方遥感应用协会编印
胡著智，王慧麟，陈钦峦等．1999．遥感技术与地学应用．南京：南京大学出版社
李树楷．1992．全球环境、资源遥感分析．北京：测绘出版社
林培英，杨国栋，潘淑敏．2002．环境问题案例教程．北京：中国科学技术出版社
刘高焕，叶庆华，刘庆生等．2003．黄河三角洲生态环境动态监测与数字模拟．北京：科学出版社
刘纪远．1996．中国资源环境遥感宏观调查与动态研究．北京：中国科学技术出版社
马蔼乃．2000．地理科学与地理信息科学论．武汉：武汉出版社
马光 等．2000．环境与可持续发展导论．北京：科学出版社
沈国舫．中国环境问题院士谈．北京：中国纺织出版社
沈清基．1998．城市生态与城市环境．北京：同济大学出版社
童庆禧，郑立中．2001．中国遥感奋进创新 20 年学术论文集．北京：气象出版社
汪小钦．2002．黄河三角洲生态环境演化的时空分析．中科院地理科学与资源研究所博士论文
吴邦灿，费龙．1999．现代环境监测技术．北京：中国环境科学出版社
奚旦立，孙裕生，刘秀英．2001．环境监测．北京：高等教育出版社
杨存建．1999．基于知识发现的遥感专题信息提取研究．中科院地理科学与资源研究所博士论文
詹庆明，削映辉．1999．城市环境遥感技术．武汉：武汉测绘科技大学出版社
赵锐，刘玉机，傅肃性．1999．中国环境与资源遥感应用．北京：气象出版社
赵英时等．2003．遥感应用分析原理与方法．北京：科学出版社
周成虎，骆剑承 等．1999．遥感影像地学理解与分析．北京：科学出版社
庄大方．2001．土地利用/土地覆盖变化空间信息的遥感和地理信息系统方法研究．中科院遥感应用研究

所博士论文

庄逢甘，陈述彭．1999．遥感与新世纪——1999 全国地方遥感应用协会年会论文集．北京：气象出版社

庄逢甘，陈述彭．2000．遥感科技论坛——2000 全国地方遥感应用协会年会论文集．北京：地震出版社

庄逢甘，陈述彭．2002．2002 遥感科技论坛——全国地方遥感应用协会成立 10 周年纪念文集

中国资源卫星应用中心 编．2003．中巴地球资源卫星应用研究文集

Baumgartner M F，Apfl G M. 1996. Remote sensing and geographic information systems，Hydrological Sciences-Journal-des Sciences Hydrologiques，4 (4)：593～607

Bastin L. 1997. Comparison of fuzzy c-means classification，linear mixture modeling and MLC probabilities as tools for unmixing coarse pixels，*International Journal of Remote Sensing*，18：3629～3648

Batty M，Xie Y，1994. "From cells to cities"，Environment and Planning B：Planning and Design 21，S31-S48

Jensen. J R . 2000. Remote Sensing of the Environment：An earth resource perspective，Upper Saddle River，Prentice-Hall Inc

Jun Chen，Jie Jiang. 2002. Integration Systems For Spatial Data Production，Custodian and Decision Support

Thomas M L et al. 2003. 遥感与图像解译．彭望琭，余先川等译．北京：电子工业出版社

Todd S W et al. 1998. Responses of spectral indices to variations in vegetation cover and soil background. PE&RS，64 (9)：915～921

United Nations Environment Program：Canada Case Study sampler atlas of Environment Resource. Data sheets，Within GRID，UNEP，Nairobi.，June，1987

第九章　灾害遥感

第一节　灾害概述

大体可以说，凡危害人类生命财产和生存条件的各类事件通称之为灾害。纵观人类的历史可以看出，灾害的发生原因主要有二：一是自然变异，二是人为影响。而其表现形式也有两种，即自然态灾害和人为态灾害。因此，通常把以自然变异为主因产生的并表现为自然态的灾害称之为自然灾害，如地震、风暴潮；将以人为影响为主因产生的而且表现为人为态的灾害则称之为人为灾害，如人为引起的火灾和交通事故；而把由自然变异所引起的但却表现为人为态的灾害则称之为自然人为灾害，如太阳活动峰年发生的传染病大流行；把由人为影响所产生的但却表现为自然态的灾害则称之为人为自然灾害，如过量采伐森林引起的水土流失，过量开采地下水引起的地面沉陷等。

当然，灾害的过程往往是很复杂的，有时候一种灾害可由几种灾因引起，或者一种灾因会同时引起好几种不同的灾害。这时，灾害类型的确定就要根据起主导作用的灾因和其主要的表现形式而定。

自然灾害形成的过程有长有短，有缓有急。有些自然灾害，当致灾因子的变化超过一定强度时，就会在几天、几小时甚至几分、几秒钟内表现为灾害行为，像地震、洪水、飓风、风暴潮、冰雹等，这类灾害称为突发性自然灾害。旱灾、农作物和森林的病、虫、草害等，虽然一般要在几个月的时间内成灾，但灾害的形成和结束仍然比较快速、明显，直接影响到国家的年度核算，所以也把它们列入突发性自然灾害。另外还有一些自然灾害是在致灾因素长期发展的情况下，逐渐显现成灾的，如土地沙漠化、水土流失、环境恶化等，这类灾害通常要几年或更长时间的发展，故称为缓发性自然灾害。

一般说来，突发性自然灾害容易使人类猝不及防，因而常能造成死亡事件和很大的经济损失。缓发性自然灾害则影响面积比较大，持续时间比较长，虽然发展比较缓慢，但若不及时防治，同样也能造成十分巨大的经济损失。

大的灾害群发期，往往具有天文背景，故又称宇宙期灾害，常出现大量的天象异常、地象异常、气象异常、生物异常和多种自然灾害群发现象。人类史上重要的灾害群发期，首推我国明末清初的灾害群发期。最早是已故的地质学家王嘉荫教授在《中国地质史料》（1963）一书中指出了主要在公元1600～1700年期间自然灾害十分严重而频繁的现象。后人建议称其为“嘉荫期”或“明清灾害群发期”。这期间是中国两千年来最寒冷的时期；1653～1697年的44年间东部七大流域有六次洪水泛滥；1668～1695年的27年间，华北发生3次8级，2次7级和3次6级地震，是两千年来震灾最重的时期；1662年黄河出现历史上最大的洪水；1637～1641年的连年大旱是我国近500年来最严重的旱灾；此外，滑坡、蝗虫、瘟疫、大风沙等灾害也十分严重。据国外部分记载，这一时期欧洲、南美、日本等地，发生地震，洪、旱等重大灾害也是很频繁的。为什么这一时期灾害如此严重，科学上尚无定论。天文学家根据太阳黑子数量的历史记载，发现这一时期太阳黑子数量最少，表示太阳活动最弱，称之为蒙德极小期。这一天文因素与嘉荫期灾害群发是否有因果关系，科学上尚在努力研究之中。除了这一群发期之外，还发现有夏禹灾害群发期（四千年前）、两汉灾害群发期（公元前200～公元200年）等。

据初步研究，20世纪是人类历史上自然灾害活动特别强烈、破坏损失尤其严重的时期之一。世界每年有20%～50%的人口遭受暴雨、洪水、干旱、飓风、风暴潮、地震、火山、滑坡、泥石流等自然灾害的严重威胁。近100年内，发生一次死亡1 000人以上的灾害事件数千起，一次死亡10 000人以上的灾害事件数百起。伴随经济发展，自然灾害的经济损失急剧增长，90年代以来每年达400亿美元以上。20世纪自然灾害特别严重的原因不仅是自然条件变化的反映，而且与这一时期人口的急剧增长和资源的大量消耗以及环境的严重破坏有重要关系。据有关资料，世界人口由世纪初的16亿左右到世纪末增长到60亿以上，人口数量大约翻了两番；与此同时，资源消耗和人类产生的废弃物增长了10倍以上。在这种情况下，地球环境趋于恶化，因此不但加剧了暴雨、洪水、干旱、水土流失、土地沙漠化等自然灾害，而且导致了诸如地面沉降、采矿塌陷等多种“人为自然灾害”。人类社会经济活动对自然干预能力的空前提高，使自然灾害的危害变得空前广泛而又深远。

一、灾害的自然属性

自然灾害是特殊的自然现象。地球自从诞生之日起，就是在“渐变”与“灾变”（突变）交替过程中发展演化的。在漫长的地质历史进程中，曾出现过多次比现代自然灾害规模与程度大得多的火山爆发、岩浆活动、海侵与海退、气候剧变、生物灭绝以及陨石撞击等事件，只不过当时还没有人类，尚不能称为“灾害”，只能称为“灾变”而已。现代自然灾害是历史自然灾变的延续，仍是地球及其各个圈层发展演化的自然现象。故而自然属性是灾害的基本属性。

自然环境与自然条件是各种灾害形成的主要原因或重要的背景因素，如天气的异常变化导致暴雨、洪水、风雹、寒潮等气象灾害；海水的异常运动导致风暴潮、海啸等海洋灾害；地壳内能量的急骤释放和岩石、坡体的位移导致地震、火山以及岩崩、滑坡、地陷等地质灾害……。就连许多人为灾害也与一定的自然条件有密切的直接关系或间接关系—森林和草原火灾多发生在气候干燥的季节；交通事故的多发与雨雪浓雾密切相关……。

除上述直接原因外，从更深层次看，地球岩石圈、水圈、气圈和生物圈的异常运动和变化，主要受地球运动的控制，目前这一方面的论点颇多，远未达到统一。马宗晋等人认为地球运动状态的改变，特别是地球内部的变化和地球自转速度的变化是导致自然灾害发生的根本原因。据统计分析资料，近两百年来的地震活动频次与地球自转速度变化及应变能相关，地球自转速度变慢时期，地震活动增多。此外，地球自转速度变化还与多种其他灾变活动有关。例如，从统计规律来看，地球自转速度较快时期，北半球气温较高；地球自转速度较慢时期，北半球气温较低；因此，我国北方冷害主要发生在地球自转速度由快转慢时期。此外，厄尔尼诺现象的出现与地球自转速度变慢有关。海平面上升时期多为地球自转速度变慢时期，连许多农作物病虫害也与地球自转速度变化相关，新中国成立以来较大规模的农作物与森林病虫害多发生在地球自转慢速期。无论是地球自转速度变快还是变慢，都将引起地球岩石圈、水圈、大气圈的异常运动，因此使生物圈环境发生变化；这种变化既具有随机性特征，又具有周期性规律，因此造成多种突发性和周期性灾害。

灾害的自然属性特征还使许多灾害在时间分布上具有密切的相关性和不规则的周期性特点。如地震活动的韵律性已为大家所公认，最近 500 年来，我国有两个地震活跃期：第一个活跃期为 1480～1730 年，历时 250 年；第二个活跃期从 1880 年至今，将延入 21 世纪。气温变化的韵律性也十分显著，近 500 年来，有四次变冷，即 1470～1520 年；1620～1720 年；1840～1890 年；1945 年以来。旱涝灾害也存在明显的韵律性变化，近 500 年来我国北方在 1479～1691 年及 1891 年以来为干旱期。

二、灾害的社会属性

自然灾害是自然动力与人类活动相互作用的结果，即当自然变异活动给社会造成人员伤亡、财产损失和资源环境破坏时才构成灾害。因此自然灾害除具有自然属性外，还具有社会属性，而且随着人类活动的不断发展，对自然改造能力的迅速提高，自然灾害的社会属性越来越强烈。

人类活动与社会经济发展对自然灾害形成过程及成灾结果产生的影响是多方面的。从致灾作用看，人类活动作为一种日益强大的动力因素对自然灾害活动产生双重效应：人类对自然灾害的科学防治，在一定范围内可以抑制或削弱自然灾害活动；而人类不合理的资源开发、工程建设以及战争、动乱等，则助长了多种自然灾害活动，甚至导致许多人为自然灾害的发生。从承灾方面看，人类社会经济状况是自然灾害的受灾对象，人口数量、财产数量、资源环境价值的多少、高低，以及它们对自然灾害抗御能力的大小，决定了自然灾害的危害方式及破坏损失规模，因此在很大程度上影响了自然灾害的成灾程度以及自然灾害的时空变化，使自然灾害出现明显的区域性、阶段性特点。

1. 自然灾害时间变化的阶段性特点

如前所述，人类活动及社会经济条件不仅作为承灾因素影响自然灾害的减灾结果，而且作为一种不可忽视的致灾因素，影响多种自然灾害的形成和发展，因此在很大程度上决定了不同时期自然灾害的损失程度及成灾特点。

在传统农业时期，自然灾害主要危害人类生命、健康和农业生产，主要自然灾害是洪水、旱涝、地震、风灾、雹灾、雪灾、冷害、虫灾等，由于抗灾能力差，所以即使是强度较小的自然灾害也能严重成灾，大灾、重灾则不但直接造成巨大损失，而且灾害发生后常出现严重饥荒、疫病以及匪患，因此进一步加剧灾害的破坏作用，造成几十万甚至上百万人死亡，上千万人流离失所，给人民造成严重灾难，给社会以沉重打击。自然灾害成为影响人民生活，破坏社会稳定，阻碍经济发展的关键因素。

随着社会经济的不断发展，自然灾害的破坏作用和成灾方式发生相应变化。特别是人类实现工业化、现代化以后，生产力水平空前提高，社会产业活动空前发达，社会财富空前增长，减灾能力不断提高。在这种情况下自然灾害出现许多前所未有的特点：

一是自然灾害种类增加，除洪水、旱涝、地震、风灾、雹灾等“传统”自然灾害外，随着海洋事业的发展，风暴潮、海啸、海冰、海浪等海洋灾害人类的危害日益严重，成为重要的灾害类型。与此同时，由于人类活动和环境污染，产生地面沉降、海水入侵、酸雨、赤潮等许多人为自然灾害。

二是自然灾害的危害范围不断扩大。现代自然灾害不仅危害农作物、耕地和农业生产，城市、工业、交通运输以及诸多现代产业均遭受自然灾害危害，而且随着人类活动的迅速扩展，自然灾害危害作用相应从地表扩展到空中、地下，从陆地扩展到海洋，以后凡是人类活动所在，即有自然灾害相伴。

三是自然灾害的破坏效应增强，绝对经济损失不断增长，相对经济损失趋向减少。现代人类活动不断趋于广泛、频繁、多样，而且各种活动之间，不同区域之间的联系越来越密切，因此自然灾害不仅危害人类生命健康，造成财产损失，而且危害各种产业活动，造成巨大的间接损失。由于社会财富急剧增加，产业活动空间发展，所以自然灾害的绝对经济损失不断增长；但由于现代社会的经济基础雄厚，所以自然灾害的相对经济损失（自然灾害经济损失与社会财产价值比率或与国民生产总产值比率、与财政收入比率等）呈下降趋势。

四是受灾人口增多，但伤亡数量呈减少趋势。随着人口急剧增长，受灾人口数量不断增多。与此同时，由于现代社会综合减灾能力空前提高，运用监测、预报相结合的防灾、抗灾、救灾手段，可以及时救助、转移受灾民众，而且凭借日益完善的社会功能，进行有效的救灾重建，最大限度地避免饥荒、瘟疫等，所以大大减少了因灾死伤人口，并在灾后能很快恢复正常生活和生产活动。

2. 自然灾害空间变化的区域性特点

自然灾害与社会经济的依存关系主要表现在以下方面：

第一，社会经济发达，人类活动对自然环境的改造及对自然灾害的干预程度比较高，因此灾害的“自然动态”相对削弱，“人为动态”相对增强。

第二，一般情况下，经济发达地区自然灾害种类增多，除地震、台风等灾害外，因超强度开发资源，利用环境，引起地面沉降、海水入侵等多种人为自然灾害。

第三，经济发达地区人口、城镇、财产密集，产业集中，故自然灾害的承灾面广，受灾机会多，除危害农村和农业生产外，还对城市、大型工程设施和工业、交通运输等产生严重破坏，因此造成的受灾人口、死伤人口、财产破坏、直接经济损失、间接经济损失大；但由于其经济基础比较雄厚，所以相对破坏损失较小。

第四，经济发达地区减灾能力比较强，防灾力度比较大，特别是对各种常规性的多发灾害的防治有效度比较高，但尚难以有效地防御特大洪水、大地震等巨灾袭击，因此巨灾风险高。

三、自然灾害态势分析的自然-社会指标体系

自然灾害态势是历史自然灾害基本状况与发展变化趋势的总称。主要包括自然灾害灾情与分布特点、自然灾害对社会的危害、社会承灾能力与减灾效能、未来自然灾害发展变化趋势及对社会经济的可能影响等。

自然灾害态势的核心是受灾程度，它是指某一区域在一定时期内人民生命财产及社会经济受自然灾害危害的轻重程度。受灾程度主要取决于自然灾害活动程度和社会经济条件及其对自然灾害的防御承受能力。

自然灾害活动程度主要包括三方面因素，即自然灾害种类、自然灾害的活动强度（或活动规模）及自然灾害活动的频次。一般情况下，灾种越多，灾害活动的强度或规模越大，灾害活动频次越高，对社会的危害越严重。

社会经济条件主要包括人口和社会财产密度、社会财产的易损性以及社会减

灾能力。通常情况下，人口和社会财产数量越多，价值越高，人均财产或单位面积财产密度越大，因灾所造成的绝对损失越严重；社会财产易损性越高，灾后可恢复性越差，灾害造成的危害越严重。社会减灾能力是指由防灾、救灾、灾后治理与重建及灾害监测、预报、预警等构成的综合减灾能力——综合减灾能力越差，自然灾害所造成的危害越严重。

1. 自然灾害灾变程度指标

又称自然灾害危险性分析。主要取决于自然变异的强度（灾变强度）。自然灾变强度是由致灾的能量积聚与释放条件决定的，一般能量越大，释放越急速，灾变强度越大。许多情况下，灾变强度难以准确量化，时常由灾变影响的范围和程度反映其强度等级。目前我国常用的灾变等级划分方法归纳如表 9.1 所示。

表 9.1　主要自然灾害、灾变等级

灾害种类		灾变等级					备　注
		Ⅰ	Ⅱ	Ⅲ	Ⅳ	Ⅴ	
气象灾害	干　旱	轻　旱		重　旱			
	涝　灾	轻　涝		重　涝			
	热带气旋	热带低气压		热带风暴	强热带风暴	台　风	
	冷冻灾害	轻　灾		中　灾	重　灾		包括低温、霜冻、寒潮
	雹　灾	轻　灾		中　灾	重　灾		
	干热风	轻　灾		中　灾	重　灾		
	其　他	视不同灾害确定					包括大风、暴风雪、酸雨、沙尘暴等
洪水		10 年一遇		20 年一遇	50 年一遇	100 年一遇	
海洋灾害	风暴潮	①		②	③	④	
	海　风	①		②	③	④	
	海　浪	大浪（巨浪）		狂　浪	狂　涛	怒　涛	
	海　冰	①②		③	④	⑤	
	赤　潮	轻　灾		中　灾	重　灾	特重灾	
地震		≤5 级		5～6	6～7	＞7 级	
地质灾害	崩　塌	小　型		中　型	大　型	特大型	
	滑　坡	小　型		中　型	大　型	特大型	
	泥石流	小　型		中　型	大　型	特大型	
	地面塌陷	小　型		中　型	大　型	特大型	
农林牧灾害	病　害	一　般		中　等	严　重	特　大	
	虫　害	一　般		中　等	严　重	特　大	
	鼠　害	一　般		中　等	严　重	特　大	
	草　害	一　般		中　等	严　重	特　大	
火灾	森林火灾	森林火警		一　般	重　大	特　大	
	草原火灾	草原火警		一　般	重　大	特　大	
其他灾害							

自然灾变频次是指一定时间内发生的灾变次数。自然灾变频次与致灾因子的变化周期有关。

2. 受灾体易损性及社会经济指标

自然灾害受灾体种类繁多，除生活、生产活动及资源环境外，主要为人的生命健康和人类创造的各种财产，总计包括 20 多类。

受灾体指标包括数量指标、价值指标以及易损性指标。数量指标为各种受灾体的数量及受灾体密度（单位面积受灾体的平均数量）；价值指标是指受灾体的现实价值及价值密度（单位面积受灾体的平均价值）；受灾体易损性表现为受灾体对灾害的抗御能力，用受灾体的破坏率、价值损毁率表示。

承灾区社会经济指标主要包括人口数量与人口密度，各种产值、产值密度、产值构成，财政收入，城乡居民个人收入，保险密度、保险深度，经济增长率等。

3. 自然灾害破坏损失指标

自然灾害破坏损失程度指的是自然灾害对人类生命财产及社会经济的危害程度。

自然灾害破坏损失程度通常用各种实物性量化指标反映。主要包括：死亡人口、受伤人口、紧急转移人口、饥荒人口、疫病人口、生活困难人口；死亡畜禽；受灾农作物、成灾农作物、绝收农作物；其他各种受灾体损毁数量；直接经济损失、间接经济损失。各方面破坏损失程度除绝对数量指标外，还采用损毁率等反映相对损失程度。

由于受灾体种类多，所以用各单项指标难以全面准确反映灾害的成灾程度。因此，采用死亡人数和直接经济损失这两项最基本指标，将灾害事件划分为 5 级（表 9.2）。

表 9.2　自然灾害灾度等级划分

等级 指标	微灾害（Ⅰ）			小灾害（Ⅱ）			中灾害（Ⅲ）			大灾害（Ⅳ）			特大灾害（Ⅴ）		
	一类	二类	三类	一类	二类	三类	一类	二类	三类	一类	二类	三类	一类	二类	三类
死亡人口/人	1～10			11～100			101～1 000			1 001～10 000			≥10 000		
直接经济损失/亿元	0.001～0.100	0.001～0.250	0.001～1.000	0.10～0.50	0.25～1.50	1.0～4.0	0.5～2.5	1.5～9.0	4.0～25.0	2.5～15	10～50	25～100	≥15	≥50	≥100

注：地区分类按社会经济发达程度和减灾能力从低到高分为三类；双重指标或界线指标按就高级原则处理。

四、中国的各类自然灾害

中国位于大陆与海洋的结合部，东邻世界最大的太平洋，西倚全球最高的青藏高原，南北跨越50个纬度，天气系统复杂多变。中国又地处世界最强大的环太平洋构造带与特提斯构造带交汇部位，地质构造复杂，新构造活动强烈，地理生态环境多变。加之又是人口众多、社会经济和科学技术比较落后的农业大国，承受灾害的能力较低。所有这些因素叠加在一起，使我国成为世界上自然灾害种类最多，活动最频繁，危害最严重的国家之一。

总的看来，中国自然灾害种类多、分布广，活动频繁而又强烈。除火山等个别灾害在中国不严重外，几乎其他各种自然灾害都特别严重。大致可分为七大类数十种。主要包括：气象灾害——旱灾、暴雨、台风（热带气旋）、低温冷害、风灾、雹灾、雪灾、雾灾、沙尘暴等；洪涝灾害——洪水、涝灾；海洋灾害——风暴潮、海啸、海浪、海冰、赤潮等；地震灾害；地质灾害——崩塌、滑坡、泥石流、地面塌陷、地面沉降、地裂缝、水土流失、土地沙漠化、土地盐渍化、海水入侵等；农林牧生物灾害——病害、虫害、鼠害、草害；森林和草原火灾。以下分别加以介绍。

1. 水灾

水灾包括洪水灾害和涝渍灾害。一般认为河流漫溢或堤防溃决造成的灾害为洪水灾害；由于降雨过多，长期积水造成的灾害为涝灾；由于地下水位过高，导致土壤水分经常处于饱和状态而造成的灾害称为渍害。但实际上很难区分，因此通常统称为水灾或洪涝灾害。水灾为我国损失最严重的自然灾害。

我国幅员辽阔，水灾分布广泛，但不同地区洪水的形成原因不同，主要为暴雨洪水、融雪洪水、冰凌洪水三种类型，它们具有不同的特点，因此形成了我国洪涝灾害的基本态势。

我国绝大部分地区的洪水是由暴雨形成的。我国暴雨集中发生在每年的4～9月，一般南部地区早，北部地区晚，自南向北推移。在多年变化中，随降水丰枯交替，暴雨强弱不一，形成多种尺度的不规则周期性特点。暴雨以及地形地貌等控制了我国暴雨洪水的时空分布，在区域上，主要发生在东部区域。特别是在长江、淮河、黄河、珠江、海河、辽河、松花江等七大江河中下游地区最为严重；其次在四川盆地、关中地区以及云贵高原的部分地区较为严重。

融雪洪水是由积雪融水和冰川融水形成的洪水。主要分布在西北、东北高纬度山区，以阿尔泰山、天山、喀喇昆仑山、祁连山、喜马拉雅山等地区比较严重。融雪洪水一般发生在每年的4～5月，冰川融水形成的洪水主要发生在7～

8月。

冰凌洪水是指大量冰凌堆积成坝，阻塞河道，上游河水大幅度壅高，待冰凌溶解后，冰坝溃消，蓄水突然下泄形成的洪水。主要发生在黄河上游的宁夏、内蒙古河段和部分下游河段，其次发生在松花江的部分河段。

除上述三种主要成因类型的洪水外，还有地震洪水、溃坝洪水等，其发生机会很少，但有时也会造成严重灾害。

在中国几千年发展历程中，水灾一直是对中华民族威胁最严重的自然灾害。据邓拓在《中国救荒史》中所进行的统计，从西汉建立到清末，即公元前206年到公元1911年的2116年中，共发生水灾1 011次，平均约2年发生一次。近百年来我国洪水仍十分频繁，据统计，1950～1998年期间，每年都有不同程度的水灾发生，累计造成25.9万人死亡，平均每年死亡5 300人，累计倒塌房屋1.1亿间。平均每年220万间，平均每年受灾农作物913万hm^2、成灾农作物510万hm^2，分别占耕地的10%和5%左右，直接经济损失几百亿元。综观近百年我国水灾情况，20世纪总体上重于19世纪，属于历史重灾期。

2. 地震

地震是伤亡人数最多，最容易引起社会恐慌的自然灾害。中国受欧亚地震带和环太平洋地震带控制，地震活动频繁而又强烈，是世界上大陆地震最活跃、地震灾害最严重的国家之一。据统计，本世纪以来中国发生6级以上地震650多次；其中$Ms>7$级的地震98次，约占世界的1/10，8级以上地震9次；全球这一时期共发生$Ms>8.5$级的特大地震4次，其中2次发生在中国——分别是1920年宁夏海原8.5级地震和1950年西藏察隅——墨脱8.6级地震。

由于中国大部分地震震源浅，房屋和工程建筑抗震性能差，所以震灾十分严重。20世纪中国地震死亡人数达61万多人，约占世界地震死亡总人数的36%，居世界首位。

我国地震活动的空间分布很不均匀，有明显的分区性和分带性。地震主要发生在台湾、青藏高原和西北的新疆等地区，华北和东南沿海也有强震发生，但数量少于西部，华南和东北大部分地区属少震和中等地震区，个别地区曾发生过7级左右地震。1949～1996年期间，我国共发生7级以上地震29次，其中西部发生25次；6～6.9级地震167次，其中西部发生154次；5～5.9级地震973次，其中西部871次。

我国的地震绝大多数是构造地震，基本上是循活动性断裂带分布，有一定的方向性——其优势方向在中国东部为北东向，西部为北西向，中部为南北向和东西向。大约以北纬35°和东经105°这两条南北与东西带为界可将中国分为4个象限，各自地震活动强弱不一：西南、西北地区地震最多，其次为华北地区，东南和东北地震最少（台湾除外）。

我国地震灾害的时间分布不均，具有复杂的周期性，目前处于地震活跃期。大量历史地震资料表明，我国大陆地震活动时间分布不均，具有比较明显的分期性。东部以华北为代表，表现出两个明显的地震活跃期：首期为1480～1730年，其中包括10个地震活跃幕；平静85年后，1815年到现在是又一个地震活跃期，已发生了多个地震活跃幕，其中以邢台、唐山等地震频发的1966～1978年最强烈，可能为该期的高潮幕，其后还有地震活动较弱的2个地震活跃幕。从更长时间尺度看，20世纪均属于最新的地震活跃期，其间出现较短尺度的强弱交替，活跃幕除1966～1978年外，还有1902～1912年，1920～1934年，1945～1957年，1988年以后等活跃幕。

3. 气象灾害

气象灾害是种类最多、危害范围最广、影响深度最大的自然灾害。气象灾害是由气圈物质的变化或异常活动引起的自然灾害。在各类自然灾害中它所包括的种类最多，主要有旱灾、雨涝、热带气旋、大风、冰雹、寒潮和冷空气、低温、霜冻、雪灾、雾灾、干热风、龙卷风、沙尘暴、雷暴、连阴雨等。气象灾害的危害范围较大，特别是旱灾、寒潮、低温冷冻等灾害，常可达一省或十几个省，甚至遍及大半个中国。气象灾害虽然不像洪水、地震那样，造成巨大的人员伤亡和大量房屋倒塌，但严重危害农业、牧业生产，并破坏水资源、土地资源、生物资源，加剧水土流失和土地沙漠化，对区域可持续发展造成深远影响。

1）旱灾

根据农作物受旱程度，将旱灾分为二级：重旱-受灾率（受旱面积/播种面积）为20%～40%，成灾率（成灾面积/播种面积）为10%～20%；极旱-受灾率≥40%，成灾率≥20%。

据历史灾情统计，1900～1997年，全国（西藏及台湾和港澳地区除外）历年发生较严重旱灾，平均不到2年发生一次，极严重旱灾共18次，平均大约每6年发生一次。从历年灾情记录看，20世纪我国旱灾具有不规则的周期性变化和旱灾不断严重的趋向。20世纪前半期大约10～30年发生一次全国性重旱期，20世纪后半期由于人口、经济持续增长，水资源需要急剧增加，水环境破坏日益严重，所以旱灾加重，重旱周期缩短，频次增加，持续时间增长；特别是80年代以后，每隔（4）五年甚至（2）三年就发生一次大旱，每次持续（1）二年甚至（5）六年。与此同时，旱灾的危害方式和破坏损失程度也发生很大变化，死亡人数减少，但受灾面积、成灾面积、粮食减产、人畜饮水困难的数量及工农业产值损失不断增加。从更长时间尺度看，20世纪属于旱灾严重时期，强于19世纪和18世纪，与17世纪大体相当。

我国地域辽阔，不同地区降水多少及时间分布都很不均匀，同时由于农作物种类及需水量也有很大差异，因此它们左右了中国旱灾的区域分布，使旱灾影响几乎遍及全国。

从全国农田水分盈亏分布看，大致以江淮水系为界，北方为水分不足的亏水区，特别是地处西北的新疆、甘肃、青海和宁夏、内蒙古地区农田水分亏损最严重；南方为降水比较充足的盈余区。在这种情况下，我国旱灾主要发生在北方地区，南方地区虽然水分比较充裕，但水稻等主要农作物需水量大，且由于一年内降水主要集中在每年的夏季，与农作物需水期不完全吻合，加上一些地区因森林植被和水土环境破坏，土壤涵养水分功能减弱，所以一些地区旱灾也比较严重。

旱灾对水资源和水环境产生广泛而又深刻的影响。20 世纪 70 年代以来，伴随我国干旱的日趋严重，华北、西北等地区地表水不断萎缩，大量湖泊洼淀干涸，众多河流断流。黄河下游在 1972～1997 年的 26 年中，有 20 年发生断流 692 次，其中 1997 年断流 226 天，最大长度达 704km。1998 年在南方和东北特大暴雨洪水之时，黄河干枯无水，全年累计断流 136 天。日益严重的黄河断流不但加剧了下游广大地区的水资源危机，影响工农业生产，而且加剧了风沙，并对黄河三角洲和近海生态环境产生重要影响。

在地表水不断萎缩减少的同时，许多地区地下水位不断下降，一些地区甚至枯竭。地表水、地下水资源缺乏和水环境变化，进一步导致区域生态环境恶化，西北、华北地区风灾加剧，土地沙漠化不断发展，华北平原等地区地面沉降以及海水入侵等灾害日益严重，因此，不但造成巨大的直接破坏损失，而且威胁一些地区的可持续发展，对社会经济造成广泛而又深远的危害。

2）热带气旋

中国是世界上少数几个受热带气旋危害最严重的国家之一。据统计，生成于西太平洋的热带气旋，大约每 4 个就有 1 个在中国登陆，登陆地区几乎遍及东部沿海，但以浙江以南沿海最为集中。伴随热带气旋常发生大风、暴雨、洪水和巨浪、风暴潮以及崩塌、滑坡等灾害，因此常造成大量人员伤亡和财产损失。灾害影响范围主要在太行山—伏牛山—武陵山—苗岭以东区域，以东南沿海地区的广东、海南、福建、浙江沿海最严重，江苏、广西沿海次之。随着热带气旋路径变化，不同地区热带气旋发生时间不完全一致。一般在 5 月份首先影响广东、广西、海南、台湾；6 月份向北扩大到福建；7、8 月份再扩大到浙江、上海、江苏、山东、辽宁；9 月份开始，影响范围回缩到上海以南；10 月份缩到浙江以南；11 月份回缩到台湾、广东、海南；12 月份仅影响广东、海南。

3）冰雹灾害

中国是世界上冰雹灾害特别严重的国家。据 1950～1997 年灾情记录，在 20 世纪 70 年代以前，全国每年受灾农作物面积为 167 万～400 万 hm^2，成灾农作物面积 27 万～187 万 hm^2，80 年代以后受灾面积有进一步扩大的趋势。

中国冰雹灾害主要多发区为：华北北部和东北西部地区、山东中部和北部地区、山东南部和苏皖北部地区、陕西-豫中地区、豫南-鄂北地区、苏南-浙西-赣北地区、川东-黔东-湘西地区、粤西-桂东地区、河西走廊地区、北天山地区、川西-青南-藏北地区。

雹灾除破坏农作物，危害农业生产外，有时还造成不同程度的人口伤亡和房屋破坏。

4）寒潮、霜冻、低温冷害与牧区雪灾

我国每年都要遭受不同程度的寒潮、霜冻、低温、雪灾的危害。据 1980～1997 年调查统计，平均每年受灾农作物面积 200 万 hm^2，约占所有自然灾害受灾农作物总面积的 5%。这些灾害常使大面积农作物和草场受灾，有时造成牧区大量牲畜死亡和牧民伤病，对农牧业生产造成严重危害。不同年份灾害轻重不一。中华人民共和国成立以来，1953 年、1962 年、1975 年、1992 年、1993 年、1995 年比较严重，20 世纪 90 年代以来灾害趋于频繁严重。

寒潮、霜冻、低温冷害主要发生在河北、山西、陕西、宁夏、甘肃和长江中下游的江苏、安徽、湖北、湖南、江西的部分地区，其次发生在黑龙江、河南、四川、云南、广西、广东的部分地区。牧区雪灾主要发生在内蒙古、青海、西藏、新疆的部分地区。

4. 海洋灾害

海洋灾害是指由于海水异常运动或海洋环境异常变化，在海洋或沿海地区造成人员伤亡和财产损失的自然灾害。海洋灾害种类较多，我国最严重的海洋灾害为风暴潮，其次还有海浪、海冰、赤潮以及海啸、海雾等。

我国海洋灾害广泛发生在东部沿海，但不同地区灾害种类和危害程度不同。根据主要海洋灾害的分布特点，把中国海区分为三个海洋灾害区：渤海和黄海区域、东海区域（包括台湾海峡、巴士海峡和台湾以东海域）、南海海域。其中东海海域海洋灾害最严重，台风风暴潮、海浪、海啸、赤潮灾害约占全部海区的 54%；渤海和黄海海洋灾害种类最多，除台风风暴潮、海浪、海啸、赤潮外，还有其他海域所没有的温带风暴潮和海冰灾害，各种灾害约占全部海区的 18%；南海区域最辽阔，各种海洋灾害约占全部海区的 28%，主要分布在北纬 12°以北地区，以南地区较少。

1）风暴潮

风暴潮是由强烈大气扰动引起的海面异常升高现象。根据诱发风暴潮的大气扰动特性，把风暴潮分为由热带气旋引起的台风风暴潮和由温带气旋引起的温带风暴潮两大类。根据增水高度将风暴潮分为风暴增水、弱风暴潮、强风暴潮、特强风暴潮 4 个等级。

风暴潮是破坏强烈的海洋灾害。我国地处太平洋西岸，两类风暴潮都相当频繁，是世界上风暴潮灾害特别严重的国家。不但发生频次高，灾害分布广，而且强度比较大，常造成大量人口伤亡和经济损失。

我国风暴潮灾害广泛发生在辽东湾到北部湾沿海，但不同地区风暴潮类型和灾害强度不同：南部的东海、南海沿海为台风风暴潮，北部的渤海、黄海沿海除台风风暴潮外，温带风暴潮也比较强烈。渤海湾、莱州湾和江苏、上海、浙江、福建沿海地区最严重，山东、广东、海南沿海次之。风暴潮有明显的季节变化和多年的不规则的周期性变化。台风风暴潮主要发生在 7～10 月，以 8 月和 9 月最集中，温带风暴潮主要发生在晚秋到来年早春，即 11 月至翌年 4 月。

2) 灾害性海浪

海浪是由风产生的海面波动，其周期为 0.5～25s，波长为几十厘米到几百米，波高一般几厘米到 20m，个别可达 30m。由台风、温带气旋和强冷空气大风等引起的海浪，常能掀翻船只，摧毁海岸工程和海上设施，造成灾害，对此称为海浪灾害。把这种海浪称为灾害性海浪。

海浪能否成灾主要取决于海浪高度，通常波高 6m 以上的巨浪可造成人员伤亡和财产损失，9m 以上的狂涛常造成严重的人员伤亡和财产损失，所以一般将 6m 以上海浪确定为灾害性海浪。

我国沿海灾害性海浪大致分为台风浪、寒潮浪、气旋浪三种。广泛发生在各海域的边缘地带，以南海、东海和台湾以东及巴士海峡最严重，黄海和台湾海峡次之，渤海最轻。

中华人民共和国成立以后，波高 6m 以上的灾害性海浪一般每年发生 10～20 次，多发年 30 次以上，最多超过 50 次。

3) 海冰

海冰包括海水冻结而成的咸水冰和流入海洋的河冰。我国海冰灾害主要发生在渤海、黄海北部和辽东半岛沿岸海域以及山东半岛部分海湾。盛冰期一般为 1 月下旬至 2 月上旬。海冰可以推倒海上平台，破坏海洋工程设施和船舶，阻碍航行，影响渔业和航运。本世纪海冰较严重年份为 1908 年、1915 年、1936 年、1947 年、1953 年、1956 年、1957 年、1968 年、1969 年、1977 年，近 20 多年来受全球气候变暖影响，海冰程度呈趋缓态势。

4) 海啸灾害

海啸主要是由海底地震以及海底或海岛火山喷发所引起，有时大规模海底塌陷、滑坡等或气象原因也可引起海啸。

海啸在滨海区域的表现形式是海水陡涨，并以排山倒海之势向海岸推进，瞬时涌入陆地，吞没城镇、村庄、田地，然后海水又迅速退去，或先退后涨，有时反复多次，造成巨大损失，甚至毁灭性破坏。

世界上一些地区海啸灾害严重，但我国海啸灾害频次不多，危害不重。据历史记录，自公元前 47 年至公元 1993 年发生地震海啸 27 次，其中 20 世纪发生 8 次，且都属于等级较低、破坏损失较小的海啸。海啸分布区以台湾、广东、福建沿海为主，部分发生在浙江、山东、辽宁和海南沿海。

5）赤潮灾害

赤潮是在一定环境下因海水中某些微小的浮游生物或细菌突发性大量聚积或增殖引起的灾害。赤潮多发生在春季和夏季，在热带或亚热带海域冬季也时有发生。赤潮覆盖面积从几十平方千米到几千平方千米不等。赤潮严重破坏海洋生态环境，直接危害海洋渔业和养殖业，并威胁人类健康和生命安全。如 1989 年 8 月 5 日至 10 月 14 日渤海西部发生赤潮，面积达 1 300km^2，使黄骅、沧州、天津、潍坊、莱州对虾减产，损失达 2 亿元以上。

赤潮虽然在历史上就有发生，但只是在近代才日益严重，特别是在 20 世纪 80 年代以后，随着我国沿海地区工农业生产的迅速发展和人口的急剧增加，大量工农业废水和生活污水排放入海，海洋污染日趋严重，使赤潮变得日益频繁和严重。我国 1933 年首次报道在浙江镇海至台州石浦近海发生赤潮，以后在南海、东海、黄海和渤海相继有越来越多的赤潮报道。

5. 地质灾害

地质灾害是在一定条件下，因地质动力活动引起的自然灾害。地质灾害种类很多，除地震、火山外还有崩塌、滑坡、泥石流、地面沉降、地面塌陷、地裂缝，井下突水突泥、煤瓦斯突出、岩爆、热害、煤自燃、油气井管套损坏等矿井地质灾害，黄土、淤泥质土、膨胀土等特殊岩土工程地质病害，海水入侵、海岸侵蚀等。有时也将地震、火山爆发等地壳变动类地质现象归入这一类。

1）崩塌、滑坡、泥石流

是重要的突发性地质灾害。据初步调查，全国有灾害性泥石流沟 1 万多条，滑坡数万处，崩塌（危岩）数十万处。这些灾害广泛分布在高原、山地和丘陵地区，特别是川滇山地、秦岭、云贵高原、黄土高原、燕山、太行山、长白山、祁连山、天山和青藏高原的一些地区特别发育。

崩滑流活动特别频繁，尤其是伴随强烈暴雨洪水和地震，常发生大面积的群发性活动。1998 年长江、松花江和其他一些江河流域暴雨洪水引起崩滑流 18 万处之多。据不完全统计，近十几年来，共发生一次损失 1 万元以上和死伤人口的灾害性崩滑流活动 3 万多次，其中造成重大破坏损失的次数约 1 000 多次，全国平均每年经济损失 36 亿元。

崩滑流灾害具有广泛而又深远的危害。主要包括以下方面：造成人员伤亡，摧毁城镇、工厂、矿山，破坏铁路、公路、航道、威胁交通安全，破坏土地、森林、植被，加剧水土流失和生态环境恶化，助长水灾、旱灾以及风灾等自然灾害。

2）地面沉降、地面塌陷、地裂缝

目前我国发生地面沉降的城市大约60个。其中累计沉降量达2m以上的有上海、天津和台北等，1～2m的有西安、太原、苏州、无锡等，0.5～1.0m的有北京、保定、嘉兴、常州、衡水、阜阳等。从区域分布看，地面沉降活动主要发生在我国东部地区，尤其以沿海城市和华北平原等地区最严重。在该区域内，发生地面沉降的城市或地区有的孤立存在，有的则密集成群或断续相连，形成广阔的地面沉降区（带）。

地面塌陷在我国分布非常广泛，主要有三种类型：岩溶塌陷主要分布于岩溶发育的覆盖型碳酸盐岩地区；采空塌陷广泛分布于我国各地矿区，其中以煤矿塌陷最为突出；黄土湿陷主要分布于湿陷性黄土发育的地区。在时间上，近20多年随经济发展和许多地区环境变化，地面塌陷愈来愈多，危害也愈来愈大。

另外，据初步调查，在我国近20个省（市、区）的300多个县（市）发现地裂缝1 000多处，累计长度700km余。我国地裂缝类型复杂，除伴随地震、滑坡、冻融以及特殊土的胀缩或湿陷活动产生的地裂缝外，主要是由构造蠕变活动产生的构造地裂缝。

地面沉降、地面塌陷、地裂缝主要破坏房屋、道路、桥梁、厂房以及铁路、公路等工程设施，危害环境，加剧平原、河口地区的洪灾、潮灾。

3）矿井地质灾害

在矿产资源开采中，发生多种地质灾害，以煤矿矿井地质灾害种类最多，活动最强烈。金属矿产、非金属矿产、油气开采过程也发生一些地质灾害，但较煤矿要轻微得多。

矿井突水突泥主要发生在华北和华南，以河北、山东、湖南等地区的一些煤矿最严重；冲击地压和冒顶主要发生在东北、华北，其次发生在西南、西北，以北京、辽宁的一些矿井最严重；煤瓦斯突出广泛发生在华南、东北地区的一些煤矿；煤自燃主要发生在西北，其次发生在华北和东北地区，以新疆、宁夏、甘肃的一些煤矿、煤田最严重；矿井热害主要发生在华中、华南地区，以河南、江苏的一些煤矿、铁矿最严重；矿震主要发生在东北、华北、西南的一些矿井；油气井管套损坏以东北地区较严重，其次在华北地区。

矿井地质灾害不但常造成严重的人员伤亡，而且危害矿山设备和工程设施，破坏矿产资源和矿区环境。

4）特殊岩土工程地质病害

特殊岩土是指具有特殊工程地质性质的岩土，它们作为工程地基时特别容易失稳变形，从而导致工程设施的破坏。特殊岩土的种类比较多，它们的发育情况和危害程度不同。

全国黄土分布面积共 63 万 km^2，其中强烈湿陷性黄土 38 万 km^2。主要分布在华北地区，以黄土高原地区最发育，其次分布在西北和华东的一些地区。膨胀土主要分布在华中、华南、西南地区，以湖北、河南的一些地区最发育，有 21 个省（市、区）的 205 个县（市）的房屋等工程建筑受其危害。淤泥质软土主要分布在东部沿海地带，在内陆湖泊盆地、古河道地带亦有零星分布，淤泥质软土除导致建筑物不均匀下沉外，还常造成边坡失稳。

5）海水入侵、海岸侵蚀

滨海地区因长期超强度开采地下水或矿井地下水强烈疏干等原因，造成地下水位大幅度下降，甚至低于海平面，地下水与海水的动力平衡遭到破坏，海水沿地下孔隙、裂隙或溶蚀孔洞向陆地扩侵，因此地下淡水资源遭到破坏的现象称为海水入侵灾害。

我国海水入侵灾害主要是自 20 世纪 70 年代以后逐渐发生并不断发展的。据初步调查，全国已发生海水入侵的面积近 1 000km^2，最大海水入侵距离 10km 以上。较严重灾害发生地区为大连市、莱州湾和山东半岛沿海、河北秦皇岛北戴河沿海，此外在广西北海市和苏北琼港等地有小面积海水入侵活动发生。海水入侵的直接危害是破坏滨海地区的地下淡水资源，加剧水资源供需矛盾，影响人民生活和工农业生产。与此同时，海水入侵区生态环境也遭到破坏。

海岸侵蚀是在自然或人为活动作用下，海岸遭受侵蚀破坏不断后退的现象。我国海岸侵蚀广泛发生在辽东湾、渤海湾、莱州湾、苏北和东南沿海地区。海岸侵蚀除威胁房屋、公路等工程设施和耕地外，还破坏旅游资源，影响生态环境，危害养殖业。

地质灾害是人类致灾作用最强烈的自然灾害。在社会经济发展过程中，通过防灾抗灾，地质灾害得到一定的治理，但更主要的是人类对资源环境的过度开发利用和破坏导致多种地质灾害的持续加剧。因此，在社会经济发展过程中，规范人类行为，合理利用和保护自然资源与生态环境，是防治地质灾害的重要途径。

6. 农作物生物灾害

我国农业生物灾害种类繁多，从总体上可分为病害、虫害、草害、鼠害 4 大类。对我国农业生产造成严重危害的生物灾害有 1 648 种，其中病害 724 种、虫害 838 种、恶性杂草 64 种、害鼠 22 种（表 9.3）。由于各地的气候条件、生态环境、作物种类和耕作栽培制度的不同，农业生物灾害的发生、流行以致成灾有很大差异。

表 9.3　主要农作物病害、虫害、草害、鼠害

病害	小麦锈病、小麦赤霉病、麦类白粉病、稻瘟病、稻白叶枯病、水稻纹枯病、玉米大斑病、玉米小斑病、棉花枯萎病、棉花黄萎病等
虫害	蝗虫、黏虫、小麦吸浆虫、稻飞虱、水稻螟虫、玉米螟、棉铃虫、棉红铃虫、大豆食心虫、地下害虫等
草害	稻田恶性杂草、麦田恶性杂草、玉米恶性杂草、棉田和大豆恶性杂草
鼠害	鼢鼠、沙鼠

农作物病害、虫害、草害、鼠害严重危害农业生产，20 世纪 90 年代以后，估计每年因灾损失粮食 200 亿 kg、棉花 400 万担，并严重降低水果、蔬菜、油料和其他经济作物的产量和品质，每年因此造成的经济损失 100 亿元以上。

随着我国人口数量的急剧增加、农业生产的压力越来越大。为了在耕地面积逐年递减的情况下满足全国人民对粮棉油菜果等主副食品及轻工业原料不断增长的需要，农业生产在主攻单产的前提下，不得不逐步提高作物的复种指数，在这种情况下不断改革原有的耕作栽培制度，使农田生态体系构成日趋简化，农业生态系统极不稳定。加之 20 世纪 60 年代以来化学农药在许多地区、多种作物上的大量滥用，严重破坏了农业的生态平衡。而且近年来农药用量激增，更新换代不断加快，导致农田生物群落结构的不断变化，病虫草鼠害的种群演替加快，新的农业生物灾害不断涌现，主要致灾种类的抗药性增强，使减轻农业生物灾害的工作面临着新的挑战。

7. 森林虫灾、病灾、鼠害和森林火灾

我国森林有害昆虫 5 020 种、病害 2 918 种、鼠类 160 余种。每年平均发生森林病虫面积在 700 万 hm^2 以上，减少林木生长量约 1 700 万 m^3，因灾枯死森林面积约 30 万 hm^2。近几十年来，全国森林病虫害发生面积呈不断扩大趋势；1951 年为 4.92 万 hm^2，1961 年为 99.72 万 hm^2，1971 年为 243.2 万 hm^2，1981 年为 736.53 万 hm^2，1990 年增至 1 052.67 万 hm^2。因此造成的经济损失也随之不断增长：20 世纪 50～60 年代每年 1 亿～4 亿元；70 年代每年 4 亿～8 亿元；80 年代以后一年比一年高，达 8 亿～22 亿元，90 年代高达 50 亿元。

危害我国森林最主要的害虫有松毛虫，其分布遍及全国，每年松毛虫成灾面积约 200 万 hm^2，减少松树生产量 300 万 m^3。在海拔低于 400m、平均气温 25℃ 以上的地区为常灾区；海拔 400～500m、气温在 10～25 ℃的地区为偶灾区；海拔 800m 以上、积温较小地区是安全区。除松毛虫害外，松材线虫、杨树蛀干害虫、泡桐大袋蛾等也是危害严重的害虫。

森林病害中，主要有杨树烂皮病、松疱锈病、松萎蔫病、枣疯病、溶叶病、泡桐丛枝病等。例如，每年因泡桐丛枝病损失 2 341 万元。

我国森林鼠害主要发生在东北西部、华北北部、西北等森林生态较差的地区。近来逐年严重，1990年鼠害发生面积为1 200余万亩，损失3亿元。

中华人民共和国成立前我国森林火灾频繁发生。据记载，1931年内蒙古乌拉山后山起火，焚烧数月不熄。日本帝国主义1931年入侵东三省后，很快占领了阴山中段和东段地区，为扼杀抗日游击队，对阴山森林大肆焚烧破坏，使阴山绝大部分地区的森林遭到毁灭性破坏。新中国成立后，我国森林火灾每年平均发生1.43万次，面积82.2万 hm^2，死亡105人，损失10亿元以上，直接灭火费用年均数千万元。一般在干旱年火灾较多。全国森林火灾最严重的地区集中在黑龙江、内蒙古及云南、广西、贵州，这些地区春、秋或冬季气候干燥，所以森林火灾严重。森林火灾的火源分人为火源和自然火源两大类，其中人为火源占98%。

各种森林灾害除直接危害林业发展外，还破坏生态环境，加剧水灾，旱灾、风灾和水土流失、土地沙漠化、崩塌、滑坡、泥石流等灾害，从而造成更加广泛而又深远的影响。

第二节　洪灾遥感

我国是世界上暴雨洪水最频繁的地区之一，防洪减灾仍然是我们面临的一项艰巨而持久的任务。遥感技术是防洪减灾工作中的重要技术手段，它可以对洪涝灾害进行实时监测、预测和评估，为制定防洪减灾对策提供可靠的依据。

一、洪灾遥感调查与监测

遥感技术以其独具的优势和潜力，在洪灾发生前，可以不断提供关于洪水灾害发生背景和条件的大量信息，有助圈定洪水灾害可能发生的地区、时段及危险程度，采取必要的防灾措施，减轻灾害造成的损失；在洪灾发生过程中，可以不断监测洪水灾害的进程和态势，及时把信息传输到各级防洪抗灾指挥部门，帮助他们有效地组织防洪抗灾活动；在成灾以后，可以迅速准确地查明受灾情况，以便及时组织救灾，恢复生产，重建家园。

1. 洪水光谱特性分析

不同水体的光谱曲线如图9.1所示。最明显的特征是在1.00～1.06μm处有一个强烈的吸收峰，在0.80μm和0.90μm处有两个较弱的吸收峰，在0.54～0.70μm处反射率最高并随着波长的增加光谱反射率呈下降趋势，只在1.08μm处略有上升。这种光谱特征是任何水体所公有的，只是由于它们的状态不一样，总体反射率有极大的差别而已。在自然环境中即使水深很浅，水体在近红外和中红外波段内几乎能吸收全部的入射能量，因此其反射率很小。

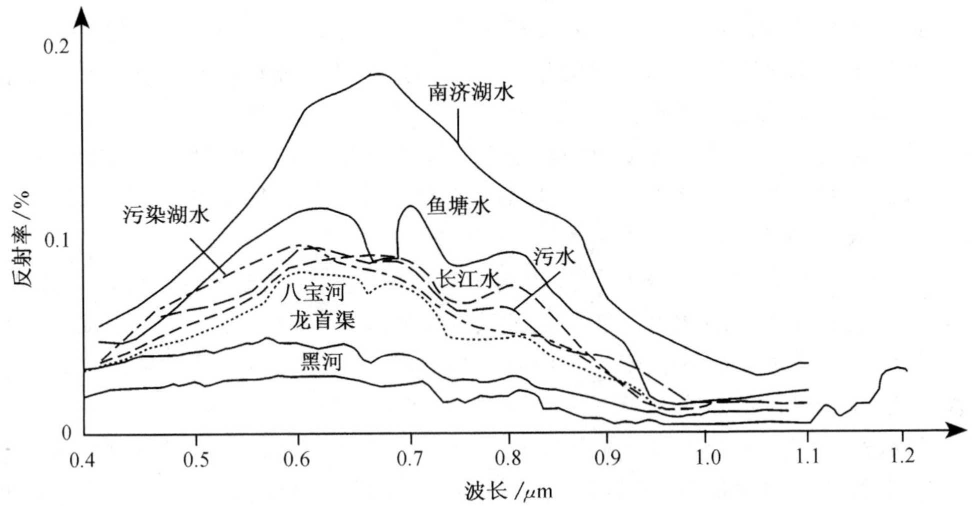

图 9.1　不同水体的光谱特性（魏文秋等，2000）

利用水在整个反射红外波段相对于植物或土壤来说具有很突出的低反射特性，可以把水体识别出来，包括水体边线的圈定和面积计算。

洪水性状及其光谱反映在不同条件下有较大差异，最重要的影响因素是含沙量，随着河水中含沙量的增加，其反射率呈整体上升趋势，而光谱曲线的形状并无大的变化。水体的判读标志主要是色调和形状。水体的色调受水体深浅、混浊程度以及拍照时间的光照条件的影响而有较大变化，由白色调、灰色调以至变到黑色调。一般情况下，水体混浊、浅水沙底、水面结冰或光线恰好反射入镜头时，其影像为浅灰色或白色；反之，河水较深、较清或水虽不深但水体下为淤泥，其色调较深。

一般讲，水体在遥感图像上较其他地物清晰、直观而易于判读。就光谱特性而言，水体对太阳光的吸收、反射和透射能力因波长不同而异，总的是吸收大于反射。水较深时，可能将光线全部吸收；水较浅时，可见光短波波段可以透过水体，反映出水底的情况。在遥感图像上由于水的深度、水底情况和水的混浊度不同而形成不同的影像。水浅或含沙量大时色调浅；当水浅而水底的物质和周围物质光谱接近时影像上水体的界线就不太明显。水体对近红外光吸收作用很强，因此在近红外波段影像上，水体的色调是黑色，和周围地物的界限是很清楚的。对于线性水体（江、河等），只有当其宽度大于某一阈值时，在卫星图像上才能判读出来。当然，成像地区背景反差不同，这个阈值也有差异。背景反差大，阈值就小；相反，背景反差小，阈值就大。

2. 不同遥感信息在洪灾监测中的作用

许多研究已经证明，使用卫星图像研究水体变化是一种较好的手段，由于每张图像显示的水体都是成像瞬时的记录，这就弥补了常规测量方法慢、水位变化大、不能适时地测定整体水位变化的缺点，而且卫星图像是定期地重复成像，这就能及时地反映水体的动态变化，如监测泛滥区域的变化。在洪水灾害研究中应用较多的遥感信息有 LANDSAT TM/ETM$^+$，NOAA/AVHRR，SPOT、Radarset、ERS 和机载 SAR 等数据。

对于洪水监测而言，高时相分辨率的 NOAA 信息，虽然地面分辨率较粗，但具有昼夜获取信息的能力，能够记录洪水发生、发展的过程，是洪水动态监测的理想资料。TM 图像或 SPOT 图像具有多波段多时相特性，分辨率适中，可有效地获取地面覆盖信息和洪水信息，是洪水淹没损失估算、模拟分析的有效资料。机载侧视雷达可全天候获取洪水动态信息，是洪峰跟踪、实时监测的最佳信息。航空像片几何性能好，分辨率高，可提供最详尽的地面信息。同时 TM 和 SPOT 图像几何与光谱特性均佳，可提供仅次于航空像片的地面信息，而其多时相、多光谱、低费用，又具有航空像片所没有的特长，在洪水监测中必然扮演极为重要的角色。如果对不同来源（遥感的和非遥感的）信息进行复合分析，使复合信息具备各单一信息之优点，则可以大大提高洪水监测精度。

气象卫星是超短期航天遥感资料，用于洪水监测有很大潜力。暴雨洪水时，天空多为云层覆盖，用遥感飞机监测有一定困难，用陆地卫星监测也因周期过长，云层覆盖而不可能。但是应用气象卫星加雷达网是完全可以监测的。然而另一方面，气象卫星的空间分辨率很低，星底点地面分辨率为 1.1km. 因而像元所反映的信息具有较大的地类混合和邻域效应（即所谓混合像元问题），不能提供洪水灾情的定量数据，仅能定性区分水体、高滩、中滩。神经网络技术的兴起，分形理论的应用，可望为混合像元问题的解决开辟一个新的研究途径。TM 资料的观测周期为 16 天，可得到某时刻的洪水信息，尽管这样的周期不足以反映洪水动态，但较气象卫星而言，TM 图像的地面分辨率较高，达 30m，一幅图像覆盖 185km×185km 的范围，可以获得较大范围的同步信息，提供一定精度的洪水灾情监测预报数据。如果能对 TM 和 NOAA 图像进行信息复合，以利用 TM 的空间分辨率和 NOAA 图像的时间分辨率，则可以提高 NOAA 图像作为动态信息的使用价值。

国内外许多研究证明，近红外波段的遥感信息是确定水体的一种可信的和有效的技术。近红外波段的波长不同，对水体的反映效果也不同。如大气窗口为 2.0～2.6μm 的波段，由于太阳辐射量的减少，并非最佳。值得考虑的是，大部分地物相对水体来说都是强漫射反射体，随着足够的太阳照度，将与黑色水面形成强烈反差。根据国外学者的测试，理想的识别水体的波反应在 1.5～1.8μm 之间。在该波段，足够的太阳照度既能照亮背景物体，也能对水生植物所封闭的水体增加许多识别条件。

3. 洪灾遥感实时监测评估系统

洪水监测本身是一个技术问题，但其应用却超出了技术范畴。通过研究，我们可以掌握洪灾的性质、规模及后果，从而为采取有效的经济措施提供决策依据。大量的洪水灾害遥感试验研究成果，充分地显示了遥感技术在减灾活动中的重要作用和独特优势。然而由于洪水灾害在时间上的突发性，在空间上的随机性，在条件上的恶劣性以及在后果上的严重性等特点，因而在快速、机动、准确和集成等方面提出了新的更高的要求。

洪水灾害的发生往往是急剧的，而现在可利用的遥感技术中，由于受到其观测频度的限制，对于异常自然现象的长期监视，一般说来是相当困难的。再者由于洪涝灾害与降雨云系有关系，而严重的灾情往往又在云层下，且多在夜间发生和发展。所以因云层阻挡了可见光和红外的辐射，使卫星上的光学遥感器敏感不到云层以下的灾害信息，洪水灾害发生时有效的数据难以到手。我国已经利用中国科学院等一些单位研制的机载合成孔径雷达监测过水情，并取得了良好的效果。今后机载遥感仍将在灾害监测方面继续发挥作用。但当受灾面积较大，需要监测周期比较长，例如，要做周期超过 10 天的循环监测，航空遥感的费用就显得过高。因此，它在这方面的应用也就有其局限性。

在改善现有技术条件和试验研究的基础上，建立实用的洪灾遥感实时监测评估系统的条件已趋于成熟。这是一个能综合利用国内外对地观测卫星（气象卫星、陆地卫星等）、通信卫星、全球定位系统和地理信息系统，把航天、航空和地面平台及遥感监测、数据处理、信息系统、卫星通信、对地定位、常规调查及专业研究等多种科学技术结合起来，形成具有实时性和机动性并能适应洪水灾情监测评估需要等特点的多层次、立体交叉作业的应用技术系统，如图 9.2 所示。

洪灾监测及灾情评估系统可分为三个部分，即洪水灾情监测，洪水灾情信息处理，洪水灾情预报与洪灾评估。

1）洪水灾情监测

洪水灾情监测分为地面站网观测和宏观遥感监测。地面观测站网包括雨情监测、水情监测和防洪工程设施安全状况监测。由于地面台站并不是专门为洪水灾害采集数据，它们是地球表面资源与环境信息采集的一部分，因而还不能满足洪灾监测的要求。虽然在布设观测站点时考虑了其代表性，但这只是点观测数据，难以了解洪灾全貌，同时在紧急状态下，许多观测站将遭到破坏，信息传输也可

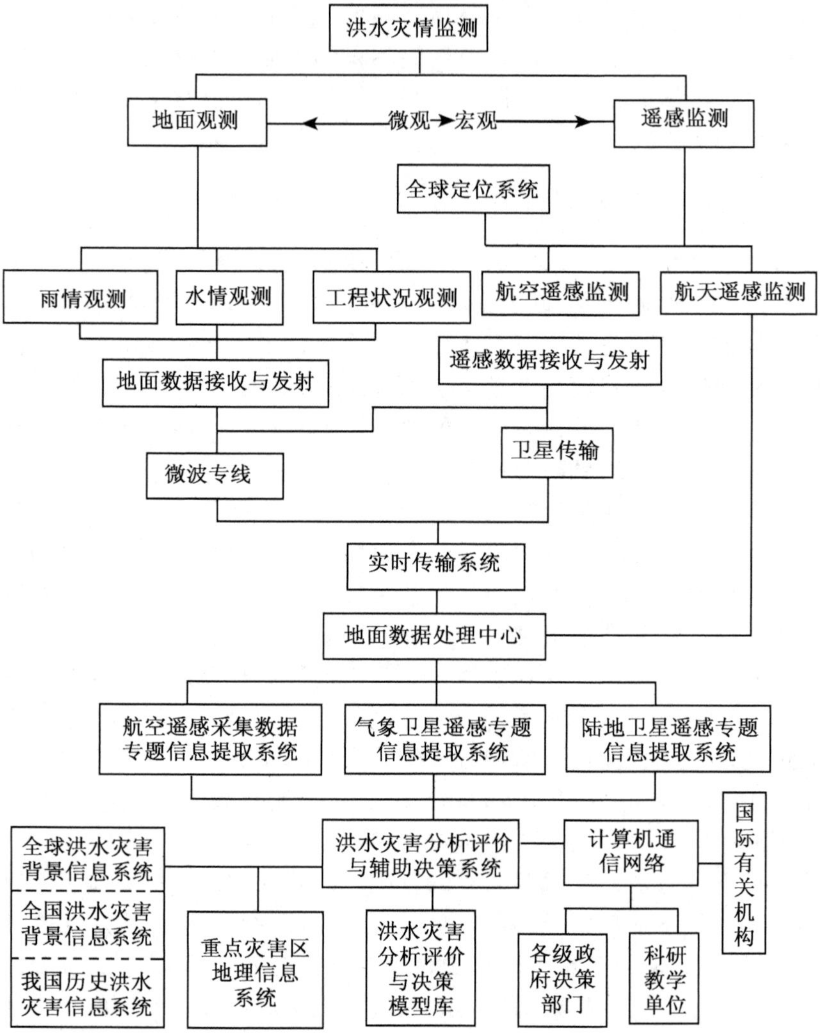

图 9.2 洪灾监测及灾情评估系统（魏文秋等，2000）

能中断。遥感技术的应用将从时间上和空间上弥补地面台站的不足。

洪水灾害遥感监测克服了常规站网监测在空间视野上和时相（天候）方面的限制。多平台的遥感技术形成洪水灾害的全方位立体监测系统。气象卫星周期短，有助于洪灾的宏观和动态监测；陆地卫星资料有助于区域灾前本底值调查和灾后灾害状况调查；航空遥感飞机具有快速、灵活、方便和应急能力强的特点。尤其是航空微波遥感可以全天候地监测洪水，是洪水灾害遥感监测的重要途径。需指出，人工地面实际调查也是洪灾监测的一种应急措施，同时它为洪灾遥感监测提供必要的地面实况信息，辅助遥感信息处理。

自1987年以来，我国先后在永定河、黄河、长江和淮河等地区开展了大规模的综合洪水遥感试验，使用了气象卫星、陆地卫星、通信卫星、遥感飞机和地面自动观测台站，初步实现了机—星—地洪水实时监测。

2）洪水灾情信息处理

地面观测站网所采集的雨情、水情等信息通过微波干线或电报密码传输到信息处理中心，建立雨、水情数据库或文本文件，并经数据编码，以年鉴方式刊印分发。洪灾遥感信息处理主要包括快视、数字处理和影像分析三部分，由洪灾遥感信息分析系统实现。快视主要是针对航空遥感监测，通过卫星传输到数据处理中心的航空遥感信息。需要快速地进行数据压缩、空间定位，在屏幕上显示洪水场景。数字处理主要包括遥感信息增强、变换、提取、复合以及分类等，以提取可用的洪灾专题信息，如洪水淹没范围、受淹居民地等。

3）洪水灾情预报与洪灾评估

洪水灾情预报根据所接受到的雨情和水情信息，应用流域作业预报方案，预测未来一段时间内的洪水灾情状况。就目前看，洪水灾情预报更多是基于流域洪水预报，还属于水情预报的范畴。但从防洪抗灾等方面看，还需要及时了解洪水灾害损失信息，区域洪水风险等。从全局观点出发。充分考虑洪灾的自然和社会、经济、生态环境诸方面的性质，制定出合理的防洪救灾方案，这就需要洪水灾害分析与灾情评估信息系统的支持。

洪灾评估以洪水灾害为分析对象，研究洪水灾害发生的时序规律与空间分布，评估区域洪水灾害损失，辅助决策部门制定防洪抗灾、救灾方案等。

二、洪灾遥感信息处理

为充分利用遥感技术视野广阔、获取资料快、资料信息丰富、可动态观测等优点，使其在抗洪救灾中发挥快速响应作用，通常要建立一个洪灾遥感信息处理系统（FHPS），系统功能包括：

遥感数据的输入与格式转换、预处理、图像通道的合并与删除、信息增强处理、专题信息提取、信息复合、视频显示、专题信息输出等。系统的功能结构和提取洪灾信息流程如图9.3所示。

下面仅就信息复合技术及其应用做一介绍。

信息复合，是指同一区域内遥感信息之间或遥感信息与非遥感信息之间的匹配复合。它包括空间配准和内容复合两个方面，从而在统一地理坐标系下构成一组新的空间信息。信息复合的目的是突出有用的专题信息，以改善目标识别的图像环境。因而，信息复合的关键在于：充分认识研究对象的地学规律；充分了解每种复合数据的特点和适用性；同时考虑不同遥感数据之间的波谱信息的相关性

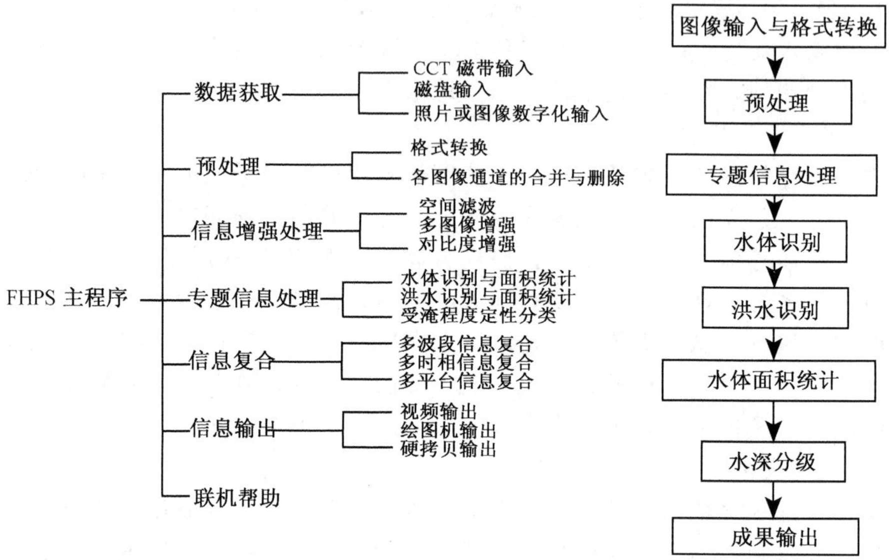

图 9.3 洪灾遥感信息处理系统的功能结构和提取洪灾信息流程（魏文秋等，2000）

引起的有用信息增加与噪声误差的同步增加，以便对多种遥感数据做出合理的选择，准确地进行几何配准，即解决遥感图像的几何畸变及其以几何纠正为基础的空间配准问题。

信息复合的信息源可以是遥感的，也可以是其他手段获得的信息。它们的复合往往可以得到原来几种单一信息所不能提供的新信息。因此，信息复合方法具有广泛的实用意义，也是目前遥感应用的前沿。根据信息源的不同，可将信息复合分为遥感信息之间的复合和遥感信息与非遥感信息之间的复合两大类。而前者又包括遥感信息波段之间的复合、多时相遥感信息间的复合和多平台遥感信息间的复合。

不同来源（气象卫星、陆地卫星、飞机等）的遥感信息各具有一定的空间分辨率、波谱分辨率和时间分辨率，也各有其主要的应用对象和特色，同时又有其应用中的局限性。如果将多种遥感数据进行复合与综合分析，便可弥补单一信息之不足，以达到多种信息源的相互补充、相互印证。

1. 多波段遥感信息的复合

波段间的复合是针对同一种传感器所获得的多波段遥感信息而言，它是图像处理中最常用的方法。为了得到某一专题要素，利用物体在不同波段中反映的差异性来选择最适合反映这种要素的波段进行复合，以突出这一要素，获得最佳效果。例如，为了突出高泥沙主河道洪水信息，可选择对水体反射率强的陆地卫星

MSS4 与 MSS5 波段进行复合。即用同时相的 MSS4 与 MSS5 波段图像，根据它们的反射特征，选择同一地物在两个波段上的公共区域，作为复合分类的样区，输入计算机，提取与该样区特征相近的像元作为该类别的信息。同样，可以用认 LANDSAT/TM 的七个波段、NOAA/AVHRR 五个波段、SPOT 四个波段等进行不同的复合分类。

2. 多时相遥感信息的复合

多时相信息复合是洪水灾害损失评估研究中的重要方法。基于地物光谱特征的时间效应，进行多时相遥感信息匹配复合，一般有两个目的，一个目的是，考虑要识别的地面目标在不同时间的光谱与空间特征的变化规律来选择必要的遥感信息，进行复合处理，提高识别能力和分类的精度；另一个目的是，利用不同时相的遥感信息匹配复合，获得地面目标（灾害与环境）变化的影像信息，以进行动态分析。"在 1998 年长江洪水过程中应用，曾取得过较好效果。"

遥感图像多时相分析一般有两种方法。一种方法是将不同时间获得的图像都集中到一起，将它们看作是多特征的图像，利用各种分析方法进行分析；另一种方法是首先对不同时间的遥感图像单独进行分类，然后再将各个时间的遥感图像分类结果进行比较，从中导出有意义的地物动态信息。通常，如果要从光谱特性的动态情况来识别地物或是进行一些定量分析，可采用第一种多时间分析方法，将不同时间图像集中起来，经过有目的的特征处理来突出需要了解的信息；如果要从不同时间的图像上了解各类地物的动态变迁，则较多采用后一种多时相分析方法。

多时相信息数据的复合一般要解决以下几个问题：即比例尺统一、投影转换、同名地物点配准、相同图斑界线的制图综合等。

3. 多平台遥感信息的复合

无论是航天还是航空遥感，也无论是航天遥感中的气象卫星、陆地卫星、海洋卫星或航天飞机等，由于它们位于不同的高度，携带着不同类型的传感器，因而所获得的遥感信息的时间分辨率、光谱分辨率和几何分辨率都有较大差异，这些便决定了它们在洪灾监测中的不同作用。

（1）时间分辨率。遥感信息中，气象卫星图像每天可两次获得同一地区的观测资料，有用信息量极为丰富。LANDSAT/TM 和 SPOT 卫星影像观测周期分别为 18 天和 26 天，可以得到某时刻的洪水信息，它们得到的"平水期"图像，可为灾情估算提供数据；侧视雷达是一种机载主动遥感工具，其工作时间完全根据需要来决定，几小时之内对从北京飞往全国任何洪水发生地区对洪水进行监测。只要配备微波传输、信息转换等设备，就可实时（准实时）将图像传至图像处理中心，通过建立地面控制网，对图像进行实时配准、图像分类和信息提取，从而实现对洪水的实时（准实时）监测。尽管这些信息单独观测的频率有限，但它们的复合信息，则可大大缩短观测周期，提高观测频率。

（2）空间分辨率。TM 影像可以获得较大范围的同步信息，提供一定精度的洪水灾情估算信息如土地利用、作物长势等；SPOT 卫星图像可提供更精确的洪水界线、植被、居民地和水系等信息；至于侧视雷达图像的地面分辨率，国内目前有两种，一是 3m，一是 15m，能清晰地反映大堤、水渠、道路、决口和洪水；气象卫星星下点的分辨率力 1.1km，是分辨率最低的信息，因而像元所反映的信息具有较大的地类混合和邻域效应。不能提供洪水灾情的定量数据，只能定性地区分水体、滩地。

（3）光谱分辨率。TM 从可见光到热红外，具备了捕捉和突出洪水信息的能力，可准确地反映洪水和植被信息，能很好地区分水体；SPOT 卫星的 CCD 阵列传感器既有单色波段，又有全色波段，且波段范围较窄，使得在信息获取中，更能突出某些要素；侧视雷达的微波波段，是洪水动态监测和线性地物获取的理想工具；气象卫星的波段跨度大，是这种粗分辨率信息监测洪水动态的基础。

在洪灾专题研究中，综合考虑多种遥感平台所获取信息的特点，进行不同平台遥感信息的复合处理将是有益的。通常空间分辨率差异较大的遥感信息的复合，主要用于局部区域，在宏观性研究的基础上，选择重点区域利用空间分辨率较高的遥感信息的特点，进行复合处理，以进行细节性研究。多平台遥感信息复合的目的就是充分利用不同平台遥感信息的优势，快速准确地提取信息。

多平台遥感信息的复合还包括陆地卫星 ETM/TM 图像与航空侧视雷达图像的复合、TM 与雷达图像的复合等。研究结果证明复合图像可以综合各图像的特性，得到更丰富的信息。

关于遥感信息与非遥感信息之间的复合，以及遥感信息与地理信息系统复合分析，在下一章有详细介绍，此处不再赘述。

为了进行洪灾分析与评估，在地理信息系统支持下，首先要建立洪灾信息数据库，它通常包括数字地形高程模型、土地利用、居民地、交通网络、水系、水文统计数据、防洪工程设计数据、行政区划、区域社会经济统计数据等若干专题要素数据库。其次，专业应用分析模型与专家系统的开发，是发挥地理信息系统功能的重要途径，体现了现代专题性地理信息系统的水平。洪灾分析与评估专业模型的种类很多，内容也很广泛，主要有洪水预报、洪水灾情分析与数值模拟、区域防洪经济效益评估、区域防洪减灾辅助决策分析等。

三、洪灾遥感监测应用举例

20 世纪 80 年代以来，中国科学院、国家测绘局、水利部等有关部门，先后对永定河、黄河、长江进行了多次试验，解决了许多遥感监测中的关键技术问题，而机载侧视雷达和卫星雷达的应用，更为全天候、全天时、迅速、高分辨率的获取洪涝灾情、监测洪水提供了有力工具。

1998 年夏季，我国长江流域、嫩江-松花江流域发生了历史上罕见的特大洪涝灾害。在抗洪救灾期间，中国科学院遥感应用研究所、遥感卫星地面站、国家信息中心数据库部、中国科学院电子所和武汉测量与地球物理所等单位从 6 月 19 日到 8 月 31 日，遥感监测评估工作先后采用 NOAA/AVHRR 气象卫星数据近 80 个时相、Radarsat 卫星 18 景 SAR 数据和国家“863 计划”机载 SAR 对洞庭湖与鄱阳湖地区 6 万多平方公里的监测覆盖数据、若干陆地卫星 TM 数据、SPOT 卫星数据等遥感信息源，在灾前建立的背景数据库支持下，通过基于网络的洪涝灾情遥感速报系统的运行，形成遥感监测图像、图形共 70 余幅，灾情分析报告和简报 52 期，通过网络迅速传送到国务院及有关部委和省（市），及时而有力地支援了抗洪救灾工作。

1998 年全国特大洪涝灾害遥感监测与评估的主要成果分述于下。

1. 洪涝灾害淹没损失动态变化监测

1998 年全国洪涝灾害发生发展的全过程已为多种遥感信息源及其时序数据真实地记录和全面地反映。洪涝灾害淹没损失的动态变化遥感监测详细反映了洪涝灾害不同发展阶段淹没范围的界线及其位置的变化和规模，它们是进行灾情损失评估最原始的数据。基于网络的洪涝灾情遥感速报系统重点对长江中游和嫩江松花江流域的洪涝灾情进行了共 62 次的监测，记录了这两个重灾区洪涝灾害发生、发展的全过程，并建立了 1998 年全国洪涝灾害遥感速报时序监测成果数据库。这些连续不断的动态监测成果不仅在当时为中央和各省市防洪减灾决策及时地提供了科学依据，而且为灾后重建及研究 1998 年全国特大洪涝灾害特点、形成原因、现行治水方略的反思与今后对策积累了丰富的基础资料。

监测结果表明，1998 年长江洪水灾害主要发生在长江中游的赣、鄂、湘三省沿江及鄱阳湖、洞庭湖周围地区。其中淹没面积最大、损失最严重的洪涝灾害，江西鄱阳湖地区发生在 7 月 26 日，淹没总面积 40.41 万 hm^2；湖北沿江地区发生在 8 月 9 日，淹没总面积 28.88 万 hm^2；湖南洞庭湖地区发生在 7 月 31 日，淹没总面积 25.08 万 hm^2；嫩江松花江流域发生在 8 月 22 日，淹没总面积 108 万 hm^2，涉及黑龙江、吉林、内蒙古等省（区）。

2. 1998 年全国洪涝灾情对农作物影响的损失评估

1998 年全国洪涝灾害对我国当年的农作物生产的影响究竟有多大，是国家计委非常关心的问题。基于网络的洪涝灾害遥感速报系统损失评估结果表明：

1998年中国洪涝灾情主要涉及全国10个省（区），按淹没损失严重程度依次为江西、湖北、湖南、黑龙江、吉林、内蒙古、福建、安徽、广东、广西等。其中福建、安徽、广东、广西等省（区）的洪涝灾害持续时间较短，农作物的淹没损失相对较轻。将不同时期的洪涝灾害淹没范围进行多源数据的复合处理得到时序监测结果，以农作物持续被淹没小于3天农作物将减产，3～7天农作物减产30%以上，大于7天农作物减产80%以上等3个指标分别进行受灾面积、成灾面积和绝收面积的损失评估及数据统计分析，得到全国重点地区农作物受灾面积为216.4万hm^2，成灾面积为212.9万hm^2，绝收面积181.4万hm^2。然后将全国农情速报系统中的1998年春夏农作物长势和估产结果与上述农作物因灾损失结果进行数据复合处理，分析结论为：1998年全国洪涝灾害对局部地区农作物的当年收成影响很大，但就全国而言，大部分地区为丰收年，可以弥补因洪灾所造成的损失；1998年的农作物产量就全国而言丰收与减产将会是总量基本平衡，与1997年的农作物产量作比较，应该持平或略有增长。这一评估结果于8月下旬报到国家发展计划委员会农经司。国家计委农经司采用了上述评估数据及结论，认为评估结论基本准确。评估结果为国家当年农业生产的宏观调控决策提供了科学依据。

3. 城市洪涝灾害的监测评估

城市，特别是位于大江大河两岸的大中城市，一旦发生洪涝灾害，其损失程度要比同样大小受灾面积的农村地区大得多。城市洪涝灾害不仅涉及城市建设的诸多方面，还涉及防洪设施受多种条件限制不能发挥很好功能等多种因素的影响。1998年6～8月，武汉及其周边地区的汛期降雨比同期的多年平均值多40%，其中7月21～23日，发生了有历史记载以来的最大降雨，在20h余内下暴雨600mm余，相当于全年降雨量的1/3。再加上长江干流洪水处于高水位，武汉段河道断面很窄等原因，一时间武汉市区范围的内涝积水不能迅速排放而内涝成灾。据星载SAR监测结果，武汉市市区范围18%被内涝积水所淹没，造成交通中断，部分工厂停工停产，人民生活受到了严重威胁。武汉市防汛指挥部表示这一监测结果与他们的地面灾情调查结果一致。

4. 重要工业区及生命线工程易损性评估

易损性是指洪涝灾害一旦发生后，各种承灾体将出现的损失程度。我国七大江河受洪涝灾害威胁的重点地区除了人口密集、经济发达，城市集中等特点外，还有沪宁杭、京津唐和沈阳、鞍山、本溪、抚顺等重要工业基地，有大庆、胜利、辽河、华北、中原、大港等大型油田，有京广、津浦、京山、京九铁路运输大动脉。基于网络的洪涝灾情遥感速报系统可以利用星载SAR数据8h内对这些重要工业区及生命线工程的易损性做出准确监测评估。其中铁路、输油管线、油井等金属地物对雷达波具有极强的回波，可以准确地分析被淹铁路、油井的具体位置，计算其长度或个数。

第三节 气象灾害遥感

气象灾害是种类最多、危害范围最广、影响深度最大的自然灾害。在各类自然灾害中它所包括的种类最多，主要有旱灾、雨涝、热带气旋、大风、冰雹、寒潮和冷空气、低温、霜冻、雪灾、雾灾、干热风、龙卷风、沙尘暴、雷暴、连阴雨等。气象灾害通常用气象卫星来监测。

气象卫星诞生以来，气象卫星资料广泛地运用于天气分析和日常天气预报，显著地增强了对全球各种尺度天气现象的监测能力，提高了天气预报的准确率和灾害防御能力。其中，极轨气象卫星资料帮助我们增进对天气尺度现象的了解，而静止气象卫星连续地观测从天气尺度直到云尺度的大气结构和云覆盖状况，从而改进了大气四维结构的中尺度分析。中国的卫星气象事业始于1970年，开始是接收和使用国外低分辨率极轨气象卫星云图，以后又相继使用高分辨率极轨气象卫星和静止气象卫星云图，并进行增强分层显示等处理，1989年开始接收GMS数字展宽云图。现在，经过计算机处理的各种气象卫星资料和图像，已经成为气象工作人员分析、预报天气不可缺少的工具，并在重大灾害性天气预报和防御决策中，发挥了重大作用。

一、干旱遥感监测

干旱是目前世界普遍关心的重大问题，第三世界大多数国家都受到干旱的严重威胁。由于环境进一步恶化，科学家们预测近50年世界某些地方将进一步干旱。我国每年都有干旱发生。据不完全统计，我国各种受灾面积中，旱灾占61%，水灾占24%，冰雹灾占9%，霜冻灾占6%。国家每年用于救济干旱灾害的费用达6.7亿元人民币。为了合理使用水资源，有效地抗旱救灾，必须迅速知道何处受旱，程度如何，而卫星遥感监测是一种有效方法。

1. 干旱概念及干旱指标

1）干旱概念

通常干旱是指某地因长期没有降水或降水显著偏少造成空气干燥、土壤缺水甚至干涸的现象。

农作物是否遭到干旱的危害，要看农作物吸收和蒸发水分的平衡是否遭到破坏，它的正常生理活动是否遭到损害。因此，从农业生产的角度看，干旱的发生是一个很复杂的过程，它受到多种因素的制约。首先是气象因素，除了降水量以外，降水的强度、气温、光照、风速也在一定程度上影响干旱的强度，其次是农业生产本身的特点，这里有农林牧结构、耕作制度、农作物种类、生育时期以及耕作措施等；除此以外还有某些自然地理条件，如土壤、水文、地形地貌等；最后是社会经济条件，如灌溉条件、保持土壤水分所需要的物质条件等。

2）干旱指标

干旱指标是确定干旱是否发生以及发生干旱严重程度的一种量度。由于干旱的原因比较复杂，除了降水量持续偏少外，还与作物对水分的要求，人类补充水分亏缺的能力以及土壤持水、保水等因素有关。因此，人们从各个方面来定义干旱，确定干旱的指标。例如，世界气象组织根据各国对干旱指标的研究，一共列出 55 个指标，这些指标可以概括为以下几个类型：降水；降水与平均温度比；土壤水分和作物参数；气候指标和蒸散量估算；综合指标。同时，干旱既然是一种“气候异常”现象，因此即便是同一个国家，不同的气候区域也会有不同的标准。中国农业气象学家，在进行干旱分析和预报时，往往使用下述干旱指标：降水量、降水相对变率、土壤水分、降水蒸发比、土壤水分收支差额。

2. 干旱遥感监测原理

从“干旱”的定义及其指标的分类中可以看出，干旱没有唯一的标准，可以从各个方面去定义，但都离不开水和植被。遥感监测干旱也基于土壤水分和植被状况。对于裸地，卫星遥感的重点是土壤含水量，对于有植被覆盖的区域，卫星遥感的重点是植被指数的变化及植被冠层蒸腾状况的变化。下面分别简述。

1）热惯量法

热惯量法主要用于裸露土壤。它是用热红外方法遥感湿度，基于热传导方程：

$$\frac{\partial T}{\partial t} = k\frac{\partial^2 T}{\partial Z^2} \tag{9.1}$$

式中：$k=\dfrac{\lambda}{C_a \cdot \rho}$，$\lambda$ 为热传导度；C_a 为热容量；ρ 为土壤密度；Z 为土壤深度；t 为时间；T 为土壤温度。此热传导方程的边界条件为

$$T_0 = \overline{T} + \Delta T_0 \sin\omega t \tag{9.2}$$

式中：$\overline{T}$ 为日平均温度；ΔT_0 为 0cm 的地表温度日较差；ω 为角频率。解方程后，得到热惯量表达式：

$$P = \frac{B(1-A)}{\Delta T_0} \tag{9.3}$$

式中：P 为热惯量；即卫星间接遥感量；ΔT_0 为每日最高温度和最低温度之差；

A 为全波段反照率；B 为常数。

通常用统计方法建立土壤水分遥感模型，但目前国内建立的多是线性模型，而幂函数模型比线性模型好，因此它的物理意义与上述公式的数字表达式相一致，试验结果表明拟合精度也比其他函数形式的拟合精度高，幂函数形式为

$$S_w = a \cdot b^P \tag{9.4}$$

式中：S_w 为土壤水分；$a \cdot b$ 是拟合系数（最小二乘法拟合）；P 是热惯量。

2）植被指数法

植被长势受到许多因素的影响。在干旱年份，水对植被长势起关键作用。水分亏缺，植被长势不好，叶面积指数下降，叶子内的叶绿素减少，它对太阳的近红外光的反射能力降低，卫星遥感得到的植被指数会明显降低。以此来表明干旱程度，就是监测干旱的植被指数法。

植被在近红外波段有较高的反射率，美国极轨气象卫星 NOAA 改进的甚高分辨率辐射仪（AVHRR）第二通道 0.7～1.1μm 正是在近红外波段，它是植被遥感最理想的通道。但由于太阳高度、卫星扫描角及大气削弱等诸方面影响，只用第二通道的反照率遥感植被状况误差很大，即使植被生长没有什么变化，两天所得的数值也会相差较大。理论和实践证明，用 NOAA/AVHRR 第一、第二通道数据的各种组合得到的植被指数即归一化植被指数（NDVI）比单通道好得多。目前世界各国研究全球变化、监测灾害均采用归一化植被指数。

3）植被供水指数法

热惯量方法只对裸露土壤适用，因为在有植被覆盖情况下，特别是在植被盖度很高时，植被改变了土壤的热传导性质，而旱灾发生的季节，植被覆盖率往往很高。为了对高植被覆盖区农作物的旱灾进行遥感监测，中国气象局国家卫星气象中心发展了“植被供水指数法”。其物理意义是：当作物供水正常时，卫星遥感的植被指数在一定的生长期内保持在一定的范围，而卫星遥感的作物冠层温度也保持在一定的范围内；如果遇到干旱，作物供水不足，一方面作物的生长受到影响，卫星遥感的植被指数将降低，另一方面作物的冠层温度将会升高，这是由于干旱造成的作物供水不足，作物没有足够的水供给叶子表面的蒸发（蒸发带走热量），被迫关闭一部分气孔，致使植被冠层温度升高。植被供水指数的定义式为

$$\mathrm{VSWI} = \mathrm{NDVI}/T_5 \tag{9.5}$$

式中：T_5 为美国 NOAA 卫星或我国 FY-1 卫星遥感到的作物冠层温度。

4）距平植被指数法

为了监测大范围作物干旱，中国气象局国家卫星气象中心还发展了距平植被指数法。它是用植被指数（NDVI）多年的旬（月）平均值作为背景值，然后用作物受灾旬或月的植被指数（NDVI）减去背景值。求旬、月植被指数，每旬需

30 多条轨道卫星资料，每月需 90 多条轨道卫星资料，这样才能消去云的影响，获得每旬（月）的最大植被指数，用以监测全国范围的干旱。经过进一步的工作，可以做出每旬的全国范围具有国界省界标志的植被态势图像或数字打印图，以供植被长势—干旱状况分析判断。对于中国，该图范围可为 12°～57°N，74°～135°E，图像空间分辨率约为 6km。

3. 气象卫星对中国几次旱灾的监测

1）1988 年东北地区夏旱监测

1988 年 8 月，由于前期降水偏小，8 月份几乎没降雨，东北的吉林（特别是白城地区）和辽宁的广大地区伏旱严重，作物（特别是玉米）生长很差。国家卫星气象中心首次用遥感方法监测了这场旱灾，利用卫星资料把受灾程度分成重旱区（吉林的白城和内蒙的东部草原），旱区（辽东半岛的南端），轻旱区（吉林省南部和辽宁省北部）。结果表明，卫星监测获得的干旱范围与农业气象观测站用常规方法获得的土壤湿度观测资料基本一致，为有关部门提供了抗旱决策依据。

2）1988 年 12 月华北平原冬旱监测

1988 年华北平原冬小麦播种以前土壤底墒不足，播种以后基本上没有下雨，造成大面积出苗不全，出苗以后严重干旱。卫星气象中心用热惯量方法成功地监测了这次旱灾，给出了重旱区在河南东部及河北南部，与中国气象局国家气象中心用前期降雨量给出的旱区大体一致，而对于留不住雨水的土壤，卫星遥感监测比用前期降雨获得的旱情更加准确。

3）1992 年春天河南、甘肃等省的特大旱灾监测

1991 年河南、河北等省及西北的广大地区秋冬连旱，直到 1992 年春节还很少降雨，造成四季连旱，形成历史上少有的重旱灾。冬小麦无法播种，有的地方即使播了种也出不了苗，有的地方勉强出了苗也中途枯死；干旱到了可以用火点燃干枯麦苗的程度。特别是河南西北部和甘肃的平洛地区连人畜饮水都发生困难。国家卫星气象中心用气象卫星资料成功地监测到这次特大旱灾的重旱区在河南省西部山区和北部平原，其他各个地、市都受到旱灾威胁。从这次旱灾的系统监测中还发现，河南的旱灾与土壤类型关系极大，岗地旱灾最重。中国气象局根据卫星监测和常规气象监测资料的综合分析，及时地向国务院提供了干旱范围和受灾程度的信息，为救灾提供了科学依据。

二、冰雪遥感监测

利用卫星遥感监测冰雪开始于 1960 年美国第一颗极轨气象卫星发射，最初是利用可见光影像图通过人工判识的方法制作北半球雪盖范围的业务产品，并且

通过连续监测，首次获得了全球积雪分布和年际变化资料。随着卫星系列的更新换代和遥感仪器的不断改进，地球静止气象卫星（GOES、GMS）等高频次卫星以及陆地资源卫星 TM 影像（LANDSAT/TM）、地球观测系统的中分辨率成像光谱仪（EOS/MODIS）等高光谱、高分辨率遥感仪器相继投入使用，卫星遥感积雪监测技术也得以不断发展和提高，逐步形成以光学机械扫描辐射计和微波辐射仪为主要信息源的冰雪遥感日常监测业务系统。

气象卫星资料具有观测范围广、时次高、获取资料周期短等特点，为积雪的连续监测提供了方便。目前，正在运行的美国 NOAA 气象卫星系列所携带的改进型甚高分辨率扫描辐射仪 AVHRR，主要用于感应可见光和近红外的反射太阳辐射，中红外和远红外窗区的地球及大气的放射辐射，所获取的气象、海洋、水文及陆地表面特征等信息是进行积雪监测的理想资料。与 AVHRR 资料相比，MODIS 的多光谱通道和高空间分辨率数据将提高对冰雪的监测能力。MODIS 积雪产品的分辨率将达到 500m，会远远超过 NOAA 积雪产品（分辨率为 25km）；同时 MODIS 积雪产品将提供每日产品和 8 天合成图。产品将自动生成，可减少和消除人工干预产生的误差。更重要的是，利用 8 天合成图可以统计生成积雪持续时间和范围产品。LANDSAT TM 影像可用于流域积雪面积测量，还可提取积雪反照率的信息。

1. 冰雪覆盖遥感原理

雪有很强的可见光反射和强的短波红外吸收特性，卫星遥感冰雪覆盖的主要依据是冰雪在可见光、近红外、远红外和微波波段的光谱特征。利用冰、雪、云、裸地、森林和植被等不同下垫面在不同的光谱波段所具有的不同的地物光谱特征，建立冰雪判识模式，从卫星遥感地球所获取的综合资料中提取冰雪信息。许多研究表明，到达雪面的太阳辐射通常被雪冰粒子和粒子间的液态水吸收或反射，但是不同类型的雪，在不同的光谱波段，具有不同的吸收或反射特性。在可见光波段冰雪的吸收率较小（最小吸收率在 0.46μm 附近），随着波长的增加，冰雪对太阳辐射的吸收逐渐增大，在短波红外波段吸收率明显增强。图 9.4 展示了不同类型的雪其表面反射率随粒子半径和波长的变化。

在可见光波段，不同类型的雪都具有较高的反射辐射，且雪面反射率略有差别；在短波红外波段，尤其是在 1.25～1.35μm 之间差别较大。随着波长的增加，积雪反射率逐渐减小，在 1.55～1.65μm 之间和 2.1μm 附近反射率都达到最小，主要原因是冰雪在这些波段上对太阳辐射的吸收比较强。与其相反，云在这些波段仍保持较高的反射辐射，这就为云雪判识提供了依据。Bunting 等人也曾指出，在 1.55～1.75μm 的近红外波段上，云和雪的反射率有较大的差异，是冰雪判识的理想波段。在这一波段范围内，云反射来自太阳的辐射，而积雪却吸

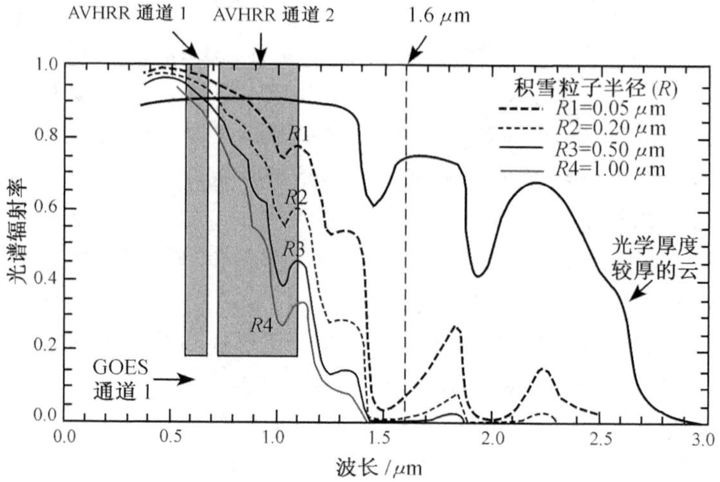

图 9.4　不同粒子半径的雪和云的反射率随波长的变化曲线

收太阳辐射。因此，云的反射辐射远远大于积雪，这一光谱特征可用于区分云和雪。除此之外，云在多波段相结合应用中与雪相比也有一些微小的差异，这些多光谱特征也是区分云和冰雪的依据。

在微波波段，冰雪遥感是以雪粒子对微波的散射和吸收为基础的。雪粒子的大小直接影响着微波辐射亮度温度。干雪粒子对微波的吸收和散射作用与波长有关，波长与雪粒子大小相近时（小于 1cm），散射作用占主导地位；波长远大于雪粒子时（大于 5cm），则以吸收作用为主。当微波频率在 10GHz 以上时，干雪粒子的散射作用增强，引起微波辐射亮温降低，与无雪区之间形成亮温差。积雪越深，电磁波的散射损失越大，穿透的微波辐射就越少，探测器所接收的辐射就越少，雪层引起的亮温差就越大（图 9.5）。此外，在窗区通道，微波能穿透云层，而且不受光线的影响。因此，微波波段是有云情况下进行冰雪监测和计算雪深的最好的波段。

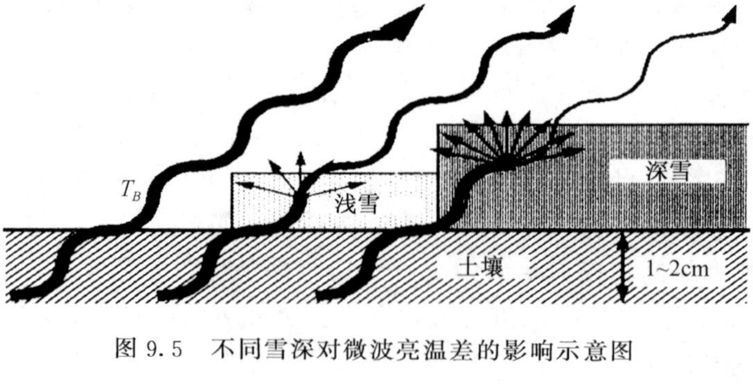

图 9.5　不同雪深对微波亮温差的影响示意图

2. 冰雪覆盖遥感方法

目前，在冰雪覆盖监测和研究中，经常使用的光学仪器主要有 NOAA 卫星携带的改进的甚高分辨率扫描辐射计（AVHRR/3）和 FY-IC/1D 卫星携带的多通道可见红外扫描辐射计（MVISR）。两种仪器的光谱特征如表 9.4 所示。利用对地观测卫星进行冰雪监测主要有以下三种方法：即人机交互阈值判识、多光谱半自动阈值判识和微波监测冰雪的方法。

表 9.4　AVHRR 和 MVISR 光谱特征比较

通道	AVHRR/3（NOAA 卫星）	MVISR（FY-1C/1D）
1	0.58～0.68μm	0.58～0.68μm
2	0.725～1.10μm	0.84～0.89μm
3	3.55～3.93（3b）μm	3.55～3.95μm
3a	1.58～1.64μm	
4	9.30～11.30μm	9.3～11.3μm
5	11.30～12.30μm	11.5～12.5μm
6		1.58～1.64μm
7		0.43～0.48μm
8		0.48～0.53μm
9		0.53～0.58μm
10		0.90～0.965μm

1）人机交互冰雪监测

利用可见光影像图，通过人工判识的方法制作北半球雪盖范围图开始于 1960 年，主要依据判识人员对云图的分析判识经验，通过对比分析，在每日的北半球极射赤面投影图上勾画冰雪范围，将每周的冰雪范围集中在一起输入计算机绘制成北半球周雪盖范围图。该项研究于 1966 年正式转入业务产品，每年可以获取 52 幅北半球周雪盖范围图。到目前为止，已积累了 30 多年的北半球周积雪资料，这些信息在积雪变化分析和气候研究中发挥了重要作用。

随着卫星遥感探测和计算机技术的发展，卫星遥感雪盖人工判识方法远不能满足应用的需求，通过不断地改进和完善，逐步开展了人机交互阈值判识研究，依据云雪的光谱特征和长期积累的判识经验建立了人机交互冰雪判识流程。从每条 AVHRR 过境数据中人工判识提取冰雪数据，逐日积累建立冰雪数据库，为冰雪变化分析积累长时间序列信息。

人机交互冰雪监测最大的优点是能够实时获取冰雪信息，积雪信息的提取完全依赖于人工监测，冰雪监测精度取决于判识人员的经验。

2）多光谱半自动阈值判识法

多光谱阈值判识主要依据积雪的光谱特征。理论研究表明，在短波红外波段云和雪的反射率有较大的差异，在这一波段范围内，云反射来自太阳的辐射，而积雪却吸收太阳辐射，因此，云的反射辐射将远远大于积雪。尽管冰晶云与积雪的光谱特征有些相似，但是通过多光谱综合分析和多波段组合仍可达到区分云和雪的目的。图 9.6 展示了积雪、卷云和积云在短波红外波段（1.55～1.65μm）的典型光谱特征曲线。

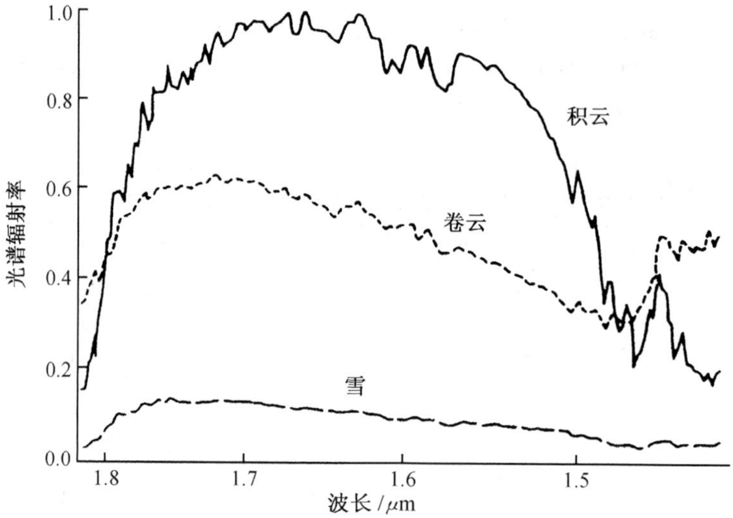

图 9.6　积雪、卷云和积云在短波红外波段（1.55～1.65μm）的典型光谱特征（方宗义等，2003）

据雪和云在可见光波段反射率相近，而在 1.55～1.65μm 波段近乎相反的反射辐射特征，可以建立增大云雪反差的归一化积雪指数（NDSI）、差值积雪指数（DSI）、比值积雪指数（RSI）等计算公式。

$$NDSI = (CH1 - CH6)/(CH1 + CH6) \tag{9.6}$$

$$DSI = CH1 - CH6 \tag{9.7}$$

$$RSI = CH1/CH6 \tag{9.8}$$

$$RDSI = (CH1 - CH6)/CH6 \tag{9.9}$$

式中：NDSI 为归一化积雪指数；CH1 和 CH6 分别为可见光和短波红外波段的反射率。

图 9.7 是利用实测卫星资料分析得到的不同陆地表面的可见光反射率与归一化积雪指数（NDSI）的聚类分析结果。图中积雪与云、植被、水体等下垫面具有不同的光谱特征，积雪的高反射率和较大的归一化积雪指数可作为云雪的判识依据。以各类积雪指数作为云雪判识的主要指标，结合其他波段的光谱特征，例如通道 1、通道 2 的反射率差、植被指数和通道 4 亮温等，并依据下垫面和云系的特征，气候资料和云/雪判识经验，在多参数聚类分析的基础上，分组确定冰雪综合判识阈值，建立半自动云雪判识模式，将得到更准确的云、雪判识结果。

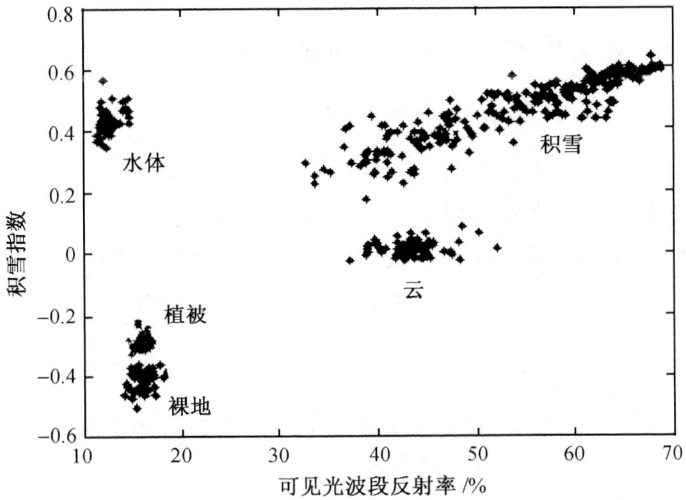

图 9.7 不同陆地表面的可见光反射率与归一化积雪指数（NDSI）的点聚图（方宗义等，2003）

3）冰雪覆盖的微波遥感

与可见光和近红外不同的是，微波窗区波段可以不受云的影响，得到直接观测的地面信息，因此微波窗区波段是有云覆盖时监测冰雪的最好的波段。为了减小积雪内部和雪表面状态对积雪监测的影响，常采用两种频率的亮温差判识雪盖，计算积雪深度。利用 AMSU 的 1 通道（23.8GHz）、2 通道（31.4GHz）和 15 通道（89.0GHz）资料试验得到的几种典型地表特征在 1 通道、15 通道和 2 通道、15 通道的亮温差。两种亮温差都有助于将雪区与其他下垫面区分开。

研究表明，无雪覆盖的裸露干地表的微波比辐射率为 0.95 左右；当有积雪时，积雪对地表的向上热辐射有明显的后向散射作用（或称遮蔽效应），使得积雪区表现在微波亮度温度上为低值区。积雪越厚，散射粒子越多，对辐射的散射削弱越大，反映在亮温上也就越低。理论研究表明，星载传感器微波通道中 37GHz 对干雪的散射较敏感，所以，雪深微波遥感反演常以 37GHz 为主要因子。Chang 在假定积雪密度为 0.3g/cm^3、雪粒子直径为 0.3mm 的条件下，把理论计算与微波亮温随干雪雪深变化的关系作线性拟合相结合，得到微波亮温反演雪深（SD）的计算公式如下

$$SD = A(T_{18H} - T_{37H}) \tag{9.10}$$

式中：$A=15.9$，为线性斜率；SD 为雪深（cm）。该式适用于反演雪深小于 3m 的干雪，并认为雪深小于 1cm 的地区是无雪区。研究表明该算式比较适用于反演草原地区的雪深。针对不同地区的陆表特征对上述公式进行订正，得到更普遍的反映温差与雪深之间的关系的计算式：

$$SD = A(T_{18H} - T_{37H}) - B \tag{9.11}$$

式中：A、B 为订正关系数；T_{18H}和 T_{37H}分别为 18GHz 和 37GHz 的水平偏振亮温。

3. 卫星遥感在积雪监测中的应用

研究积雪的分布，监测积雪随时间、空间的变化特征，对气象、水文、农业生产和国民经济建设等均有重要意义。气象卫星的问世，卫星遥感监测积雪的研究，使大范围积雪监测成为可能。我国卫星遥感监测积雪的工作开始于 1987 年，主要研究工作集中在云、雪判识方法，积雪分布年际变化监测，雪灾和流域积雪监测等方面。

1）监测积雪分布及其变化规律

积雪和大气始终处在相互作用的过程中，积雪的季节和年际变化不仅受大气环流和气候条件的制约，而且大范围积雪覆盖区的低温和高反照率对大气环流和气候存在反馈作用，尤其是大尺度季节性积雪，其相互作用更为明显。因此摸清我国季节性积雪的分布和变化规律，对大气环流变化和气候研究非常重要。自 1987 年我国“风云”1 号气象卫星资料接收处理系统建成以后，我们用其接收的 AVHRR 资料，开展我国及周边地区积雪分布和变化规律的监测试验，也积累了多年的积雪资料，通过分析研究，基本掌握了我国东北、华北、内蒙古、新疆、西藏等地区积雪分布类型和变化规律。

我国东北地区的积雪分布类型属典型稳定季节性积雪区，每年冬春季积雪覆盖着内蒙古东部、黑龙江、吉林大部以及辽宁部分地区。冬季积雪的多寡，决定了次年土壤墒情，直接影响该地区的农牧业生产。因此大范围的积雪监测可以为农业灌溉、市政供水和水力发电提供重要信息。

地域辽阔、地形复杂、气候恶劣的新疆和西藏地区是我国积雪覆盖的典型区域，在这个区域内，长年永久积雪、稳定季节性积雪、年周期性和非年周期性不稳定季节积雪等四种类型都有，积雪的时空变化比较复杂，而且云系也常常不断地在高原上空发展演变，经常是云、雪同时存在，大范围的晴空区非常难得，因此只有利用气象卫星资料才能做到连续监测季节性积雪的覆盖范围和变化规律。

2）监测雪灾

自然灾害中有“黑灾”和“白灾”之说，所谓“白灾”就是指雪灾。每年冬春季“白灾”给农牧业生产和人民生活带来灾难，尤其是牧区，牧民居住分散，春羔期和春乏期的低温大风雪，特别是积雪较长时间覆盖草场，会造成牲畜大批死亡，造成人民生命财产损失。因此，及时发现雪灾，做好大雪预报，十分重要。在气象情报不足，气候条件恶劣的山区、牧区，利用气象卫星资料监测雪灾是比较有效的工具。如 1985 年 10 月 23 日，一场罕见的暴风雪袭击青海省，最早发现雪灾的就是气象卫星云图。1993 年 3 月 25 日青海又遇特大雪灾，尽管受云的影响难于准确计算受灾面积，但青海地区仍然利用气象卫星资料向中央作了汇报。使中央及时掌握了灾区情况，为防寒救灾采取了有力措施。

3）流域积雪监测

积雪是地球上重要的淡水资源，冬、春季季节性积雪又是河川径流的主要来源，有时融雪径流还会造成洪涝灾害，威胁河流下游人民生命财产安全。由于影响流域河川径流的季节性积雪多半分布在环境恶劣、人迹罕至的高寒地区，流域内少量的水文气象站均位于远离积雪覆盖边界的河流下游，其降水和积雪记录难以反映大范围的降水和积雪的全面情况以及动态变化，无法用于融雪径流的研究和预报。气象卫星资料即成为监测流域积雪分布和变化的用于融雪径流预报的重要资料。1989 年，黄河上游，唐乃亥水文站以上，阿尼玛卿山地区积雪覆盖遥感监测和春季径流特征研究，以及径流预报就是一次成功的尝试。黄河上游的融雪径流是春季径流的主要来源，占同期地表径流的 72.6%，阿尼玛卿山流域内高山地带冬春形成大量季节性积雪，积雪量的变化直接影响龙羊峡水库流量。利用 NOAA 气象卫星 AVHRR 资料，曾成功地预报了龙羊峡水库 4 月至 6 月的入库水流量，预报精度在允许的误差范围内，满足了生产部门的需要，取得了显著的社会和经济效益。

随着遥感技术的不断发展，近年来，美国、挪威和加拿大等国在利用卫星资料进行大范围积雪监测和融雪径流预报方面做了大量工作。我国利用气象卫星资料在定性的图像判读监测积雪方面做了大量的试验研究和分析应用，积累了一定的经验，取得了较好的效果。

三、台风监测和预报

气象卫星最重要的贡献之一，是它对热带气旋及其他海洋天气的有效监视。为防御和减轻台风灾害发挥着重要作用。

热带气旋造成的人员伤亡和财产损失，居世界 10 种主要自然灾害的首位。过去由于缺乏观测资料，在毫无准备的情况下热带气旋突然袭击沿海地区而造成巨大灾难。1922 年 8 月 2 日强台风在广东省汕头市登陆，造成 3 万人死亡。而与前者强度、范围、登陆地点相当的 1986 年的 8607 号强台风，尽管这一地区人口密度已经大大增加，却只有少量人员伤亡。原因就在于从该台风形成初期，气象部门就通过气象卫星资料对其进行连续监视和追踪，并在其登陆前 72h 就发布了警报，沿海地区采取了严密的防御措施，从而大大地减少了人员伤亡和财产损失。预计减少损失 10 亿元余。

卫星云图对近海热带气旋的监视和预报尤为重要。这类热带气旋范围小，发展迅速，移动快，从生成到登陆一般仅十几个小时，因而容易形成突然袭击，在短时间内酿成巨灾。例如，1990年9月2日，在中国台湾岛东南大约250km的洋面上有一热带低压形成，并稳定向北移动，3日夜间它突然折向西北方向，并于4日凌晨在台北市以北约80km的海面上迅速加强成热带风暴，17h后，在福建省霞浦至福鼎沿海一带登陆。福建沙埕日降水量68.7mm，浙江苍南马站12h雨量达514.8mm，均为历史上少见；闽北、浙南沿海地区出现9～10级大风，阵风达11～12级。由于这个风暴范围很小，生命史又短，台北市的常规气象台在距它的中心仅80km时，由于它的风力和气压无明显变化，故尚未发现。然而，该强热带风暴从它的低气压阶段起，就一直处于气象卫星监测之中，1h一次的静止卫星云图非常清楚地展现了它的中心位置、云系范围、演变及它的连续移动路径。气象人员据此成功地预报出这次强热带风暴的强度、移动路径、登陆时间和地点以及狂风暴雨天气。并提前发布了紧急警报。大大减少了人员伤亡和财产损失。

确定台风的中心位置和强度，是台风分析和预报中的一个重要问题。从1989年飞机探测被取消后，这项工作主要依赖于气象卫星。通过多年的实践，根据卫星云图上台风螺旋云带的旋转汇合点，螺旋云带的曲率中心以及环境场中高低层云系特征，研究出了运用卫星云图确定台风中心位置的流程图，其准确率与过去飞机探测相近，并且在台风处于发展和减弱阶段时，还常常超过了飞机探测的准确率。在台风强度确定中，根据卫星云图上台风云系主输入螺旋云带的长度和云顶最低温度、台风眼区的大小、清晰程度和温度等要素特征，总结出了估计台风中心强度的半定量方法和强度演变模型图，进一步形成了估计台风强度的业务流程，使用表明，其预报台风中心风力误差在5m/s以内。

台风移动路径的分析和预报是台风业务中又一个重要问题。由气象卫星观测资料反演出的海表温度场、射出长波辐射场以及位势高度场等，为台风移动路径的分析和预报提供了背景环境场。用多次连续时次的高时间分辨率静止卫星云图制作成的动画和叠画，十分清晰地展示出台风的移动路径、速度和其演变过程。同时，还展示了台风所在环境中其他天气系统的移动和演变，为分析台风和其他天气系统的关系，预报台风的移动提供了进一步的依据。

四、暴雨监测和预报

直接产生暴雨的天气系统并不是季风本身，也不是在季风背景条件下活动的高空槽和锋面等大尺度天气系统，而是季风和大尺度天气系统相互作用产生的中尺度系统。这些中尺度系统的空间范围仅为几十公里至几百公里，生命史约几小时至一天。而目前的常规气象观测站网，尤其高空站网的水平格距约为400～500km，其主要任务是监测大尺度天气系统，用这样的观测资料难以抓住中尺度天气系统，更不用说研究它们的活动规律以及分析和预报。而气象卫星的图像观测资料，尤其是静止卫星图像资料，它的空间分辨率和时间分辨率都比较高，是监测、研究、分析和预报造成暴雨的中尺度系统的有效工具。通过大量资料的分析研究，气象工作者已经总结出一些暴雨天气系统的卫星云图特征及其活动演变规律，用于天气分析和预报实践。同时，结合极轨气象卫星如美国 NOAA 卫星的 TOVS（泰罗斯业务垂直探测）数据反演的水汽资料，红外通道观测到的地气系统射出长波辐射（OLR）资料等，大大提高了监测和预报暴雨的能力。

中国是季风气候国家，夏季，风暴为暴雨发生提供了条件，每年都遭受到突然性洪水和持续性洪水灾害。造成中国暴雨的中尺度天气系统主要有三种。

1. 台风暴雨

台风登陆时，在台风登陆地段的暴雨是台风周围的密闭云团和螺旋云带造成的，称为“台风环流暴雨”。例如，8607 号台风于 1986 年 7 月 11 日 14～16 时在广东陆丰沿海登陆，登陆时台风中心气压为 978hPa，最大风速 30m/s。福建、广东沿海地区 48h 降水 200～400mm，局部地区有 680～760mm，一水库降水量高达 1 121mm。台风环流暴雨主要和台风强度有关，但也和台风所处的环境场有关。它使台风环流暴雨分布不均匀。这些都非常明显地表现在卫星云图中，分析卫星云图后，就能预报出暴雨的分布。

通常情况下，台风登陆后强度减弱较快，伴随的强天气区的范围和灾害性天气的强度也随之减小。但气象工作者还是要在卫星云图上跟踪它的足迹，时刻检查减弱的台风是否有可能和其他西风带系统发生连接和合并。如有这种情况，台风减弱成的低气压就会维持较长时间而不消亡，天气现象可以十分剧烈，往往酿成暴雨巨灾。

2. 中尺度对流复合体（MCC）

中尺度对流复合体是中纬大陆上重要降水系统之一。它是通过卫星资料分析而被揭示出来的。在卫星云图上发现，每年 3～9 月，在美国中部经常出现一种有组织的对流天气系统，这种系统的生命史比一般中尺度系统长，面积比一般中尺度系统大得多。1980 年美国的 Maddoc 从增强云图物理特征概括出中尺度对流复合体的定义和判定标准。MCC 多在傍晚开始产生，夜间发展，天亮前发展到最强，以后很快减弱。初期阶段高度的对流性，可以产生龙卷风、冰雹或雷雨大风，对流天气系统进一步发展，当云顶发展到最高以后，降水变成连续性，后半夜以大到暴雨为主。美国大平原和中西部地区的夏季降水量的 50%～60%是由 MCC 造成的。

我国气象研究人员自 20 世纪 80 年代中期以来。对我国大陆上的 MCC 进行了一些研究，发现 MCC 也是我国春夏季重要的降水系统。尤其北纬 35°以南的我国南方大陆更是如此。例如，1993 年 5 月至 8 月我国南方共产生 17 个 MCC。1994 年 6 月 11 日夜至 1 6 日夜，连续有 6 个 MCC 袭击广西壮族自治区，是广西洪涝灾害的主要原因。

研究表明，中国的 MCC 基本特征和美洲大陆的 MCC 相近，它们产生于我国南方山脉的背风坡，主要集中于青藏高原东侧的斜坡上和坡底附近（如四川盆地），即高原的背风坡一侧。进一步，从卫星云图上分析出中尺度对流复合体有不同的内部结构，可产生不同的降水分布，造成地区性洪涝灾害。例如，1989 年 7 月 9 日 12 时至 10 日 11 时在川东地区有 MCC 产生，9 日夜间四川的合川和潼南降水量分别为 231.7mm 和 233.1mm，造成川东地区灾害。

3. 梅雨锋云系

每年初夏，中国长江中下游、淮河流域梅雨季节，有时产生 MCC，且大多数表现为梅雨锋带状云系，在卫星云图上可以清楚看到，并揭示出一些梅雨锋云系特征，这在常规观测中是办不到的。卫星云图分析发现，梅雨锋云带长期维持是其云系多次重建的结果。一个梅雨锋云系减弱或东移时，常在其西又有新的梅雨锋云系形成。1991 年梅雨期第三时段，梅雨锋云带于 6 月 23 日形成，经过 6 次重建，一直维持到 7 月 13 日。通过 GMS 卫星每小时的 TBB 数值资料分析，发现 1991 年 6 月 29 日至 7 月 11 日梅雨锋云带中有多达 200 个左右所谓“中-β”云团，这些频繁产生的中尺度云团是造成 1991 年江淮特大暴雨——洪涝灾害的主要原因。

五、强对流天气监测和预报

强对流天气包括飑线、龙卷风、冰雹、强雷暴和雷雨大风。这些强烈发展的中小尺度天气系统的空间尺度从几百米到上百公里，寿命只有几十分钟到十几小时，靠常规的观测站网监测它们的发生发展是困难的，而气象卫星的观测资料具有较高的分辨率，尤其是静止卫星的可见光和红外资料，分别相当于有着 1km 和 8km 间隔的“报告站”，从卫星云图的动画中。能够观测到中尺度系统的移动、排列和发展演变等重要特征，从而拓宽了推断强对流过程的新视野。因而，气象卫星资料成为分析和预报强对流天气系统的有力工具。

强对流云系有两种，即防线带状云系和强对流云团。这些云系是产生强对流天气的母体。

1. 飑线云带是线状排列的雷暴带

由于大尺度环境背景的不同，在卫星云图上，可以观测到四种不同的类型，它们是：断线型、后部扩建型、碎块型和嵌入层状云区型。例如，1993 年 5 月 5 日甘肃等地的特大沙尘暴飑线过程即为断线型。开始时，三个间断的雷暴云排成一列。以后在间断处又有新的雷暴云产生，和原来的雷暴云合并，而成为飑线带状云系，它的前锋呈弧状，就是飑线的所在。在卫星云图上可以清楚地看到它的发生发展、移动、更新过程。

2. 强对流云团是造成强对流天气的主要系统

大多数强对流云团属中-β 尺度，云顶多在对流层顶附近或以下。在午后生成，入夜后消散，生命期为 3～6h。根据云顶结构可将强对流云团分成三类。

第一类，冷心云团（塔状云团）。即云团有一个最高云顶，卫星云图上呈胞状结构，面积较小，四周边界亮温梯度很大。面积虽小，但能够产生很强烈的天气。如 1993 年 8 月 1 日下午到夜间，先后在苏北射阳、如皋和上海附近生成塔状云团，上述三地都产生了龙卷风，风力为 11～12 级。

第二类，“V”形云团。其云顶特征是，在云团的上风方向有一冷温塔，是云团的最高云顶，自冷温塔向两侧沿边界伸出一块“V”形冷温区，在冷温塔的下风部位生成一暖点，再向下形成暖尾流。例如，1993 年 7 月 8 日下午在河北生成一块“V”形云团，冷温塔云顶温度为－65.2 ℃，而暖点为－49.1 ℃。河北柏乡位于冷温塔附近，产生冰雹（Φ＝5mm）、大风（20m/s），经济损失 1.12 亿元。以后又在巨鹿、临城、内丘到冀县、故城的一长条区产生强对流天气，经济损失严重。

第三类，卵形云团。云顶结构特征是：云顶中间为一暖核，被四周的冷云带所包围，云团迎风的顶端处云顶最高。1993 年 5 月 25 日发生在苏北的一卵形过程，最高云顶温度为－74 ℃，而暖核温度为－62 ℃，影响皖北、苏北大面积产生强对流天气，苏北地区死亡 140 人，经济损失 8 亿元。

强对流天气的超短期预报，是当今气象学中最具挑战性的问题之一，必须将卫星、雷达和常规中尺度观测网等资料综合分析，才能更好地认识中尺度大气过程，提供准确的预报。

日本气象部门通过“向日葵”静止卫星，长期地每隔一小时取得一次影像来监视产生对流云的广大范围的气象环境，此外还与地面雷达网以及地区气象观测系统的数据组合成雷达降雨合成图，依次发布暴雨的预报和警报。在欧美，从静止卫星观测数据中主要是从云顶温度数据中提取出带来降雨的对流云，有人进行了对流云与降雨强度关系的试验。即，从卫星来看可见光波谱区的反射率大而在热红外光谱区表现为低温的对流云，其持续时间与地面上所观测到的降雨量可以看出有很密切的关系。这种低温云持续的时间（CCD，cold cloud duration）是某温度阈值以下的云的持续时间，这种温度阈值随季节而且随气候的不同而异。也有人将这种 CCD 数据直接输入到径流量模型中来预测河流的径流量。

通过多普勒雷达进行对流云的观测，不仅能搞清楚对流云内的降雨分布而且能弄清风的收敛、发散的结构以及暴雨产生的机制。对流云的结构随扰乱气象的环境条件不同能观测到种种的类型。通过与卫星观测组合进行观测，还可提高预测暴雨的精度。

第四节　地质灾害遥感

地质灾害是指由地球内外动力作用造成或由人为因素引发的各种地表环境受到破坏，使经济建设和人民生命财产遭受损失的地质现象。最常见的地质灾害包括以下四类。

（1）地壳变动类：火山爆发、地震。

（2）岩土位移类：崩塌、滑坡、泥石流。

（3）地面变形类：地面沉阵、地裂缝、岩溶塌陷、煤田采空塌陷。

（4）其他：地下煤层自燃、冻胀、冻裂、冻融等。其中地震、崩塌、滑坡、泥石流是发生最频繁、造成损失最直接的几种严重地质灾害。

一、滑坡、泥石流遥感调查

滑坡、泥石流主要发生在地形条件复杂、交通不便的山区，大多具突发性，历时短暂，来势凶猛，有强大的破坏力，灾后的实地调查难度很大。遥感技术的发展则为灾情调查提供了方便。

1．滑坡、泥石流调查的主要方法

1）直接解译方法

滑坡是指斜坡上大量土体、岩体或其他碎屑堆积物沿一个或数个滑动面整体下滑的现象，是多种因素孕育最终由重力作用造成的地质灾害。泥石流是沟谷中的松散固体堆积物质在一定条件下和水形成混合体沿沟谷或坡面流动的现象，是以流水和重力作用为主的地质灾害。滑坡、泥石流一旦发生便可形成一系列特殊的地貌特征，遥感图像以其形态、色调、纹理结构等影像特征宏观、真实地显示了这些地貌特征。解译人员可以运用多种图像处理方法，增强和提取这些影像信息，利用相关的专业知识和实践经验，直接地识别灾害体的特征。

2）动态对比方法

滑坡、泥石流虽然都有突发性，但它们的发生均与物质状况、动力环境和触发诱因等多方面条件有关，大多有一个难以为人们感官觉察的缓慢发展过程。运用不同时相遥感资料的对比解译能够识别这种变化的信息，从中发现滑坡、泥石

流灾害的现状和活动规律。例如，长江三峡秭归县的新滩镇原位于江北岸一个曾多次活动的古滑坡体上，1985 年 6 月 12 日滑坡发生，新滩镇被全部摧毁。由于该地段地势险峻，交通不便，实地调查困难，运用彩红外航空遥感等方法，通过对 1984 年和 1985 年两期遥感图像的对比解译，结合少量地面调查，确定了滑坡发生前的遥感影像征兆，成功地作出临滑预报。并很快查清了灾情，对滑坡体内部结构、滑坡岩性分区作了详细划分，测量了不同地段位移矢量数据，预测了运动方向和发展趋势，为滑坡形成机制的研究和确定整治措施提供了重要依据。

实践表明，一些过去发生的、当时没有引起足够重视或未及时进行调查的滑坡和泥石流，由于山体、沟谷长期遭受风化剥蚀、植被覆盖和人类活动的影响，已经改变了原来的面貌而不易辨认；或者再次发生滑坡、泥石流，新的灾害体将旧灾害体全部或部分摧毁和掩埋。这种情况下，在新的遥感图像上将难以找到灾害体当初鲜明的地貌特征。只有充分利用以往各个时期的遥感图像，才能了解调查区地质灾害的历史和演变过程。北京市地质研究所利用 20 世纪 50 年代以来摄制的多期航空图像，结合实地调查资料，对北京山区近 50 年中发生的较大规模的灾害性泥石流进行了系统分析，解译出泥石流沟 584 条（其中包括几乎无人知晓的 1959 年形成的近 50 条泥石流沟）；确定这期间共发生过 10 期灾害性泥石流；基本查清了泥石流发生的时空分布规律、活动频率、重现特点、强度和危害状况。

3）遥感图像资料的合理选用

由于滑坡和泥石流的覆盖范围相对较小，而且主要依靠灾害体在遥感图像上反映的形态特征来识别，因此需要遥感资料有较高的空间分辨率，并在可见光和近红外波段有较高的光谱分辨率。目前，地质灾害的遥感调查通常采用航天遥感与航空遥感相结合的方法。航天遥感资料主要用于地质灾害的区域性宏观快速解译，了解地质灾害与区域地质背景等因素的关系，分析灾害展布的空间特征，探讨灾害发生的总体趋势。航空遥感资料则用于分析具体灾害体的形态、规模和运动方式等微观特征，有时还要进行灾害体某些要素的量算。因此，根据任务要求，合理选择遥感资料和工作方法是多快好省地实现调查目标的重要环节。

4）遥感信息的综合分析方法

滑坡、泥石流等地质灾害是多种地球外营力和人类活动共同作用的结果。这些作用的过程和后果大多能在不同片种、不同波段、不同分辨率水平的遥感图像上以直接或间接的影像标志真实地反映出来。因此，对滑坡、泥石流等灾害的遥感调查实质上就是对这些影像标志的识别和综合分析过程。

2. 滑坡、泥石流的遥感解译内容

1）定性识别滑坡、泥石流

依据滑坡、泥石流发生的最基本的地质、地貌环境和触发条件等原理，从灾

害体特殊的总体形态、色调特征识别着手，定性地确定滑坡、泥石流的存在。

2）微地貌结构解译

滑坡、泥石流灾害体有一系列微地貌特征，例如，滑坡灾害的滑坡体、滑坡壁、滑坡洼地、滑坡阶地、滑坡鼓丘以及伴随滑坡产生的各种裂隙等；泥石流灾害的侵蚀物积累区、流通区、扇状或锥状堆积区等。进行微地貌解译的目的是为进一步确定灾害的类型、规模、范围、性质、活动特点提供依据。由于微地貌的尺寸大多较小，解译需要采用具有较高空间分辨率的遥感图像。目视解译时应充分采用像对的立体观察方法。

3）灾害体要素量算

滑坡、泥石流灾害遥感调查时常常需要对某些灾害体要素，如滑坡体的滑动距离、体积，泥石流堆积体的面积和体积等进行量测，以了解灾害的规模、灾情和活动特点。精确的定量计算需要在经过几何校正的航空图像上借助立体量测工具进行，或采用计算机数字测图方法。

王治华在对国内外 30 多个大型滑坡实测剖面的分析后提出一种利用遥感图像量算滑坡体体积的简易方法。依据滑坡体表面和滑动面的特征，忽略局部细节，可将滑坡体表面分为 A、B 两类，将滑动面分为 C、D 两类。其中：

A 型：滑坡体表面总体上呈缓坡；

B 型：滑坡体表面的中后部较缓，前部较陡；

C 型：滑动面后陡前缓；

D 型：滑动面呈斜坡形。

A、B 类滑坡体表面和 C、D 类滑动面可组合成四种类型的滑坡体，它们基本上概括了自然界主要的滑坡体类型。其中：

BC 型：滑坡体呈似平行四面体；

AC 型：滑坡体呈顶边在下的三面体；

BD 型：滑坡体呈顶边在上的三面体；

多级型：滑坡体由多个 BD、AC、BC 型滑坡体混合组成。

进行滑坡体体积量算时，首先利用遥感图像和地形图，计算出滑坡体的表面积及其在后缘（或前缘）上的投影面积；然后绘出滑坡体的纵剖面图，确定滑坡体所属类型，按三角函数原理算出滑坡体的平均厚度；滑坡体在后缘（或前缘）上的投影面积与平均厚度的乘积就是滑坡体的体积。

4）灾害特点分析与形成机理探讨

由于所处地貌、地质环境的不同，滑坡、泥石流灾害的特点常常会因地而异。这就需要在对灾害体做细致的定性、定量遥感解译的基础上，对该地区相关的地学资料，包括灾害发生的历史资料做系统的分析研究，结合必要的实地调查，在地质理论的指导下，了解灾害体的具体特点和环境条件，进而探讨灾害孕育、发展和触发的机理，进行灾害趋势的预测预警。

5）灾情调查和损失评估

遥感方法是滑坡、泥石流等地质灾害发生后灾情调查和损失评估最快速而有效的方法。选择好灾害发生前后的具有足够空间分辨率的遥感图像是进行灾情评估的基础。参与对比的不同时相图像的时间间隔越短越好。在轨运行的卫星越来越多，空间分辨率不断提高，为灾情的遥感评估提供了方便条件。

3. 滑坡、泥石流灾害的遥感调查实例

2000 年 4 月 9 日，西藏雅鲁藏布江支流易贡河通麦以西河段的北岸突发大规模滑坡。下滑的高约 100m 的岩土堆积体堵塞了易贡湖的出口。当时正值春末夏初，天气逐渐变暖，湖周的雪融水不断注入湖中，湖水以较快的速度持续上涨，大有冲决滑坡堆积坝体，形成洪涝灾害危及下游的态势。在这种紧急情况下，国土资源部航空物探遥感中心通过卫星遥感监测，为抢险救灾决策提供依据。

1）易贡滑坡的遥感监测结果

滑坡发生前的 TM 图像显示，位于深切河谷的易贡湖盆地总面积约 $26km^2$，并未充满湖水，谷底的割床呈网状分布，集水面积不足 $10km^2$。湖盆周围有多处冰川、古滑坡和泥石流堆积扇分布。

4 月 13 日，即滑坡发生后第 4 天的 CBERS-1 图像显示，在湖盆北侧的泥石流沟上出现了浅色调的呈流体形态的滑坡体，出露面积约 $12.9km^2$，其前端明显堵塞了易贡湖的出口。由于湖水只进不出，水位不断抬升，4 天内湖盆的集水面积增至约 $20km^2$。5 月 4 日的 SPOT 卫星图像显示易贡滑坡体的边界清晰，与 4 月 13 日的 CBERS-1 图像相比，整体变化不大。易贡盆地已完全为湖水充满，集水面积猛增至 $33km^2$。5 月 9 日，即滑坡发生后第 30 天的 CBERS-1 图像显示，滑坡体形状基本未变，但北端有滑坡仍在活动的迹象。易贡湖水面已达 $37.3km^2$。滑坡坝体下方的易贡河水呈浅色调，表明坝体已有冲蚀渗水现象。根据这种情况，预测滑坡坝体有溃决并危及下游的可能。5 月 20 日的 ETM 图像显示，易贡湖水继续急剧上涨，湖面已没至坝体顶部，湖水面积达到 $43.6\ km^2$，坝体已岌岌可危。尽管易贡滑坡抢险救灾指挥部组织武警官兵在坝体上开挖泄洪渠，但滑坡坝体仍于 6 月 10 日全面溃决。6 月 16 日的 SPOT 图像显示，大致相当于原易贡河河床位置的坝体被冲开。迅速下降的湖水面积骤降至约 $20.3\ km^2$。易贡河下游及雅鲁藏布江大拐弯段有明显的高含泥沙的洪水泛滥现象。9 月 20 日的 IKONOS 图像显示，滑坡坝体溃决 3 个多月后易贡河及雅鲁藏布江大拐弯段两岸的洪水已退至原河道，流水基本恢复正常。

2）滑坡成因遥感分析和灾情评估

易贡大滑坡是青藏高原地貌演变过程中一次重力侵蚀活动，其性质为高速滑

坡碎屑流，由扎木龙沟沟头雪崩触发大规模崩滑，并引发了部分危岩区的滑坡和崩塌。滑坡体形成约 3km 宽的坝体，堵塞了易贡湖的出口。从滑坡发生到滑坡坝体溃决的两个月期间，易贡湖水面约上升了 100m，集水面积扩大了约 43 km^2，推算洪水总量约达 35.2 亿 m^3。

这次滑坡造成的灾害是巨大的。通过遥感图像解译，并结合地形图的量算，滑坡体毁坏了原堆积扇上约 4 km^2 内的一切地物。易贡湖水上涨淹没了 2 300m 高程以下约 32.4 km^2 范围内的全部农田、村庄和道路。滑坡坝体溃决后猛烈的洪水毫不留情地冲毁了易贡湖下游所经之处所有的大桥、林木和道路，影响距离长达 130km，并触发了数十处斜坡表层（或浅层）滑坡与坡面泥石流。由于当地特殊的地貌和生态特征，溃坝一个多月后，易贡河和雅鲁藏布江的河道才接近恢复正常。

另外，还可利用热红外遥感信息很好地探测地下煤层自燃的状况，利用可见光和近红外波段的信息则可以探测烧变岩的分布范围。从 20 世纪 80 年代初开始，原地矿部、煤炭总公司等部门就采用机载和星载热红外遥感技术在宁夏、山西、新疆、内蒙古、辽宁等省区的一些著名煤田开展地下煤层火灾的探测。1993 年起，国家科委和欧共体科技发展部合作开展了“中国北方煤田自燃环境监测”的研究。中、荷、英、德四国的 50 多位专家经过 3 年的努力，共发现我国北方有 56 个煤田自燃火区，建立了“1∶500 万中国三北地区煤层自燃环境监测信息系统”，形成了一套应用热红外遥感技术探测地下煤层火灾的技术方法和工作程序，查清了各火区的位置、范围和规模，开发了相应的地质和数学模型，提出了煤田火区环境监测和火灾防治的建议，对“三北”地区煤炭资源的保护、国民经济的可持续发展和生态环境的改善具有重要意义。

二、地震遥感监测

地震是一种由于缓慢累积起来的能量突然释放而引起的大地突发性运动，是一种潜在的自然灾害，特别是中等地震（6～7 级）和大地震（7～8 级），具有的威胁性最大，因为它们发生的频次比巨大地震（8 级以上）高得多。据联合国统计，本世纪以来，全世界因地震而死亡的人数约占各种自然灾害所造成死亡总数的 58%。1908 年意大利墨西拿地震（7.8 级）中死亡约 8 万人。1976 年 7 月我国唐山地震（7.8 级）毁灭了整个城市，死亡人数达 24.2 万人。因此，利用各种手段，特别是卫星遥感手段监测地震前兆给出临震预报意义重大。

地震的发生据专家认为，地震发生以前，在未来震源周围相当大区域内的介质处于高应力状态，称之为“红肿区”（即孕震区），其相当大的岩石圈在运动着，发生一系列复杂的物理和化学变化，并和外界物质进行能量交换，使得震前出现低空大气增温、低空电场异常并释放出诸如甲烷、二氧化碳等气体。而卫星热红外辐射仪能记录低空异常气体含量增加和大气增温等“红肿”现象，可以监测低空大气垂直温度异常及其地面、水面、温度的变化，这就是利用卫星热红外异常进行地震预报的理论依据和基础。根据这一理论，利用卫星热红外信息开展地震短临预报形成为一种有效的方法。其原理就是从热红外图像上分析判断低空大气增温的特点、规律，进而研究其影响的区域范围，孕震中心和强度，最终综合予以预报。其结果取得了可喜的进展，成功率达到50%左右。但也有震中不准的，还有误报、虚报的。Qiang Zuji 于 1997 年等用卫星热红外数据预报 62 次火山和地震的发生，其中 29 次非常成功，33 次失败。这表明，这一方法还有待进一步深化完善，还应充分利用最先进的时空耦合分析模型等，同时有机地将3S集成系统应用于卫星热红外地震短监预报中，使遥感在环境灾害监测中发挥更大的作用。

李建华于 1998 年等利用 ERS-1/2 干涉雷达数据，曾有效地研究了西藏玛尼地震的同震位移场。西藏玛尼地震发生在 1997 年 11 月 8 日，震级为 7.5 级，震中位于北纬 35.2°，东经 87.3°，朝阳湖的南部，地质部位位于羌塘块体北部边界的近东西向玛尔盖查卡一若拉错断裂上。该断裂全新世以来活动十分强烈，断裂带上 1973 年发生过中扎俄久多 7.3 级地震。11 月 8 日玛尼地震以来至 12 月 3 日，在羌塘块体及邻近地区相继发生 11 次 5 级左右地震，可能意味着新一幕地震活动的开始。利用地震前的 ERS-1/2 串行数据成功地提取了数字高程模型 (DEM)，然后用地震后的 ERS-2 数据与地震前的 ERS-2 数据做差分处理，得到变化检测条纹图，从中可识别出地表破裂带，还可定量推算震中周围和两条断裂带附近的变形情况。

近些年来，在重视大规模地震灾害有关的地震观测研究之外，也在研究有关预测地震灾害的防灾对策。在这样的背景下，遥感技术的应用以各种各样的方法发展起来了。在长期预报中，要探测成为地震周期性震源的活断层。活断层是通过判读解析卫星图像的线性构造，并通过现场调查来确认的。另外，为观测板块的动态，通过国际合作进行着利用卫星发来的电波的甚长基线干涉测量 VLBI (very long baseline interferometry) 的观测研究。作为短期预报，利用接收多个卫星发射的电波实时确定位置的全球定位系统，建立了以数十公里的基线观测网来长期监测地壳变动的监测系统，已证实其可进行高精度的观测。探测作为地震的前兆现象的重力和地磁异常，是正在研究的卫星观测方法。

在地震灾害的预测中，由于强震下的地基运动特性和地基液化与地区的地基条件有密切关系，有人正试图以从土质柱状图制作的 100m 格网的地基数据库为基础，解析表层软弱地基的强震振动，并与从卫星数据求得的城市结构的抗震特性组合，来研究预测地震灾害的方法。

有关地震灾情的遥感，多用航空像片，例如，1966 年中国邢台地震，其后的唐山地震。对 1983 年日本海中部地震的海啸引起的海水淹没范围和 1984 年日本长野县西部地震引起的山崩灾害等也应用了卫星数据进行探测。在地震灾情监测中，何建邦等于 1994 年研制了一套快速人机结合的航空像片震灾判读的技术系统。根据震灾影像的分类分级，按震灾的宏观烈度表，以倒塌率为依据快速勾绘高烈度包络线。航空遥感显示的高烈度包络线是判别地震灾害程度的一个重要的依据，不仅比常规方法在时间上有很大优势，并且真实程度远胜于常规方法，尤其是快速显示生命线工程（道路、桥梁）受灾程度，极大地有利于救灾的现场指挥。

用卫星遥感地球表面同一地区，具有时效快、视野广、同步性强的优点。这对监测、研究大面积宏观的热红外突发性异常增温的动态变化，具有独特的优势，其他观测手段是无法比拟的。中国借助气象卫星遥感信息，已做出过较为成功的地震须报，表明它具有巨大的潜力和发展前途。以下简要介绍一下气象卫星在我国地震监测中的应用。

1. 临震前的异常增温及其特征

地震前兆的明显特征，就是反映在气象卫星热红外通道遥感信息中的温度突然的异常增高，其增温随着时间和空间的不同而变化。所以临震前兆必定要具备突发性异常增温，但它既不同于地形影响的经常性稳定增温，如太行山足的温度就常比山上和远离山足地区的高，又不同于天气（或气候）变化的升温，如槽来脊去的温度升降等。临震前的突发性异常增温（以下简称增温）的实例与具体特征如下。

1990 年 2 月 9 日 17 时 57 分（世界时）江苏常熟以东发生 5.1 级地震，震中位于北纬 31.6°，东经 121.0°。在这次地震前的 2 月 6 日就预报南黄海、苏北沿海将发生 5～6 级地震。预报结果与实况基本一致。从 1990 年 2 月 1 日 5 时 7 分从热红外通道的假彩色图像上获知，在东经 121.0°～122.0°之间 35°附近的海上清晰可见一块单独孤立的褐色块体、近圆形，这就是异常增温区，面积约 $5\times10^4 km^2$（实际范围更大些，因部分被云覆盖），该区的温度比外围边缘的温度高出 3～5 ℃。同时在山东半岛中部和江苏太湖附近地区也增温。在 2 月 1 日以后的几天里，黄海增温的范围有所扩大，如 4 日 11 时 32 分其范围明显增大了 3 倍多，主要是向东向南扩展。6 日 4 时 32 分黄海被云覆盖，并在增温区的北侧伴随一条近东西向云线（地震云）。当时山东半岛和江苏为晴天，温度也明显增高。到了 8 日 20 时 32 分黄海少云，增温区已向南移至长江口外海和杭州湾东侧的海上，此时增温区的面积已达 $15km^2$ 余，平时这种增温块体是见不到的，到了 2 月 9 日则发生了 5.1 级地震。

1994 年 5 月 23 日至 24 日台湾花莲东北海外发生了地震群，连续出现 4 次地震，震级分别为6.3级、5.6级、6.2级和7.0级。在这次地震前的5月13日就预报台湾东侧海上将要发生5～6级地震。预报与实况基本相符。在5月上旬冲绳岛就有异常增温出现，在这半个月期间台湾附近海上共发生4次增温过程，即5月8～9日、11～13日、14～15日、18～19日，这四次异常增温的地区和形状，大致相似。由于云的干扰和覆盖，这4次的图像资料不全，其中以5月12日异常增温区的云量少，增温块体清晰。

通过以上实例不难得出，地震发生前，必须具备异常增温，其具体特征如下：

(1) 增温起始时间，一般在震前15～20天左右，其中以5～6天的居多。

(2) 增温区为单独孤立的块体，形状各异，如圆块、椭圆、条块状、条状等，其中以圆块或椭圆居多。它们比外围边缘的温度高出3～5℃或更高。

(3) 增温块体随着时间的推延和空间尺度的不同，而发生变动。

(4) 增温区的范围越大，震级越强，一般6级、7级地震其增温范围，可从几十万到上百万平方公里。

2. 异常增温的机理

地震前，由于岩石受力而聚集了巨大能量。原来富集于岩层间的各种气体迅速向地表释放，即有CH_4，CO_2，H_2O和H_2等气体逸出地表，逸出后，它们在地表空气中的总量都发生了很大变化。同时，地震前由于带电地下水的剧烈运动，产生的强大电场使空气和逸出的气体被激化，从而产生热红外异常增温。

例如，1991年北京外围发生了唐山、滦县、河间及渤海地震。由实况资料获知，大气低空的CH_4，CO_2的含量出现增值，气象卫星热红外异常增温（图像显示）以及大气低空电场发生异常，见表9.5。

从表9.5可知，地震前出现热红外异常，且和大气中的CH_4、CO_2气体含量增值、大气电场变化呈一定相关性。模式为：

岩层受力→地球放气→CH_4、CO_2等气体溢出，带电粒子溢出→CO_2等气体被电场激化→红外异常增温。

表9.5 CH_4、CO_2气体含量，低空电场和热红外增温

序号	地震	年.月.日	CH_4、CO_2 含量/10^{-6}	低空电场 /(V/m)	ΔT_{24}6AM /℃	卫星热红外增温显示
1	唐山	1991.5.8			1.2	√
	1991.5.30	9			0.8	√
	M5.1	10			−0.3	√
	Δ180km	17		−422	−4.7	●
		18			0.1	√
		19		−422	−0.4	√
		20			−0.5	√
		21	2.92		2.5	●
		29	2.36		2.0	

续表

序号	地震	年.月.日	CH_4、CO_2 含量/10^{-6}	低空电场/(V/m)	ΔT_{24} 6AM/°C	卫星热红外增温显示
2	滦县	1991.7.9	5.4		0.9	√
	1991.7.27	10	6.2	−264	−0.9	√
	M4.6	11	3.1		3.8	√
	Δ200km	16	9.3		1.4	√
		19	4.5			√
		20			2.8	●
		23	5.6			√
		24	3.0		1.9	√
		25	3.2			●
		26	2.6		2.1	●
3	河间	1991.7.28	4.5		雨	√
	1991.8.10	29	3.6			●
	M3.8	8.2	4.4		0.8	√
	Δ158km	3	3.3		0.2	云
		4	3.2	−335	0.6	√
		5	2.7	−349	1.0	√
		6	3.7			√
		8	3.9		−0.6	√
4	渤海	1991.8.13				●
	1991.9.2	19	3.6	−286	−0.4	
	M4.6	20	410	−334	5.2	
	Δ400km	21	3.2	−292	−0.4	●
		22	410	−328	1.7	
		23	3.7　400		1.9	●

注：Δ180km——增温斑块直径；ΔT_{24}——24 小时变温；6AM——早上 6：00 的气温；√——增温；●——明显增温。

3. 短临震预报效果检验

根据地震实况资料进行检验，即根据预报地震发生的时间（T）、地点（L）和震级（M）三要素进行评价，其结果见表 9.6。

利用气象卫星遥感信息监测热红外突发性异常增温作短临震预报是项开拓性工作，效果不错，大有发展前途。但要正确区分临震前的异常增温，还存在一定的难度。在一般情况下，当下垫面较为均匀时，识别异常增温比较容易；但在地势十分复杂，要辨别孤立单独的异常增温块体，困难较大。这有待今后继续探索。气象卫星的热红外通道信息不能穿透云层，当有云覆盖时，就无法识别地面的增温情景，而地球上一般有云的日子较多，尤其在雨季几乎都是阴天，客观上

表 9.6 1994 年 1～5 月热红外遥感短临震预报效果检验情况

序号	地震地区	震级	月．日	纬度（N）/（°）	纬度（E）/（°）	预报起始时间（月．日）	预报三要素评价			
							三要素	正确	基本正确	错
1	台湾花莲海外	5.6	1.20	24.2	122.0	1.18	T	●		
							L		●	
							M	●		
2	缅甸北部	6.2	4.6	26.3	97.0	3.26	T	●		
							L			
							M	●		
3	台湾东南侧海域	5.7	4.13	21.9	122.2	4.3	T	●		X
							L	●		
							M	●		
4	菲律宾吕宋岛东侧	6.0	4.27	13.8	120.3	4.13	T	●		
							L		●	
							M	●		
5	台湾花莲海外	6.3	5.23	24.5	122.2	5.13	T	●		
		5.6	5.23	24.5	122.1	5.13	L	●		
		6.2	5.23	24.4	122.5	5.13	M	●		
		7.0	5.24	24.1	122.5	5.13				

给识别异常增温加大了难度，影响识别和连续监视异常增温块体的动态变化。这有待今后用气象卫星上的微波探测器数据以监测有云层覆盖情况下地面异常突发性增温，或者利用其他特点，以突破这种震前监测障碍。

三、火山灾害遥感监测

火山爆发预报中包含对喷发中的火山的监视。卫星数据在这个方面的应用分大范围监视和窄范围监视两种。对于前者是利用静止和极地轨道气象卫星，除考虑火山喷发对飞机的飞行安全，向大气中喷发物的扩散和对气象气候的影响进行评价外，还用于火山学的研究之中。后者是通过航空遥感对火山体的温度异常区域的分布以及地磁变化进行的研究。在卫星遥感中使用 LANDSAT/TM 的 6 波段（常温范围的热红外）以及 7 波段（短波红外）来检测火山体的温度异常范围及某种有限程度的测温是可能的（图 9.8）。但是要及时适应火山爆发预报的紧急性，就要开发具有更高分辨力的有测定岩浆熔融温度（最高 1 500 ℃）功能的机载 MSS。另一方面，为监视火山体的基部变化，已在几个火山及其周围布置了 GPS 观测网，揭示了探测伴随火山喷发而产生的周围地壳发生变化的实例。

火山爆发灾害状况的探测，在日本自从 1979 年开始接收 LANDSAT 图像以来，对御岳山、三宅岛、樱岛等每次发生火山爆发灾害时都作了喷发物质的分类及其分布图，与地面调查作比较核对确认了其有效性。制作火山爆发灾害危险程

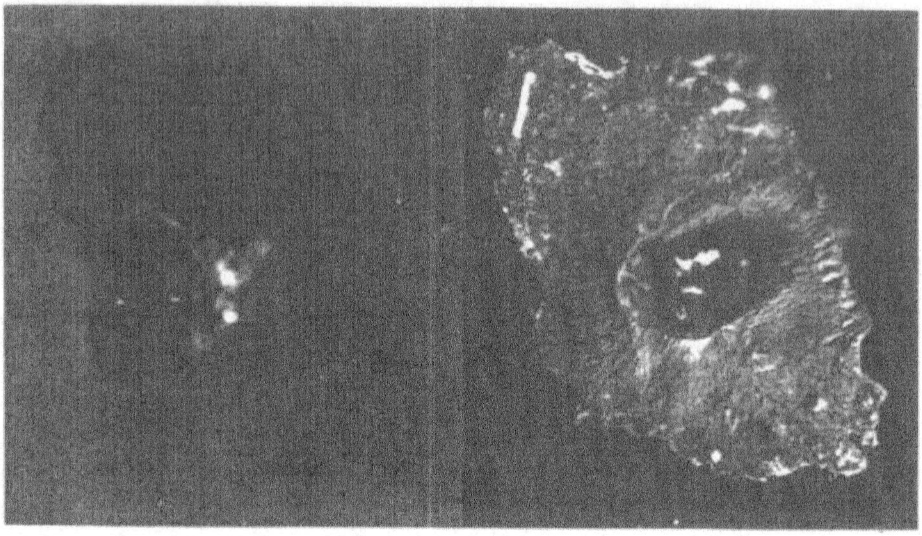

图 9.8　伊豆大岛火山喷发后（1986 年 12 月 12 日）的温度分布
（TM6 和 7 波段图像）

度评价图时是应用卫星数据将火山体的地貌、地质构造、火山周围地区的社会结构等进行分类制图，根据历史上喷发灾害有关文献搞清楚各个火山喷发特性，同时使用 DTM 数据进行喷发熔岩流模拟试验等内容的综合研究。

今后，通过应用具备更高分辨力、多波段的热红外传感器的卫星数据和 SAR 图像数据，可以预料遥感用于火山防灾的潜力是很大的。

第五节　森林草场火灾遥感监测

一、概述

火对生物圈有着极其重要的影响力。火是许多陆地生态过程中的一个重要过程；同时，生物燃烧时释放出的气体和颗粒物对发生在大气中的物理和化学过程有重要影响。火对于热带大草原、北部森林和苔原环境区有着深远的影响，并且是热带和亚热带森林毁坏的主要制造者。此外，一些零星的很强的火也出现在许多森林、草场和荒原等生态群落。随着社会的发展，人们日益关注森林、草场火灾及季节性燃烧对气候和经济的影响，迫切需要对其进行监测。1998 年，全球火灾监测中心（Global Fire Monitoring Center，简称 GFMC）成立，其主要目的是让世界各国通过 Internet 分享其火灾监测的成果，发展和规范全球火灾监测的方法，并为其他科学组织提供各种火灾监测产品。利用遥感技术监测火灾在国外始于20世纪60年代初期的航空热红外探测。采用航空监测火灾的手段是不经济的，而且也难以覆盖所有地区。目前大都是利用对地观测卫星对火灾进行监测。星载扫描幅宽、每天覆盖全球的高温传感器，是提供大面积火情监测高效、经济的主要手段。通常用于林火监测的主要有热红外数据、TM数据和NOAA/AVHRR气象卫星数据。

热红外受大气窗口的局限，目前主要应用3～5μm波段和8～14μm波段这两个大气窗口，这与一般认为林火温度在600～900K之间，其峰值波在3.22～4.83μm相吻合。因此3～5μm波段是监测林火的最佳波段。由3～5μm波段的扫描图像，能清楚地显示火点，火线的形状、大小和位置，对于特别小的隐火、残火有较强的识别能力。当林火火焰温度达到1 300K左右时，其辐射峰值2.233～5μm正处在TM7（2.08～2.35μm）的光谱响应范围，故TM影像能监测林火温度很高的特大林火灾害，TM6（9.8～12.6μm）在夜间能提供热图像，对暗火、残火有一定的探测作用。另外，TM资料有丰富的植物长势信息和其他地物信息，对林火灾害后评估有很好的作用。气象卫星用于林火监测覆盖面积大，发现火灾及时，而且能积累火灾发生、发展的整个过程，具有敏感度高、时效好、快速、成本低的优点。其中可见光通道（CH1：0. 58～0.65μm）图像清晰反映林火烟尘信息；近红外通道（CH2：0.725～1.1μm）反映过火林地信息，也能反映烟尘信息；CH1和CH2图像组合可用于火区和周边林地，以及林火前后比较分析；中红外通道（CH3：3.55～3.95μm）图像反映林火高温区的分布；热红外通道（CH4：9.3～11.3μm；CH5：11.5～12.5μm）图像反映地表常温范围的温度，因此能反映林火燃烧区和过火区。

自对地观测卫星业务化运行以来，许多国家在火灾监测中都取得了许多成果，为全球环境和灾害监测做出了重要贡献。美国是利用卫星进行火灾监测的最早国家，目前用多种卫星资料开展火灾监测，如NOAA/AVHRR，GOES，EOS/MODIS、国防气象卫星等。目前对全球公开的产品主要是由EOS/MODE生成的火灾监测产品，包括日产品、8天合成产品，10km和50km月格点统计产品等，后者适用于全球气候模式应用。MODIS对10km×10km及0.5°×0.5°两种火灾产品进行火灾分级，其主要参考标准是4μm通道的亮温。火灾分级标准见表9.7。过火面积的估算是根据1km分辨率的8天和月平均产品来计算得到。

表9.7　MODIS火灾产品分级标准

等　级	标准
0	$T_4<315K$
1	$315K<T_4<320K$
2	$320K<T_4<325K$
3	$325K<T_4<335K$
4	$335K<T_4<350K$
5	$350K<T_4<400K$
6	$400K<T_4<450K$
7	$450K<T_4<500K$

加拿大科研人员利用卫星遥感数据，结合常规火灾观测资料，对其国内30年森林草场火灾发生频率和过火面积进行了统计，发现由人类活动引起的火灾比。诸如，闪电等引起的火灾次数稍多一些。但由自燃引起的火灾，其燃烧面积相比之下要大得多。

中国气象局国家卫星气象中心于1985年开始利用NOAA/AVHRR资料开展森林草场火灾监测业务研究工作，并于1986年4月13日首次监测到内蒙古草原火灾。同年开始向有关部门进行监测服务。经过有关科技人员的不懈努力，边服务边研究，火灾监测水平不断提高。先后开发了多通道火情监测彩图色合成图，火点精确定位，火点自动识别，子像元火点面积估算，过火面积计算等技术，并结合地理信息系统，对火点性质（林区火、草原火或农田火）和所处行政区划进行自动判识。目前，对火灾监测专题图像和报告的制作在卫星资料接受后半小时内即可完成，并及时发往有关部门，为扑灭大火赢得时间。自开展森林草场火灾监测业务以来，每年向森林、草场防火部门提供2 000多个火点信息，每次重大火情都得到实时监测。让人们记忆犹新的是1987年5月发生在东北大兴安岭的特大森林大火，在大火燃烧的26天中，卫星监测的火灾信息为扑灭大火起到了极其重要的作用。

二、原理和方法

火灾监测实际上是对卫星观测到的下垫面高温目标的识别。地面高温目标通常由卫星携带的扫描辐射仪观测的资料经过一定的加工处理得到。美国NOAA极轨卫星和我国风云一号极轨气象卫星，都装载着这种先进的扫描辐射计，即AVHRR。通常情况下，该仪器有5～10个探测通道。表9.8为我国风云一号02型极轨气象卫星AVHRR十通道分布情况。由表可知，通道3的主要用途之一就是识别地表热源。由于该通道波长位于3.7μm附近，该波段对高温目标非常

表9.8 AVHRR通道分布特征和主要用途

通道	波段范围/μm	动态范围	主要用途
1	0.58～0.68	0～100%	白天云、冰、雪和植被
2	0.84～0.89	0～100%	
3	3.55～3.93	180～350K	热源、晚间云
4	9.3～11.3	180～330K	海面温度、白天/晚间云
5	11.5～12.5	180～330K	
6	1.55～1.64	0～90%	土壤湿度、云/雪判识
7	0.43～0.48	0～50%	海洋水色
8	0.48～0.53	0～50%	
9	0.53～0.58	0～50%	
10	0.90～0.985	0～90%	水汽图像

敏感，在给定的温度增量下，通道3区间的面积增量比热红外通道4（11μm）要大得多，对于高温目标，最大黑体辐射响应移向通道3，使通道3获得更多的能量信息，从而更加容易识别高温热点。

通常情况下，并非所有的热点都是火点，如一些工厂的烟囱，地面异常热源，噪声点等。为排除这些异常热点和固定热源的信息，在综合利用各通道卫星资料的同时，往往需要加入一些其他辅助信息，如地理信息数据，以确定下垫面的类型，提高火灾监测和评估的正确性和可靠性。

不同的对地观测卫星，由于选择的光谱通道不一样，火灾监测的方法也不一样，即使是同一卫星，科学家们也研究出多种有效的监测方法。何建邦等于1994年以NOAA/AVHRR为主要信息源，运用人工神经网络方法和智能化的专家系统相结合，建立林火信息提取的方法，在西南重点林区成功地解决了林火的识别问题，报准率和定位精度都有大幅度提高。另外，以航空遥感彩色红外影像为主要信息源，形成计算机图像处理、林火热点特征提取的技术方法，能准确地区分工业用火、生活用火和林火，识别最小的林火面积在1m^2左右，并可输出林火区的面积和强度。高世忠等于1996年选择多时相的TM影像数据为主要信息源，以SPOT、MSS数据和彩色红外航空相片为辅助资料，在横断山中段的攀西林区云南松林一系列旧火烧迹地，进行了更新恢复和生态变化的遥感调查，对各生态因子的空间分布特征及生态变化的影响规律进行分析，利用遥感信息，以及地形、土壤、林分和林火受害程度等要素建立森林火灾后生态变化遥感监测评价模型。在吕梁地区山区，1999年4月9日的TM图像上可清楚看到暗红色斑块状景象，利用归一化植被指数（TM4－TM3）/（TM4＋TM3），与火烧前的TM图像相比，即可证明暗红色斑块状物为火烧过的迹地。因而利用TM数据，对研究区域进行归一化植被指数的求算，即可探测林火的位置及范围。

AVHRR通道的探测数据都可作为基础数据用于火灾探测。大多数算法都只涉及基础数据，如通道3和通道4的亮温（T_3、T_4）及二者的温度差（DT_{34}），以及一些有关空间窗中背景特征的参量。下面首先就利用AVHRR资料对火灾监测方法作简要说明。这些方法可以分为固定阈值法、空间分析法以及Lee和Tag分析法。

1. 固定阈值法

应用各种固定阈值来确定某一像素是否可以归类为火灾像元的方法有很多，常用的是应用通道3和通道4亮温差（DT_{34}）的单阈值方法。有时也需要附加通道3或通道4的亮温资料。

Flannigan和Vonder Haar于1986年对林区所做的分析包括如下步骤：①$T_3 > T_{3b}$；②$T_4 > T_{4b}$；③$DT_{34} > 8K$（夜间时段），$DT_{34} > 10K$（白天时段），

其中 T_{3b} 和 T_{4b} 取周围像素的平均值，前两项说明火点比背景热，第三项 DT_{34} 确定了一个对比的阈值。白天由于反射和地面的加热作用，阈值要高一些。这一方法中包含了 T_{3a} 和 T_{4b} 的空间分析，之所以把它划归到这一类，是因为此方法的关键第三点的阈值是固定的。云检测应用 Coakley 和 Bretherton 的方法单独进行。

Kaufman 等人在探测发生在巴西的森林大火时，用到如下阈值：① $T_3 \geqslant 316K$；② $DT_{34} \geqslant 10K$；③ $T_4 > 250K$。

第一项检测保证了像素足够高的温度；第二项所用的方法与 Flannigan 和 Vonder Haar 的方法相同；第三项是为了滤云，一般云在通道 3 可以有反映，同时它在通道 4 又比较冷。单独应用通道 3 做阈值来判断火灾时，从所做的试验来看，有时还需要利用通道 1 来分析火灾烟羽。

上面介绍的固定阈值技术都进行了一些真实性检验，检验的结果都很好。固定阈值技术对某些特定区域而言，似乎是简单而又有效。但每一组固定阈值都只适用于某些特殊区域。如果将算法应用于其他区域往往需要做某些调整。

2. 空间分析技术

这一技术用到了可变的阈值，这一阈值可以通过对某一像素点及其周围区域空间分析窗内数据的统计分析来获取。这一方法与下面将要提到的 Lee 和 Tag 的方法有显著的不同，方法中的阈值是经验性、具有统计意义的，而 Lee 和 Tag 的方法中的阈值是通过理论计算得到的。Prins 和 Menzel 提出的应用 GOES/VAS 数据进行的自动火灾判识方法就是空间分析方法的一个实例。NASA 使用 AVHRR 的 1km 分辨率资料，建立了类似的方法。这些方法中都包括有将 DT_{34} 值与某一阈值进行比较的过程。阈值是空间分析窗中 DT_{34} 标准差的函数。NASA 的判识标准如下：① $T_3 \geqslant 316K$；② $T_4 \geqslant 290K$；③ $T_3 > T_4$。

这一判识标准将待判识的像素数目减少了很多，节省了大量运算时间。对于有可能是火点的像素，再进一步将其 DT_{34} 值与取决于背景特征的阈值进行比较。阈值等于背景像素 DT_{34} 的平均值加上两倍的背景像素的标准差，同时还应满足 $DT_{34} \geqslant 3K$。如果待判识像元的 DT_{34} 大于阈值，就将其归类为火点像元。在计算背景的统计特征量时，要滤除可疑的火点像元。背景分析窗的大小可以根据需要从 3×3 取到 21×21，直到有 25% 的背景像素可以参加统计特征分析。如果背景资料不能进行统计特征分析，那么这一点就不能被归类为火点像元。

3. Lee 和 Tag 分析法

这里介绍的 Lee 和 Tag 于 1990 年技术在使用时要做某些调整。将调整后的通道 3 亮温与某一间值做比较，这一阈值是以逐个像素为基础来定的。阈值是背景温度和通道 4 亮温的函数，背景温度和通道 4 亮温可以借助于 Dozier 模式来确定。这一方法可以分为三步。

第一步，背景温度及亮度温度调整量的计算。

（1）对被测试像元周围邻边像元的亮温求取平均，每个红外和近红外通道分别求取平均值，这样可以得到三个背景温度 T_{3b}、T_{4b} 和 T_{5b}；

（2）采用 McClain 等于 1985 年的大气订正算法。用 T_{3b}、T_{4b} 和 T_{5b} 来估算背景的地面温度 T_b；

（3）根据 T_{3b}、T_{4b} 和 T_{5b} 与 T_b 的差来确定出三个订正因子；

（4）将订正因子加到观测的通道亮温值中，得到调整后的通道 3、通道 4 亮温值 $T_3{}^*$ 和 $T_4{}^*$。

第二步，计算通道 3 的亮温阈值。

这里用到 Dozier 模型来处理有关的地表参数，其中包括火灾面积、火区温度和背景温度。火灾温度阈值 $T_{\min}$ 要依据特定的火灾特性来定。

第三步，如果调整后通道 3 的亮度温度（$T_3{}^*$）高于阈值，那么就可以认为该像元为火灾像元。

应用 AVHRR 资料进行火灾判识的最大局限就是，它只能用于无云的晴空区。影响 AVHRR 红外通道的因素很多，这给火灾探测带来很多麻烦。这些影响因子包括地面对 3.7μm 波段太阳辐射的反射、大气中水汽的影响和次网格云的影响；AVHRR 的扫描方式会使得像素的大小发生变化，同时会出现像素重叠现象。

1999 年 12 月 18 日，地球观测系统（EOS）的第一颗先进的极地轨道环境遥感卫星 TERRA 顺利升空，其丰富的观测数据将为全球环境和气候变化研究提供大量的、系统的、连续的地球观测信息。可用于火灾探测的 MODIS 波段信息见表 9.9。MODIS 火灾监测方法是在 AVHRR 等仪器的监测方法基础上发展起来的。由于 MODIS 仪器有很高的信噪比和量化等级，因此该资料已被广泛使用。下面就利用 MODIS 数据进行火灾监测的方法作简要介绍。

表 9.9 可用于火灾探测的 MODIS 波段信息

通道	光谱分辨率	饱和量	像素中饱和部分所占的份额	
			1 000K	600K
(1.65μm)	500m	ρ=1 (740K)	0.05	未饱和
(2.13μm)	500m	ρ=0.8 (570K)	0.007	0.65
(4μm)	1 000m	500K	0.025	0.30
(11μm)	1 000m	400K	0.07	0.25

第一，在对所有陆地像素提取火灾信息时，用 MODIS 的云检测算法确定云。如果厚云在通道 1（0.62～0.67μm）的反照率大于 0.2，那么就可以认为不会有火灾信号穿过这些云。同时将扫描角限制在 45°之内。

第二，进行大气订正。应用 4μm 通道亮温（记为 T_4）和 11μm 通道亮温（记为 T_{11}）的组合来订正气体的吸收。小块云会减小 11μm 通道火灾的温度，并且会影响这一通道的水汽订正。

第三，需要建立被监测点与其周围像素点温度间的关系。周围像素点用于背景温度估计。在此方法中，假定火灾像素背景、温度与周围像素温度间的相关性随像素间距离的增加而减小。确定背景温度时，要求所有分析点中要有不低于25%的点为非火像元，分析区的大小可调，直到 25%的要求达到满足。提取背景信息时滤除火点的条件为：

$DT_{41} = T_4 - T_{11} \geqslant 20K$（夜间为 10K）；$T_4 > 320K$（315K）。

排除这些火点后，就可以得到 11μm 通道的背景温度（T_{11b}）和它的标准偏差（DT_{11b}）。用同样的方式，可以计算得到 T_{4b}和 DT_{4b}。进一步，可以计算 4μm 和 11μm 两个通道背景温度偏差的中值（DT_{41b}）和标准偏差 δ（DT_{41b}）。

第四，火灾判识。当满足 $T_4 < 315K$（夜间 305K）或 $DT_{41} < 5K$（3K）时，像素被认为不是火点。如果标准偏差（DT_{4b}和 DT_{41b}）小于 2K，那么就用 2K 来代替。如果一个像素点满足如下的条件时，就可以将该点确认为火点。

对白天：当 $T_4 > 360K$ 或

$T_4 > T_{4b} + 3\delta(T_{4b})$ 或

$T_4 > 330K$ 且满足 $DT_{41} > DT_{41b} + 3\delta(DT_{41})$ 或

$DT_{41} > 25K$

对夜间：当 $T_4 > 330K$ 或

$T_4 > T_{4b} + 3\delta(DT_{4b})$ 或

$T_4 > 315K$ 且满足 $DT_{41} > DT_{41b} + 3\delta(DT_{41})$ 或

$DT_{41} > 10K$

第五，耀斑的滤除。白天如果 0.64μm 和 0.86μm 两通道的反射率都大于0.3（相当于 4μm 通道的亮温达到 312K），且耀斑角小于 40°，一般就可以排除这点是火点的可能性了。

第六节　病虫害遥感调查

病虫害是农业生产的大敌，它不仅能造成减产，而且大大降低了农作物的质量。病虫害对林业发展影响也很大。例如，松林等针叶林约占我国森林总面积的1/2，由于几乎年年都不同程度地遭受松毛虫害的侵扰，损失巨大。一个国家或地区，如果发生了病虫害，都希望在最短的时间内了解受灾的情况，而遥感技术可以很快地提供情报，以便及时采取措施治理或合理安排计划。遥感病虫害调查主要用于农作物病虫害，果树病虫害调查，树木病虫害调查等方面，目前已有一些成功的例子。

在农作物病虫害遥感调查方面，印度于1972年就进行红外遥感探测水稻白叶枯病的试验。科威尔对小麦、燕麦、大麦和黑麦的病害进行过研究，认为能够用航空摄影的办法探测病害，并发现小麦锈病可提前两个星期用遥感技术发现。美国航宇局和农业部合作进行了玉米枯萎病监测试验，结果发现利用红外遥感技术不但可以探测玉米枯萎病及其发展趋势，而且还可以揭示从玉米枯萎病早期到中期不同程度的三级感染。日本曾于20世纪70年代使用热探测器拍摄热图像，研究健康和受蜘蛛危害的小豆。研究发现，受害叶子在热红外波段的短射量增加，约有2°C的辐射温度差。另外，在可见光被段的反射增加，在近红外波段的反射下降。病菌从根部侵入维管束，温木质部生长，分泌毒素，从而导致本质部变为褐色，最后植抹叶片黄化、枯萎。北京农业大学对患黄萎病与枯萎病的棉花做过光谱测定，查明棉花患病后，红外波段的反射能力下降30%还多。美国加利福尼亚州农业部利用陆地卫星图像对红蛉虫进行了监测，大大提高了监测效率。沙漠飞蝗猖獗区域包括整个非洲到巴基斯坦、印度等广大地区，其危害程度历来认为与降水的多少有关。沙特阿拉伯利用卫星遥感，根据植被特征，在红海沿岸平原500km^{2}面积内发现小股蝗虫。加纳利用卫星像片在沙漠地区根据土壤湿度来路定蝗虫繁殖区，作为一种灭蝗措施。英国皇家昆虫研究中心，根据蝗虫孽生和水分条件的相关规律，用遥感像片确定蝗虫群体的孽生时间和地点，并成功地显示蝗虫群体移动的情况，及时预报，并监测虫害的威胁，指导蝗虫防治工作。

在果树病虫害调查方面，早在1965年，美国在佛罗里达州柑橘园就使用航空红外片监视线虫病和其他病害，有基腐病的柑橘树在红外片上显然颜色不同。用这种方法探测柑橘基腐病的主要问题在于如何区分新生的叶和病树的叶，因为成熟和健康的叶有更多的海绵组织，有更多的空气存在，所以，比新生的叶和病叶反射率高。解决这个问题的办法就是探测时间，避开发芽长叶期。如果有基腐病的树的像片眼睛判读不出，可通道计算机，根据彩红外片上的光密度计读数鉴别。1970年美国得克萨斯州作过柑橘病害和病势减退期的红外摄影研究。另外，有研究表明，山核桃、山楂、葡萄、华果、鳄梨、山楂等果树病虫害都可以用遥感手段进行监测。

在树木病虫害调查方面，中国科学院遥感卫星地面站和中国科学院动物研究所联合研制的“森林虫害的卫星遥感监测”系统，结合卫星遥感技术和地理信息系统，在深入研究松毛虫的生态习性和遥感信息特征的基础上，依据卫星遥感信息机理，建立了虫情监测、虫灾评估的遥感信息模型，设计并实现了可执行软件包。经在南北两个试验区5年的检验、修订，达到实用化精度要求，并建立了运行系统。在遥感信息源能及时获得的条件下，可在越冬代松毛虫产生危害之前的

2～3 周，按 1/100 000 图件预报轻重二级危害程度和危害面积分布。

许多经验告诉我们，用近红外光谱段的彩红外片或热探测，调查病虫害的危害效果较好。其道理，一种可能的解释是：健康叶片海绵状的叶肉组织，在其全部空间都充满了水分而膨胀时，对任何辐射能都是一种良好的反射体，对近红外波段的辐射能力也如此，间插在其间的栅状柔软网胞组织。吸收可见光中的蓝光和红光，反射绿光；当水分代谢受到妨碍，植物开始衰蔽时，叶内组织就逐渐毁坏，接着植物逐渐枯死，从而导致叶片对近红外辐射的反射能力减小。因此，近红外波段的像片上，可以早于人的肉眼观测到病虫的危害，这对于病虫害调查和测报极其重要。另外，树和人一样，有病的树温度升高，有时比正常温度高 2.2°C。病越重的树，红外辐射越多。美国林业局有个林场试验站，在直升飞机上用红外探测装置根据树温探测病树，还研究利用这种技术在人造卫星上进行探测的可能性。试验表明：在凌晨，用 8～14μm 波段的红外探测装置能发现病树和健康树之间的显著温度差别。红外探测器把红外辐射送入数字计数器，后者与电视摄像机及录像带连在一起，可在电视屏幕上显示树顶的图像和树的温度。录像带可用于研究。此外，作物长势差的区域也可从遥感图像上识别出来。果园中，绝大部分果树都有大小一致的冠幅，如果其中一片的冠幅从周围向中心逐渐变小、肯定就有某种病害发生了。造成近红外波段反射减少的危害因子很多，有病虫害、日灼、冻害、矿物质营养缺乏、毒害、旱、涝等，在判读像片时，要结合地面情况校核。

思　考　题

1. 何为自然灾害？我国的主要自然灾害有哪些类型？
2. 衡量自然灾害灾变程度的指标主要有哪些？
3. 洪水光谱特性有何特别？简述洪灾遥感信息处理流程。
4. 简述干旱遥感监测原理。
5. 简述冰雪覆盖遥感原理和方法。
6. 滑坡、泥石流遥感调查的主要方法有哪些？
7. 简述地震遥感监测的进展。
8. 简述火灾遥感监测原理和方法。

主要参考文献

董超华．2001．气象卫星遥感反演何应用论文集．北京：海洋出版社

方宗义，刘玉洁，朱小祥．2003．对地观测卫星在全球变化中的应用．北京：气象出版社

国家环境保护总局．2003. 第一届环境遥感应用技术国际研讨会论文集
国家遥感中心．1981. 遥感文选．北京：科学出版社
航天技术与现代社会编委会．1996. 航天技术与现代社会．北京：宇航出版社
何建邦等．1993. 重大自然灾害遥感监测与评估研究进展．北京：中国科学技术出版社
胡如忠．2002. 中巴地球资源卫星及其应用．全国地方遥感应用协会编印
吉尼·索利，查尼斯·波尔顿等．1987. 遥感手册．北京：国防工业出版社
科技部国家计划委员会，国家经济贸易委员会，灾害综合研究组．2000. 灾害·社会·减灾·发展：中国百年自然灾害态势与21世纪减灾策略分析．北京：气象出版社
寇有观，萧钵．1988. 农业遥感．北京：农业出版社
李树楷．1992. 全球环境、资源遥感分析．北京：测绘出版社
童庆禧，郑立中．2001. 中国遥感奋进创新20年学术论文集．北京：气象出版社
魏文秋，赵英林．2000. 水文气象与遥感．武汉：湖北科学技术出版社
庄逢甘，陈述彭．1999. 遥感与新世纪——1999全国地方遥感应用协会年会论文集．北京：气象出版社
庄逢甘，陈述彭．2000. 遥感科技论坛——2000全国地方遥感应用协会年会论文集．北京：地震出版社
庄逢甘，陈述彭．2002. 2002遥感科技论坛——全国地方遥感应用协会成立10周年纪念文集
中国资源卫星应用中心．2003. 中巴地球资源卫星应用研究文集

第十章　环境遥感与GIS的集成及其应用系统的开发

第一节　“3S”集成的概念、理论与关键技术

一、“3S”集成的概念

空间定位系统（目前主要指GPS全球定位系统）、遥感（RS）和地理信息系统（GIS）是目前对地观测系统中空间信息获取、存储管理、更新、分析和应用的三大支撑技术（以下简称“3S”），也是现代环境保护、社会持续发展、资源合理规划利用、城乡规划与管理、自然灾害动态监测与防治等的重要技术手段。

这三大技术有着各自独立、平行的发展成就：

GPS是以卫星为基础的无线电测时定位、导航系统，可为航空、航天、陆地、海洋等方面的用户提供不同精度的在线或离线的空间定位数据；RS是实施对地观测获取地面信息的主要数据源，在过去的20年中已在大面积资源调查、环境监测等方面发挥了重要的作用，在未来数年之中还将会在空间分辨率、光谱分辨率和时间分辨率三个方面，全面出现新的突破；GIS技术则被各行各业用于建立各种不同尺度的空间数据库和决策支持系统，向用户提供着多种形式的空间查询、空间分析和辅助规划决策的功能。

随着“3S”研究和应用的不断深入，科学家们和应用部门逐渐地认识到单独地运用其中的一种技术往往不能满足一些应用工程的需要。事实上，许多应用工程或应用项目需要综合地利用这三大技术的特长，方可形成和提供所需的对地观测、信息处理、分析模拟的能力。近几年来，国际上“3S”的研究和应用开始向集成化（或综合化）方向发展。在这种集成启用中，GPS主要被用于实时、快速地提供目标，包括各类传感器和运载平台（车、船、飞机、卫星等）的空间位置；RS用于实时地或准实时地提供目标及其环境的语义或非语义信息，发现地球表面上的各种变化，及时地对GIS进行数据更新；GIS则是对多种来源的时空数据进行综合处理、集成管理、动态存取，作为新的集成系统的基础平台，并为智能化数据采集提供地学知识。

集成是英语Integration的中译义，它指的是一种有机的结合，在线的连接、

实时的处理和系统的整体性。目前，人们对“集成”的含义的理解还比较混乱。比如说，对于已得到的航空航天遥感影像，到实地用GPS接收机测定其空间位置（X，Y，Z），然后通过遥感影像处理，将结果经数字化送入地理信息系统中，这同样使用了“3S”技术，但它不是一种严格意义上的集成。它不符合上述的集成概念。一个较好的“3S”技术集成系统的例子是美国俄亥俄州立大学、加拿大卡尔加里大学分别在政府基金会和工业部门资助下进行的集CCD摄像机、GPS、GIS和惯性导航系统（INS）为一体的移动式测绘系统（mobile mapping system）。该系统将GPS/INS，CCD实时立体摄像系统和GIS在线地装在汽车上。随着汽车的行驶，所有系统均在同一个时间脉冲控制下进行实时工作。由空间定位、导航系统自动测定CCD摄像瞬间的像片外方位元素。据此和已摄得的数字影像，可实时/准实时地求出线路上目标（如两旁建筑物、道路标志等）的空间坐标，并随时送入GIS中，而GIS中已经存储的道路网及数字地图信息，则可用来修正GPS和CCD成像中的系统偏差，和作为参照系统，以实时地发现公路上各种设施是否处于正常状态。

显然，这样的集成还应当有现代通信技术和专家系统技术相配合，只是“3S”的提法已经广为流传开了。从以上讨论不难看出，空间定位技术、遥感技术和地理信息技术的集成是一项技术难度极高的高科技。

二、“3S”集成的理论与关键技术

为了实现真正的“3S”技术集成，需要研究和解决“3S”集成系统设计、实现和应用过程中出现的一些共性的基本问题，如“3S”集成系统的实时空间定位、一体化数据管理、语义和非语义信息的自动提取、数据自动更新、数据实时传输、集成化系统设计方法以及图形和影像的空间可视化等，为进一步设计和研制实用的“3S”集成系统提供理论、方法和工具。这里不妨再作一些更具体的分析和说明。

1.“3S”集成系统的实时空间定位

研究“3S”集成系统的传感器实时空间定位、系统行进过程中快速确定相关地面目标的方法和实现技术。包括广域和局域差分GPS网的构建方法与实时数据处理的理论与算法、遥感传感器位置和姿态的测定及在航空、航天遥感中的应用、GPS辅助的遥感地面目标的自动重建与量测方法。

2.“3S”集成系统的一体化数据管理

研究“3S”数据的集成管理模式、数据模型，设计和发展相应的数据管理系统，以实现图形、图像、属性、GPS定位数据等的一体化管理，为“3S”的集成处理和综合应用提供基础平台。包括：非均质、多尺度、多时态空间数据的组织与管理、面向对象的一体化数据结构与数据模型的研究、大容量影像数据的压缩、传输、建库和存储的理论与方法。

3. 语义和非语义信息的自动提取理论方法

研究从航空、航天遥感数据和CCD立体像对中自动、快速和实时地提取空间目标位置、形状、结构及相互关系和空间目标的语义信息的理论与方法。主要包括遥感影像地物结构信息的自动提取和精确图形表达、多种传感器、多分辨率和多时相遥感图像的融合理论与方法、基于知识工程的遥感影像解译与分类系统的研究。

4. 基于GIS的航空、航天遥感影像的全数字化智能系统及对GIS数据库快速更新的方法

研究如何依托已建立的GIS系统来实现航空、航天遥感影像的智能化全数字过程，并从中快速发现在哪些地区空间信息发生了变化，进而实现GIS数据库的自动/半自动快速更新。主要内容为：GIS信息与现势的航空、航天影像复合、从GIS信息与航空、航天影像之配准中，自动（或半自动）检测空间信息的变化和增加、由GIS的属件数据以及它与现势影像配准之结果，自动（或半自动）提取语义信息与获取知识、GIS信息的自动更新。

5. "3S"集成系统中的数据通信与交换

数据通信是"3S"技术集成中的一个关键问题。例如，在环境监测、灾害应急、自动导航和自动加强系统中，需要将GPS记录数据和遥感成像数据（CCD记录和雷达记录等）实时传送到信息处理中心或反之将所有数据传送到量测平台上去，为此，需要研究：数据单向实时传送、数据双向实时传送和数据交换的理论和方法。

6. "3S"集成系统中的可视化技术理论与方法

"3S"集成系统中将有不同分辨率、不同时相的大量图形和影像数据，需要研究它们的多级分辨率和多尺度表示在各种介质和终端上的可视化问题。包括空间图形图像数据库的多级分辨率的存储、显示和表达、可视化空间数据库的构建与应用、从空间数据库至地图数据库的自动综合和符号化理论与方法、图形和影像的可视化技术与虚拟现实。

7. "3S"集成系统的设计方法及CASE工具研究

主要研究基于计算机辅助软件工程（CASE）技术的"3S"集成系统的设计

方法和软件开发、维护的自动化技术，设计和发展专用于“3S”集成系统设计的 CASE 工具，例如，可视化编程技术的研究和工具开发、“3S”集成系统的结构化分析和设计规格的自动生成、综合考虑时空关系及语义信息的数据实体关系表达与数据字典生成、“3S”集成中的分量方法（component approach）及关键技术。

8. “3S”集成系统中基于客户机/服务器的分布式网络集成环境

“3S”集成系统研究是一项涉及多专业、多用户、多数据的综合研究课题，它需要一个强大而又有效的硬环境支持。这其中包括：多种软件系统（GIS 软件 ARC/INFO、MGE、GeoStar 等，全数字化摄影测量系统 VirtuZuo，遥感图像处理系统 ERDAS，GPS 数据处理软件 Wu-CAPS 等）的综合使用；多类型数据的快速传输；多用户的工作方式。该项研究应根据“3S”集成系统研究的特点与特殊要求，为“3S”集成研究设计提供一个多种空间信息数据获取方式与地理信息管理系统融为一体的基础研究环境。这种集成化环境的研究完成，可以将多种数据集中在一起实现共事，特别是网络化的数据传送方式可以快速有效地将数据传送到各用户，为“3S”集成的深入研究提供条件。此项研究包括：“3S”集成系统网络集成环境的硬、软件组织、分布式多用户间的数据快速传送、多类型数据的数据通信与格式转换。

以上是就“3S”整体集成系统来讨论的，具体应用时可视应用目的和集成方式不同而有可能加以简化。

三、“3S”集成的模式

这里，简要地对实际应用中可能用到的“3S”技术集成模式加以讨论。

1. GIS 与 GPS 的集成

利用 GIS 中的电子地图和 GPS 接收机的实时差分定位技术，可以组成 GPS+GIS 的各种电子导航系统，用于交通、公安侦破、车船自动驾驶，也可以直接用 GPS 方法来对 GIS 作实时更新。这是最为实用、简便、低廉的集成方法。

这时存在几种复杂程度不同、价格也不同的集成模式：

（1）GPS 单机定位+栅格式电子地图。该集成系统可以实时地显示移动物体（如车、船、飞机）所在位置，从而进行辅助导航，优点是价格便宜，不需要实时通信。缺点是精度不高，自动化程度也不高。

（2）GPS 单机定位+矢量电子地图。该系统可根据目标位置（工作时输入）和车船现在位置（由 GPS 测定）自动计算和显示最佳路径，引导驾驶员最快地到达目的地。并可用多媒体方式向驾驶员提示。但矢量地图（交通图）数据库需要花较大成本。GPS测定误差可设法加以补偿和改正。

(3) GPS差分定位+矢量栅格电子地图。该系统通过固定站与移动车船之间两台GPS伪距差分技术，可使定位精度达到1～3m，此时需要通信联系，可以是单向的，也可以是双向的，即GIS系统可以放在固定站上，构成车、船现状监视系统，可以放在车、船上构成自动导航系统，双方均有GIS加通信，则可构成交通指挥、导航、监测网络，上述GPS+GIS集成系统可用于农作物耕作运营中。

2. GIS和RS的集成

遥感是GIS重要的数据源和数据更新的手段，而反过来，GIS则是遥感中数据处理的辅助信息，用于语义和非语义信息的自动提取，图10.1表示了GIS与RS各种可能的结合方式，包括：分开但是平行的结合（不同的用户界面，不同

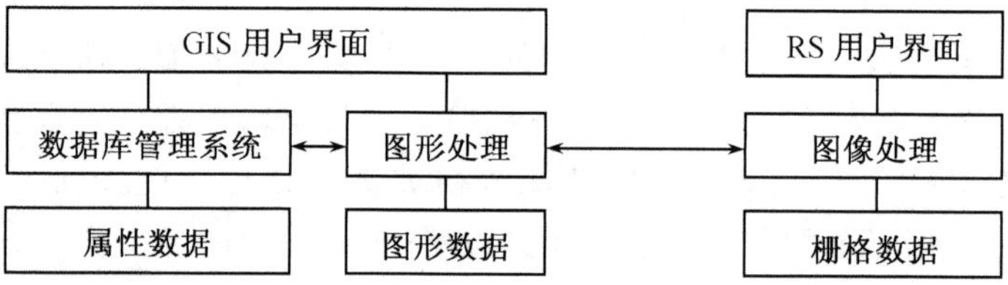

(a) 分离的平行结构

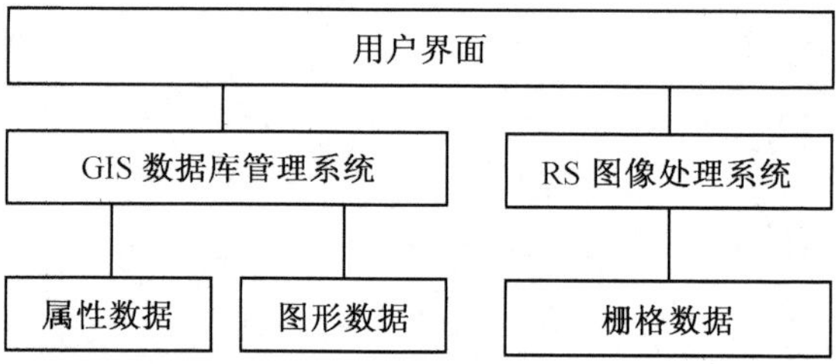

(b) 无缝结合结构

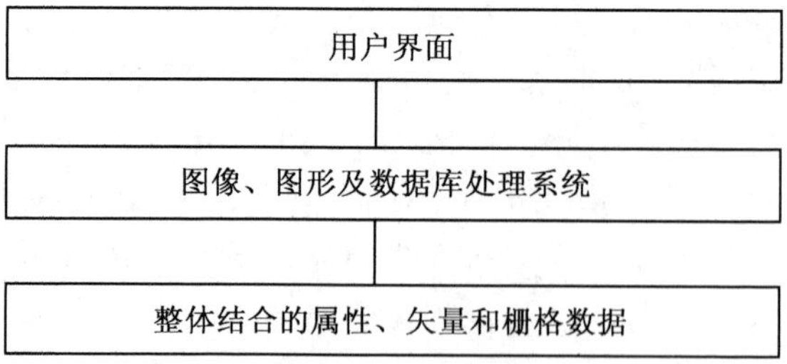

(c) 整体集成结构

图10.1　GIS与RS结合的3种方式

的工具库和不同的数据库），表面无缝的结合（同一用户界面，不同的工具库和不同的数据库）和整体的集成（同一个用户界面、工具库和数据库）。未来要求的是整体的集成。

GIS与RS的集成主要用于变化监测和实时更新，它涉及计算机模式识别和图像理解，在海湾战争中，这种集成方式用来做战场实况的快速勘查，为战场指挥服务；也用于全球变化和环境监测。

3. GPS/INS与RS的集成

遥感中的目标定位一直依赖于地面控制点，如果要实时地实现无地面控制的遥感目标定位，则需要将遥感影像获取瞬间的空间位置（Xs，Ys，Zs）和传感器姿态（ψ，ω，κ）用GPS/INS方法同步记录下来。对于中低精度可用伪距法，对于高精度定位，则要用相位差分法。

目前GPS动态相位差分已用于航空/航天摄影测量进行无地面空中三角测量，并称为GPS摄影测量，它虽不是实时的，但经事后处理可达到米至厘米级精度，已用于生产。可提高作业效率，缩短周期一年以上，节省外业工作量90%，成本70%左右。实时相位差分需解决OTF（on the flying）技术。

4. “3S”的整体集成

空间定位技术、遥感技术和地理信息系统技术的整体集成无疑是人们所追求的目标。这种系统，不仅具有自动、实时地采集、处理和更新数据的功能，而且能够智能式地分析和运用数据，为各种应用提供科学的决策咨询，并回答用户可能提出的各种复杂问题。

例如，以加拿大卡尔加里大学Schwarz教授为首研制的车载“3S”集成系统（VISAT），车上前置的一对CCD相机代表遥感摄像系统，GPS与INS联合使用，可互为补偿运动中可能的失锁和其他系统误差。GIS系统安装在车内。GPS/INS为两个CCD相机提供外方位元素，影像处理可求出点、线、面地面目标的实时参数，通过与GIS中数据比较，可实时地监测变化、数据更新和自动导航。

机载/星载“3S”集成系统在美国已研制成功。通过装在飞机上的GPS/INS系统和OTF技术实时地求出遥感传感器的全部外方位元素，然后利用CCD扫描成像和激光断面扫描仪可同时求出地面目标（物元）的空间位置和灰度（光谱测量）值（X，Y，Z，G）。该系统飞行高度必须大于60m以免激光伤人，但又不能太高，目前主要用于大城市进行GIS实时数据采集和更新。但是，这种整体集成系统价格昂贵，整个系统需300万～500万美元以上的成本，目前仍处于研究和试运行之中，我国“863”高技术研究中也有类似项目，攻关成功后，可望推广应用。

从前面几节可以看出，“3S”集成具有重大意义，也具有相当难度，集成方式多种多样，宜从简单到复杂，从低成本到高成本，是一项涉及多专业、多数据的综合性研究课题，李德仁等（2002）已经从两个方面系统地开展了这项工作：一方面就 GIS 与 RS、GPS 与 RS、GPS 与 GIS 两两的集成理论与关键技术进行了深入的研究；另一方面从 GPS＋RS＋GIS、GPS＋GIS＋CCD（或其他测绘传感器）整体集成的角度开展了理论与实际工作。同时，形成了如图 10.2 的研究思路。

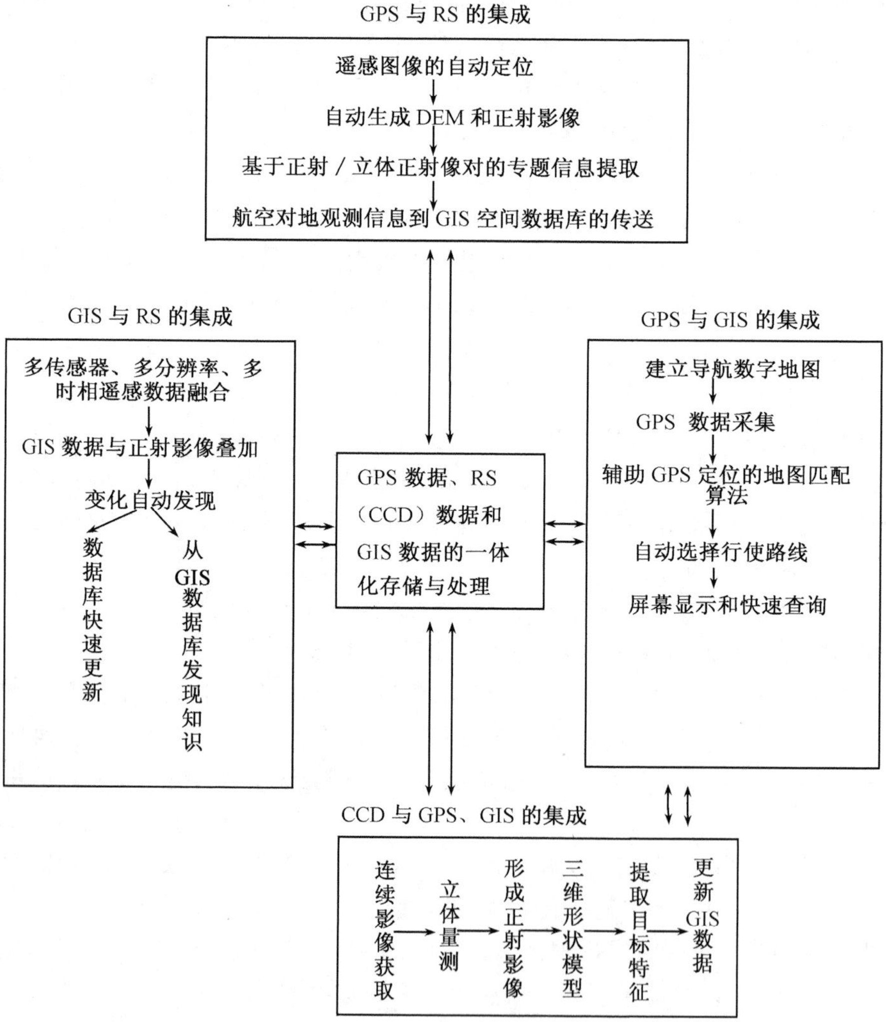

图 10.2　空间信息系统集成的研究思路（李德仁等，2002）

图 10.2 由以下五个部分构成。

第一部分，涉及将 GPS 动态相位差分技术用于航空/航天摄影测量进行元地面空中三角测量，并称为 GPS 摄影测量。它虽不是实时的，但经后期处理可达到厘米至米级精度，已用于生产。在这样的 GPS 与 RS 集成过程中，最主要的理论与技术问题是 OTF（on the flying）技术。

第二部分，涉及 GIS 与 RS 的集成。包括三个主要的技术过程：

（1）多传感器、多分辨率、多时相遥感数据融合。

（2）利用 RS 数据和 GIS 数据快速发现空间对象的变化，同时，对 GIS 数据库进行快速更新。

（3）从 GIS 数据中发现知识用以辅助遥感数据处理。

第三部分，涉及车辆定位与自动导航。主要是在 GPS 与 GIS 的支持下，为控制人员或当事人提供实时的车辆位置和导航信息，减少路途时间。此外，还包括道路信息和其他环境信息的采集。

第四部分，涉及以空间定位技术、遥感技术和地理信息系统技术为基础的集成数据库技术。主要指 GPS 数据、RS 数据和 GIS 数据的一体化存储与管理，也包括利用遥感数据制作导航数字影像地图以及基于数据集成的 3D 可视化模型。

第五部分，涉及车载 GPS、GIS 与 CCD（包括其他测绘传感器）集成系统。GIS 系统安装在车内，GPS 为 CCD 摄像机提供外方位元素，影像处理可求出点、线、面地面目标的实时参数。

第二节　环境遥感系统与 GIS 的集成

随着人们对空间信息需求的不断增长，遥感（RS）和地理信息系统（GIS）之间的协同能力也不断加强，RS 与 GIS 一体化技术逐步走向成熟并得到了实际应用。如在环境研究中融合 RS 和 GIS 数据可获得好的效果（HINTON，1995）。

GIS 是一个分析和显示空间数据的系统（Burrough，1986），遥感技术是获取地物空间及属性信息的重要数据源和影像数据处理体系，它们的研究对象都是空间实体，两者关系十分密切。随着地学应用领域的开拓和各自技术的发展，利用它们之间互补性，相互结合，已成为空间信息科学发展的热点之一。遥感影像虽然是地理空间信息的重要数据源，但是目前大多数 GIS 都没有提供较强的图像处理与分析功能，更缺少两者紧密结合的部件。RS 与 GIS 一体化在软件体系结构上主要有如下两种形式：

第一，分离的 GIS、图像处理系统，相互间提供数据转换、传输和配准能力［图 10.1（a）］。如 ESRI 公司的 Arc/Info 和 ERDAS 软件系列。

第二，GIS（矢量）模块与遥感（栅格）图像处理模块拥有共同的用户界面

[图 10.1 (b)]，能同时显示两种不同格式的空间数据。如 Intergraph 公司的 MGE 软件系列。

为了便于管理，在具体实施中有两种结构：一种是 GIS 为 RS 的一个子系统；另一种是 RS 为 GIS 的子系统，这种结构更容易实现，因为在 GIS 中增加栅格数据处理功能比在 RS 中增加矢量数据处理、分析及数据库管理功能更容易一些，逻辑上也更为合理。

在实际应用中，两者的结合主要表现在以下几方面：

(1) 遥感作为 GIS 的数据获取手段，把低级图像处理结果纳入 GIS。

(2) 将 GIS 数据用作辅助信息以提高图像处理精度和支持图像分析，如把 GIS 空间分析的结果纳入图像处理软件。

(3) 融合遥感数据和 GIS 数据用于环境建模和分析。

一、将环境遥感数据作为 GIS 的数据源融入到 GIS 中

遥感作为获取和更新空间数据的有力手段，能为地理信息系统提供实时、精确、综合和大范围的资源和环境信息，遥感的动态获取特点对地理信息系统数据库更新极为有利。在自然资源和宏观空间尺度研究中，因为地图数字化成本仍然很高，所以遥感数据作为 GIS 的主要数据源的应用实例越来越多。于是，从数字影像中获取廉价、准确和实时的 GIS 数据成为人们的渴求。遥感影像用于专题制图是遥感的重要应用内容，所生成的数据可用作 GIS 数据层。

遥感影像专题制图为 GIS 提供数据源的形式有如下从低级到高级两个阶段。

1. 人工解译编制专题图

利用航空照片和卫星影像，经过目视判读，编制各种专题图，后经过手扶数字化或屏幕数字化后输入到 GIS 中。这种结合方式目前是 RS 和 GIS 结合的主要形式。这些专题系列图来自同一信息源，保证了时相和地理位置的匹配，加上由遥感专家进行解译，分类的精度较高，因此适合于 GIS 中进行信息融合分析，从而获取各种综合性数据及图件。在刘纪远先生主持的国家“九·五”重中之重科技攻关项目（国家基本资源与环境遥感信息动态服务体系的建立）中，科研人员在全国范围内第一次采用“全数字作业”（数字影像屏幕解译）方式，建立了中国 1∶25 万和 1∶10 万包括土地利用/土地覆盖层面在内的资源环境综合数据库，为中国的环境研究和可持续发展研究奠定了坚实的数据基础。数据库现有数据内容包括全国县级行政边界和行政编码数据、全国农业土地利用区划数据、全国不同比例尺的土地利用图形数据和属性数据、TM 影像数据、社会经济统计数据等在内的约 200G 大小的空间数据。

但上面所述的方法，尚存在一些不足之处。首先，目视判读费时、费力；其次，这种结合方法仍然属于一种松散的结合。随着各种图像分析处理软件的发展，有望将遥感信息直接输入至GIS中，实现两者的紧密结合。

2. 计算机自动解译编制专题图

这是遥感为GIS系统提供数据的最快捷方式。遥感数据经计算机自动识别分类后，编辑处理形成专题图输入到GIS中，可以实现高效快速获取数据的目的。由于遥感影像自动生成专题图仍然有许多问题需要解决，有研究指出了将来的研究和发展方向。除开数据预处理和后处理之外，遥感专题制图的关键问题在于分类（classification）和空间综合（generalization）。

1）分类

自从1972年第一颗Landsat卫星发射成功后，遥感影像自动分类成为重要的研究课题。毋庸置疑，20世纪90年代以来，虽然自动分类技术取得了重大进步，但大多数商业软件仍然使用早期基于不同波段光谱值的统计特性的遥感影像分类方法，光谱特征空间模型主要是最小欧几里得距离或最大似然法。目前，具有良好发展前景和优势的分类方法包括：

（1）基于图像距离的空间信息和纹理信息（包括分形测量）的方法。计算相邻像素的纹理特征用于图像分类的方法很多，但大多根据灰度相关矩阵计算统计值。最近的研究表明分形纹理测量可作为图像的辅助特征用于改善分类精度，并且在SAR图像纹理分形中多维分形的效果比单一分形好。

（2）基于知识和规则推理的方法。基于知识的方法需要使用辅助数据；基于规则的推理是应用广泛的一种方法，用来综合背景知识和数据信息。早期基于知识的遥感分类主要是解译航空像片而不是卫星影像且主要利用预定的形状和结构方面的知识或模型来识别人造特征（如道路），也有应用于卫星影像的解译和应用基于知识的方法对航空影像光谱仪的光谱剖面进行分析和分类。

（3）人工神经网络法。近来，用于遥感影像专题制图分类的人工神经网络发展迅速。通常用于遥感影像分析的人工神经网络为多层感知模型也叫半线性前馈网络。一个重要突破是用于模式识别的后向传播训练算法的发明。

人工神经网络自1980年开始用于遥感影像分类以来，相关研究工作及成果迅速增加。研究认为，人工神经网络分类器能达到传统参数分类器的分类精度，有时还能提高分类精度。尽管人工神经网络进行特征空间分割不一定最佳（需要无穷的训练时间），但是分类结果质量较高。在某些情况下，传统的参数分类器如最大似然法分类器对人工神经网络分类器能起到辅助作用，两者的结合能达到好的效果。

人工神经网络除开分类效果较理想外还有两个最重要的特性：它不依靠任何

的数据统计模型，且人工神经网络是自适应的。

尽管我们拥有多种新的、具有发展前景的遥感影像分类专题制图技术，仅凭遥感影像很难生成 GIS 用户所需质量的数据。这是因为：

当前的卫星传感器在区分土地覆盖类型时受到限制，主要是因为缺乏可以区分植被类型的光谱敏感性。同时，遥感专题制图受传感器空间分辨率影响。由给定的制图任务来选择理想的空间分辨率影像还存在困难。

显而易见，目前遥感缺乏适当的针对特定制图需要的辐射波谱和空间分辨率信息理论模型。迄今为止，理想的定量方法只有用于景观差异和空间尺度度量的半方差方法。虽然没有正式的结论，但揭示不同尺度空间差异的分形模型将会起到积极的作用。随着更多的不同分辨率的卫星传感器上天（如 MODIS 和 MERIS），我们将会获得不同空间尺度和光谱尺度的用于专题制图的数据。另外，关于融合和比较不同空间尺度的遥感数据的问题越来越受到注意并取得了迅速发展。

2）空间综合

大多数卫星传感器所携带的是光学数字扫描仪，因此其接受并传输到地面站的是基于栅格结构的遥感影像。理所当然，这种数据结构与数字地图的矢量结构有很大差异。一些地理区域景观由面积较大的均匀地块构成，而另外大部分地区的景观如此破碎和不均一（如南欧），专题制图必须是像元级。对这些基于像素级分类的专题图进行综合比较困难。综合本质上是将专题图转换为适合 GIS 存储的矢量图。尽管一些 GIS 是基于栅格结构或支持混合的数据结构如四叉树，但矢量化仍是必需的处理过程。在遥感影像处理中，综合需要做两件事情：一是除去由错误分类而导致的数据噪声；二是减少数据冗余以便转化为矢量图。这些工作实现起来具有相当难度。

如今，已开发出许多改善遥感影像专题制图空间质量的技术，但这些技术仅仅是低层次或局部层次上的应用，只适合于地表类型比较单一的区域。这些技术包括：

空间滤波（spatial filtering）是一种对特定像素的周围像素进行简单的数学运算以消除信息量或异常的分类技术。最简单的方法是用空间滤波在分类或专题制图中消除"孤立的"像素。如果围绕中心像素的周围像素属于同一专题类，则将中心像素赋予此类。如果围绕中心像素的周围像素的类型不同，则将中心像素赋予多数类。这需要通过多次迭代才能完成，被称为"迭代择多滤波"。将这种技术用于专题制图的平滑，效果极佳。

分割（segmentation）这种方法常常用在分类前的数据预处理上。多年来，分割技术的研究受到了很大重视，但结果并不可靠。传统的分割技术主要基于下面两种独立的方法：①图像的边缘或不连续性检测；②区域生长（由种子点开始，不断增加相邻像素直至达到不连续）。这些方法难以取得好的效果，这是因为边缘检测一般对定义边界的阈值非常敏感（阈值过低，图像会被许多没有明显结构的边缘像素所覆盖；阈值过高，图像上会存在少数未连通的边缘碎片，这些碎片难以用自动算法来连接为有意义的结构）；另外区域生长依赖于所选择的种子点，按扫描顺序来决定相邻像素是否连接为同一类别。

最近，有几种分割方法取得了可喜的结果，极有发展前景。其中，综合边缘检测和区域生长技术的出现很值得注意。为了避免区域生长里的扫描顺序，本方法利用由现有 GIS 图形所驱动的知识发现方法，通过反复扫描全部图像来搜索每个扫描周期里最相似的像对并把它们连接在一起（被称为“最佳融合”方法）。

综上所述，遥感影像的空间综合仅仅是一种低层次的综合，是基于指导原则的空间结构简化，仅仅以影像信息为基础，尽可能地对专题图进行简化。这一点与 GIS 中的制图综合，生成新的数据集处理的过程完全不同。

二、将 GIS 数据融入到环境遥感影像分析中

正如前面所述，遥感信息主要来源于地物对太阳辐射的反射作用。识别地物主要依靠地物的光谱特性差异。在实际应用中，常常会出现“同物异谱”和“异物同谱”问题。“同物异谱”是指将同一类地物误分为二类地物；而“异物同谱”则是把实际上二类地物误分为一类。对于前者，可通过进一步合并予以解决；后者则难度较大，常常会导致错误分类结果。产生这种错误的原因是由地物光谱特性决定的，仅仅从遥感角度很难解决。因此，可以将现有的 GIS 空间数据作为一种辅助信息融入到遥感影像分析中，从而提高遥感数据的识别精度和效率。

利用现有的 GIS 数据作为辅助信息，提高遥感数据的分析精度。遥感影像的处理与分析是一个复杂的问题，特别是涉及图像的分类和综合问题。为此，我们可以借助于 GIS 中已有的背景数据资料或辅助数据资料（如高程、坡度、坡向以及土壤、植被等专题信息），对于遥感图像进行逐像元分类。这些方法包括：

1. 分层分类方法

分层分类方法是一种把分类对象逐级细分的遥感分类与处理方法。在遥感分类时，地物辐射谱特征变化大，比如土壤和植被，进行分类就相对容易。往往是那些不能单纯按地物的辐射谱特征进行分类的地区，还需要同时考虑地物的空间特征和环境背景特征。因此，需要先把分类对象按地区划分，然后再按地物的谱特征进行分类。当然，有时遥感分类对象地区较大，也需要把分类地区划分为更小的区域。在这种情况下，往往要用到大量的现有的 GIS 数据，构成新的地理信息系统环境下的遥感分类。由于山地区域的高程、坡度、坡向以及土壤、地质

等因素的影响，山地森林区域的“同物异谱”和“同谱异物”现象最明显。如果单纯按常规的依据地物的谱特征进行分类，就必然带来较大的误差。因此，在按地物的谱特征进行分类之前，可以引入山地区域的高程、坡度、坡向等数据，根据这些数据及其组合进行分层处理。山地区域的数字化高程数据通常是用 GIS 软件的数字化图模块对相关地图进行数字化得到。相应的坡度、坡向数据也由此可以算出。在高程、坡度、坡向数据图像与遥感图像配准以后，把遥感图像中的分类对象地区按指定高程、坡度、坡向数据的一定范围进行细分。细分后的各个分类对象地区称为亚分类对象地区。然后，对各个亚分类对象地区分别按物类的谱特征进行分类。这样可以不同程度地提高遥感分类精度。

2. 分类分层方法

分类分层方法主要是指在第一次直接按地物光谱特征进行遥感分类之后，结合 GIS 数据，进行再次分类的方法。直接按物类的光谱特征进行遥感分类，由于“同谱异物”现象的存在，分类精度不够好。为了提高分类精度，在此之后，还利用地理信息系统的辅助数据资料，改善遥感分类结果，再次分类。

3. 数据层间的布尔操作

通过数据层间的布尔逻辑操作以生成新的空间数据。在 GIS 分析中，布尔操作能生成新的数据层。同样地，如果将遥感数据当作 GIS 的一个数据层，也可生成新的遥感影像。在栅格或矢量数据结构中，布尔操作是基于规则网格的操作。这项技术被称为过滤制图，在许多应用中获得了成功。例如，通过融合坡度、方位和岩性数据，此项技术用于预测中国黄土地区潜在的滑坡区域。

4. 融入 GIS 数据的神经网络分类器

作为通用模式识别系统的神经网络，假定没有输入数据的先验统计模型，是一个能达到融合不同种类数据的多适应性系统。为此，它可被用于在遥感影像分类中融入 GIS 数据 Benediktsson 等于 1990 年将地形数据融入 MSS 数据中用于地面覆盖制图。JRC 于 1991 年将从 DTM 数据中获取的高程数据融入到 SPOT HRV 影像的多层感知神经网络分类器中用于土地覆盖分类。

5. 地理上下文证据推理

融合 GIS 数据和遥感数据的过滤制图和布尔操作是一个确定性方法，并不适合所有的应用。当可用的信息不完全或不确定时，一个融合原始数据和辅助信息的恰当方式为基于知识或专家系统的复杂推理方法。此方法可以融入 GIS 数据到分类过程中。GIS 数据能提供用于提炼图像产品的环境背景知识，不是基于简单的分层或布尔逻辑操作，而是基于复杂的上下文规则基础。

当可用的证据与规则产生了互相矛盾时，就需要一个确定的解决问题方法。此时，必须综合适合于一个分类模式下的不同等级证据（特别是在专题制图中）。例如，根据 DTM 显示丘陵地区不适合种植农作物，而根据土壤图的纹理和排水条件显示可以种植谷物，而根据影像数据的分类结构显示在相同区域有麦田存在，这类问题就难以解决。

基于“Dempster-Shafer”理论的证据推理法可以大体上解决上述问题。D-S 法是贝叶斯方法的扩展，它利用于概率区间和不确定区间来确定多证据下假设的似然函数。

6. 其他方法

20 世纪 80 年代后期发展起来的虚拟现实和仿真技术对于集成多维 RS 和 GIS 数据集开拓了一条新路。面向对象分类方法，将 GIS 中各地物目标作为不同对象，建立面向对象的地物数据库。主要功能包括，能够提供辅助遥感图像分析的相关信息，如地物的物理属性、形状大小、空间组织结构以及相邻地物的物理属性等。数据挖掘技术可用于从 RS 和 GIS 的海量数据库中提取规则和知识用于辅助遥感图像分类，推导地学客观规律。

这些方法的共同特点在于将 GIS 中现存的地理信息，转化成高提纯的经验和知识应用到遥感图像分析过程中，实现遥感信息的地学处理分析。

总之，仅凭遥感手段获取的图像，在空间、光谱和时间分辨率上都存在着一定的局限性。如果融合其他经过匹配处理后的空间信息来进行综合分析，对专题信息的分类和评价会有极大改善，实现对复杂空间关系和地理过程的数字化准确描述。

目前，在空间多元分析中，已广泛地把遥感图像和地图、DTM 以及地物的物理化学特性数据相融合，以提供分析手段，提高分析的准确率。

GIS 数据参与遥感数据分析最主要的一个问题是错误的传播。遥感数据中的错误主要是由于错误分类、不恰当的像素标记、缺少分类器所要求的波段以及空间分辨率不够造成的。空间叠加处理产生的“狭长多边形”经常出现即为一例。当融合 GIS 数据和遥感数据生成新的数据时，原有的数据错误会被保留。当执行空间数据间的确定性处理和分析时，能够产生显著的错误传播。但使用数学和符号推理的融合方法会大大减少错误的传播。在知识推理或专家系统中的错误传播问题目前还不太清楚。很明显，基于遥感和 GIS 数据综合分析的人工智能专家系统是未来研究的一个重要领域。

三、环境遥感与GIS在空间数据处理过程中的结合方式

1. 将GIS数据直接纳入遥感图像处理

初期考虑遥感与地理信息系统一体化，把重点放在了以下几方面的内容：

（1）GIS（矢量）数据与遥感（栅格）图像同时显示。

（2）能把低级图像处理结果纳入GIS。

（3）能把图像与矢量数据GIS复合的结果纳入GIS。

（4）为了支持图像分析和使其发挥作用，能把GIS空间分析的结果纳入图像处理软件。

经过对这些问题的长期探讨，人们已经知道借助GIS与图像分析系统之间的某种数据交换格式是实现上述几项内容的主要途径。目前主要的GIS与遥感图像处理系统都具有这样的功能。

大量的实际应用表明，通过某种数据交换格式实现GIS与遥感图像处理系统之间的结合，仅仅给以上二者提供了较为松散的联系。它的优点是只需要增加较少的软件和硬件，实现起来比较容易。但由于它们的结合实际上是由RS—格式转换—GIS，GIS—格式转换—RS两个串行的过程组成，因而显露出几个明显的不足：

首先，处理空间数据的效率比较低，这是因为遥感或GIS总有一个要处于等待状态。

其次，用户需要确切地掌握遥感与GIS之间的所有的转换格式，当转换大量数据时相当麻烦。

第三，许多空间数据处理功能难以实现。这一点尤其使人不满意。因为前两点虽然要占去大量的时间和劳动量，但工作总还是可以进行的。后一点表明，在处理某些空间数据时，除非专门开发一些软硬件，否则靠现有的这些遥感与GIS系统就不能完成要做的工作。区域生长过程就是一个非常明显的例子。区域生长（既可用于遥感图像数据，也可用于非遥感的空间数据）是最常见的空间数据处理问题之一，它将属性大致相同的临近像素（或点）组合在一起以形成分割的区域。Brice等研究了一种以某些规则为基础的区域生长方法。参见图10.3，令R_1和

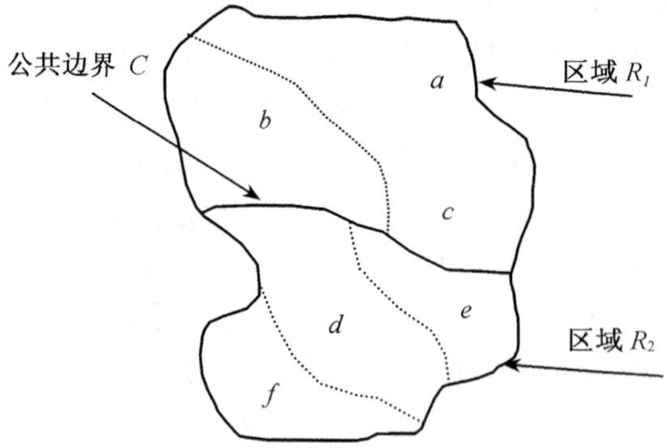

图10.3　区域生长示例

R_2 是周长分别为 P_1 和 P_2 的两个相邻区域，令 C 代表共同边界的长度，D 代表 C 中的一部分，ΔY 为 D 两边的属性差。若

$$\Delta Y < \varepsilon_1 \tag{10.1}$$

$$\frac{D}{\min\left| P_1, P_2 \right|} > \varepsilon_2 \tag{10.2}$$

$$\frac{D}{C} > \varepsilon_3 \tag{10.3}$$

式中：ε_1 为某一有效系数；ε_2 为常数（通常选择 $\varepsilon_2 = 1/2$）；ε_3 为另一常数（一般取 $\varepsilon_3 = 3/4$），则区域 R_1 和 R_2 是合并的。以上判别区域是否要合并的 3 条规则中，式（10.1）需要在图像处理系统中进行，因为它涉及对区域 R_1 和 R_2 中每个像元的计算和重新赋值；式（10.2）和式（10.3）则需要在 GIS 中进行，因为它涉及线段的处理、计算和某些空间关系的分析。由于以上 3 条规则要共同的运用才能完成判别的过程，故图像处理功能和 GIS 功能要交替或几乎同时使用。这个要求对于现行的图像处理系统和 GIS 系统都是难以满足的。所以如要按 Brice 的方法实现区域生长，就需要附加专门的软件或硬件。但这类问题会经常遇到，若每遇到一次就专门配备某些软、硬件，对用户来说不仅非常麻烦，也很困难，因而在更高层次上探讨遥感与 GIS 的集成问题就显得非常迫切了。

1）遥感与 GIS 在空间数据处理过程中的结合方式

以上区域生长的例子使我们感觉到，虽然从表面上看遥感系统与 GIS 系统的主要差别为栅格数据与矢量数据的差别，而实际上更深层次的差别主要表现为 GIS 系统所处理的数据是基本上可以控制的。例如，当处理一幅地图时，我们事先一般已清楚图上有多少个点，多少根线，多少个区域，它们具有什么样的属性。但未经分析的遥感图像数据就完全是另外一回事，我们不知道图像上是否有点、线、面，也不知道它们有什么样的属性，当然也就难以直接把它们与 GIS 系统中的数据组合在一起加以处理。目前解决这类问题一般采用两种做法：

第一种，将图像信息经选取、分类、化简上升为符号表示。这个过程的结果是一种“草图”的形式，在此“草图”上，点、线、面的分布已基本上可以掌握，当然它们不一定对应实际的景物。这种做法实际上是把遥感与 GIS 之间的结合局限在图像信息的中高级表现形式上，避开了图像信息的低级表现形式。

第二种，将 GIS 数据作为部分已知条件，经格式转换成为与图像信息的低级表现形式（主要指栅格形式）相一致的形式，也就是成为一种模拟的图像。从形式上看，已经可以利用这种“图像”实现 GIS 数据与低级表现形式的图像信息的结合，并且通常情形下会对图像信息的选取、分类、化简等方面有不同程度的帮助。但这种“图像”从本质上说已经不是 GIS 数据，因为只对它实施图像处理，并不实施 GIS 方面的处理。由此，我们就容易理解为什么不少人把 RS 与

GIS 的结合看成是栅格数据与矢量数据的转换，因为以上两种做法实际研究的是符号的表现形式问题，并未全面地涉及图像数据处理与 GIS 数据处理的结合。

如前所述，许多实际问题已越来越迫切地要求我们在研究符号的表现形式的基础上，进一步探讨遥感图像数据处理过程与 GIS 数据处理过程的结合。如何继续深入地开展这方面的研究呢？先让我们来看一看遥感与 GIS 在空间数据处理和分析的过程中可能存在哪几种结合方式。

依据我们的经验，人们通常总是按以下方式对空间现象进行分析：首先是将特定空间中的景物与背景（如地形、季节等各种自然因素和界限、道路等各种人文因素）组成动态的关系结构 r，并借此对空间现象进行分析；如果仅依据 r 不足以导致理想的分析结果，人们就会设法追补一组条件 C，直到 r 加上 C 可保证从逻辑推理上导致较为满意的结果。这种思维方式也被充分体现以建立遥感与 GIS 结合为基础的数据处理和分析过程中，借用图 10.4 可说明与此有关的过程。在图 10.4 中，R 和 R^* 分别代表遥感与 GIS 数据中的动态关系结构，C 和 C^* 分别代表遥感与 GIS 数据中的追补条件，A 和 A^* 分别代表依据遥感与 GIS 数据得到的分析结果。以下根据图 10.4 说明遥感与 GIS 中的数据分析过程和相互结合的几种不同方式：

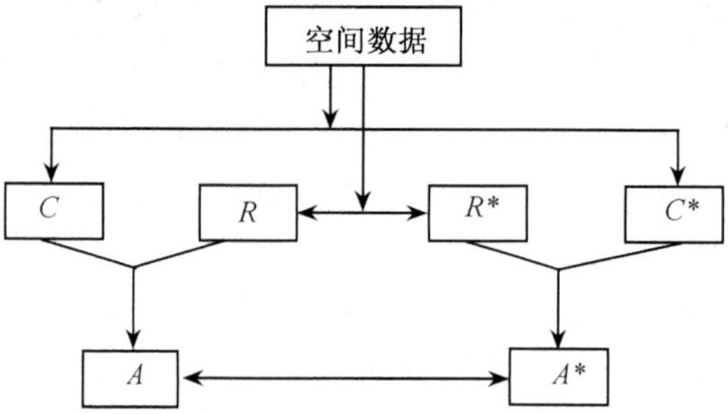

图 10.4 遥感与 GIS 中的数据分析过程示意

（1）将空间数据输入到系统中，从中得到 R 并从系统得到 C，据此进一步得到 A，也就是说整个空间数据分析过程都在图像处理系统中进行。

（2）空间数据流向图 10.4 中的另一半，从中得到 R^* 及与此有关的 C^*，再得到 A^*，即整个空间数据分析过程都在 GIS 中完成。

（3）将 A 与 A^* 相结合，以实现对空间数据的分析。它表现为或把图像处理的结果纳入 GIS 中，或把 GIS 中的结果纳入图像处理系统中。

（4）在依据 R 和 C 进行图像分析的过程中，经常直接利用 R^* 和 C^* 以便得到更加满意的分析结果。这就意味着在图像处理系统中可直接运用某些 GIS 功能。

（5）事情的另一方面，在 GIS 数据处理和空间分析中直接利用 R 和 C，也就是说某些图像处理和分析功能就像 GIS 系统软件一样能正常地运行在 GIS 中。

（6）R 与 R^* 及 C 与 C^* 越来越相似，以至于图像处理和分析过程与 GIS 数据的处理和分析过程已没有明显的差别，或者说它们就是一个系统。

前三种情形是目前遥感与 GIS 之间的主要实际关系，其中，前两种为遥感与 GIS 相对独立的情形，第三种情形是我们熟知的以栅格-矢量转换为基础的遥感与 GIS 的结合。就遥感与 GIS 的实际状况，第四种和第五种正是目前遥感与 GIS 集成中有待解决的问题，也就是说应逐步地实现在图像处理系统中越来越多地运用 GIS 系统的功能（或者说在 GIS 中越来越多地运用图像处理功能）。至于第六种，那是遥感与 GIS 集成中最终追求的目标，如果达到了第六种的水平，遥感与 GIS 的集成问题就可以说完全解决了。

2）寻找遥感与 GIS 共同的处理单元

根据以上的讨论，将 GIS 数据直接纳入遥感图像数据可能是首先应做的事情之一。所谓的“直接纳入”是指在统一的用户界面下，GIS 数据能够作为图像数据的一部分，与其他图像数据一起进行各种图像处理和分析；同时，GIS 数据仍保持其本身的特性，即能对其进行各种 GIS 方面的处理。为了实现这个想法，应先从空间数据处理系统的粒度入手。这里所说的粒度是指遥感与 GIS 共同的处理单元，如字节、字、页，或复杂数据结构。若处理这些单元需要较强的功能，则称其为大粒度的；反之称其为小粒度的。为了适应面向对象系统中的对象的需要，可以将粒度与数据类型相联系。随着对象和数据类型大小的变化，粒度大小也随之变化以匹配应用问题。这个过程可通过引进商集加以形式化描述。

设 X 是论域，f 是属性，T 是结构，且在 X 上给定一个等价关系 R，对应于 R 得到商集 [X]，并记在 [X] 上建立的结构为 [T]，记在 [X] 上提取的属性为 [f]。这样就可以把原来的图像分析问题（X，f，T）诱导为新的图像分析问题（[X]，[f]，[T]），并称（X，f，T）为细粒度的图像分析问题，相应地称（[X]，[f]，[T]）为粗粒度的图像分析问题。通常情况下细粒度的问题涉及较小范围的数据，粗粒度的问题涉及较大范围的数据，因而在一定程度上可将它们分别与小粒度和大粒度这两个概念相对应。所以，以上的定义不仅从形式上更加明确了粒度的概念，而且提供了一条获得不同粒度世界的途径：寻找等价关系以求得合适的商集，再得到不同粒度的世界。根据粒度概念将 GIS 数据直接纳入遥感图像数据的过程可具体化为如下的几个方面（图 10.5）。

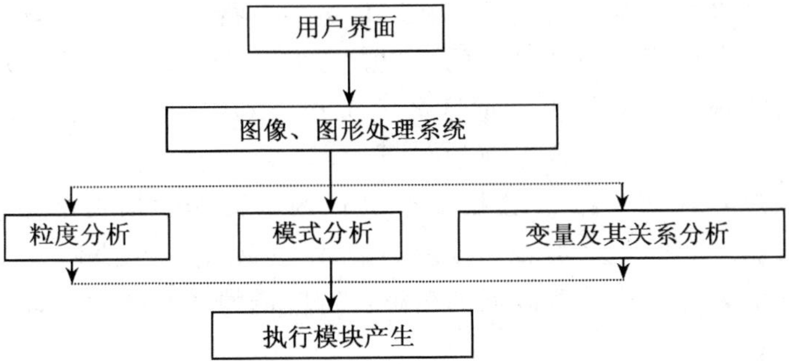

图 10.5　GIS 数据直接纳入遥感图像处理过程示意

(1) 粒度分析。这个过程主要用来确定遥感与GIS结合的层次以及结合过程的难易程度。一般情况下，在大粒度（粗粒度）基础上的遥感与GIS的结合，层次较高，难度较大；反之，难度较小。

(2) 模式分析。这里的模式分析不是指将图像上的景物与某些类别对应的过程，而是把遥感与GIS结合的过程划分成不同的类型，以便对各个类型采用最适宜的处理方式。

(3) 变量及其关系分析。遥感与GIS在处理不同粒度的数据的过程中，会涉及一系列的输出、输入变量，本过程就是在分析变量之间关系的基础上，对所有的变量进行统一的管理。

(4) 执行模块产生。在GIS数据未纳入遥感图像数据处理之前，二者对应相对独立的处理模块，本过程主要是依据粒度信息、模式信息和变量信息将两个独立的处理模块融为一个可执行模块，用来处理纳入了GIS数据的遥感图像数据。

2. 在GIS中协调遥感图像分析结果

在遥感图像分析中，有一种普遍的作法是先通过图像分析得到各种单要素分析图，然后将多种同比例尺的单要素图应用地图叠置法产生一个新的多边形地图，在此基础上再进行综合分析。随着GIS的发展，这种方法也被广泛应用于GIS中空间数据的管理和分析。这里我们借用叠置法，利用GIS对空间数据的管理和分析功能，对某些遥感图像的分析结果进行协调。

1) 不同专题解译结果的协调

在遥感图像解译中，经常采用的方法是按专题对图像进行解译。这种方法不仅在目视解译中经常被采用，实际上在计算机遥感图像分析中也是常用的方法。采用这种方法的好处是能够深入细致地对各专题进行分析，充分发挥遥感信息的作用。但这种方法也存在某些问题，如各专题的解译结果可能存在矛盾，因而需要对解译的结果进行协调。协调可以在解译之后进行，也可以边解译边协调，但总的来说这样一个过程是一个复杂的过程，需要一个强有力的系统对所涉及的数据和过程进行管理。显而易见，把这样的工作与GIS系统相联系是恰当的。下面就一个具体的例子来说明这方面的问题。

假定协调过程是在GIS的数据库中进行的，解译的结果由多组数据组成，其中一部分数据之间的关系由表格表示。表10.1列出了与协调有关的表格，其栏头包括问题的名称，待协调区域的名称，待协调的各专题的名称；表列量则列出相关的数据。

表 10.1 不同专题在区域识别上的矛盾

不同专题的区域矛盾	区域标记	专题1状态	专题2状态
	1	Y	
	2	Y	
	3	Y	Y
	4		Y
	5		Y

在表 10.1 中，专题状态 Y 表示某个区域被判定具有相应专题的性质。由表 10.1 可以看出，区域 3 既被判定具有专题 1 的性质，也被判定具有专题 2 的性质，因而存在区域性质判定上的矛盾。这个问题在图 10.6（a）上表现的更为直观。图 10.6（a）上的实线圈出了属于专题 1 的类别，可以看出区域 3 被包括在内，同时虚线圈出了属于专题 2 的类别，区域 3 也被包括在内，所以区域 3 在属性的确认上具有双重性。为了解决这个问题可以利用图 10.6（b）所示的双树结构。这个结构的左树表示专题 1 中的类别 A 和 3 个区域的关系，右树表示专题 2 中的类别 B 和另外 3 个区域的关系，其中叶结点区域 3 为左树和右树所共有。问题解决的过程就是使共有的叶结点（如区域 3）仅为一棵树所具有。然而共有的叶结点到底归哪一棵树，这不能随意指定。处理这样的问题可采用隶属度方法，如果区域 3 对左树的隶属度超过对右树的隶属度，则判定其隶属左树；反之，则隶属右树。进一步的问题是区域 3，区域 4 和区域 5 同属右树的类别 B，因而在属性上具有相似性，现将区域 3 归属左树，那么属性接近的区域 4 和区域 5 就应该重新判定，所以在图 10.6（b）上，右树的类别 B 被去掉，叶结点区域 4 和区域 5 成为孤立结点。

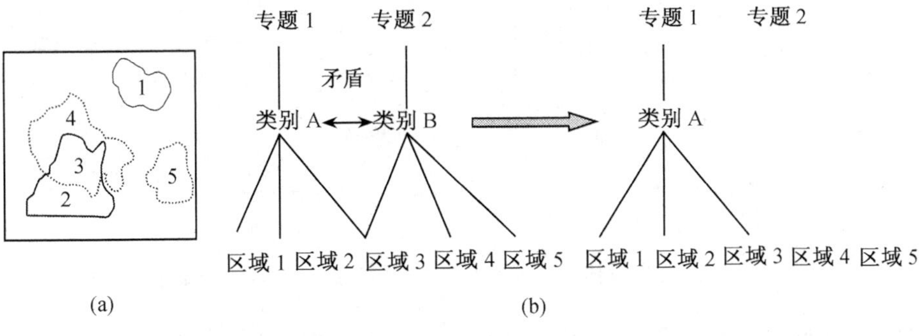

图 10.6 专题要素在空间上的矛盾及其解决方法

通过以上的协调，表 10.1 被变为表 10.2。在表 10.2 上的专题 2 状态列中，区域 3 被标记为 N，意味着区域 3 与专题 2 之间的关系被否定；同时在专题 2 状态列中，区域 4 和区域 5 的标记用问号？代替 Y，说明区域 4 和区域 5 的属性必须重新判定（通常需要新的信息）。

表 10.2　区域属性双重性的解决

不同专题的区域矛盾	区域标记	专题 1 状态	专题 2 状态
	1	Y	
	2	Y	
	3	Y	N
	4		?
	5		?

2）由不同方法得到的相同专题解译结果的协调

在遥感图像解译中，只要条件许可，应尽可能采用不同的方法对相同的专题进行解译，以便互相作为佐证。如果方法选择恰当，一般情况下对相同的专题应有大致相同的解译结果。当然，由于方法的不同，对相同对象的解译总会存在一定的差别。例如，在图 10.7（a）中对林地的解译采用了两种不同的方法。其中第一种方法的边界用实线表示，第二种方法的边界用虚线表示，两种边界不完全相同，它们之间有一定差别。不过，林地的边界在实地通常为一个带，所以两种方法的边界都可能在这个带内，因而很难确定哪一个边界更好。在这种情形下，如果存在另外的如图 10.7（b）所示的专题解译结果（假定解译的专题是农田和农作物），则可用这个解译结果作为辅助证据，用以说明两种方法中的哪一个边界更好。从图 10.7（b）可以看出，对农田和农作物的解译与林地解译中的第一种方法是矛盾的，因为区域 2 不可能既属于林地又是农田，但二者必居其一。本来这也是一个有待解决的问题，现在正好可以利用这个矛盾说明区域 2 是林地的可能性比区域 1 小，因而林地解译中的第一种方法所得到的边界应当更好；反过

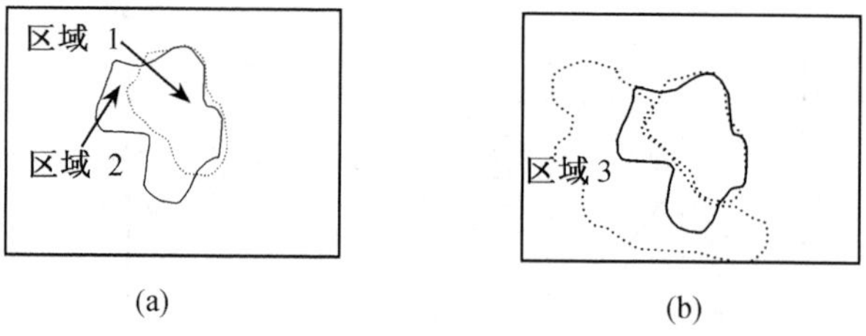

图 10.7　采用两种方法对林地进行解译的结果及其协调问题

来用林地解译中的第一种方法所得到的结果作为佐证，可以说明将区域 2 确定为农作物更为合理，这样两个问题都得到了解决。这里叙说的过程类似前面所述，一般应在 GIS 支持下进行，具体的做法可参见图 10.8。在图 10.8 的左半部分，林地表现为两个树枝之间的交错；同时，林地和农作物两棵树之间也存在交错。

因为林地的方法1的两个分枝都存在矛盾，而林地的方法2和农作物的类别C各存在一个有矛盾的分枝且这两个分枝分别与林地的方法1的两个存在矛盾的分枝分别相连，可见林地的方法1问题最多，若取消了方法1这个结点则所有分枝之间的交错都将消失并且每个叶结点都与根相连。按照这种想法可得到图10.8的右半部分。这样利用另外专题的具有矛盾的解译结果，既解决了同一专题的不同方法的边界问题，也解决了与另外专题的矛盾。

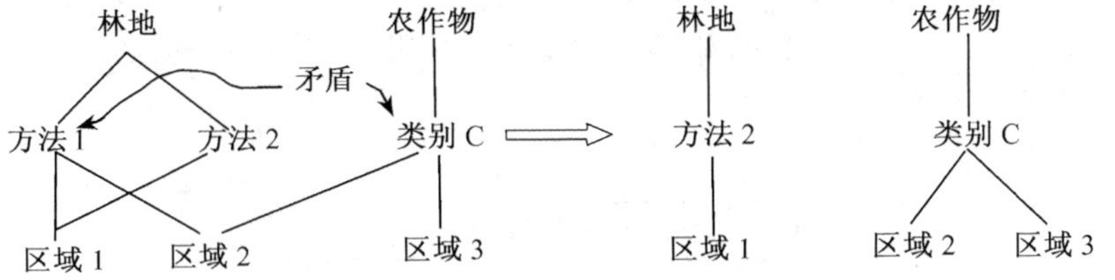

图10.8　用另外专题的具有矛盾的解译结果确定同一专题的不同方法的边界问题

3. 环境遥感与GIS相结合快速发现地表覆盖变化

实时和可靠的地表覆盖变化信息，对于环境监测和资源保护是很有用的。通过经常性地获取大量详细的区域变化数据，可以对区域的变化范围、大小、时间、速度、特点和趋势等基本参数进行细致分析，这是环境监测和资源保护走向科学化的一个重要前提。

已渐为人们熟悉的遥感影像具有可比较性、综合性和动态性，为快速获取区域变化数据提供了条件。不过，至今为止对遥感图像的分析还经常需要借助目视解译的方法，这种状况在很大程度上限制了遥感影像在地表动态监测中的应用。改变这种状况有几个途径：一个是提高遥感数据自动分析水平；另一个是把有经验的专家的知识体现在图像处理中；再一个是在遥感数据动态分析中对图像数据及其他相关数据进行有效的管理。这几种途径在思想方法上有显著的差别，但也存在这样几个共同点：

(1) 需要一个在计算机操作系统支持下的专门用于空间信息处理的系统软件。

(2) 具有实用的空间数据结构和数据标准。

(3) 各类空间数据可以得到及时地更新。

就现在的技术而言，若要满足这些要求就必须把遥感和GIS集成在一起构成一个能在整体上发挥作用的系统。

到目前为止，围绕动态监测的主要任务，包括识别地表变化的位置、性质和变化量等，人们已逐渐习惯于将若干个相关的数字遥感图像处理技术结合在一起使用，并将GIS作为支撑软件，初步形成了如图10.9所示的遥感地表覆盖动态监测系统。在每个变化监测任务的开始，系统吸收多波段图像作为输入。图像差异分析模块将所输入的新图像与从GIS系统调出的最近期图像进行配准，然后对两个图像作差异分析，在必要的情况下还进行K-L变换和集群分析等，以便产生包含变化信息的中间图像。分析结果被送到变化特征提取模块后，潜在变化区域的有用特征从中间图像被提取出来。这些特征包括变化区域的范围和图像特征，具有不同图像特征的变化区域的百分比等，它们被记录在区域特征记录表里。随后，区域特征记录表传送到变化识别模块，在此借助各种识别算法和某些知识规则，变化的程度、范围和类别被识别。可以想像以上过程若无GIS系统的支持是很难进行的。

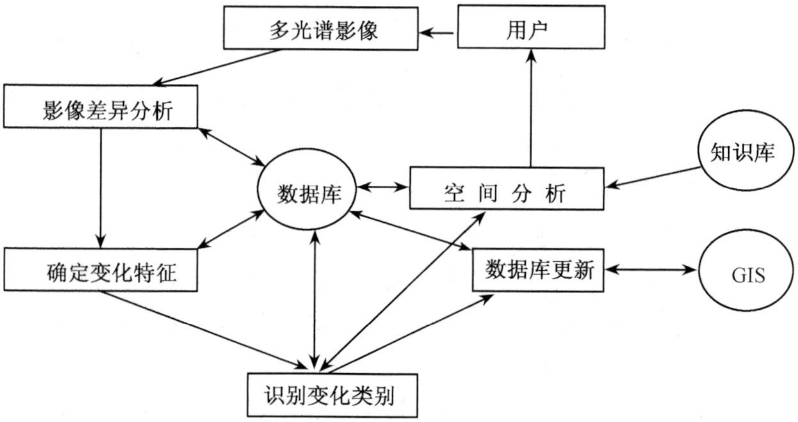

图10.9　遥感与GIS结合用于地物变化监测和数据库更新示意图

遥感地表覆盖动态监测通常与数据的更新紧密相连。初期以遥感图像目视解译为基本手段的动态监测，主要是对感兴趣的区域定期（或不定期）地给出一些反映区域变化特征的图件及相关说明。伴随数字遥感图像处理技术的发展，现在这些图件和相关说明一般都以数字形式存放在由GIS系统管理的数据库中，更新起来容易得多，除此之外还可以根据用户需要附加许多空间分析功能。

近几年来，依托已建立的GIS系统来实现航空、航天遥感图像的全数字化过程，并从中快速发现哪些地区空间信息发生了变化，进而实现GIS数据库的自动/半自动快速更新，已有一些成果。下面我们就矩形几何在组织空间数据和提取区域空间变化特征中的作用，以及利用统计启发式搜索快速发现变化范围作一些介绍。

1）矩形几何与区域空间变化特征的提取

线段和多边形是GIS中常见的处理对象。在各种线段和多边形中，有一类线段和多边形具有十分特殊的性质。这些线段或者恰好有两个正交方向，或者由这些线段构成的多边形的每两条边之间都具有正交性质。这些特殊的性质启发我们在处理这种特定结构时，建立更有效的特殊的技巧；也启发我们在处理图形或图像问题时，利用这些具有特殊性质的结构去解决问题。

从两个线段集合 S_1 和 S_2 开始，每个集合由平行线段组成，且具有 S_1 的方向和 S_2 的方向相互正交的性质。包含这些线段的直线决定平面的一个由矩形构成的网格。为了便于网格的分析，我们考虑映射 T：$E^d \rightarrow E^d$，它把 E^d 变换到它自身。在此，线性映射特别值得我们注意，即用点的老位置的坐标的线性表达式来描述点的新位置的坐标的映射。因此，若（x_1，x_2，…，x_d）是点 p 的坐标，则在映射 T 之下，p 的像 p' 具有坐标

$$x'_i = \sum_{j=1}^{d} a_{ji} x_i + c_i (i = 1,2,\cdots,d) \tag{10.4}$$

式（10.4）是仿射映射的一般形式。可以分开考虑 $A=I$（单位矩阵）和 $c=0$ 两种情形。当 $A=I$ 时，方程变成

$$x'_i = x_i + c_i (i = 1,2,\cdots,d) \tag{10.5}$$

它描述了一个变换，在此变换中每点得到一个固定的位移 c，它被称为平移。另一方面，当 $c=0$ 时，我们得到

$$x'_i = \sum_{j=1}^{d} a_{ji} x_i (i = 1,2,\cdots,d) \tag{10.6}$$

即把原点映射到自身的空间线性变换。式（10.4）、式（10.5）和式（10.6）可以为分析线段之间的正交性，网格的变形和多边形的相似性提供许多方便。

正交线段、矩形、网格以及它们的变换与图像中的许多物体或者它们的特征都有关系。例如，农田的田埂、城市的道路、建筑的边缘以及其他一些人文景观大多与线段的正交性或矩形有关。因此，探讨用它们来描述图像中的物体以及它们的变化有重要的意义。下面结合地表覆盖变化的探测，介绍如何利用正交线段、矩形、网格以及它们的变换从遥感图像上获取图像中物体的变化信息。

（1）获取不同时间图像的平均状况。许多情形下，地表覆盖变化的一般趋势并不能由单个时间的图像确定。这就好像在医疗诊断中，不仅要考虑本次疾病还要考虑患者过去曾患过的所有疾病。鉴于这样的考虑，可以将各个时期获取的图像结合在一起，按式（10.7）获取其平均状况

$$F_n = aR_{n-1} + (1-a)P_n \tag{10.7}$$

式中：a 为结合系数；R_{n-1} 为来自 GIS 系统的已经过处理的与以往历史有关的图像；P_n 为最新的图像。

（2）增强历史图像和最新图像。对于历史图像和最新图像通常要根据分析对象的不同采用不同的增强处理。例如，如果我们要获取农田的变化信息，一般要对图像上的田埂进行锐化处理，对其他区域进行平滑处理。这种处理对历史图像

和最新图像是相同的，可以写成

$$\mathrm{SF}_n = F_n \otimes W \tag{10.8}$$

$$\mathrm{SP}_n = P_n \otimes W \tag{10.9}$$

式中：$\otimes W$ 代表某种增强处理；SF_n 和 SP_n 代表处理后的历史图像和最新图像。

（3）建立网格系统与图像的关联。许多地物虽然在性质上有很大差别，但有一个共同的特点就是形状常表现为边平行于两个正交方向的一批矩形或网格系统。通过不同年代、不同季节和不同地点的多种类型的遥感图像分析可以发现，由地物的边组成的矩形集合或网格系统处在不断的变化中。这种变化既包括组成矩形集合或网格系统的地物的边的变化，也包括地物本身在性质上的变化。不过，进一步的分析使我们注意到，尽管构成矩形或网格的地物的边处在不断的变化中，但经常变化的只是地物的一些次要的和细小的边，其主要的边具有相对的稳定性。这种相对稳定的边构成的矩形集合或网格系统可以被单独存储在 GIS 中，在地表覆盖变化分析中用作背景或控制因素。例如，图 10.10 中的(a)、(b)两幅图即是从某个区域的遥感图像中抽取出来的矩形集合，其中由粗线表示的边最稳定，由细线表达的边有一些变化，由虚线表达的边变化比较频繁。

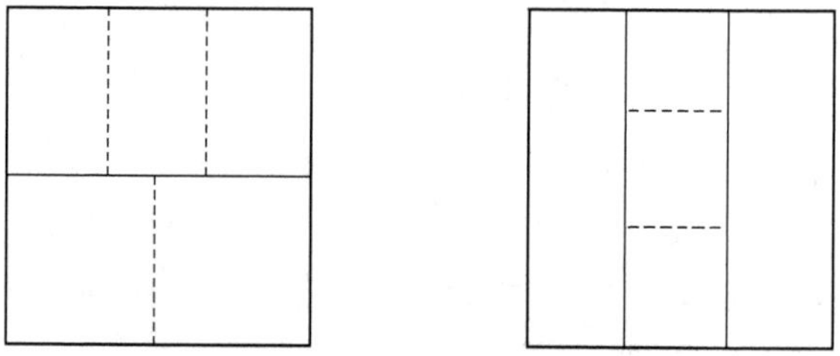

(a)　　(b)

图 10.10　由地物的边抽取出来的矩形集合

（4）地物边缘的正交性分析。对历史图像和最新图像分别进行边缘提取，得到如图 10.11 所示的由线段构成的边缘图像。从图 10.11 可以看出，我们已利用 GIS 系统将作为控制因素的线段集合分别叠置在（a）和（b）上（图上用白色加绘的线段），这些数据是通过长期的观测逐步形成的。接下来先利用 Hough 变换将边缘图像上的线段按照角度分成若干组（如按 0°、45°、90°、135°分成四组）；再利用式（10.4）、式（10.5）和式（10.6）分析由这些边缘构成的线段与矩形集合中的各个边之间的正交性，当代表地物边缘的线段与矩形的边近似正交，则把它定为候选的地物边界；进一步的工作是将分布在各个矩形内的候选边界按照它们的 Hough 参数进行组织，若被组织在一起的候选边界其长度小于所在矩形的相关边的长度的 1/2～2/3，则去除这些候选边。经过以上处理剩下的候选边界，按照 Hough 参数和相对关系分别被连接在一起，构成新的地物边界。以上处理对历史图像和最新图像分别进行。

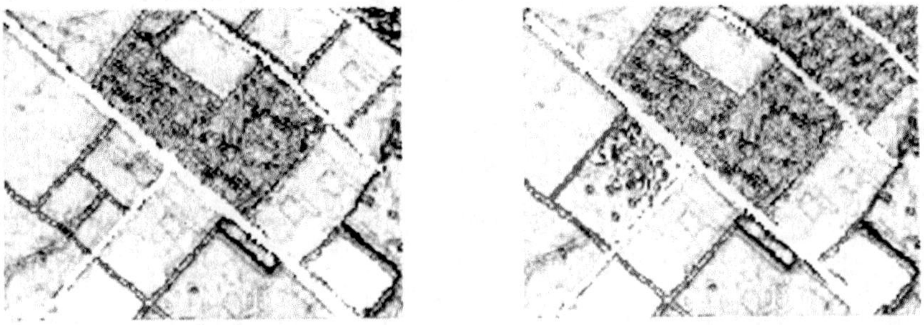

(a) (b)

图 10.11 将线段集合叠置在边缘图像上

（5）历史图像和最新图像的比较。历史图像可以按式（10.7）得到，它表明随着时间的推移，来自多个不同时间的遥感图像信息将会被越来越概括地体现在历史图像中。从这个意义上说，上面提到的矩形集合和网格系统也可从具有一定信息累积的历史图像中获取。如果缺乏这种数据累积，则矩形集合和网格系统需要从相关地物的长期实际考察中总结出来。

历史图像和最新图像的差别可以简单地表示为

$$D_n = SF_n - SP_n \tag{10.10}$$

式（10.10）与式（10.7）有关，从式（10.10）可以看出历史图像和最新图像的差别主要有三种情形。第一种情形表现为历史图像和最新图像具有完全相同的部分，说明该区域的某些地物或者它们的特征在一个相当长的时间内很少有变化；第二种情形表现为历史图像和最新图像在某些特征上基本一样，但另一些特征差别较大，说明该区域的某些地物或者它们的特征正处在变化中，且还具有相对地稳定性；第三种情形表现为历史图像和最新图像完全不一样，说明该区域的某些地物或者它们的特征在短时间内发生了较大变化。这三种情形与图 10.10 中的三种不同类型的线划有一定联系。通常第一种情形对应粗线表示的边，第二种情形对应细线表达的边，第三种情形对应虚线表达的边。

2）利用统计启发式搜索快速发现变化区域

未经解译的遥感图像虽具有丰富的信息，但其意义通常是不明确的并且没有充分的结构化。这两点都说明直接从遥感图像上发现变化的区域和范围比较困难。鉴于这样的原因，可以将 GIS 中的背景信息作为一种结构提供给待分析的图像。不过，GIS 提供的背景信息一般只能降低从遥感图像上发现变化的区域和范围的难度，并不能完全告诉变化的范围和如何去寻找这些变化的区域。也就是说，即使有 GIS 提供的背景信息，若要从遥感图像上较快地发现变化的区域还需要一定的启发式知识。

利用启发式知识发现变化的区域与启发式搜索有关，常需要定义一种能反映求解路径优劣程度的数值函数 $f(x)$，作为比较选择的参考。此函数一般被称为评价函数。最常见的基于评价函数的搜索方法是“最佳优先”搜索（又称 BF，即 Best-First 法），即在问题求解空间的每个选择点上，取 $f(x)$ 值最佳的方法进行搜索。近几十年来，人们对启发式搜索进行了一系列研究，取得了不少成果。其中，Pearl 引入平均计算量的概念和搜索的概率模型，对启发式搜索的研究工作有重要推动作用。

在 Pearl 的搜索的概率模型的基础上，文献利用启发式搜索与统计推断的相似性，提出了一种新的启发式搜索技术，称之为统计启发式搜索技术，简称为 SA 算法。该搜索过程分成两步，首先利用统计推断的方法先判断搜索树（或图）中哪个部分最可能包含有目标，而将包含有目标的可能性很低的那部分（子树）删去。然后在被选出的子树上用通常的启发式搜索技术进行展开，展开到一定程度，再回头判断被选出的子树中哪一个子树最可能包含目标，这样交叉进行直到找到目标为止。由于在搜索过程中加上一个进行全局判断的步骤，而全局判断是基于统计推断技术，也就是利用不同部分之间统计量的“差异”，而不是利用估计的“精度”这样在一定假定下 SA 算法可以避免“指数爆炸”的困难。

假如没有任何大气、土壤湿度、太阳高度角或物候差异等存在于两幅数字遥感图像间，它们在没有变化的同一区域将具有同样的数字值，差异值为零；变化的区域将具有正差异值或负差异值。但事实上，由于环境因素的影像，区域是否变化难以被确定；差异值是零还是正值或负值也难知道。好在为了快速地发现变化的区域在很多情形下我们不一定要精确地确定变化的量，只需知道区域间变化的差别就可以了。例如，假定两个区域的变化量分别是 10 和 4，而我们利用某种函数将其分别估计为 6 和－1。这两个估值不仅与真值之间相差很大，连正负都改变了，但是根据这个估计我们仍能正确地发现前者变化较大。为什么不精确的估计也能正确引导我们做出判决呢？这是因为这个估计虽不精确，但它给出了两者的正确差异。由此可见在很多情形下“差异”比“精确”更重要。而统计启发式搜索方法就是利用不同区域之间在统计上的本质差异来正确且快速地引导发现区域变化的过程。

4. 基于空间数据挖掘的遥感图像分类方法研究

为了使遥感分类能够利用专家知识并具有逻辑推理的能力，使之更接近人类专家的思维，有的学者尝试用专家系统方法进行遥感图像分类，但经常遇到知识获取的“瓶颈”问题。传统的知识获取方法是知识工程师与领域专家交谈，由知识工程师按照专家系统要求的格式输入计算机，这通常是一个漫长而反复的过程，并且难免有遗漏，给实用化带来困难。著名的遥感图像处理软件 ERDAS IMAGINE 的最新版本中，增加了一个称为专家分类器的模块，把专家的知识表达成分类规则，用规则推理的方式实现图像分类，但其规则库的建立仍然是手工方式。

实际上，已建立的 GIS 数据库中就隐藏着大量的可供遥感图像分类用的知识，这些知识中有些属于"浅层知识"，如某一地区有无河流、道路的最大和最小宽度等，这些知识一般通过 GIS 的查询功能就能提取出来；还有一些知识属于"深层知识"，如空间位置分布规律、空间关联规则、形态特征区分规则等，它们并没有直接存储于空间数据库中，必须通过运算和学习才可能挖掘出来。

空间数据挖掘（spatial data mining，SDM），或称从空间数据库中发现知识，是指从空间数据库中提取用户感兴趣的空间模式与特征、空间与非空间数据的普遍关系及其他一些隐含在数据库中的普遍的数据特征。李德仁等提出了空间数据挖掘和知识发现的理论和技术框架，并指出空间数据挖掘技术在遥感和 GIS 领域有两个主要应用方面，一是用于 GIS 智能化分析，二是用于遥感图像解译。

空间数据挖掘技术为遥感图像分类的知识获取开辟了一条新途径。已有一些学者在这方面进行了有益的探索，如 Eklund 等用 C4.5 归纳学习算法从 TM 图像和地理数据中提取知识，用于土壤盐度分析，Huang 等用 C4.5 算法从 GIS 数据和 SPOT 多光谱图像数据中提取知识进行湿地分类。两篇文章中均把地理数据按图像像元大小转换成栅格形式进行学习。数据挖掘特别是其中的归纳学习技术在空间数据库中的实施途径，以及归纳学习与传统图像分类法的结合方式，是值得进一步深入研究的问题。

1）归纳学习及其在空间数据库的实施途径

可用于空间数据挖掘的方法有很多种，归纳学习（inductive learning）是最重要的一种方法，它旨在从大量的经验数据中归纳抽取一般的判定规则和模式。归纳学习的算法有很多种，它们大部分来源于机器学习领域，比较著名的有 Michaski 等的 AQ11、AQ15，洪家荣等的 AE1、AE9，Hunt 的 CLS，Quinlan 的 ID3、C4.5，Clark 等的 CN2 等，其中最著名的是 C4.5。C4.5 是一种决策树算法，由 ID3 算法发展而来，分类速度快，适合于大数据库的学习，而 C4.5 在 E3 的基础上增加了将决策树转换为等价的产生式规则的功能，并解决了连续取值的数据的学习问题。C5.0 是 C4.5 的进一步改进版本，它对大数据库的处理更快，并增加了 Boost 等技术。除上述算法之外，出 Han JiaWei 教授等提出了一种面向属性的归纳方法（attribute oriented induction），专门用于从数据库发现知识，通过概念树的攀升获得概括的高层次的特征规则和区分规则等，它获取的规则与前面算法得到的规则相比更加概括和抽象，适合人阅读和理解，而 C5.0 算法获取的规则更具体和精确，更适用于遥感图像的计算机分类。因此，本文以 C5.0

算法为基础研究归纳学习在空间数据库的实现。

C5.0 算法要求输入数据的每一个元组有若干个条件属性和一个类别值属性组成，条件属性值可以是离散值或连续值，类别必须是离散值。C5.0 特别适合从关系数据库中发现知识，数据库的记录作为元组，字段作为属性。而空间数据库比一般的关系数据库要复杂得多，既有图形数据又有属性数据，图形数据中既有矢量数据又有栅格数据，图形数据往往又分成很多图层，所以在空间数据库中实施归纳学习要比一般的关系数据库复杂。

在空间数据库中实施归纳学习，首先要确定把什么作为学习的元组，我们称之为空间数据库学习的粒度问题。我们把学习的粒度分为两种，一种是在空间对象粒度上学习，另一种是直接在像元粒度上学习，空间对象可以是图形数据库中的面、线和点对象，也可以是遥感图像中经过处理和分析得到的面特征（如均质区多边形）和线特征（如边缘线）。像元主要指遥感图像的像元，也指栅格图形的单元。

学习粒度的确定取决于学习的目的，即学习得到的知识做什么用，也取决于空间数据库的结构。以空间对象为学习粒度，可以充分利用空间对象的位置、形态、空间关联等特征，得到对象的分类规则，可用于 GIS 智能化分析和决策支持，也可用于遥感图像分类。这样的规则用于遥感图像分类时，必须先用其他分类方法形成线特征和面特征，才可以进一步应用规则分类。在本文介绍的试验中，先采用贝叶斯分类得到水域均质区多边形，根据从 GIS 数据多边形粒度学习得到的规则进一步分类为河流、湖泊、水库和坑塘。以像元为学习粒度，可以充分地利用像元的位置，多光谱值、高程、坡度等具体而详细的信息，得到的分类规则精确，适合用于图像分类，虽不便直接用于 GIS 智能化分析和决策支持，但可以作为它们的中间过程。两种粒度的学习也各有缺点，像元粒度的学习无法利用形态特征、很难利用空间关联等信息；空间对象粒度学习难以利用对象内部更详细的信息，比如，以多边形为学习粒度就难以利用其内部精确的高程值、坡度值等，而只能用平均值或其他典型值。两种粒度的学习要根据应用选用或结合使用。

确定了学习的粒度即学习的元组后，需要确定学习的属性。在一般的关系数据库中，学习的属性直接取自字段或经过简单的数学或逻辑运算派生出学习用的属性。空间数据库中图形的几何特征和空间关系等一般并不直接存储于数据库中，而是隐含在多个图层的图形数据中，需要经过 GIS 专有的空间运算和空间分析才能得到归纳学习用的属性。比如，要确定某空间对象所处的高程带，需要应用叠置分析；要确定某空间对象的相邻或相连对象，需要用到拓扑分析；要确定空间对象靠近的对象及对象间的距离，需要缓冲区分析和距离分析；确定某一像元处的坡度和坡向，需要用 DEM 进行地形分析等。这些空间运算和空间分析，有些是以矢量格式进行，有些是以栅格格式进行，空间对象粒度的学习更多地用到矢量格式的运算和分析，而像元粒度的学习更多地用到栅格格式的运算和分析。

空间数据库学习样本可以取感兴趣地区的全部数据，当数据量特别大时，为了提高学习速度，也可以采用抽样的方法随机地选取学习样本。选定学习样本后，按照所确定的学习粒度和属性，将学习数据组织成类似于关系数据表的形式，输入到 C5.0 算法中进行归纳学习。C5.0 的输出为决策树和等价的产生式规则，由于产生式规则更便于阅读和应用，通常选用产生式规则输出。

图 10.12 为在空间数据库中实施归纳学习的流程图。需要指出的是，上面提出的学习粒度及属性的确定原则虽然是针对归纳学习而提出的，但同样适用于统计分析、聚类分析、Rough 集、探测性数据分析等多种数据挖掘方法。

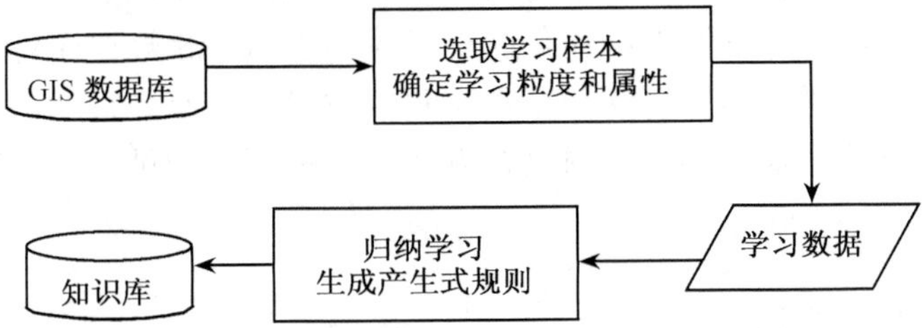

图 10.12　空间数据库归纳学习的流程图

2）归纳学习用于遥感图像分类

目前最常用的遥感图像分类方法是以贝叶斯分类方法为代表的统计方法。贝叶斯分类法又称最大似然法，具有坚实的理论基础，在各类的光谱数据满足统计正态性假设的条件下，理论上能获得最小的分类误差。但贝叶斯分类法无法解决同谱异物、同物异谱的问题。

对于一般的多光谱遥感图像数据，贝叶斯分类法通常能较好地区分大的地类，如水体、居民地、绿地等。土地利用调查则需要更细的分类，如需要把水域进一步细分为河流、湖泊、水库和坑塘等，这是同谱异物问题，需要把绿地分为菜地、果园、林地、草地等，这既是同谱异物问题，也有同物异谱问题。要细分水域，必须利用形态特征和分布规律，而要细分绿地不仅须要利用分布规律，也要利用不同绿地间微弱的光谱差异。因此，在本文介绍的试验中，细分水域的知识学习粒度确定为多边形，细分绿地的知识学习粒度确定为像元。

在像元粒度的学习中，李德仁等（2002）提出一种归纳学习与贝叶斯分类法相结合的方法。先用贝叶斯分类法进行初始分类，保留分类得到的像元属于各个类别的概率值，用概率值和位置、高程等构成学习的属性，进行归纳学习。由于类别概率值由像元的光谱值和类别的光谱统计参数计算而来，这样就既利用了像元的光谱信息，又利用了类别的光谱统计信息。用同样的样本，分别用原始的像元光谱值和像元类别概率值与位置、高程属性一起进行归纳学习，用像元类别概率值的学习精度高于用原始的像元光谱值的精度，说明这种归纳学习与贝叶斯分类结合的方法是有效的。

在多边形粒度的学习中，归纳学习不利用像元的光谱信息，而是直接从 GIS 数据库中生成学习数据，经过学习生成规则。贝叶斯分类与之平行地进行，取概率值最大的类别为结果类别，在分类结果图像上经过栅格矢量转换生成均值区多边形，应用归纳学习得到的规则进行推理将同一类的多边行进行细分类。归纳学习与贝叶斯分类的这种结合方式是一种松散的结合。

图 10.13 为归纳学习用于遥感图像分类时的分类工作流程图。从图中可以看出，在整个过程中 GIS 数据库扮演了重要的角色。从 GIS 数据库生成贝叶斯分类的训练区、生成两种粒度归纳学习的样本数据、产生检测区用于图像分类结果的精度评价，再加上遥感图像精纠正时提供控制点，GIS 数据库自始至终都对遥感图像分类起着重要的作用。这一工作流程的技术核心是归纳学习和贝叶斯分类法。归纳学习与贝叶斯分类方法的结合方式同样适用于归纳学习与其他分类方法的结合。

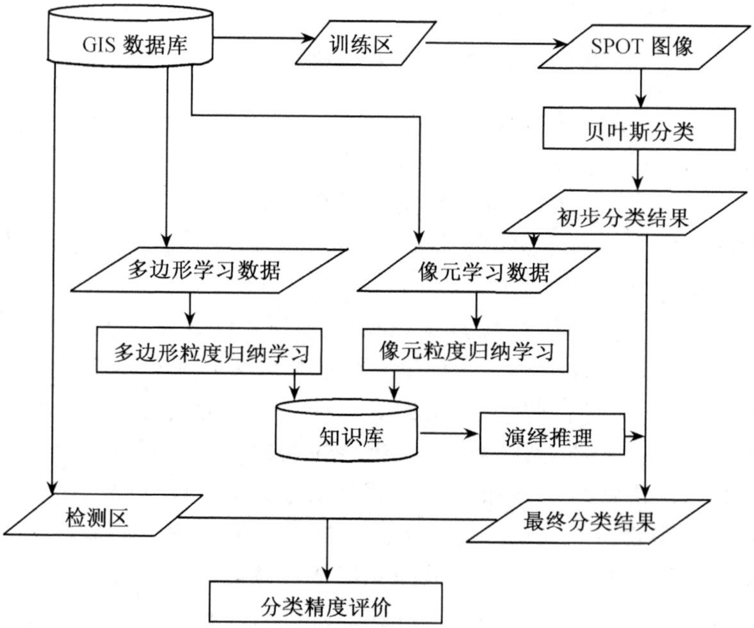

图 10.13　应用归纳学习的遥感图像分类流程图

应用知识的过程是一个根据规则进行演绎推理的过程，所需的属性和数据格式与学习时相同，只是没有类别属性。C5.0 得到的结果为一组规则和一个缺省类别，每一条规则附有一个0～1之间的置信度值。在演绎推理中可采用如下策略：①若仅激活一条规则，取规则的输出类别为结果类别；②若同时激活多条规则，则取置信度（总和）高的类别为结果类别；③若同时激活多条规则，且类别的置信度（总和）相同，则取学习时覆盖样本多的规则的输出为结果类别；④没有规则被激活时，取缺省类别为结果类别。

以上从GIS与遥感集成的角度，研究了从空间数据库发现知识用于遥感图像分类的问题，提出了在空间对象粒度和像元粒度两种粒度上实施空间数据库归纳学习，分析了两种粒度学习的特点和适用范围。同时提出以贝叶斯初步分类得到的类别概率值作为学习属性，将归纳学习与贝叶斯分类法相结合。用北京地区SPOT多光谱图像和GIS数据库进行了土地利用分类的试验，总体分类精度比单独用贝叶斯分类法提高了11%，果园、林地的分类精度提高30%左右。试验结果表明，归纳学习能较好地解决同谱异物、同物异谱等问题，显著提高分类精度，并且能够根据发现的知识进一步细分类，扩展了遥感图像分类的能力。

四、遥感与GIS集成引起的不确定性

遥感数据具有栅格结构，地理信息系统数据具有矢量结构，不同类型结构的数据集成引起了不确定性。遥感影像数据与地理信息系统数据的集成可以有三种形式：①分离但平行的结构；②无缝集成；③整体集成。集成的程度取决于遥感影像和地理信息系统的数据融合的能力。

1. 遥感与GIS集成及产生的新数据的不确定性

美国国家地理信息与分析中心（NCGIA）提出的重点研究课题中的第十二个课题是遥感影像数据与地理信息系统数据的集成问题，包括6个方面。

（1）提出误差记录标准和系统数据文档，有以下三个过程。①评估分类误差，提出空间数据转换标准（SDTS）；②细化和扩展所提出的SDTS使其与目标的评价相一致；③在需要的时候发展新的误差评估程度。

（2）改善现有遥感误差评估方法。目前误差评估基于统计方法，只提供了整体分类精度而没有空间分布评估，因此，需要增加遥感与地理信息系统集成的分类产品误差的空间结构的评估。

（3）实地检验数据的采集方法。有关实地检验数据和采样大小、样式和精度评估是一项主要的课题，地面实况验证方法过去并没有得到重视，现在应将其作为重点。

（4）矢量与栅格数据的转换。已有的转换方法中对于原始栅格数据相对应的多边形矢量数据的精度影响没有严格限制。栅格数据分类后产生的多边形数据将

会产生很多问题，因此要对它进行理解和量化研究，以改进矢量与栅格数据的转换技术。

（5）位置数据的不确定性特征分析。遥感数据的定位精度除了常用的地面控制点外，还需要用 GPS 数据来提供其空间精度，需要 GIS 中 DEM 的比例尺精度等。

（6）遥感影像数据与地理信息系统数据集成的标准与规范的制定。

2. 遥感与 GIS 集成的不确定性处理方法

遥感与 GIS 集成的不确定性有三个方面的问题。

1）位置数据不确定性的空间分布

点的误差在测绘界中已有深入的研究。然而对线及面元素的误差尚未从理论上和方法上进行深入与系统的研究过。因此，史文中于 1994 年，1998 年，Shi 于 2000 年对线位置不确定性问题作了系统研究。

2）遥感分类数据属性不确定性的空间分布

误差矩阵方法能描述属性不确定性的数量，但不能描述不确定性的空间分布。而概率矢量则具有描述不确定性空间分布的潜在可能。Shi 于 1994 年提出的用概率矢量对误差分布的描述，并据此提出了一系列描述参数。

3）位置与属性数据结合过程中的不确定性传递

将位置与属性的不确定性转化为同一种指标就可以讨论两者不确定性的传递。设 GIS 矢量数据仅有位置误差而不含属性误差，遥感栅格数据只含有属性误差而不含位置误差，则两者的结合误差可以传播到合成的数据中。Shi 于 1994 年提出“S 带”模型用来描述在此集成中的误差。

遥感领域内存在“数据爆炸，知识贫乏”的原因之一是遥感产品的质量不过关，存在几何及属性数据的不确定性问题，影响了获取信息的可信度（质量）和应用效果。因此减少数据不确定性就成为当务之急。

在解决不确定性问题的理论方法方面，粗糙集、模糊集合、混沌理论、灰色理论和未知数学起到了一定的作用。在 GIS 的灵敏度分析理论上，一部分人对数据挖掘的不确定传播分析进行了深入的研究。空间科学长期以来对空间数据的不确定性问题十分重视，而空间数据属性的不确定性研究才刚刚开始。统计、概率方法是常用的方法，空间数据的模糊性空间统计分析方法也是一种有效的方法。

遥感和 GIS 数据的不确定性和不完备性是客观存在的，尤其属性数据的不确定性尚属空白。是否可以用粗空间理论的精实体描述空间实体，粗关系描述其空间关系以逼近其真实客观世界。

第三节　环境遥感应用系统的开发应用举例

本节以中国生态环境遥感调查成果集成系统的设计与开发为例，简要介绍一下环境遥感应用系统的开发。

一、开发背景

面对我国环境污染和生态破坏的严峻形势和环境保护工作的艰巨任务，我国各级环境保护部门已逐渐认识到及时、准确、高效的获取与处理环境信息的重要性，认识到在环境保护工作中应用信息技术的重要性。因此，作为环境保护工作基础的环境信息获取和处理得到普遍的重视，环境保护离不开信息技术的支持已成为人们的共识。

通过西部和中东部生态环境遥感现状调查，获得了一大批重要的数据和资料。这些数据包括20世纪80年代、90年代、2000年的Landsat TM/ETM感影像数据、1∶10万土地利用数据、1∶10万土地利用动态变化数据、1∶10万土地退化数据、1∶10万生态环境评价专题数据、1∶10万典型区环境动态专题数据、环境背景数据、地面统计数据、野外核查数据或资料等。这些数据对于分析我国生态环境现状和动态变化的特点和趋势，发现和研究我国生态环境存在的问题，找出其成因和对策，制定生态环境规划，为生态环境保护决策提供科学依据都有重大帮助和深远意义。

根据全国生态环境调查的总体要求，利用GIS技术，集成2000年中国西部地区生态环境遥感调查和2002年中东部地区生态环境调查所获得的全国范围多时相的遥感影像数据库，土地利用/土地覆被数据库，水土流失、海岸带、城市化和湿地等生态环境专题数据库，生态环境背景数据库等空间数据以及地面调查统计数据库和调查文档数据库，建成全国生态环境综合数据库；同时，建立基于全国生态环境综合数据库的数据集成系统，将所有生态调查成果数据及相关文档、多媒体等集成起来，使用户可按应用专题、时间范围、数据类型等多种方式灵活的查询全国生态环境调查的各种数据成果，使全国生态环境调查数据可以得到综合利用，为进一步的全国生态功能区划及各地生态环境保护的管理提供数据支持和技术保障；是当前和今后一段时间面临的一项重大任务，也是进行相关技术开发的重要背景。

二、系统目标

总体目标是建成一个网络环境支持下的安全可靠、运行高效的中国生态环境综合查询与分析系统，是实现对矢量数据、遥感数据、DEM 数据、多媒体数据和属性数据的查询、显示和分析以及辅助空间决策功能，并能够满足环境保护管理部门工作需要和服务社会公众的一个网络化服务系统，为中国生态环境现状调查数据的综合应用和专题数据产品制作提供全方位的支持。具体目标包括：

（1）建成生态环境综合数据库，形成生态环境数据处理、开发、利用、交换、共享和服务管理的基地。综合数据库包括土地利用（含动态）2000 年、20 世纪 90 年代和 80 年代数据库，遥感影像数据 2000 年、90 年代和 80 年代数据库，水土流失、海岸带、城市化和湿地等环境专题数据库，地面定位核查照片数据库，地面调查统计数据库以及全国生态环境背景数据库，完成中国生态环境综合数据库的建设。

（2）形成能实际运行的中国生态环境信息查询与分析系统，能够按地区、典型区和专题对空间数据进行快速检索；能够对不同类型的数据进行叠加和多窗口显示；能够对所选中地区的空间和属性数据进行统计和对比分析；能够动态生成各种专题图和统计报表。

（3）通过结合空间数据与地面调查数据，能够生成各种专题图，提供生态环境数据产品，为中国生态环境建设和管理、生态功能区规划、生态环境保护规划以及可持续发展提供科学依据。

三、系统整体结构设计

1. 总体技术框架

中国生态环境现状遥感调查集成系统开发基于 C/S 结构库，整体上分为三个层次、数据层、业务管理层和表现层。数据层是信息资源平台，是整个系统的基础。数据层包括环境背景数据库、基础地形数据库、遥感影像数据库、土地覆被数据库、土地利用数据库、土地退化数据库、典型区数据库、环境评价数据库、地面调查数据库、野外核查数据库等。业务层是整个系统提供服务的活动平台，也就是整个集成系统，包括维护管理子系统、地理信息管理子系统、元数据管理系统、查询和统计子系统等。它接收用户的请求，根据用户的请求调用数据层的信息资源并对信息资源进行分析形成结果或数据产品，提供给用户。表现是服务系统提供的结果以各种形式表现出来。表现形式包括图、表、专题图等。中国生态环境信息系统技术框架见图 10.14。

2. 系统组成部分

中国生态环境现状遥感调查集成系统主要由空间数据管理子系统、数据查询子系统、图像处理子系统、空间分析子系统、专题图生成子系统、元数据管理子

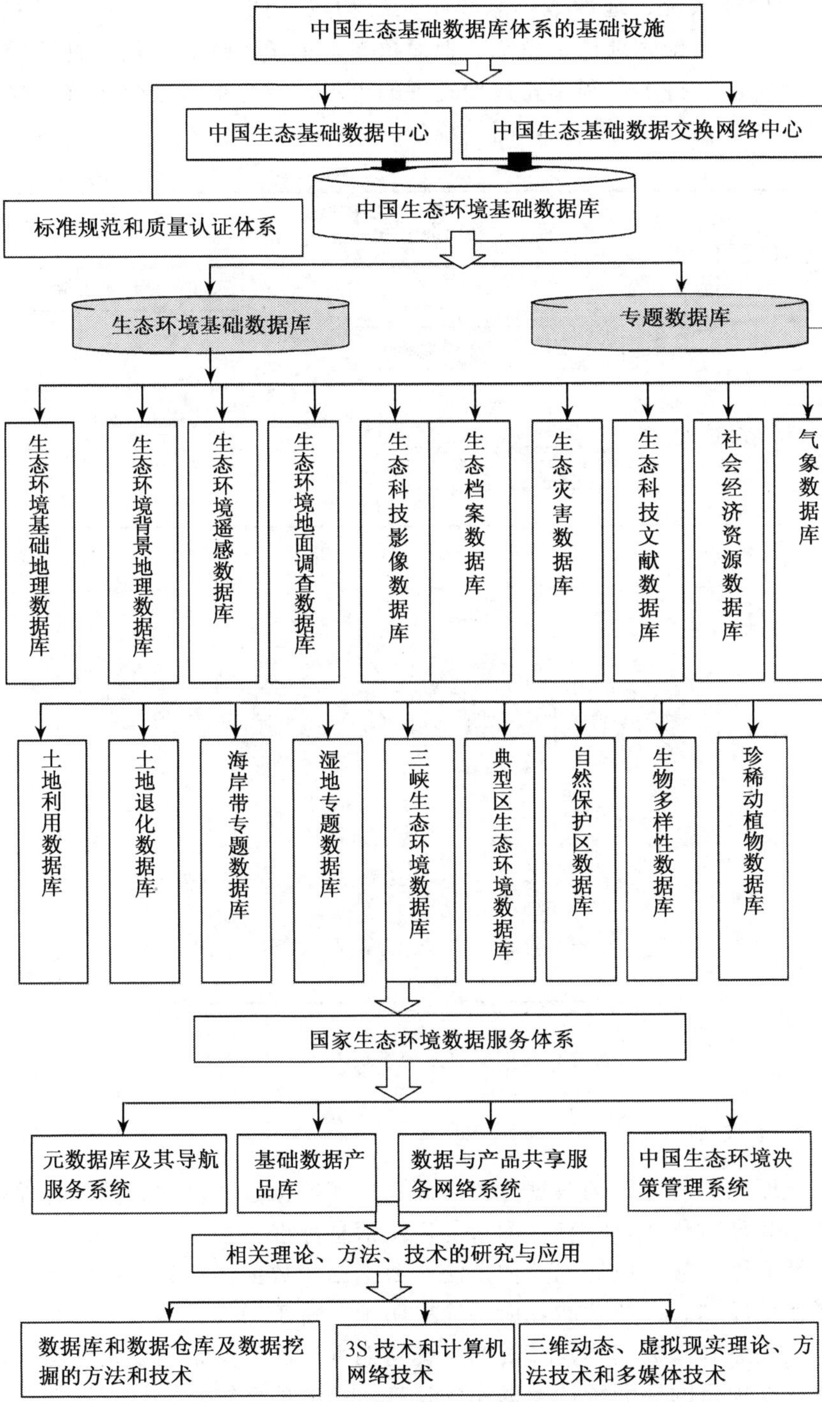

图 10.14　中国生态环境信息系统技术框架

系统、数据库维护子系统、地面数据采集子系统构成（图 10.15）。系统以 GIS 空间组件为支撑，在数据库维护子系统、地面数据采集子系统和元数据管理子系统三个支持子系统的支持下，利用元数据管理的思想，对全部调查数据进行综合查询、显示对比和分析以及提供专题图、统计图等。

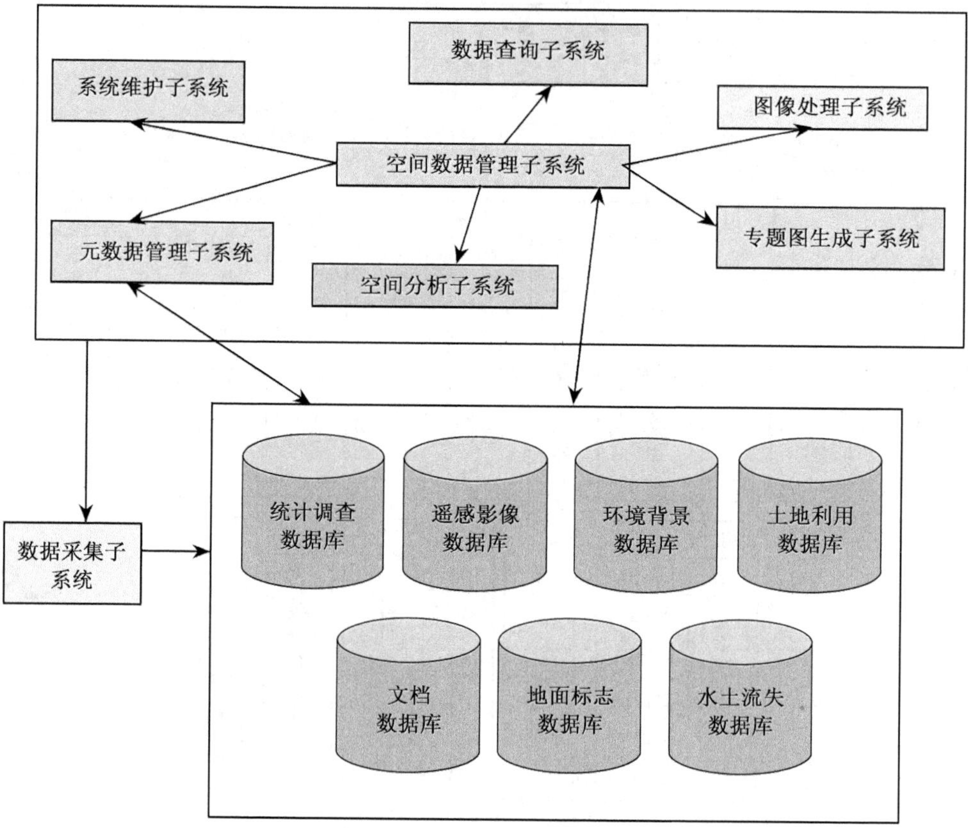

图 10.15　集成系统组成

3. 系统设计原则

(1) 规范化原则。所涉及的数据分类编码、空间数据数学基础、数据存储格式、系统环境达到规范化要求，符合国家与环境信息标准。

(2) 完备性原则。数据应达到整体系统对数据源与数据操作完备的要求。

(3) 可操作性原则。系统功能界面要简单明了，易于操作。

(4) 可扩展性原则。数据库及其查询系统功能可扩展，特别是要留有与中国生态环境现状调查项目的地面统计数据库的接口，保证地面统计数据与遥感数据的集成。

4. 数据库设计

数据库是集成系统的核心组成部分，根据不同的应用，数据库会有各种各样的组织形式。数据库设计就是把现实世界中一定范围内存在着的应用处理和数据抽象成一个数据库的具体结构的过程。具体地讲，就是对于一个给定的应用环境，提供一个确定最优数据模型与处理模型的逻辑设计，以及一个确定数据库存储结构与存取方法的物理设计，建立能反映现实世界信息和信息联系，满足用户要求，又能被某个数据库管理系统所接受，同时能实现系统目标并有效存取数据的数据库。数据库设计涉及数据库目标和框架的定义及其分析和评价。中国生态环境现状遥感调查集成系统以文件和数据库两种方式来管理数据，空间数据以文件（Arc/Info Coverage 格式）方式管理，地面调查统计数据以数据库（MS SQL Server 2000）来管理。

5. 系统集成关键技术与特点

（1）基于元数据的管理。根据空间数据存放规则，对海量环境空间数据自动搜索建立元数据库，以实现对空间数据的方便检索和查询。

（2）数据分散与元数据集中。数据可以分散于多个磁盘阵列或服务器中，而通过建立集中的元数据库，可以对分散的数据进行统一检索。

（3）空间数据与统计数据的交互。空间数据与属性数据根据空间位置的相关性关联起来，一方面使属性数据空间量化，另一方面使空间数据信息更加丰富。

（4）基于 XML 图例管理。使用 XML 技术管理图例，方便数据交换和图例管理。

（5）动态专题图。根据各种管理需要，实时的将统计数据空间化，自动生成专题图，并且可以灵活定制符号，颜色、字体等，并将专题图结果导出为多种格式。

（6）可视化程度高。利用系统生成的地面核查点空间图层，结合地形图、遥感影像图等专题可以方便的查询实景照片。

（7）可扩展性强。系统利用成熟的 GIS 组件和商业化开发工具，可以根据不同工作需求灵活扩展，使系统具有很强的生命力。

四、系统主要功能

中国生态环境现状遥感调查集成系统主要由地理信息管理子系统、数据查询子系统、综合分析子系统、专题图生成子系统、元数据管理子系统、数据库维护子系统构成。

1. 系统维护子系统

系统维护子系统包括用户管理、指标维护、系统构造、代码维护、元数据管理、日志管理、单位编码及工具箱等八个子模块。用户管理是对系统用户的增、删及授权进行管理；指标维护、代码维护及系统构造提供定制用户应用库及其具体内容的功能；元数据管理是对海量空间数据进行管理；日志管理是对系统操作人员和系统运行情况等的日常记录和管理；单位编码确定系统中的组织机构层次关系及其编码；工具箱则提供数据交换或转换、上发/接收数据或结构以及数据备份/恢复的功能。

2. 元数据管理子系统

元数据子系统为整个数据集成子系统的重要组成部分，具有相对独立性。该系统不仅仅为数据集成系统服务，也可以独立作为数据管理系统存在。该子系统对数据中心的所有本地与局域网网络环境中的所有文件，包括空间矢量数据和遥感影像数据以及其他政务、报告等文档数据和图片、声音、动画等多媒体数据进行管理、维护。通过对所有有效文件建立元数据数据库，可以进行基于元数据的查询（B/S、C/S）：对于数据集成系统（C/S），提供将海量空间数据映射或者下载到本地两种方式，对于元数据发布系统（B/S），提供简单元数据描述和详细元数据的链接（符合国家信息中心标准的）以及数据获取方式，对部分允许公开数据或内网用户提供下载。

3. 空间数据查询与处理子系统

中国生态环境现状遥感调查数据库及其查询系统设计的总要求是：在地理信息系统技术支持下，全面集成项目成果，利用各种空间数据表达方法和可视化手段，充分、系统的反映基于遥感调查的中国地区生态环境现状及其变化的特点，使用户可按应用专题、地区范围、时间范围、数据类型等多种方式灵活、方便、有效进行中国生态环境遥感调查数据成果查询（图 10.16）。

4. 空间数据管理子系统

整个集成系统以 GIS 空间组件为支撑，在数据库维护子系统、地面数据采集子系统和元数据管理子系统三个支持子系统的支持下，利用元数据管理的思想，对全部调查数据进行综合查询、显示对比和分析以及专题图、统计图等。地理信息子系统主要功能包括图层管理（分类、注记、符号编辑等）、图形显示（放大、缩小、全图、漫游等）、图例管理、专题图制作和空间分析等。

1）相关的结果集成在多个窗口进行对比

使用多窗口功能方便对比同一地区不同时相遥感影像，对比同一地区不同数

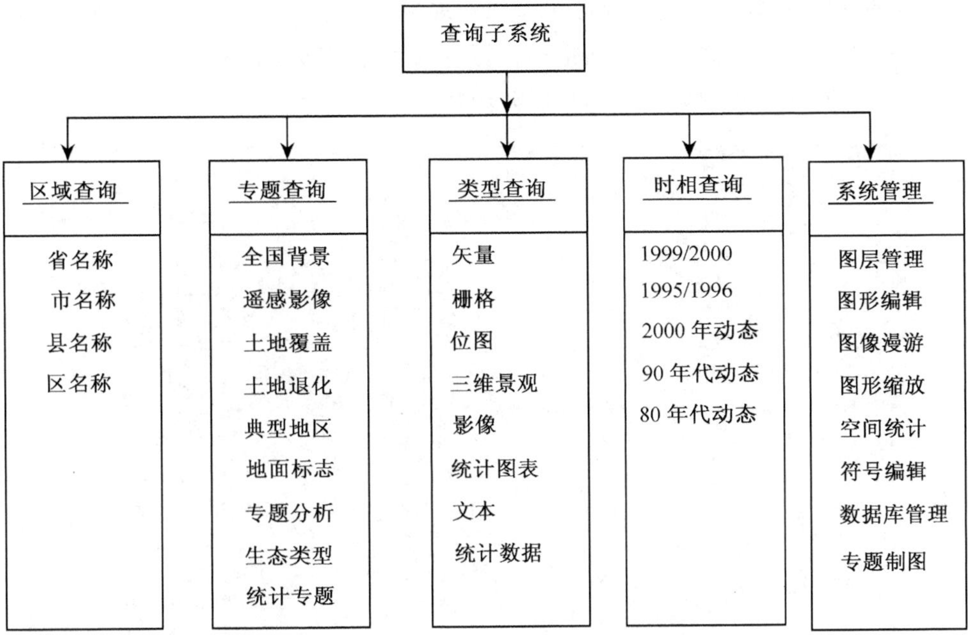

图 10.16　查询子系统功能

据（遥感影像和矢量数据），能够清晰地发现地区生态环境的变化（图 10.17）。

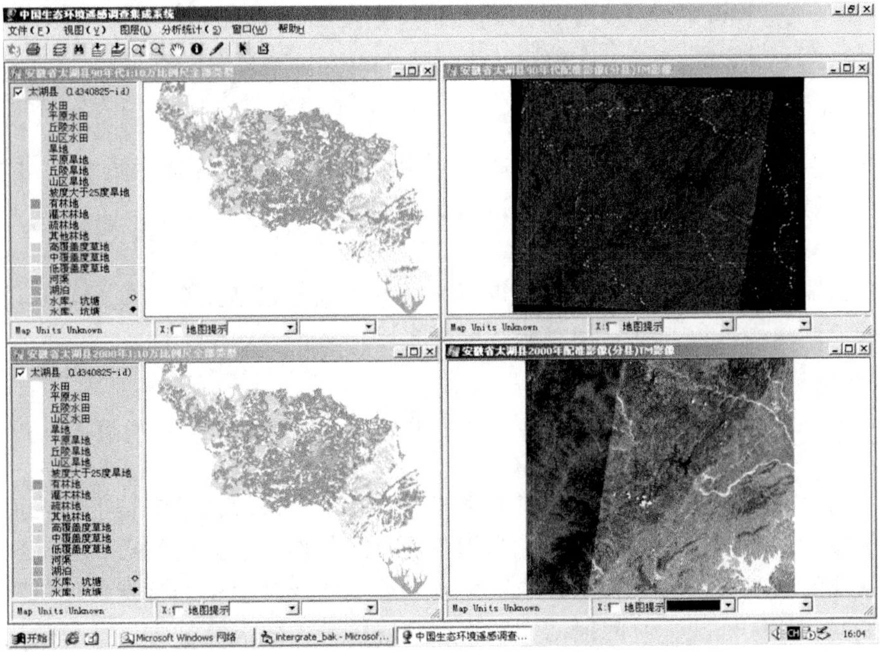

图 10.17　相关的结果集成在多个窗口的对比图

2）根据统计数据在行政区图上制作专题图

根据地面统计数据选择不同指标在行政区图上制作专题图，用户可以自定义柱图、饼图的大小和颜色。可以打印和制作专题图（图 10.18）。

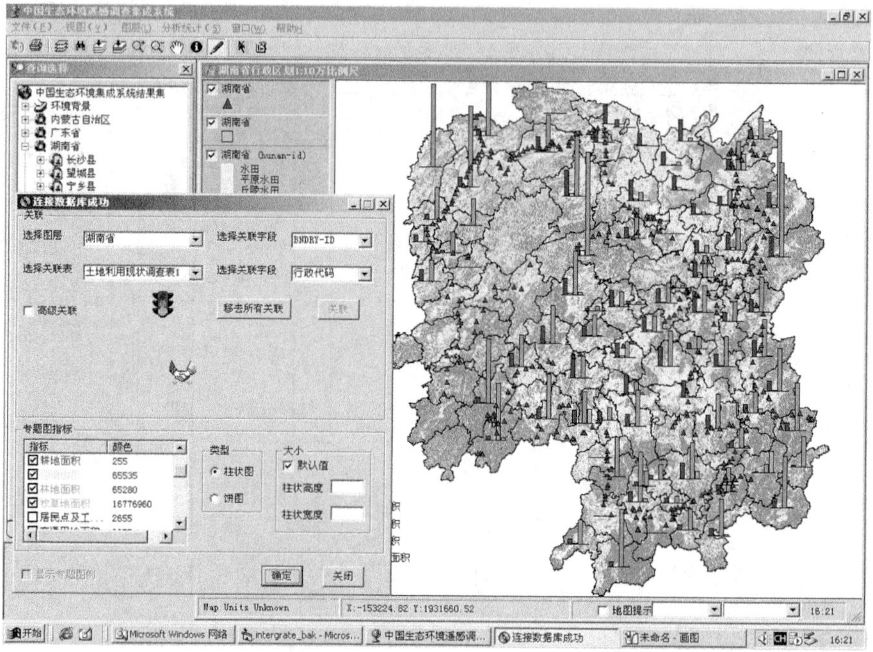

图 10.18　根据统计数据在行政区图上制作的专题图

3）组合查询与分析

数据分析系统提供强大的数据查询和分析功能，特别是提供数据的多层次、多角度（数据切片、钻取）功能，以满足不同业务需求。

4）单个或多个指标对比

根据需要对某一个或多个指标进行灵活的比较，包括多个县多个时间段之间的比较。结果图可以是柱状图、折线图等多种形式。

5）统计数据导出

将组合查询和统计结果导出外部文件。支持导出格式包括 WORD、EXCEL、HTM。

中国生态环境现状遥感调查集成系统在地理信息系统技术支持下，全面集成中国生态环境现状遥感调查成果，利用各种空间数据表达方法和可视化手段，充分、系统的反映基于遥感调查的中国生态环境现状及其变化的特点，使用户可按应用专题、地区范围、时间范围、数据类型等多种方式灵活、方便、有效进行生态环境遥感调查数据成果查询。目前集成系统已在国家环境保护总局信息中心和浙江省环境监测中心正式运行。

思 考 题

1. 什么是3S集成？其集成的模式包括哪几种？
2. 环境遥感与GIS的集成主要表现在哪些方面？
3. 如何将GIS数据融入到环境遥感影像分析中？
4. 环境遥感与GIS在空间数据处理过程中的结合方式主要有哪几种？
5. 简述遥感与GIS集成引起的不确定性问题。
6. 试举例说明环境遥感应用系统的开发过程。

主要参考文献

陈述彭，童庆禧，郭华东．1998．遥感信息机理．北京：科学出版社
承继成，郭华东，史文中等．2004．遥感数据的不确定性问题．北京：科学出版社
胡著智，王慧麟，陈钦峦等．1999．遥感技术与地学应用．南京：南京大学出版社
科技部国家遥感中心．2000．地理信息管理决策．北京：北京大学出版社
李德仁，关泽群．2002．空间信息系统的集成与实现．武汉：武汉大学出版社
李树凯．2003．遥感时空信息集成技术及其应用．北京：科学出版社
唐先明．2000．地理空间数据融合研究及应用．中国科学遥感应用研究所博士论文
王桥，徐富春．2001．环境信息技术与应用．北京：化学工业出版社

附录A　环境监测有关标准

A-1　地表水环境质量标准（GHZB1-1999）

表 A-1-1　地表水环境质量标准基本项目标准值（mg/L）

序号	分类 项目	Ⅰ	Ⅱ	Ⅲ	Ⅳ	Ⅴ
	基本要求	所有水体不应有非自然原因导致的下述物质： a. 能形成令人感观不快的沉淀物的物质； b. 令人感官不快的漂浮物，诸如碎片、浮渣、油类等； c. 产生令人不快的色、臭、味或混浊度的物质； d. 对人类、动植物有毒、有害或带来不良生理反应的物质； e. 易滋生令人不快的水生生物的物质				
1	水温/°C	人为造成的环境水温变化应限制在： 周平均最大温升≤1 周平均最大温降≤2				
2	pH 值	6.5～8.5				6～9
3	硫酸盐（以 SO_4^{-2}计）≤	250 以下	250	250	250	250
4	氯化物（以 Cl^-计）≤	250 以下	250	250	250	250
5	溶解性铁 ≤	0.3 以下	0.3	0.5	0.5	1.0
6	总锰 ≤	0.1 以下	0.1	0.1	0.5	1.0
7	总铜 ≤	0.01 以下	1.0（渔 0.01）	1.0（渔 0.01）	1.0	1.0
8	总锌 ≤	0.05	1.0（渔 0.1）	1.0（渔 0.1）	2.0	2.0
9	硝酸盐（以 N 计）≤	10 以下	10	20	20	25
10	亚硝酸盐（以 N 计）≤	0.06	0.1	0.15	1.0	1.0
11	非离子氨 ≤	0.02	0.02	0.02	0.2	0.2
12	凯氏氮 ≤	0.5	0.5（渔 0.05）	1（渔 0.05）	2	3
13	总磷（以 P 计）≤	0.02	0.1	0.1	0.2	0.2
14	高锰酸盐指数≤	2	4	8	10	15
15	溶解氧 ≥	饱和率 90%	6	5	3	2
16	化学需氧量（COD_{Cr}）≤	15 以下	15	20	30	40
17	生化需氧量（BOD_5）≤	3 以下	3	4	6	10
18	氟化物（以 F 计）≤	1.0 以下	1.0	1.0	1.5	1.5
19	硒（四价）≤	0.01 以下	0.01	0.01	0.02	0.02
20	总 砷 ≤	0.05	0.05	0.05	0.1	0.1
21	总 汞 ≤	0.000 05	0.000 05	0.000 1	0.001	0.001
22	总 镉 ≤	0.001	0.005	0.005	0.005	0.01
23	铬（六价）≤	0.01	0.05	0.05	0.05	0.1
24	总 铅 ≤	0.01	0.05	0.05	0.05	0.1
25	总氰化物 ≤	0.005	0.05(渔 0.005)	0.2(渔 0.005)	0.2	0.2
26	挥发酚 ≤	0.002	0.002	0.002	0.01	0.1
27	石油类 ≤	0.05	0.05	0.05	0.5	1.0
28	阴离子表面活性剂 ≤	0.2 以下	0.2	0.2	0.3	0.3
29	粪大肠菌群/（个/L）≤	200	1 000	2 000	5 000	10 000
30	氨 氮 ≤	0.5	0.5	0.5	1.0	1.5
31	硫化物 ≤	0.05	0.1	0.2	0.5	1.0

表 A-1-2 湖泊水库特定项目标准值（mg/L）

序号	项目 \ 分类	Ⅰ	Ⅱ	Ⅲ	Ⅳ	Ⅴ
1	总磷（以P计）≤	0.002	0.01	0.025	0.06	0.12
2	总 氮 ≤	0.04	0.15	0.3	0.7	1.2
3	叶绿素 a ≤	0.001	0.004	0.01	0.03	0.065
4	透明度/m ≥	15	4	2.5	1.5	0.5

表 A-1-3 地表水Ⅰ、Ⅱ、Ⅲ类水域有机化学物质特定项目标准值（mg/L）

序号	项 目	标准值	序号	项 目	标准值
1	苯并（a）芘	2.8×10^{-6}	21	六氯苯	0.05
2	甲基汞	1.0×10^{-6}	22	多氯联苯	8.0×10^{-6}
3	三氯化甲烷	0.06	23	2，4-二氯苯酚	0.093
4	四氯化碳	0.003	24	2，4，6-三氯苯酚	0.001 2
5	三氯乙烯	0.005	25	五氯酚	0.000 28
6	四氯乙烯	0.005	26	硝基苯	0.017
7	三溴甲烷	0.04	27	2，4-二硝基甲苯	0.000 3
8	二氯甲烷	0.005	28	酞酸二丁酯	0.003
9	1，2-二氯乙烷	0.005	29	丙烯腈	0.000 058
10	1，1，2-三氯乙烷	0.003	30	联苯胺	0.000 2
11	1，1-二氯乙烯	0.007	31	滴滴涕	0.001
12	氯乙烯	0.002	32	六六六	0.005
13	六氯丁二烯	0.000 6	33	林 丹	0.000 019
14	苯	0.005	34	对硫磷	0.003
15	甲 苯	0.1	35	甲基对硫磷	0.000 5
16	乙 苯	0.01	36	马拉硫磷	0.005
17	二甲苯	0.5	37	乐 果	0.000 1
18	氯 苯	0.03	38	敌敌畏	0.000 1
19	1，2-二氯苯	0.085	39	敌百虫	0.000 1
20	1，4-二氯苯	0.005	40	阿特拉津	0.003

A-2 污水综合排放标准（GB8978-1996）

表 A-2-1 第一类污染物最高允许排放浓度（mg/L）

序 号	污染物	最高允许排放浓度
1	总汞	0.05
2	烷基汞	不得检出
3	总镉	0.1
4	总铬	1.5
5	六价铬	0.5
6	总砷	0.5
7	总铅	1.0
8	总镍	1.0
9	苯并（a）芘	0.000 03
10	总铍	0.005
11	总银	0.5
12	总 α 放射性	1Bq/L

表 A-2-2　第二类污染物最高允许排放浓度（mg/L）

序号	污染物	适用范围	一级标准	二级标准	三级标准
1	pH 值	一切排污单位	6～9	6～9	6～9
2	色度（稀释倍数）	染料工业	50	180	
		其他排污单位	50	80	
3	悬浮物（SS）	采矿、选矿、选煤工业	100	300	
		脉金选矿	100	500	
		边远地区砂金选矿	100	800	
		城镇二级污水处理厂	20	30	
		其他排污单位	70	200	400
4	五日生化需氧量（BOD_5）	甘蔗制糖、苎麻脱胶、湿法纤维板工业	30	100	600
		甜菜制糖、乙醇、味精、皮革、化纤浆粕工业	30	150	600
		城镇二级污水处理厂	20	30	
		其他排污单位	30	60	300
5	化学需氧量（COD）	甜菜制糖、焦化、合成脂肪酸、湿法纤维板、染料、洗毛、有机磷农药工业	100	200	1 000
		味精、乙醇、医药原料药、生物制药、苎麻脱胶、皮革、化纤浆粕工业	100	300	1 000
		石油化工工业（包括石油炼制）	100	150	500
		城镇二级污水处理厂	60	120	
		其他排污单位	100	150	500
6	石油类	一切排污单位	10	10	30
7	动植物油	一切排污单位	20	20	100
8	挥发酚	一切排污单位	0.5	0.5	2.0
9	总氰化合物	电影洗片（铁氰化合物）	0.5	5.0	5.0
		其他排污单位	0.5	0.5	1.0
10	硫化物	一切排污单位	1.0	1.0	2.0
11	氨氮	医药原料药、染料、石油化工工业	15	50	
		其他排污单位	15	25	
12	氟化物	黄磷工业	10	20	20
		低氟地区（水含氟量＜0.5mg/L）	10	10	30
		其他排污单位	10	10	20
13	磷酸盐（以 P 计）	一切排污单位	0.5	1.0	
14	甲醛	一切排污单位	1.0	2.0	5.0
15	苯胺类	一切排污单位	1.0	2.0	5.0
16	硝基苯类	一切排污单位	2.0	3.0	5.0
17	阴离子表面活性剂（LAS）	合成洗涤剂工业	5.0	15	20
		其他排污单位	5.0	10	20
18	总铜	一切排污单位	5.0	1.0	2.0
19	总锌	一切排污单位	2.0	5.0	5.0
20	总锰	合成脂肪酸工业	2.0	5.0	5.0
		其他排污单位	2.0	2.0	5.0
21	彩色显影剂	电影洗片	2.0	3.0	5.0
22	显影剂及氧化物总量	电影洗片	3.0	6.0	6.0
23	元素磷	一切排污单位	0.1	0.3	0.3
24	有机磷农药（以 P 计）	一切排污单位	不得检出	0.5	0.5
25	粪大肠菌群数	医院①、兽医院及医疗机构含病原体污水	500 个/L	1 000 个/L	5 000 个/L
		传染病、结核病医院污水	100 个/L	500 个/L	1 000 个/L
26	总余氯（采用氯化消毒的医院污水）	医院①、兽医院及医疗机构含病原体污水	＜0.5②	＞3（接触时间≥1h）	＞2（接触时间≥1h）
		传染病、结核病医院污水	＜0.5②	＞6.5（接触时间≥1.5h	＞5（接触时间≥1.5h）

注：① 指 50 个床位以上的医院；

② 加氯消毒后须进行脱氯处理，达到本标准。

A-3 环境空气质量标准——各项污染物的浓度限值（GB3095-1996）

污染物名称	取值时间	浓度限值 一级标准	浓度限值 二级标准	浓度限值 三级标准	浓度单位
二氧化硫 SO_2	年平均	0.02	0.06	0.10	mg/m³（标准状态）
	日平均	0.05	0.15	0.25	
	1h 平均	0.15	0.50	0.70	
总悬浮颗粒物 TSP	年平均	0.08	0.20	0.30	
	日平均	0.12	0.30	0.50	
可吸入颗粒物 PM_{10}	年平均	0.04	0.10	0.15	
	日平均	0.05	0.15	0.25	
氮氧化物 NO_x	年平均	0.05	0.05	0.10	
	日平均	0.10	0.10	0.15	
	1h 平均	0.15	0.15	0.30	
二氧化氮 NO_2	年平均	0.04	0.04	0.08	
	日平均	0.08	0.08	0.12	
	1h 平均	0.12	0.12	0.24	
一氧化碳 CO	日平均	4.00	4.00	6.00	
	1h 平均	10.00	10.00	20.00	
臭氧 O_3	1h 平均	0.12	0.16	0.20	
铅 Pb	季平均	1.50			μg/m³（标准状态）
	年平均	1.00			
苯并［a］芘 B［a］P	日平均	0.01			
氟化物 F	日平均	7①			
	1h 平均	20①			
	月平均	1.8②		3.0③	μg/（dm²·d）
	植物生长季平均	1.2②		2.0③	

注：① 适用于城市地区；

② 适用于牧业区和以牧业为主的半农半牧区，蚕桑区；

③ 适用于农业和林业区。

A-4 土壤环境质量标准（mg/kg，GB15618-1995）

级别	一级	二级			三级
pH 值	自然背景	＜6.5	6.5～7.5	＞7.5	＞6.5
项目					
镉 ≤	0.20	0.30	0.60	1.0	
汞 ≤	0.15	0.30	0.50	1.0	1.5
砷 水田 ≤	15	30	25	20	30
旱地 ≤	15	40	30	25	40
铜 农田等≤	35	50	100	100	400

续表

级别	一级	二级			三级
果园 ≤	—	150	200	200	400
铅 ≤	35	250	300	350	500
铬 水田 ≤	90	250	300	350	400
旱地 ≤	90	150	200	250	300
锌 ≤	100	200	250	300	500
镍 ≤	40	40	50	60	200
六六六 ≤	0.05	0.50			1.0
滴滴涕 ≤	0.05	0.50			1.0

注：① 重金属（铬主要是三价）和砷均按元素量计，适用于阳离子交换量＞5cmol（＋）/kg 的土壤，若≤5cmol（＋）/kg，其标准值为表内数值的半数；

② 六六六为四种异构体总量，滴滴涕为四种衍生物总量；

③ 水旱轮作地的土壤环境质量标准，砷采用水田值，铬采用旱地值。

附录 B　世界各国各类卫星发射情况及有关技术参数

B-1　Landsat-1 到 Landsat-7 的系统特征

卫　星	发射时间	退役时间	RBV 波段	MSS 波段	TM 波段	轨　道
陆地卫星 1	1972. 7. 23	1978. 1. 6	1～3（同步摄像）	4～7	无	18 天/900km
陆地卫星 2	1975. 1. 22	1982. 2. 25	1～3（同步摄像）	4～7	无	18 天/900km
陆地卫星 3	1978. 3. 5	1983. 3. 31	A. D(单波段并行摄像)	4～8①	无	18 天/900km
陆地卫星 4	1982. 7. 16②	1987. 7	无	1～4	1～7	16 天/705km
陆地卫星 5	1984. 3. 1	正在运行	无	1～4	1～7	16 天/705km
陆地卫星 6	1993. 10. 5	发射失败	无	无	1～7，全色波段(ETM)	16 天/705km
陆地卫星 7	1994. 4. 15	正在运行	无	无	1～7，全色波段(ETM⁺)	16 天/705km

注：① 8 波段（10.4～12.6μm）发射后不久就失败了；

② TM 数据在 1993 年 8 月传送失败。

B-2　Landsat-1 到 Landsat-7 所采用的传感器

传感器	Landsat 计划	灵敏性/μm	分辨率/m
RBV	1，2	0. 475～0. 575	80
		0. 580～0. 680	80
		0. 690～0. 830	80
	3	0. 505～0. 750	30
MSS	1～5	0. 5～0. 6	79/82①
		0. 6～0. 7	79/82①
		0. 7～0. 8	79/82①
		0. 8～1. 1	79/82①
	3	10. 4～12. 6②	240
TM	4，5	0. 45～0. 52	30
		0. 52～0. 60	30
		0. 63～0. 69	30
		0. 76～0. 90	30
		1. 55～1. 75	30
		10. 4～12. 5	120
		2. 08～2. 35	30
ETM③	6	上述 TM 波段	30（热红外波段为 120m）
		0. 50～0. 90 波段	15
ETM⁺	7	上述 TM 波段	30（热红外波段为 60m）
		0. 50～0. 90 波段	15

注：① Landsat-1 到 Landsat-3 的分辨率为 79m，Landsat-4 和 Landsat-5 的分辨率为 82m；

② 发射后不久就失败了（Landsat-3 的 8 波段）；

③ Landsat-6 发射失败。

B-3　SPOT 卫星技术参数

	SPOT-5	SPOT-4	SPOT-1、2、3
发射日期	2002 年 5 月	1998 年 3 月	1. 1986 年 2 月 2. 1990 年 1 月 3. 1993 年 9 月
发射器	阿丽亚那 4 型火箭	阿丽亚那 4 型火箭	阿丽亚那 2/3 型火箭
设计寿命/a	5	5	3
轨道	太阳同步	太阳同步	太阳同步
降交点过赤道当地时间	上午 10：30	上午 10：30	上午 10：30
轨道高度/km	822	822	822
倾角/（°）	98.7	98.7	98.7
速度/kps	7.4	7.4	7.4
姿态控制	指向地球和偏航轴控制（用以补偿地球自转的影响）	指向地球	指向地球
轨道周期(绕地一周)/min	101.4	101.4	101.4
轨道循环周期/d	26	26	26
总重量/kg	3 000	2 760	1 800
尺寸/m	3.1×3.1×5.7	2×2×5.6	2×2×4.5
太阳能电池板功率/W	2 400	2 100	1 100
星上存储容量	90G 固体存储器（大约可以存放 210 景平均大小为 114M 的影像）	两个 120G 的记录仪以及一个 9G 的固态存储器（每个记录仪可以存放 560 景影像，固态存储器可以存放 40 景，影像的平均大小为 36M）	两个 120G 的记录仪以及一个固态存储器（每个记录仪可以存放 560 景影像）
星载数据处理能力	最多可以同时获取 5 景影像，其中 2 景可以适时向地面站传输，3 景采用 2.6 倍的压缩比率（DCT）进行压缩后在星上存储	两景影像可以同时获取，然后向地面站传输或者采用 1.3 倍的压缩比率（DPCM）进行压缩后在星上存储	两景影像可以同时获取，然后向地面站传输或者采用 1.3 倍的压缩比率（DPCM，只对全色影像）进行压缩后在星上存储
数据传输(8GHz)/Mbps	2×50	50	50

B-4　SPOT 高分辨率成像装置特征

	SPOT-5	SPOT-4	SPOT-1、2、3
装置	2 个高分辨率几何装置（HRG）	2 个高分辨率可见光及短波红外成像装置(HRVIR)	2 个高分辨率可见光成像装置（HRV）
波段及分辨率	1 个全色波段（10m） 3 个多光谱波段（10m） 1 个短波红外波段（20m）	1 个全色波段（10m） 3 个多光谱波段（20m） 1 个短波红外波段（20m）	1 个全色波段（10m） 3 个多光谱波段（20m）

续表

	SPOT-5	SPOT-4	SPOT-1、2、3
波谱范围	PAN：0.48～0.71μm B1：0.50～0.59μm B2：0.61～0.68μm B3：0.78～0.89μm B4：1.58～1.75μm	PAN①：0.61～0.68μm B1：0.50～0.59μm B2：0.61～0.68μm B3：0.78～0.89μm B4：1.58～1.75μm	PAN：0.50～0.73μm B1：0.50～0.59μm B2：0.61～0.68μm B3：0.78～0.89μm
影像视场范围	60km×60km 至 80km	60km×60km 至 80km	60km×60km 至 80km
像元长度	8bits	8bits	8bits
绝对定位精度	＜50m（rms）	＜350m（rms）	＜350m（rms）
内部相对距离精度	0.5×10^{-3}（rms）	0.5×10^{-3}（rms）	0.5×10^{-3}（rms）
能够编程接受	能	能	能
重访间隔	1～4d	1～4d	1～4d

注：①原来的全色波段（0.51～0.73μm）被现在的能同时以 10m 和 20m 分辨率方式工作的 B2 波段。

B-5　中国资源一号 01、02 星（CBERS-1、2）主要技术指标

传感器	波段/μm	空间分辨率/m	刈幅/km	像元素	其他
CCD	B1：0.45～0.52 B2：0.52～0.59 B3：0.63～0.69 B4：0.77～0.89 B5：0.51～0.73	19.5	113	5812	具有侧视功能 −32°～＋32°
IRMSS 红外扫描仪	B6：0.51～1.1 B7：1.55～1.75 B8：2.08～2.35	77.8	119.5	1536	
	B9：10.4～12.5	156		768	噪声等效温度 1.2°K
WFI 广角成像仪	B10：0.63～0.69 B11：0.77～0.89	256	885	3456	
下行频道数据率/(Mb/s)	X 113.23				

B-6　世界各国高分辨率类卫星概况

国家	卫星	分辨率（全色/多色/高色）	拥有者	发射时间
美国	IKONOS-1 IKONOS-2 Eowly1 QuickBird-2 QrbView3 QrbView4	1m/3.28m 1m/3.28m 3m/15m 0.61m/2.44m 1m/4m 1m/4m 1m/4m/8m	Space Imaging Space Imaging Digital Globe Digital Globe Orbital Imaging Orbital Imaging	1999.4.27 失败 1999.9.24 1997.12.24～12.28 2001.10.19 2003.6.26 计划中
南非	Greensat-01	1.8m		1998 失败
以色列	Techsat-Iia EROS-A1 EROS-B1 DAVID	（1～1.5） m/12m （1～2） m/15m 5m	III IAI ISA＋DLR	计划中 2000.6.12（EROS-A2 已取消计划）计划中（2004） 计划中

注：QuickBird-1 于 2000-11-20 失败。

B-7　几种典型的高分辨率商业遥感卫星

卫星	IKONOS-2	QuickBird-2	OrbView-3	EROS-A1
发射年份	1999. 9. 24	2001. 10. 19	2003. 6. 26	2000. 12. 5
轨道高度/km	675	450	470	480
轨道倾角/0	98. 2	66	97. 25	97. 3
质量/kg	817	955	260	250
寿命/a	7	5	5	6～10
重访周期/d	1～3	1～3. 5（与纬度有关）	1～3	3
分辨率/m	全色 1 多光谱 4	全色 0. 61 多光谱 2. 44	全色 1 多光谱 4	全色 1. 8
光谱段/μm	全色：0. 45～0. 90 多光谱： 蓝色：0. 45～0. 53 绿色：0. 52～0. 61 红色：0. 64～0. 72 近红外：0. 77～0. 88	全色：0. 45～0. 90 多光谱： 蓝色：0. 45～0. 52 绿色：0. 52～0. 60 红色：0. 63～0. 69 近红外：0. 76～0. 89	全色：0. 45～0. 90 多光谱： 蓝色：0. 45～0. 52 绿色：0. 52～0. 60 红色：0. 625～0. 695 近红外：0. 76～0. 90	全色:0. 5～0. 9
降交点时	10：30	10：30	10：30	10：30
刈幅/km	11	16. 5	8	13. 5

B-8　高光谱类卫星发射情况

卫星	国家	探测器	光谱分辨率	发射时间（计划）
EOS-AM1（Terra） EOS-PM1（Aqua）	美国	MODIS	0. 42m～14. 24μm min 5～10nm 36 波段	1999. 12. 18 2002. 5. 4
EOS-AM1（Terra）	美国	ASTER	0. 52～11. 65μm min 60nm 14 波段	1999. 12. 18
EO-1	美国	Hyperion	0. 4～2. 5μm min 10nm 220 波段	2000. 11. 21
ARIES-1	澳大利亚	ARIES	0. 4m～2. 5μm min 10nm 100 波段	2002
Orbview4	美国		HS 0. 45～2. 50μm （280 波段） MS 0. 45m～2. 50μm （4 波段）	2001. 9. 21 失败
TRWLewis	美国	HI LEISA	384 波段 256 波段	1997. 8. 22 失败

B-9　ASTER 技术指标

仪器	ASTER		
名称	先进星载热发射/反射辐射计		
制造	美、日、法、澳（公司）		
卫星	EOS-AM1		
波段	VNIR	SWIR	TIR
	(1) 0.52～0.60μm (2) 0.63～0.69μm (3) a：0.76～0.86μm（星下） b：0.76～0.86μm（后向）	(4) 1.600～1.700μm (5) 2.145～2.185μm (6) 2.185～2.225μm (7) 2.235～2.285μm (8) 2.295～2.365μm (9) 2.360～2.430μm	(10) 8.125～8.475μm (11) 8.475～8.825μm (12) 8.925～9.275μm (13) 10.25～10.9μm (14) 10.95～11.65μm
地面分辨率	15m	30m	90m
侧视角	±24°；±318km	±8.55°；116km	±8.55°；116km
刈幅	60km	60km	60km
量化	8bit	8bit	12bit

B-10　MODIS 传感器特性和主要应用领域

波　段	光谱范围 1～19 波段/nm 20～36 波段/μm	信噪比 ΔT_{NE}	分辨率/m	应用领域
1	620～670	128	250	陆地、云边界层
2	841～876	201	250	
3	459～479	243	500	陆地、云属性
4	545～565	228	500	
5	1230～1250	74	500	
6	1628～1652	275	500	
7	2105～2135	110	500	
8	405～420	880	1 000	海洋颜色、浮游生物、生物地球化学
9	438～448	8 380	1 000	
10	483～493	802	1 000	
11	526～536	754	1 000	
12	546～556	750	1 000	
13	662～672	910	1 000	
14	673～683	1 087	1 000	
15	743～753	586	1 000	
16	862～877	516	1 000	
17	890～920	167	1 000	大气水汽
18	931～941	57	1 000	
19	915～965	250	1 000	
20	3.660～3.840	0.05	1 000	地球表面和云顶温度
21	3.929～3.989	2.00	1 000	
22	3.929～3.989	0.07	1 000	
23	4.020～4.080	0.07	1 000	

续表

波　段	光谱范围 1～19 波段/nm 20～36 波段/μm	信噪比 ΔT_{NE}	分辨率/m	应用领域
24	4.433～4.498	0.25	1 000	大气温度
25	4.482～4.549	0.25	1 000	
26	1.360～1.390	1504	1 000	卷云
27	6.535～6.895	0.25	1 000	水汽
28	7.175～7.475	0.25	1 000	
29	8.400～8.700	0.05	1 000	
30	9.580～9.880	0.25	1 000	臭氧
31	10.780～11.280	0.05	1 000	地球表面和云顶温度
32	11.770～12.270	0.05	1 000	
33	13.185～13.485	0.25	1 000	云顶高度
34	13.485～13.785	0.25	1 000	
35	13.785～14.085	0.25	1 000	
36	14.085～14.385	0.35	1 000	

注：波段 21 与波段 22 是相似的，但是与 328K 相对，波段 21 在 500K 饱和。

B-11　已发射的星载合成孔径雷达的主要性能

性能	Seasat SAR(美国)	SIR-A (美国)	SIR-B (美国)	SIR-C (美国) X-SAR(德意)	AImaz-1 (原苏联)	ERS-1 (欧空局)	ERS-2 (欧空局)	JERS-1 (日本)	Radarsat (加拿大)
波段 (频率) /GHz	L (23.5)	L (23.5)	L (23.4)	L (23.9) C (5.7) X (3.1)	S (9.6)	C (5.7)	C (5.7)	L (23.5)	E (5.6)
方位向分辨率/m	40	40	25	25	10～15	30	30	18	10～100
距离向分辨率/m	25	40	17～58	10～60	10～15	26	26	18	10～100
测绘带宽/km	100	50	10～60	15～60	40	100	100	75	50～500
极化方式	HH	HH	HH	L，C，X	HH	VV	VV	HH	HH
视角/(°)	20	47	30～60	15～55	15～60	23	23	35	10～59
轨道高度/km	800	259	224	225	300	782	771*797	568	798
倾角/(°)	108	38	57	57	73	98.55	97.7	98.6	
空间载体	海洋 E 星	哥伦比亚号航天飞机	挑战者号航天飞机	航天飞机	钻石-1	ERS-1	ERS-2	JERS-1	Radarsat
发射时间 (年.月.日)	1978.10.10	1881.11.12	1984.10.05	1994.04.09	1991.03.31	1991.07.16	1995.04.21	1992.02.11	1995.11.04
结束时间 (年.月.日)	1978.10.10	1981.11.14	1984.10.13		1992.10.17	设计寿命 2～3a	设计寿命 2a	设计寿命 2a	设计寿命 5a
工作限期/d	100	24	8.3	11	约 548	在轨	在轨	在轨	在轨
数据处理类型	光学/数字	数字	数字	数字	数字	数字	数字	数字	数字

B-12 各国和组织极轨气象卫星成像仪器性能比较

国家和组织	美国		欧盟	中国		俄罗斯
卫星	NOAA-12	NOAA-15	METOP	FY-1/01	FY-1/02	METEOR-II
时间	1991年	1998年	2004年	1990年	1990年	1990年
仪器	AVHRR/2	AVEERR/3	AVHRR/3	扫描辐射仪	多光谱辐射仪	电视型辐射仪
通道/μm	0.58～0.68	0.58～0.68	0.58～0.68	0.58～0.68	0.58～0.68	0.5～0.7
	0.725～1.01	0.721～1.01	0.721～1.01	0.725～1.1	0.84～0.89	8～12
	3.55～3.93	3.55～3.93	3.55～3.93	0.48～0.53	3.55～3.95	
	10.3～11.3	10.3～11.3	10.3～11.3	0.53～0.58	10.3～11.3	
	11.5～12.5	11.5～12.5	11.5～12.5	10.5～12.5	11.5～12.5	
		1.58～1.64	1.58～1.64		1.58～1.64	
					0.43～0.48	
					0.48～0.53	
					0.53～0.58	
					0.90～0.965	
NEΔ*T*/K	<0.12（3∞）	<0.12（300）	<0.12（300）	0.4（270）	0.25（300）	
分辨率/km	1	1	1	1	1	8（IR）
量化/bit	10	10	10	8	10	

B-13 FY-1（A、B）上甚高分辨率扫描辐射计各谱段特性

通道序号	波段/μm	动态范围	分辨率/km	探测灵敏度	探测器	量化/bit	用途
1	0.58～0.68	0.5%～90%（ρ）	1	S/N>2.5（0.5%ρ）	Si	8	白天云图、植被监测
2	0.725～1.1	0.5%～90%（ρ）	1	S/N>3（0.5%ρ）	Si	8	白天云图、植被、水陆边界、大气校正
3	0.48～0.53	0～20%（ρ）	1	S/N>2（0.5%ρ）	Si	8	海洋水色
4	0.53～0.58	0～20%（ρ）	1	S/N>2（0.5%ρ）	Si	8	海洋水色
5	10.5～12.5	200～320K	1	0.42（270k）	HgCdTe	8	昼夜云图、海源、地表温度、云高

B-14 FY-IC、D多通道可见红外扫描辐射计各谱段特性

通道序号	波段/μm	动态范围	探测灵敏度	主要用途
1	0.58～0.68	ρ：0～90%	S/N≥3（ρ=0.5%）	白天云图、植被监测、冰雪覆盖
2	0.84～0.89	ρ：0～90%	S/N≥3（ρ=0.5%）	白天云图、植被监测、水陆边界、大气订正
3	3.55～3.95	190～340K	NEΔT≤0.4（300K）	表面温度、高温热源、森林火灾、夜晚云图

续表

通道序号	波段/μm	动态范围	探测灵敏度	主要用途
4	10.3～11.3	190～330K	NEΔT≤0.25（300K）	昼夜云图、海温、地表温度
5	11.5～12.5	190～330K	NEΔT≤0.25（300K）	昼夜云图、海温、地表温度
6	1.58～1.64	ρ：0～80%	S/N≥3（ρ=0.5%）	冰雪判识、干旱监测、云的相态识别
7	0.43～0.48	ρ：0～50%	S/N≥3（ρ=0.5%）	海洋水色
8	0.48～0.53	ρ：0～50%	S/N≥3（ρ=0.5%）	海洋水色
9	0.53～0.58	ρ：0～90%	S/N≥3（ρ=0.5%）	海洋水色
10	0.90～0.965	ρ：0～90%	S/N≥3（ρ=0.5%）	水汽

注：地面分辨率 1km；探测器为 Si/HgCdTe；量化 10bit。

B-15　各国和组织静止气象卫星成像仪器性能比较

国家和组织		美国	日本		欧盟		中国	俄罗斯
时间		90 年代	90 年代	21 世纪	90 年代	21 世纪	90 年代	90 年代
卫星		GOESB	GMS-5	MTSAT	METEOSAT	MSG	FY-2	GOMS
姿态		三轴稳定	自旋稳定	三轴稳定	自旋稳定	自旋稳定	自旋稳定	三轴稳定
成像仪	扫描方式	二维扫描	扫描镜步进	二维扫描	镜筒步进	扫描镜步进	镜筒步进	二维扫描
	（通道/μm）/（分辨率/m）	0.55～0.75/1	0.55～0.9/125	0.55～0.8/1	0.55～0.9/2.5	0.5～0.9/1.4	0.5～1.05/1.25	0.46～0.7/1.25
		10.2～11.2/4	10.5～11.5/5	10.3～11.3/4	10.5～12.5/5	9.8～11.8/4.8	10.5～12.5/5	10.5～12.5/6.5
		11.5～12.5/4	6.5～7/5	11.5～12.5/4	5.7～7.1/5	11～13/4.8	6.3～7.6/5	6～7/6.5
		3.8～4.4/4		3.5～4/4				
		6.5～7/8		6.5～7/4		共 12 个通道		
	NEAT/K	0.2（300）	0.35（300）	IR10.2（300） IR30.35(300) Wv0.155(300)	1R<0.4(290) Wv<1(260)	IR0.25(300) Wv0.25(250)	IR0.65(300) Wv1(260)	
	量化/bit	VIS10 IR10	VIS6 IR8	VIS10 IR10	VIS10 IR10	VIS10 IR10	VIS6 IR10	VIS8 IR8
	成像区域时间	东西南北可控圆盘图 25min1 000×1 000km 41s	南北可控圆盘图 25min	东西南北可控圆盘图 27.5min	南北可控圆盘图 25min	南北可控圆盘图 12.5 min	南北可控圆盘图 25min	东西南北可控圆盘图 15min
主探测仪	通道	19 个通道	无	无	无	无	无	无
	分辨率	8km	无	无	无	无	无	
	探测时间	1 000×1 000km 5min	无	无	无	无	无	无

B-16 海洋卫星发展情况

水色卫星	国家和地区	发射时间	性质	探测器种类
MOS-1A MOS-1B	日本	1987.2～1995.3 1990.2～1996.4	试验性海洋水色卫星	多光谱电子自扫描辐射计（MESSR） 可见热红外辐射计（VTIR） 微波扫描辐射计（MSR）
Nimbue-7（搭载）	美国	1978.10～1986.12	试验性气象科学卫星	海岸带水色扫描仪 CZCS（其他探测器略）
ADEOS-Ⅰ（搭载）	日本	1996.8～1997.7	先进地球观测卫星	海洋水色水温探测器 OCTS（其他探测器略）
IRS-P3	印度	1996.3 至今	试验性海洋水色卫星	模块式光电扫描仪（MOS-IRS） 宽视场探测器（WiFS） X 射线天文观测仪
IRS-P4	印度	1999.5	应用性海洋水色卫星	海洋水色仪（OCM） 多通道微波辐射计（MSMR）
SeaStar-4	美国	1997.8	应用性海洋水色卫星	宽视场海洋水色仪（SeaWiFS）
ROCSAT-1	中国台湾	1999.1	应用性海洋水色卫星	海洋水色成像仪（OCI） 实验 Ka 中继通讯（ECP） 电离层等离子体电动力测量仪（IPEI）
KOMPSAT（搭载）	韩国	1999.12	多用途遥感卫星	海洋水色成像仪（OCIC） 高光谱分辨率可见光探测器（HSRVIS） 电离层探测器 高能粒子探测器
AM-1(Terra)（搭载）	美国	1999.12	地球观测综合卫星系列之一	中分辨成像光谱仪（MODIS） 多角度成像光谱仪（MISR） 先进热发射和反射计（ASTER） 云和地球辐射能量系统（CERES） 对流层污染测量系统（MOPITT）
HY-1（海洋一号）	中国	2002.5.15	试验性海洋水色卫星	10 波段海洋水色仪 4 波段 CCD 成像仪
ADEOS-II（搭载）	日本	2002.12.14	ADEOS-Ⅰ后继卫星	全球成像仪（GLI） 海洋测风仪（SeaWinds） 先进微波扫描辐射计（AMSR） 地面反射偏振与定向仪（POLOER） 改进型边缘大气光谱仪（ILAS-II）
Envisat-1（搭载）	欧空局	2002.3.1	地球观测综合卫星系列	先进合成孔径雷达（ASAR） 中分辨率成像光谱仪（MERIS） 先进雷达高度计（RA-2） 微波辐射计（MWR） 大气米氏干涉仪（MIPAS） 全球臭氧监测仪（GOMOS） 先进沿轨扫描辐射计（AATSR） 大气吸收扫描光谱仪（SCIAMACHY） 多普勒测轨仪（DORIS）
EOS-PM1（Aqua）（搭载）	美国	2002.5.4	地球观测综合卫星系列之一	中分辨成像光谱仪（MODIS） 先进微波探测器（AMSU） 先进微波扫描辐射计（AMSR） 大气红外探测器（AIRS） 云和地球辐射能量系统（CERES） 微波湿度探测器（MHS）

B-17　海洋卫星探测器的种类及用途

序号	1	2	3	4	5	6	7	8	9	10	11	12
探测器	合成孔径雷达	雷达高度计	微波散射计	微波辐射计	海洋水色仪	CCD成像仪	可见光扫描辐射计	红外扫描辐射仪	中分辨成像光谱仪	激光雷达	激光高度计	激光荧光辐射仪
类型	微波	微波	微波	微波	光学	光学	光学	光学	光学	光学	光学	光学
海面风向	●		●									
风速	○	●	●	●								
有效波高	○	●	○									
波向	●		●									
波谱	●		○									
大洋环流	●	●	○									
海流		●			●	●	●	●	●			
内波	●					○	○					
海面拓扑		●										
海面高度		●										
冰面拓扑	●	●								●	●	
海冰覆盖	●			●	●	●	●	●	●	●	●	
海冰厚度				●				○			●	
海冰温度				○	○			●	●			
冰面纹理	●									●	●	
水下地形	●	●			●	●				●	●	
水深					●	○	●		●	●	●	
海面温度				●	○			●	●			
海水叶绿素					●	○			●			●
泥沙					●		○		●			
海水热污染					○		○	●	●			
水质					○		○		●			●
溢油	●			●	●		○	●	○			○
岛礁调查	●				○		●		●	●		●
水陆分界	●				○				●	●	○	
岸线	●				○	○	●		●	●		
滩涂	●				○	●	●		●	●		
河口	○				○	●	●			●	●	
航道	●				○	●	○		○	●	●	
风暴监测	●		●	○								

注：● 表示该探测器是有贡献的，而贡献大小取决于该探测器的技术性能，如地面分辨率、信噪比、测量精度、波段配置、灵敏度、量化精度等。

○ 表示可用与否取决于被测对象和探测器的技术性能。

B-18 国外已经或将要发射的部分对地观测小卫星

卫　　星	质量/kg	主要有效载荷	卫　　星	质量/kg	主要有效载荷
LOSAT-X 美国	75	多光谱成像仪	MightySatII-1 美国	140	成像
MSTI-1 美国	150	红外遥感	OFFEQ-3 以色列	189	成像
MSTI-2	169	红外遥感	IBRD 美国	85	三线阵 CCD 相机
MSTI-3	212	红外遥感	CR55 美国	830	线阵 CCD 相机
REX-II 美国	110	辐射遥感	SUNSAT 南非	60	三色 CCD 相机
FORTE 美国	215	无线电遥感	DAVID 加拿大	180	线阵 CCD 相机
OrbView-3 美国	400	全色成像	KITSAT-3 韩国	100	